Schlackenkunde

Schlackenkunde

Untersuchungen über die Minerale im Brennstoff
und ihre Auswirkungen im Kesselbetrieb

Von.

Wilhelm Gumz
Dr.-Ing., F. Inst. F.

Helmut Kirsch
Dr. rer. nat.

Marie-Therese Mackowsky
Prof. Dr. rer. nat. habil.

Mit 167 Abbildungen im Text
und auf 2 Tafeln

Springer-Verlag
Berlin / Göttingen / Heidelberg
1958

ISBN-13:978-3-642-92726-3   e-ISBN-13:978-3-642-92725-6
DOI: 10.1007/978-3-642-92725-6

Alle Rechte, insbesondere das der Übersetzung in fremde Sprachen, vorbehalten
Ohne ausdrückliche Genehmigung des Verlages ist es auch nicht gestattet,
dieses Buch oder Teile daraus auf photomechanischem Wege
(Photokopie, Mikrokopie) zu vervielfältigen
© by Springer-Verlag OHG., Berlin / Göttingen / Heidelberg 1958
Softcover reprint of the hardcover 1st edition 1958

Die Wiedergabe von Gebrauchsnamen, Handelsnamen, Warenbezeichnungen usw.
in diesem Buche berechtigt auch ohne besondere Kennzeichnung nicht zu der Annahme, daß solche Namen im Sinne der Warenzeichen- und Markenschutz-Gesetzgebung als frei zu betrachten wären und daher von jedermann benutzt werden dürften

Schlackenkunde

Untersuchungen über die Minerale im Brennstoff
und ihre Auswirkungen im Kesselbetrieb

Von,

Wilhelm Gumz
Dr.-Ing., F. Inst. F.

Helmut Kirsch
Dr. rer. nat.

Marie-Therese Mackowsky
Prof. Dr. rer. nat. habil.

Mit 167 Abbildungen im Text
und auf 2 Tafeln

Springer-Verlag
Berlin / Göttingen / Heidelberg
1958

ISBN-13:978-3-642-92726-3   e-ISBN-13:978-3-642-92725-6
DOI: 10.1007/978-3-642-92725-6

Alle Rechte, insbesondere das der Übersetzung in fremde Sprachen, vorbehalten
Ohne ausdrückliche Genehmigung des Verlages ist es auch nicht gestattet,
dieses Buch oder Teile daraus auf photomechanischem Wege
(Photokopie, Mikrokopie) zu vervielfältigen
© by Springer-Verlag OHG., Berlin / Göttingen / Heidelberg 1958
Softcover reprint of the hardcover 1st edition 1958

Die Wiedergabe von Gebrauchsnamen, Handelsnamen, Warenbezeichnungen usw.
in diesem Buche berechtigt auch ohne besondere Kennzeichnung nicht zu der Annahme, daß solche Namen im Sinne der Warenzeichen- und Markenschutz-Gesetzgebung als frei zu betrachten wären und daher von jedermann benutzt werden dürften

Vorwort

Die Probleme der Feuerungstechnik werden heute stärker denn je von Fragen des Asche- bzw. Schlackeverhaltens beherrscht. Es ist daher aus Kreisen der Kraftwerksingenieure der Wunsch nach Sammlung und Vertiefung der Kenntnisse über das Verhalten der Mineralsubstanz der Brennstoffe laut geworden. Eine Antwort auf die vielfältigen Fragen versucht die vorliegende Arbeit zu geben. Sie ist herausgewachsen aus einem vor der *Arbeitsgruppe Feuerungen im Ausschuß für Betriebserfahrungen* der Vereinigung der Großkesselbesitzer gehaltenen Vortrag (GUMZ[1]), in dem der damalige Stand der Erkenntnisse und der Technik kurz umrissen und die Notwendigkeit vertiefter Weiterarbeit als dringende Gemeinschaftsaufgabe herausgestellt wurde. Gefördert wird das Bedürfnis nach einer Revision unserer Anschauungen und unserer Untersuchungsmethoden durch die sprunghafte Weiterentwicklung des Feuerungs- und Kesselbaues und insbesondere durch das Aufkommen und die weite Verbreitung der Schmelzfeuerungen.

Bei der Schwierigkeit der vorliegenden Probleme, der Vielfältigkeit der stofflichen Voraussetzungen und der Betriebsbedingungen kann die Aufgabe nicht leicht sein, und es müssen verschiedene Wege, von der Laboratoriumsuntersuchung am einfachen Mineral angefangen bis zum Studium der Vorgänge in den Feuerungen und Kesseln selbst beschritten werden, ohne daß man erhoffen darf, daß sich einfache Patentlösungen für alle Schwierigkeiten anbieten. Aber gerade im Zusammenwirken von Ingenieur und Mineralogen sehen wir eine Möglichkeit, diese schwierigen Fragen einer Aufhellung und damit vielleicht auch einer praktischen Lösung näherzubringen.

Den Kraftwerksingenieur wird die starke Heranziehung der Mineralogie vielleicht ein wenig befremden, er sieht sich vor neue, ungewöhnliche Aufgaben, Begriffe und Untersuchungsmethoden gestellt, zu denen ihm nach seiner bisherigen Ausbildung und Berufserfahrung der Zugang fehlt. Ihm dazu eine Brücke zu bauen, soll gleichfalls Aufgabe dieses Buches sein; dazu möge auch das Glossarium mineralogischer Fachworte und Begriffe und eine stichwortartige Darstellung der wichtigsten Kohlenminerale beitragen. Die Erklärung der dem Ingenieur durchaus geläufigen technischen Fachausdrücke ist umgekehrt nur für mineralogische

---

[1] GUMZ, W.: Heizflächen-Verschmutzungen als Funktion der Brennstoff-, Aschen-, Feuerungs- und Kesselcharakteristik. Mitt. VGB, H. 27 (Jan. 1954) S. 1/24.

Leser gedacht, denen die Einfühlung in die technischen Probleme schwerfällt, weil sie ihrerseits mitunter dem Kesselbetrieb völlig fernstehen.

Die Mineralogie ist ja längst nicht mehr nur eine auf den Universitäten gepflegte, etwas abseits stehende Disziplin; sie ist mit ihren Methoden und Erkenntnissen zur unentbehrlichen Partnerin nicht nur vieler anderer Wissenszweige, sondern vor allem auch vieler Gebiete der Technik geworden, so der Keramik, der Glasforschung, der Silikatchemie, der Eisenhütten-, Zement-, Kalk-, Feuerfest- und Baustoffindustrie u.v.a. So ist die Mineralogie, ursprünglich ein Kind des Bergbaus — also der Technik — wieder auf dem besten Wege, eine wichtige Stütze der Technik zu werden.

Der Mineraloge, der dieses Buch zur Hand nimmt, wird erkennen können, welche Möglichkeiten in der *angewandten Mineralogie* — besonders in der Mineralogie der hohen Temperaturen — liegen, und wie aufschlußreich seine Disziplin für diese technischen Probleme, wie anregend gerade die Beschäftigung mit den Feuerungsschlacken sein kann. Damit festigt sich die Bedeutung und Anwendbarkeit der Mineralogie auf weiteren Zweigen technischer Praxis. Wenn der Fachmineraloge in unseren Ausführungen gelegentlich eine exaktere Fassung oder eine wissenschaftlichere Ausdrucksweise für wünschenswert halten wird, so möge er sich unserer schwierigen Aufgabe bewußt sein, einen Leserkreis ohne Spezialkenntnisse in einer der Ingenieursprache angepaßten, allgemeinverständlichen Form mit den Ergebnissen seiner Disziplin vertraut machen zu müssen. Angesichts unseres Bemühens, eine Zusammenarbeit zwischen zwei einander bisher ziemlich fremden Disziplinen zustandezubringen, sind uns Anregungen von beiden Seiten und Hinweise auf bisher übersehene Arbeiten oder Arbeitsmethoden auch aus Nachbargebieten in besonderem Maße willkommen.

Den gekennzeichneten Aufgaben einer betriebsnahen Grundlagenforschung in Verbindung mit einer Untersuchung praktischer Fälle hat sich der Steinkohlenbergbauverein, Essen, besonders unter Einschaltung seines petrographisch-physikalischen Laboratoriums in engster Zusammenarbeit mit der Vereinigung der Großkesselbesitzer sowie mit Unterstützung durch andere, dem Bergbau nahestehende Laboratorien zugewendet. Die bisherigen Ergebnisse sind in der vorliegenden Arbeit mitverwertet worden, wobei wir auch Arbeiten anderer Mitarbeiter des Steinkohlenbergbauvereins herangezogen haben. So danken wir besonders den Herren Dr. phil. ADOLF DAHME und Dr. rer. nat. LOTHAR HARDT für ihr Einverständnis zur Benutzung bisher unveröffentlichter Arbeiten. Ferner danken wir den Herren Dipl.-Chemiker Dr. rer nat. ROLF-WERNER SCHLIEPHAKE und Dr.-Ing. HERMANN SCHNITZLER für ihre Mitwirkung an den versuchstechnischen Arbeiten, Herrn Dipl.-Berging. KURT LEMKE für wertvolle Anregungen.

Die chemischen Analysenmethoden (Anhang 1) wurden von den Herren Dr. phil. WALTER RADMACHER und seinem Mitarbeiter WERNER SCHMITZ vom Brennstoffchemischen Institut der Ruhrkohlen-Beratung G.m.b.H., Essen, bearbeitet. Es werden neben klassischen Bestimmungsverfahren auch Schnellverfahren behandelt, die sich bei technischen Analysen auf dem Brennstoffgebiet bewährt haben.

Für die Mithilfe bei den analytischen Arbeiten und für Diskussionen chemischer Fragen sind wir den Laboratorien und Mitarbeitern der Ruhrkohlen-Beratung G.m.b.H., des Technischen Überwachungsvereins, Essen, den chemischen Laboratorien des Steinkohlenbergbauvereins und der Gesellschaft für Kohlentechnik zu Dank verpflichtet.

Besonders hervorzuheben ist das fördernde Interesse und die tätige Mitarbeit der Vereinigung der Großkesselbesitzer, ihres Vorsitzenden, des Herrn Bergwerksdirektor Dr.-Ing. H. LENT, ihres Geschäftsführers, des Herrn Direktor Dipl.-Ing. A. BACHMAIR und des Sachbearbeiters, Herrn Dipl.-Ing. W. FEHLING. Dem Steinkohlenbergbauverein, besonders Herrn Dr.-Ing. W. REERINK, sind wir für die Ermöglichung dieser Arbeit und die Genehmigung ihrer Veröffentlichung zu Dank verpflichtet. Der Verlag ist bereitwilligst auf unsere Wünsche eingegangen, wodurch es möglich wurde, auch einige besonders instruktive Farbaufnahmen wiederzugeben.

Essen, im Januar 1958

Die Verfasser

Inhaltsverzeichnis

	Seite
I. Einleitung	1
II. Die Bedeutung der Asche für den Gebrauchswert der Brennstoffe	5
III. Kohle und Kohlenminerale	19
1. Entstehung und Aufbau der Kohle	19
2. Chemisch-physikalische und petrographische Untersuchungen über den Aufbau der Kohle	29
3. Entstehung der mineralischen Beimengungen der Kohle	37

a) Syngenetische Minerale und Gesteine, S. 37. — b) Epigenetische Minerale in Kohle und Nebengestein, S. 46. — c) Zusammenhang zwischen der Mineralführung der Kohle und ihrer petrographischen Zusammensetzung, S. 48.

4. Arten der Kohlenminerale	49

a) Minerale der Steinkohlen, S. 49. — b) Das Nebengestein der Steinkohlen, S. 64. — c) Minerale der Braunkohlen, S. 69. — d) Verunreinigungen, Liegendes und Abraum, S. 71. — e) Minerale des Torfs, S. 72.

IV. Die Asche der festen Brennstoffe	73
1. Der Aschegehalt	73
2. Die Aschezusammensetzung	76
3. Bestimmung des Mineralstoffgehaltes	82

a) Berechnung des Mineralstoffgehaltes aus dem Aschegehalt, S. 82. — b) Direkte Bestimmungsmethoden des Mineralstoffgehaltes, S. 91. — c) Indirekte Bestimmungsmethoden des Mineralstoffgehaltes, S. 94.

4. Auswirkungen des Unterschiedes zwischen Mineralstoff- und Aschegehalt	97
V. Untersuchungsmethoden	105
A. Mineralogische Untersuchungsmethoden	105
1. Untersuchungen der Kohlenminerale	105

a) Mikroskopische Untersuchungen, S. 105. — b) Unterscheidung der Minerale durch Wichtebestimmung, S. 114. — c) Röntgenographische Untersuchung, S. 115. — d) Die Thermoanalyse und die Differential-Thermoanalyse, S. 119. — e) Elektronenmikroskopie S. 122.

2. Die Untersuchung der Kesselverschmutzungen	123

a) Untersuchung der Schlacken im eigentlichen Sinne, S. 123. — b) Untersuchung der Ansätze, S. 128. — c) Untersuchung von Ablagerungen und Flugstaub, S. 128.

	Seite
B. Technologische Untersuchungsmethoden	129

a) Erweichen, Sintern, Schmelzen, Sublimieren, S. 129. — b) Schmelz- und Erstarrungsverhalten, S. 134. — c) Viskosität und Oberflächenspannung der Schlacke, S. 135. — d) Der Sintertest, S. 138.

VI. **Verhalten der Kohlenminerale bei der Erhitzung**	143
A. Körner aus einem Mineral (oxydierende Atmosphäre)	144
1. Illitische Tonminerale	144
2. Montmorillonit	145
3. Kaolinit	146
4. Karbonspäte	147
5. Eisendisulfide	148
6. Quarz	149
7. Apatit	150
B. Körner von Kohle-Mineral-Verwachsungen (reduzierende Atmosphäre)	151
C. Körner von Mineral-Mineralverwachsungen	158
D. Das Verhalten der Spurenelemente bei hohen Temperaturen	158
E. Die Bedeutung der Brennkammertemperaturen	159
VII. **Die stoffliche Zusammensetzung der Schlacken und Kesselverschmutzungen (Mineralogie und Petrographie der Verschmutzungen)**	160
A. Schlackenminerale	161
1. Oxydische Minerale	161
2. Silikate	164
3. Siliziumdioxyd	170
4. Sulfate	172
5. Komplexe Phosphate	173
6. Sulfide	173
B. Schlackenpetrographie der mit Steinkohlen gefeuerten Kessel	174
1. Der Glaszustand	177
2. Schlackengranulat	179
3. Schlacken als Ansätze in Brennkammern (Hochtemperaturbereich)	180
4. Heizflächenverschmutzungen	184
5. Verschmutzungen in koksgefeuerten Kesseln	184
C. Schlackenpetrographie der mit Braunkohle gefeuerten Kessel	198
VIII. **Darstellung und Auslegung der Untersuchungsergebnisse**	201
1. Das Zinzen-Diagramm	203
2. Darstellung von Analysenwerten	206
3. Die Niggli-Werte	210

	Seite
IX. Die Theorie der Ansatzbildung	216
1. Bisherige Anschauungen	216
2. Neuere Anschauungen auf Grund von Versuchsergebnissen	223
3. Physik der Ansatzbildung	225
4. Frittungs- und Sintervorgänge	236
5. Der chemische Vorgang der Ansatzbildung	241
6. Schlackenansätze	248
X. Maßnahmen zur Bekämpfung der Verschlackung und der Heizflächenverschmutzung im Kraftwerksbetrieb	257
A. Rostfeuerungen	257
a) Verbesserung der Verbrennungsverhältnisse, S. 257. — b) Wasserdampfzusatz zur Verbrennungsluft, S. 261. — c) Rauchgasrückführung, S. 266. — d) Brennstoffzusätze, S. 270. — e) Theorie der Ansatzbekämpfung durch Brennstoffzusätze, S. 272. — f) Praktische Folgerungen, S. 278.	
B. Kohlenstaub- und Schmelzfeuerungen	279
a) Kohlenstaubfeuerungen mit trockenem Ascheaustrag, S. 280. — b) Luftbefeuchtung und Rauchgasrückführung, S. 286. — c) Schmelzfeuerungen. S. 289. — d) Wirbelbettfeuerungen, S. 291.	
C. Heizflächenanordnung	292
D. Ölfeuerungen	294
a) Aschegehalt des Öles, Herkunft und Eigenschaften, S. 294. — b) Ansätze und ihre Zusammensetzung, S. 300. — c) Korrosion, S. 306. — d) Korrosions-Schutzmaßnahmen, S. 309.	
E. Schwefelsäurebildung und Rauchgastaupunkt	315
F. Reinigungsmaßnahmen	322
1. Betriebliche Reinigungsmaßnahmen	324
a) Dampfbläser, S. 324. — b) Preßluftbläser, S. 325. — c) Wasserstrahl-Reinigung, S. 326. — d) Mechanische Reinigung, S. 326. — e) Reinigungsmaßnahmen in Sonderfällen, S. 327.	
2. Reinigungsmaßnahmen bei Betriebsstillstand	328
XI. Rückstandsverwertung	330
1. Schlackensteine	335
a) Kalkgebundene, dampfgehärtete Schlackensteine, S. 335. — b) Zementgebundene Schlackensteine, S. 337. — c) Tongebundene Schlackensteine, S. 338. —	
2. Leichtbausteine und Porenbeton	339
3. Schlackenbims	340
4. Mischbinder	345
5. Straßenbau	348
6. Schlußfolgerungen	349
XII. Nachwort	351

Inhaltsverzeichnis XI

Seite

Anhang 353

I. Chemische Untersuchungsmethoden
(bearbeitet von Dr. W. Radmacher und W. Schmitz) 353
Feste Brennstoffe, S. 353. — Brennstoffasche und Brennstoffschlacke,
S. 353. — Herstellung und Vorbereitung der Probe, S. 354.

Analysengang I 354
1. Silicium, S. 354. — 2. Aluminium, S. 356. — 3. Titan, S. 356. —
4. Eisen, S. 357. — 5. Calcium, S. 358. — 6. Magnesium, S. 359. —
7. Natrium und Kalium, S. 360. — 8. Phosphor, S. 362. — 9. Schwefel,
S 363.

Analysengang II 364
1. Silicium, S. 364. — 2. Aluminium, S. 365. — 3. Titan, S. 365. —
4. Eisen, S. 367. — 5. Calcium und Magnesium, S. 367. — 6 Natrium,
und Kalium, S. 368. — 7. Phosphor, S. 370. — 8. Schwefel, S. 371.

Analysengang III 372
1. Aufschluß der Probe S. 372. — 2. Silicium, S. 372. — 3. Aluminium,
S. 373. — 4. Eisen, S. 374. — 5. Titan, S. 375. — 6. Phosphor, S. 376.

Spezielle Bestimmungsmethoden 378
1. Kupfer, Nickel, Kobalt und Zink, S. 378 — 2. Mangan, S. 380. —
3. Vanadium, S. 381.

Schrifttum 382

II. Glossarium technischer und mineralogischer Fachworte 383

Namenverzeichnis 407

Sachverzeichnis 413

Berichtigung

Ergänzung zur Tabelle 2 (S. 18):
Alle Aschegehalte beziehen sich auf i. wf.
Die Werte für Waschberge lauten: Asche %   Wasser %
                                   (i. wf.)   (max.)
                                   75—85   15—5

I. Einleitung

Unter dem Begriff der Schlackenkunde in der besonderen Anwendung auf den Kesselbetrieb sollen alle Erscheinungen und Vorgänge behandelt werden, die mit dem Verhalten der Mineralsubstanz der Brennstoffe beim Verbrennungsvorgang und mit ihren weiteren Auswirkungen auf die Kesselheizflächen zusammenhängen. Es sind Probleme der angewandten Mineralogie, verbunden mit den chemischen und physikalischen Vorgängen der Schlacken- und Ansatzbildung, und die technischen Probleme, mit diesen naturbedingten Schwierigkeiten durch konstruktive, verfahrenstechnische und betriebliche Maßnahmen fertig zu werden.

Bei allen metallurgischen Verfahren spielt die Schlacke eine so wesentliche Rolle, daß sich die Eisen- und Metallhüttenkunde frühzeitig und sehr eingehend mit den Schlacken und mit den Reaktionen zwischen Schlacken- und Metallbad beschäftigt haben. Die Art der Schlackenführung gilt geradezu als ein verfahrenstechnisches Merkmal; so spricht man von *basischen* oder *sauren* Schmelzprozessen, nicht nur nach der Art der Ofenauskleidung mit basischen oder sauren feuerfesten Steinen, sondern auch nach der Basizität oder Azidität der Schlacke. Bei den großen Schlackenmengen, die beispielsweise ein einziger Hochofenbetrieb liefert, ist auch die nutzbringende Verwertung der Schlacke stets als eine Aufgabe von großer wirtschaftlicher Bedeutung betrachtet worden (KEIL[1]).

Die Feuerungsschlacken haben demgegenüber das Interesse der Forschung und der Betreiber von Kesselanlagen in weit geringerem Maße geweckt, zumal die Schlacke ja nicht so sehr in den *Verfahrensgang* der Verbrennung oder der Dampferzeugung eingeschaltet ist wie die Hüttenschlacke, sondern meist nur als der unerwünschte und lästige, ja sogar zusätzliche Kosten verursachende, wertlose Rückstand des Verbrennungsprozesses anfällt. Vom wirtschaftlichen Standpunkt kommt hinzu, daß die Feuerungsschlacken in geringerer Menge, auf viele Feuerstätten verstreut, in wechselnder Vermischung mit Unverbranntem (Koks) und in oft uneinheitlicher Qualität nach Zusammensetzung, Korngröße und physikalischen Eigenschaften anfallen.

---

[1] KEIL, F.: Hochofenschlacke. Stahleisen-Bücher Bd. 7, Düsseldorf: Stahleisen 1949.

Die Lage hat sich im Laufe der Entwicklung allerdings insofern geändert, als sowohl die Abmessungen der Feuerungen und damit die anfallenden Schlackenmengen, als auch die Einheitlichkeit der Zusammensetzung und Korngröße zugenommen haben — man denke an das Beispiel des Flugstaubes (Filter-Staub) von Kohlenstaubfeuerungen oder an die granulierte Schlacke von Schmelzfeuerungen. Tatsächlich ist auch im Kesselbetrieb die Art des Schlackenabzuges mehr und mehr zu einem typischen Verfahrensmerkmal geworden. Dafür sind die Schmelzfeuerungen ein recht bezeichnendes Beispiel.

Bei allen Feuerungsbauarten haben sich Probleme des Verhaltens der anorganischen Bestandteile der Brennstoffe in den Vordergrund geschoben und spielen eine oft geradezu beherrschende Rolle im praktischen Feuerungsbetrieb. Feuerungen werden nach der Art des Schlackenanfalls und -austrags gekennzeichnet, die Bemessung der Feuerräume und die Kühlflächenanordnung richtet sich weit mehr nach dem Verhalten der anorganischen als nach dem der eigentlichen brennbaren Substanz, und die Wahl des Feuerungssystems ist schließlich häufiger von der Menge und der Form des Aschen- oder Schlackenanfalls und von der Möglichkeit der Beseitigung, Unterbringung oder etwaigen Verwertung diktiert, als von anderen Erwägungen.

Die Verbrennungsrückstände bilden indessen nur die eine Seite des Problems. Der Zwang, dem Aschen- und Schlackenverhalten erhöhte Bedeutung zu schenken, ergibt sich aus zwei weiteren Auswirkungen der anorganischen Substanz: aus dem Verhalten während des Verbrennungsvorganges selbst und aus den Wirkungen auf die Heizflächen während des Durchlaufens der Züge des Kesselsystems. Daraus ergibt sich eine Drei-Gliederung der hier anstehenden und ineinandergreifenden Probleme, die in das Gebiet der Schlackenkunde eingeschlossen seien:

1. Verhalten beim Verbrennungsvorgang, Verschlackungserscheinungen im Brennstoffbett und in der Brennkammer,
2. Ansatzbildung und Heizflächenverschmutzung,
3. Erfassung und Verwertung der Rückstände (Asche, Schlacke, Granulat, Flugstaub).

Bisher hat man die vielfältigen Schlackenprobleme, gestützt auf eine etwas mangelhafte Methodik, lediglich empirisch zu lösen versucht. Allenfalls hat man sie von der chemischen Seite her betrachtet, sie daher auch vorzugsweise mit Hilfe chemischer Analysenmethoden bewältigen wollen. So wertvoll und unentbehrlich die Aschenanalyse und die Kenntnis der Zusammensetzung von Rückständen und Ansätzen auch sein mögen, für die Deutung und Verfolgung der Vorgänge in den Feuerungen reichen sie noch nicht aus. So wenig in der bisherigen Entwicklung der Feuerungstechnik die bloße Betrachtung der Ausgangsstoffe und der Verbrennungsprodukte zur Lösung aller Feuerungsprobleme genügte, wie hier vielmehr die *statische* Betrachtungsweise von der *Dynamik der Verbrennung* abgelöst werden mußte, so wenig läßt sich ein volles Verständnis für die Vorgänge bei den Veränderungen der anorganischen Brennstoffbestandteile und für ihre Auswirkungen auf den Kesselbetrieb aus der bloßen Betrachtung chemischer Analysen gewinnen. Schon beim Ausgangsstoff, den anorganischen Bestandteilen der Kohle, haben wir es nicht mit einem Gemenge von Oxyden, so wie sie etwa die Aschenanalyse ausweist, zu tun, sondern mit Mineralen. Minerale aber sind nicht nur durch ihren chemischen Aufbau, sondern auch durch ihre physikalischen Eigenschaften gekennzeichnet. Physikalische Vorgänge sind es auch, die beim Transport von der Feuerung an die Heizflächen, bei der Ansatzbildung, selbst bei den chemischen Reaktionen, also in allen Phasen der hier betrachteten Vorgänge, eine wesentliche Rolle spielen. Eine aus dem Zusammenhang herausgegriffene Einzeluntersuchung ist stets unzureichend, wenn ihre Ergebnisse nicht im Rahmen der sich abspielenden Gesamtvorgänge gesehen werden. Je nach den Umweltbedingungen und der Feuerungsbauart wird sich der gleiche Stoff (Brennstoff bzw. Kohlemineral) ganz verschieden verhalten, die Untersuchungsmethodik wird sich daher diesen verschiedenartigen Verhältnissen anpassen müssen.

Damit werden auch manche der gewohnten Konventionalmethoden zur Brennstoff- bzw. Schlackenbeurteilung revisionsbedürftig, und, soweit sie noch nicht durch bessere Methoden ersetzt werden können, ist es notwendig, ihren Aussagewert kritisch zu betrachten und gegebenenfalls ihren Anwendungsbereich entsprechend abzugrenzen.

Bei der Fülle der Erscheinungen wird der Praktiker da Hilfe suchen und auch erwarten können, wo diese Probleme schon immer eine wichtige Rolle spielten. Auf das Beispiel des Eisenhüttenwesens wurde bereits hingewiesen. Ähnlich können Erfahrungen der Glasindustrie, der keramischen und der Zementindustrie von Nutzen sein. Auch in der reinen Wissenschaft gibt es eine Reihe von Gebieten, wo Analogien mit den hier anstehenden Problemen vorliegen. Besonders offensichtlich sind die Verbindungen zur Mineralogie.

Die geochemische Untersuchung unserer Erde läßt vermuten, daß diese aus dem Eisen-Nickel-Kern (Nife) und zwei Schalen der Sulfid-Oxyd-Schale oder Chalkosphäre und der Gesteinschicht oder Lithosphäre besteht. Diese drei Schichten sind durch großräumige Entmischungsvorgänge zu einer Zeit entstanden, als die Erde noch als flüssiger Ball anzusprechen war. Sie stellen ein gewisses Analogon zu den Metallschmelzöfen mit ihrem Metallbad, der Stein- oder Königsschlacke und der oberen Schlackenschicht dar. Die äußere Schicht, die Lithosphäre, zeigt gewisse Parallelen zu den Schlacken der Feuerungen. Sehr interessant ist in diesem Zusammenhang das Studium der vulkanischen

Ergußsteine, besonders das der vulkanischen Gläser. Die Ergußsteine entstammen einer schnellen, die Gläser einer noch schnelleren plötzlichen Abkühlung von Gesteinsschmelzen, sogenannter Magmen, die ihrerseits aus der Aufschmelzung — der Palingenese — von sedimentären und metamorphen Gesteinen infolge ihrer Versenkung in größeren Tiefen, also in Zonen mit hoher Temperatur, entstanden sind. In Abhängigkeit von der Abkühlungsgeschwindigkeit und dem Druck erfolgt eine vollständige Differentiation, also ein Nacheinander-Auskristallisieren der einzelnen in der Schmelze entstandenen Komponenten je nach Druck und Temperatur oder bei extrem schneller Abkühlung ein plötzlich gemeinsames Erstarren. In Kesselfeuerungen mit flüssigem Schlackenabzug ist die Schlacke dem Magma zu vergleichen, die je nach der Art des Schlackenabzuges langsamer oder schneller erstarrt, so daß die petrographische Zusammensetzung der Schlacke gewisse Parallelen zu der Mineralzusammensetzung der vulkanischen Ergußsteine und der vulkanischen Gläser erkennen läßt. Da in den Kesselfeuerungen kein Druck dem Entweichen der in der Schlacke gelösten, leichtflüchtigen Bestandteile entgegenwirkt, können diese in Abhängigkeit von der Verweilzeit des Brennstoffes und der Schlacke im Feuerraum mehr oder weniger vollständig entweichen und auch mit den Flugschlackenteilchen Reaktionen eingehen, für die es wiederum in der Vulkanologie einige Analoga gibt. Wenngleich auch eine direkte Übertragung der Kenntnisse über die magmatische Abfolge auf die Schlacken und Heizflächenverschmutzungen in modernen Kesselfeuerungen nicht ohne weiteres zulässig ist — vor allem ist neben dem Druck der Einfluß des Zeitfaktors zu beachten — so zeigen die angedeuteten Gedankengänge doch, wie wertvoll und anregend eine Betrachtung der sich in großen Dimensionen in der Natur abspielenden Vorgänge für das Verständnis mancher technischer Prozesse sein kann.

Auf den folgenden Seiten sollen, nach einer kurzen Erörterung der Bedeutung des Aschegehaltes und einiger Begriffe der Aufbereitungstechnik, zunächst Herkunft und Art der vorkommenden Kohlenminerale, der konventionelle Begriff des *Aschegehaltes* und sein Zusammenhang mit der Mineralsubstanz, das Verhalten der Kohlenminerale bei hohen Temperaturen und die Bildung und die Eigenschaften der Schlacken behandelt werden. Es folgt die Betrachtung der Auswirkungen des Mineralgehaltes auf den Kesselbetrieb, besonders der Ansatzbildung mit ihren verwickelten chemisch-physikalischen Vorgängen und ein Versuch, aus den gewonnenen Anschauungen und dem vorliegenden Beobachtungs- und Erfahrungsmaterial die praktischen Folgerungen für die einzelnen Feuerungsbauarten zu ziehen, soweit die noch sehr lückenhaften Kenntnisse dies schon zulassen. Schließlich sollen Fragen der Schlackenverwertung kurz gestreift werden.

II. Die Bedeutung der Asche für den Gebrauchswert der Brennstoffe

Wasser- und Aschegehalt eines Brennstoffs mindern seinen Heizwert sowohl durch das Zurückdrängen des Anteiles an brennbarer Substanz als auch durch die Inanspruchnahme eines Teiles der Nutzwärme. Die Summe von Wasser- und Aschegehalt wird als der *Ballastgehalt* bezeichnet, worin sich schon die nur negative Beurteilung dieser beiden Bestandteile ausdrückt. Unter ballastreichen Steinkohlen oder *Ballastkohlen* versteht man sinngemäß Kohlen von hohem Wasser- und Aschegehalt, und zwar nach üblicher Definition mit einem Ballastgehalt $> 20\%$.

Bei den tertiären Braunkohlen, so bei den Rohbraunkohlen des Rheinlandes und Mitteldeutschlands, bei denen ein hoher Wassergehalt (von 50—60%) als eine naturgegebene Voraussetzung anzusehen ist, wird unter *Ballastkohle* eine aschenreiche (insbesondere sandreiche) Kohle mit mehr als 3% Asche, bezogen auf wasserfreie Substanz, verstanden.

Die theoretische Minderung der Nutzwärme durch den Wassergehalt drückt sich bereits im unteren Heizwert aus. Darin liegt die Berechtigung für die in Deutschland übliche Bevorzugung des unteren Heizwertes (H_u) vor der Verbrennungswärme oder dem oberen Heizwert (H_o), besonders bei sehr feuchten Brennstoffen, wie z. B. bei Rohbraunkohlen[1]. Die Minderung, die der Aschegehalt indirekt hervorruft, findet im Heizwert noch keine Berücksichtigung. Aus diesem Grunde ist auch der Heizwert noch kein ausreichender Bewertungsmaßstab.

Da der Nutzungswert für den Verbraucher im Wärmepreis frei Kesselhaus und in dem erzielbaren Ausnutzungsgrad (Feuerungs- und Kesselwirkungsgrad) liegt, ist die Frachtbelastung und damit die Entfernung zwischen dem Ort der Gewinnung und die Art der verfügbaren Transportwege (See- und Binnenschiffahrt, Eisenbahn, Straße, Rohrleitung) entscheidend für die Bewertung des Ballastgehaltes durch den Verbraucher. Die ballastreichen Brennstoffe kommen aus diesem Grunde für entfernt liegende, konsumorientierte Abnehmer nicht in Frage. Beispiele dafür bilden die Rohbraunkohle und die Nebenerzeugnisse der Steinkohlenaufbereitung wie Mittelgut, Schlamm, Waschberge usw., die

---

[1] Im Meinungsstreit um die Vorzüge des oberen oder unteren Heizwertes wird gelegentlich der (in angelsächsischen Ländern bevorzugte) obere Heizwert als die theoretisch exaktere Bezugsgröße bezeichnet und auf die einfachere und unmittelbare Ermittlung in der kalorimetrischen Bombe hingewiesen. Tatsächlich aber würde eine thermodynamisch einwandfreie Bezugsgröße erst erreicht werden können, wenn man den komplizierteren Begriff der Arbeitsfähigkeit einführte. Unter diesen Umständen ist nach wie vor dem unteren Heizwert der Vorzug zu geben. Zweckmäßig gibt man in Einzelfällen die Bezugsgröße genau an, besonders im internationalen Verkehr, um den Verdacht einer Täuschungsabsicht (etwa bei Wirkungsgradgarantieangaben) mit Sicherheit auszuschließen.

nur in Ausnahmefällen und bei sehr kurzer Entfernung Gegenstand des Handels sind. In der Regel werden sie in unmittelbarer Nähe der Grube oder Aufbereitungsanlage verfeuert und in der veredelten Form als elektrischer Strom dem Endverbraucher zugeleitet.

Für die Aufbereitung und die Aufbereitbarkeit einer Kohle ist das Verhalten des Einzelkornes, seines Aschegehaltes, seine Kennzeichnung als reine Kohle[1], als Verwachsenes oder als reine Berge entscheidend. Die Aufbereitbarkeit und das theoretische Aufbereitungsergebnis läßt sich dann an Hand eines aus der Schwimm- und Sinkanalyse (Wichte-Asche-Analyse) gewonnenen Verwachsungskurvenbildes ermitteln. Abb. 1 zeigt das Beispiel eines solchen Kurvenbildes, aufgebaut auf dem Ergebnis der rechts oben angegebenen Analyse[2].

Auf der Abszisse ist der Aschegehalt (Gew.-%), auf der Ordinate der Gewichtsanteil (%) aufgetragen, jedoch beachte man, daß der Ordinaten-Nullpunkt oben liegt! Das Ergebnis der Analyse wird zunächst in Einzelblöckchen aufgezeichnet, also links oben beginnend 1,7% × 49,4% Gewichtsanteil, daran anschließend 5,3% Asche × 20,6% Gewichtsanteil, also bis zum additiven Gewichtsanteil 70% hinabreichend usf. Durch die so entstehende Treppenkurve wird eine stetige Kurve (die Aschenkurve A) so hindurchgelegt, daß die abgeschnittenen und angesetzten Flächenabschnitte — am Beispiel des zweiten Blocks durch Rechts- und Linksschraffur angedeutet — einander gleich sind. Diese Kurve gibt den sogenannten *Grenzaschegehalt* eines Wascherzeugnisses, also denjenigen Aschegehalt (auf der Abszisse) an, den eine unendlich kleine Schicht an der Grenze des gewünschten Erzeugnisses noch haben darf, wenn das auf der Ordinate angegebene Ausbringen erzielt werden soll. Umgekehrt kann vom Grenzaschegehalt ausgehend das (theoretisch) zu erwartende Ausbringen auf der Ordinate abgelesen werden.

Wenn das Kesselhaus einen Grenzaschegehalt von z. B. 65% im Brennstoff noch für tragbar hält, gibt die A-Kurve auf der Ordinate ein theoretisch mögliches Ausbringen an Kohle und Mittelgut von 85% an.

Um die Wichte bestimmen zu können, bei der die Trennung vorgenommen werden muß, bedient man sich der Wichte-Kurve (W). Die Wichten sind auf dem oberen Bildrand (rechts) der Abb. 1 aufgetragen, und die strichpunktierte W-Kurve ist entstanden, indem die additiven Gewichte (letzte Spalte) als Funktion der oberen Grenze der Wichtestufe

---

[1] In der Aufbereitungstechnik versteht man unter *Reinkohle* die aufbereitete Kohle mit dem zugehörigen gebundenen Aschegehalt (ohne Fehlaustrag) oder nach der Vornorm DIN 23011 Bestandteile aufbereiteter Kohle, die leichter sind als die untere Bezugswichte.

[2] Vgl. Vornorm DIN 23011 — Richtlinien für Abnahme und Überwachung von Steinkohlen-Aufbereitungsanlagen. Essen: Glückauf 1954.

aufgetragen werden. Die Wichtekurve beginnt also bei dem Punkt 1,3—49,4% Gewichtsanteil, durchläuft bei $W = 1,4$ den Punkt 70% Gew.-Anteil usf. Im obigen Beispiel ist also dem Gewichtsanteil (Ausbringen) von 85% die erforderliche Wichte von 1,97% zugeordnet. Das Ausbringen an Bergen ist $100 - 85 = 15\%$.

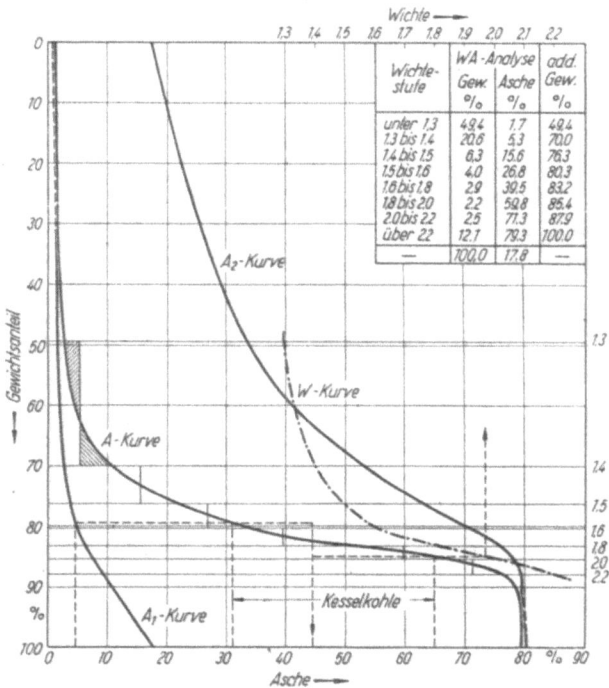

Abb. 1. Verwachsungskurvenbild nach HENRY-REINHARDT

Weiter zeigt das Schaubild in der Kurve A_1 den *mittleren* Aschegehalt des Schwimmgutes. Sie entsteht nach der Mischungsregel aus der Summe der Produkte von Gewichtsanteil und Aschegehalt, dividiert durch die Summe der Gewichtsanteile, und sie endet im mittleren Aschegehalt der Rohkohle bzw. des Ausgangsgutes des Aufbereitungsvorgangs. Der bei 70% Gewichtsanteil liegende Punkt der A_1-Kurve ergibt sich also aus den Analysendaten zu

$$\frac{0{,}494 \cdot 1{,}7 + 0{,}206 \cdot 5{,}3}{0{,}70} = 2{,}759\% \text{ Asche,}$$

usf.

Soll beispielsweise ein Verkaufserzeugnis (Nußkohle) mit 4,5% Aschegehalt erwaschen werden, so kann man auf der A_1-Kurve das theoretische Ausbringen zu 79,5% ablesen. Bei dem zugehörigen Grenzaschegehalt von 31% und einem Mittelgut-Grenzaschegehalt von 65% beträgt mithin

8 Die Bedeutung der Asche für den Gebrauchswert der Brennstoffe

das Ausbringen an Mittelgut allein (=Kesselkohle des Zechenkraftwerkes) 85,0 — 79,5 = 5,5 % der Rohkohle. Ihr theoretischer mittlerer Aschegehalt liegt bei 44,5%. Er ergibt sich aus dem Teilabschnitt der A-Kurve zwischen den Grenzen von 31 bis 65% Asche als diejenige Senkrechte, die den A-Kurven-Abschnitt so unterteilt, daß die Flächen zwischen der Gewichtsanteillinie von 79,5% und der A-Kurve einerseits und der A-Kurve und der 85%-Linie andererseits einander gleich werden. Ein weiteres graphisches Hilfsmittel zur einfachen Bestimmung des Aschegehaltes eines Mittelgutes ist die Verwachsungskurve nach MAYER[1] (M-Kurve).

Schließlich enthält Abb. 1 als 4. Kurve noch die A_2-Kurve oder die Kurve des mittleren Aschegehaltes der Berge, die allerdings für den Kesselbetrieb ohne Interesse ist. In dem gewählten Beispiel haben die bei der Wichte 1,97 abgeschiedenen Berge einen Aschegehalt von 77,5%.

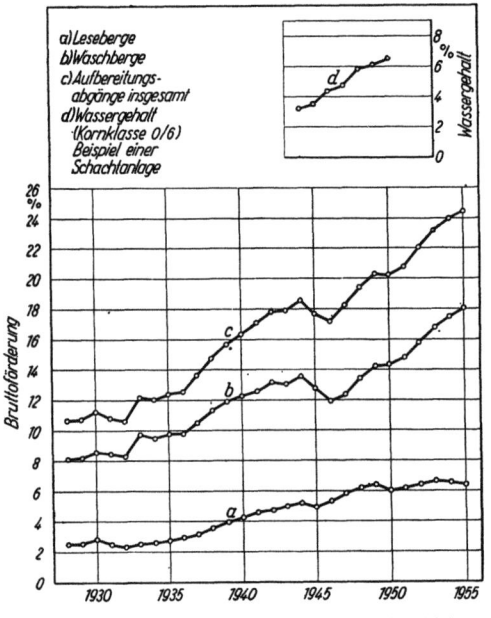

Abb. 2. Bergeanfall der Rohförderung des Ruhrgebietes

Das angegebene Ausbringen wurde ausdrücklich als theoretisch bezeichnet. Das praktisch erreichbare Ausbringen wird nun noch von der Unvollkommenheit der Sortiermaschinen beeinflußt. Es gelangen dadurch Berge in das Mittelgut, ja manchmal sogar — wenn auch in sehr geringen Mengen — in die Kohle. Auch das in der Rohkohle enthaltene *echte Verwachsene* findet sich nicht ausschließlich im Mittelgut, sondern kann als *Fehlaustrag* sowohl in die Kohle als auch in die Berge wandern (Kohlenstoff-Verlust!). Das Mittelgut selbst enthält um so mehr Fehlausträge an Kohle und an Bergen, je geringer der Anteil des Verwachsenen in der Rohkohle ist. Diese Unvollkommenheit ist bei der üblichen Setzmaschine größer als

---

[1] MAYER, FRIED. WILH.: Die Mittelwertkurve, eine neue Verwachsungskurve. Glückauf Bd. 86 (1950), Nr. 25/26, S. 498/509.
—: Vereinfachtes Ablesen von Aschegehalten im M-Kurven-Diagramm. Glückauf Bd. 89 (1953), Nr. 23/24, S. 584/587.

bei den Schwerflüssigkeitsverfahren, auch zeigen die verschiedenen Aufbereitungsverfahren beträchtliche Unterschiede im Wichteaufbau ihrer Erzeugnisse.

Für ein mit der Aufbereitung unmittelbar zusammenarbeitendes Zechenkraftwerk besteht die sogenannte Kesselkohle in erster Linie aus dem Mittelgut, ferner aus Schlamm und Sichterstaub. Wie sehr die ständig steigende Nachfrage nach Rohenergie und der dadurch gegebene Zwang zu einer Ausweitung der Kohlenförderung den Abbau auch unreinerer Flöze und die Hereinnahme sogenannter *bedingt bauwürdiger* Flöze und damit den Ballastgehalt der Rohförderung beeinflußt hat, zeigt Abb. 2 (REERINK[1], HAACKE[2]). Die Entwicklung der Kraftwerkseinrichtungen mußte sich daher diesen steigenden Aschegehalten anzupassen suchen. Bei der Verfeuerung machte sich der indirekte Einfluß des hohen Ballastgehaltes stark bemerkbar. Er besteht in zusätzlichen Wärmeverlusten und folglich in erhöhten Brennstoffkosten, in einer Leistungsminderung und in zusätzlichen Einrichtungen und folglich erhöhten Kapitalkosten, sowie in einem zusätzlichen Arbeitsaufwand und folglich erhöhten Lohnkosten. In der nachstehenden Tabelle sind die verschiedenen Einflußfaktoren stichwortartig zusammengestellt:

Tabelle 1.
Auswirkung eines erhöhten Aschegehaltes auf den Feuerungs- und Kesselbetrieb

A. *Wärmeverluste*

1. Heizwert des Unverbrannten in den Rückständen und Zunahme des prozentualen Anteils an Brennbarem bei höherem Aschegehalt.
2. Heizwert des Unverbrannten im Flugstaub (Flugkoks).
3. Wärmeinhalt (fühlbare Wärme) des Flugstaubes.
4. Wärmeinhalt (fühlbare Wärme) der Asche und Schlacke bei ihrer Austragstemperatur.
5. Schmelzwärme der Schlacke (bei flüssigem Schlackenabzug).
6. Erhöhung der Abwärmeverluste durch Ansteigen der Abgastemperaturen infolge schnellerer Heizflächenverschmutzung.
7. Minderung des CO_2-Gehaltes bei der Verfeuerung (bes. in Rostfeuerungen), dadurch erhöhte Abwärmeverluste bei gleichbleibender Abgastemperatur.

B. *Leistungsminderung*

1. Leistungsrückgang (Verdampfungsleistung, Überhitzung, Speisewasser- und Luftvorwärmung) durch schnellere Heizflächenverschmutzung und Erschwerung der Wärmeübertragung.

---

[1] REERINK, W. (unter Mitarbeit von W. GUMZ, K. LEMKE u. K. G. BECK): Die neuere Entwicklung auf dem Gebiet der Veredlung und Verwendung der Steinkohle. Bericht 89 C/5 der Fünften Weltkraftkonferenz Wien 1956.
[2] HAACKE, A.: Viergutscheidung zur Gewinnung kohlenstoffreicher Berge. II. Internat. Kongreß f. Steinkohlenaufbereitung Essen 1954 Ber. A. II. 2.

2. Leistungsrückgang durch Erhöhung der Strömungswiderstände im Rost, im Brennstoffbett und in den Gaswegen bei gegebener begrenzter Unterwind- und Saugzugleistung.

3. Anstieg der Saugzugleistung durch erhöhte Zug-Verluste und Fördertemperaturen, dadurch verringerte Nutzleistung des Kessels durch steigenden Hilfsmaschinenkraftbedarf.

4. Leistungsrückgang der Kohlenmühlen und erhöhter Mühlenverschleiß (bei Kohlenstaubfeuerungen).

5. Energie- bzw. Dampfaufwand für betriebliche Heizflächenreinigung (Rußbläser usw.).

C. Zusätzliche Einrichtungen

1. Vergrößerung der Kohlentransport-Einrichtungen und des Bunkervolumens bei gleichbleibender Nutzleistung.

2. Vergrößerung der Heizflächen zum Ausgleich der Leistungsminderung.

3. Einrichtungen zur Sauberhaltung der Heizflächen (Rußbläser, Kugelregen usw.).

4. Vergrößerung der Strömungswege (der Rohrabstände usw.) zur Vermeidung des Leistungsrückganges durch Verschmutzung und von Rohrüberbrückungen.

5. Vergrößerung der Entaschungs- und Transporteinrichtungen für Rückstände, sowie Bereitstellung von Absetz- und Lagergelegenheiten.

6. Vergrößerung von Staubabscheidern oder deren Entstaubungsgrade sowie der Staubsammelbunker und der zugehörigen Transporteinrichtungen.

7. Vergrößerung der Leistungsreserven in Gebläsen und Saugzügen mit Rücksicht auf den verminderten Kesselwirkungsgrad und die erhöhten Widerstände.

8. Vergrößerung der Kohlenmahlanlagen.

D. Zusätzlicher Arbeitsaufwand

1. Betriebliche Heizflächenreinigung (Rußblasen, Abspritzen usw.)

2. Außerbetriebliche Heizflächenreinigung.

3. Abtransport größerer Mengen an Rückständen, Schlacken, Filterstäuben usw.

4. Erhöhte Aufmerksamkeit in der Betriebsüberwachung.

Die Bewertung eines erhöhten Ballastgehaltes erfordert daher eine sorgfältige Abwägung aller dieser Faktoren, und es ist auch leicht einzusehen, daß die Auswirkung des Aschegehaltes auf die Ausnutzungsmöglichkeit weitgehend von der Art der Feuerung und vom jeweiligen Stand der feuerungstechnischen Entwicklung abhängt.

So ergeben sich erhebliche Unterschiede zwischen Handfeuerungen und mechanischen Feuerungen, zwischen Rostfeuerungen älterer und neuester Konstruktion, zwischen Rostfeuerungen und Kohlenstaubfeuerungen und zwischen Staubfeuerungen mit trockenem Aschenaustrag und solchen mit flüssigem Schlackenaustrag.

Als ein weiterer Gesichtspunkt für eine Bewertung ballastreicher Brennstoffe kommt noch hinzu, daß die Verfeuerung in Kesselanlagen zwar ein sehr wichtiges, aber nicht das alleinige Anwendungsgebiet ist, und daß bei anderen Brennstoffverbrauchern z. T. wesentlich andere Gesichtspunkte eine Rolle spielen. Hier sei beispielsweise auf die Vergasung in Abstichgeneratoren und auf die sogenannte *Bergevergasung* hingewiesen, die gerade für sehr aschenreiche Brennstoffe geeignet sind. Wieder andere Anforderungen und Auswirkungen stehen bei Schachtöfen (Hochöfen, Kupolöfen) im Vordergrund.

Beschränkt man sich aber selbst auf das Anwendungsgebiet des Kesselbetriebes, so verbleibt das weitere Problem, daß es oft gar nicht die Aschenmenge, sondern die *Natur* der Asche ist, die besondere Schwierigkeiten und Heizflächenverschmutzungen verursacht. Eine Senkung des Aschegehaltes bedeutet daher keineswegs immer eine Ausschaltung oder Minderung der Schwierigkeiten.

Im Blick auf diese Schwierigkeiten und auf die Vielzahl der Einflüsse und der Gesichtspunkte wird man bei der Aufstellung einer Bewertungsformel nicht so sehr eine Anpassung an bestimmte mittlere Verhältnisse, als vor allem größte Einfachheit in ihrem Aufbau und in ihrer Handhabung anstreben müssen. Die meisten Überlegungen gehen, da die rein kalorische Betrachtung unzureichend ist, von den erfaßbaren zusätzlichen Wärmeverlusten aus und suchen die vermehrten Kapital- und Betriebskosten durch weitere Abschläge zu berücksichtigen. Es ist jedoch bei der Mehrzahl der in Tab. 1 aufgeführten Faktoren unmöglich, allgemein gültige Zahlenwerte zu ermitteln, zumal sie je nach der Feuerungsbauart eine größere oder geringere Rolle spielen. Endlich soll in der Bewertung noch ein gewisser Anreiz zur Verwendung aschereicher Brennstoffe liegen, da die Erhöhung des Primärenergiedargebots im allgemeinen volkswirtschaftlichen Interesse liegt, und weil darin auch ein Antrieb zu technischen Verbesserungen der Feuerungseinrichtungen ausgelöst wird.

Ein zweiter Weg, um zu einem geeigneten Bewertungsmaßstab zu gelangen, wäre eine Bewertung nach dem möglichen Ausbringen an vollwertigen Aufbereitungserzeugnissen. Dabei würde die Unterschiedlichkeit der Aufbereitbarkeit der Rohförderkohle und der Kohlenverluste und die Abhängigkeit des Ergebnisses von den gewählten Aufbereitungsverfahren zeitraubende Untersuchung erfordern, und somit dem Wunsch nach einfacher Handhabung nicht entsprechen.

Die Überlegungen, die von der Aufbereitung her über die Verwertung und somit auch die Bewertung der Aufbereitungserzeugnisse und der Abfallprodukte angestellt wurden (HAARMANN[1], FRITSCHE[2]), sind von

---

[1] HAARMANN, A.: Untersuchungen über die Bemessung des Aschegehaltes der Kokskohle und über die Wirtschaftlichkeit der Verfeuerung von Waschbergen und von Mittelprodukt. Glückauf Bd. 61 (1925) Nr. 6 u. 7, S. 149/154, 186/194.

[2] FRITSCHE, C. H.: Die Bewertung von Abfallbrennstoffen auf Steinkohlengruben. Glückauf Bd. 70 (1934) Nr. 39 u. 40, S. 893—900, 917—923.

BANSEN und KREBS[1] zu einem Vorschlag für die Bewertung ballastreicher Brennstoffe benutzt worden, der im Prinzip allgemeine Anerkennung gefunden hat. Sie gehen dabei von Wirkungsgradmessungen an Kesselanlagen mit Wanderrosten, Schürrosten, Unterschubfeuerungen und Kohlenstaubfeuerungen von PRESSER[2,3] aus, indem sie die Werte rechnerisch etwas ausgeglichen haben. Wenn damit zwar eine Reihe von Faktoren (nach Tab. 1) noch keine genügende Berücksichtigung gefunden hat, so sind auf der anderen Seite die Wirkungsgrade der Feuerungen im Wandel der technischen Entwicklung stark angestiegen.

Um 1920 betrug der bei der Verfeuerung von Schlamm, Mittelprodukt und Koksgrus erzielte Wirkungsgrad auf den damaligen Feuerungen nur 49,9 bis 57,0% (HÄUSSER[4]), während Versuche bei guter Mischung Werte von 53,7—67,8% ergaben (REISER[5]).

Die Bedeutung einer guten Mischung des teilweise doch sehr inhomogenen und in Wasser- und Aschegehalt auch stark wechselnden Brennstoffes wurde damals klar erkannt, nur bereitete ihre Durchführung noch technische Schwierigkeiten. Heute setzt sich auch im Kesselbetrieb der Gedanke durch, daß ein sowohl im Körnungsaufbau als auch in der Zusammensetzung vergleichmäßigter Brennstoff auch für den Kesselbetrieb eine fast noch wichtigere Rolle spielt als die absolute Höhe des Ballastgehaltes, ebenso wie die Vergleichmäßigung der Kokskohle für die Güte des Kokses, die des Kokses und des Möllers für das Betriebsergebnis des Hochofens ausschlaggebend ist.

PRESSER[2,3] fand in den dreißiger Jahren Wirkungsgrade zwischen 55,4 bis 83,0% bei Ballastgehalten zwischen 58,1 und 14,8% (Schürrost, Wanderrost und Kohlenstaubfeuerung), nach LENT[6] konnten rd. 10 Jahre später bei 30—35% Ballastgehalt schon Wirkungsgrade bis 88% erreicht werden (Staubfeuerung). Heute ist ein technischer Stand erreicht, bei dem kaum noch ein Unterschied zwischen geringwertigen und vollwertigen Kohlen bemerkbar ist, nur daß die geringwertigen Kohlen

---

[1] BANSEN, H., u. E. KREBS: Die feuerungstechnische und metallurgische Bewertung von Brennstoffen als Grundlage für die wirtschaftliche Aufbereitung. Arch. Eisenhüttenwesen Bd. 15 (1941/42), Nr. 1, S. 1—10.

[2] PRESSER, H.: Kurzer Überblick über die Feuerungstechnik in Gegenwart und Zukunft. Techn. Mitt. (Essen) Bd. 28 (1935), Nr. 2, S. 29—32.

[3] —: Grundsätzliche Fragen bei der Planung von Dampfkesselfeuerungen. Techn. Mitt. (Essen) Bd. 34 (1941), Nr. 9/10, S. 115—124.

[4] HÄUSSER, F.: Die Aufbereitung der minderwertigen Brennstoffe für den Kesselbetrieb. Ber. d. Ges. f. Kohlentechnik (1922), H. 3, S. 119—126.

[5] REISER, H.: Verwertung minderwertiger Brennstoffe im Kesselbetrieb. Z. f. Dampfkessel- u. Maschinenbetrieb Bd. 43 (1920), Nr. 30, 31, 33, S. 225/227, 235/236, 251/253.

[6] LENT, H.: Die Verbrennung von Steinkohle hohen Asche- und Wassergehaltes in Kesselfeuerungen. Z. VDI, Bd. 87 (1943) Nr. 17/18, S. 241—250.

Die Bedeutung der Asche für den Gebrauchswert der Brennstoffe

einen höheren Kapital- und Arbeitsaufwand erfordern (s. Gruppe B, C, D der Tab. 1).

Die Untersuchungen verschiedener Autoren mußten, entsprechend dem jeweiligen Entwicklungsstand und der Art der Feuerungen und der Brennstoffe, auf die sie sich stützen, erhebliche Abweichungen aufweisen. Verschiedene Angaben englischer Herkunft, von GRUMELL[1], von HARRIS (British Electricity Authority) und vom National Coal Board,

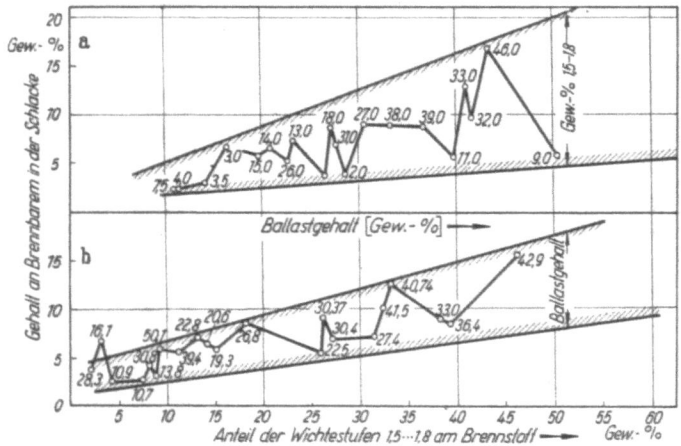

Abb. 3. Abhängigkeit des Brennbaren in den Rückständen vom Ballastgehalt bzw. vom Anteil der Wichtestufen 1,5 bis 1,8 am Brennstoff (nach DANIELS)

weichen beispielsweise sehr stark voneinander ab. Die von DUNNINGHAM[2] angegebene Faustregel, daß das Verbrennliche in den Rückständen die gleiche Größenordnung habe wie der Aschegehalt im Brennstoff, ist offensichtlich selbst für Rostfeuerungen viel zu hoch gegriffen, wenn auch die Tendenz besteht, daß mit steigendem Aschegehalt das Verbrennliche in den Rückständen ansteigt. DANIELS[3] stellt — nach (unveröffentlichten) Versuchen von H. J. SCHELTZ — einen ziemlich großen Schwankungsbereich (s. Abb. 3) und auch eine Abhängigkeit des Verlustes von dem Anteil des echten Verwachsenen (Wichtestufe 1,5—1,8) fest. Es kommt also wesentlich auch auf die Mineralverteilung und den Verwachsungsgrad und damit die Zugänglichkeit des Brennstoffs für den Luftsauerstoff an, und die Angabe eines *mittleren Aschegehaltes* ist nicht

---

[1] GRUMELL, E. S.: The Price Structure of Coal. Journ. Inst. Fuel Bd. 21 (1947/48), Nr. 118, S. 108—130. Diskussion Nr. 119, S. 194/203.

[2] DUNNINGHAM, A. C.: Ash and Boiler Efficiency. Journ. Inst. Fuel Bd. 25 (1952/53), Nr. 145 S. 235—240 (Fig. 1).

[3] DANIELS, B.: Über die Wahl der Kenngrößen für die Sortierung von Steinkohlen unter besonderer Berücksichtigung der Mittelgut- und Bergeverwertung. Diss. Bergakademie Clausthal 1956.

eindeutig. Eine Mischung von reiner Kohle und reinen Bergen (in ideal guter Verteilung) ist am günstigsten, ein hoher Anteil an echtem Verwachsenem besonders ungünstig für den Ausbrand. In der Kohlenstaubfeuerung, wo der Mahlvorgang eine weitgehende Zerlegung in reine Komponenten bewirkt, macht sich daher der Aschegehalt sehr viel weniger störend bemerkbar — von der Auswirkung auf Mühlenleistung, Kraftverbrauch und Verschleiß abgesehen.

Eine Nachprüfung des anlegbaren Kohlenpreises unter Sicherung eines mit zunehmendem Aschegehalt ansteigenden Anreizes zum Ausgleich des schwieriger erfaßbaren Mehraufwandes hat K. Schwarz[1,2] für moderne Rostfeuerungen und für Kohlenstaubfeuerungen durchgeführt und die bisher im Bergbau übliche Bewertungsformel[3] bestätigt gefunden.

Macht die große Zahl der rechnerisch z. T. schwer zu erfassenden Faktoren, die Art und der Entwicklungsstand der Feuerungen, die Art und Verteilung der Mineralsubstanz im Brennstoff eine allgemein gültige exakte Bewertung unmöglich, so ist es um so mehr berechtigt, Bewertungsformeln in einer möglichst vereinfachten und leicht zu handhabenden Form aufzustellen, wozu sich die schon bisher bevorzugte lineare Abhängigkeit vom Ballastgehalt anbietet. Nach den jetzigen Gepflogenheiten des deutschen Steinkohlenbergbaus wird eine Kohle bis zu 20% Ballastgehalt als vollwertig angesehen — darüber hinaus für die interne Verrechnung mit Hilfe eines Faktors umgerechnet, der den Wert 1 (oder 100%) bei 14,7% Ballast, den Wert 0 bei 64% Ballast schneidet, also der Gleichung

$$f = 1{,}298 - 2{,}028 \left(\frac{B}{100}\right) \tag{1}$$

gehorcht, wenn mit B der Ballastgehalt in Prozent eingesetzt wird (s. Abb. 4). Im Bereich a (0—20% Ballast) findet keine Umrechnung statt, b (20—55% Ballast) ist der Anwendungsbereich der Gl. (1), und der Bereich c hat nur theoretisch-rechnerische Bedeutung, da Steinkohlen mit Ballastgehalten über 55% im allgemeinen für die Kesselfeuerung nicht mehr in Betracht kommen, wohl aber noch andere Anwendungsmöglichkeiten haben können, wie etwa in der *Bergevergasung* (Puff[4],

---

[1] Schwarz, K.: Brennstoffauswahl und Kesselfeuerung. BWK Bd. 2 (1950) Nr. 9, S. 278—283.

[2] —: Die Bewertung ballastreicher Brennstoffe für die Staubfeuerung. BWK Bd. 3 (1951) Nr. 5, S. 155—156.

[3] Richtlinien zur Ermittlung der verwertbaren Förderung, der Kokserzeugung und der Brikettherstellung. Steinkohlenbergbau. Essen-Kettwig: Glückauf 1947.

[4] Puff, W.: Schwachgaserzeugung durch Vergasung von Aufbereitungsabgängen. Glückauf Bd. 88 (1952) Nr. 15/16, S. 343—346.

LEITHE u. LORENZEN[1], HUBMANN u. LANGE[2]). Der Sprung bei 20% Ballast ergibt sich aus der Tatsache, daß man von einem rechnerischen *Mischbrennstoff* mit 14,7% Ballastgehalt ausgegangen ist, aber eine gewisse Schwankungsbreite des Asche- und Wassergehaltes normaler Kohle in Rechnung stellen muß.

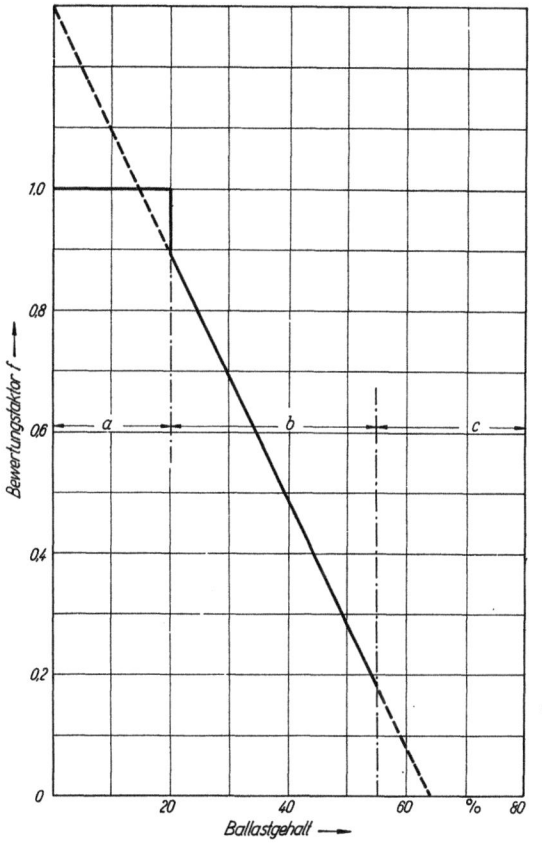

Abb. 4. Umrechnungsfaktor für ballastreiche Steinkohle
a Bereich der Verkaufserzeugnisse (keine Umrechnung),
b Gültigkeitsbereich der Gl. (1), *c* Extrapolierter Bereich (ohne Bewertung)

Die Frage nach dem günstigsten Schnitt zwischen dem Mittelgut, das noch dem Kesselhaus zugeführt werden kann, und den Bergen, die

---

[1] LEITHE, F., u. G. LORENZEN: Neue Ergebnisse aus der Vergasung ballastreicher Brennstoffe. Glückauf Bd. 90 (1954) Nr. 31/32, S. 839—844; Internationale Tagung über die restlose Vergasung geförderter Kohle, Lüttich 1954; Bericht C 4 S. 187—195.

[2] HUBMANN, O., u. P. LANGE: Vergasung aschenreicher Brennstoffe im absteigenden Gasstrom. Ebenda Bericht C 5 S. 196—207.

als unverwertbarer Rückstand heute normalerweise als Bergeversatz in die Grube zurückwandern, ist nicht einfach zu beantworten. Sie richtet sich einmal nach der Verwertungsmöglichkeit im zecheneigenen Kraftwerk, also nach den vorhandenen Feuerungen, oder — im Falle einer Neuplanung — nach dem jeweiligen Stande der Feuerungstechnik. Die weitere Überlegung wird beeinflußt von den rohstofflichen Voraussetzungen (der Aufbereitbarkeit, der Lage der Trennschnitte, der Zahl der Trennschnitte wie Dreigut- oder Viergutscheidung usw.). Weiter müssen die Kosten der Aufbereitung und schließlich das Zusammenspiel aller Kostenfaktoren und des Aufbereitungsergebnisses berücksichtigt werden, das im Gesamterlös seinen Ausdruck findet, der ein Maximum erreichen soll. Die oberen Grenzgehalte sind dabei im Laufe der Entwicklung immer weiter hinausgeschoben worden. Schichten mit Ballastgehalten über 55% können sehr wohl noch in Mischung mit Kohlen geringeren Aschegehaltes verfeuert werden. Schichten mit mehr als 65% Asche in der Kesselkohle sind nach HAARMANN zwecklos, BANSEN und KREBS legen die Grenzschichten auf 76%, SCHWARZ-BERGKAMPF[1] auf 70% fest.

Die obere Grenze des Aschegehaltes wird aber nicht nur von der Überlegung bestimmt, ob nach Abzug aller Verluste noch Nutzwärme verbleibt, sondern sie wird meist schon unterhalb dieser *Selbstgängigkeit* der Feuerungen, wie BANSEN und KREBS diesen Grenzaschegehalt kennzeichnen, durch die wachsenden Zündschwierigkeiten gezogen. Die Zündwilligkeit endet bei Rostfeuerungen nach SCHELTZ[2] bei 45 bis 55%, und zwar bei um so niedrigeren Werten, je höher der Anteil an echtem Mittelgut (Verwachsenem) ist.

Aus den bisherigen Überlegungen könnte man den Eindruck gewinnen, daß ein Ballastgehalt Null den Idealfall darstelle. Für feste Brennstoffe ist dies jedoch nicht ganz zutreffend, abgesehen davon, daß eine vollständige Entfernung der Mineralsubstanz mit wirtschaftlichen Mitteln aufbereitungstechnisch nicht möglich ist. Die Grenze liegt einmal in dem Gehalt an *gebundener Asche* und ferner in den mit dem geforderten Reinheitsgrad abnehmenden Ausbringen. Durch die Auswahl besonders reiner Flöze oder Flözpartien und durch die Anwendung spezieller Verfahren, so einer stufenweisen Schwimmaufbereitung (Flotation), ist es wohl möglich, besonders aschearme Brennstoffe wie *Edelkohle* (mit wenigen Prozent Aschegehalt) und *Reinstkohle* und daraus *Reinstkoks*

---

[1] SCHWARZ-BERGKAMPF, E.: Die Bewertung ballastreicher Brennstoffe. Berg. u. Hüttenmänn. Monatsh. Bd. 100 (1955) Nr. 1, S. 57—59.
[2] SCHELTZ, H.-J.: Die gegenwärtig gültige Mengenbewertung für ballastreiche Brennstoffe im Lichte der Brennstoff- und Kesselhausuntersuchungen 1951. Vortrag gehalten am 28. 6. 1955 im *Unterausschuß für ballastreiche Brennstoffe* des Steinkohlenbergbauvereins, Essen (unveröffentlicht).

Die Bedeutung der Asche für den Gebrauchswert der Brennstoffe 17

mit Aschegehalten weit unter 1% (0,35—0,45% in der Kohle, 0,55 bis 0,64% im Koks) herzustellen (KÜHLWEIN[1]). Wegen des hyperbelartigen Anstiegs der Kosten aber kommen solche Sonderbrennstoffe nur dort in Frage, wo ein derartiger Reinheitsgrad unbedingte Voraussetzung für die Verwendung ist, z. B. bei Elektrodenkoks (ABRAMSKI[2]). In diesem Falle kommt es neben einem sehr niedrigen Aschegehalt auch auf die Art der Aschezusammensetzung an. So wird bei Elektroden für die Aluminiumerzeugung gefordert, daß der Gehalt an Silizium und Eisen unter 0,25%, der Gehalt an Zink unter 0,01%, an Titan unter 0,003% und Vanadium unter 0,001% liegt (ABRAMSKI[3]).

In der Feuerungstechnik sind aufwendige Aufbereitungsverfahren — von wenigen Sonderfällen abgesehen — gar nicht notwendig. Als einen solchen Sonderfall könnte man eine mögliche künftige Nachfrage nach einem aschearmen Zentralheizungskoks (*Edelkoks*) ansehen, bei dem der Verbraucher für die gesteigerte Bequemlichkeit bei der Verwendung (Verminderung des Arbeitsaufwandes bei der Rückstandsbeseitigung) einen Aufpreis zu zahlen bereit wäre.

Für den Verbrennungsprozess selbst dagegen ist ein mäßiger Aschegehalt, wie er den handelsüblichen Aufbereitungserzeugnissen entspricht (s. Tab. 2) kein Hindernis; im Gegenteil, bei gewissen Feuerungsbauarten ist er erwünscht. Bei Rostfeuerungen bildet der Verbrennungsrückstand eine Schutzschicht, die den Rost vor übermäßig hohen Temperaturen schützt. Bei mechanischen Rosten sorgt dieser Rückstand nicht nur für eine Bedeckung des letzten Rostabschnittes und für einen Schutz vor zu starker Bestrahlung aus dem Feuerraum, sondern auch für die Aufrechterhaltung eines gewissen Strömungswiderstandes und erleichtert dadurch die Einhaltung mäßiger Luftüberschüsse. Diesem Zweck dient auch das Anstauen der Rückstände durch Pendelstauer, in Ausbrennschächten usf., die außerdem die Ausbrennzeit verlängern sollen. Brennstoffe mit äußerst geringem Aschegehalt, wie z. B. Petrolkoks mit Aschegehalten von 0,2—2,3%, sind daher auf Rosten schwierig zu verbrennen und erfordern eine besondere Technik.

Für die Verbrennungsreaktion ist ein mäßiger Ballastgehalt nicht störend, sondern förderlich. Die Verbrennung eines absolut trockenen Brennstoffs mit absolut trockener Luft ist äußerst schwierig, da der

---

[1] KÜHLWEIN, F. L.: Wege zur bestmöglichen Verwertung der Steinkohle. Bergbau-Archiv, Bd. 5/6, S. 85—104, Essen-Kettwig: Glückauf 1947.

[2] ABRAMSKI, C.: Gewinnung von Elektrodenkoks auf Steinkohlengrundlage. Bergbau-Archiv Bd. 5/6, S. 153—163 Essen-Kettwig 1947.

[3] —: Rohstoffliche und verkokungstechnische Gesichtspunkte für die Herstellung von Spezialkoksen für verschiedene Verwendungszwecke. Glückauf (1955) Beiheft (Beiträge deutscher Verfasser zum Jahrhundertkongreß der Société de l'Industrie Minérale, St. Etienne und Paris, 16. 6.—3. 7. 1955). Bericht Sa 8, S. 195—201.

18 Die Bedeutung der Asche für den Gebrauchswert der Brennstoffe

Wasserdampf die Verbrennungsreaktionen (besonders die des CO zu CO_2) katalytisch begünstigt (GUMZ[1]). Auch die Reaktion des Kohlenstoffs selbst ist äußerst träge, während die Anwesenheit anorganischer Stoffe

Tabelle 2. *Aschegehalt von Ruhrkohlen*

	Asche %	Wasser % (max.)
A. *Aufbereitungserzeugnisse*[1]		
Stückkohle	5—7	3
Knabbeln (gewaschene Stücke)	5—7	4
Nuß 1 und 2	5—7	4
Nuß 3 bis 5	5—8	5
Feinkohle, gewaschen	7—9	10
Großkoks	8—10	5
B. *Förderkohle*		
Rohförderkohle	27	3
Förderkohle (Mittelwert)	10—20	3
Unreine Flözkohle (Einzelbeisp.)[2]	28,6	1,9
C. *Ballastbrennstoffe*		
Grobmittelgut	35	5
Feinmittelgut	30	10
Sichterstaub		
Staub I	10	3
Staub II	18	4
Schlamm		
Schlamm I	10	20
Schlamm II	22	28
Waschberge		
Koksgrus	11	15—18
Kesselkohle		
(Mischkohle aus Mittelgut, Schlamm und Staub)	20—35	8—12

[1] Ruhrkohlen-Handbuch, 4. Aufl. Essen: Glückauf 1954.
[2] ANDERHEGGEN, E., u. K. BLANK: Beispiel der Verwertung unreiner Kohlenflöze zur Stromerzeugung in Kraftwerken des Ruhrbergbaus. Glückauf Bd. 87 (1951) Nr. 43/44, S. 1017/1020.

in feiner Verteilung ebenfalls katalytisch wirkt[2], allerdings genügen minimale Wasser- und Aschemengen, um die gewünschte Wirkung zu erzielen.

Bei Kohlenstaubfeuerungen fällt dieser Vorteil eines mäßigen Aschegehaltes weg, dennoch ist auch dort ein Streben nach extrem niedrigem Aschegehalt wirtschaftlich nicht gerechtfertigt.

[1] GUMZ, W.: Nasse Verbrennung. Fortschritte auf dem Gebiete der Klimatisierung der Verbrennungsluft. Mitt. VGB (1954) H. 31, S. 279—297 (Bedeutung der Feuchtigkeit für den Reaktionsmechanismus, S. 281—283).
[2] Man denke an den bekannten Versuch, ein Stück Würfelzucker mit einem Streichholz entzünden zu wollen; er mißlingt, aber eine geringe Verschmutzung, z. B. durch Zigarettenasche, bringt ihn sofort zum Aufflammen.

Die Ölfeuerung schließlich ist ein typisches Beispiel dafür, daß die durch den Aschegehalt ausgelösten Schwierigkeiten keineswegs von der Menge, sehr stark dagegen von der Art und dem Verhalten der anorganischen Bestandteile abhängen. Bei Aschegehalten des Heizöles von 0,05 bis 0,1%, die also mengenmäßig ohne weiteres als vernachlässigbar angesehen werden könnten, können sich erhebliche Korrosionsschwierigkeiten bei Anwesenheit von Metalloxyden (Vanadiumpentoxyd) und von Alkalien ergeben (vgl. S. 297 ff. und 306).

III. Kohle und Kohlenminerale
1. Entstehung und Aufbau der Kohle

Ein Einblick in die Mineralstoff-Führung der Kohlen kann nicht gewonnen werden, ohne daß man sich die Entstehung der Kohlen, die ja selbst dem Reich der Gesteine zugeordnet werden, zu vergegenwärtigen sucht. Kohlen sind als Sedimentgesteine aufzufassen. Sie unterscheiden sich jedoch von diesen dadurch, daß sie nicht aus Materialien aufgebaut sind, die durch die mechanische oder chemische Verwitterung bereits anstehender Gesteine gebildet werden, sondern aus mehr oder weniger großen Bruchstücken abgestorbener sedimentierter Pflanzen. Die Kohlen sind daher als *organogene Sedimentgesteine* zu bezeichnen. Gemeinsam ist den anorganischen und organogenen Sedimentgesteinen, daß ihre Entstehung an kein bestimmtes geologisches Zeitalter gebunden ist, wohl aber an bestimmte klimatische und geologische Voraussetzungen. Bedenkt man, daß es Kohlenflöze bis nahezu 100 m Mächtigkeit gibt, so wird es verständlich, daß Kohlen sich nur dann bilden können, wenn die Voraussetzungen für einen üppigen Pflanzenwuchs gegeben waren. Dies sind auf der einen Seite ein tropisches bis subtropisches Klima — von manchen Autoren wird neuerdings auch angenommen, daß auch ein gemäßigtes subtropisches Klima zu üppigem Pflanzenwuchs führen kann—, auf der anderen Seite ist aber auch eine große Bodenfruchtbarkeit erforderlich (POTONIÉ[1], STACH[2], MACKOWSKY[3, 4]). Beide Voraussetzungen reichen aber für die Bildung einer Kohlenlagerstätte noch nicht aus. Für ihre Entstehung müssen viele Generationen von Pflanzen am gleichen Standort nacheinander wachsen, absterben, sedimentieren und so dem Inkohlungsprozeß zugeführt werden. Unter Inkohlung versteht man die Umwandlung der abgestorbenen Pflanze in Kohlen verschiedenen Reife-

---

[1] POTONIÉ, H.: Die Entstehung der Steinkohle und der Caustobiolithe überhaupt. Berlin: Bornträger 1910

[2] STACH, E.: Lehrbuch der Kohlenpetrographie. Berlin: Bornträger 1935.

[3] MACKOWSKY, M. TH. in O. GROSSKINSKY: Handbuch des Kokereiwesens, S. 24/36 Düsseldorf: E. Knapp 1955.

[4] —: Probleme der Inkohlung. Brennst. Chem. Bd. 34 (1935) Nr. 11/12, S. 182/185.

grades. Sie ist in erster Linie durch eine Kohlenstoffanreicherung gekennzeichnet und läuft im Gegensatz zu der Vermoderung nur unter mehr oder weniger vollkommenem Luftabschluß ab. Die Aufeinanderfolge von zahlreichen Pflanzengenerationen und das Sedimentieren des abgestorbenen pflanzlichen Materials unter Luftabschluß setzt das Vorhandensein von Wald- oder Riedmooren mit ihrem hohen Grundwasserstand auf langsam sinkendem Untergrund voraus. Große, langsam sinkende Räume werden in der Geologie als *Geosynklinalen* bezeichnet. Sie bilden sich in der Regel aus sogenannten *Vorsenken* vor neu entstandenen Gebirgen. Durch die Gebirgsbildung werden die Gesteine der obersten Erdrinde z. T. mehrere hundert Meter über das normale Niveau der Erdoberfläche hinausgehoben und so in viel stärkerem Maße dem Einfluß der chemischen und mechanischen Verwitterung ausgesetzt. Ihr Verwitterungsschutt liefert in reichem Maße den fruchtbaren Boden, ihre durch die chemische Verwitterung entstehende Verwitterungslösung die Nährstoffe, die für die Entwicklung eines üppigen Pflanzenwuchses unerläßlich sind. Weiter soll noch darauf hingewiesen werden, daß die Räume vor hohen Gebirgen in der Regel niederschlagsreich sind, da die tiefhängenden Wolken das Gebirge nicht überqueren können. Die Geosynklinalen bieten also ideale Voraussetzungen für die Kohlenbildung. Alle großen Kohlenlagerstätten der Welt sind in den Vorsenken großer Gebirge, wie z. B., dem Variszischen Gebirge in Westeuropa, zu finden (STUTZER[1], STACH[2,3]). Zwischen den großen Gebirgsbildungen (Orogenesen) unserer Erdgeschichte und der Bildung von Kohlenlagern besteht ein gewisser Zusammenhang, und erdgeschichtliche Perioden ohne gebirgsbildende Vorgänge führen niemals zu ausgedehnten und mächtigen Kohlenlagern. Die Ausbildung, Mächtigkeit und Struktur der Kohlenlagerstätte hängt nun von der Größe bzw. Ausdehnung, dem gesamten Senkungsbetrag und der Senkungsgeschwindigkeit der Geosynklinalen ab. Ist die Senkungsgeschwindigkeit so groß, daß die Wasserbedeckungsverhältnisse des Moores trotz des dauernd hinzukommenden pflanzlichen Materials unverändert bleiben, dann sind die Voraussetzungen für das Entstehen eines mächtigen Kohlenflözes gegeben, wie es z. B. in dem Braunkohlenlager der Ville bei Köln vorliegt. Eine Unterbrechung der der Sedimentation des pflanzlichen Materials folgenden Torfbildung tritt nur dann ein, wenn sich die Senkungsgeschwindigkeit des Untergrundes ändert. Wird sie verlangsamt, so kommt es allmählich zur Austrocknung des Moores. Die Folge davon ist, daß es anstatt der Vertorfung nunmehr zur Vermoderung und damit zur Bodenbildung kommt.

---

[1] STUTZER, O.: Kohle. Berlin: Bornträger 1923. — [2] STACH, E.: Großdeutschlands Steinkohlenlager, Bd. X, Sammlung: Der deutsche Boden. Berlin: Bornträger 1940.

[3] Der deutsche Steinkohlenbergbau. Technisches Sammelwerk. Herausg. v. Bergbau-Verein. Bd. 1, Essen: Glückauf 1942.

Erhöht sich dagegen die Senkungsgeschwindigkeit des Untergrundes, oder steigt aus anderen Gründen der Grundwasserspiegel, so ertrinken die Wälder und es kommt zur Ablagerung von Gesteinsschutt verschiedener Korngröße. Grobkörnige Konglomerate werden bei starkem Gefälle zwischen dem Einzugsgebiet und dem Sedimentationsraum gebildet. Mit abnehmendem Gefälle, also meistens mit zunehmender Entfernung — vom Rand der Geosynklinalen — verringert sich die Korngröße der klastischen, d. h. durch mechanische Zerkleinerung entstandenen Gesteinspartikel über den Sand (Korngröße 2—0,02 mm) bis zu den feinsten Peliten (Mineralaggregate von der Korngröße unter 0,02 mm), bei denen es sich in erster Linie um tonige Sedimente handelt, die nach ihrer Entwässerung und Verfestigung zu Schiefertonen bzw. Tonschiefern führen (NIGGLI[1], PETTIJOHN[2]).

Ein Blick auf die großen Kohlenvorkommen der Welt zeigt, daß sie ganz vereinzelt aus einem einzigen Flöz bestehen. Meistens enthalten sie mehrere Flöze, die in Wechsellagerung mit anorganischen Süß- oder Meerwassersedimenten stehen. Diese Wechsellagerung von Kohle und Nebengestein ist auf mehrfachen nachhaltigen Wechsel in der Senkungsgeschwindigkeit der Geosynklinalen zurückzuführen. Eingehende Untersuchungen der Nebengesteinsserien durch JESSEN, KREMP und MICHELAU[3]) haben gezeigt, daß sich neben den tiefgreifenden Geschwindigkeitsänderungen in der Absenkung auch geringfügigere Schwankungen der Nebengesteinsbildung, also im Wechsel von Konglomeraten, Sandsteinen und Schiefertonen oder auch durch den Wechsel von Süß- und Meerwassersedimenten, erkennen lassen. Derartige Wechsel in der Nebengesteinsausbildung werden *Fazieswechsel* genannt. Lassen sich in ihnen gewisse Gesetzmäßigkeiten erkennen — wie dies z. B. für das Rheinisch-Westfälische Steinkohlenrevier der Fall ist —, so spricht man von Sedimentationszyklen oder auch von Sedimentationsrhythmen. Ob es auch bei der Ablagerung des pflanzlichen Materials, also bei der eigentlichen Kohlenbildung, zu geringfügigen Wechseln in der Senkungsgeschwindigkeit gekommen ist, ist schon seit langem Gegenstand eifriger Diskussionen (TEICHMÜLLER[4,5], HOFFMANN[6]).

---

[1] NIGGLI, P.: Gesteine und Minerallagerstätten, Bd. 2 Basel: Birkhäuser 1952.

[2] PETTIJOHN, F. J.: Sedimentary Rocks. New York: Harper & Brothers 1952.

[3] JESSEN, W., G. KREMP u. P. MICHELAU: Gesteinsrhythmen und Faunenzyklen des Ruhrkarbons und ihre Ursachen. IIIme Congrès pour l'Avancement des Études de Stratigraphie et de Géologie du Carbonifère, Heerlen 1951, Compte Rendu Bd. II. Editions *Ernest van Aelst* S. 289/294, Maestricht 1952.

[4] TEICHMÜLLER, M. u. R.: Inkohlungsfragen im Ruhrkarbon. Z. dtsch. Geol. Ges. Bd. 99 (1947) S. 40/77.

[5] —: Das Inkohlungsbild des niedersächsischen Wealdenbeckens. Z. dtsch. Geol. Ges. Bd. 100 (1948) S. 498/517.

[6] HOFFMANN, E.: Neue Erkenntnisse über die Vorgänge der Flözbildung. Bergbau Bd. 46 (1933) Nr. 7, S. 89/94.

Die in vielen Flözen eingeschütteten mehr oder weniger mächtigen Bergemittel, die Flözaufspaltungen und Schwankungen zeigten zwar, daß die Ablagerung des pflanzlichen Materials für gewisse Zeiten unterbrochen war. Diese Erkenntnisse erlaubten jedoch noch keine Rückschlüsse auf veränderte Sedimentationsbedingungen während der Ablagerung des pflanzlichen Materials. Die Ursache für die großen Schwierigkeiten, die die Beantwortung der Frage nach einem Fazieswechsel bei der Sedimentation des pflanzlichen Materials mit sich brachte, ist darin zu sehen, daß die absterbenden Pflanzen, abgesehen von ganz wenigen Ausnahmen, am Ort ihrer Entstehung — also streng autochthon — sedimentiert werden, unmittelbar nach der Ablagerung komplizierten Zersetzungsvorgängen unterworfen werden, wobei es nicht ausgeschlossen ist, daß das primäre streng autochthon abgelagerte Material noch einmal oder auch mehrmals geringfügig umgelagert wird. Derartige Vorgänge werden von R. POTONIÉ[1] als *hypautochthon* bezeichnet. Ein solcher Wechsel in den Entstehungs- und Umweltbedingungen (Fazies-Wechsel) ist bei primärer, streng autochthoner Sedimentation recht schwer zu erkennen. Es fallen nämlich alle diejenigen Merkmale fort, die sonst bei allochthonen Sedimenten, also bei Sedimenten, die in mehr oder weniger großer Entfernung vom Ort des Primärgesteins als klastische oder chemische Sedimente abgesetzt werden, auftreten. Zu diesen Kennzeichen gehören der Grad der Klassierung (Korngrößenverteilung), der Grad der Sortierung (Verteilung nach der Wichte), der Abrollungsgrad und auch das Ausmaß der chemischen Veränderungen im Vergleich zum Muttergestein.

Die nähere Untersuchung der Kohle zeigt, daß fast alle Kohlenflöze einen streifigen Aufbau haben, was besagt, daß mit dem bloßen Auge erkennbare matte und glänzende Lagen der verschiedensten Mächtigkeit miteinander abwechseln. Diese schon seit Jahrhunderten jedem Bergmann bekannte Inhomogenität im Aufbau der Kohle, die zu den alten bergmännischen Bezeichnungen *Glanz-*, *Matt-* und *Faserkohle* führte, legte es nahe, die Kohle ähnlich wie die Gesteine oder Erze auch mikroskopisch zu untersuchen. Sowohl die Betrachtung im Dünnschliff, die vorwiegend in den Vereinigten Staaten und in England vorangetrieben wurde, als auch die Anschliffuntersuchungen führten übereinstimmend zu dem Ergebnis, daß die Kohle eines bestimmten Flözes und auch eines bestimmten Untersuchungspunktes nicht nur aus verschieden geformten Bestandteilen besteht, sondern auch aus Bestandteilen, die sich in ihrer Farbe bzw. in ihrem Reflexionsvermögen deutlich voneinander unter-

---

[1] POTONIÉ, R.: Die Bedeutung der Sporomorphen für die Gesellschaftsgeschichte. IIIme Congrès pour l'Avancement des Etudes de Stratigraphie et de Géologie du Carbonifère, Heerlen 1951, Compte Rendu. Bd. II. S. 501/506, bes. S. 502. Maestricht 1952.

schieden. Man nennt diese Aufbauelemente der Kohle *Gefügebestandteile*, *Gemengeteile* oder auch *Mazerale* (ABRAMSKI, MACKOWSKY, MANTEL, STACH[1]). Bevor nun entschieden werden konnte, ob diese einzelnen Mazerale aus verschiedenen Organen der Pflanze entstanden sind oder wenigstens z. T. aus dem gleichen Material, wie z. B. dem Holz, mußte durch umfangreiche paläobotanische Untersuchungen die Brücke zwischen den Mazeralen der bisher am meisten untersuchten Steinkohle und dem pflanzlichen Ausgangsmaterial geschlagen werden. Dies war durchaus nicht einfach, da ein großer Teil der Steinkohlen aus dem Karbon stammt, also 200—300 Millionen Jahre alt ist. In diesen frühen geologischen Zeiten waren Pflanzen verbreitet, die heute nicht mehr oder ganz vereinzelt und nur in verkümmerter Form anzutreffen sind, wie z. B. die Sigillarien, die Cordaiten, die Baumfarne oder Pteridophyten und Lepidophyten und die ebenfalls baumartigen Schachtelhalme und die Equise-

Tabelle 3.
Kurz- und Elementar-Analyse von Vitrinit und Fusinit

	Vitrinit	Fusinit
Wasser	0,7	0,7
Asche	2,25	8,0
Fl. Best. % roh	37,04	6,6
Fl. Best. % i. wf	37,38	6,65
Fl. Best. % i. waf	38,17	7,23
Fixer Kohlenstoff	60,01	84,70
Fixer Kohlenstoff i. wf	60,32	85,35
Fixer Kohlenstoff i. waf	61,83	92,77
% C i. waf	82,37	93,89
% H i. waf	5,21	2,96
% N i. waf	1,25	0,66
% S i. waf	0,84	0,82
% O i. waf	10,33	1,67

[1] ABRAMSKI, C., M. TH. MACKOWSKY, W. MANTEL u. E. STACH: Atlas für angewandte Steinkohlenpetrographie. Essen: Glückauf 1951.

tales (GOHTAN, REMY[1]). Die noch keineswegs abgeschlossenen Untersuchungen führten zu dem Ergebnis, daß mindestens zwei Mazerale der Kohle, nämlich der Vitrinit und der Fusinit nebst dem Semifusinit, das gleiche Ausgangsmaterial, nämlich das Holz, haben. Tab. 3 zeigt, daß

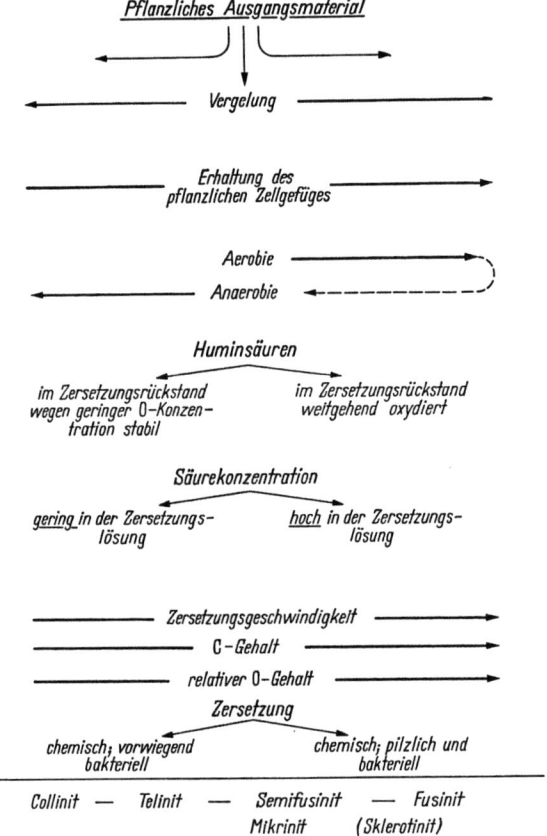

Abb. 5. Die Entstehung der Mazerale in der ersten Phase der Inkohlung

diese beiden Mazerale sich im Anschliff durch das Fehlen bzw. das Vorhandensein pflanzlicher Gewebestrukturen und auch durch das Reflexionsvermögen eindeutig voneinander unterscheiden. Diese Unterschiede im Reflexionsvermögen sind durch tiefgreifende chemische Unterschiede, also durch Unterschiede in der Kurzanalyse und der Elementarzusammensetzung, bedingt. Diese Unterschiede in der chemischen Zusammensetzung und in der mikroskopisch erkennbaren Struktur können nur durch unterschiedliche Zersetzungsgeschwindigkeiten bewirkt sein. Da

---

[1] GOTHAN, W., u. W. REMY: Steinkohlenpflanzen. Essen: Glückauf 1957.

die Umwandlung des pflanzlichen Materials — in diesem Falle des Holzes — zu Torf und schließlich zu Braun- und Steinkohle, abgesehen von wenigen Ausnahmen — wie z. B. dem Waldbrandfusit — erst nach seiner

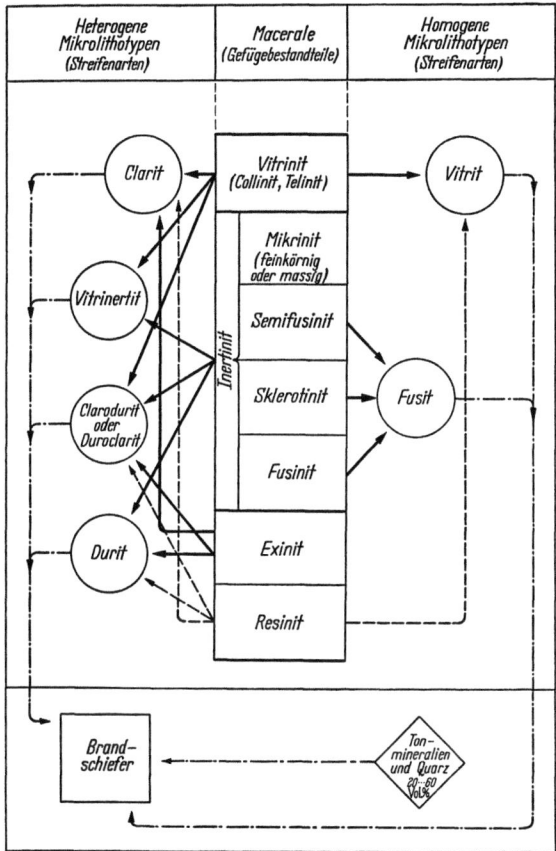

Abb. 6. Mazerale (Gefügebestandteile) und Mikrolithotypen (Streifenarten) von Steinkohlen

Sedimentation beginnt, können die verschiedenen Zersetzungsgeschwindigkeiten nur durch fazielle Unterschiede im Moor zustandegekommen sein. Abb. 5 gibt eine Übersicht über die verschiedenen Faktoren, die in den ersten Stadien der Inkohlung die für den ganzen weiteren Entwicklungsgang der Kohle entscheidenden Veränderungen des abgestorbenen pflanzlichen Ausgangsmaterials bewirken, nämlich die Differenzierung in die einzelnen Mazerale (TEICHMÜLLER[1], MACKOWSKY[2], v. KAR-

[1] TEICHMÜLLER, M.: Zum petrographischen Aufbau und Werdegang der Weichbraunkohlen. Geol. Jb. Bd. 64 (1950) S. 429/488.
[2] MACKOWSKY, M. TH.: der Sedimentationsrhythmus der Kohlenflöze. N. Jb. Geol. Paläont. (Mh.) (1955) Nr. 10, S. 438/449.

MASIN[1], TASCH[2], JURANEK[3]). Aus der Zusammenstellung geht hervor, daß die Unterschiede in der Zersetzungsgeschwindigkeit in erster Linie durch verschiedenartige Wasserbedeckungsverhältnisse zustande kommen, da diese wohl entscheidend die Aerobie bzw. Anaerobie-Verhältnisse (Luftzutritt oder Luftabschluß) beeinflussen. Selbstverständlich können im Moor Schwankungen des Grundwasserspiegels auch andere Ursachen haben als wechselnde Senkungsgeschwindigkeiten, vor allem dann, wenn diese Schwankungen ausgesprochen kleinräumig sind; doch ist es nicht ausgeschlossen, daß für die Differenzierung der Mazerale durch verschiedenartige Zersetzung des pflanzlichen Ausgangsmaterials auch Schwankungen in der Senkungsgeschwindigkeit eine große Rolle gespielt haben.

Aus den verschiedenen Mazeralen können sich dann — vielleicht könnte man sagen durch sekundäre Vorgänge — einige typische Mazeralvergesellschaftungen bilden, die man Streifenarten oder auch Mikrolithotypen der Kohle nennt (TEICHMÜLLER[4,5] HOFFMANN[6], POTONIÉ[7,8], TEICHMÜLLER[9], MACKOWSKY[10], v. KARMASIN[1], TASCH[2], JURANEK[3]). Abb. 6 gibt eine Übersicht über die Mazerale der Kohle und die sich aus ihnen bildenden Streifenarten, die in etwa den Gesteinen vergleichbar sind (TEICHMÜLLER[9], MACKOWSKY[10], v. KARMASIN[1], TASCH[2], JURANEK[3], MACKOWSKY[11]). Aus der Abbildung ist zu ersehen, daß zwischen monomazeralen, bimazeralen und trimazeralen Streifenarten unterschieden werden muß. Die Entstehung der monomazeralen Streifenarten, also des Vitrits und Fusits, entspricht im großen und ganzen der Entstehung der sie aufbauenden Mazerale. Sie sind demnach als streng autochthone (ortsgebundene) Bildungen aufzufassen. Etwas anders liegen die Verhältnisse bei den bi- und trimazeralen Streifenarten. Am einfachsten zu deuten ist die Entstehung des Clarits, und zwar dadurch, daß in dem Bildungsraum des Vitrinits Exinit, das sind Mikrosporen, Makrosporen und verfestigte

---

[1] v. KARMASIN, K.: Der Fazieswechsel in den Flözen Erda und Ägir aus dem Westfal C und B des produktiven Ruhrkarbons auf Grund mikropetrographischer Schlitzprobenuntersuchungen. Diss. Bonn 1950.

[2] TASCH, K. H.: Flözprofil und Flözgenese. Geologisch-petrologische Untersuchungen an Flözen der Sprockhöveler-Wittener-Bochumer-Essener und Horster-Schichten im Raume Bottrop, Bochum und Wattenscheid. Diss. Aachen 1956.

[3] JURANEK, G.: Kritische Betrachtung kohlepetrographischer Untersuchungsmethoden und ihre Anwendbarkeit für paläogeographische Fragen. Diss. Münster 1957

[4] TEICHMÜLLER, M. u. R.: vgl. S. 21, Fußn. 4. — [5] —: vgl. S. 21, Fußn. 5. — [6] HOFFMANN, E.: vgl. S. 21, Fußn. 6. — [7] POTONIÉ, R.: vgl. S. 22, Fußn. 1. — [8] s. Fußn. 1 S. 23. — [9] TEICHMÜLLER, M.: vgl. S. 25, Fußn. 1. — [10] MACKOWSKY, M. TH.: vgl. S. 25, Fußn. 2. — [11] MACKOWSKY, M. TH.: Neue Wege zur petrographischen Kennzeichnung von Kokskohlen. Proc. of the Int. Com. f. Coal Petrology 2 (1956) Nr. 2, S. 39/42, Internationale Kommission für Kohlenpetrologie; Kohlenpetrographisches Wörterbuch, 1957, im Druck.

Blatthäute, die sogenannten Kutikulen, oder auch Resinit (fossile Wachse und Harze) eingeschwemmt oder auch eingebettet wurden. In allen anderen Streifenarten kommen verschieden entstandene Mazerale, also Vitrinit, Mikrinit, Fusinit, Semifusinit und Sklerotinit in innigster Vermengung miteinander vor. Dies Nebeneinander kann nur dadurch erklärt werden, daß durch horizontale Wasserbewegungen vor allem die C-reicheren Mazerale, also die Mazerale des Fusits und wohl auch der *massige Mikrinit*, umgelagert sind, so daß nicht mehr von einer strengen Autochthonie, sondern, wie schon erwähnt, nach R. POTONIÉ von einer Hypautochthonie gesprochen werden muß. Unklar ist bis heute noch die Entstehung des *feinkörnigen Mikrinits* und damit auch aller Kohlen, die ihn in größeren Mengen enthalten. Dies sind in erster Linie die Sapropelkohlen oder Faulschlammkohlen, die lange Zeit im Gegensatz zu den mehr oder weniger autochthonen Humuskohlen als allochthon bezeichnet wurden. Die echte Allochthonie der Sapropelkohlen wird heute teilweise angezweifelt (JURANEK[5]), vor allem, seitdem wiederum R. POTONIÉ darauf aufmerksam gemacht hat, daß zwischen Humus- und Sapropelkohlen alle Übergänge vorkommen können (TEICHMÜLLER[1], MACKOWSKY[2], v. KARMASIN[3], TASCH[4], JURANEK[5]).

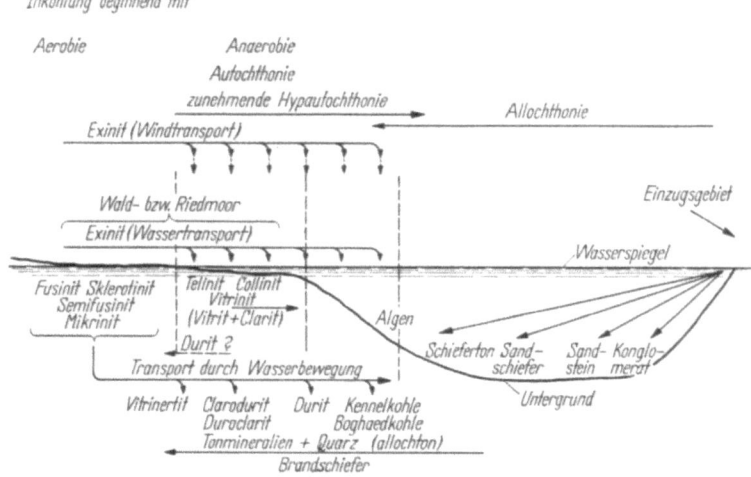

Abb. 7. Entstehung der Streifenarten in schematischer Darstellung

Die bisherigen Ausführungen haben gezeigt, daß, ähnlich wie bei den anorganischen Sedimenten, auch bei den Kohlengesteinen Faziesunter-

---

[1] TEICHMÜLLER, M.: vgl. S. 25, Fußn. 1. — [2] MACKOWSKY, M. TH.: vgl. S. 25, Fußn. 2. — [3] v. KARMASIN, K.: vgl. S. 26, Fußn. 1. — [4] TASCH, K.-H.: vgl. S. 26, Fußn. 2. — [5] JURANEK: vgl. S. 26, Fußn. 3.

schiede zu erkennen sind. Ihre Ursachen sind im Gegensatz zu den normalen Sedimenten nicht Unterschiede in der Entfernung vom Muttergestein — also Unterschiede in der Klassierung, Sortierung und der Abrollung — sondern verschiedenartige Zersetzungsbedingungen des pflanzlichen Ausgangsmaterials bei der streng autochthonen primären Sedimentation. Man könnte vielleicht sagen, daß die Entstehung der Mazerale mit Ausnahme des Exinits und Resinits durch *primäre Faziesunterschiede* bedingt wird, die Entstehung der Streifenarten dagegen, wie die Abb. 7 zeigt, durch sogenannte *sekundäre Faziesunterschiede*.

Durch die fortschreitende Bedeckung der älteren Sedimente mit jüngeren werden diese allmählich in größere Tiefen abgesenkt und diese somit diagenetisch verfestigt, was in erster Linie mit einer fortschreitenden Entwässerung verbunden ist (STILLE[1], TEICHMÜLLER[2,3], TEICHMÜLLER, M.[4]).

Diese dauernde Verminderung des Anteils der Verwitterungslösung, die an den chemischen Umsetzungen, wie mit Sicherheit anzunehmen ist, stärker beteiligt ist als Bakterien oder Pilze, führt zu einem Abklingen aller inkohlungsfördernden Reaktionen und damit zur Beendigung der ersten Phase der Inkohlung. Diese erste Phase der Inkohlung umfaßt die Vertorfung und die Braunkohlenbildung und endet im Stadium der reifen Erd- oder Weichbraunkohlen. Sie ist gekennzeichnet durch Reaktionen, die unter Druck- und Temperaturbedingungen ablaufen, wie sie an der unmittelbaren Erdoberfläche vorherrschen. Zu einem weiteren Fortschritt der Inkohlung kann es nun nur dann kommen, wenn durch die Versenkung der Sedimente in weit größere Tiefen erhöhter Druck und vor allem erhöhte Temperaturen wirksam werden können. Umwandlungsvorgänge, die das Vorhandensein höherer Temperaturen und höherer Drücke voraussetzen, werden in Geologie und Mineralogie als Metamorphose bezeichnet. So muß auch die zweite Phase der Inkohlung — im Gegensatz zu der vorwiegend biochemischen ersten Phase — ebenfalls als Metamorphose angesprochen werden. Sie umfaßt die Umwandlung der Weichbraunkohle über die Hartbraunkohle in die Steinkohle und endet im allgemeinen beim Anthrazit, vereinzelt sogar beim echten Graphit. Mit dieser echten Metamorphose sind meist große tektonische

---

[1] STILLE, H.: Kohlenbildung als tektonisches Problem. Braunkohle Jg. 24 (1926) Nr. 42, S. 913/918.

[2] TEICHMÜLLER, R.: Die Entwicklung der subvariszischen Vortiefe und der Werdegang des Ruhrkarbons. Jb. dtsch.-geol. Ges. Bd. 107 (1956) S. 55/65.

[3] —: Sedimentation und Setzung im Ruhrkarbon. N. Jb. Geol. Paläont. (Mh.) Abt. A (1955) S. 146/168.

[4] TEICHMÜLLER, M.: Vergleichende Untersuchungen versteinerter Torfe des Ruhrkarbons. IIIme Congrès pour l'Avancement des Études de Stratigraphie et de Géologie du Carbonifère. Heerlen 1951, Compte Rendu. Bd. II. S. 607/613. Maestricht 1952.

Veränderungen der Lagerstätte verbunden. Sie sind gekennzeichnet durch Aufspaltung der Flöze, durch Entstehung von Verwerfungen, Sprüngen, Unter- und Überschiebungen (OBERSTE-BRINK[1,2], KUKUK[3]). Während dieser zweiten Phase der Inkohlung verringern sich mit steigendem Inkohlungsgrad die chemischen Unterschiede zwischen den verschiedenen Mazeralen und damit den verschiedenen Streifenarten. Sie sind im Bereiche der Anthrazite so gering, daß sie praktisch vernachlässigt werden können. Wichtig ist jedoch, daß alle Mazerale auch noch in den höchst inkohlten Anthraziten mikroskopisch zu erkennen sind, was beweist, daß von einem Übergang eines Mazerals in ein anderes nicht gesprochen werden kann. Nur unter Berücksichtigung dieser Tatsache ist es erlaubt, die erste Phase der Inkohlung als die Phase der Differenzierung, die zweite dagegen als die Phase der Homogenisierung anzusprechen.

2. Chemisch-physikalische und petrographische Untersuchungen über den Aufbau der Kohle

Außer der bisher erläuterten geologischen Betrachtungsweise des Inkohlungsvorganges gibt es selbstverständlich noch eine rein chemische oder chemisch-physikalische. Bei ihr stehen weniger die die Inkohlung bewirkenden Faktoren im Mittelpunkt der Betrachtung, sondern die Reaktionen, die durch diese geologischen Vorgänge bewirkt werden. Tab. 4 zeigt die Inkohlungsreihe vom Torf bis zum Anthrazit. Aus ihr wird ersichtlich, daß mit steigendem Inkohlungsgrad der Gehalt an Flüchtigen Bestandteilen abnimmt, ebenso der Wasserstoff- und Sauerstoffgehalt, während umgekehrt der Kohlenstoffgehalt deutlich zunimmt. Die übliche Klassifikation der Steinkohlen erfolgt nach dem Gehalt an Flüchtigen Bestandteilen und, wie Abb. 8 zeigt, nach technologischen, vorwiegend verkokungstechnischen Gesichtspunkten[4]. Für wissenschaftliche Zwecke eignet sich die Elementarzusammensetzung besser als Bezugsgröße, erstens, weil sie keine Konventionalmethode ist, und zwei-

---

[1] OBERSTE-BRINK, K.: Zur Epirogenese des Ruhrkohlenbeckens. Z. dtsch. Geol. Ges. Bd. 100 (1948) S. 304/320.

[2] Tektonische Übersichtskarte des Rheinisch-Westfälischen Steinkohlenbezirks. Herausg. von der Westfälischen Berggewerkschaftskasse, Bochum.

[3] KUKUK, P.: Geologie des Niederrheinisch-Westfälischen Steinkohlenbeckens. Berlin: Springer 1938.

[4] Das Internationale System der Kohlenklassifizierung der Steinkohlen und die Kohlenarten der Gemeinschaft. Luxemburg Juni 1955. Europäische Gemeinschaft für Kohle und Stahl. Hohe Behörde. Vgl. International Classification of Hard Coal by Type. Classification Internationale des Houilles par Nature. Herausgegeben vom Sekretariat der Wirtschaftskommission für Europa (ECE) Genf, Aug. 1956, Document E/ECE/247, E/ECE/Coal/110 (United Nations Publication Nr. 1956 II. E. 4.) —. RADMACHER, W.: Das Internationale Steinkohlen-Klassifikations-System. Brennst.-Chem. Bd. 38 (1957) Nr. 3/4, S. 58/60.

Tabelle 4. *Flüchtige Bestandteile und Elementarzusammensetzung der Brennstoffe, nach Inkohlungsstufen geordnet*

Inkohlungsreihe	Flüchtige Bestandteile i. waf	C-Gehalt i. waf	H-Gehalt i. waf	O+N-Gehalt i. waf
Holz	80	50,0	6,0	44,0
Torf	etwa 65	etwa 55—60	6,0	39—34
Braunkohle	60—50	65—72	6,0—5,8	29—28
Glanzbraunkohle	50—45	72—77	6,0—5,8	22—18
Flammkohle	45—40	75—80	6,0—5,8	19—16
Gasflammkohle	40—35	80—84	5,8—5,5	16—10
Gaskohle	35—28	84—87,5	5,5—5,0	10— 7,5
Fettkohle	28—19	87,5—89,5	5,0—4,5	7,5—7
Eßkohle	19—14	89,5—90,5	4,5—4,0	7—5
Magerkohle	14—10	90,5—91	4,4—4,0	5—4
Anthrazit	10	91	4,0	4,0
Graphit	0	100	0	0

tens, weil sie als Ausgangspunkt für struktur-chemische Betrachtungen geeigneter ist. Genaue Angaben über die chemischen Reaktionen, die den Inkohlungsprozeß charakterisieren, sind heute noch nicht möglich, einmal weil die chemische Konstitution des pflanzlichen Ausgangsmaterials unbekannt ist, und zum anderen, weil auch die chemische Natur der Kohle noch nicht in befriedigender Weise aufgeklärt ist. Um trotzdem eine chemische Deutung des Inkohlungsvorganges vornehmen zu können, entwickelten FISCHER und SCHRADER[1] die sogenannte Ligníntheorie, die besagt, daß das Lignin vor allem der biochemischen Zersetzung widersteht, so daß in der ersten Phase der Inkohlung vorwiegend die zellulosehaltige Substanz der Pflanze abgebaut wird, wodurch in erster Linie CO_2 und CH_4 — die bekannten Sumpfgase — entstehen. Aus dem Lignin sollen sich dann Huminsäuren und aus diesen sich später Humine entwickeln. Das Vorhandensein von Huminsäuren neben Resten von Zellulose ist das Kennzeichen der Braunkohle, während die Steinkohlen nur noch aus Huminen bestehen. Dieser Ligníntheorie ist von LUNGE und BERL[2,3] die sogenannte Zellulosetheorie gegenübergestellt worden, die besagt, daß gerade die Zellulose Umwandlungen erfährt, die charakteristisch für die Inkohlung sind. Heute ist man geneigt, beiden Theorien eine gewisse Berechtigung einzuräumen. Durch die Arbeiten von

---

[1] FISCHER, F. u. H. SCHRADER: Entstehung und chemische Struktur der Kohle. Brennst. Chem. Bd. 2 (1921) Nr. 3, S. 37/45 und Nr. 14, S. 213/219. 2. Aufl. Essen: Girardet 1922.

[2] BERL, E.: Die Rolle der Kohlenhydrate bei der Bildung von Öl und bituminösen Kohlen. Bull. Am. Soc. Geol. Bd. 24 (1940) S. 1865.

[3] BERL, E., A. SCHMIDT u. H. KOCH: Zur Frage der Entstehung von Steinkohlen. Z. angew. Chem. Bd. 44 (1931) Nr. 18, S. 329/330.

Chemisch-physikalische und petrographische Untersuchungen

Gruppen Backvermögen			Code-Nummern (Erste Code-Ziffer)										Untergruppen Kokungsvermögen			
Zweite Code-Ziffer	Alternativ-Parameter		0	1	2	3	4	5	6	7	8	9	Dritte Code-Ziffer Kokungsgrad	Alternativ-Parameter		Gray-King-Koks-Typ
	Blähgrad (Swelling-Index)	Backzahl nach Roga												Dilatometerbefund Dilatation %		
3	4½ bis 9	> 45				334 VA	434 VB	535 VC	635				5	> 140		> G 8
						333	433	534	634				4	> 50 bis 140		G 5 bis G 8
						333a 333b	433	533	633 VD	733			3	> 0 bis 50		G 1 bis G 4
2	2½ bis 4	> 20 bis 45				323	423	523	623 VIA	723	823		3	> 0 bis 50		G 1 bis G 4
						322	422	522	622	722	822		2	≦ 0		E bis G
						321	421	521	621 VIB	721	821		2	≦ 0		B bis G
1	1 bis 2	> 5 bis 20			212	312	412	512	612	712	812		1	nur Kontraktion		B bis D
					211	311	411	511	611 VII	711	811		2	≦ 0		E bis G
													1	nur Kontraktion		B bis D
0	0 bis ½	0 bis 5		I 100 A/B	II 200	III 300	400	500	600	700	800	900	0	keine Erweichung		A
Erste Code-Ziffer			0 bis 3	1	2	3	4	5	6	7	8	9				
Klassen	Flüchtige Bestandteile der wasser- und aschefreien Substanz %			> 3 bis 10 / > 3 bis 6,5 / 6,5 bis 10	> 10 bis 14	> 14 bis 20 / > 14 bis 16 / 16 bis 20	> 20 bis 28	> 28 bis 33	> 33				Anhaltswerte für Flüchtige Bestandteile Klasse 6: 33 bis 41% Klasse 7: 33 bis 44% Klasse 8: 35 bis 50% Klasse 9: 42 bis 50%			
	Verbrennungswärme der lufttrockenen (30° C, 97% relative Luftfeuchtigkeit) und aschefreien Substanz kcal/kg								> 7750	> 7200 bis 7750	> 6100 bis 7200	5700 bis 6100	Die Kohlenproben dürfen bei den Untersuchungen nicht mehr als 10% Asche enthalten, andernfalls muß die Kohle aufbereitet werden	Erläuterung d. Zeichen: ∧ größer als ∨ kleiner als ≦ kleiner als, höchstens gleich		

Abb. 8 Internationales Klassifikations-System für Steinkohlen

W. FUCHS[1,2] ist man außerdem auf die Bedeutung des Redox-Potentials in der ersten Phase der Inkohlung hingewiesen worden, während auf der anderen Seite KREULEN[3] die Auffassung vertritt, daß die Rolle der Huminsäuren für den Fortgang der Inkohlung überschätzt wurde, da diese nach seiner Auffassung mehr oder weniger unabhängig von den inkohlungsfördernden Reaktionen entstehen können. Neue Impulse hat die Aufklärung der chemischen Vorgänge bei der Inkohlung in den letzten Jahren vorwiegend durch die physikalische Chemie, vor allem durch die Thermodynamik, die Reaktionskinetik, die physikalisch-chemische Statistik und die rein physikalische Strukturforschung bekommen. Thermodynamik und Reaktionskinetik haben wohl unmißverständlich zu der Erkenntnis geführt, daß in der zweiten Phase der Inkohlung die Temperaturerhöhung der entscheidende Faktor ist, ohne daß es bisher möglich war, jeder Inkohlungsstufe eine bestimmte chemische Struktur zuzuordnen. Die Temperaturerhöhung setzt eine bestimmte Versenkungstiefe voraus. Über die Zusammenhänge zwischen Versenkungstiefe und Inkohlungsgrad sei auf die Arbeiten von M. und R. TEICHMÜLLER[4,5] hingewiesen. Die vorwiegend von D. W. VAN KREVELEN[6] entwickelte Methode der physikalisch-chemischen Statistik hat zusammen mit den röntgenographischen Unter-

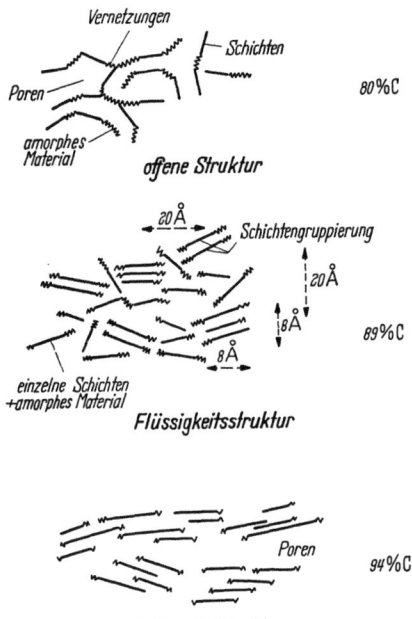

Abb. 9. Strukturchemische Kennzeichnung der Kohle (nach HIRSCH)

---

[1] FUCHS, W.: Fortschritte in der Kenntnis der Kohle. Brennst. Chem. Bd. 32 (1951) Nr. 1/2, S. 12/19.

[2] —: Neuere Untersuchungen über die Entstehung der Kohle. Chem. Zt. Bd. 76 (1952) Nr. 4, S. 61/66.

[3] KREULEN, D. W., u. F. G. KREULEN VAN SELMS: Neuere Untersuchungen über Huminsäuren und ihre Rolle in der Kohlengenese. Brennst. Chem. Bd. 37 (1956) Nr. 1/2, S. 14/19.

[4] TEICHMÜLLER, M. u. R.: vgl. S. 21, Fußn. 4.

[5] KARWEIL, J.: Die Metamorphose der Kohle vom Standpunkt der physikalischen Chemie. Z. dtsch. Geol. Ges. Bd. 107 (1956) S. 132/139.

[6] VAN KREVELEN, D. W.: Graphical-statistical method for the study of structure and reaction processes of coal. Fuel Bd. 29 (1950) Nr. 12, S. 269/284.

suchungen von HIRSCH[1] den Auswertungen der Messungen der Reflexion und der Reflexionsanisotropie von DAHME und MACKOWSKY[2,3] und vielen anderen und theoretischen Erwägungen von HUCK und KARWEIL[4] zu einer Modellvorstellung über die strukturchemische Kennzeichnung der Inkohlung geführt, die in Abb. 9, einem Vorschlag von HIRSCH entsprechend, schematisch dargestellt ist. Danach bestehen Torf, Braunkohlen und Steinkohlen aus kondensierten Ringsystemen, die über mehr oder weniger zahlreiche und verschieden lange Seitenketten miteinander verbunden sind. Im Laufe der Inkohlung werden durch Abspaltung von CO_2, CH_4 und H_2O die Seitenketten in ständig steigendem Maße abgebaut. Dieser Abbau ist bei einem C-Gehalt von etwa 90 % (i. waf) so weit vorgeschritten, daß die kondensierten Ringsysteme zu größeren Einheiten zusammentreten können. Das Zusammenwachsen dieser Aromatlamellen setzt eine gewisse Ordnung in ihrer Lage zueinander voraus, die sehr wahrscheinlich, abgesehen von der bei höheren Temperaturen vorhandenen größeren Beweglichkeit, auch durch den senkrecht wirkenden Belastungsdruck gefördert wird. Durch dieses Strukturmodell ist es nicht nur möglich, die verschieden hohe Härte der Kohle zu erklären, sondern, wie VAN KREVELEN und Mitarbeiter zeigen konnten, eine ganze Reihe weiterer Eigenschaften der Kohle, wie Elastizität, Refraktion, Absorption und einige für die Verkokung wichtige Reaktionen. Es ist zu hoffen, daß in den kommenden Jahren durch weitere Untersuchungen, z. B. über den oxydativen Abbau der reinen Mazerale, vorwiegend des Vitrinits, aber auch durch die Infrarot-Spektroskopie, weitere Einblicke in die chemische Konstitution der Kohle möglich werden (BERGMANN, HUCK, KARWEIL, LUTHER[5]).

Neben der rein geologischen und chemisch-physikalischen Betrachtungsweise der Kohle steht die Kohlenpetrographie. Zum Bereich der Kohlenpetrographie gehören, wie Abb. 10 zeigt, neben dem gründlichen Studium der Lagerstätte alle Untersuchungen, die zur Kennzeichnung des stofflichen Aufbaus dieser Lagerstätte beitragen können. Die Kohlenmikroskopie ist demnach nur ein Teilgebiet der Kohlenpetrographie. Sie

---

[1] HIRSCH, P. B.: X-ray scattering from coals. Proc. Roy. Soc. Bd. 226 (1954) S. 143/169.

[2] DAHME, A. u. M.-TH. MACKOWSKY: Chemisch-physikalische und petrographische Untersuchungen an Kohlen, Koksen und Graphiten. V. Mikroskopische, chemische und röntgenographische Untersuchungen an Anthraziten. Brennst. Chem. Bd. 32 (1951) Nr. 11/12, S. 175/186.

[3] MACKOWSKY, M.-TH.: Neue kohlenpetrographische Erkenntnisse am Anthrazit. IIIme Congrès pour l'Avancement des Etudes de Stratigraphie et de Géologie du Carbonifère, Heerlen 1951, Compte Rendu. Bd. II, Maestricht 1952 S. 423/428.

[4] HUCK, E. u. J. KARWEIL: Versuch einer Modellvorstellung vom Feinbau der Kohle. Brennst. Chem. Bd. 34 (1953) Nr. 7/8, S. 97/102; Nr. 9/10, S. 129/135.

[5] BERGMANN, G., E. HUCK, J. KARWEIL u. H. LUTHER: Ultrarotspektren von Kohlen. Brennst.-Chem. Bd. 35 (1954) Nr. 11/12, S. 175/176.

hat die Aufgabe, durch mikroskopische Untersuchungen an Dünn- und Anschliffen die morphologisch erfaßbaren Aufbauelemente der Kohle — und das sind die Mazerale und die Streifenarten — in ihren Veränderungen während der Inkohlung zu verfolgen. Wie schon erwähnt, entwickelte sich die Kohlenmikroskopie als ein Analogon zur Gesteins- und Erzmikroskopie in den ersten Jahrzehnten dieses Jahrhunderts, in dem WINTER[1], POTONIÉ[2], STACH[3] und KÜHLWEIN[4] in Deutschland, M. C. STOPES[5] und C. A. SEYLER[6] in England, A. DUPARQUE[7] in Frankreich und R. THIESSEN[8] in den Vereinigten Staaten damit begannen, die schon rein makroskopisch verschieden aussehenden Kohlen (Glanz-, Matt- und Faserkohle in der Steinkohle, Unterschiede zwischen Braunkohlen und Steinkohlen und schließlich zwischen Gasflammkohlen und Anthraziten) mikroskopisch auf die Ursachen dieser Unterschiede zu untersuchen. Die Arbeiten der Kohlenpetrographen der ganzen Welt

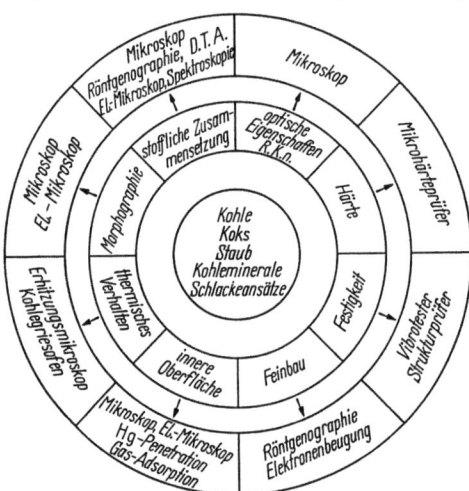

Abb. 10. Aufgaben und Untersuchungsmethoden der angewandten Kohlenpetrographie. (Innenkreis: Untersuchungsmaterial. Innerer Ring: Gewünschte Information. Äußerer Ring: Untersuchungsmethode)

---

[1] WINTER, H.: Mikroskopische Untersuchung der Kohle im auffallenden Licht. Glückauf Bd. 49 (1913) Nr. 35/36, S. 1406/1413.

[2] POTONIÉ, R.: Einführung in die allgemeine Kohlenpetrographie. Berlin: Bornträger 1924.

[3] STACH, E.: Lehrbuch der Kohlenpetrographie. Berlin: Bornträger 1935 (mit umfassender Literaturübersicht).

[4] KÜHLWEIN, F. L.: Grundsätzliche Schwierigkeiten bei der quantitativen kohlenpetrographischen Analyse. Glückauf Bd. 67 (1931) Nr. 35, S. 1124/1126.

[5] STOPES, M. C.: On the four visible ingredients in banded bituminous coal. Studies in the composition of coal, No. 1. Proc. Roy. Soc. Series B Bd. 90 (1919) Nr. B. 633, S. 470/487.

[6] SEYLER, C. A., (mit W. J. EDWARDS): The microscopical examination of coal. Dept. Sci. Ind. Res. — Fuel Research. Phys. and chem. Survey of the natl. Coal Resources Nr. 16. London: H. M. Stationary Office 1929.

SEYLER, C. A., u. W. J. EDWARDS: Technique of coal petrography. Fuel. Bd. 28 (1949) Nr. 6, S. 121/127.

[7] DUPARQUE, A.: Structure microscopique des charbons du Bassin Houiller du Nord et du Pas-de-Calais. Mem. Soc. géol. du Nord Bd. 11 (1933).

[8] THIESSEN, R.: Structure in Paleozoic Bituminous Coals. Bureau of Mines Bull. 117, Washington 1920.

haben in den letzten 30—40 Jahren zu der Erkenntnis geführt, daß alle Kohlen unseres Erdballs aus den gleichen Mazeralen aufgebaut sind. Unterschiedlich sind lediglich die Mazeralvergesellschaftungen, und zwar besonders die mengenmäßige Beteiligung der Streifenarten. So fehlt z. B. den Saarkohlen ein nennenswerter Prozentsatz an echtem Durit, der umgekehrt in den oberschlesischen Kohlen vielfach ausgesprochen hoch ist. Die gleiche oder ähnliche Erscheinungsweise der Kohle im Mikroskop bedeutet jedoch noch nicht Gleichheit in der chemischen Zusammensetzung bzw. in den technologischen Eigenschaften. Hier bedarf der Petrograph der intensiven Unterstützung der Chemiker, da er nur dann in der Lage ist, Auswirkungen einer unterschiedlichen Zusammensetzung nach Mazeralen oder Streifenarten auf die technologischen Eigenschaften einer Kohle zu deuten. Durch die Zusammenarbeit von Chemikern, Physikern, Ingenieuren und Petrographen und durch die gegenseitige Ergänzung ihrer Anschauungen über die oft verwickelten Vorgänge in der Technologie und der Verwendung der Kohle konnte eine Reihe praktisch bedeutsamer Erfolge erzielt werden. Dies gilt auch für den Kesselbetrieb und seine vielfältigen Probleme. So ist es z. B. gelungen, neben der mikroskopischen Analyse nach Mazeralen und Streifenarten auch noch eine Analyse der Kohlenarten durchzuführen (MACKOWSKY[1,3] HELLER[2]) und zwar, wie Abb. 11 zeigt, auf Grund der charakteristischen Veränderungen des Reflexionsvermögens und der Reflexionsfarben der Steinkohlenmazerale in Abhängigkeit vom Inkohlungsgrad. Man kann somit auch eine unbekannte Kesselkohle oder ein Kohlengemisch einwandfrei identifizieren. Ein anderes Beispiel ist das Zündverhalten, wobei darauf hinzuweisen ist, daß sich die verschiedenen Mazerale einer Kohlenart bzw. die gleichen Mazerale verschiedener Kohlenarten verschieden verhalten. Hier kann die petrographische Untersuchung manche Aufklärung betrieblicher Schwierigkeiten oder Anomalitäten bringen.

Das wichtigste Gebiet aber, auf dem Mineraloge und Petrograph dem Kraftwerksingenieur wertvolle Hilfestellung leisten kann, ist das hier in den Mittelpunkt der Betrachtung gerückte weite Gebiet der Kenntnis der anorganischen Bestandteile der Kohle mit allen ihren vielfältigen Auswirkungen auf den praktischen Kesselbetrieb. Es ist daher notwendig, die Mineralsubstanz der Kohle und der in ihrer unmittelbaren Nachbarschaft anstehenden Gesteine einer näheren Betrachtung zu unterziehen,

---

[1] MACKOWSKY, M.TH.: Die quantitativen Methoden zur kohlenpetrographischen Anschliffuntersuchung, ihre Fehlergrenzen und Anwendungsbereiche. Brennst. Chem. Bd. 35 (1954) Nr. 13/14, S. 193/201 und Nr. 15/16, S. 232/235.

[2] HELLER, H.: Die petrographische Analyse nach Kohlenarten in der praktischen Kohlenuntersuchung. Glückauf Bd. 92 (1956) Nr. 1/2, S. 47/50.

[3] MACKOWSKY, M.TH.: Probleme und Methodik der angewandten Steinkohlenpetrographie. XX. Internationaler Geologenkongreß. Mexico-City, 1956. Im Druck.

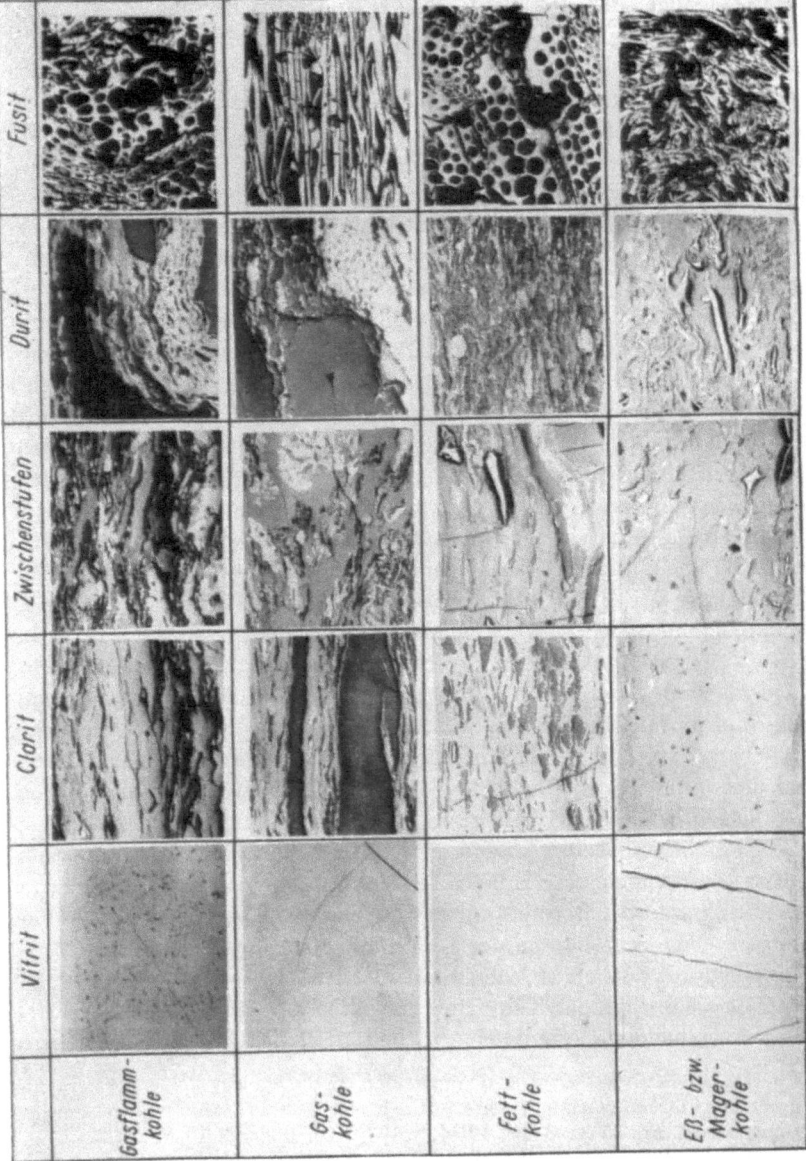

Abb. 11. Übersicht über die Streifenarten der Steinkohle und ihre Veränderung mit zunehmendem Inkohlungsgrad

um daraus die Anhaltspunkte zu gewinnen, die notwendig sind, um die Kohle — besonders die Kesselkohle — so zweckmäßig zu behandeln und zu verwenden und die Feuerungseinrichtungen ihrer Eigenart so anzupassen, daß sie ihrem Endzweck, der wirtschaftlich besten Verwertung, voll gerecht werden kann.

3. Entstehung der mineralischen Beimengungen der Kohle

Mineralische Einlagerungen bzw. Beimengungen der Kohle können einmal zur gleichen Zeit mit der Kohle entstanden sein, in diesem Fall spricht man von *syngenetischen* Mineralen oder Gesteinen, oder erst nach der Verfestigung der Kohle auf später entstandenen Spalten und Rissen abgesetzt werden, was man dann als *epigenetische* Bildungen bezeichnet. Ein kleiner Prozentsatz der aus den anorganischen Beimengungen der Kohle sich bildenden Asche stammt aus dem pflanzlichen Ausgangsmaterial und wird deshalb als Pflanzenasche bezeichnet.

a) Syngenetische Minerale und Gesteine

α) Nebengestein und Bergemittel. Da die Kohle und ihr Nebengestein Sedimente sind, kann man sich von der Entstehung der mineralischen Verunreinigungen in der Kohle, der Bergemittel in den Flözen und des Nebengesteins bei Kenntnis der Gesetzmäßigkeiten der Verwitterung eine einigermaßen klare Vorstellung machen. Auf den Unterschied zwischen mechanischer und chemischer Verwitterung wurde bereits hingewiesen. Die mechanische Verwitterung führt in erster Linie zu einer mehr oder weniger weitgehenden Auflockerung des primären Gesteins, wodurch neue Angriffsflächen für die chemische Verwitterung geschaffen werden. Die chemische Verwitterung besteht im wesentlichen aus Lösungsvorgängen. Diese einzeln oder gemeinsam wirksam werdenden Vorgänge führen zur Bildung eines Verwitterungsrückstandes und einer Verwitterungslösung. Beim klastischen Verwitterungsrückstand handelt es sich um körniges Material, bei der Verwitterungslösung dagegen um echte und/oder kolloidale Lösungen. Transport und Sedimentation unterliegen also ganz verschiedenartigen Gesetzmäßigkeiten.

Klastischer Verwitterungsschutt kann sowohl durch Wasser als auch durch Wind befördert werden; beide bewirken eine Klassierung des Materials nach der Korngröße. Bei dem Transport in Wasser hängt die Klassierung sowohl vom Gefälle zum Muttergestein und Sedimentationsraum ab als auch von der Länge des Transportweges. Bei gleichen Weglängen und verschiedenem Gefälle werden bei stärkerem Gefälle die groben Bestandteile (Psammite) des Verwitterungsschutts später abgelagert als bei geringerem Gefälle. Bei gleichem Gefälle nimmt mit fortschreitender Entfernung vom verwitternden Gestein die Korngröße der Sedimente von den *Psammiten* (Korngröße über 2 mm) über die *Psephite* (Korngröße 2—0,02 mm) zu den *Peliten* (Korngröße unter 0,02 mm) ab.

Im Nebengestein der Kohle sind alle drei Kornklassen der klastischen Sedimente zu finden. Als Psammite sind die Konglomerate anzusprechen, als Psephite die Sandsteine und als Pelite die Schiefertone. Zwischen diesen beiden finden sich häufig Übergänge in Form der tonigen Sandsteine und der sandigen Schiefertone. Die Verfestigung dieser klastischen, also körnigen Sedimente erfolgt nun nicht nur durch den ständig steigenden Belastungsdruck, also auf Grund diagenetischer Vorgänge, sondern vor allem durch die Durchtränkung dieses klastischen Materials mit der Verwitterungslösung. Da die chemische Zusammensetzung der Verwitterungslösung Schwankungen unterworfen sein kann, können auch die Bindemittel der klastischen Sedimente variieren. So kann z. B. ein Sandstein ein karbonatisches, toniges oder auch ein quarziges Bindemittel haben, wodurch selbstverständlich die Gefügefestigkeit der Sandsteine stark beeinflußt wird. Bei gleichem Bindemittel können ebenfalls Schwankungen in der Gefügefestigkeit dadurch auftreten, daß das Bindemittel einmal alle Poren zwischen den Gesteins- oder Mineralbrocken ausfüllt oder ein anderes Mal nur einen mehr oder weniger großen Teil, wodurch das Gestein eine gewisse Porosität erhält. Bei den sehr feinkörnigen klastischen Sedimenten, also den Peliten, ist die Unterscheidung zwischen den klastischen Bestandteilen einerseits und den chemischen Bestandteilen der Sedimente andererseits nicht immer einfach, da durch die mikroskopische Untersuchung der Dünnschliffe nur selten eine befriedigende quantitative Bestimmung der Mineralzusammensetzung gelingt. Sicher dürfte es sein, daß die reinen Tonminerale in den Schiefertonen aus der Verwitterungslösung ausgeschieden sind; das Gleiche gilt für den gegebenenfalls in ihnen enthaltenen Anteil an Kalkspat und Dolomit. Die Feldspäte, die Glimmer und der kristallisierte grobkörnige Quarz sind wohl mit Sicherheit als klastische Bestandteile anzusprechen. Erst bei stärkerer Druckbeanspruchung, also bei einer beginnenden oder schon abgeschlossenen Metamorphose, besteht die Möglichkeit, daß die Glimmer nicht klastisch sind, sondern aus der Metamorphose der Tonminerale entstanden sind.

Der größte Teil der Sedimente, wenn nicht sogar alle Sedimente, die die Nebengesteinsschichten der Kohlen bilden, sind durch den Transport des klastischen Materials in Wasser entstanden. Dabei handelt es sich im allgemeinen um Süßwassersedimente, doch sind z. B. aus dem Ruhrkarbon auch eine Reihe von Überflutungen durch das Meer (Transgressionen) bekannt, so daß auch ein Transport im Salzwasser stattgefunden haben muß. Der Unterschied zwischen Salz- und Süßwasser hat auf den Transport an sich keinen entscheidenden Einfluß, wohl aber auf die chemische Zersetzung des transportierten Materials. In neutralem oder schwach saurem Wasser (Süßwasser) sind z. B. sowohl die Kieselsäure als auch das Aluminium der Silikate löslich, während im schwach alkalischen Meereswasser nur die Kieselsäure, nicht aber das Aluminium in Lösung gehen kann. Das hat zur Folge, daß sich im Meerwasser keine Tonminerale aus der echten Lösung bilden können, bei denen es sich ja bekanntlich um sehr verschiedenartig zusammengesetzte Alumosilikate handelt. Der Mineralbestand der marinen und nicht marinen Sedimente ist daher nicht in charakteristischer Weise verschieden. Zu ihrer Unterscheidung dienen in der Regel die in ihnen vorkommenden Makro- und Mikrofossilien.

Aus den bisherigen Ausführungen geht hervor, daß es sich beim hangenden und liegenden Nebengestein der Kohle vorwiegend um klastische Sedimente handelt, die durch das aus der Verwitterungslösung stammende Material chemisch verfestigt sind. Der Absatz dieser Sedimente kommt dadurch zustande, daß in Zeiten größerer Senkungsgeschwindigkeiten der Geosynklinalen vom Einzugsgebiet zum Moor eine je nach der Entfernung des geosynklinalen Randes mehr oder weniger großes Gefälle besteht.

Die in die Flöze ein- und zwischengelagerten sogenannten Bergemittel verdanken ihre Entstehung ebenfalls einer — wenn auch nur kurzzeitigen — Erhöhung der Senkungsgeschwindigkeit der Geosynklinalen. Aus diesem Grunde bestehen diese Bergemittel grundsätzlich aus den gleichen Sedimenten wie auch das hangende und liegende Nebengestein. Der einzige Unterschied besteht lediglich darin, daß in diesen Bergemitteln die extrem grobkörnigen Sedimente, also die Konglomerate, fehlen. Die Bergemittel bestehen demnach in der Hauptsache aus Sandsteinen und Schiefertonen mit allen möglichen Übergängen. Je nach dem Mineralbestand der Schiefertone können diese mehr mergelig (höherer Kalkanteil), bentonitartig (höherer Anteil an quellfähigen Tonen) oder auch als Tonsteine ausgebildet sein, bei denen das Tonmineral Kaolinit stark vorherrscht.

Grundsätzlich bestehen also keine eindeutigen petrographischen Unterschiede zwischen den Sedimenten des Nebengesteins und den Sedimenten der Bergemittel. In der Kohle werden beide — wenn überhaupt — als in der Regel kohlefreie bis schwach kohlehaltige Bergekörner vorkommen, wodurch sie sich eindeutig von der zweiten Gruppe der syngenetischen Beimengungen oder Verunreinigungen der Kohle unterscheiden, nämlich der unmittelbar mit der Kohle verwachsenen Mineralsubstanz.

β) **Mineralische Bestandteile in der Kohlensubstanz.** (MACKOWSKY[1,2], FRANCIS[3], PARKS[4]). Aus der Betrachtung über die Entstehung der Kohlen

---

[1] MACKOWSKY, M.TH.: Mikroskopische Untersuchungen über die anorganischen Bestandteile in der Kohle und ihre Bedeutung für Kohlenaufbereitung und Kohlenveredlung. Arch. f. d. bergbaul. Forschung Bd. 4 (1943) Nr. 1, S. 5/16.

[2] —: Mineralogie und Petrographie als Hilfsmittel für die rohstoffliche Kohlenforschung. Bergbau-Arch. Bd. 5/6 (1947) S. 101/117.

[3] FRANCIS, W.: Coal. S. 483/509. London: Edward Arnold Ltd. 1954.

[4] PARKS, B. C.: Mineral matter in coal. Second Conf. on the Origine and Constitution of Coal, Crystall Cliff, Nova Scotia (1952) S. 272/292.

ging hervor, daß sich Kohlen nur dann bilden können, wenn die Geosynklinale so langsam sinkt, daß der Grundwasserspiegel unverändert bleibt. Durch diese langsame Absenkung des Untergrundes kommt im allgemeinen kein so starkes Gefälle vom Geosynklinalenrand zum Moor zustande, als daß es zu einem Einschwemmen echten klastischen Materials kommen könnte. Lediglich die Verwitterungslösung wird in das Moor einsickern und sich horizontal ausbreiten, da horizontale Wasserbewegungen im Moor in stärkerem Maße möglich sind als vertikale. Durch die Wechselwirkung zwischen der humosen Substanz des Moores und den in der Verwitterungslösung enthaltenen chemischen Substanzen kommt es zur Abscheidung der syngenetischen Minerale. Alle diese sich aus der Verwitterungslösung bildenden Minerale sind im Gegensatz zu den vorher beschriebenen Sedimenten innig mit der aus dem Torf sich bildenden Kohlensubstanz verwachsen und bilden den größten Teil der von den Aufbereitern als *gebundene Asche* bezeichneten Verunreinigungen. Mit dem Wort *gebundene Asche* soll zum Ausdruck gebracht werden, daß es bei Anwendung normaler Aufbereitungsverfahren meist nicht gelingt, die Mineralsubstanz von der Kohle zu trennen, d. h. daß diese syngenetischen Minerale — wenn von dem kleinen Prozentsatz der Fehlausträge abgesehen wird — die Hauptmenge der Aschebildner in den gewaschenen Kohlensorten darstellen. Wenn sich die syngenetisch gebildeten Minerale stärker anreichern, bilden sie das sogenannte *echte Verwachsene*, das ein wesentlicher Teil des bei der durch eine Dreigutscheidung anfallenden Mittelgutes ist. Auch bei ihm ist eine Trennung von Kohle und Mineralsubstanz durch aufbereitungstechnische Maßnahmen, wie z. B. weitere Zerkleinerung, in der Regel nicht möglich. Tab. 5 gibt einen Überblick über die am stärksten verbreiteten syngenetischen Minerale der Steinkohle. Aus der Übersicht ist zu ersehen, daß die Gruppe der Tonminerale sich vor allem aus der Verwitterungslösung abscheidet. Der Abscheidemechanismus ist im einzelnen noch unbekannt. Sicher ist nur, daß die Tonminerale in äußerst feindispersem Zustand abgesetzt werden, wobei die Korngröße bis zu einigen hundert Å heruntergehen kann (BROWN[1]). Die obere Grenze der Korngröße dürfte bei einigen Mikron liegen. Bei dem Quarz ist sicher nur ein Teil unmittelbar aus der Verwitterungslösung ausgefällt, dabei dürfte es sich um den Quarzanteil handeln, der in allerfeinster Verteilung stets in Vergesellschaftung mit Tonmineralen vorkommt, da sich diese aus der Zersetzung der Feldspäte etwa nach folgender Formel bilden:

$$\underbrace{K_2O \cdot Al_2O_3 \cdot 6\,SiO_2}_{\text{Orthoklas}} + nH_2O \rightarrow \underbrace{2\,SiO_2 \cdot Al_2O_3 \cdot 2\,H_2O}_{\text{Kaolinit}}$$
$$+ 4\,SiO_2 \cdot xH_2O + 2\,KOH \qquad (2)$$

[1] BROWN, R. L.: Some coal research problems and their industrial implications. J. Inst. Fuel Bd. 29 (1956) Nr. 184 S. 218/231, bes. Tafel 1 *The coal skeleton*.

Tabelle 5. *Übersicht über die verbreitetesten syngenetischen Minerale in der Steinkohle*

Minerale	Chemische Formel	Komponenten aus der Verwitterungslösung	Komponenten aus der Zersetzung des pflanzlichen Materials	Mitwirkung von Organismen des Moores
Tonminerale				
Kaolinit	$(OH)_8Al_4Si_4O_{10}$	Al^{+++} Si^{++++}	—	—
Montmorillonitgruppe	$(OH)_4 (Al, Mg, Fe)_4$ Si_8O_{20} u. H_2O	Al^{+++}, Mg^{++}, Fe^{+++}, Si^{++++}	—	—
Illitgruppe	$(OH)_4K_4(Al_4Fe_4Mg_4Mg_6)$ $Si_{8-4}Al_4O_{20}$	K^+, Al^{+++}, Mg^{++}, Fe^{+++}, Si^{++++}	—	—
Quarz	SiO_2	Si^{++++}	—	—
Karbonate				
Kalkspat	$CaCO_3$	Ca^{++}	CO_2	—
Eisenspat	$FeCO_3$	Fe^{++}	CO_2	—
Ankerit	$(Fe, Mg, Mn) Ca(CO_3)_2$	Fe^{++}, Mg^{++}, Mn^{++}, Ca^{++}	CO_2	—
Dolomit	$(Ca, Mg)CO_3$	Ca^{++}, Mg^{++}	CO_2	—
Sulfidische Erze				
Melnikovit	$FeS_2 \cdot H_2O$	Fe^{++}	H_2S	möglich
Pyrit	FeS_2	Fe^{++}	H_2S	möglich
Markasit	FeS_2	Fe^{++}	H_2S	möglich
Zinkblende	ZnS	Zn^{++++}	H_2S	—
Bleiglanz	PbS	Pb^{++++}	H_2S	—
Kupferkies	$CuFeS_2$	$Cu^{++}Fe^{++}$	H_2S	—

Die Formel zeigt, daß der Orthoklas durch Wasserzuführung zu Kaolinit und Kieselsäuresol verwittert. Aus diesem Kieselsäuresol kann sich mit zunehmender Entwässerung das Kieselsäuregel, Opal, und aus diesem der Quarz bilden. Quarzlagen in den Kohleflözen, wie sie seit den

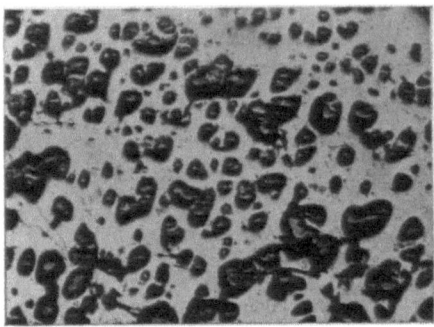

Abb. 12. Körniger Quarz in Kohle
(V = 75; Hellfeld, trocken)

Untersuchungen von FERRARI[1] (HOEHNE[2]) bekannt sind, enthalten, wie die Abb. 12 zeigt, sehr viel grobkörnigen Quarz, der sicher nicht aus der Verwitterungslösung entstanden ist, sondern aller Wahrscheinlichkeit nach als klastisches Material eingeschwemmt wurde. Dieser klastische Quarz wird dann in dem sauren Wasser der Torfmudde zum Teil gelöst und im Zuge der Entwässerung wieder ausgefällt, wodurch es zu quarzigen Verkittungen der Quarzkörner kommen kann (Abb. 13). Eine ähnliche Entstehung dürften auch die sogenannten Kristalltonsteine (Kaolinwürmer oder auch Kaolingraupen) haben, die außer dem Tonmineral Leverrierit (SCHÜLLER[3,4,5]) das zur Illitgruppe gehört, wie E. STACH[6], GUTHÖRL[7], HOEHNE[8], SCHÜLLER[9,10] zeigen konnte, noch größere Mengen unzersetzter

---

[1] FERRARI, B., u. J. RAUB: Flözgleichstellung auf petrographischer Grundlage unter Benutzung einer neu gefundenen Leitschicht. Glückauf Bd. 72 (1936) Nr. 44, S. 1097/1102.

[2] HOEHNE, K.: Bildungsweise der körnigen Quarzlage im Horizont des Flözes Ida (Westfal A) der mittleren Fettkohlengruppe Westfalens. Glückauf Bd. 85 (1949) Nr. 37/38, S. 661/676.

[3] SCHÜLLER, A.: Zur Frage des Leverrierit. Geologie Bd. 2 (1953) Nr. 2, S. 150/152.

[4] SCHÜLLER, A., u. H. GRASSMANN: Leverrierit aus oberkarbonischen Kristalltonsteinen von St. Etienne. Chemie der Erde Bd. 17 (1955) Nr. 4, S. 233/240.

[5] SCHÜLLER, A., u. H. GRASSMANN: Über den Nachweis von echtem Leverrierit in Tonsteinen aus unterkarbonischen Steinkohlenflözen von Dobrilugk. Heidelb. Beitr. zur Mineralogie u. Petrographie. Bd. 2. (1949) Nr. 4, S. 269/278.

[6] STACH, E.: Vulkanische Aschenregen über dem Steinkohlenmoor. Glückauf Bd. 86 (1950) Nr. 3/4, S. 41/50.

[7] GUTHÖRL, P.: Neue Beobachtungen und Feststellungen über das Vorkommen und die Ausbildung der Tonsteine des saar-lothringischen Karbons. Glückauf Bd. 85 (1949) Nr. 29/30, S. 521/525.

[8] HOEHNE, K.: Die Entstehungsgeschichte der Tonsteine und ihre vermeintliche Abkunft von vulkanischen Gläsern. Glückauf Bd. 81/82 (1948) Nr. 25/26, S. 422 bis 429.

[9] SCHÜLLER, A.: Über die Kaolinisierung von Feldspat und Glimmer bei der Bildung von Tonsteinen. Chemie der Erde Bd. 18 (1956) Nr. 1/2, S. 47/55.

[10] —: Die Tonsteine aus den Steinkohlenflözen von Dobrilugk und ihre Entstehung. Heidelberger Beitr. Min. Petr. Bd. 2 (1951) S. 413/427.

Feldspäte und andere klastische Gemengteile enthalten. Quarzlagen und Tonsteinlagen sind demnach als primär klastisch anzusprechen. Auf die Sedimentation des klastischen Materials erfolgt dann in der Torfmudde eine mehr oder weniger vollständige chemische Zersetzung mit anschließender Ausfällung rein chemischer Sedimente, die verkittend gewirkt haben.

Die Karbonate haben sich im Gegensatz zu den Tonmineralen und dem Quarz nicht allein aus der Verwitterungslösung bzw. der chemischen Zersetzung klastischer Sedimente gebildet, sondern durch das Zusammenwirken von Verwitterungslösung und den bei der Zersetzung des pflanz-

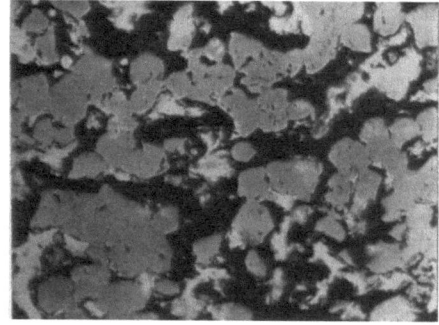

Abb. 13. Nachträgliche Verkittung der Quarzkörner (V = 250; Hellfeld, trocken)

lichen Materials entstehenden Gasen, in diesem Fall des CO_2. Mit Sicherheit syngenetisch gebildeter Kalkspat ist ausgesprochen selten, da die Verwitterungslösung fast immer Eisen enthält, so daß sich Ankerit bildet. Das häufigste syngenetische Karbonat in den Steinkohlenflözen ist der Eisenspat, der, wie die Abb. 76 [s. Tafel I vor S. 171] zeigt, in der Regel als radialstrahlig aufgebaute Konkretion vorkommt. Im sogenannten Toneisenstein findet man ihn in Vergesellschaftung mit Quarz und Tonmineralen in mehr grobkristalliner Form. Eisenspat kann sich nur bei völliger Anaerobie bilden, da sich bei Anwesenheit von Sauerstoff sofort Nadeleisenerze [FeO(OH)] oder der Limonit [Fe(OH)$_3$] bilden. Dolomit ist typisch für die hangenden Flözpartien und das unmittelbar hangende Nebengestein der Flöze mit sogenanntem *marinem Dach*. Darunter werden Flöze verstanden, bei denen auf den Senkungsdruck, der eine weitere Sedimentation des pflanzlichen Materials unterbrach, eine Meeresüberflutung erfolgte. Die sulfidischen Erze haben sich, soweit es sich um syngenetische Bindungen handelt, in ähnlicher Weise gebildet wie die Karbonate, nur mit dem einen Unterschied, daß ihre Entstehung das Vorhandensein von H_2S voraussetzt. Dieses H_2S kann aus der unmittelbar streng anaeroben Zersetzung eines schwefelhaltigen organischen Materials stammen. Der sich bildende Schwefelkies kann elektrolytisch ausgefällt sein. Es besteht aber auch die Möglichkeit, daß sogenannte Schwefelbakterien in ähnlicher Weise wie im Mansfelder Kupferschiefer bei der Entstehung des feinkonkretionären Schwefelkieses mitgewirkt haben. In diesem Fall müßten die Konkretionen die für bakterielle Bildungen typischen Vakuolen enthalten, deren Vorhandensein bei dem im Mansfelder Kupferschiefer entstandenen Pyrit erwiesen ist. Für den feinkonkretionären Schwefelkies in der Kohle (s. Abb. 21, S. 58) fehlt jedoch ein entsprechender Nachweis. Bei der elektrolytischen Ausfällung des Schwefelkieses bildet sich zunächst ein Schwefelkiesgel, der sogenannte Melnikovit (STACH[1], DOSS[2], EHRENBERG[3], TARR[4]), der dann je nach dem p_H-Wert in der Torfmudde und den Lösungsgenossen mit fortschreitender Entwässerung in Pyrit oder Markasit übergeht. Nach einer vielfach geäußerten Auffassung steht das Vorkommen des feinkonkretionären Schwefelkieses in einem gewissen Zusammenhang zu den marinen Transgressionen am Ende der Flözbildung (KÜHLWEIN[5]).

Diese Hypothese ist jedoch keineswegs bewiesen. Gegen sie läßt sich anführen, daß z. B. die vertikalen Wasserbewegungen im Moor sehr langsam verlaufen, so daß die Schwefelkiesführung in marin überdeckten Flözen vom Hangenden zum Liegenden abnehmen müßte, was jedoch offensichtlich nicht der Fall ist. Außerdem finden sich erhebliche Mengen dieses äußerst feinkristallinen Schwefelkieses in vielen Faulschlammkohlen, die keineswegs marin überdeckt sind. Es hat daher den Anschein, als ob der Zusammenhang zwischen Schwefelkiesreichtum und marinem Dach seine Erklärung darin fände, daß sich die marine Transgression schon durch etwas stärkere Senkung während des Moorstadiums angekündigt hat, so daß strengere Anaerobie herrschte als normalerweise. Diese Annahme wird durch die Tatsache gestützt, daß fast alle Flöze mit marinem Dach ausgesprochen arm an Mikrinit, Semifusinit und Fusit sind, also an den Mazeralen, die unter anfänglicher teilweiser Aerobie gebildet werden. Außerdem zeichnen sich diese Flöze durch eine große Gleichartigkeit im Aufbau aus, was auf eine gleichbleibende Moorfazies hinzuweisen scheint.

Die anderen sulfidischen Minerale, wie Zinkblende, Bleiglanz und Kupferkies, kommen als sicher syngenetische Bildungen sehr selten vor. E. STACH beobachtet sie im Piesberg-Anthrazit in Form von schalig gebauten Konkretionen — etwa vergleichbar den bekannten Schalenblenden. Ein gewisser Unterschied zu diesen Schalenblenden besteht in der Größe, da die in der Kohle vorkommenden schalenblendenartigen Konkretionen selten einen Durchmesser von 10 μ überschreiten.

---

[1] STACH, E.: Mineralogische Natur und Entstehung des Kohlenkieses. VDI-Beiheft Verfahrenstechn. (1941) S. 198/201.

[2] DOSS, B. R.: Über die Natur und Zusammensetzung des in miocänen Tonen des Gouvernements Samara auftretenden Schwefeleisens. N. Jb. Min. B. B. 33 (1912) S. 662 ff.

[3] EHRENBERG, H.: Das Auftreten und die Eigenschaften ehemaliger FeS_2-Gele, insbesondere von metasomatischen Blei-Zink-Erz-Lagerstätten. N. Jb. Min. BB. 57 A (1928) S. 1303 ff.

[4] TARR, W. A.: Alternating deposition of pyrite, marcasite and possibly melnikovite. Am. Mineralogist. Bd. 12 (1927) Nr. 12, S. 417/421.

[5] KÜHLWEIN, F. L.: in H. FREUND: Handbuch der Mikroskopie in der Technik. Bd. 2, Teil 1, S. 80/81. Frankfurt a. M.: Umschau-Verlag 1952.

Aus der Betrachtung der syngenetischen, vorwiegend aus der Verwitterungslösung ausgefällten Minerale geht hervor, daß diese chemischen Sedimente in der Regel wesentlich feinkörniger sind als die rein klastischen. Von den Tonmineralen ist sogar bekannt, daß ihre Teilchengröße weit unter der Sichtbarkeitsgrenze des Lichtmikroskops (etwa 5000 Å) liegen kann. Damit taucht das Problem auf, auf welche Weise sygenetische Fremdminerale — im Sprachgebrauch häufig als Fremdasche bezeichnet — von den anorganischen Bestandteilen der Pflanze selbst — also der sogenannten Pflanzenasche — unterschieden werden kann.

γ) **Anorganische Bestandteile in organischer Bindung.** Unter *Pflanzenasche* werden alle die anorganischen Bestandteile verstanden, die die lebende Pflanze mit der Nährlösung aus dem Boden aufnimmt und in der verschiedenartigsten Form in ihrem Gewebe speichert. Dabei kann es sich — wie bei den Schachtelhalmen — um kristalline Ablagerungen von Quarz in Gewebeknoten handeln, oder aber auch um anorganisch-organische Komplexverbindungen der verschiedensten Art. Die erstgenannte Form ist nach dem heutigen Stand der Erkenntnis selten und nur auf einige Pflanzengattungen beschränkt, während die zweite weitaus häufiger ist, vor allem bei Braunkohlen. Bei den Steinkohlen umfaßt sie nach GOLDSCHMIDT[1] in erster Linie die sogenannten Spurenelemente, wie z. B. Ti, Co, Ni, Ge, U u. a., deren Anreicherung in der pflanzlichen Substanz allein durch die sogenannte selektive Speicherfähigkeit der Pflanze für bestimmte Elemente erklärt wird. Die Frage, ob die Pflanze tatsächlich über eine selektive Speicherfähigkeit für bestimmte, in der oberen Erdkruste seltene Elemente verfügt oder nicht, ist mehrfach Gegenstand kritischer Untersuchungen gewesen. Als erste hat M.-U. OTTE[2] (DEUL[3], DEUL u. ANNELL[4]) darauf hingewiesen, daß der Vergleich der Zusammensetzung der Kohlenasche mit der durchschnittlichen Zusammensetzung der oberen Erdrinde unzulässig ist. Wird ihrem Vorschlag entsprechend die Anreicherung der Spurenelemente nicht auf die Asche, sondern auf die Kohle bezogen und außerdem die bei der Inkohlung eintretende Setzung und der im Zuge der C-Anreicherung eintretende Materialverlust berücksichtigt, kann nur noch in wenigen Fällen von einer gewissen Anreicherung der seltenen Elemente in der Kohle ge-

---

[1] GOLDSCHMIDT, V. M. und O. PETERS: Über die Anreicherung seltener Elemente in den Steinkohlen. Nachr. d. Ges. d. Wiss., math. naturw. Kl., S. 371/386. Göttingen 1933.
[2] OTTE, M.-U.: Spurenelemente in einigen deutschen Steinkohlen. Chem. d. Erde Bd. 16 (1953) Nr. 3, S. 239/94.
[3] DEUL, M.: Colloidal method for concentration of carbonaceous matter from rocks. Bull. Am. Ass. Petr. Geol. 40 (1956) S. 909/917.
[4] DEUL, M., u. C. S. ANNELL: The occurence of minor elements in ash of low-rank coal from Texas, Colorado, North Dakota and South Dakota. Geol. Survey Bull. 1036 H., S. 155/172.

sprochen werden. Unter anderen Gesichtspunkten betrachten in jüngster Zeit DEUL und Mitarbeiter diese Frage (BREGER u. SCHOPF[1]). Ihre Untersuchungen über die Uranführung von bituminösen Schiefern und Kohlen haben zu dem Ergebnis geführt, daß die organische Substanz während der ersten Stadien der Zersetzung — also im Torfstadium — über ein selektives Adsorptionsvermögen für bestimmte in der Verwitterungslösung enthaltene Elemente, z. B. Uran und Germanium, verfügen. Die Untersuchungen zeigen weiter, daß die Adsorption jedes einzelnen Spurenelementes ein bestimmtes Zersetzungsstadium bzw. das Vorhandensein bestimmter adsorptionsfähiger chemischer Gruppen voraussetzt. Diese Theorie, die durch Untersuchungen an rezenten Pflanzen der verschiedensten Standorte auf ihre Wahrscheinlichkeit geprüft wurde, hat sehr viel für sich und dürfte die von GOLDSCHMIDT postulierte selektive Speicherfähigkeit der Pflanze ergänzen.

Wegen der schon erwähnten Schwierigkeit, die syngenetische Fremdasche von der Pflanzenasche zu trennen, können einstweilen auch noch keine konkreten Angaben über die Höhe und die Zusammensetzung des Pflanzenaschegehaltes gemacht werden. Es dürfte jedoch sicher sein, daß dieser Anteil Werte von 0,1—0,2% nicht überschreitet. Der Anteil der einzelnen Spurenelemente in den Kohlen ist verständlicherweise sehr starken Schwankungen unterworfen (0,0001— etwa 0,1%). Die höchste Anreicherung der Spurenelemente findet sich in der Regel im Vitrinit.

b) Epigenetische Minerale in Kohle und Nebengestein

Bisher wurden diejenigen Minerale und Gesteine besprochen, die als klastische oder chemische Sedimente etwa gleichzeitig mit der Kohle entstanden sind. Das Charakteristische dieser Sedimente ist in erster Linie ihre relativ weite, horizontale Erstreckung. Für die chemischen Sedimente kommt außerdem noch die große Feinkörnigkeit und im Fall ihrer Einlagerung in der Kohle ihre ausgesprochen innige und feste Verwachsung mit ihr hinzu. Ganz anders liegen die Verhältnisse bei den sogenannten epigenetischen Mineralen, die sich erst nach der diagenetischen Verfestigung der Kohle absetzen. Ihr Absatz erfolgt stets aus Lösungen, die sowohl ascendent als auch descendent sein können. Die aufsteigenden (ascendenten) Lösungen sind meistens hydrothermale Lösungen, bei den descendenten dagegen handelt es sich um von der Tagesoberfläche eindringende Sickerwässer, die sich beim Durchwandern der die Kohle überlagernden Gesteinsschichten an Mineralsalzen mehr oder weniger stark anreichern. Tab. 6 gibt eine Übersicht über die häufigsten epigenetischen

---

[1] BREGER, I. A., u. J. M. SCHOPF: Germanium and uranium in coalified wood from Upper Devonian black shale, Geochim. et Cosmochim. Acta 7 (1955), S. 287 bis 293.

Minerale. Sie zeigt, daß es nicht immer möglich ist, ihre Entstehung aufsteigenden oder absteigenden Lösungen zuzuordnen.

Tabelle 6.
Übersicht über die häufigsten epigenetischen Minerale in Kohle und Nebengestein

Minerale	Formel	ascendente Lösungen	descendente Lösungen
Karbonate			
Kalkspat	$CaCO_3$	?	?
Ankerit	$(Fe, Ca, Mn)CO_3$	?	?
Eisenspat	$FeCO_3$	?	?
Quarz	SiO_2	wahrscheinlich	
Sulfidische Erze			
Pyrit	FeS_2	hydrothermale Lösungen	
Markasit	FeS_2		
Kupferkies	$CuFeS_2$		
Bleiglanz	PbS		
Zinkblende	ZnS		
Salze			
Steinsalz	$NaCl$		aus überlagernden Salzvorkommen (Zechstein usw.)
Sylvin	KCl		
Gips	$CaSO_4 \cdot 2 H_2O$		

Die Wanderung von Lösungen in vertikaler Richtung ist in größerem Umfang nur dann möglich, wenn Kohle und Nebengestein eine gewisse Zerklüftung aufweisen. Diese entsteht durch die tektonischen Bewegungen, die nach der Sedimentation von Kohle und Nebengestein, vielleicht auch schon zum Teil während der Sedimentation, die anfänglich horizontal abgelagerten Schichten auffalten, verwerfen und verschieben. Bei der Kohle kommt als zusätzlicher auflockernder Faktor noch der Materialschwund während der Inkohlung hinzu. Auf Grund dieser Überlegungen wird es verständlich, daß die epigenetischen Mineralabsätze

1. nicht so innig mit der Kohle verwachsen sind wie die syngenetischen, was bedeutet, daß ihre aufbereitungstechnische Entfernung meistens geringere Schwierigkeiten bereitet;

2. erstrecken sich die Minerale in Richtungen mehr oder weniger senkrecht zur Sedimentationsschichtung über große Entfernungen, nicht aber in Richtung der Sedimentationsschichtung, was im Gegensatz dazu ein typisches Kennzeichen der syngenetischen Minerale ist;

3. besteht kein grundsätzlicher Unterschied zwischen den epigenetischen Mineralen in Kohle und Nebengestein, da die den Absatz dieser Minerale aussetzende Zerklüftung oder Auflockerung beide, wenn auch in verschiedener Form, betrifft.

c) Zusammenhang zwischen der Mineralführung der Kohle und ihrer petrographischen Zusammensetzung

Das Vorkommen der syn- bzw. epigenetischen Minerale in den verschiedenen Streifenarten der Kohle hängt, wie gezeigt wurde, sowohl von der Bildungsweise der Streifenarten als auch von der Bildungsweise der Minerale ab. Bei den syngenetischen Mineralen müssen, wie aus Tab. 6 hervorgeht, zwei Typen unterschieden werden, und zwar diejenigen, die sich vor allem aus der Verwitterungslösung abscheiden (Tonminerale und Quarz) und daneben die Minerale, bei denen zur Mineralbildung eine Wechselwirkung zwischen dem in der Zersetzung befindlichen Pflanzenmaterial und der Verwitterungslösung Voraussetzung ist (Karbonate und Sulfide). Die erstgenannten Minerale können in allen Streifenarten der Kohle, die intensiven Kontakt mit der Verwitterungslösung haben, entstehen, also im Vitrit, Clarit, den Zwischenstufen und dem Durit. Sie fehlen meistens im Fusit, da dieser wegen seiner wenigstens anfänglichen mehr aeroben Bildung mit der Verwitterungslösung nicht in so starkem Maße in Berührung kommt. Bei der zweiten Gruppe scheint eine gewisse Ruhe im Sedimentationsgebiet Vorbedingung zu sein. Weitgehend ruhige Sedimentationsbedingungen unter gleichzeitigen anaeroben Verhältnissen dürften lediglich für den Vitrit einerseits und die reinen Faulschlammkohlen andererseits vorgelegen haben, wodurch es verständlich wird, daß in diesen beiden die Karbonate (vorwiegend Eisenspat) und die sulfidischen Erze (vorwiegend Schwefelkies) weit häufiger anzutreffen sind als in den Zwischenstufen und dem Durit, deren hypautochthone Entstehung eine gewisse Wasserbewegung im Sedimentationsraum und damit vielleicht eine gewisse Durchlüftung voraussetzt.

Der Absatz der epigenetischen Minerale hängt nun nicht nur von der Entstehung der Streifenarten ab, sondern von ihrer Gefügefestigkeit, also von ihrer Neigung, bei mechanischer Beanspruchung rissig zu werden oder nicht. Umfangreiche Untersuchungen von G. HEINZE[1] und anderen haben gezeigt, daß die Gefügefestigkeit des Vitrits im allgemeinen am niedrigsten und seine Rissigkeit dementsprechend am größten ist. Im Gegensatz dazu haben alle heterogen zusammengesetzten Streifenarten, insbesondere der Durit, eine höhere Gefügefestigkeit und damit eine geringere Rissigkeit. Aus diesen Gründen findet man auf feinsten Haarrissen und -spalten abgesetzte Minerale im Vitrit häufiger als im Clarit, den Zwischenstufen und dem Durit. Am verbreitetsten dürften die epigenetischen Minerale im Fusit sein, was auf seine hohe Porosität (Zellstruktur, Bogenstruktur) zurückzuführen ist. Durch den Absatz von epigenetischen Mineralen im Fusit bildet sich der sogenannte Hartfusit.

---
[1] HEINZE, G.: Härte- und Festigkeitsuntersuchungen an Kohlen, insbesondere an Ruhrkohle. Diss. Münster 1955. Bergbau-Arch. Bd. 19 (1958) im Druck.

In Tab. 7 ist der Versuch unternommen worden, diese Verhältnisse zusammengefaßt darzustellen. Derartige Verallgemeinerungen sind nur als schematisierte Modellvorstellungen zu betrachten, von denen durchaus Abweichungen möglich sind, da sich die Vielfalt der wechselseitigen Einflüsse schwer vollständig in ein so einfaches Schema pressen läßt. Dies gilt um so mehr, als auch die Vorstellung über die Bildungsweise der Mazerale und der Streifenarten, wie auch über die Entstehung der Minerale in der Kohle keineswegs als in allen Einzelheiten gesichert anzusprechen ist.

Tabelle 7. *Zusammenhang zwischen Mineralführung und petrographischer Zusammensetzung der Kohle*

	syngenetische Minerale	Gefügefestigkeit	epigenetische Minerale
Vitrit	verhältnismäßighäufig, vorwiegend: Tonminerale, FeS_2, $FeCO_3$, Quarz	gering, deswegen häufig stark rissig	häufig, vorwiegend: FeS_2 + Sulfide, Späte
Clarit	ähnlich wie Vitrit	etwas höher als Vitrit, etwas weniger rissig	ähnlich wie Vitrit
Zwischenstufen	ähnlich wie Vitrit, wenn Duroclarit, ähnlich wie Durit, wenn Clarodurit oder Vitrinertit	ähnlich wie Clarit	ähnlich wie Vitrit, etwas schwächere Beteiligung
Durit	weniger häufig wie im Vitrit, vorwiegend: Tonminerale, Quarz, seltener: FeS_2 und $FeCO_2$	deutlich höher als Vitrit, daher nur wenig rissig	selten
Fusit	selten, vorwiegend: Späte und FeS_2	sehr gering wegen Zellstruktur und Bogenstruktur	häufig als Absatz in den Zellhohlräumen, FeS_2, Späte, selten Quarz (Hartfusit)

4. Arten der Kohlenminerale
a) Minerale der Steinkohlen

Einige wenige Mineralarten sind in den Steinkohlen sehr verbreitet und auch verhältnismäßig häufig. Die *Verbreitung* kennzeichnet die räumliche Ausdehnung des Vorkommens eines Minerals, während man unter der *Häufigkeit* das mengenmäßige Auftreten versteht. So gibt es Minerale, die in nur sehr geringer Häufigkeit (d. h. in sehr geringen Mengen) aber in großer Verbreitung — oft praktisch in allen Kohlen — vorkommen.

Zu den häufigen und verbreiteten Kohlenmineralen gehören die Tonminerale, die Eisendisulfid-Minerale und die Karbonate (Karbonspäte). Diese Mineralarten können bis 95% der gesamten in den Kohlen enthaltenen Minerale ausmachen. In Tab. 8 wird eine Zusammenstellung

Tabelle 8. *Häufigkeit der Kohlenminerale*[1]

Mineral	Häufigkeit	Mineral	Häufigkeit
Tonminerale		*Übrige Sulfide*	
Illit-Serizit	sehr häufig	Zinkblende	ziemlich häufig
Montmorillonit	selten-häufiger	Bleiglanz	selten-häufiger
Kaolinit	häufig	Kupferkies	selten-häufiger
Leverrierit	selten	Magnetkies	sehr selten
Halloysit	selten		
Eisendisulfide		*Phosphate*	
Pyrit	häufig	Apatit	sehr selten-häufiger
Markasit	häufig	*Sulfate*	
Melnikovit	selten	Schwerspat	selten
Karbonspäte		*Silikate*	
Eisenspat	häufig	Zirkon	selten
Ankerit	häufig	Biotit	sehr selten
Kalkspat	selten-häufig	Staurolith	äußerst selten
Dolomit	selten	Turmalin	selten
		Granat	äußerst selten
		Epidot	äußerst selten
Oxyde			
Hämatit	selten-häufiger	Orthoklas	äußerst selten
Quarz	ziemlich selten	Augit	äußerst selten
Magnetit	sehr selten	Hornblende	äußerst selten
Rutil	äußerst selten	Cyanit	äußerst selten
		Chlorit	äußerst selten
Hydroxyde		*Salze*	
Limonit	selten-häufiger	Gips	selten
Nadeleisenerz	sehr selten	Bischofit	äußerst selten-häufiger
Rubinglimmer	sehr selten		
Diaspor	äußerst selten	Steinsalz	äußerst selten-häufiger
		Sylvin	äußerst selten-häufiger
		Kieserit	äußerst selten-häufiger
		Glaubersalz	äußerst selten-häufiger
		Eisenvitriol	äußerst selten
		Keramohalit	äußerst selten

[1] Ergänzt nach M. TH. MACKOWSKY: Mikroskopische Untersuchungen über die anorganischen Bestandteile in der Kohle und ihre Bedeutung für Kohlenaufbereitung und Kohlenveredelung. Arch. für bergbaul. Forschung Bd. 4 (1943) H. 1, S. 1/16.

Arten der Kohlenminerale

der in der Steinkohle auftretenden Minerale nach ihrer Häufigkeit gebracht. Es handelt sich dabei um eine Aufführung von Durchschnittswerten. In manchen Flözen können also durchaus hier als häufig bezeichnete Minerale selten sein, während als selten aufgeführte durchaus auch häufig vorkommen mögen.

α) **Tonminerale.** Unter diesem Begriff ist eine große Mineralgruppe zusammengefaßt, deren Erforschung besondere Schwierigkeiten bereitet, aber in jüngster Zeit wegen ihrer großen wirtschaftlichen Bedeutung sehr ntensiviert wurde. Das Studium der außerordentlich vielfältigen Ton-

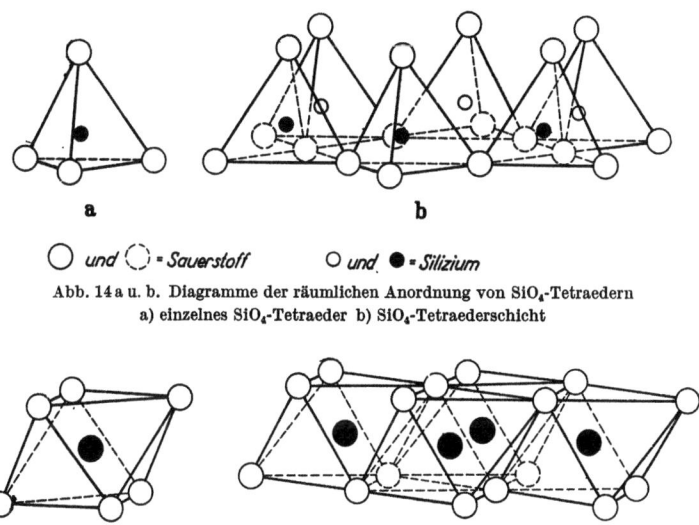

○ und ◌ = Sauerstoff   ○ und ● = Silizium

Abb. 14 a u. b. Diagramme der räumlichen Anordnung von SiO_4-Tetraedern
a) einzelnes SiO_4-Tetraeder b) SiO_4-Tetraederschicht

○ und ◌ = Hydroxyl   ● = Aluminium, Magnesium usw.

Abb. 15 a u. b. Diagramme der räumlichen Anordnung von Al-Oktaedern. a) Oktaeder, b) Oktaederschicht

minerale erfordert moderne und kostspielige Untersuchungsmethoden wie Röntgenographie, Differentialthermoanalyse, Elektronenmikroskopie, Infrarotspektroskopie, usw. Eine völlige Klärung aller Verhältnisse und Beziehungen ist jedoch vorerst noch nicht zu erreichen gewesen. Selbst die Abgrenzung zu anderen verwandten Mineralgruppen, wie den Glimmern und Chloriten, bereitet einige Schwierigkeiten. Allen Mineralien dieser Gruppe ist ein schichtiger Feinbau gemeinsam. Bei sehr vereinfachter Betrachtung liegen dabei Schichten von SiO_4-Tetraedern (Abb. 14) und Aluminiumoktaedern (Abb. 15) übereinander. Die sogenannten SiO_4-Tetraeder entstehen dadurch, daß ein Siliziumatom von vier Sauerstoffatomen umgeben ist. Verbindet man die Mittelpunkte der vier Sauerstoffatome, so entsteht ein Vierflächner (Tetraeder), in dessen Mitte das Siliziumatom liegt. Ein Aluminiumatom kann von sechs Sauerstoff-

4*

atomen bzw. Hydroxylgruppen umgeben sein. Werden die Mittelpunkte der sechs Atome verbunden, so entsteht ein Achtflächner (Oktaeder), in dessen Mitte das Aluminiumatom liegt. Abb. 16 zeigt eine Schichtkombination von SiO_4-Tetraedern und Aluminiumoktaedern, wie sie

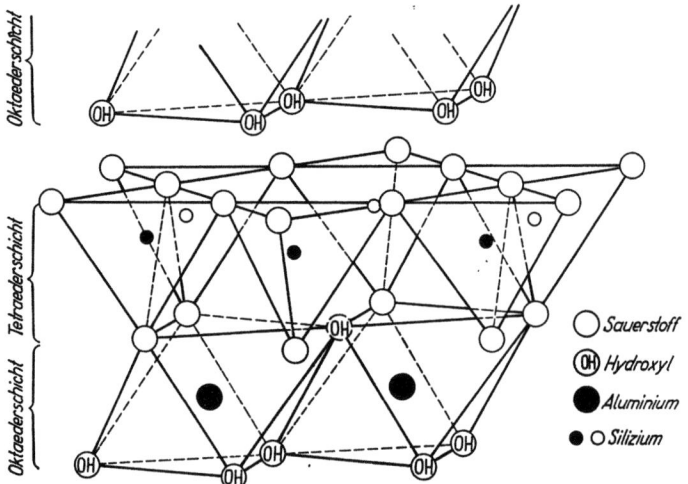

Abb. 16. Strukturelle Anordnung der Schichten im Kaolinit

beim Tonmineral Kaolinit vorliegt. Die Aluminiumatome in der Oktaedermitte können auch, je nach Art des Tonminerals, durch andere Atome, z. B. Eisen- oder Magnesiumatome, ersetzt werden. Zwischen

Tabelle 9. *Tonminerale der Steinkohlen*

Name	Formel	Makroskopisches Aussehen und Art des Vorkommens
Serizit (=Muskovit)	$K_2O \cdot 3\,Al_2O_3 \cdot 6\,SiO_2 \cdot 2\,H_2O$	Grauweiße Schüppchen, selten.
Illit-Gruppe (Hydromuskovite)	$2\,K_2O \cdot 3\,MeO \cdot Al_2O_3 \cdot 24\,SiO_2$ $\times\,12\,H_2O(Me = Fe, Ca, Mg)$	Sehr dünne Schüppchen. Dicke Lagen. Farbe: Grauweiß-braungelb.
Leverrierit	$K_2O \cdot 1MeO \cdot 8\,Al_2O_3 \cdot 16\,SiO_2$ $\times\,8\,H_2O(Me = Fe, Ca, Mg)$	Feine Täfelchen. Wurmförmige Kristalle. Farbe: gelb-braun.
Montmorillonit	$Al_2O_3 \cdot 4\,SiO_2 \cdot nH_2O$	Schüppchen und Lagen. Farbe: grauweiß-braun.
Kaolinit	$Al_2O_3 \cdot 2\,SiO_2 \cdot 2\,H_2O$	Feine Schuppen und Lagen. Wurmförmige Kristalle. Farbe: graubraun
Halloysit	$Al_2O_3 \cdot 2\,SiO_2 \cdot 4\,H_2O$	Feine Schüppchen und Lagen. Farbe: grau.

die Schichten können in wechselnder Menge Wassermoleküle oder aber auch Kaliumatome eingebaut werden. Die Dicke dieser Schichten ist in Ångströmeinheiten zu messen, d.h. es liegen Größenordnungen von 10^{-8} cm vor. Um diese Größenbereiche handelt es sich immer, wenn Kristallstrukturen betrachtet werden. In der nachstehenden Tab. 9 sind die wichtigsten Tonminerale, die in Steinkohle vorkommen, aufgeführt.

Illite. Die wohl häufigsten und verbreitetsten Tonminerale der Steinkohlen sind Illite. Man hat sich darunter eine Gruppe enger miteinander verwandter Tonminerale vorzustellen, die sich dadurch auszeichnen, daß ihre Schichtpakete durch Kaliumatome zusammengehalten werden. Sie sind mit dem Glimmermineral Muskovit verwandt, besonders mit dessen feinschuppiger Varietät, dem Serizit. Zwischen Illiten und Serizit bestehen fließende Übergänge. Neuerdings ist der Vorschlag gemacht worden, die ganze Gruppe der Illite als Hydromuskovite zu bezeichnen. Als Durchschnittsformel wurde

$$K_{0,58}(Al_{1,38}Fe^{+++}_{0,37}Fe^{++}_{0,04}Mg_{0,34})(Si_{3,41}Al_{0,59})O_{10}(OH)_2$$

errechnet (JASMUND[1]). Eine kürzere Formel hat GRIM[2] vorgeschlagen:

$$2\ K_2O \cdot 3\ MeO \cdot Al_2O_3 \cdot 24\ SiO_2 \cdot 12\ H_2O,$$

wobei Me = Kalzium, Magnesium und Eisen sein kann. Eine Durchschnittsanalyse von 12 Illiten verschiedener Fundorte nach Angaben von GRIM[3] ergibt folgende Werte:

SiO_2	48,63 Gew.-%	CaO	0,63 Gew.-%
Al_2O_3	21,93 Gew.-%	K_2O	5,45 Gew.-%
Fe_2O_3	7,96 Gew.-%	Na_2O	0,53 Gew.-%
FeO	2,04 Gew.-%	$H_2O -$	2,02 Gew.-%
MgO	3,47 Gew.-%	$H_2O +$	7,68 Gew.-%.

Unter $H_2O -$ versteht man das unterhalb von 110° C ausgetriebene adsorbierte Wasser; $H_2O +$ ist Wasser, das meist in Form von Hydroxylgruppen gittermäßig gebunden ist. Ein aus der Kohle des Flözes Dickebank/Ruhrgebiet isolierter Illit zeigte 3,1% K_2O und 0,6% Na_2O. Für spätere Betrachtungen ist besonders der relativ hohe Gehalt der illitischen Minerale an Alkalien wichtig. Etwa die Hälfte des Gesamtgewichtes nimmt die Kieselsäure ein. Wir müssen uns die Illitminerale als zur Bildung außerordentlich feiner Blättchen befähigt vorstellen. Partikel von 100 Å Durchmesser sind in die Kohle eingelagert. Sie sind dann

---

[1] JASMUND, K.: Die silicatischen Tonminerale. Nr. 60 der Monographien zu „Angewandte Chemie" und „Chemie-Ingenieur-Technik", 2. Aufl. Weinheim: Verlag Chemie 1955.
[2] GRIM, R. E., I. E. LAMAR u. F. BRADLEY: The clay minerals in limestones and dolomites. J. of Geology 45 (1937) Nr. 8, S. 829/843.
[3] GRIM, R. E.: Clay mineralogy. McGraw-Hill Series in Geology. New York-Toronto-London 1953.

natürlich nicht einmal mehr mit dem Mikroskop zu erkennen. Es ist aber sehr wahrscheinlich, daß solche dünnen Illitschichten in jeder Kohle vorkommen. Selbst die scheinbar reinste Kohle dürfte nicht frei davon sein. Das ist nicht verwunderlich, da die Illite das häufigste Tonmineral auch in anderen Sedimenten darstellen. Es treten in der Kohle auch illitische Tonlagen auf, die mit bloßem Auge zu erkennen sind (Abb. 17).

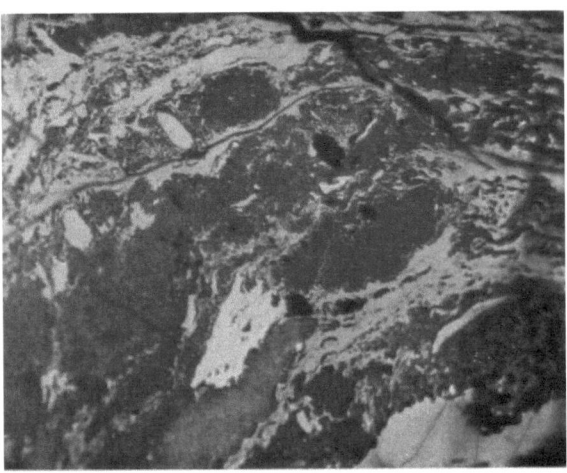

Abb. 17. Illit (dunkelgrau) in Kohle (hell). Anschliff (V = 100; Ölimmersion)

Gelegentlich bilden die Tonminerale durch Übereinanderlagerung ihrer sechsseitigen, tafelförmigen Kriställchen geldrollenförmige bzw. wurmförmige Pakete. In solchen Kristallaggregaten findet sich eine Abart des Illits, der *Leverrierit*, dem etwa die Formel

$$K_2O \cdot 1\ MeO \cdot 8\ Al_2O_3 \cdot 16\ SiO_2 \cdot 8\ H_2O$$

zukommt (SCHÜLLER u. GRASSMANN[1]). Me = Eisen, Kalzium und Magnesium (Abb. 18).

Die Illite sind ebenfalls häufig und verbreitet in den Bergen, besonders wenn diese aus Schieferton bestehen. In diesem Gestein finden sich alle Übergänge zum Serizit.

Montmorillonite. Verbreitete Tonminerale der Steinkohlen sind auch die *Montmorillonite*. Man kann ihnen die Formel

$$Al_2O_3 \cdot 4\ SiO_2 \cdot nH_2O$$

zuschreiben. Aluminium wird in der Formel z. T. durch Magnesium ersetzt. Der Ausdruck nH_2O besagt, daß der Montmorillonit in wechselnder Menge Wasser zwischen die Schichten einbauen kann. Er ist also

---

[1] SCHÜLLER, A., u. H. GRASSMANN: vgl. S. 42, Fußn. 4 u. 5.

quellfähig. Zudem besitzen Montmorillonite die Fähigkeit, Basen anzulagern und Kationen auszutauschen. Es handelt sich dabei um Ca, Mg, K und Na. Dies ist besonders für die Fruchtbarkeit der Böden von Wichtigkeit. Das Kationenaustauschvermögen besitzt auch in geringerem Maße der Illit. Für die Montmorillonit-Tone ist der Ausdruck Bentonit gebräuchlich. Man muß auch annehmen, daß Montmorillonite und auch

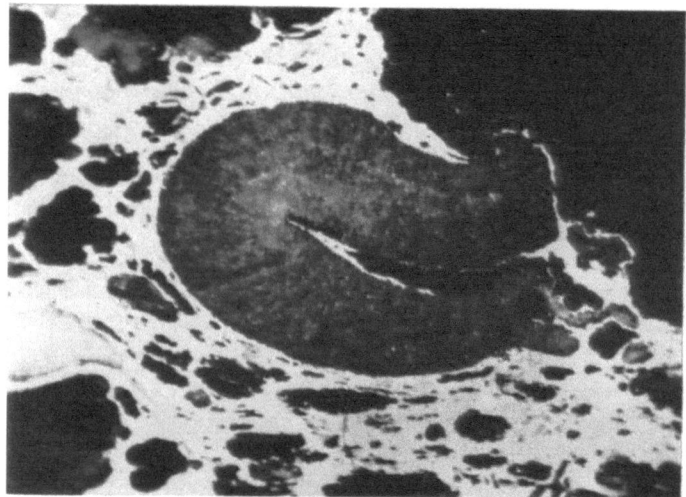

Abb. 18. Leverrierit-Kristallpaket (wurmförmig) in Kohle (hell). Anschliff
(V = 350; Ölimmersion)

der noch zu besprechende Kaolinit in Verwachsung mit Illiten vorkommen können. Diese Verwachsungen muß man sich ebenfalls als einen Wechsel der feinsten Schichtpakete in Ångström-Größenordnungen vorstellen.

Auch *Kaolinit* $2\ SiO_2 \cdot Al_2O_3 \cdot 2\ H_2O$ ist in den Kohlen oft zu finden. Für Kaolinit wird auch die Bezeichnung *Kaolin* gebraucht. Im streng mineralogischen Sinne ist das Tonmineral Kaolinit der Hauptbestandteil des Kaolins. Kaolin führt neben Kaolinit meist Quarz, Eisenoxyde und Glimmerreste. Es ist ziemlich sicher, daß der Kaolinit in der Steinkohle nicht so häufig ist, wie bisher angenommen wurde. Ob die oft beschriebenen *Kaolinwürmer* neben Leverrierit[1] stets aus Kaolinit bestehen, ist unbekannt. Auch eine wasserreichere Form des Kaolinits, der *Halloysit*, $2\ SiO_2 \cdot Al_2O_3 \cdot 4\ H_2O$ ist als in den Kohlen vorkommend beschrieben worden. Weder der Kaolinit noch der Halloysit enthalten Alkalien.

Es ist wahrscheinlich, daß in den Kohlen noch andere Tonminerale vorkommen, z. B. nicht-kristallisierte Tonminerale, die man *Allophane*

---

[1] s. S. 42, Fußn. 3 bis 5.

nennt, jedoch ist die Untersuchung der Kohlen in dieser Hinsicht noch im Anfang. Zudem dürfte es sicher sein, daß die Kohle reich an stöchiometrisch nur ungenau zu definierenden Übergangsformen und schlecht kristallisierten Tonmineralen ist.

β) **Karbonspäte.** Diese Minerale, die oft schlechthin *Späte* genannt werden, sind Karbonate des Kalziums, Magnesiums und des Eisens. Die Bezeichnung *Karbonspäte* dürfte der Bezeichnung Späte vorzuziehen sein, weil man in der Mineralogie auch noch eine Anzahl anderer Späte, wie Flußspat (CaF_2), Schwerspat ($BaSO_4$) usw. kennt, die keine Kohlensäure enthalten. Die Eigenschaften der Karbonspäte sind in nachstehender Tabelle zusammengestellt.

Tabelle 10. *Karbonspäte in der Steinkohle*

Name	Formel	Farbe
Kalkspat, Calcit	$CaCO_3$	grau-weiß
Dolomit, Bitterspat	$CaMg(CO_3)_2$	grau-weiß
Braunspat, Eisendolomit	$Ca(Fe, Mg)(CO_3)_2$	gelb-braun
Ankerit	$CaFe(CO_3)_2$	gelb-braun
Eisenspat, Siderit, Spateisenstein	$FeCO_3$	gelb-braun
Magnesit, Spatmagnesit. (Kommt in der Kohle rein kaum vor)	$MgCO_3$	grau-weiß

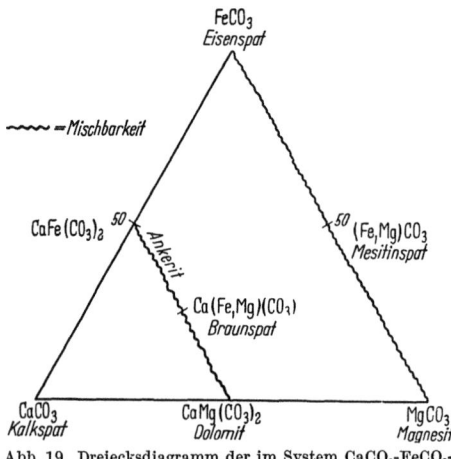

Abb. 19. Dreiecksdiagramm der im System $CaCO_3$-$FeCO_3$-$MgCO_3$ auftretenden Verbindungen

Auch hier gibt es zwischen einzelnen Gliedern Übergänge, d. h. es besteht zwischen manchen eine Mischbarkeit. Außer den oben angeführten sind auch noch andere Glieder dieser Mischungsreihen bekannt. Die Abb. 19 bringt einen vereinfachten Überblick über die Verhältnisse. Die Karbonspäte sind makroskopisch und mikroskopisch nur schwer zu unterscheiden. Die eisenhaltigen Glieder sind bräunlich gefärbt. Hier sind, wie auch bei den Tonmineralen, die Röntgenographie und die Differentialthermoanalyse die geeigneten Untersuchungsmethoden. *Eisenspat* ist der häufigste und verbreiteteste Spat in den Kohlen. Wir finden ihn in der Kohle feinverteilt, aber auch in Eisenspat-Konkretionen und Eisenspatknollen (Abb. 20). Die Knollen sind oft mit illitischer Substanz durchsetzt. Auch *Dolomitknollen* sind zu finden. Sie sind meist größer als die Eisenspatknollen. Konkretionen und Knollen unterscheiden sich dadurch, daß die Konkre-

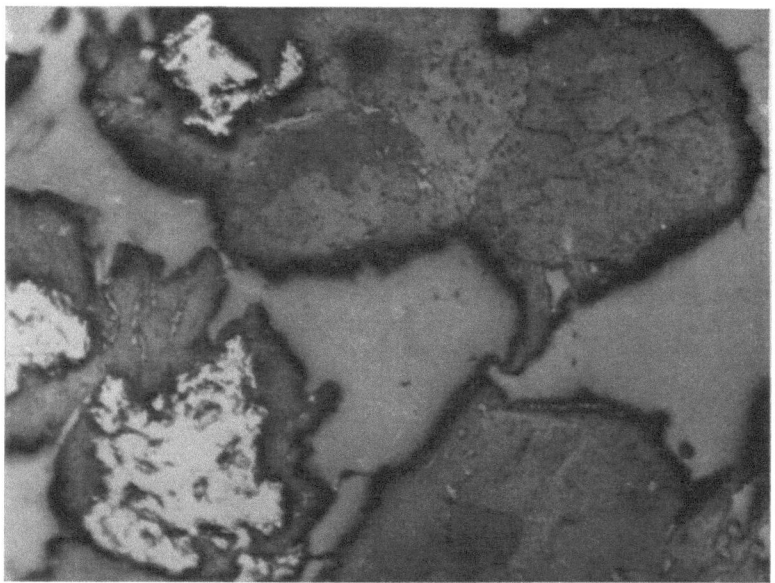

Abb. 20. Eisenspat (dunkelgrau) im Vitrit (hellgrau) und Pyrit (weiß)
(Anschliff. V = 150; Ölimmersion)

tionen meist radialstrahlig oder konzentrisch-schalig aufgebaut sind, während die Knollen formlose Anhäufungen des Minerals darstellen. Erwähnenswert ist, daß in diesen Knollen fast immer besonders gut erhaltene mineralisierte Pflanzenreste zu finden sind (TEICHMÜLLER[1], LECLERCQ[2]).

Ankerit und *Kalkspat* treten meist auf kleinen Spalten und Klüften auf. Über das Auftreten von *Braunspat* ist noch wenig bekannt.

γ) **Eisendisulfide.** Die FeS_2-Verbindungen treten in den Steinkohlen in kristallstrukturell verschieden aufgebauten Formen (Modifikationen) auf. Eine ehemals gelförmige Form des Eisendisulfids, das meist noch

---

[1] TEICHMÜLLER, M.: Vergleichende Untersuchung versteinerter Torfe des Ruhrkarbons und der daraus entstandenen Steinkohlen. (Mit Literaturhinweisen.) Troisième Congrès pour l'avancement des études de Stratigraphie et de Géologie du Carbonifère. Herleen, 25—30 Juin 1951. Compte Rendu, Tome II (1952) S. 607 bis 613.

[2] LECLERCQ, S.: Sur la présence de coal-balls dans la couche Petit Buisson (Assise du Flénu) du bassin houiller de la Campine. Ebenda S. 397/400. (Mit Literaturhinweisen.)

etwas Monosulfid, Arsen und Wasser enthält, ist der *Melnikovit*. Er liegt jetzt meist kubisch kristallisiert vor. Der Melnikovit ist feinverteilt oder bildet kleine Klümpchen. Der kubisch kristallisierende *Pyrit* und der rhombisch kristallisierende *Markasit* bilden Konkretionen, Klümpchen und finden sich auch feinverteilt (Abb. 21). Pyrit wird auch *Schwefel-*

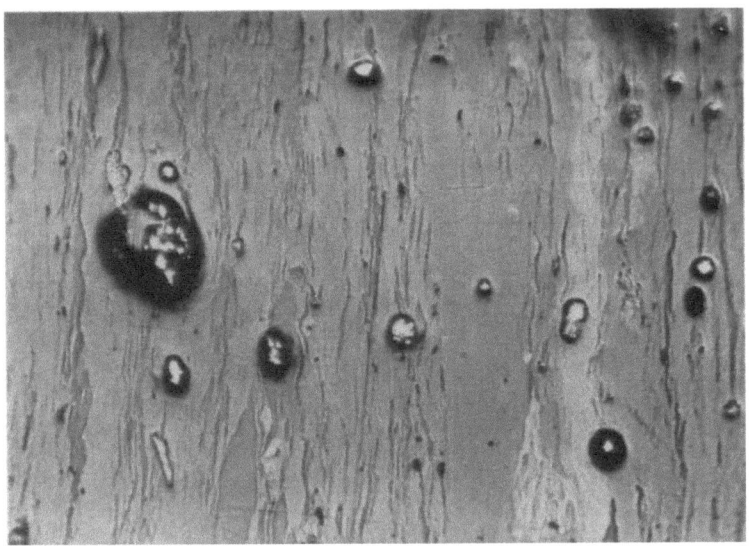

Abb. 21. Pyrit (hell) als Klümpchen in Kohle (hellgrau). (Anschliff. V = 250; Ölimmersion)

kies genannt. Oft wird jedoch damit auch der Markasit bezeichnet, der äußerlich gelegentlich nur schwer vom Pyrit zu unterscheiden ist. In den Steinkohlen herrscht Pyrit entschieden vor. Neben Konkretionen

Tabelle 11. *Eisendisulfide der Steinkohlen*

Name	Formel	Aussehen (makroskopisch)[1] und Art des Vorkommens
Melnikovit	FeS_2 + (As, FeS, H_2O) häufig kubisch kristallisiert	Feinverteilt, Klümpchen. Farbe: dunkelgrau
Pyrit	FeS_2 kubisch kristallisiert	Konkretionen, Klümpchen, feine Verteilung, auch in derben Partien. Gelegentlich als gut ausgebildete Kristalle. Farbe: messinggelb, graugrün
Markasit	FeS_2 rhombisch kristallisiert	Konkretionen, Klümpchen, feine Verteilung, gelegentlich gut ausgebildete Kristalle. Farbe: grünlichgelb, graugrün

[1] Im Auflichtmikroskop erscheinen die Farben bei Melnikovit gelb mit bräunlichem Stich, bei Pyrit messinggelb, bei Markasit gelb mit grünlichem Stich (anisotrop) s. Seite 107.

und dem Vorkommen in feiner Verteilung finden sich auch gröbere Kiespartien. *Kies* ist ein Sammelname für bestimmte sulfidische Erze, wie Schwefelkies, Kupferkies, Zinnkies usw. Häufig wird aber der Schwefelkies, für den auch der Name *Eisenkies* gebräuchlich ist, einfach als Kies bezeichnet. Auf Spalten und Klüften treten Pyrit und Markasit in schönen Kristallen auf.

δ) **Quarz.** *Quarz*, SiO_2, die trigonal kristallisierte Form der Kieselsäure, findet sich gelegentlich feinverteilt in der Kohle eingelagert. Die durchschnittliche Korngröße beträgt etwa 50 μ, aber auch größere und viel feinere Partikel kommen vor. Oft ist er schlecht kristallisiert oder wasserhaltig. In diesem Falle sprechen wir von *Opal* (ohne geordneten inneren Aufbau) oder, wenn das Produkt wasserfrei und feinfaserig ist, von *Chalcedon*. Auf sein Vorkommen in Bergen und Bergemitteln wird später eingegangen werden.

ε) **Apatit.** *Apatit* kommt als Fluorapatit $Ca_5F(PO_4)_3$ oder als Chlorapatit $Ca_5Cl(PO_4)_3$ vor. Das Chlor kann von der OH-Gruppe (Hydroxylapatit) oder von CO_2 (Karbonapatit) ersetzt werden. Apatit tritt in magmatischen Gesteinen und in den Sedimenten, die als deren Verwitterungsreste aufzufassen sind, auf. So enthalten z. B. die Quarzkörner der Sedimente oft reichlich winzige Nädelchen von Apatit. Eine meist schlecht kristallisierte Abart des Apatits ist der in den Sedimentgesteinen verbreitet vorkommende *Phosphorit*. Er wurde bei der Bildung der Sedimente aus den Resten verschiedenster Lebewesen gelförmig abgeschieden. Es besteht begründete Vermutung, daß phosphoritartige Minerale auch in den Kohlen vorkommen und den Hauptlieferanten von Phosphor darstellen, der die gefürchteten Phosphatverschmutzungen hervorruft. Vermutlich treten auch noch andere Phosphorminerale, wie *Brushit* [$CaH(PO_4) \cdot H_2O$], *Anapait* [$Ca_2Fe(PO_4)_2 \cdot 4\,H_2O$] u.a.m. auf. Auch die Bildung von Aluminium-Phosphaten ist möglich.

ς) **Eisenoxyde und Eisenhydroxyde.** Hierbei handelt es sich meist um Oxydationsprodukte der Eisendisulfide und Zersetzungsprodukte des Eisenspats. Da diese weit verbreitet sind, finden sich oxydische Eisenverbindungen in jeder Kohle. Es handelt sich dabei um folgende Minerale:

Fe_2O_3 Als pulvriger Belag als *Hämatit* bezeichnet, wird diese Verbindung in derber verfestigter Form *Roteisenstein* genannt. Als *Eisenglimmer* bildet das Mineral schwarze, schön kristallisierte Schüppchen.

$Fe_2O_3 \cdot H_2O$ bezeichnet man als *Brauneisenstein* oder *Limonit*. Aus ihm lassen sich die Verbindungen α-FeOOH = Nadeleisenerz oder γ-FeOOH = *Rubinglimmer*, *Goethit* abtrennen. Beide Minerale stellen rotbraune Schüppchen dar.

Fe_3O_4 *Magnetit*, *Magneteisenerz* ist schwarz, magnetisch und meist titanhaltig (sehr selten).

Von diesen Eisenerzen findet sich der Hämatit in der Kohle am häufigsten.

η) **Sonstige Sulfide und Sulfate.** An sulfidischen Erzen treten in der Kohle auf:

Zinkblende, Sphalerit, Blende	ZnS	hellbraun bis dunkelbraun
Kupferkies, Chalkopyrit	$CuFeS_2$	grünlichgelb bis braungelb
Bleiglanz, Galenit	PbS	grau, metallisch glänzend.

Diese Erze sind gelegentlich untereinander und auch mit Pyrit oder Markasit verwachsen (STACH[1]).

Schwerspat, Baryt, $BaSO_4$, findet sich gelegentlich als Spaltenfüllung. Er hat weiße Farbe.

Tabelle 12. *Schwerminerale der Steinkohlen*

Name	Formel	Farbe
Topas	$2\ Al_2O_3 \cdot 3\ SiO_2 \cdot 2\ Al(F, OH)_3$	gelblich
Turmaline	$Na(Fe, Mn)_3 \cdot 3\ Al_2O_3 \cdot 6\ SiO_2 \cdot 3\ BO_3 \times 2\ H_2O$	schwarz, grün, blau
Zirkon	$ZrO_2 \cdot SiO_2$	braunrot
Granate	$3\ (MgO, FeO, CaO, MnO) \cdot Al_2O_3 \cdot 3\ SiO_2$	braunrot, gelbbraun
Epidot	$4\ CaO \cdot 3\ (Al, Fe)O_3 \cdot 6\ SiO_2 \cdot H_2O$	grünlichgelb
Hornblenden, Amphibole	$(OH, F)_2\ (Ca, Na)_2\ (Mg, Al, Fe, Mn, Ti)_5\ (Si, Al, P)_8 O_{22}$	braun, grün
Augite, Pyroxene	$Ca\ (Mg, Fe, Al\ Ti)\ (Si, Al)_2 O_6$	braun, grün
Biotit	$K_2O \cdot 6\ (Mg, Fe)O \cdot Al_2O_3 \cdot 6\ SiO_2 \cdot 2\ H_2O$	braun
Cyanit, Disthen	$Al_2O_3 \cdot SiO_2$	graublau
Staurolith	$FeO \cdot 2\ Al_2O_3 \cdot 2\ SiO_2 \cdot H_2O$	braun
Chlorite	etwa $5(Fe, Mg)O \cdot Al_2O_3 \cdot 3{,}5\ SiO_2 \cdot 7{,}5\ H_2O$	grün

ϑ) **Schwerminerale.** Als Rückstände von Gesteinen finden wir in der Steinkohle in weiter Verbreitung und nur sehr geringer Häufigkeit sog. *Schwerminerale*, die diese Bezeichnung erhielten, weil sie spezifisch schwerer als die Hauptkomponenten der Gesteine Quarz und Feldspat sind. Sie sind meist nur im Mikroskop zu erkennen.

ι) **Salze.** *Steinsalz (Halit)*, NaCl und *Sylvin*, KCl, kommen gelegentlich auch in Steinkohlen vor. An sekundär gebildeten Salzen sind zu nennen:

Eisenvitriol, Melanterit	$FeSO_4 \cdot 7\ H_2O$ (TERRES u. ROST[2])
Alunogen, Keramohalit	$Al_2(SO_4)_3 \cdot 16\ H_2O$
Kieserit	$MgSO_4 \cdot H_2O$
Bischofit	$MgCl_2 \cdot 6\ H_2O$
Glaubersalz, Mirabilit	$Na_2SO_4 \cdot 10\ H_2O$
Gips, Selenit	$CaSO_4 \cdot 2\ H_2O$

---

[1] STACH, E.: Das Vorkommen von Metallen in der Steinkohle. Mikroskopie Bd. 4 (1949) H. 11/12, S. 321/329.

[2] TERRES, E., u. A. ROST: Beiträge zur Kenntnis der Asche der Kohlen. Die Bindung der anorganischen Bestandteile und der wahre Aschegehalt. Gas- und Wasserfach Bd. 78 (1935) Nr. 8, S. 129/136.

ϰ) **Spurenelemente in Steinkohlen.** Das Vorhandensein von Elementen, die nur in Spuren in den Kohlen vorkommen, ist lange bekannt. V. M. GOLDSCHMIDT[1] hat sich um ihre Erforschung besonders verdient gemacht. Da unter diesen Elementen einige von wirtschaftlicher Wichtigkeit anzutreffen sind, hat man seit längerer Zeit Versuche zu deren Gewinnung gemacht. Es ist üblich, diese Spurenelemente in der Asche nachzuweisen.

Tabelle 13. *Spurenelementgehalt in Steinkohlenaschen*

Element	nach V. M. GOLDSCHMIDT[3] (verschiedene Arbeiten) Gew.-%	Ruhrkohlen nach M.-U. OTTE[4] (1953) Gew.-%	Mitteldeutsche Kohlen nach H. J. RÖSLER[2] (1954) Gew.-%
Ge	1,1	0,1	0,5
Cu	0,005	0,4	1
Pb	0,1	0,3	3,1
Zn	2	0,8	2,1
Ag	0,001	n. b.	0,006
Sn	0,05	0,6	0,1
As	0,8	—	1
Ga	0,04	0,1	0,3
Be	0,1	0,1	0,4
Co	0,15	0,2	0,2
Ni	0,8	1,6	0,3
Mo	0,05	0,6	0,1
V	0,12	1,1	0,1
Mn	n. b.	2,2	1
Sr	n. b.	n. b.	0,1
Ba	4,8	n. b.	0,1
Bi	0,02	—	0,2
Ti	n. b.	3,0	1,2
Zr	0,5	0,7	n. b.
Cr	n. b.	0,5	n. b.
Sb	0,1	0,3	0,1
B	0,3	—	0,1

Die Spurenelemente, die in der Asche gefunden werden, können demnach 1. aus der Kohle, 2. aus den Kohlenmineralen und 3. aus dem Bergeanteil stammen. Tatsächlich setzt sich auch der Spurenelementgehalt der Kesselkohlen aus Spurenelementen dieser drei Komponenten zusammen. Tab. 13 bringt die prozentualen Anteile von Spurenelementen in Kohlen-

---

[1] GOLDSCHMIDT, V. M.: Über das Vorkommen des Germaniums in Steinkohlen und Steinkohlen-Produkten. Nachr. Ges. Wiss., Göttingen, Math. Physik. Kl. (1930) S. 398.

[2] LEUTWEIN, F., u. H.-J. RÖSLER: Geochemische Untersuchungen an paläozoischen und mesozoischen Kohlen Mittel- und Ostdeutschlands. Freiberger Forschungshefte C 19, Mineralogie-Lagerstättenkunde. Berlin: Akademie-Verlag 1956.

[3] vgl. S. 45, Fußn. 1.

[4] OTTE, M.-U.: Spurenelemente in einigen deutschen Steinkohlen. Chemie d. Erde, Bd. 16 (1953) Nr. 3, S. 283.

aschen nach verschiedenen Autoren. Tab. 14 stellt die Spurenelementgehalte der Kohle (in g/t) dar. In Tab. 15 sind die Gehalte an Spurenelementen in Gewichtsprozenten von einigen Kohlenmineralen aufgeführt. Die Tab. 16 bringt den Spurenelementgehalt von einigen Nebengesteinen. F. LEUTWEIN und H. J. RÖSLER[1] konnten nachweisen, daß

Tabelle 14. *Spurenelemente in Steinkohlen*

Element	Durchschnittsgehalte mittel- und ostdeutscher Steinkohlen g/t	Maximalgehalte von Ruhrkohlen[2] g/t
Ge	19	20
Cu	25	50
Pb	140	30
Zn	170	100
Ag	0,3	n. b.
As	100	—
Sn	3	120
Ga	30	20
Be	13	20
Co	14	12
Ni	24	30
Mo	21	50
V	18	20
Mn	n. b.	700
Ti	700	1500
Zr	n. b.	140
Cr	n. b.	50
Sb	(10—30)	17

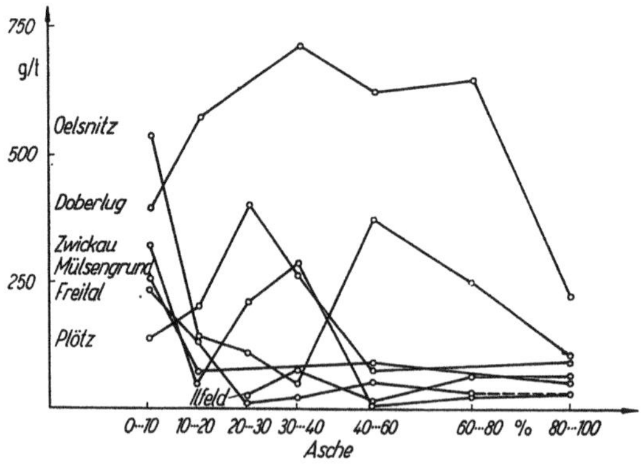

Abb. 22. Abhängigkeit des Gallium-Gehaltes in der Asche vom Aschegehalt mitteldeutscher Kohlen (nach LEUTWEIN und RÖSLER)

---

[1] vgl. S. 61, Fußnote 2.
[2] vgl. S. 61, Fußn. 2 (S. 172).
[3] OTTE, M.-U.: Spurenelemente in einigen deutschen Steinkohlen. Chemie d. Erde, Bd. 16. (1953) Nr. 3, S. 240/294.

zwischen Spurenelementgehalt und Aschegehalt von mitteldeutschen Kohlen Beziehungen bestehen (Abb. 22 u. 23).

G. ZESCHKE[1] berichtet, in der Ruhrkohle nur Spuren von Uran gefunden zu haben. Französische Kohlen weisen 0,001% U_3O_8 und Kohlen der USA 0,005—0,2% U_3O_8 auf.

Tabelle 15. *Spurenelemente von Kohlenmineralen in g/t (aus mitteldeutschen Kohlen[2])*

Element	Pyrit (3 Proben aus Konkretionen)	Pyrit (6 Proben aus Schlechten und Klüften)	Kalkspat (6 Proben aus Schlechten)	Kaolin (2 Proben)
Cu	0—10	—	—	—
Pb	—	0—300	0—10	hohe Geh.
AS	—	0—vorh.	—	n. b.
Zn	0—Sp	0—50	0—100	hohe Geh.
Be	0—Sp	—	0—1	n. b.
Co	0—10	0—Sp	—	n. b.
Mo	0—5	0—Sp	0—50	n. b.
V	0—Sp	0—Sp	—	40
Mn	0—10	0—20	0—50	mäßig
Li	0—vorh.	0—vorh.	—	—
Ba	0—5	0—100	0—100	—
Si	—	0—Sp	Sp	—
Ge	—	—	—	—
Ag	—	—	0—5	hohe Geh.
Col	—	—	—	n. b.
Bi	—	—	—	n. b.
Ga	—	—	—	80
Ni	—	—	—	—
Sb	—	—	—	n. b.

Sp = Spuren
vorh. = vorhanden aber noch nicht quantitativ erfaßt.

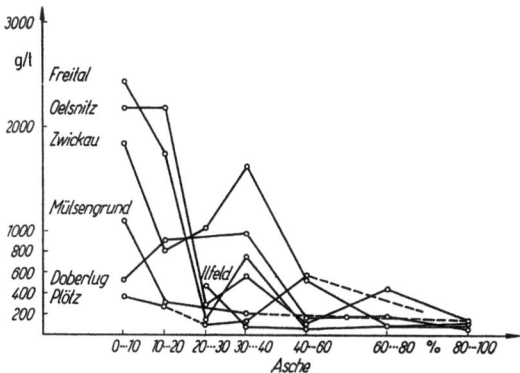

Abb. 23. Abhängigkeit des Zink-Gehaltes in der Asche vom Aschegehalt mitteldeutscher Kohlen (nach LEUTWEIN und RÖSLER)

[1] ZESCHKE, G.: Der Urangehalt von Kohlen und bituminösen Schiefern. Glückauf Bd. 92 (1956) H. 37/38, S. 1107/1108. (Literaturübersicht.)
[2] vgl. S. 61. Fußn. 2 (S. 83/87).

Nach L.-K. Bradacs und W. Ernst[1] liegt der B_2O_3-Gehalt bei Schiefertonen des Ruhrgebietes zwischen 0,007—0,04 Gew.-%. Kohle, die zur Herstellung von Reaktor-Graphit für die Kernenergieerzeugung dient, darf nicht mehr als $4 \cdot 10^{-5}\%$ Bor enthalten.

Tabelle 16.
Spurenelementgehalte in Bergen mitteldeutscher Steinkohlen[2]

Element	Schieferton Durchschnitt von 67 Proben g/t	Schieferton Durchschnitt von 67 Proben (geglüht) g/t	Sandstein z. T. mit etwas tonigem Bindemittel. Durchschnitt von 5 Proben g/t
Ga	70	75	25
Co	30	35	6
Nl	60	65	18
V	100	110	36
Mn	200	210	Sp
Li	Sp—vorh.	Sp—vorh.	Sp
Sr	Sp—kleine Geh.	Sp—kleine Geh.	Sp—kleine Geh.
Ba	kleine—mäßige Gehalte	kleine—mäßige Gehalte	mäßige Gehalte

b) Das Nebengestein der Steinkohlen

In diesem Zusammenhange dürfen auch die gesteinsartigen Verunreinigungen der Kohlen nicht unerwähnt bleiben, da in den Kraftwerken oft besonders ballastreiche Kohlen verfeuert werden müssen. Die bisher angeführten Verunreinigungen durch Minerale waren Verunreinigungen durch Verbindungen mit stöchiometrischer Zusammensetzung. Unter Gesteinen — um solche handelt es sich bei Bergemitteln und Nebengestein — versteht man in großen zusammenhängenden Massen vorkommende Mineralgemenge, die selten aus nur einer Mineralart bestehen. Den Übergang von Kohle zum Nebengestein bildet in petrographischer Hinsicht der *Brandschiefer*. Davon spricht man, wenn die Kohle mehr als 20% Tonminerale enthält (Abb. 24). Die Tonminerale gehören der Serizit-Illit-Gruppe an. Auch feinkörniger Quarz, Schwefelkies und Karbonspäte sind zu finden. Beträgt der Tonmineralgehalt über 60%, so liegt ein *Schieferton* vor, der ein häufiges und verbreitetes Nebengestein darstellt. Die Größe der Mineralkomponenten liegt bei diesem Gestein vorwiegend unter 0,02 mm. Je nach der vorherrschenden Beimengung unterscheidet man schwachbituminösen Schieferton, sandfreien Schieferton, schwachsandigen Schieferton. Die hier angeführten Gesteinsbe-

---

[1] Bradacs, L.-K., u. W. Ernst: Geochemische Korrelation im Steinkohlenbergbau. Naturwiss. Bd. 43 (1956) Nr. 2, S. 33.
[2] s. S. 61, Fußn. 2.

zeichnungen sind genormte Ausdrücke[1]. Der schwachbituminöse Schieferton bildet den Übergang zum Brandschiefer. Nach P. KUKUK[2] sei die Analyse eines sog. Untertones (= Schieferton des Wurzelbodens) des Flözes Girondelle mitgeteilt:

SiO_2	60,80 Gew.-%		SO_3	0,65 Gew.-%
Al_2O_3	23,09 „		C	0,95 „
Fe_2O_3	3,51 „		Alkalien	2,60 „
CaO	1,12 „		Glühverlust	6,20 „
MgO	2,03 „			

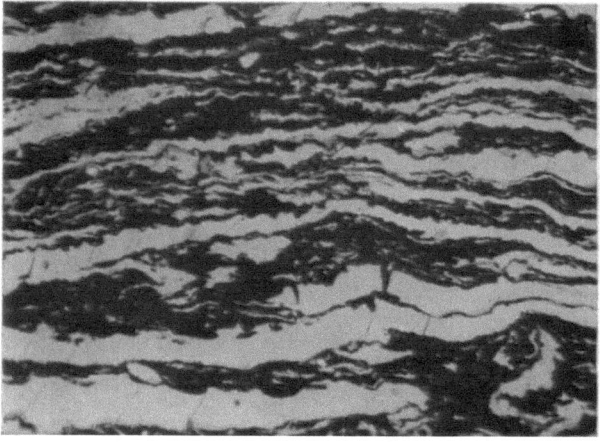

Abb. 24. Brandschiefer im Anschliff
Hell: Kohlelagen, dunkel: Tonminerallagen (V = 275; Ölimmersion)

Unter dem Mikroskop sieht man, daß das sehr feinkörnige Gestein aus einem mehr oder minder gut geschichteten Filz von Tonmineralschüppchen (Illit oder Serizit) besteht (Abb. 25). Neben Schwefelkies sind auch gelegentlich grüne Schüppchen von Mineralen der Chloritgruppe anzutreffen. (Der Name Chlorit beruht nicht auf einem Chlorgehalt, sondern leitet sich vom griechischen *chloros* = grün ab.) Chlorite sind ebenfalls schichtig gebaute, den Tonmineralen verwandte Minerale, für die eine oxydische Summenformel schwer anzugeben ist. Der Prochlorit, eine im Schieferton sehr häufige Chloritart, hat etwa die Formel

$$5 \, (Fe, Mg) \, O \cdot Al_2O_3 \cdot 3,5 \, SiO_2 \cdot 7,5 \, H_2O \,.$$

Der schwachsandige Schieferton leitet zum *Sandschiefer* über, dessen Komponenten Korngrößen von etwa 0,02—0,2 mm haben, und der in

---

[1] Richtlinien für Herstellung und Ausgestaltung des bergmännischen Rißwerkes. DIN 21900, August 1951, Herausgeber: Fachnormenausschuß Bergbau im Deutschen Normenausschuß.
[2] KUKUK, P.: Geologie des niederrheinisch-westfälischen Steinkohlenbeckens. S. 108. Berlin: Springer 1938.

zunehmendem Maße Quarzkörnchen enthält. Dieses Gestein wird unterteilt in sandigen Schieferton und sandstreifigen Schieferton. Herrschen die Quarzkörnchen mengenmäßig gegenüber den anderen Komponenten vor, so entsteht *Sandstein*.

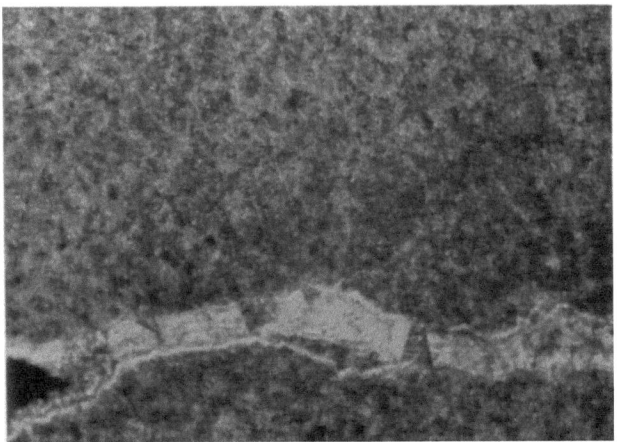

Abb. 25. Schieferton mit hellem Eisenspat-Band
(Dünnschliff. V = 75 [1 Nicol])

Sandsteine sind ebenfalls ein häufiges Nebengestein der Kohlenflöze. Ihre Körngrößen betragen 0,2—2,0 mm. Man unterteilt sie nach der Korngröße:

  Feinsandstein   (0,2—0,5 mm)
  Mittelsandstein (0,5—1,0 mm)
  Grobsandstein   (1,0—2,0 mm).

Folgende Analyse ist Durchschnittswert von 3 Sandsteinanalysen der Schachtanlage Graf Bismarck.

SiO_2	78,5 Gew.-%	K_2O	2,4 Gew.-%
Al_2O_3	9,6 ,,	P_2O_5	0,6 ,,
Fe_2O_3	3,3 ,,	org. C	0,8 ,,
CaO	1,3 ,,	CO_2	1,5 ,,
MgO	1,1 ,,	Ges. S	0,1 ,,
Na_2O	0,7 ,,		99,9 Gew.-%

Mikroskopisch erkennt man, daß die Sandsteine aus mehr oder weniger gerundeten Quarzkörnchen bestehen (Abb. 26). Zwischen den Quarzkörnchen liegt ein Bindemittel, das aus Tonmineral der Serizit-Illitgruppe, gelegentlich aber auch aus Karbonspäten oder später ausgeschiedenem Quarz bestehen kann. Sämtliche drei Bindemittel können auch gemeinsam vorkommen. Ab und zu findet sich auch in diesem Sandstein ein Körnchen Feldspat; dabei handelt es sich meist um einen Kalk-Natronfeldspat, auch Plagioklas genannt. Bestehen diese Sandsteine

Tabelle 17. *Übersicht über die hauptsächlichen Nebengesteine der Steinkohlen gem. DIN 21900 Geologische Zeichen (ergänzt)*

Gesteinsarten		Hauptgemengteile	Nebengemengteile	Bindemittel
Schieferton, vorwiegend < 0,02 mm	schwachbituminöser Schieferton sandfreier Schieferton schwachsandiger Schieferton	überwiegend Illit und Serizit	Kohle, Chlorit, Plagioklas, Schwefelkies, Spat, Schwerminerale	überwiegend tonig
		Quarz		
Sandschiefer, vorwiegend 0,02—0,2 mm	sandiger Schieferton streifiger Schieferton	Illit und Serizit und Quarz		
Sandstein, vorwiegend 0,2—2,0 mm	Feinsandstein 0,2—0,5 mm Mittelsandstein 0,5—1,0 mm Grobsandstein 1,0—2,0 mm	Quarz	Plagioklas, Schwefelkies, Spat, Kohle, Schwerminerale	kieselig, tonig karbonatisch
Quarzit		Quarz		kieselig
Eisenstein	Spateisenstein Toneisenstein	Eisenspat Eisenspat und Tonminerale		
	Kohleneisenstein	Eisenspat und Tonminerale und Kohle		
Tuffstein Tonstein	heller oder dunkler Tonstein	Tonminerale und Quarz	Leverrierit	tonig
Konglomerat, vorwiegend > 2,0 mm	Quarzkonglomerat Toneisensteinkonglomerat Schiefertonkonglomerat	Gerölle von Sandstein, Kieselschiefer, Toneisenstein und Kohle		kieselig, tonig karbonatisch

68 Kohle und Kohlenminerale

fast ausschließlich aus quarzigem Material, und sind sie erheblich verfestigt durch ein kieseliges Bindemittel, so liegt *Quarzit* vor. Bisweilen wird auch der Eisenspat zu einem Hauptbestandteil der Bergemittel

Abb. 26. Sandstein mit illitisch-serizitischem Bindemittel
Quarzkörner (hellgrau), kohlige Substanz (schwarz)
(Dünnschliff. V = 25 [1 Nicol])

und des Nebengesteins. Man spricht dann von *Eisenstein*. Je nachdem, ob es sich fast ausschließlich um Eisenspat oder um Eisenspat mit anderen Beimengungen handelt, wird unterschieden:

Spateisenstein, Toneisenstein, Kohleneisenstein.

Tabelle 18. *Ascheanalysen von Braunkohlen*
(nach A. LISSNER[1])

Bestandteile	A	B	C	D
SiO_2	36,31	7,20	50,07	28,48
Al_2O_3	23,83	9,44	29,98	10,10
Fe_2O_3	15,48	7,85	4,15	1,60
P_2O_5	0,92	2,61	6,29	1,29
TiO_2	1,14	0,52	2,12	0,27
CaO	6,88	28,07	2,66	13,47
MgO	0,59	1,40	0,19	0,11
Na_2O	3,66	2,85	3,38	15,91
SO_3	10,77	40,27	1,45	28,27
CO_2	0,02	0,09	0,06	0,04
Cl	0,05	0,01	0,01	0,04

Hierin bezeichnet
A vergleichsweise eine Steinkohle (Heinitzgrube),
B ist eine Braunkohle von Offleben,
C eine kieselsäurereiche Braunkohle von Olbersdorf und
D eine salzreiche von Egeln.

---

[1] s. S. 69, Fußn. 1.

Wenn Bergemittel oder das Nebengestein hauptsächlich aus Tonmineralen mit etwas Quarz bestehen, so liegen *Tonsteine* vor, von denen man helle und dunkle kennt. Tritt darin das Illitmineral *Leverrierit* auf, so bezeichnet man das Gestein als *Tuffstein*. Gelegentlich findet man auch durch kieselige, tonige oder karbonatische Bindemittel verfestigte Gerölle von Sandstein, Kieselschiefer, Toneisenstein, Schieferton usw. Das sind sog. *Konglomerate*, deren Korngröße stets über 2,0 mm beträgt. Nach den Geröllkomponenten unterscheidet man:

Quarzkonglomerate, Toneisensteinkonglomerate, Schiefertonkonglomerate.

c) Minerale der Braunkohlen

Aus den normalen Aschenanalysen der Braunkohlen (LISSNER[1], GABSDIEL[2], SCHOCHARDT[3], STACH[4], TERRES[5]) (vgl. Tab. 24, S. 77) ersieht man, daß das Mengenverhältnis der Kohlenminerale in den Braunkohlen anders als in den Steinkohlen gewesen sein muß.

Grenzwerte von 4—9% Al_2O_3 und 8—18% SiO_2 in der normalen Braunkohlenasche zeigen, daß der Anteil an Tonmineralen, die sich vorwiegend aus diesen beiden Oxyden aufbauen, verhältnismäßig niedrig ist. Es soll nicht verhehlt werden, daß in Aschenanalysen stark verunreinigte Braunkohlen sehr hohe SiO_2- und Al_2O_3-Gehalte angetroffen werden (vgl. Tab. 18).

Man weiß über die Tonminerale in der Braunkohle wenig. Es ist wahrscheinlich, daß *Kaolinit* und *serizitisch-illitische Minerale* neben *Montmorillonit* und *Halloysit* die Hauptvertreter dieser Mineralgruppen sind. Nach den Aschenanalysen wäre zu erwarten, daß besonders kalziumhaltige Minerale in der Braunkohle zu finden sind. Der entscheidende Unterschied im Mineralgehalt zwischen Braunkohle und Steinkohle besteht darin, daß die anorganische Substanz in der Braunkohle in hohem Maße in organischer Bindung vorliegt. Kalzium, das meist salzartig an die Karboxylgruppen von Humussäuren gebunden ist, tritt als Kalzium-

---

[1] LISSNER, A.: Über die Mineralstoffe der Braunkohlen. Sitzungsber. d. Dtsch. Akad. d. Wiss. Berlin. Klasse f. Chemie, Geologie u. Biologie Nr. 1. Berlin: Akademie-Verlag 1956.

[2] GABSDIEL, W.: Die Ermittlung des Mineralgehaltes in Kohlen unter besonderer Berücksichtigung des anorganisch gebundenen Wassers. Dissertation Bergakad. Freiberg 1955.

[3] SCHOCHARDT, M.: Grundlagen und neuere Erkenntnisse der angewandten Braunkohlenpetrographie. Halle: Wilhelm Knapp 1943.

[4] STACH, E.: Braunkohlenmikroskopie. Handb. der Mikroskopie in der Technik, Bd. II, Teil 1, S. 483/677, Frankfurt a. M.: Umschau-Verlag 1952.

[5] TERRES, E., u. A. ROST: s. S. 60, Fußn. 2.

humat auf (ENDELL[1], LENKEWITZ[2]). Dieses wasserunlösliche Kalziumhumat hat den Namen *Dopplerit* erhalten. An kalziumhaltigen Mineralen finden sich noch *Kalkspat, Gips, Dolomit* und *Phosphorit*. Auch die Bindung der Alkalien — der Natriumgehalt überwiegt den Kaliumgehalt — ist nicht sicher. Eine teilweise Bindung als Humat ist wahrscheinlich. In den *Salzkohlen* tritt vor allem *Natriumchlorid* auf. Der Gehalt an Na_2O kann in der Asche von Salzkohlen bis auf 20% steigen. Magnesium kommt in *Magnesit* und *Dolomit* vor. An Eisenmineralen treten *Pyrit, Markasit* und *Melnikovit* neben *Nadeleisenerz, Hämatit, Magnetit* und *Eisenspat* auf. Aber auch Eisen ist z. T. an Humussäuren gebunden. *Quarz* findet sich teilweise sehr reichlich in mehr oder weniger feinen Körnern. Von der Hauptmenge des Schwefels muß ebenfalls angenommen werden, daß eine Bindung an humose Substanzen besteht (LENKEWITZ[2], ENDELL[3]).

In den Braunkohlen auftretende Minerale nach A. LISSNER[4]:

Tonminerale (Alumosilikate)	Kaolinit, Halloysit, Montmorillonit, Leverrierit
Siliziumdioxyd	Quarz
Eisenoxyde	Nadeleisenerz, Hämatit, Magnetit
Eisensulfide	Pyrit, Markasit, Melnikovit
Sulfate	Gips
Karbonate	Kalkspat, Magnesit, Dolomit, Eisenspat
Chloride	Natriumchlorid
Phosphate	Phosphatit
Humate	Dopplerit

An Schwermineralen treten auf:

Albit, Anorthit, Biotit, Muskovit, Enstatit, Hypersthen, Wollastonit, Olivin, Diopsid, Augit und Fayalit.

E. TERRES und A. ROST geben folgende Mineralsubstanz- und Aschegehalte[5] an (s. S. 71).

Hierbei handelt es sich lediglich um die theoretische Berechnung des möglichen Mineralbestandes. Viele dieser Salze sind mineralogisch noch nicht nachgewiesen worden, so daß der Wert einer solchen Umrechnung etwas zweifehaft ist (vgl. S. 88).

Es ist zu ersehen, daß der Anteil an anorganischer Substanz, der in Form von Mineralen auftritt, artmäßig nicht wesentlich von den Mineralen verschieden ist, die in der Steinkohle vorkommen. Braunkohlen sind im allgemeinen ärmer an Spurenelementen als die Steinkohlen.

---

[1] ENDELL, J.: Aufbau und Eigenschaften der Aschen rheinischer Braunkohlen. Braunkohle, Wärme u. Energie Bd. 4 (1952) Nr. 23/24, S. 446/454.

[2] LENKEWITZ, H.: Neuere Erfahrungen mit der Verbrennung rheinischer Rohbraunkohle in staubgefeuerten Kesseln. Mitt. VGB H. 38 (1955) S. 784/796.

[3] ENDELL, J.: Tone in Kohlen und Aschen. Ber. d. Dtsch. Keram. Ges. Bd. 32 (1955) H. 3, S. 69/71. — [4] s. S. 69, Fußn. 1.

[5] Zit. nach A. LISSNER, S. 69, Fußn. 1.

Tabelle 19. *Errechnete Mineralsubstanz verschiedener Braunkohlen*

Zusammensetzung		Weißenfels	Helmstedt	Halle	Moskau
$FeSO_4 \cdot 7 H_2O$, Melanterit	%	—	0,03	—	0,77
$Al_2(SO_4)_3 \cdot 18 H_2O$, Keramohalit	%	—	—	—	1,24
$MgSO_4 \cdot H_2O$, Kieserit	%	0,41	0,31	0,27	0,03
$CaSO_4 \cdot 2 H_2O$, Gips	%	2,15	1,04	0,67	0,09
$Na_2SO_4 \cdot 10 H_2O$, Glaubersalz	%	0,26	—	0,73	0,10
NaCl, Steinsalz	%	—	—	0,18	—
$FeCO_3$, Siderit	%	—	—	0,20	0,15
$CaCO_3$, Kalkspat	%	—	0,54	2,08	0,09
$Ca_3(PO_4)_2$	%	—	0,09	—	—
SiO_2 und Silikate	%	0,35	0,12	6,41	15,59
Humate von Al, Fe, Mg, Na, Ca	%	1,54	2,15	1,74	0,21
Montanate und Resinate von Al und Fe	%	1,33	0,81	0,50	0,09
Mineralsubstanz	%	6,04	5,09	12,72	18,36
Glührückstand	%	7,07	7,34	11,07	17,26
Unterschied	%	+ 1,03	+ 2,25	— 1,65	— 1,10

Tabelle 20. *Spurenelemente in rheinischen Braunkohlen* (ENDELL[1])

Ti	1—2%	der Gesamtasche
Mn	0,1—1%	der Gesamtasche
As	0,1 %	der Gesamtasche
V	0,1 %	der Gesamtasche
Be	0,1 %	der Gesamtasche
U	Spuren[2]	

Nicht gefunden: Cu, Zn, Sn, Pb, Ni, Cr, Mo, W.

A. LISSNER[2] gibt an Spurenelementen Ba, Sr, Cu, Zn, Ge, Pb, As, Sb, Bi, V, Ni, Edelmetalle, J und als ganz selten Mo, U und B an.

Tabelle 21. *Jodgehalte in Torfen und Braunkohlen*
(nach A. LISSNER[2])

	Asche %	mg I/kg wf Substanz
Torfe	1,06—13,20	3,33—36,89
Ostelbische Kohlen	5,13—10,57	2,67— 4,06
Westelbische Kohlen	9,93—16,36	1,68— 4,40

d) Verunreinigungen, Liegendes und Abraum

Das relativ geringe Alter der Braunkohlen bringt es mit sich, daß die Lager meist in Lockergesteine eingebettet sind. Diese Gesteine hatten noch keine Gelegenheit, sich zu verfestigen und ihren Mineralbestand

---
[1] ENDELL, J.: Fußn. 3, S. 70.
[2] vgl. S. 69, Fußnote 1.

durch physikalische und chemische Einwirkungen zu verändern (Metamorphose). Das Liegende der Braunkohlenlager wird oft von Tonen (Gemisch von Tonmineralen und Sand) oder auch von Mergeln (Gemisch von Tonmineralen und kalkig-sandigem Material) gebildet. In der Kohle selbst treten vorwiegend Sande und Kiese als Verunreinigungen auf. Man spricht bei Korngrößen von unter 2 mm von Sanden und bei Korngrößen von über 2 mm von Kiesen. Die Körner bestehen meist aus Quarz. Auch der Abraum, der das Hangende der Braunkohle bildet, besteht meist aus Sanden oder Kiesen, gelegentlich auch aus Tonen und Mergeln.

e) Minerale des Torfs

Torf kann anorganisches Material in hohen Mengen enthalten. Das geht schon daraus hervor, daß Aschegehalte von 0—50% gefunden werden (STRACHE[1]).

An Mineralen finden sich im Torf neben Quarzkörnchen und Tonmineralen vor allem Eisenverbindungen. Ein Teil des Eisens ist an Huminsäuren gebunden. Aber man findet es besonders in tieferen Partien des Torfes, auch als Schwefelkies, Limonit, Eisenvitriol, Vivianit

Tabelle 22 und 23. *Aschegehalt und Aschezusammensetzung von Torfen*[2]

Torfart	Aschegehalt %	K_2O %	CaO %	Phosphorsäure %
Hochmoor (obere Schicht)	3,0	0,5	0,35	0,10
Hochmoor (tiefere Schicht)	2,0	0,03	0,25	0,05
Übergangsmoore	5,0	0,10	1,00	0,20
Niedermoor	10,0	0,10	4,00	0,25

Torfart	In HCl lösliche Mineralstoffe %	Kalk %	MgO %	Fe_2O_3 + Al_2O_3 %	K_2O %	Phosphorsäure %
Jüngerer Sphagumtorf	1,60	0,36	0,12	0,42	0,10	0,05
Älterer Sphagumtorf	1,36	0,53	0,07	0,26	0,03	0,04
Übergangswaldtorf	3,50	1,81	0,13	0,82	0,05	0,05
Bruchwaldtorf	6,34	2,86	0,15	2,05	0,04	0,05
Schilftorf	3,10	0,51	0,14	1,50	0,09	0,10

[1] STRACHE, H., u. R. LANT: Kohlenchemie S. 260/262. Leipzig 1924.
[2] nach TACKE-KEPPELER vgl. FUCHS, W.: Die Chemie der Kohle, S. 90/92. Berlin: Springer 1931.

(= Blaueisenerz) $Fe_3[PO_4]_2 \cdot 8\ H_2O$ und als Raseneisenerz. Unter Raseneisenerz verstehen wir ein Gemenge von Eisenhydroxyden, Eisensilikaten und Eisenphosphaten mit wechselndem Mangangehalt. Auch das Auftreten von Eisenspat, Gips und Kalk ist bekannt. Im Liegenden des Torfes kommt es oft zu Ortsteinbildung. Ortstein ist eine Verkittung von Humus und Eisenhydroxyden mit dem Mutterboden.

IV. Die Asche der festen Brennstoffe

1. Der Aschegehalt

Die so überaus große Vielfalt der Kohlenminerale und die Schwierigkeit der Ermittlung des Mineralstoffgehaltes hat es in der Praxis notwendig gemacht, als eine einfache Kennzeichnung den Begriff der *Asche* einzuführen. Unter Asche oder Glührückstand versteht man definitionsgemäß den Rückstand der Verbrennung einer Probe von einem Gramm in einem offenen Porzellantiegel bei einer Temperatur von 775 $\pm$ 25° C. Die Verbrennung muß in einer oxydierenden Atmosphäre vor sich gehen und vollständig sein. Die Bestimmung des Aschegehaltes erfolgt nach DIN 57 719 (für Kokskohle s. auch LV 20/11/01, für Koks LV 21/11/01)[1].

Die Aschegehaltsbestimmungen in der Normung anderer Länder weichen teilweise von der in Deutschland genormten Methode, besonders hinsichtlich der Veraschungstemperatur, ab. So schreibt die amerikanische Standardmethode bei Kohle 700—750° C, bei Koks bis 950° C vor, die französische 825° C, die belgische und polnische 800—850° C und die englische, gleichlautend mit der deutschen, 775 $\pm$ 25° C.

Daraus können sich bereits zwischen den Extremwerten gewisse Unterschiede ergeben. Nach den Bemühungen der *International Organization for Standardization* (ISO) Genf, ist zu erwarten, daß eine international anerkannte Veraschungstemperatur festgelegt wird. Es ist eine Temperatur von 815 $\pm$ 10° C vorgeschlagen worden, die zur Zeit auf ihre Brauchbarkeit geprüft wird.

Der Aschegehalt ist demnach nur ein konventioneller Begriff, nämlich das Ergebnis der Aschebestimmung. Er ist daher *nicht* identisch mit dem Anteil an anorganischen Bestandteilen oder an Mineralbestandteilen in der ursprünglichen Kohlesubstanz in ihrem Verwendungszustand. Dennoch genügt diese verhältnismäßig einfache Art der Kennzeichnung der anorganischen Substanz für die meisten praktischen Zwecke (Heizwertbestimmung u. ä.) durchaus, besonders bei mäßigen Aschegehalten, wie sie in aufbereiteten Kohlen vorzukommen pflegen. Es kommt vielfach, so bei Kaufverträgen und Qualitätsklauseln, ja nicht so sehr auf die absolute Genauigkeit als auf die Relativwerte an — so

---

[1] Laboratoriumsvorschrift des Steinkohlenbergbauvereins, Chemiker-Ausschuß. Ausgabe Januar 1954. Lose Blattsammlung Essen, Glückauf-Verlag.

etwa zwischen zugesagter und eingehaltener Qualität. Man muß sich nur der Genauigkeitsgrenzen bewußt bleiben, wenn man mit dem Zahlenwert des Aschegehaltes weiter operiert — so etwa bei Umrechnungen oder bei Asche-Bilanzen.

Bei der zahlenmäßigen Angabe des Aschegehaltes ist auf den Bezugszustand zu achten. Am zweckmäßigsten ist es daher, stets eine genaue Angabe über die Bezugsgröße anzufügen, wie dies auch nach DIN 51700 (Übersicht über die Untersuchungsverfahren. Allgemeines) vorgeschrieben ist. Fehlt eine solche Angabe, so ist immer anzunehmen, daß es sich um den Roh- bzw. Verwendungszustand handelt. Abb. 27 gibt eine Übersicht über die vier verschiedenen Bezugszustände (RADMACHER[1]), den Verwendungszustand (roh), den lufttrockenen Zustand (lftr), den wasserfreien (wf) und den wasser- und aschefreien (waf) Zustand.

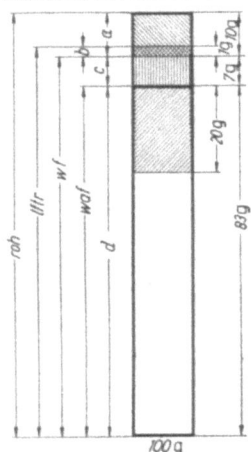

Abb. 27. Bezugszustände fester Brennstoffe (nach W. RADMACHER)

Die Umrechnung auf den Verwendungszustand erfolgt dann nach

$$A \% \text{ (roh)} = A \% \text{ (wf)} \frac{100 - \% W}{100} \qquad (3)$$

$$A \% \text{ (roh)} = A \% \text{ (lftr)} \frac{100 - \% W}{100 - \% \text{ Analysenfeuchtigkeit}} \qquad (4)$$

Darin bedeutet:

A = den Aschegehalt

W = den Wassergehalt in Gew.-%, wie er normalerweise durch die Kurzanalyse (Immediat-Analyse) angegeben wird.

Den Wert $100 - (W + A)$ bezeichnet man als *brennbare Substanz*, früher gelegentlich als *Reinkohle*[2], heute vorzugsweise als die *wasser- und aschefreie Substanz*.

---

[1] RADMACHER, W.: Bezugszustände fester Brennstoffe für die Berechnung analytischer Werte. Referat auf der 34. Ingenieursitzung der Ruhrkohlen-Beratung G. m. b. H., Essen (unveröffentlicht).

[2] Wegen der Verwechslungsmöglichkeiten mit dem aufbereitungstechnischen Begriff *Reinkohle* (= aufbereitete Kohle mit dem zugehörigen gebundenen Aschegehalt (ohne Fehlaustrag) oder, nach der Vornorm DIN 23011 *Bestandteile aufbereiteter Kohle, die leichter sind als die untere Bezugswichte*) ist vorgeschlagen worden, diese Bezeichnung nicht mehr auf die asche- und wasserfreie Substanz anzuwenden. S. a. DIN 51700.

Entsprechend der Bestimmungsmethode liegt die sogenannte Asche nicht in der ursprünglich im Brennstoff vorhandenen Form vor, sondern vorwiegend als Oxyde; auch enthält der Rückstand, dessen Gewicht bestimmt wird, gewisse dampf- und gasförmig abgegangene Bestandteile, wie Hydratwasser, Kohlendioxyd der Karbonate, Schwefel usw., nicht mehr, soweit sie bei der Arbeitstemperatur von 775° C ausgetrieben werden. Umgekehrt können gelegentlich auch gasförmige Bestandteile, so etwa SO_2, aus dem Kohlenschwefel und den Verbrennungsgasen der beheizenden Flamme aufgenommen werden, weshalb die Laboratoriumsvorschriften ausdrücklich darauf hinweisen, daß die Muffel oder der Tiegel vor einer Einwirkung der Verbrennungsgase zu schützen sei.

Die Unterschiede zwischen Asche (A) und Mineralstoff (M) können auch das Ascheschmelzverhalten beeinflussen, da hierbei von der nach gleichen Bedingungen hergestellten Asche ausgegangen wird.

Da der Mineralstoffgehalt in seiner ursprünglichen Form vom Aschegehalt abweicht — der Unterschied macht bei Steinkohlen gelegentlich 8—10% aus, kann aber von Fall zu Fall sehr verschieden sein —, so ist es notwendig, auf diese Abweichungen näher einzugehen, die Möglichkeiten einer Umrechnung und einer direkten oder indirekten Bestimmung zu erörtern und den Einfluß dieser Abweichung in seinen praktischen Auswirkungen zu untersuchen. Es ist zu erwarten, daß sich der Unterschied zwischen Mineralstoffgehalt (M) und Aschegehalt (A) besonders dort stark auswirken wird, wo es in der Analyse auf genaue Festlegung des Gewichtsanteils des Verbrennlichen (der organischen Kohlensubstanz) oder gar auf die Differenz zwischen dem Gesamtgehalt an Verbrennlichem und den direkt bestimmten Anteilen ankommt — etwa beim Sauerstoffgehalt als Rest —, ferner bei einer vollständigen Mineralstoffbilanz[1].

Das Bemühen um die Festlegung des Mineralstoffgehaltes läßt ohne genaue Kenntnis der tatsächlich vorliegenden Minerale keine exakte Lösung zu, jedenfalls nicht durch ein einfaches technologisches Verfahren oder durch einfache Umrechnung. Dennoch bedeutet die näherungsweise Ermittlung des Mineralstoffgehaltes bereits eine wesentliche Steigerung der Genauigkeit in der Bilanzierung.

Als Bezugszustand bei Analysenangaben wird die wasser- und mineralstofffreie Substanz durch die Abkürzung *wmf* gekennzeichnet. Im angloamerikanischen Schrifttum findet man außerdem gelegentlich noch die *Parr-Basis* als Bezugszustand verwendet, worunter die wasser-, mineral-

---

[1] Eine sogenannte *Aschebilanz* kann eigentlich nie aufgehen. Sie sollte daher durch eine Mineralstoffbilanz ersetzt werden und ein Glied für die Flüchtigen Bestandteile des Mineralstoffs enthalten.

stoff- und schwefelfreie Substanz in der von PARR[1] vorgeschlagenen Form $100 - (W + 1{,}08\,A + 0{,}55\,S)$ verstanden wird (vgl. S. 83).

2. Die Aschezusammensetzung

Die chemische Analyse der Asche fester Brennstoffe erstreckt sich auf die Bestimmung des SiO_2 und der folgenden Metalloxyde: Al_2O_3, TiO_2, der Eisenoxyde — meist als Fe_2O_3 ausgewiesen, aber zweckmäßigerweise getrennt nach Fe_2O_3 und FeO — ferner CaO, MgO und der Alkalien Na_2O und K_2O, sowie der Nichtmetalloxyde P_2O_5 und SO_3. Gelegentlich wird auch noch MnO, ZnO, Cl und CO_2 bestimmt. Auf die Vermeidung einer Schwefelaufnahme bei der Veraschung ist unbedingt zu achten.

Die Methoden der Aschenanalyse sind in jüngster Zeit unter Berücksichtigung der Fortschritte der Analysentechnik Gegenstand einer Revision gewesen und liegen jetzt als Normenvorschlag vor. Vgl. Anhang I (S. 326).

Eine besondere Bedeutung kommt im Rahmen des Verhaltens der Kohlenminerale in Kesselanlagen den Alkalien zu. Ihre Bestimmung nach den früher üblichen Methoden war zeitraubend und unsicher, weshalb man sich vielfach damit begnügte, den Rest als Alkalien zu bezeichnen. Die Unzulänglichkeit dieses Verfahrens liegt auf der Hand, da der Rest auch die Summe der (unter Umständen nicht unerheblichen) Analysenfehler und die weniger häufig vorkommenden Bestandteile, die nicht mitbestimmt worden sind, enthält. Außerdem ist eine getrennte Bestimmung des Na_2O-und des K_2O-Gehaltes erwünscht. Die frühere Annahme, daß die Alkalien vorzugsweise aus Na_2O bestünden — daher gelegentlich die Angaben der Alkalien *als Na_2O gerechnet* — trifft keineswegs zu. Untersuchungen an Ruhrkohlenaschen[2] haben gezeigt, daß bei den Ruhrkohlen das K_2O das Na_2O im allgemeinen bei weitem überwiegt. Die Bestimmung der Alkalien nach Natrium und Kalium getrennt erfolgt heute vorzugsweise im Flammen-Photometer (HERRMANN[3], SCHUHKNECHT[4]). Diese Methode hat den Vorzug der Schnelligkeit und der größeren Genauigkeit der Bestimmung (s. Anhang I, S. 326).

Bei der chemischen Zusammensetzung der Asche ist sowohl eine erhebliche Schwankungsbreite als auch kein unmittelbarer oder kennzeichnender Zusammenhang zwischen Aschezusammensetzung und Kohlenart festzustellen. Dies geht aus den Angaben der Tab. 24 hervor.

---

[1] PARR, S. W.: The analysis of fuel, gas, water, and lubricants. 4. Aufl. New York: McGraw-Hill, 1932.

[2] Ausgeführt im Laboratorium der Ruhrkohlen-Beratung G. m. b. H., Essen.

[3] HERRMANN, R.: Flammenphotometrie. Berlin/Göttingen/Heidelberg: Springer 1956.

[4] SCHUHKNECHT, W.: Beitrag zur Methodik und Technik von Flammenspektrographie und Flammenphotometrie. Optik Bd. 10 (1953) Nr. 5, S. 245/268; Nr. 6, S. 269/320.

Wohl gibt es in großen Zügen gewisse charakteristische Unterschiede, die durch die Entstehung der betreffenden Kohlenlagerstätte und die Art des Deckgebirges bedingt sind. Die deutschen Steinkohlen der Ruhr, des Aachener und des Niedersächsischen Reviers sind z. B. unabhängig vom Inkohlungsgrad durch das Vorherrschen der Tonminerale gekennzeichnet, die mitteldeutschen und die rheinischen Rohbraunkohlen dagegen durch ihren hohen Kalziumgehalt. Die Lausitzer Braunkohlen unterscheiden sich von den mitteldeutschen durch einen höheren Fe_2O_3-Gehalt, die Asche der Böhmischen Braunkohle dagegen ähnelt viel mehr derjenigen der Steinkohle als etwa der der mitteldeutschen Rohbraunkohle.

Tabelle 24. *Grenzwerte von Ascheanalysen*

Steinkohlen			Braunkohlen	
USA (SELVIG, GIBSON[1])	England (KING, CROSSLEY[2])	Deutschland (ROSIN, FEHLING[3])	Deutschland (ROSIN, FEHLING[3])	
20 —60	25 —50	25 —45	8 —18%	SiO_2
10 —35	20 —40	15 —21	4 — 9%	Al_2O_3
5 —35	0 —30	20 —45	2 — 6%	Fe_2O_3
1 —20	1 —10	2 — 4	25 —40%	CaO
0,3— 4	0,5— 5	0,5— 1	0,5— 6%	MgO
0,5— 2,5	0 — 3	—	—	TiO_2
1 — 4	1 — 6	—	— %	$Na_2O + K_2O$
0,1—12	1 —12	4 —10	0 —50%	SO_3

Auch in engeren Bereichen, z. B. für eine bestimmte Zeche oder ein bestimmtes Flöz, wechselt die Mineralführung und damit die Aschezusammensetzung der Kohle bei fortschreitendem Abbau vielfach stark, so daß eine laufende stichprobenweise Kontrolle der Aschezusammensetzung zweckmäßig und notwendig ist.

Weiterhin ist zu beachten, daß die Mineralsubstanz im Flöz keineswegs gleichmäßig verteilt ist, weshalb die Aschezusammensetzung in den einzelnen Aufbereitungserzeugnissen erheblich schwanken kann (s. Abb. 28 bis 30).

So begreiflich der Wunsch der Kohlenverbraucher ist, Aschezusammensetzung und Aschecharakterstik einer bestimmten Kohle zu kennen und sie als ein typisches Merkmal dieser Kohle anzusehen, so muß den

---

[1] SELVIG, W. A., u. F. GIBSON: Analyses of ash from coals of the United States. U. S. Bur. Min. Techn. Pap. 679 (1945).
[2] KING, J. G., u. H. E. CROSSLEY: Methods for the quantitative analysis of coal ash. Dept. of Scientific and Industrial Research, Fuel Research, Physical and Chemical Survey of the National Coal Resources Nr. 28 (1933).
[3] ROSIN, P., u. R. FEHLING: Die Flugschlacke II. Die physikalischen und chemischen Eigenschaften der Asche und ihr Einfluß auf die Verschlackung. III. Verfahren zur Prüfung des Verhaltens der Flugschlacke. Bericht D 54/55 des Reichskohlenrates. Berlin 1935.

78　Die Asche der festen Brennstoffe

naturgegebenen Schwankungen dieser Eigenschaften in der Praxis doch unbedingt Rechnung getragen werden. Ein Mittel dazu ist die Angabe von Häufigkeitswerten, wie das für die Aschezusammensetzung erst-

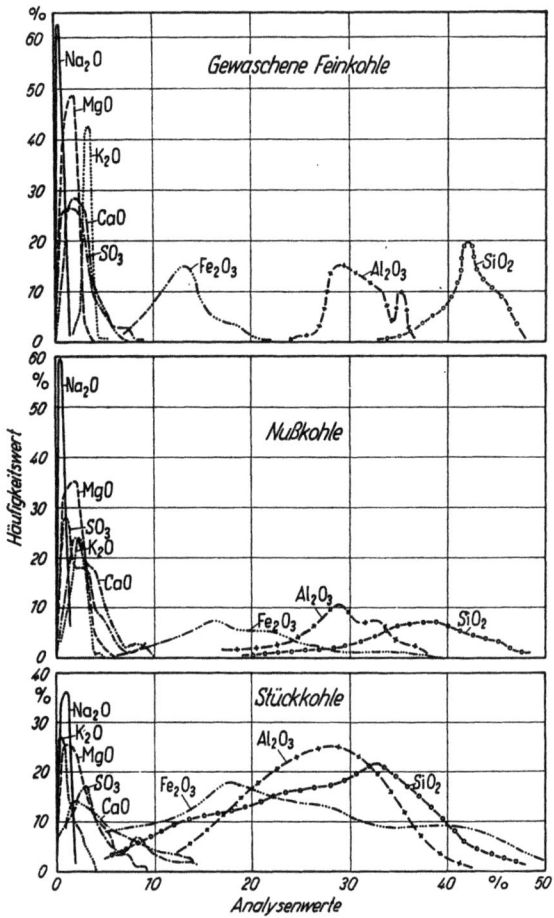

Abb. 28—30. Häufigkeitskurven der Aschezusammensetzung von Ruhrkohlen
(nach Untersuchungen des chemischen Laboratoriums der Ruhrkohlen Beratung G. m. b. H., Essen)

malig von ROSIN und FEHLING[1] durchgeführt wurde. Sie haben dabei Kohlen verschiedenster Reviere gemeinsam statistisch ausgewertet, woraus sich natürlich eine entsprechend weite Streuung ergeben muß. Das Verfahren führt zu brauchbaren Werten, wenn man es auf einen be-

---

[1] ROSIN, P., u. R. FEHLING: Die Flugschlacke. II. Die physikalischen und chemischen Eigenschaften der Asche und ihr Einfluß auf die Verschlackung. III. Verfahren zur Prüfung des Verhaltens der Flugschlacke. Bericht D. 54/55 des Reichskohlenrates Berlin (1935).

schränkten Kreis, etwa ein Revier, anwendet und dabei die charakteristischen Unterschiede der einzelnen Kohlensorten berücksichtigt. In Abb. 28 bis 30 sind aus dem reichen Analysenmaterial der Ruhrkohlenberatung G. m. b. H. solche Häufigkeitswerte für Ruhrkohlen wiedergegeben, getrennt nach gewaschener Feinkohle, Nußkohle und Stückkohle. Besonders charakteristische Werte stellen solche Analysen dar, die mit allen ihren Bestandteilen möglichst nahe am Häufigkeitsmaximum liegen. Eine nach diesem Gesichtspunkt getroffene Auswahl von Aschenanalysen der Ruhrkohlen ist in Tab. 25 wiedergegeben. Als Ergänzung

Tabelle 25. *Aschenanalysen von Ruhrkohlen*[1] (Gew.-%)

	SiO_2	Al_2O_3	Fe_2O_3	CaO	MgO	SO_3	Na_2O	K_2O
Stückkohlen	36,0	36,7	12,2	6,5	1,8	2,0	1,4	1,4
Stückkohlen	32,5	29,7	15,3	8,5	3,5	8,8	0,6	0,8
Stückkohlen	33,9	30,6	20,4	5,1	3,1	2,9	1,4	0,3
Stückkohlen	55,9	29,5	16,0	6,1	2,6	2,0	1,0	2,8
Nußkohlen	38,0	27,0	26,5	2,2	1,5	1,4	0,4	2,7
Nußkohlen	38,8	29,2	20,4	2,0	2,2	1,7	0,7	3,1
Nußkohlen	38,8	30,4	16,3	3,5	2,2	3,2	0,7	3,2
Nußkohlen	38,3	29,3	17,6	4,2	2,3	2,6	0,8	2,6
Gewasch. Feinkohlen	42,2	29,5	18,9	0,9	1,9	0,6	0,6	3,0
Gewasch. Feinkohlen	42,2	29,4	16,3	3,2	3,0	2,9	1,0	3,8
Gewasch. Feinkohlen	42,2	32,1	12,8	1,8	1,8	1,8	0,8	5,5
Gewasch. Feinkohlen	43,0	30,8	13,2	2,2	2,9	3,0	0,6	3,5
Berge[2]	51,0	29,6	9,2	2,0	1,9	1,5	0,6	4,2

dazu sind in der letzten Zeile Analysen von Bergen nach DANIELS[3] angegeben; der Wert von 0,6% P_2O_5 ist hinzuzufügen (in den übrigen Analysen ist der P_2O_5-Gehalt nicht angegeben).

Weiteres Analysenmaterial findet man im Schrifttum (SIMMERSBACH u. SCHNEIDER[4], KOPPERS[5], ENDELL[6], SELVIG u. GIBSON[7, 8]), wobei jedoch

---

[1] Nach Angaben des Laboratoriums der Gemeinschaftsorganisation Ruhrkohle G. m. b. H. — [2] Nach B. DANIELS (+ 0,6% P_2O_5-Gehalt). — [3] s. S. 13, Fußnote 3.

[4] SIMMERSBACH, O., u. G. SCHNEIDER: Grundlagen der Kokschemie. 3. Aufl., S. 162/165. Berlin: Springer 1930.

[5] KOPPERS Handbuch der Brennstofftechnik. (Hrsg. von der Heinrich Koppers G. m. b. H.), 3. Aufl., S. 126. Essen 1953.

[6] ENDELL, K.: Chemische Zusammensetzung, Mineralaufbau und Flüssigkeitsgrad geschmolzener Braunkohlenschlacken bei hohen Temperaturen. Braunkohle, Wärme und Energie, Bd. 2, (1950) Nr. 19/20, S. 333/340.

[7] SELVIG, W. A., u. F. H. GIBSON: Analyses of ash from coals of the United States. United States Department of the Interior Bureau of Mines. Technical Paper 679. Washington 1954.

[8] SELVIG, W. A., u. F. H. GIBSON: Analyses of ash from United States coals. Bull. 567, Bureau of Mines. Washington 1956.

Die Asche der festen Brennstoffe

Tabelle 26. *Aschenanalysen und Schmelzpunkte amerikanischer Kohlen aus Virginia und West-Virginia* (nach SELVIG und GIBSON)[2]

Staat und Flöz	Art der Probe[1]	Asche-gehalt %	SiO$_2$	Al$_2$O$_3$	Fe$_2$O$_3$	TiO$_2$	P$_2$O$_5$	CaO	MgO	Na$_2$O	K$_2$O	SO$_3$	Schmelzverhalten Verformungs-beginn °C	Schmelzverhalten Erweichungs-temp. °C	Schmelzverhalten Fließ-temperatur °C
Virginia															
Kennedy	F	11,2	50,5	29,2	9,3	2,1	—	1,8	2,1	0,7	3,5	0,5	—	—	—
Kennedy	F	8,4	47,8	27,0	13,7	2,1	—	2,4	1,7	0,4	3,1	1,3	—	—	—
Kennedy	F	7,6	31,9	23,2	19,6	1,8	—	9,8	1,1	0,7	2,6	8,8	—	—	—
Pocahontas Nr. 3	L	5,6	51,8	25,0	9,0	2,0	—	4,0	1,5	1,3	0,8	4,3	—	—	—
Pocahontas Nr. 5	L	6,7	34,8	22,7	11,5	—	—	16,2	2,7	—	—	10,1	1216	1243	1332
West-Virginia															
Redstone	L	7,9	38,4	24,2	22,4	1,1	—	7,7	0,9	0,3	1,9	3,8	—	—	—
Nr. 2 Gas	L	10,8	54,6	28,8	10,8	—	—	1,2	1,0	—	—	1,0	—	—	—
Pittsburgh	L	9,7	46,8	38,4	7,9	—	—	2,2	0,9	—	—	1,3	1121	1204	1321
Sewell	L	7,4	54,3	24,6	12,4	1,1	—	1,4	0,4	2,8	1,9	1,0	—	—	—
Sewell	L	6,3	46,2	27,9	18,4	2,0	—	2,0	0,6	1,2	1,3	1,0	—	—	—
Sewell	L	7,2	47,4	27,3	15,2	2,1	—	1,7	1,3	1,2	2,7	0,8	—	—	—
Sewell	L	—	46,3	27,1	15,3	—	—	4,0	1,2	—	—	3,4	1193	1277	1393
Sewell	L	4,6	45,1	26,1	21,4	—	—	1,9	1,1	—	—	0,7	1132	1293	1349
Pittsburgh	F	8,8	36,4	18,0	18,9	0,7	—	12,4	1,2	—	—	11,3	1121	1177	1204
Chilton	L	6,1	58,7	32,9	3,8	—	—	1,2	0,3	—	—	1,0	1582	1616	—
Chilton	F	5,6	51,6	33,3	8,1	1,4	—	1,4	0,8	—	—	0,7	1454	1510	1554
Davy-Sewell	L	5,8	50,9	31,9	9,8	—	—	1,5	1,3	—	—	1,1	—	—	—
Pocahontas and Beckley	L	6,7	46,0	26,4	12,6	—	—	5,9	2,2	—	—	4,8	1227	1266	1416
Pocahontas and Beckley	L	6,3	44,5	27,3	11,1	—	—	6,7	1,6	—	—	5,9	1227	1282	1449

Die Aschezusammensetzung

	F/L														
Pocahontas and Beckley	L	6,1	42,2	27,1	11,6	—	8,1	1,6	—	—	7,1	1249	1282	1449
Pocahontas Nr. 3	L	7,1	54,1	24,8	9,4	2,3	4,0	1,4	1,0	0,8	2,8	—	—	—
Pocahontas Nr. 3	L	5,9	37,2	25,5	11,8	1,5	12,6	1,9	1,4	0,3	5,6	—	—	—
Pocahontas Nr. 3	L	10,0	63,8	22,6	5,7	3,7	1,3	0,7	1,2	0,7	0,7	—	—	—
Pocahontas Nr. 3	L	6,8	51,1	25,2	10,1	1,8	5,1	1,6	0,8	0,9	3,1	—	—	—
Pocahontas Nr. 3	L	6,1	40,0	26,9	10,6	—	11,5	2,0	—	—	6,8	1271	1293	1354
Pittsburgh	L	9,1	36,0	21,3	30,5	—	4,6	0,8	—	—	5,1	1093	1121	1304
Pocahontas Nr. 3	L	8,0	54,8	27,0	7,8	1,6	1,6	1,5	2,2	1,9	0,5	—	—	—
Pocahontas Nr. 3	L	7,5	54,8	29,2	6,9	1,8	1,4	0,6	1,9	2,1	1,0	—	—	—
Pocahontas Nr. 3	F	—	51,1	30,9	10,7	1,9	2,1	0,9	1,0	0,4	0,6	1338	1499	1588
Bakerstown	L	17,1	52,0	27,8	15,0	—	0,8	0,5	—	—	0,9	—	1416	1277
Pittsburgh	L	10,9	50,4	24,0	20,4	1,4	1,7	0,2	1,0	1,0	0,3	1027	1138	1566
Pittsburgh	L	10,6	43,4	20,8	27,5	—	3,2	0,7	—	—	2,9	1443	1538	1577
Beckley	L	7,2	53,5	30,4	9,4	1,3	0,9	1,0	0,9	2,1	0,3	1510	1543	1627
Pocahontas Nr. 5	L	5,3	52,7	33,5	9,0	—	1,0	0,8	—	—	0,8	1549	1599	1410
Pocahontas Nr. 5	F	5,6	58,7	31,1	6,1	1,8	0,7	0,4	—	—	0,4	1143	1354	1443
Sewell		3,0	42,0	30,6	20,0	1,3	1,0	0,8	1,3	1,2	1,1	1338	1416	1338
—	L	7,3	50,8	28,5	13,4	1,2	1,1	1,0	1,0	2,3	0,3	—	—	—
—	L	6,2	51,2	24,0	10,6	1,8	4,8	2,0	0,6	1,7	2,5	1182	1260	—

¹ F = Flözprobe. L = Kohle wie geliefert — ² Vgl. Fußnote 7, S. 79.

auf die Zufälligkeit mancher solcher Angaben hingewiesen werden muß. Umfangreiche Angaben über amerikanische Steinkohlen sind von SELVIG und GIBSON und dem Bureau of Mines (SELVIG u. GIBSON[1,2]) veröffentlicht worden.

Mit Rücksicht auf die zunehmende Verwendung amerikanischer Kohle in Europa ist in Tab. 26 eine Auswahl von Aschenanalysen amerikanischer Kohlen wiedergegeben, unter besonderer Berücksichtigung der Kohlenreviere Virginias und West-Virginias, die aus Gründen der geographischen Lage dieses Reviers zu dem Hauptausfuhrhafen Hampton Roads, Va., die europäischen Märkte bevorzugt erreichen dürften.

Die chemische Analyse von Ansätzen, Schlacken, Flugaschen u. dgl. unterscheidet sich in mancher Beziehung von derjenigen der Brennstoffasche. Die Methoden müssen sich dabei weitgehend der Zusammensetzung des Probematerials anpas-

---

¹ s. S. 79, Fußnote 7.
² s. S 79, Fußnote 8.

sen, da eine starke Anreicherung bestimmter Bestandteile (etwa des Phosphors) einen besonderen Analysengang erfordert. Bei zunächst ganz unbekannter Zusammensetzung kann daher, um Fehlerquellen auszumerzen, eine Wiederholung, mitunter sogar eine mehrfache Wiederholung, notwendig werden. Durch die Verflüchtigung einiger Mineralbestandteile, wie z. B. H_2O, H_2S, CO_2 einerseits und die Neubildung von schwer aufschließbaren Silikaten andererseits hat es sich als notwendig erwiesen, für die Untersuchung solcher Materialien besondere Methoden auszuarbeiten (CROSSLEY, EDWARDS, FLINT[1], MÜLLER-NEUGLÜCK[2]). Es hat sich insbesondere als zweckmäßig erwiesen, die Probe in drei Fraktionen, in das Wasserlösliche, das Säurelösliche und das Säureunlösliche zu trennen.

3. Bestimmung des Mineralstoffgehaltes

a) Berechnung des Mineralstoffgehaltes aus dem Aschegehalt

Angesichts der Schwierigkeit und der Umständlichkeit einer direkten Bestimmung des Mineralstoffgehaltes (vgl. S. 91) hat man schon früher versucht, den Mineralstoffgehalt aus dem Aschegehalt zu errechnen. Die wichtigste, bei der Umrechnung zu berücksichtigende Veränderung der Mineralsubstanz (SCHUSTER[3], GUMZ[4], MOHRHAUER[5]) besteht in der Hydratwasserabgabe der Tonminerale, in der Abröstung des Pyrits, in der CO_2-Abgabe der Karbonate, in der Aufoxydation des Eisenoxyduls (FeO) zu Eisenoxyd (Fe_2O_3), in der möglichen Neubildung von Sulfaten sowohl durch die Reaktion mit dem organischen Kohlenschwefel als auch durch die Aufnahme von SO_2 aus den beheizenden Verbrennungsgasen — was tunlichst zu vermeiden ist — und in der Verflüchtigung leicht flüchtiger, thermisch unbeständiger Substanzen wie Chloride und Sulfate, falls derartige Salze in der Kohle vorkommen.

---

[1] CROSSLEY, H. E., u. A. H. EDWARDS: The analysis of external deposits from boilers. Pt. I. General remarks on the nature of boiler deposits and their examination. J. Soc. Chem. Ind. Bd. 65 (1946) Nr. 9, S. 251/253.

EDWARDS, A. H.: Pt. II. Methods in use at British Coal Utilisation Research Association for the analysis of external boiler deposits rich in phosphates. Ibid. S. 254/256.

EDWARDS, A. H., u. D. FLINT: Pt. III. Methods in use at British Coal Utilisation Research Association for the analysis of the water-soluble fraction of external boiler deposits. Ibid. S. 256/257.

[2] MÜLLER-NEUGLÜCK, H. H.: Analytische Untersuchung rauchgasseitiger Ansätze. Brennst., Wärme, Kraft Bd. 3 (1951) Nr. 6, S. 177/178.

[3] SCHUSTER, F.: Asche, Elementarzusammensetzung und Heizwert der Kohle. Gas- und Wasserfach Bd. 74 (1931) Nr. 27, S. 629/635.

[4] GUMZ, W.: Kurzes Handbuch der Brennstoff- und Feuerungstechnik, 2. Aufl., S. 132 ff. Berlin/Göttingen/Heidelberg: Springer 1953.

[5] MOHRHAUER, P.: Die mineralischen Bestandteile von Steinkohlen. Bergbau Rdsch. Bd. 8 (1956) Nr. 7, S. 335/347.

Das als Hydratwasser bezeichnete Wasser besteht teils aus solchem, welches in den Tonmineralen als Zwischenschichtwasser eingelagert ist und bei der Feuchtigkeitsbestimmung noch nicht erfaßt wird, teils aus dem erst in höheren Temperaturbereichen entweichenden Wasser, welches dadurch entsteht, daß OH-Gruppen aus dem Kristallgitter abgegeben werden und im Verbrennungsprozeß in Form von Wasserdampf auftreten (vgl. S. 144). Dieses Hydratwasser stellt im allgemeinen zahlenmäßig den größten Anteil an dem Unterschied zwischen Asche- und Mineralstoffgehalt dar.

Die älteste und wohl auch am häufigsten verwendete Umrechnungsformel ist die von PARR[1].

$$M = 1{,}08\,A + 0{,}55\,S\,. \tag{5}$$

Sie wird auch in den amerikanischen Brennstoffnormen empfohlen[2], alternativ dazu auch die Formel

$$M = 1{,}1\,A + 0{,}1\,S\,. \tag{6}$$

MOTT und SPOONER[3] geben der PARR'schen Formel, die man zwar wissenschaftlich anfechten könne, die aber dennoch praktische Brauchbarkeit mit großer Einfachheit des Aufbaus vereinige, den Vorzug vor neueren, meist viel umständlicheren Vorschlägen, wie etwa der KMC-Formel [s. Gl. (14) S. 86].

Die Zahl der Modifikationen der PARR-Formel allein im amerikanischen Schrifttum ist sehr groß. Eine Auswahl der Beiwerte der Gleichung

$$M = f_1\,A + f_2\,CO_2 + f_3\,S\,, \tag{7}$$

die also auch noch ein Glied zur Berücksichtigung der Karbonatkohlensäure enthält, ist in nachstehender Tab. 27 angegeben (CADY[4]).

Manche der älteren Umrechnungsformeln enthalten nur einen Teil dieser Faktoren, und so wird von DENNSTEDT und BÜNZ[5] weder das Hydratwasser noch die Karbonatkohlensäure berücksichtigt. WEISSER[6]

---

[1] PARR, S. W., u. W. F. WHEELER: Unit coal and the composition of coal ash. Univ. Ill. Eng. Exp. Sta. Bull. 37 (1909). — PARR, S. W.: Illinois State Geol. Survey Bull. 3 (1916). — PARR, S. W.: The classification of coal. Univ. of Illinois Eng. Exp. Sta. Bull. 180 (1928).

[2] Classification of coals by rank. ASTM — D 388—38, ASTM Standards on Coal and Coke, S. 83. Philadelphia 1948 (Am. Soc. Testing Materials).

[3] MOTT, R. A., u. C. E. SPOONER: The mineral matter of coal and coke. Fuel Bd. 23 (1944) Nr. 1, S. 9/18.

[4] nach CADY: Diskussionsbeitrag zu A. C. FIELDNER, W. A. SELVIG u. F. H. GIBSON: Application of ash corrections to analyses of various coals. Trans. Am. Instn. Min. Met. Engrs. Bd. 101 — Coal Division — (1932) S. 224/246.

[5] DENNSTEDT, M., u. R. BÜNZ: Die Gefahren der Steinkohle. 2. Die Selbstentzündlichkeit. Z. angew. Chem. Bd. 21 (1908) Nr. 35, S. 1824/1835.

[6] WEISSER, F.: Über die Aschenbestimmung in Steinkohlen. Chem. Ztg. Bd. 36 (1912) Nr. 80, S. 757/759. — : Die Aschenbestimmung in Steinkohlen und Koksen. Chem. Zeitg. Bd. 38 (1914) Nr. 148/149, S. 1264/1265.

schließt in seiner Formel auch die Karbonatkohlensäure ein. Die ältere Formel von SCHUSTER[1] enthält das Hydratwasser auch noch nicht. Später empfiehlt SCHUSTER[2] einen amerikanischen Vorschlag[3]

$$M = A + \frac{5}{8} S_{Pyr} + SO_{3\,Kohle} - SO_{3\,Asche} + H_2O_{Hydr.} + CO_2, \qquad (8)$$

Tabelle 27. *Beiwerte der Gl.* (7)

Lfd. Nr.	Autor (Jahr)		f_1	f_2	f_3	Quelle und Bemerkungen
1.	PARR u. WHEELER	(1909)	1,08	0	0,55	[4]
2.	dto.	(1909)	1,08	1,08	0,55	[4]
3.	FIELDNER u. SELVIG	(1930)	1,08	0	0,75	[5]
4.	dto.	(1930)	1,08	1,08	0,75	[5]
5.	CADY	(1931)	1,08	0	0,25	[6]
6.	dto.	(1931)	1,08	0,8	0,25	[6] Mittelwert aus Nr. 1
7.	dto.	(1932)	1,08	0,8	0,4	[3, 7]
8.	FIELDNER	(1932)	1,08	0	0,5	[3]
9.	STANSFIELD, HOLLINS u. CAMPBELL	(1925)	1,10	0	0,5	[7]
10.	CADY	(1932)	1,10	0	0,4	[3] Abwandlung von Nr. 9
11.	A S T M		1,10	0	0,1	[s. Gl. (6)].

der dann mit Rücksicht auf den geringen Sulfat-Schwefel der Kohle noch folgendermaßen vereinfacht werden könnte:

$$M = A + \frac{1}{3} FeS_2 + H_2O_{Hydr.} + CO_2 - SO_{3\,Asche}. \qquad (9)$$

Das Hydratwasser ($H_2O_{Hydr.}$) müßte also, ebenso wie die Karbonatsäure, zusätzlich bestimmt werden, was sehr umständlich ist.

---

[1] SCHUSTER, F.: Über den Sulfatgehalt von Kohlenaschen. Brennst. Chem. Bd. 11 (1930) Nr. 13, S. 262/263.
[2] SCHUSTER, F.: Asche, Elementarzusammensetzung und Heizwert der Kohle. Gas- und Wasserfach Bd. 74 (1931) Nr. 27, S. 629/635.
[3] Sampling and Analysis of Coal, Coke and By-Products. 3. Aufl., S. 118. Pittsburgh 1929.
[4] PARR, S. W., u. W. F. WHEELER: Unit coal and the composition of coal ash. Univ. Ill. Eng. Exp. Sta. Bull. 37 (1909).
PARR, S. W.: Illinois State Geol. Survey Bull. 3 (1916).
[5] FIELDNER, A. C., u. W. A. SELVIG: Present status of ash corrections of coal analysis. Trans. Am. Inst. Min. Met. Engrs. Bd. 88 — Coal Division — (1930) S. 597/613.
[6] Diskussionsbeitrag zu E. STANSFIELD und J. W. SUTHERLAND: Determination of mineral matter in coal and fractionation studies of coal. Trans. Am. Inst. Min. Met. Engrs. Bd. 88 — Coal Division — (1930) S. 614/626.
[7] STANSFIELD, E., R. T. HOLLIES u. W. P. CAMPBELL: Analyses of Alberta Coal. Scient. and Industr. Research Council of Alberta. Rep. 14 (1925) S. 17.

Eine Anzahl von Verbesserungsvorschlägen der PARR-Formel beruht im wesentlichen auf abweichenden Annahmen über die Verteilung des Kohlenschwefels (Pyrit-S, organischer S und Sulfat-S), da PARR und WHEELER angenommen haben, daß aller Schwefel als Pyritschwefel vorliegt. Dennoch bringen sie keine entscheidenden Verbesserungen. So sei hingewiesen auf die Formeln von TIDESWELL und WHEELER[1], FIELDNER und SELVIG[2] und die schon erwähnten von SCHUSTER u. a. m.

TIDESWELL und WHEELER nehmen an, daß der organische Schwefel 1% ausmacht, und daß der darüber hinausgehende Betrag als Pyritschwefel anzusehen sei. FIELDNER und SELVIG nehmen als Mittelwert an, daß die Hälfte des Schwefels als Sulfidschwefel und die Hälfte als organischer Schwefel vorliege, aber eine spätere Kontrolle durch FIELDNER, SELVIG und GIBSON[3] zeigt keine Verbesserung gegenüber der PARR'schen Formel. Die SCHUSTERsche Formel setzt eine Bestimmung des Pyrit-Schwefels voraus.

Eine auf Ruhrkohle zugeschnittene Formel, die davon ausgeht, daß der Pyritschwefel

$$S_{pyr} = S_{gesamt} - 0,8 \qquad (10)$$

beträgt, der organische Schwefel also einen konstanten Wert besitze, haben GRUMBRECHT und ABRAMSKI[4] vorgeschlagen. Sie lautet:

$$M = 1,1\,A + 0,5\,S - 0,4\,. \qquad (11)$$

Eine noch einfachere Formel, gleiche Genauigkeit und etwas bessere Übereinstimmung mit dem direkt bestimmten Mineralstoffgehalt erhält man mit der Gleichung

$$M = 1,11\,A + 0,35\,S\,, \qquad (12)$$

worin angenommen ist, daß die Korrekturen für Hydratwasser und Kohlensäure 10% des Mineralstoffs ausmachen und der Pyritschwefel etwa 70% des Gesamtschwefels (S) beträgt (vgl. Tab. 28 u. 29, S. 89/90).

Für die Kohle des Stalin-Makajev-Bezirks des Donez-Beckens gibt das Donezer Kohleninstitut die Formel

$$M = 1,129\,A + 0,35\,S - 0,20 \qquad (13)$$

an (AGROSKIN[5]).

---

[1] TIDESWELL, F. V., u. R. V. WHEELER: Pure coal as a basis for classification. Trans. Am. Inst. Min. and Met. Engrs. Bd. 76 (1928) S. 200/214.

[2] FIELDNER, A. C., u. W. A. SELVIG: Present status of ash corrections of coal analysis. Trans. Am. Inst. Met. Engrs. Bd. 88 — Coal-Division — (1930), S. 597/613.

[3] vgl. S. 83, Fußn. 4.

[3] KING, J. GR., M. B. MARIES u. H. E. CROSSLEY: Formulare for the calculation of coal analyses to a basis of coal substance free from mineral matter. J. Soc. chem. Ind. 55 (1933) pp. 277 T/281 T.

[4] ABRAMSKI, C., u. K. GRUMBRECHT: Über die rechnerische Ermittlung des Heizwertes ballaststreicher Brennstoffe. Glückauf Bd. 86 (1950) Nr. 33/34, S. 680/687.

[5] AGROSKIN, A. A.: Thermische Kohlenveredlung. S. 15. Halle a/S.: Wilh. Knapp. 1957.

Als die chemisch am besten begründete Formel gilt diejenige von KING, MARIES und CROSSLEY, die in der Literatur als die *KMC-Formel* bezeichnet wird, und die für englische Kohlen wie folgt lautet:

$$M = 1{,}09 + 0{,}5\,S_p + 0{,}8\,CO_2 - 1{,}1\,SO_{3\,(Asche)} + SO_{3\,(Kohle)} + 0{,}5\,Cl\,. \quad (14)$$

Die Originalarbeit enthält allerdings eine Reihe von Versionen der Formel, die in den Beiwerten voneinander abweichen, wobei als Ausgangsformulierung die folgende gewählt ist:

$$M = 1{,}09\,[A - (Fe_2O_3 \text{ aus Pyrit}) - (\text{Oxyde aus Ankerit}) - (SO_{3\,Asche} - SO_{3\,Kohle}) - (\text{Oxyde aus Chloriden})] + Pyrite + Ankerite + Chloride\,. \quad (15)$$

Man findet daher im Schrifttum gelegentlich verschiedene Beiwerte (s. a. Fußn. 2).

KING gibt neuerdings den Beiwert des dritten Gliedes (CO_2) mit 0,9 an (BRAME u. KING[1]).

RADMACHER und MOHRHAUER[2] haben die KMC-Formel an 18 verschiedenartigsten Ruhrkohlen geprüft und eine im großen Ganzen befriedigende Übereinstimmung mit einer direkten Mineralbestimmung gefunden. Die Kritik an der *KMC*-Formel richtet sich vor allem — und mit Recht — gegen die große Zahl der analytischen Bestimmungen, nämlich Bestimmung der Asche, des Pyritschwefels, der Karbonatkohlensäure, der Sulfate der Asche und der Kohle, und des Chlors. VENTER und COPPENS[3] schlagen als eine durchaus noch zulässige Vereinfachung vor

$$M = 1{,}11\,A + 0{,}48\,S_{pyrit} + 0{,}81\,CO_2\,. \quad (16)$$

MOTT und SPOONER[4] argumentieren, daß selbst, wenn man die Formel auf

$$M = 1{,}09\,A + 0{,}5\,S_{pyr} \quad (17)$$

vereinfacht, was ihnen zulässig erscheint, immer noch die Notwendigkeit einer Pyritschwefelbestimmung bestehe, was zu umständlich sei und die Anwendbarkeit einschränke.

BROWN, CALDWELL und FEREDAY[5] haben die gegenseitige Abhängigkeit der verschiedenen Einflußfaktoren statistisch an Hand von 1400 Analysen untersucht und folgende Vereinfachung vorgeschlagen:

$$M = 1{,}06\,A + 0{,}53\,S + 0{,}74\,CO_2 - 0{,}32\,. \quad (18)$$

---

[1] BRAME, J. S. S., u. J. G. KING: Fuel. Solid, liquid and gaseous. 5. Aufl. von J. G. KING, S. 478, London: Edward Arnold (Publishers) Ltd. 1955.

[2] RADMACHER, W., u. P. MOHRHAUER: Die direkte Bestimmung des Mineralstoffgehaltes von Steinkohlen. Brennst.-Chem. Bd. 36 (1955) Nr. 15/16, S. 236/239.

[3] VENTER, J., u. L. COPPENS: Mise au point d'un ensemble des méthodes d'analyses et d'essais des houilles. Les matières minérales vraies des houilles, leur détermination et leur incidence sur les résultats d'analyse et d'essai des combustibles. INICHAR. Bull. technique Houille et Dérivés Nr. 7 (1952) S. 178/246.

[4] vgl. S. 83, Fußn. 3.

[5] BROWN, R. L., R. L. CALDWELL u. F. FEREDAY: Mineral constituents of coal. Fuel Bd. 31 (1952) Nr. 3, S. 261/273.

Diese Formel soll für englische Kohle (jedoch mit Ausnahme von Cumberland-Kohle und von schottischer Kohle) gelten.

Eine weitere Studie von FEREDAY und FLINT[1,2] kommt zu einer abermals abweichenden Formulierung, nämlich

$$M = 1{,}058\,A + 0{,}67\,S + 0{,}66\,CO_2 + 0{,}30\,. \tag{19}$$

Mit Recht weisen aber BROWN, CALDWELL und FEREDAY darauf hin, daß es keinen Zweck habe, durch weitere statistische Berechnungen unter Heranziehung einer noch größeren Zahl von Analysen eine noch weitgehendere Verbesserung der Beiwerte anzustreben. Wenn immer wieder solche Versuche unternommen, also die vorhandenen Formeln als noch unzureichend angesehen worden sind, so muß sich die Kritik gegen die Grundlagen aller Berechnungsmethoden richten.

Der Hauptfehler ist offensichtlich; er liegt in der Annahme einer bestimmten Mineralzusammensetzung, während in Wirklichkeit die Mineralzusammensetzung großen Schwankungen unterworfen ist. Die Umrechnung auf Grund der möglichen Mineralzusammensetzung ist zuerst von THIESSEN[3] vorgeschlagen worden, wobei er aber auf die notwendige Voraussetzung hinweist, daß die vorkommenden Minerale bekannt sein müßten. Da nach THIESSEN, BALL und GROTTS[4] in Pennsylvania- und Illinois-Kohlen mehr als 95% der Mineralsubstanz aus Kaolinit, Pyrit, Tonmineralen und Calcit enthalten sind, unternahm es THIESSEN, die Aschenanalysen auf Mineralanalysen umzurechnen. Als Anhaltspunkt dazu dient ein Analysenverfahren, bei dem zunächst Kohle und Mineralstoff bei der Wichte 1,70 getrennt und der Mineralanteil mit verdünnter Salzsäure behandelt wird (säurelöslicher Anteil = Calcit). Durch Trennung des säureunlöslichen Anteils bei der Wichte 2,85 ergibt sich der Pyrit als Hauptbestandteil der schwereren Fraktion, der Ton, teilweise in der Form des Kaolinits, als die leichtere. Ton und Kaolinit werden durch visuelle Abschätzung bestimmt. An sonstigen eingesprengten Mineralen (außer Ton) wurden z. T. in äußerst geringen Mengen nachgewiesen: Quarz, Feldspat, Granat, Hornblende, Apatit, Zirkon, Epidot, Staurolith, Muskovit, Turmalin, Andalusit und chlori-

---

[1] FEREDAY, F., u. D. FLINT: Use of mineral matter formulae in the classification of coal. Fuel 32 (1953) Nr. 1, S. 115/116.

[2] FLINT, D.: The total mineral matter in coal and its influence upon coal classification. BCURA Monthly Bull. Bd. 17 (1953) Nr. 4, S. 133/142.

[3] THIESSEN, G.: Illinois State Geol. Survey Invest. Nr. 32 (1934) S. 27/29. Vgl. auch: THIESSEN, G.: Composition and origin of the mineral matter in coal. In H. H. LOWRY (Hrsg.): Chemistry of Coal Utilization. New York (und London) 1945, J. Wiley & Sons, Inc., Bd. I, S. 485/495.

[4] THIESSEN, G., C. G. BALL u. P. E. GROTTS: Coal ash and coal mineral matter. Ind. Eng. Chem. Bd. 28 (1936) Nr. 3, S. 355/361.

tisches Material. Dieser ganze Rest, in der chemischen Analyse das Na_2O, K_2O, P_2O_5, Cl, TiO_2 usw., wird von THIESSEN und Mitarbeitern als unbedeutend angesehen, und auf seine Zuordnung zu bestimmten Mineralen wird daher verzichtet. Begründet wird dieser Verzicht durch die schon einigermaßen ausreichende Möglichkeit einer Darstellung der Aschenerweichungs-, Schmelz- und Fließpunkte in einem Vierstoff-Diagramm $CaO-Al_2O_3-SiO_2-Fe_2O_3$. Diese sehr summarische Behandlung, die nur die mengenmäßig größten Anteile berücksichtigt, aber gerade die Hauptstörquellen wie Alkalien, Phosphor, Chlor usw. außer acht läßt, muß natürlich unbefriedigend bleiben. Die Verwendung eines mehr oder weniger starren Schemas, wie es ŠIMEK[1] nach Annahmen von HUBÁCÈK vorschlägt (Kaolinit, Muskovit, Biotit, Gips, Aluminiumphosphat, Anorthit, Albit) ist noch bedenklicher, solange nicht die mineralogische Untersuchung das Vorkommen gerade dieser Minerale bestätigt. MACKOWSKY[2] hat jedoch nachgewiesen, daß man eine Vielzahl von Aufteilungsmöglichkeiten hat, daß auf diesem Wege also eine Mineralanalyse nicht errechnet werden kann, die auch nur annähernd Anspruch auf Alleingültigkeit besitzt.

Da das Hydratwasser den zahlenmäßig größten Unterschied zwischen Asche- und Mineralstoffgehalt hervorruft, ist es von besonderem Interesse, sich die möglichen Schwankungen des Hydratwassergehaltes klarzumachen. RADMACHER und MOHRHAUER[3] haben in 18 Bestimmungen an neun Ruhrkohlen Werte von 7,1 bis 13,0% Hydratwassergehalt des silikatischen Mineralanteils festgestellt, also immerhin eine sehr erhebliche Schwankung. Der Mittelwert ist 9,67%. MOTT und SPOONER[4] rechnen mit einem Mittelwert von 9,6% für 62 englische Kohlen. Die Übereinstimmung dieser beiden Quellen ist bemerkenswert, aber der große Schwankungsbereich läßt erkennen, daß der Genauigkeit einer formelmäßigen Erfassung doch durchaus Grenzen gesetzt sind.

Eine sehr gründliche Studie des Unterausschusses für die Untersuchung fester Brennstoffe beim VDEh ist von HOLTHAUS[5] veröffentlicht worden. Das wesentlichste Ergebnis seiner Untersuchungen ist in der folgenden Tab. 28 zusammengestellt, insbesondere sind hier verschie-

---

[1] ŠIMEK, BŘETISLAV G.: Die Umrechnung der Verbrennungswärme der Kohle bei Betriebsanalysen und die richtige Ermittlung des wahren Heizwertes der eigentlichen Kohlensubstanz. Glückauf Bd. 80 (1944) Nr. 3/4, S. 33/37.

[2] MACKOWSKY, M.-TH.: Das Verhalten der Kohlemineralien bei hohen Verbrennungstemperaturen unter Berücksichtigung langsamer und schneller Aufheizung. Mitt. VGB Heft 38 (1955), S. 16/22.

[3] RADMACHER, W., u. P. MOHRHAUER: Die Entmineralisierung von Steinkohlen für analytische Zwecke. Brennst. Chem. Bd. 37 (1956) Nr. 21/22, S. 353/358.

[4] MOTT u. SPOONER: vgl. S. 83, Fußn. 3.

[5] HOLTHAUS, C.: Kritische Untersuchung der Aschebestimmung in Steinkohlen Arch. Eisenhüttenwes. Bd. 9 (1936) Nr. 8, S. 369/388.

dene Methoden der Umrechnung vom Asche- auf den Mineralstoffgehalt in ihrem Ergebnis miteinander verglichen. Leider stand damals ein befriedigendes direktes Bestimmungsverfahren nicht zur Verfügung; das Ergebnis nach der Methode nach K. MAYER (vgl. S. 93) wurde als zu ungenau betrachtet.

In der letzten Spalte ist auch noch der Umrechnungsfaktor nach Gl. (12)

$$f = 1{,}11 + \frac{0{,}35\,S}{A} \qquad (20)$$

eingetragen.

Tabelle 28. *Aschegehalt und errechneter Mineralstoffgehalt von Steinkohlen* (nach HOLTHAUS)

			Mineralstoff-Gehalt						
	A	t_A	nach THIESSEN	nach PARR	nach SCHUSTER (HOLTHAUS)	nach HOLTHAUS berichtigt*	nach MAYER best.**	f ***	f ****
Spalte	1	2	3	4	5	6	7	8	9
Ruhrgebiet									
Jüngere Steinkohle	4,79	700	5,62	5,95	5,53	5,74	5,30	1,20	1,21
Ältere Steinkohle	11,25	700	12,80	12,89	11,86	12,71	11,94	1,13	1,15
Schwefelreiche Steinkohle	9,57	700	11,27	11,67	11,13	11,24	10,72	1,20	1,22
Aschereiche Steinkohle	24,44	700	28,87	28,69	27,49	28,33	29,19	1,16	1,17
Wurmgebiet									
Jüngere Steinkohle	2,39	800	2,70	3,04	2,65	2,85	—	1,19	1,24
Ältere Steinkohle	2,87	800	2,92	3,52	3,43	3,54	—	1,23	1,20
Oberschlesien									
Jüngere Steinkohle	9,10	800	10,65	10,42	10,27	10,70	—	1,18	1,15
Ältere Steinkohle	6,75	800	8,00	7,84	7,23	7,79	—	1,15	1,16
Saargebiet									
Jüngere Steinkohle	8,50	800	10,19	10,09	9,90	10,17	—	1,20	1,18
Ältere Steinkohle	11,15	800	13,59	13,10	12,60	14,26	—	1,27	1,16

* Unter Berücksichtigung des Hydratwassergehaltes und der Oxydation des Eisenoxyduls zu Eisenoxyd.
** Nach K. MAYER direkt ermittelt und für den Hydratwassergehalt berichtigt.
*** $f = M/A$ unter Benutzung der Spalten 1 und 6.
**** Errechnet nach der Näherungsgleichung (20).

Mit Rücksicht auf den Zeitaufwand für die genaue Ermittlung der Umrechnungsfaktoren, das Fehlen der meisten Angaben bei Analysen üblichen Umfanges, vor allem aber auch wegen der grundsätzlichen Unmöglichkeit, höchste Genauigkeit zu erreichen (ohne daß eine vollständige Mineralanalyse angefertigt würde), ist die Forderung berechtigt, unter Verzicht auf die Anwendung theoretisch wohlbegründeter Formeln mit einer möglichst einfachen Näherungsformel auszukommen, wie sie etwa Gl. (12) darstellt.

Tabelle 29. *Vergleich der direkten Bestimmung des Mineralstoffgehaltes (Ruhrkohle-Verfahren) mit der KMC-Formel und nach Gl. (20)*

Lfd. Nr.	Asche %	Mineralstoff %	$f = M/A$	f nach KMC	f nach Gl. (20)
1	29,8	33,35	1,12	1,12	1,125
2	16,0	18,71	1,17	1,19	1,17
3	31,0	34,37	1,11	1,15	1,15
4	19,7	21,05	1,07	1,12	1,12
5	12,5	15,74	1,26	1,27	1,21
6	9,15	11,71	1,28	1,26	1,20
7	17,5	20,15	1,15	1,13	1,13
8	30,2	34,93	1,16	1,16	1,16
9	6,60	8,94	1,36	1,34	1,32
10	24,2	27,06	1,12	1,12	1,13
11	52,8	57,60	1,09	1,10	1,12
12	35,3	40,26	1,13	1,11	1,13
13	39,9	45,96	1,15	1,11	1,13
14	2,11	2,62	1,25	1,26	1,23
15	4,90	6,07	1,24	1,23	1,21
16	4,52	5,26	1,17	1,20	1,19
17	4,40	5,58	1,28	1,31	1,23
18	3,69	4,67	1,26	1,23	1,24
Mittelwert	—	—	1,19	1,19	1,18

In Tab. 28 ist gezeigt, daß diese Formel den Umrechnungsfaktoren nach HOLTHAUS (d. i. nach SCHUSTER mit Berichtigungen für das Hydratwasser usw.) doch recht nahekommt. SCHUSTER[1] vertritt die Ansicht, daß man sich die Umrechnung nach THIESSEN-HOLTHAUS erleichtern könne, wenn man nicht CaO, MgO und FeO bestimmt, sondern nur den CO_2- und SO_3-Gehalt des Mineralstoffs (auf Kohle umgerechnet).

Ein weiterer Vergleich ist in Tab. 29 durchgeführt. Hier werden direkt bestimmte Mineralstoffgehalte (vgl. S. 93) und die daraus abgeleiteten f-Werte mit der KMC-Formel und mit der Gl. (20) verglichen. Das Ergebnis darf für die meisten Bedürfnisse wohl schon als ausreichend genau angenommen werden; von einem Wert (lfd. Nr. 6) abgesehen, liegen

---

[1] SCHUSTER, F.: Über die Ermittlung des Gehaltes an mineralischen Bestandteilen in Steinkohlen. Brennst.-Chem. Bd. 32 (1951) Nr. 23/24, S. 366/368.

die f-Werte innerhalb der Schwankung $\pm$ 0,05. Ein solcher angenäherter Umrechnungsfaktor ist immerhin besser als ein Verzicht auf eine Umrechnung überhaupt. Als einen Mittelwert aus den in Zahlentafel 29 angegebenen Analysen erhält man $f = 1{,}19$ (für Ruhrkohlen) in Übereinstimmung mit dem Mittelwert aus der KMC-Formel, während die Näherungsgleichung (20) immerhin mit $f = 1{,}18$ diesen Werten sehr nahekommt. MOTT und SPOONER[1] empfehlen in erster Annäherung den Wert $f = 1{,}13$.

GAUGER, BARRETT und WILLIAMS[2] geben für 15 amerikanische Kohlen ein Verhältnis von M/A von 1,01 bis 1,23 an; der Mittelwert liegt bei $f = 1{,}16$.

Abschließend sei noch hervorgehoben, daß alle bisher mitgeteilten Formeln nur für Steinkohlen gelten und auch vorwiegend an Steinkohlen geprüft worden sind. Bei denjenigen Braunkohlen, deren Gehalt an anorganischen Bestandteilen vowiegend aus organischen Kalziumverbindungen (Kalkhumate) mit wenig Ton besteht, wo also der Hydratwasseranteil gering ist, das Kalzium dabei durch Reaktion mit dem Brennstoffschwefel zunächst in $CaSO_4$ überführt wird, findet durch Veraschungsprozeß eine Zunahme des Gewichtes statt. Das Verhältnis von M/A wird daher kleiner als 1. Allgemein gilt dies nicht für alle Braunkohlen (z. B. nicht für stärker tonhaltige), wie TERRES und ROST[3] darlegen, die einen rechnerisch erfaßbaren Zusammenhang zwischen Aschegehalt und Mineralstoffgehalt ganz in Abrede stellen. Daß sie bei Steinkohlen Werte von $f = M/A < 1$ feststellten, dürfte z. T. darauf zurückzuführen sein, daß sie den Glührückstand nicht nach der Standardmethode, sondern bis zur Gewichtskonstanz (ohne Angabe der Temperatur) bestimmten, möglicherweise also einen großen Teil des Hydratwassers tatsächlich ausgetrieben haben. Der größte Teil der anorganischen Bestandteile ist, wie TERRES und ROST zeigen, an Humussäuren und an Harz- und Wachssäuren gebunden. Eine Ermittlung des Mineralstoffgehaltes kann daher nur durch direkte Bestimmungsmethoden erfolgen.

b) Direkte Bestimmungsmethoden des Mineralstoffgehaltes

Wenn die Umrechnung vom Asche- auf den Mineralstoffgehalt keine höchsten Genauigkeitsansprüchen genügenden Ergebnisse liefert—ganz besonders nicht bei hohen Ballastgehalten —, so bleibt nur der Weg der

---
[1] MOTT u. SPOONER: vgl. S. 83, Fußn. 3.
[2] GAUGER, A. W., E. P. BARRETT u. F. J. WILLIAMS: Mineral matter in coal — A preliminary report. Trans. Am. Instn. Min. Met. Engrs. — Coal Division — (1934) Bd. 108, S. 226/236.
[3] TERRES, E., u. A. ROST: Beiträge zur Kenntnis der Asche der Kohlen. Die Bindung der anorganischen Bestandteile und der wahre Aschengehalt. Gas- u. Wasserfach Bd. 78 (1935) Nr. 8, S. 129/136.

direkten oder gegebenenfalls noch der indirekten Bestimmung übrig. Hier wäre zu unterscheiden zwischen den drei Aufgabestellungen:

1. Bestimmung des Mineralstoffgehaltes (ohne Kenntnis der Mineralzusammensetzung),
2. Bestimmung von Analysenwerten und des Heizwertes, bezogen auf wasser- und mineralstoff-freie Substanz,
3. Isolierung der Minerale zum Zweck einer Mineralanalyse (ohne Veränderung der ursprünglichen Mineralzusammensetzung).

Im Prinzip kommen im ersten Fall Methoden der Entmineralisierung oder Teilentmineralisierung der Probe durch Säurebehandlung, im zweiten Falle die Trennung in verschiedene Wichtestufen (wofür mehrere Verfahren zur Verfügung stehen) und die graphische Extrapolation auf den Asche – bzw. Mineralstoffgehalt Null, im dritten Fall entweder die Herauslösung der organischen Substanz durch Oxydationsmittel, wie Wasserstoffsuperoxyd, Perchlorate u. dgl., oder die milde Oxydation bei mäßiger Temperatur (unter 380° C) in Frage.

Vor allem soll uns hier die direkte Bestimmung der Mineralstoffe beschäftigen. Der Gedanke, durch Säurebehandlung die anorganischen Bestandteile sorgfältig und möglichst vollständig zu entfernen, wurde schon von FOLLMANN[1] und gleichzeitig für sehr aschenreiche Produkte von v. PETZOLD[2] angewendet. FOLLMANN arbeitete mit verdünnter Flußsäure bei Steinkohlen, mit Salzsäure bei Braunkohlen, aber auch mit Salzsäure und Flußsäure nacheinander unter längerer Erwärmung. Der ungelöste Anteil (die Restasche) wurde durch Veraschung bestimmt. v. PETZOLD verwandte verdünnte Salzsäure. Ein ähnliches Verfahren ist von GUTHRIE[3] beschrieben worden (Behandlung mit Salzsäure, anschließend mit Flußsäure), ein weiteres ist das von DOWN[4], der ebenfalls mit Salzsäure und einer Mischung aus Salzsäure und Flußsäure arbeitet, wobei der verbleibende Pyrit ursprünglich durch verdünnte Salpetersäure entfernt wurde. Da aber Salpetersäure die organische Substanz angreift, wurde das Verfahren später abgewandelt, und der Pyrit durch Zugabe von Zinkstaub (fünffache Menge) und Salzsäure behandelt, wobei der Pyritschwefel als Schwefelwasserstoff abgeführt wurde, während das Eisen als Chlorid in Lösung ging. Auch hier folgt eine Bestimmung des etwa verbleibenden Restaschegehaltes (höchstens 1—2%).

---

[1] FOLLMANN, J.: Über den Aschegehalt der festen Brennstoffe Brennst.-Chem Bd. 6 (1925) Nr. 13, S. 205/208.

[2] v. PETZOLD, E.: Beitrag zur Analyse aschenreicher organischer Stoffe mit besonderer Berücksichtigung des estländischen Brennschiefers. Brennst.-Chem. Bd. 6 (1925) Nr. 24, S. 381/385.

[3] GUTHRIE, BOYD: Studies of certain properties of oil shale and shale oil. US Bureau of Mines. Bull. Nr. 415 (1938), S. 112—117.

[4] DOWN, A. L.: The analysis of the kerogen of oil shales. J. Inst. Petroleum Bd. 25 (1939), S. 230—237.

Das Säurebehandlungsverfahren ist ebenfalls von K. MAYER[1] benutzt worden. Nach seiner Analysenanweisung wird die feingepulverte Probe (2 g) mit 100 ccm einer 5-prozentigen Salzsäure im Wasserbad zwei Stunden lang auf 80° C erwärmt; die Probe wird anschließend chlorfrei gewaschen. Diese Behandlung erfaßt noch nicht die Silikate und den Pyrit, die dann als Glührückstand der behandelten Probe bestimmt werden, wobei der Pyrit aus dem Fe_2O_3-Gehalt zurückgerechnet wird.

Die Kritik der MAYERschen Methode richtet sich einmal gegen die Fälschungsmöglichkeiten angesichts der hohen Behandlungstemperatur (80° C) und gegen die Entfernung nur der salzsäurelöslichen Anteile, die oft ja nur einen kleinen Teil des Mineralstoffgehaltes ausmachen (VENTER u. COPPENS[2]), so daß die Werte doch noch recht ungenau werden (HOLTHAUS[3]).

Eine wesentliche Verbesserung und Verfeinerung aller dieser Säurebehandlungsverfahren ist die von RADMACHER und MOHRHAUER[4] angegebene, als *Ruhrkohle-Verfahren* bezeichnete Methode, die ebenfalls in einer Teilentmineralisierung durch Säuren (Salzsäure und Flußsäure) besteht, die aber unter so milden Bedingungen arbeitet, daß der Einwand eines etwaigen Angriffs auf die organische Substanz und einer dadurch möglichen Verfälschung des Ergebnisses von vornherein entkräftet wird

Ausgangspunkt der Überlegungen ist die Tatsache, daß Karbonate, Chloride und Sulfate in verdünnter Salzsäure, Silikate und Quarz in Flußsäure löslich sind, und daß die in beiden unlöslichen Disulfide (Pyrit) gegebenenfalls nicht entfernt zu werden brauchen. Es genügt, die Kohle nur so weit zu entmineralisieren, daß die verbleibende Restasche die Genauigkeit der Analyse nicht mehr stört. Es wird also bewußt auf eine quantitative Entfernung aller Mineralsubstanz verzichtet, obwohl beispielsweise im Prinzip auch eine Entfernung des Pyrits in Anlehnung an ein Reduktionsverfahren zur Pyritschwefel-Bestimmung (RADMACHER[5]) möglich wäre.

Das Verfahren sieht zunächst eine Behandlung mit Flußsäure (1,40) von 45 min Dauer bei 50° C, anschließend eine solche mit Salzsäure (1,19) in gleicher Weise vor. Zur Berechnung des Endergebnisses werden dann noch die Restasche (Glührückstand der säurebehandelten Probe), Chlor und Eisengehalt bestimmt, die Eisenmenge wird auf Pyrit umgerechnet.

---

[1] MAYER, K.: Untersuchungen über den Einfluß der fälschlichen Gleichsetzung von *Glührückstand* und *Mineralsubstanzen* auf Brennstoffanalysen. Brennst.-Chem. Bd. 10 (1929) Nr. 19, S. 377/382.
[2] VENTER u. COPPENS: vgl. S. 86, Fußn. 3.
[3] HOLTHAUS: s. S. 88, Fußn. 5.
[4] RADMACHER, W. u. P. MOHRHAUER: Die direkte Bestimmung des Mineralstoffgehaltes von Steinkohlen. Brennst.-Chem. Bd. 36 (1955) Nr. 15/16, S. 236/239.
[5] RADMACHER, W., u. P. MOHRHAUER: Die Bestimmung des Pyritschwefels in festen Brennstoffen. Glückauf Bd. 89 (1953) Nr. 21/22, S. 503/511.

Bei Kohlen mit sehr hohem Pyritgehalt empfiehlt sich eine Berichtigung (SEUTHE[1]) des Aschegehaltes (der Restasche) nach

$$A' = A + 0.5 \, Fe_2O_3 \,. \tag{21}$$

Die von der Probe aufgenommene Menge an Salzsäure wird nach dem Verbrennungsverfahren von SEUTHE[1] bestimmt. In der Weiterentwicklung des *Ruhrkohle-Verfahrens* wird nach dem letzten Vorschlag (RADMACHER, MOHRHAUER[2,3]) auch noch auf die Erwärmung auf 50° C verzichtet und eine Säurebehandlung bei Raumtemperatur, und dafür mit etwas längerer Einwirkzeit gearbeitet. RADMACHER und MOHRHAUER geben den folgenden Verfahrensgang an:

„Etwa 10 g der feingepulverten Kohlenprobe (Korngröße < 0,2 mm) werden in einem Kunststoffbecher mit 50 ml Flußsäure (1,13) versetzt. Nach einstündiger Einwirkung bei Raumtemperatur wird die Säure dekantiert. Anschließend wird die Kohlenprobe zweimal 30 Minuten lang mit je 50 ml Salzsäure (1,19) behandelt. Die Kohle wird unter Verwendung einer Wasserstrahlpumpe abfiltriert, mit 0,5 l destilliertem Wasser von etwa 50° C gewaschen und bei Raumtemperatur an der Luft oder bei etwa 50° C im Vakuumtrockenschrank getrocknet".

Weiterhin folgen dann die Bestimmung von Asche, Chlor und Fe_2O_3 wie oben angegeben. Der Mineralstoffgehalt wird dann errechnet nach

$$M = \frac{(G_1 - G_2) + \text{Pyr.} + \text{Cl} + A}{G_1} \cdot 100 \,. \tag{22}$$

Darin bedeuten:

G_1 das Gewicht der wasserfreien Einsatzkohle in g
G_2 das Gewicht der wasserfreien Kohle nach der Säurebehandlung in g
Pyr. die in der Ausgangskohle vorliegende Pyritmenge in g (aus dem Fe_2O_3-Gehalt zurückgerechnet)
Cl die in der behandelten Kohle vorliegende Menge an Chlorwasserstoff in g
A die Restasche der behandelten Kohle, abzüglich des Fe_2O_3.

Für die Bestimmung des Wassergehaltes wird die Erwärmung im Stickstoffstrom auf 105—110° C und Adsorption des Wassers durch Magnesium-Perchlorat empfohlen (besonders für die niedriginkohlten Gas- und Gasflammkohlen).

c) Indirekte Bestimmungsmethoden des Mineralstoffgehaltes

Von mehreren Autoren ist auf die Möglichkeit hingewiesen worden, den Mineralstoffgehalt indirekt zu bestimmen, z. B. durch eine Elementaranalyse einschließlich einer direkten Bestimmung des Sauerstoff-

---

[1] SEUTHE, A.: Chlorbestimmung in festen Brennstoffen durch Verbrennung im Sauerstoffstrom. Brennst.-Chem. Bd. 34 (1953) Nr. 15/16, S. 241/242.
[2] RADMACHER, W., u. P. MOHRHAUER: vgl. S. 88, Fußn. 3.
[3] MOHRHAUER: vgl. S. 82, Fußn. 5.

gehaltes, wobei sich dann der Mineralstoffgehalt als Differenz ergeben sollte. Wenn auch eine solche indirekte Methode bisher in der Praxis noch nicht Fuß fassen konnte, so müssen dagegen doch eine Reihe von Bedenken angemeldet werden. Zunächst würde der Mineralstoffgehalt als Restglied alle Analysenfehler in sich vereinigen, seine Genauigkeit wäre zumindest bei ballastreichen Brennstoffen zweifelhaft, der analytische Aufwand hoch — es sei denn, daß die Elementaranalyse ohnehin gefordert wird.

Noch bedenklicher aber ist die Tatsache, daß ja die Mineralbestandteile die Genauigkeit der Kohlenstoff-, Wasserstoff- und Schwefelbestimmung beeinflussen, daß also die Genauigkeit des Restgliedes ohnehin unbefriedigend ist. Im besonderen Maße ist aber gerade die Sauerstoffbestimmung vom Mineralstoffgehalt abhängig, und es wäre zumindest auch eine Kenntnis des Hydratwassergehaltes erforderlich. Die Aussichten einer solchen indirekten Mineralstoffbestimmung als Restglied sind also denkbar gering.

Als weitere Methoden könnte man alle diejenigen Analysen- und Heizwertbestimmungsmethoden bezeichnen, die die Bestimmung des Mineralstoffgehaltes umgehen, indem sie eine Fraktionierung des Probegutes und eine graphische Extrapolation auf den Aschegehalt Null vornehmen. Aus dem Vergleich der Ergebnisse mit der ursprünglichen Probesubstanz und denen mit der wasser- und mineralstofffreien Substanz, könnte dann auch der Mineralstoffgehalt ermittelt werden.

Das Prinzip, die Kohle durch ein Schwimm- und Sinkverfahren und durch die Wahl des spezifischen Gewichtes der Flüssigkeit in eine Anzahl von Wichtestufen zu zerlegen, die jeweils einen wichteabhängigen Aschegehalt besitzen und somit eine Extrapolation auf den Aschegehalt Null gestatten, ist schon alt und wohl erstmals von BRINSMAID[1] angegeben worden. Er stellte durch Sortierung von Hand eine aschereiche und eine aschearme Fraktion her, ferner Zwischenwerte durch Mischungen beider. Der Heizwert der mineralstofffreien Substanz wurde dann durch Heizwertermittlung dieser Fraktionen, ihre graphische Auftragung und Extrapolation auf Null festgestellt. Gewisse Unstimmigkeiten ergaben sich dann noch aus den Flüchtigen Bestandteilen der Minerale (z. B. der Karbonat-Kohlensäure). STANSFIELD und SUTHERLAND[2] bauten die Methode aus durch eine Zerlegung in Schwerflüssigkeiten (Mischungen aus Benzol und Tetrachlorkohlenstoff) mit den Wichten 1,30, 1,33, 1,35, 1,38.

---

[1] BRINSMAID, W.: The amount of inert volatile matter in the mineral constituents of coal. J. Ind. Eng. Chem. Bd. 1 (1909) Nr. 2, S. 65/68.
[2] STANSFIELD, E., u. J. W. SUTHERLAND: Determination of mineral matter in coal and fractionation studies of coal. Trans. Am. Min. Met. Engrs. Bd. 101, Coal Division (1930) S. 614/626.

Trägt man die Verbrennungswärme über dem Aschegehalt auf, so erhält man eine Gerade (A in Abb. 31). Die Gerade M in Abb. 31, von Null nach 100% Mineralstoffgehalt gezogen, stellt dann den Mineralgehalt dar. Die Kohle (oder Fraktion) mit dem Heizwert H besitzt einen Aschegehalt entsprechend der Strecke $a = 37,35\%$, der zugehörige Mineralstoffgehalt ist dann durch die Strecke m zu 46,7% gegeben. Die gleiche Methode wurde auch von FIELDNER, SELVIG und GIBSON[1] benutzt. Nach RADMACHER[2] gibt das Verfahren von BRINSMAID brauchbare Ergebnisse, auch wenn man die Probe in nur drei Anteile verschiedenen Aschegehaltes zerlegt. Die Zerlegung in einzelne Wichtestufen kann auf verschiedene Weise vorgenommen werden, und für analytische Zwecke sind alle Methoden vorgeschlagen worden, die auch in der Praxis der Kohlenaufbereitung vorkommen. Außer dem Waschen in Wasser und in Schwerflüssigkeiten und durch Luftaufbereitung in einem Zyklon oder einer Serie von Zyklonen ist hier auf die schon erwähnte Säurebehandlung hinzuweisen und auf das *Trent*- bzw. *Convertolverfahren*, d. i. die Umbenetzung durch Öl. Auf ein solches Verfahren für analytische Zwecke hat schon QUASS[3] hingewiesen und HIMUS und BASAK[4] haben es bei der Untersuchung indischer Kohlen angewendet. Die Kohle wird in Wasser aufgemahlen, und dann wird in einer zweiten Mahlstufe Öl zugegeben. Das Öl bildet mit der Kohle eine Paste, die Berge bleiben im Wasser suspendiert, so daß man einen guten Trenneffekt erhält. Nach A. LAHIRI muß das Öl jedoch gleich zugegeben werden.

Wegen der Umständlichkeit der Methode sind HIMUS und BASAK jedoch wieder zu Sink- und Schwimm-Trennverfahren unter Verwendung

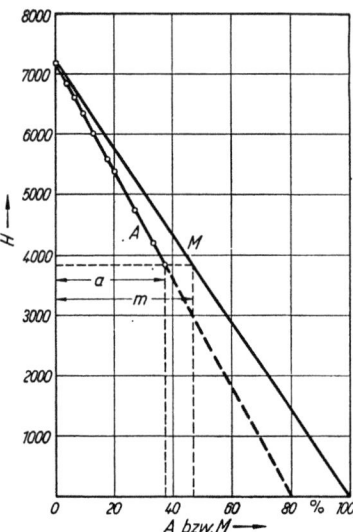

Abb. 31. Bestimmung der Verbrennungswärme von Alberta-Kohle durch Extrapolation auf 0 % A und des Mineralstoffgehaltes nach STANSFIELD und SUTHERLAND

---

[1] vgl. S. 83, Fußn. 4.
[2] RADMACHER, W.: Kennzeichnung, Einteilung und Untersuchung der Steinkohlen. Glückauf Bd. 87 (1951) Nr. 47/48, S. 1093/1105.
[3] QUASS, F. W.: Zuschrift zu Fußn. 4, S. 92, (DOWN). J. Inst. Petroleum Bd. 25 (1939) S. 813/819.
[4] HIMUS, G. W., u. G. C. BASAK: Analysis of coals and carbonaceous materials containing high percentages of inherent mineral matter. Fuel Bd. 28 (1949) Nr. 3, S. 57/65.

von Benzol-Tetrachlorkohlenstoff (1,4) und Kalziumchloridlösung (1,3) zurückgekehrt, wobei sie dem C_6H_6—CCl_4 den Vorzug geben.

Gegen die Trennung in Wichtestufen kann eingewendet werden, daß die lineare Abhängigkeit der gesuchten Analysendaten vom Aschegehalt der einzelnen Wichtestufen ja nur gewährleistet ist, wenn die Mineralzusammensetzung in jeder Wichtestufe gleichbleibend ist. Die Untersuchungen zeigen tatsächlich gelegentlich etwas herausfallende Punkte, also keine ganz eindeutige Linearität, aber die Genauigkeit wird im allgemeinen doch als befriedigend bezeichnet. Die größere Zahl von notwendigen Einzelbestimmungen wäre der zweite Einwand gegen die Methode, die aus diesem Grunde für Routine-Bestimmungen kaum geeignet, für Untersuchungen wissenschaftlicher Art zu ungenau ist.

Ein weiterer Einwand, der sich gegen die Anwendbarkeit des Verfahrens auf die Heizwertermittlung richtet, ist die Behauptung STUMPERS[1], daß bei der Verbrennung so hohe Wärmetönungen durch Reaktionen innerhalb der Mineralbestandteile auftreten, daß die Genauigkeit der Heizwertbestimmung (bei den aschereichen Fraktionen) empfindlich gestört würde, was er durch die Untersuchung von Kohlen mit Gipszusatz zu beweisen sucht. SCHUSTER[2] hat jedoch nachgewiesen, daß diese Wärmetönung zu gering ist, um sich störend auf das BRINSMAID-Verfahren auswirken zu können. SCHÄFF[3] hat ferner gezeigt, daß man aus den STUMPERschen Versuchen keinen veränderlichen Heizwert der wasser- und aschefreien Substanz herauslesen kann.

4. Auswirkungen des Unterschiedes zwischen Mineralstoff- und Aschegehalt

Der Unterschied zwischen Aschegehalt (Glührückstand) und Mineralstoffgehalt wirkt sich nun auf Analyse, Heizwertbestimmung und auf die weitere Verwendung dieser Rechnungsgrößen in mannigfacher Weise aus. Nach DOLCH[4] führt die Bestimmung der Reinsubstanz, ihrer Zusammensetzung und ihrer Verbrennungswärme zu ganz falschen Werten, wenn die Mineralsubstanz (die *wahre Asche*) nicht berücksichtigt werde. RADMACHER und MOHRHAUER[5] geben an, daß schon bei Aschegehalten, die etwa 5% übersteigen — also keinesfalls erst bei ausgesprochenen Ballastkohlen — die Auswirkung des Mineralstoffgehaltes berücksichtigt werden müsse.

Bei der *Kohlenstoffbestimmung* ist lediglich der störende Einfluß des in der Karbonatkohlensäure enthaltenen Kohlenstoffs auszuschalten. Die

---

[1] STUMPER, R.: Untersuchungen über den Einfluß des Aschegehaltes einer Kohle auf den errechneten Heizwert der Reinkohle. Brennst.-Chemie Bd. 8 (1927) Nr. 3, S. 33/36; Nr. 16, S. 261/262. — [2] vgl. S. 82, Fußn. 3.
[3] SCHÄFF, K.: Der Heizwert der Kohle. BWK. Bd. 8 (1956) Nr. 8, S. 371/380.
[4] DOLCH, M.: Die Untersuchung der Brennstoffe und ihre rechnerische Auswertung. Halle a/S.: W. Knapp 1932. — [5] vgl. S. 88, Fußn. 3.

Bestimmung des Karbonat-Kohlendioxyds erfolgt nach den Vorschriften der DIN 51 726, wonach die Karbonate durch Salzsäure zersetzt werden, und das entstehende CO_2 in einem mit Barytlauge gefüllten Kugelrohr aufgefangen, dessen Inhalt mit $1/_{10}$ n Salzsäure auf farblos titriert wird.

Bei der *Wasserstoffbestimmung* wirkt sich, von der richtigen Erfassung der Analysenfeuchtigkeit abgesehen, nur das Hydratwasser, und das auch nur in geringem Maße, nämlich mit $1/_9$ seines Gewichtes, aus. Bei nicht ungewöhnlich hohen Aschegehalten wird man diesen Einfluß gegebenenfalls vernachlässigen können.

Sehr groß ist dagegen der Einfluß auf die Bestimmung des *Sauerstoffgehaltes*. Hier macht sich das Hydratwasser mit $8/_9$ seines Gewichtes bemerkbar. Wird der Sauerstoffgehalt als Restglied der Analyse bestimmt, wie es ja gewöhnlich geschieht, so wird sein Wert nicht nur mit der Summe der Analysenfehler, sondern vor allem auch mit dem Unterschied zwischen Glührückstand und Mineralstoffgehalt belastet — also bei Steinkohlen meist zu hoch angegeben. DOLCH führt u. a. folgendes Beispiel einer englischen Steinkohle an, wobei die Berichtigung des C-, H- und S-Gehaltes noch nicht einmal berücksichtigt ist:

	mit dem Glührückstand errechnet	mit der *wahren Asche* (M) errechnet
C	59,97	59,97
H	5,70	5,70
S	1,19	1,19
N	1,59	1,59
Asche	21,38	26,22
O (als Differenz)	10,17	5,33
	100,00	100,00
$L_{min (tr.)}$ (Nm^3/kg)	6,532	6,693
Fehler (%)	— 2,47	

Der Fehler im Sauerstoffgehalt beträgt 4,84 Punkte, d. h. er wird um etwa 90% zu hoch angegeben. Auf die Luftbedarfsberechnung macht sich das immerhin schon mit einem Fehler von rd. $2\frac{1}{2}\%$ bemerkbar.

Beim *Schwefelgehalt* besteht ja bei Analysenangaben häufig große Unsicherheit darüber, welcher Schwefel gemeint ist, etwa der Gesamtschwefel oder der Verbrennungsschwefel (*verbrennlicher Schwefel*). Das Normblatt DIN 51 724 (Bestimmung des Schwefelgehaltes fester Brennstoffe) unterscheidet in seinen Begriffsbestimmungen je nach der Bindungsform die vier Arten: Organischen Schwefel, Sulfid-Schwefel, Disulfid-Schwefel (Pyritschwefel) und Sulfat-Schwefel, ferner nach technologischen Gesichtspunkten Verbrennungsschwefel und Ascheschwefel. Leider ist diese Trennung temperaturabhängig — also an die Veraschungstemperatur von 775 ± 25° C gebunden — so daß der Begriff *verbrennlicher Schwefel* nicht leicht exakt zu fassen ist. Da aber der Sulfid- und der Sulfat-Schwefel bei Steinkohlen meist gering ist, kann man in erster Annäherung den organischen Schwefel als den *verbrennlichen*, den Pyritschwefel als den Ascheschwefel ansehen. Sofern nur der Gesamtschwefel bekannt ist, wird dann der organische Schwefel als Differenz von

$$S_{org.} = S_{gesamt} - S_{pyr.} \tag{23}$$

angenommen, und der Pyritschwefel nach Gl. (10) oder (12) abgeschätzt. Wird der Pyritschwefel nach DIN 51724 genau bestimmt, so kann man auf solche stets ungenaue Schätzungen verzichten und die Umrechnungen genauer vornehmen.

Da 2 FeS_2 (Molekulargewicht 2 × 119,97) in Fe_2O_3 (Molekulargewicht 159,7) übergeht, entspricht also ein Gewichtsanteil Fe_2O_3 1,50 Gewichtsanteilen Pyrit, oder einem Gewichtsanteil Disulfidschwefel entsprechen $\frac{119,97}{2 \cdot 32,06} = 1,871$ Gewichtsanteile Pyrit.

Bei Bestimmung der *Flüchtigen Bestandteile* treten alle *Flüchtigen* der Mineralsubstanz in Erscheinung, das Hydratwasser, die Karbonatkohlensäure, der Schwefel der Pyritzersetzung und, soweit vorhanden, die leicht flüchtigen Chloride und Sulfate. Sie alle müssen abgesetzt werden, um den genauen Wert der Flüchtigen Bestandteile der organischen Kohlesubstanz zu erhalten. Die Fehlermöglichkeiten sind dementsprechend bei ballastreichen Kohlen sehr groß.

Besondere Beachtung verdient der Einfluß des Unterschiedes bei der *Heizwertumrechnung*, sei es von aschehaltiger Kohle auf die Reinsubstanz oder umgekehrt von dieser auf aschehaltige, vor allem aschereiche Kohle. Nur bei der kalorimetrischen Bestimmung der Verbrennungswärme werden alle Einflüsse unmittelbar von der Messung erfaßt (DIN 51708). Bei der Umrechnung ist sowohl das von dem Unterschied zwischen Mineralsubstanz und Glührückstand beeinflußte Gewicht der *wahren Reinsubstanz*, wmf-Basis, als auch die Wärmetönungen bei den Umsetzungen der Mineralsubstanz zu berücksichtigen. Eine Umgehung dieser Schwierigkeiten bietet das BRINSMAIDsche Verfahren und seine Abwandlungen (vgl. S. 95 u. Abb. 31).

Auffällig ist, daß im gesamten Schrifttum bisher fast ausschließlich ein Korrekturglied zur Berichtigung des Pyritgehaltes[1]) berücksichtigt worden ist, während alle anderen Wärmetönungen völlig vernachlässigt werden. Wenn auch die Wärmelieferung des Pyrits bei seiner Umwandlung in Eisenoxyl den größten Einzelposten darstellt und bei pyrit-

---

[1] Nur SCHÄFF (s. S. 97, Fußn. 3) bringt eine Korrektur für den Hydratwassergehalt an, vernachlässigt hingegen die Korrektur für den Pyritgehalt.

reichen Kohlenaschen eine ausschlagende Rolle spielt, so dürfen doch die übrigen Reaktionen und ihre Wärmetönungen keineswegs vernachlässigt werden, um so mehr, als die meisten endotherme Reaktionen sind, also die Auswirkung des Pyritgehaltes teilweise oder weitgehend aufheben.

Berücksichtigt werde die Wärmebilanz der Hydratwasserabgabe, der Karbonatkohlensäureabgabe, der Pyritzersetzung und der Oxydation des Eisenoxyduls, soweit eine Verschlackung in Frage kommt (was bei der Laboratoriumsbestimmung meist nicht, bei der Verbrennung im Kessel vorwiegend der Fall ist), kommt noch die Wärmetönung der Schlackenbildungsreaktionen hinzu, die allerdings nur global erfaßt werden können.

Bei der Hydratwasserabgabe stößt man zunächst auf die große Schwierigkeit, daß das gittergebundene Wasser bei den verschiedenen Tonmineralen sehr unterschiedlich ist, und daß aus diesem Grunde eine genaue Kenntnis der tatsächlich vorliegenden Tonminerale notwendig wäre.

Früher hat man meist angenommen, daß der Kaolin (bzw. das Mineral Kaolinit) als Modell der in der Kohle vorkommenden Tonminerale dienen könne, obwohl durchaus bekannt war, daß auch viele andere vorliegen könnten. Aus der Formel (GUMZ[1])

$$Al_2O_3 \cdot 2\,SiO_2 \cdot 2\,H_2O + 34\,800\;\text{kcal/kmol} = Al_2O_3 \cdot 2\,SiO_2 + 2\,H_2O \quad (24)$$
258,09 kg   222,06 kg   36,03 kg

ergibt sich, daß 1 kg Kaolinit 135 kcal erfordert oder 965,8 kcal je kg ausgetriebenes Wasser. Es ist also ein gewisser Wärmeaufwand, über die Verdampfungswärme des Wassers hinaus, notwendig, um die Bindung im Kristallgitter zu lösen, und auch in diesem Betrag liegen große Unterschiede im Wärmeaufwand bei den verschiedenen Tonmineralen vor. Die Hydratwassermenge allein genügt nicht als Aussage.

Nach neueren Messungen haben SCHWIETE und ZIEGLER[2] folgende Zahlenwerte festgestellt für

		Bisherige Literaturangaben
Kaolinit	186 kcal/kg ($\pm\,5\%$)	70 $\cdots$ 150
Montmorillonit	58,5 kcal/kg ($\pm\,4\%$)	20 $\cdots$ 50
Illit	43,2 kcal/kg ($\pm\,7\%$)	fehlen

Für die Gesamtheit der Tonminerale in Kohlenaschen dürften demnach rund gerechnet Werte zwischen 50 und 90 kcal/kg in Frage kommen.

---

[1] GUMZ, W.: Gas producers and blast furnaces. Theory and methods of calculation. New York u. London: Wiley & Sons, Chapman & Hall, 1950, S. 175 ff.

[2] SCHWIETE, H. E.; u. G. ZIEGLER: Beitrag zur Thermochemie von Zementrohstoffen. Zement-Kalk-Gips, Bd. 9 (1956) Nr. 6, S. 257/262.

Das Austreiben der Karbonatkohlensäure erfordert nach Gl. (25) bis (28)[1] 433,1 kcal/kg $CaCO_3$, 326 kcal/kg $MgCO_3$, 394 kcal/kg Dolomit und 121 kcal/kg $FeCO_3$.

$$CaCO_3 + 43\,350 \text{ kcal/kmol} = CaO + CO_2 \qquad (25)$$
100,09 kg $\qquad\qquad$ 56,08 kg + 44,01 kg

$$MgCO_3 + 27\,450 \text{ kcal/kmol} = MgO + CO_2 \qquad (26)$$
84,33 kg $\qquad\qquad$ 40,32 kg + 44,01 kg

$$MgO \cdot CaO \cdot (CO_2)_2 + 72\,600 \text{ kcal/kmol} = MgO + CaO + 2\,CO_2 \qquad (27)$$
184,42 kg $\qquad\qquad$ 40,32 kg + 56,08 kg + 88,02 kg

$$FeCO_3 + 14\,050 \text{ kcal/kmol} = FeO + CO_2 \qquad (28)$$
115,86 kg $\qquad\qquad$ 71,85 kg + 44,01 kg

Tritt eine Sulfatbildung durch die Reaktion des CaO mit dem Kohlenschwefel auf, der nun als SO_2 bzw. SO_3 vorliegt, so ist diese Reaktion wiederum exotherm:

$$CaCO_3 \quad\quad = CaO \quad + CO_2 \qquad (29)$$
$$CaO + SO_3 \quad = CaSO_4 \qquad (30)$$
$$\overline{CaCO_3 + SO_3 = CaSO_4 \quad + CO_2} \qquad (31)$$

und unter Berücksichtigung der Bildungswärme

(— 289 500 kcal/kmol für $CaCO_3$, — 94 390 für SO_3 (g)
— 336 580 für $CaSO_4$ und — 94 450 für CO_2 (g))

erhält man

$$CaCO_3 + SO_3 - 47\,140 \text{ kcal/kmol} = CaSO_4 + CO_2 \qquad (32)$$

oder 471 kcal/kg $CaCO_3$.

Bildet sich aus dem $MgCO_3$ über MgO das Sulfat $MgSO_4$, so ist

$$MgCO_3 + SO_3 - 43\,300 \text{ kcal/kmol} = MgSO_4 + CO_2 \qquad (33)$$

und die Wärmeentwicklung

$$43\,300/84,33 = 513 \text{ kcal/kg } MgCO_3\,. \qquad (34)$$

Bei $FeCO_3$ ist

$$FeCO_3 + SO_3 - 48\,960 \text{ kcal/kmol} = FeSO_4 + CO_2 \qquad (35)$$

und die Wärmeentwicklung

$$48\,960/115,86 = 423 \text{ kcal/kg } FeCO_3\,. \qquad (36)$$

Das FeO kann jedoch auch zu Fe_2O_3 oxydiert werden (s. u.). Bei schwefelreichen Brennstoffen wird wohl immer mit einer gewissen Sulfatbildung zu rechnen sein (d. h. es finden sich erhebliche SO_3-Mengen in der

---

[1] vgl. S. 82, Fußn. 4.

Aschenanalyse), so daß die endotherme Entsäuerung in eine exotherme Sulfatbildung übergeht. Diese Reaktion benötigt aber Zeit, und aus diesem Grunde ist in Aschenanalysen im allgemeinen nur ein Bruchteil der stöchiometrisch möglichen Sulfatbildung festzustellen, während bei Kesselansätzen dank der langen Einwirkungszeit die Sulfatbildung viel weiter fortgeschritten ist und meist das stöchiometrisch mögliche Maximum erreicht, manchmal darüber hinaus noch *freie Schwefelsäure* zeigt.

Die Pyritzersetzung kann man sich als nach der Summenformel

$$2\,FeS_2 + 5\tfrac{1}{2}\,O_2 - 411\,100\ \text{kcal/kmol} = Fe_2O_3 + 4\,SO_2 \qquad (37)$$
$$239{,}94\ \text{kg} + 176\ \text{kg} \qquad\qquad = 159{,}7\ \text{kg} + 256{,}24\ \text{kg}$$

verlaufend vorstellen. Es entfallen somit auf 1 kg FeS_2 1713 kcal. Bezieht man den Wärmeaufwand auf das entstandene Fe_2O_3 oder auf den Pyrit-Schwefel (128,24 kg), so beträgt er 2574 kcal/kg Fe_2O_3 oder 3206 kcal/kg Pyrit-S.

Die Oxydation des FeO zu Fe_2O_3 erfordert nach der Gleichung

$$2\,FeO + \tfrac{1}{2}\,O_2 - 69\,900\ \text{kcal/kmol} = Fe_2O_3 \qquad (38)$$
$$143{,}7\ \text{kg} + 16\ \text{kg} \qquad\qquad = 159{,}7\ \text{kg}$$

486 kcal/kg FeO.

Wird aus dem Eisenkarbonat das Kohlendioxyd ausgetrieben (endotherme Reaktion nach Gl. (28), und anschließend das entstehende Eisenoxydul zu Eisenoxyd oxydiert (exotherme Reaktion nach Gl. (38), so erhält man je kg $FeCO_3$ 71,85/115,86 = 0,62 kg FeO, und nach Gl. (28) benötigt man dazu 121 kcal/kg $FeCO_3$, während die Oxydation des FeO nach Gl. (38) 0,62 × 486 = 301 kcal/kg liefert, so daß aus 1 kg $FeCO_3$ schließlich nach Erreichen der höchsten Oxydstufe des Eisens noch 180 kcal/kg $FeCO_3$ erhalten werden.

Die Schlackenbildung ist ein besonders komplizierter Vorgang, bei dem alle Einzelreaktionen, aus denen er sich zusammensetzen mag, nicht genügend bekannt sind. An einem Einzelbeispiel der CaO-Verschlackung durch Kalziumsulfidbildung kann man sich indessen klar machen, daß die Reaktionen verschiedenartig verlaufen müssen, je nachdem oxydierende oder reduzierende Atmosphäre vorliegt. In oxydierender Atmosphäre kann man sich folgenden Ablauf vorstellen:

$$2\,CaO + 2\,FeS - 4100\ \text{kcal/kmol} = 2\,CaS + 2\,FeO \qquad (39)$$
$$\underline{2\,FeO + \tfrac{1}{2}\,O_2 - 69\,900\ \text{kcal/kmol} = Fe_2O_3 \qquad\qquad (40)}$$
$$2\,CaO + 2\,FeS + \tfrac{1}{2}\,O_2 - 74\,000\ \text{kcal/kmol} = 2\,CaS + Fe_2O_3\,. \qquad (41)$$

Diese Reaktion ist also stark exotherm. In reduzierender Atmosphäre[1]) ist

$$CaO + FeS + C + 34\,560\ \text{kcal/kmol} = CaS + Fe + CO \qquad (42)$$

---
[1] Vgl. S. 100, Fußn 1.

dagegen endotherm. In Kesselfeuerungen und Öfen wird sich die Schlakkenbildung meist in der Oxydationszone abspielen, also in oxydierender Atmosphäre, also als exotherme oder wärmeliefernde Reaktion. Die Bildungswärme der Schlackenreaktionen kann man nach KÖRBER und OELSEN[1]) zu rd. — 161 kcal/kg bei basischer Schlacke, zu rd. — 145 kcal/kg bei saurer Schlacke annehmen und als Funktion des Basengrades betrachten (KÖRBER, RICHTER[2,3]). Bei kristalliner Schlacke ist der Betrag um die Entglasungswärme, etwa 30 kcal/kg, höher.

Bei der Laboratoriumsveraschung tritt Verschlackung noch nicht auf, wohl aber in der Bombe des Kalorimeters und meist in den Großfeuerungen.

Welche Rolle nun diese teils exothermen, teils endothermen Reaktionen in ihrer Gesamtwirkung auf den Heizwert und die Heizwertumrechnung spielen, kann man sich nur an Beispielen klar machen. Es sei angenommen, daß die Mineralsubstanz zweier Kohlen folgende Zusammensetzung habe (Tab. 30).

Tabelle 30

	I		II	
Tone	40,4%		45,0%	
davon Kaolinit		10%		30%
davon Montmorillonit		20%		30%
davon Illit		70%		40%
Quarz	6,3%		5,5%	
Kalkspat	19,3%		19,0 %	
Magnesit	11,8%		12,0%	
Eisenspat	6,6%		—	
Pyrit	13,2%		8,5%	
Hämatit	—		5,5%	
Sonstige	2,3%		4,5%	

Bei den Tonen wird mit 70 kcal/kg (I) bzw. 90,7 kcal/kg (II) gerechnet, ferner 10% Mineralstoffgehalt angenommen. Dann ergeben sich im Falle I — 9,6 kcal/kg Kohle (wmf.), und im Falle II + 1,9 kcal/kg Kohle (wmf.) als eine Wärmelieferung von 0,12% im ersten, ein Wärmeverbrauch von 0,02% im zweiten Falle, wenn ein Heizwert der brennbaren Substanz von 8000 kcal/kg angenommen wird. Diese Beträge sind klein genug, um eine Vernachlässigung in allen denjenigen Fällen vertreten

---

[1] KÖRBER, F., u. W. OELSEN: Die Schlackenkunde als Grundlage der Metallurgie der Eisenerzeugung. Stahl und Eisen, Bd. 60 (1940) Nr. 42, S. 921/929; Nr. 43, S. 948/955.
[2] RICHTER, H., u. W. A. ROTH: Die Bildungswärmen von Eisenschlacken aus den Oxyden. Arch. Eisenhüttenwesen, Bd. 11 (1937/1938) Nr. 9, S. 417/419.
[3] s. S. 100, Fußn. 1 — Fig. 48.

zu können, wo eine genaue Mineralzusammensetzung nicht bekannt ist. In der Regel also genügt als Umrechnungsformel

$$H_0 \text{ (wmf)} = H_0 \frac{100}{100 - W - M} \qquad (43)$$

bzw.

$$H_u \text{ (wmf)} = H_u \frac{100}{100 - W - M} + 5{,}85\, W \qquad (44)$$

oder umgekehrt

$$H_0 = H_0 \text{ (wmf)} \frac{100 - W - M}{100} \qquad (45)$$

$$H_u = H_u \text{ (wmf)} \frac{100 - W - M}{100} - 5{,}85\, W\,. \qquad (46)$$

Eine Korrektur ist nicht erforderlich, eine einseitige Korrektur nur für den Pyritgehalt oder nur für das Hydratwasser dürfte zu größeren Abweichungen führen als das Unterlassen jeglicher Korrektur. Eine Erhöhung der Genauigkeit setzt eine vollständige Mineralanalyse, auch eine genaue Kenntnis der einzelnen auftretenden Tonminerale voraus; sie ist also mit routinemäßigen Untersuchungsverfahren nicht zu erlangen.

Macht sich die Differenz zwischen Mineralstoff- und Aschegehalt bei allen Analysenangaben und beim Heizwert bemerkbar, so muß sich die Summe dieser Fehler besonders störend auf die Wärme- und Stoffbilanz eines Kessels auswirken. Es ist ja bekannt, daß die Restglieder der Wärmebilanzen oft unmotiviert hohe Werte, ja daß sie gelegentlich auch negative Werte annehmen, was natürlich eine Reihe von Ursachen haben kann. Solche Unstimmigkeiten wachsen mit steigendem Ballastgehalt des Brennstoffs, was auf die Hauptursache der Fehlbestimmungen hindeutet.

Besonders schwierig ist es, die vollständige Aschebilanz einer Kesselanlage aufzustellen und durch Bestimmung der Rückstands-, Aschetrichter- und Flugstaubmengen durch Vergleich mit der *eingefahrenen Aschemenge* einen Nachweis über den Verbleib der mineralischen Bestandteile führen zu wollen. Mit diesem Problem haben sich schon ROSIN, RAMMLER, KAYSER und KAUFFMANN[1,2], ENGEL[3] u. a. m. befaßt und

---

[1] ROSIN, P., E. RAMMLER u. H. G. KAYSER: Rückstandsasche- und Ausbrandbilanzen bei Feuerungs- und Kesselversuchen. Bericht D 64 des Reichskohlenrats. Berlin 1935.

[2] ROSIN, P., E. RAMMLER u. J. H. KAUFFMANN: Über die Temperaturabhängigkeit des Aschegehaltes von Brennstoffen und ihre Bedeutung für Feuerungsuntersuchungen. Bericht D 56 des Reichskohlenrats. Berlin 1936.

[3] ENGEL, J.: Die Ursachen von Unstimmigkeiten in Rückstands-, Ausbrand- und Reinaschebilanzen bei Verdampfungsversuchen. Wärme, Bd. 65 (1942) Nr. 38/39, S. 329/341.

auf die Fehlerquellen und die besonderen Schwierigkeiten hingewiesen. Im Sinne unserer Definition kann eine *Aschebilanz* auch bei sorgfältigster Messung nie aufgehen, es müßte vielmehr eine *Mineralstoffbilanz* aufgestellt und die Flüchtigen Bestandteile der anorganischen Substanz, die eine Funktion der Temperatur, der Zeit und der Atmosphäre sind, berücksichtigt werden.

V. Untersuchungsmethoden

Die Untersuchungsmethoden richten sich nach der Art des zu untersuchenden Stoffes und nach dem Zweck der Untersuchung[1]. Sie dienen der stofflichen Identifizierung der Minerale und der Feststellung ihres Verhaltens unter den Bedingungen der Verbrennung in der Feuerung oder bei anderen stofflichen oder thermischen Umwandlungen der Brennstoffe (so beispielsweise der Verkokung). Nach den zu untersuchenden Ausgangsstoffen sollen die Methoden unterteilt werden in die Untersuchung (1) der Mineralsubstanz, (2) der Asche, (3) der Schlacke, (4) der Ansätze und (5) des Flugstaubes. Bei den meisten technologischen Untersuchungsmethoden ist die Einschränkung zu machen, daß Modellähnlichkeit bei den Laboratoriumsuntersuchungen schwer zu verwirklichen ist, ganz besonders hinsichtlich der Temperaturfelder und der Aufheizungsgeschwindigkeiten. Aus diesem Grunde sind bezüglich der Übertragbarkeit auf die praktischen Verhältnisse der Großfeuerungen gewisse Vorbehalte zu machen, auf die bei der Besprechung der einzelnen Methoden noch besonders eingegangen wird.

A. Mineralogische Untersuchungsmethoden
1. Untersuchungen der Kohlenminerale

a) **Mikroskopische Untersuchungen** (RINNE-BEREK[2], FREUND[3], KLOCKMANN[4], CORRENS[5], KLEBER[6], BUCHWALD[7], RÜCHARDT[8], TRÖGER[9])

Die mikroskopische Untersuchung und Bestimmung von Mineralen, Gesteinen und Kunstprodukten ist eine der Hauptaufgaben der Mineralogie. Mit ihrer Hilfe gelingt es, die Minerale einwandfrei zu bestimmen und gelegentlich auch indirekt Aussagen über die chemische Zusammensetzung, die Entstehung, die Aufbereitbarkeit (d.h. die Möglichkeit einer Entfernung durch technische Aufbereitungsmethoden) u. a. m. zu machen. Bei den mikroskopischen Untersuchungen wird nicht nur mit gewöhnlichem Licht, sondern auch mit *linear polarisiertem* Licht gearbeitet.

---

[1] Nicht eingeschlossen in dieses Kapitel sind die chemisch-analytischen Untersuchungsmethoden, die bereits S. 76 kurz besprochen worden sind (vgl. auch Anhang I, S. 326 ff.).

Fußnote 2 bis 9 s. nächste Seite.

Dieses nur in einer Richtung schwingende Licht vermittelt uns beim Durchgang durch das Untersuchungsmaterial oder bei Reflexion an einer glatten, polierten Oberfläche des Materials Aufschluß über dessen optische Eigenschaften. Diese Eigenschaften sind weitgehend durch die Art des Feinbaues (Kristallstruktur) bestimmt und lassen deshalb auf diesen schließen. Das polarisierte Licht wird durch sog. Polarisatoren erzeugt, die aus in geeigneter Art zusammengekitteten Kalkspatkristallen (sog. *Nicolsche Prismen*, abgekürzt *Nicols*) oder aus Polarisationsfiltern aus schwefelsaurem Jodchinin bestehen. Kreuzt man zwei Polarisatoren (*gekreuzte Nicols*), d. h. legt man sie so übereinander, daß die Schwingungsrichtung des Lichtes in dem einen senkrecht zur Schwingungsrichtung in dem anderen liegt, so sind sie für gewöhnliches Licht undurchlässig; das Gesichtsfeld bleibt dunkel.

Für die Untersuchung von stark lichtabsorbierenden Substanzen, die deshalb undurchsichtig (opak) sind, wird das Auflicht-Polarisationsmikroskop (auch *Erzmikroskop* oder *Metallmikroskop* genannt) verwendet. Solche weitgehend opaken Substanzen sind Kohlen, Erze und Metalle. Unter Erzen werden mineralische Metallverbindungen, wie Pyrit, Markasit, Zinkblende, Magnetit, Bleiglanz usw., verstanden.

Für die mit der Kohle verwachsenen Minerale eignet sich die Untersuchung im Auflicht am besten, da hierbei gleichzeitig die Zusammensetzung der Kohle (nach Mazeralen) erfaßt werden kann, was gelegentlich ebenfalls für die Verschmutzungsprobleme des Kesselbetriebes zur

---

[2] RINNE-BEREK: Anleitung zu optischen Untersuchungen mit dem Polarisationsmikroskop. 2. Aufl. von M. BEREK. Hrsgeg. v. C. H. CLAUSSEN, A. DRIESEN u. S. RÖSCH. Stuttgart: Schweizerbarth 1953.

[3] FREUND, H.: Handbuch der Mikroskopie in der Technik. Hrsgeg. v. Umschau-Verlag Frankfurt a/M. Erscheint ab 1952. — Bd. I: Die optischen Grundlagen, die Instrumente und Nebenapparate für die Mikroskopie in der Technik. Teil 1: Die Mikroskopie im durchfallenden Licht. Teil 2: Die Mikroskopie im auffallenden Licht. — Bd. II: Mikroskopie der Bodenschätze. Teil 1: Mikroskopie der Steinkohle, des Kokses und der Braunkohle. Teil 2: Mikroskopie der Erze, Aufbereitungsprodukte und Hüttenschlacken. — Bd. IV: Mikroskopie der Silikate. Teil 1: Mikroskopie der Gesteine. Teil 2: Mikroskopie der keramischen Rohstoffe.

[4] KLOCKMANNS Lehrbuch der Mineralogie. Hrsgeg. v. Paul RAMDOHR. 14. Aufl. Stuttgart: Enke 1954.

[5] CORRENS, C. W.: Einführung in die Mineralogie (Kristallographie und Petrologie). Berlin: Springer 1949.

[6] KLEBER, W.: Einführung in die Kristallographie. Berlin: Verlag Technik 1956.

[7] BUCHWALD, E.: Einführung in die Kristalloptik. 4. Aufl. Sammlung Göschen Bd. 619. Berlin: de Gruyter 1952.

[8] RÜCHARDT, E.: Sichtbares und unsichtbares Licht. Verständliche Wissenschaft. Bd. 35. Berlin/Göttingen/Heidelberg: Springer 1952.

[9] TRÖGER, W. E.: Tabellen zur optischen Bestimmung der gesteinsbildenden Minerale. Stuttgart: Schweizerbarth 1952.

Aufklärung beitragen kann. Zur Untersuchung wird an den Kohlenproben eine ebene Fläche angeschliffen, die durch geeignete Poliermittel auf Hochglanz poliert wird. Körniges Material oder Kohlenstaub wird vor dem Anschleifen in *Schneiderhöhn*sche Mischung (3 Tl. Dammarharz, 2 Tl. Schellack, 1 Tl. venezianisches Terpentin, gefärbt mit Nigrosin) oder in Kunstharz eingebettet. Dies Präparat wird auf einem Objektträger so befestigt, daß die polierte Fläche genau waagerecht liegt, und wird dann auf den Objekttisch des Auflichtmikroskops gebracht. Durch einen sogenannten Opakilluminator (Abb. 32) wird das Lichtstrahlenbündel von oben her auf das Präparat gelenkt. Bereits die *Farbe* des Präparates im auffallenden Licht und das *Reflexionsvermögen* sind Mittel zu seiner Identifizierung.

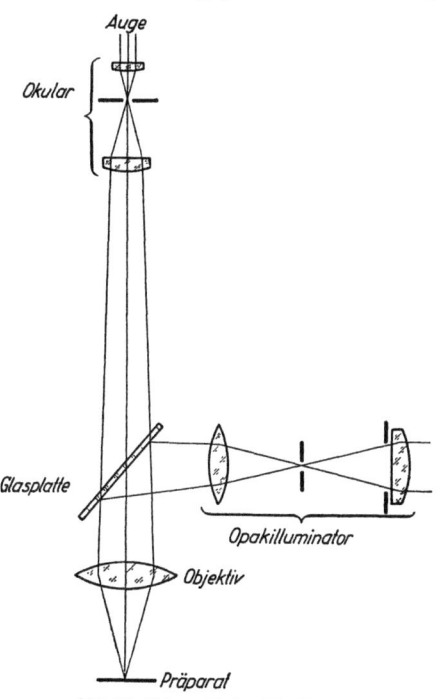

Abb. 32. Schematischer Strahlengang im Auflichtmikroskop

Um ein kontrastreicheres Bild zu erhalten, bringt man oft einen Tropfen Immersionsöl auf den polierten Anschliff, in den die Frontlinse des Objektives hineintaucht, so daß sich zwischen Präparat und Linse keine Luft mehr befindet (Ölimmersion). Außerdem werden Farbe und Reflexionsvermögen in Öl oft typisch verändert.

Auch die *Härte* eines Minerals läßt sich auflichtmikroskopisch als Vergleichswert bestimmen. Senkt man nämlich den Mikroskop-Tubus, so wandert vom Rand des scharf eingestellten Mineralkornes eine helle Lichtlinie vom weicheren ins härtere Material. Der Erzmikroskopiker nennt diese Linie nach dem Lagerstättenkundler H. SCHNEIDERHÖHN *Schneiderhöhn-Linie*. Pyrit ist z. B. härter als Bleiglanz. Schiebt man vor die Blende des Opakilluminators einen Polarisator, arbeitet man also mit polarisiertem Licht (mit einem *Nicol*), so besteht die Möglichkeit, daß beim Drehen des Präparates auf dem Objekttisch um 360° eine zweimalige Farb- oder Helligkeitsänderung auftritt. Diese Farb- oder Helligkeitsänderung, die man *Reflexionspleochroismus* oder Bireflexion nennt, tritt nur bei nichtamorphen oder nichtkubischen Stoffen auf. Die kubischen Minerale Pyrit, Zinkblende, Magnetit und Bleiglanz zeigen keinen Reflexionspleochroismus. Deutlichen Reflexionspleochroismus weist der orthorhombische Markasit auf. Hierbei ändert sich die Farbe von rosabraun nach zartgelb bis grün. In Öl ist der Farbeffekt viel deutlicher. Der Reflexionspleochroismus beruht auf der unterschiedlichen Absorption der verschiedenen Wellenlängen des weißen Lichtes in verschiedenen Richtungen des Kristalls.

Tabelle 31. *Reflexionsvermögen und Farbe einiger Stoffe*

Stoff	Reflexionsvermögen (R) %	Farbe
Fettkohlen-Vitrit	9—10	grau-weiß
Pyrit	53	gelb
Markasit	55	gelb
Quarz	4	dunkelgrau
Bleiglanz	43	weiß
Eisenspat	8	grau

Ein weiteres wichtiges Merkmal sind die *Innenreflexe*. Bei manchen nicht völlig undurchsichtigen Mineralen dringt das auffallende Licht in eine gewisse Tiefe im Kristall ein und wird dort von inneren Teilen des Minerals (z. B. Spaltrissen) reflektiert. Minerale mit niedrigem Reflexionsvermögen (kleiner als 20%) besitzen häufig starke Innenreflexe. Diese Innenreflexe sind meist als bunte Flecke oder Punkte wahrzunehmen. Quarz und Karbonspäte haben z. B. starke Innenreflexe.

Besonders gute Identifizierungsmöglichkeiten bieten sich, wenn man mit gekreuzten Nicols arbeitet. Dazu schiebt man den Polarisator vor den Opakilluminator und lenkt dadurch polarisiertes Licht auf das Untersuchungsobjekt. Besteht das Objekt aus kubischem oder amorphem Material, so wird das polarisierte Licht ohne Änderung der Schwingungsrichtung reflektiert. Wird nun ein zweites Polarisationsfilter (Analysator) über dem Präparat in den Mikroskoptubus geschoben, der nur für Licht durchlässig ist, das senkrecht zur Schwingungsrichtung des Polarisators schwingt, so herrscht im Okular Dunkelheit. Auch beim Drehen des Objekttisches um 360° bleibt die Dunkelheit erhalten. Kristalle, die einem anderen Kristallsystem angehören (tetragonal, trigonal, hexagonal, orthorhombisch, monoklin, triklin), hellen bei einer vollen Umdrehung des Präparates viermal auf bzw. werden viermal dunkel. Dies nennt man *Anisotropieeffekte*. Treten sie stärker oder schwächer auf, so nennt man eine Kristallart stark anisotrop bzw. schwach anisotrop. Stark anisotrop ist z. B. der Markasit, während Kupferkies als schwach anisotrop zu bezeichnen ist.

Die Auflichtmikroskopie verlangt vom Untersuchenden absolute Farbtüchtigkeit, da — besonders bei der Identifizierung von Erzen —

bereits geringe Farb- und Helligkeitsunterschiede zur Unterscheidung ausreichen müssen. Durch *Ätzung* der Schliffe mit bestimmten Ätzmitteln (z. B. Säuren) können Wachstumserscheinungen und Struktur von bestimmten Kristallen sichtbar gemacht werden. Es gibt auch *diagnostische Reaktionen*, die leicht an Anschliffen vorgenommen werden können. Sehr eindeutig und einfach ist es z. B., Sulfide nachzuweisen. Man bringt dazu etwas Natriumazid-Jodlösung (Rezept: 1 g NaN_3 + 1 g KJ + 1 Körnchen festes Jod + 30 ccm Wasser) auf den Anschliff. An Stellen, die Sulfid enthalten, entwickeln sich lebhaft Stickstoffbläschen[1]).

Durch den SHANDschen Integrationstisch, der an jedes Auflicht- und Durchlichtmikroskop angebracht werden kann, ist es möglich, die volumenmäßigen Anteile der Einzelkomponenten eines Schliffes zu bestimmen. Dazu wird der Schliff auf einer Geraden durch das mikroskopische Gesichtsfeld bewegt. Die Bewegung auf dieser Geraden erfolgt durch Drehen an Mikrometerschrauben. Jede Komponente wird nun einer dieser sechs Spindeln zugeteilt (Abb. 33). An den Mikrometerschrauben kann, nachdem ein ganzes Gesichtsfeld durchgemessen ist, abgelesen werden, welche Strecke in jeder Mineralart gemessen wurde. Das Verhältnis der gemessenen Längen ergibt, auf Hundert umgerechnet, ziemlich genau die Volumenprozente der beteiligten Komponenten.

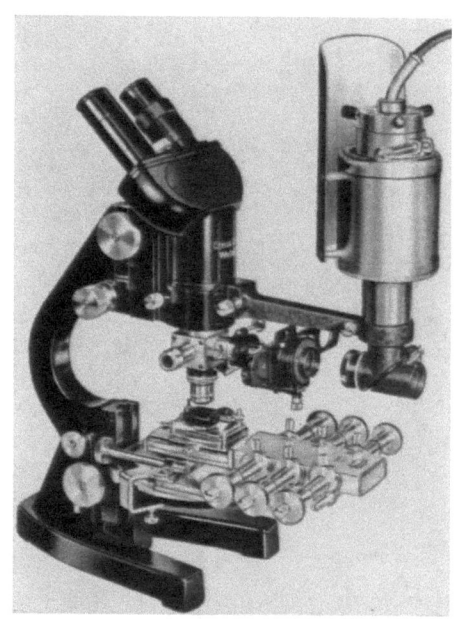

Abb. 33. Kohlenpetrographisches Mikroskop mit Integrationstisch

Neben der Untersuchung der Mineralsubstanz der Kohle im Hellfeld ist auch das Arbeiten im Dunkelfeld möglich. Bei dieser Beleuchtungsart erscheinen Kohle und Mineralsubstanz auf Grund des schrägen Lichteinfalls in ihrer Eigenfarbe, d. h. die Kohle erscheint schwarz, der Kalkspat weiß und die syngenetischen, radialstrahlig aufgebauten Eisenspatkonkretionen, die in der Regel teilweise zu Eisenhydroxyd verwittert

---

[1] SCHÜLLER, A.: Eigenschaften der Minerale, Teil II. S. 452. Berlin: Akademie-Verlag 1954.

sind, braun. Das bei Hellfeldbeleuchtung leicht mit Tonsubstanz verwechselbare Nadeleisenerz läßt sich ganz besonders schön an seiner blutroten Farbe erkennen. Auch die Innenreflexe schwach reflektierender Minerale, wie z. B. Zinkblende, treten bei Dunkelfeldbeleuchtung deutlicher hervor. Ein weiterer Vorteil der Dunkelfeldbeleuchtung ist darin zu sehen, daß Reliefunterschiede, die bei Hellfeldbeleuchtung mehr oder weniger starke Schlagschatten bewirken, beim Mikroskopieren im Dunkelfeld nicht stören, so daß das Erkennen feinster Schwefelkies- oder Quarzkörnchen ebenso erleichtert wird wie das Erkennen von Spaltrissen. Ein exaktes Ausmessen der Spaltwinkel ermöglicht eine Unterscheidung der Späte untereinander, aber auch das sichere Erkennen von Schwerspat.

Dunkelfelduntersuchungen können mit dem *Ultropak* durchgeführt werden. Zweckmäßiger ist jedoch, Hell- und Dunkelfelduntersuchungen im schnell wechselnden Nebeneinander durchführen zu können, wofür sich der *Panopak* — eine Hell-Dunkelfeldwechselvorrichtung — ganz besonders empfiehlt.

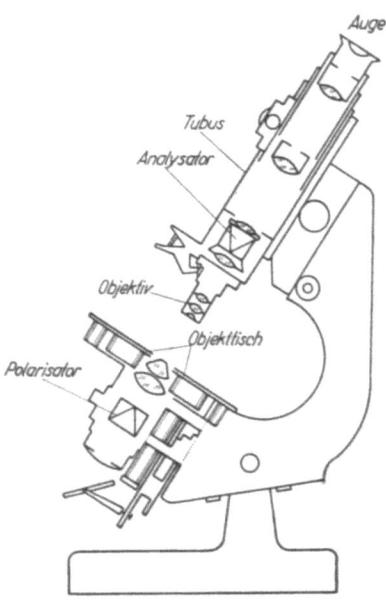

Abb. 34. Schema eines Polarisationsmikroskopes für Durchlicht

Für durchsichtige Minerale, das sind ein Teil der Kohleminerale und fast alle Bergeteilchen, ist die Untersuchung im durchfallenden Licht (Durchlicht) angebracht. Das Durchlicht-Polarisationsmikroskop unterscheidet sich im wesentlichen durch eine andere Beleuchtungseinrichtung vom Erzmikroskop (Abb. 34). Durchsichtig sind z. B. Tonminerale, Karbonspäte, Quarz, Chlorite, Feldspäte usw.

Eine Schwierigkeit bei der Untersuchung von Kohlenmineralen und Bergeteilchen besteht darin, daß die Kohlenminerale in der Kohle meist fein verteilt und die Bergeteilchen nicht immer ganz kohlefrei sind. Sie müssen daher von der Kohle isoliert werden. Soweit dies mit den üblichen, der Aufbereitungstechnik angepaßten Methoden nicht möglich ist, greift man auch für die Mineraluntersuchung zu einer Verbrennung, dann aber nur zu einer äußerst milden Oxydation *(Entkohlung)* bei etwa höchstens 380° C, da das Probematerial keinen Temperaturen ausgesetzt werden darf, die die ursprüngliche Mineralsubstanz strukturell verändern könnten. Für diesen Zweck hat sich ein Entkohlungsofen als brauchbar erwiesen, bestehend aus einem sich ständig drehenden Glasrohr mit einer starken Erweiterung in der Mitte, in dem die Kohleprobe unter feindosierter Sauerstoffzugabe und laufender Temperaturkontrolle durch langsame, mehrtägige Oxydation erhitzt und so die Mineralsubstanz in nahezu unverändertem Zustand erhalten wird (NELSON[1]). Unter Umständen genügt aber auch schon ein mehrtägiges Erhitzen der Probe in einem normalen Laboratoriumsofen bei der gleichen Temperatur von 380° C. Durch diese Behandlung werden die meisten Minerale nicht verändert (so Illit, Kaolinit, Pyrit, Karbonspäte, Quarz, Chlorite, Schwerminerale usw.). Gips und Eisenhydroxyde geben bei diesen Temperaturen Wasser aus dem Kristallgitter ab (Hydroxyl-Abspaltung). Das Tonmineral Montmorillonit dagegen verliert nur sog. *Zwischenschichtwasser*, das nach Befeuchten der Probe wieder aufgenommen wird.

Zur mikroskopischen Untersuchung wird ein kleiner Teil des durch Entkohlen gewonnenen Mineralpulvers auf den Objektträger des Mikroskopes gebracht. Im *Pulverpräparat* können manche Minerale schon durch ihre Kornform oder durch typische Spaltrisse erkannt werden. Eisendisulfide und Kohlereste machen sich als schwarze undurchsichtige Körnchen bemerkbar, können aber mit Stereomikroskopen, die eine Beleuchtungseinrichtung für Auf- und Durchlicht haben, unterschieden werden (*Stereo-Compolux Mikroskop* nach E. NÖTZOLD[2]).

Um die außerordentlich feinkörnigen Tonminerale in erster Annäherung auseinanderhalten zu können, kann *Anfärben* des Pulverpräparates mit einigen Tropfen Safranin (konzentrierte Lösung von Safranin in o-Nitrotoluol) zweckmäßig sein (VAHL[3]).

Nach dem Eintrocknen färben sich:
Kaolinit: himbeerfarbig, Illit: rotbraun, Montmorillonit: violett, Quarz, Kalkspat: hellviolett.

Eisendisulfide, die leider oft anwesend sind, stören durch Entfärben der Lösung den Nachweis.

Zur näheren Identifizierung der einzelnen Komponenten des Pulverpräparates ist die Messung der *Brechungsindizes* (Brechzahlen) der Einzelkörner geeignet. In Tab. 32 sind die für uns wichtigsten Minerale mit ihren Brechungsindizes aufgeführt.

Unter dem Brechungsindex (n) einer Substanz bei Lichtdurchgang in einer bestimmten Richtung versteht man das Verhältnis der Licht-

---

[1] NELSON, J. B.: Assessment of the mineral species associated with coal. BCURA Monthly Bull. Bd. 17 (1953) Nr. 2, S. 41/55.

[2] KÜHLWEIN, F. L.: Aufbau und Anwendbarkeit des neuen Aufbereitungsmikroskop Stereo-Compolux der Firma Ernst Leitz, Wetzlar. Metall und Erz, Bd. 38 (1941) Nr. 21, S. 469/470.

[3] VAHL, F.: Der Anfärbetest als ein mikroskopisches Untersuchungsverfahren für Tonminerale. Photographie und Wissenschaft, Agfa-Mitt. Bd. 5 (1956) Nr. 1, S. 17/18.

geschwindigkeit im Vakuum (mit geringem Fehler in Luft) zur Lichtschwindigkeit in der betreffenden Substanz. Beträgt z. B. die Lichtgeschwindigkeit in der Substanz 200 000 km/sec, so ist $n = \dfrac{300\,000}{200\,000} = 1{,}5$.
Nur in kubischen Kristallen oder Gläsern ist die Lichtgeschwindigkeit in allen Richtungen gleich. In den anderen Kristallsystemen wird der

Tabelle 32. *Brechungsindizes der wichtigsten Kohlenminerale*

Illit	$n_\alpha = 1{,}545$	$n_\gamma = 1{,}670$
Montmorillonit	$n_\alpha = 1{,}48$	$n_\gamma = 1{,}63$
Kaolinit	$n_\alpha = 1{,}553$	$n_\gamma = 1{,}57$
Kalkspat	$n_\omega = 1{,}658$	$n_\varepsilon = 1{,}486$
Siderit	$n_\omega = 1{,}875$	$n_\varepsilon = 1{,}633$
Quarz	$n_\omega = 1{,}544$	$n_\varepsilon = 1{,}553$

einfallende Lichtstrahl in zwei Strahlen, den ordentlichen (ω) und den außerordentlichen (ε), zerlegt, die verschiedene Geschwindigkeiten haben. Daraus resultiert in Verbindung mit der Struktur, daß für die tetragonalen, trigonalen und hexagonalen Kristalle zwei (n_ω und n_ε) und für die orthorhombischen, monoklinen und triklinen Kristalle drei Brechungsindizes (n_α, n_β und n_γ) angegeben werden müssen. Da n_β größenordnungsmäßig zwischen n_α und n_γ liegt, genügt es für die meisten Zwecke, nur die beiden Extremwerte anzugeben. Da man bei den Körnchen des Pulverpräparates meist nicht die einzelnen Richtungen auf die Kristallform beziehen kann, können alle zwischen den Extremwerten liegenden Brechungsindizes auftreten. Am geeignetsten für die Messung der Brechungsindizes von pulverigen Mineralgemischen ist die sog. *Immersionsmethode*. Dazu werden einige Körnchen des zu untersuchenden Mineralpulvers in eine Flüssigkeit mit bekanntem Brechungsindex eingebettet. Haben die Körnchen einen anderen Brechungsindex als die Flüssigkeit, so heben sie sich durch einen deutlichen Umriß von der Flüssigkeit ab. Je näher sich die Brechungsindizes von Flüssigkeit und Korn kommen, desto schwächer werden die Kornumrisse. Sind beide Brechungsindizes gleich, so ist das eingebettete Korn nicht mehr sichtbar. Das tritt jedoch häufig nicht vollkommen ein, da die Körnchen oft mit dünnen Schmutzbelägen aus anderem Material mit anderem Brechungsindex (z. B. Eisenoxyden) teilweise bedeckt sind. Variiert man nun die Immersionsflüssigkeiten mit bekanntem Brechungsindex, so kann man die Brechungsindizes aller Anteile eines Mineralpulvers dadurch bestimmen, daß man sie nach und nach in einer geeigneten Flüssigkeit optisch verschwinden läßt.
Als weiteres Hilfsmittel kommt noch die Beobachtung der *Beckeschen Linie* hinzu (Abb. 35). Darunter versteht man eine Lichtlinie, die dann an der Grenze von optisch verschieden dichten Medien entsteht, wenn —

ausgehend von der Scharfeinstellung — der Tubus des Mikroskopes gehoben oder gesenkt wird. Beim Heben wandert die Lichtlinie in das höher brechende Medium und umgekehrt. Bei Verwendung von polarisiertem Licht besteht die Möglichkeit, zwischen isotropem (amorphen oder kubischen Körnchen) und anisotropem Material zu unterscheiden. Aniso-

Tabelle 33. *Brechungsindizes einiger Immersionsflüssigkeiten*

Wasser	$n = 1,33$	Anisöl	$n = 1,56$
Chloroform	$n = 1,45$	Bromoform	$n = 1,59$
Benzol	$n = 1,50$	Schwefelkohlenstoff	$n = 1,63$
Nelkenöl	$n = 1,54$	Kaliumquecksilberjodid	$n = 1,73$

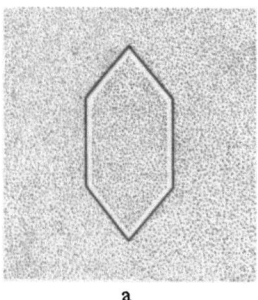 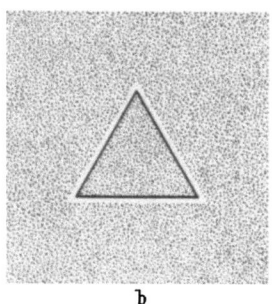

a   b

Abb. 35 a u. b. Schematische Darstellung der *Beckeschen Linie* beim Heben des Mikroskoptubus
a) helle Lichtlinie wandert in den Kristall mit höherer Lichtbrechung b) helle Lichtlinie wandert von dem tiefer brechenden Kristall in das höher brechende umgebende Medium

trope Körner werden bei gekreuzten Nichols viermal hell bzw. viermal dunkel, während die isotropen stets dunkel bleiben. Die Anwendungsmöglichkeit dieser Methoden ist allerdings durch die Teilchengröße begrenzt. Bei Körnern mit weniger als 3 bis 5 μ Durchmesser müssen sie durch die Methoden der *Phasenkontrastmikroskopie* ersetzt werden (THAER[1]). Zu diesem Zwecke wird dem Mikroskop eine Phasenkontrasteinrichtung angefügt. Die Methode beruht auf der Tatsache, daß es Stoffe gibt (Quarz, Tonminerale, Karbonspäte usw.), die beim Durchgang von Licht nur eine Phasenverschiebung der Lichtwellen hervorrufen, die bei der mikroskopischen Untersuchung nicht zu erkennen sind, das sind sog. *Phasenobjekte*. Andere Stoffe, z. B. Kohle, absorbieren das durchgehende Licht bis zu einem gewissen Grade, was als Schwächung der Amplituden der Lichtwellen aufzufassen ist. Amplitudenunterschiede sind im Mikroskop als Helligkeitsunterschiede zu erkennen. Dies sind *Amplitudenobjekte*. Bei der Mehrzahl unserer Kohlenminerale handelt es sich um sog. Phasenobjekte. Durch die Phasenkontrasteinrichtung

---

[1] THAER, A.: Ein Beitrag zur lichtmikroskopischen Mineralbestimmung in Feinstäuben insbesondere des Kohlenbergbaues. Staub H. 38 (1954) S. 555/570.

werden nun die unsichtbaren Phasenunterschiede in sichtbare Amplitudenunterschiede umgewandelt. Die meist verwendete verzögernde Phasenkontrastplatte *(positiver Phasenkontrast)* läßt Teilchen, die höher als das Einbettungsmittel brechen, dunkel und niedriger brechende Teilchen heller erscheinen. Bei gleicher Helligkeit mit dem Einbettungsmittel verschwinden die Teilchen in diesem. Sie haben also den gleichen Brechungsindex. Die Phasenkontrastmikroskopie eignet sich ganz besonders zur Untersuchung feinster mineralischer Bestandteile (vorwiegend unter 1 Mikron). Bei gröberen Teilchen sind bei Phasenkontrast die Gangunterschiede häufig größer als eine halbe Wellenlänge, wodurch es zur Kontrastumkehr und zu komplizierten Farbüberlagerungen kommen kann, die eine Identifizierung der Teilchen erschweren. Für diese gröberen Teilchen eignet sich das *Dunkelfeld-Farbimmersionsverfahren* besser[1]. Für diese Untersuchung wird eine Dunkelfeldbeleuchtung verwendet, deren untere Grenzapertur die numerische Apertur des Objektives etwas übersteigt. Da jedoch selten Stäube einer bestimmten Korngröße vorliegen, empfiehlt sich die kombinierte Anwendung beider Verfahren, wie sie mit dem Phasenkontrastkondensator nach HEINE der Firma E. Leitz durch einfaches Heben und Senken des ringförmigen Spiegelkörpers möglich ist. Für das Erkennen der hoch doppelbrechenden Späte wird eine Polarisationseinrichtung gebraucht.

Die übrigen Identifizierungsmethoden der Durchlichtmikroskopie wie Bestimmung des optischen Charakters, Interferenzfarben, Auslöschungsschiefe usw. lassen sich bei Pulverpräparaten nur mit geringem Erfolg anwenden. Diese Untersuchungen sind vorwiegend auf Dünnschliffe beschränkt. Daß derartige Dünnschliff-Untersuchungen an der Mineralsubstanz der Kohle in der Regel nicht durchgeführt werden, ist darin begründet, daß erstens die Kohle-Mineral-Verwachsungen oft opak sind. Zudem ist die Herstellung von Dünnschliffen von Substanzen unterschiedlicher Härte (Härte der Kohle etwa 2, Härte des Quarzes 7) ausgesprochen schwierig.

b) Unterscheidung der Minerale durch Wichtebestimmung

Auch das spezifische Gewicht der Minerale kann zu ihrer Bestimmung mit herangezogen werden. Es gibt eine Anzahl Flüssigkeiten, *schwere Lösungen*, mit hohem spezifischen Gewicht, die sich mit Wasser verdünnen lassen. So hat z. B. die *Thouletsche Lösung* (wäßrige Kaliumquecksilberjodidlösung) ein maximales spezifisches Gewicht von 3,196 und *Clericische Lösung* (Lösung von Thalliummalonat und Thalliumformiat) ein spezifisches Gewicht von 4,2. Durch Verdünnen dieser Lösungen mit Wasser kann man sich Lösungen mit allen möglichen spezifischen Ge-

---

[1] vgl. S. 113, Fußn. 1.

wichten zwischen dem Höchstwert und 1 herstellen. Bringt man in eine solche Lösung den durch Entkohlen gewonnenen Mineralrückstand einer Kohlenprobe, so sinken die schweren Minerale unter, die mit gleichem spezifischen Gewicht schweben in der Flüssigkeit *(Schwebemethode)* und die leichteren schwimmen. Durch Variation der spezifischen Gewichte der Lösungen kann man so die Minerale nach ihrem spezifischen Gewicht abtrennen.

Tabelle 34.
Spezifische Gewichte [kg/dm³] von Kohlemineralen und Kohle

Quarz	2,65	Illit	2,76—3,0
Kalkspat	2,71	Montmorillonit	2,53—2,74
Eisenspat	3,89	Kaolinit	2,60—2,68
Dolomit	2,87	Chlorit	2,60—2,96
Pyrit	5	Steinkohle	1,25—1,5
Markasit	4,8	Brandschiefer	1,7
		Braunkohle	1

Die abgetrennten Mineralgruppen können dann noch mit anderen Methoden (Mikroskopie, Röntgenographie und Differentialthermoanalyse) weiter untersucht werden.

c) Röntgenographische Untersuchung

(GLOCKER[1], KOHLHAAS[2], BRANDENBERGER[3], BUNN[4], v. LAUE[5], TREY[6,7])

Eine ganz ausgezeichnete Hilfe bei der Identifizierung der durch die beschriebene Entkohlung gewonnenen Minerale ist die Strukturanalyse durch Röntgenstrahlen. Bei dieser Mineralanalyse wird der atomare Aufbau der Minerale zur Bestimmung herangezogen.

Der größte Teil der Minerale liegt in kristallinem Zustand vor. In einem Zustand also, der — grob charakterisiert — dadurch ausgezeichnet ist, daß sich die Atome bzw. Ionen zu einem Raumgitter angeordnet haben. Ein Raumgitter entsteht dadurch, daß sich ein Atom in drei verschiedenen Richtungen im Raum in bestimmten Abständen wiederholt (Abb. 36). Durch die Gitterpunkte dieses Raumgitters kann man eine große Anzahl von Ebenen legen, die man als Netzebenen bezeichnet. Die

---

[1] GLOCKER, R.: Materialprüfung mit Röntgenstrahlen. 3. Aufl. Berlin/Göttingen/Heidelberg: Springer 1949. (4. Aufl. in Vorbereitung)
[2] KOHLHAAS, R., u. H. OTTO: Röntgenstrukturanalyse von Kristallen. Berlin: Akademie-Verlag 1955.
[3] BRANDENBERGER, E.: Röntgenographisch-analytische Chemie. Basel: Birkhäuser 1946. — [4] BUNN, C. W.: Chemical Cristallography. Oxford 1948.
[5] v. LAUE, M.: Röntgenstrahlinterferenzen. Leipzig 1948.
[6] TREY, F., u. W. LEGAT: Einführung in die Untersuchung der Kristallgitter mit Röntgenstrahlen. Eine elementare Darlegung der Methoden mit Aufgaben. Wien: Springer 1954. — [7] vgl. S. 106, Fußn. 4, 5 u. 6.

Abstände der Gitterpunkte (= Atome, Ionen) dieses Raumgitters liegen in der Größenordnung von 10^{-8} cm (1 Ångström = 10^{-8} cm). Auch die Wellenlängen der Röntgenstrahlen haben diese Größenordnung. Ähnlich wie die Lichtstrahlen an einem Strichgitter gebeugt werden, werden die Röntgenstrahlen am Kristallgitter gebeugt. Die Beugung erfolgt unter

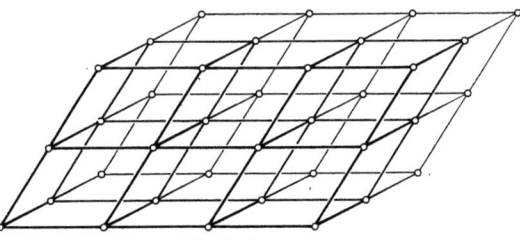

Abb. 36. Raumgitter

ganz bestimmten Winkeln (Glanzwinkeln), die für bestimmte Netzebenen charakteristisch sind. Die Intensität der an den verschiedenen Netzebenen gebeugten Strahlung hängt ab von der Zahl und der Anordnung der Gitterpunkte und deren Atomarten. Die Verhältnisse werden durch die *Braggsche Gleichung* ausgedrückt:

$$d = \frac{\lambda}{2 \sin \vartheta} \qquad (47)$$

d = Netzebenenabstand, λ = Wellenlänge der verwendeten Röntgenstrahlung, ϑ = Glanzwinkel. (d und λ in Ångström gemessen.)

Tabelle 35. *Filtermaterial für verschiedene Antikathoden*

Material der Antikathode	Wellenlänge in Ångström	Filtermaterial
Molybdän	0,7093	Zirkon
Kupfer	1,5390	Nickel
Kobalt	1,7892	Eisen
Eisen	1,9360	Mangan

Es ist natürlich erforderlich, daß Röntgenstrahlen einer Wellenlänge (monochromatische Strahlung) verwendet werden. Die Wellenlänge ist aber abhängig vom Metall (Antikathode), das die Strahlung erzeugt. Neben der Hauptstrahlung treten stets noch Strahlungen anderer Wellenlängen auf. Um diese z. T. störende Nebenstrahlung zu entfernen, wird die Röntgenstrahlung vor Eintritt in die Probe gefiltert. Die Wahl der Antikathode hängt nicht nur von der gewünschten Wellenlänge, sondern auch von dem zu untersuchenden Material ab.

Um eine weitgehend monochromatische Strahlung zu gewährleisten, läßt man die Röntgenstrahlung vor Eintritt in die Probe durch ein dünnes Blättchen eines geeigneten Materials (Filter) durchgehen, das störende

Wellenlängen adsorbiert. Enthält eine Substanz z.B. Eisenverbindungen, so ist es unzweckmäßig, mit Kupferstrahlung zu arbeiten, da Eisen bei Bestrahlung mit dieser Wellenlänge seinerseits zu einer Strahlung angeregt wird, die die Aufnahmen ungünstig beeinflußt. Zur Erzielung von *streng-monochromatischem* Röntgenlicht sind besondere Monochromatoren erforderlich.

Da die Mineralkomponenten der durch Entkohlen gewonnenen Proben stets als feinkörniges Gemenge vorliegen, sind für ihre Untersuchung nur diejenigen röntgenographischen Methoden von Wert, die es gestatten, aus einem feinkörnigen Mineralgemenge die Einzelkomponenten zu bestimmen. Ein hierfür geeignetes Verfahren ist die Methode nach DEBYE-SCHERRER, die, da sie mit Kristallpulvern arbeitet, auch *Pulvermethode* genannt wird. Hierbei ist weniger als 10 mg Probemenge erforderlich. Bei sorgfältiger Probenahme ist selbst diese geringe Probemenge ausreichend, weil bei Korngrößen von 5 μ und kleiner — um solche handelt es sich hier — in ihr noch eine genügend große Zahl von Teilchen enthalten ist. Die zu untersuchende feinstgepulverte

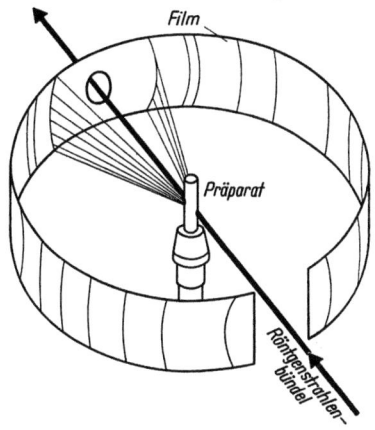

Abb. 37
Schema einer DEBYE-SCHERRER-Apparatur

Substanz wird dabei in ein feines Röhrchen gefüllt, das genau zentriert in der Mitte einer zylindrischen Aufnahmekamera eingesetzt wird (Abb. 37). Die Innenwand des Zylinders ist mit einem Streifen Röntgenfilm belegt. Durch ein Loch im Äquator des Zylinders fällt nun ein Strahl Röntgenlichtes von bestimmter Wellenlänge ein. Die an den verschiedenen Netzebenen eines Kriställchens gebeugten Strahlen bilden Kreiskegel, deren Achse die Richtung des einfallenden Strahles (Primärstrahles) ist. So entstehen auf dem Film Kreise bzw. Teilkreise verschiedener Intensität, d.h. verschiedenen Schwärzungsgrades. Der Kammerradius der Röntgenkammer ist so gewählt, daß der Durchmesser der Kreise bzw. Teilkreise in Millimetern abgelesen sofort den doppelten Glanzwinkel 2 ϑ in Grad ergibt. Für die bekannte Wellenlänge läßt sich dann der Netzebenenabstand d leicht errechnen bzw. bestehenden Tabellen entnehmen. Die Netzebenenabstände und die dazugehörigen relativen Intensitäten sind kennzeichnend für die Mineralart. Als Beispiel seien die Werte für Pyrit angeführt. (Tab. 36 u. Abb. 38).

Die Intensitäten (stärkste = 100) werden oft auch einfach als sehr stark, stark, stark bis mittel, mittel, mittel bis schwach, schwach und sehr schwach angegeben. Meist genügen die d-Werte der drei stärksten Linien (beim Pyrit 1,63; 1,04 und 0,955), um einen Kristall identifizieren zu können. Zur Erleichterung der Auswertung der Röntgendiagramme gibt es Tafeln, in denen d-Werte und Intensitäten für eine große Zahl von Kristallen angegeben werden[1].

Abb. 38. DEBYE-SCHERRER-Aufnahme von Pyrit (Kobaltstrahlung)

Tabelle 36. *d-Werte und Intensitäten von Pyrit*

d in Å	Intensität	d in Å	Intensität	d in Å	Intensität
3,12	40	1,35	10	1,06	30
2,70	80	1,31	20	1,04	100
2,41	80	1,28	20	1,00	80
1,21	70	1,24	50	0,987	70
2,11	20	1,21	60	0,955	100
1,91	70	1,18	70	0,941	20
1,80	40	1,16	40	0,927	20
1,63	100	1,15	50	0,914	40
1,60	40	1,15	40	0,901	100
1,56	40	1,10	60		
1,44	70	1,08	20		

Eine andere röntgenographische Methode ist die *Röntgengoniometermethode* nach BRAGG-BRENTANO. Hierbei wird das Substanzpulver (etwa 200 mg) auf eine ebene Platte aufgebracht und im Strahl des monochromatischen Röntgenlichtes gedreht (Abb. 39). Unter Anwendung verschiedener Vorrichtungen wird jedes reflektierte Röntgenlichtquant durch ein GEIGER-Zählrohr erfaßt und über einen Verstärker durch ein Schreibgerät registriert. Aus Höhe und Lage der Interferenzen lassen sich die Komponenten der Mineralpulver qualitativ und mit hinreichender Genauigkeit oft auch quantitativ ermitteln. Die Abb. 40 zeigt die Kurve eines Pyrits. Der Unterschied zur Pulvermethode nach DEBYE-SCHERRER besteht

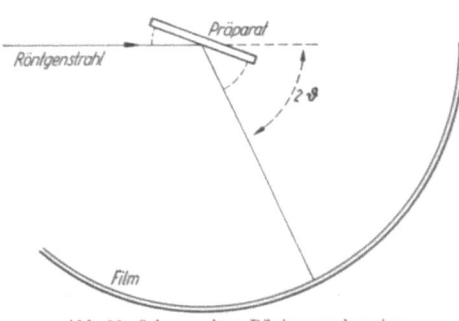

Abb. 39. Schema eines Röntgengoniometers

---
[1] American Society for Testing Materials: X-Ray-Diffraction Data. Philadelphia 1954.

hauptsächlich darin, daß die Goniometermethode einen schnelleren Überblick und eine genauere Bestimmung der Maxima ermöglicht. Von ausschlaggebender Wichtigkeit für beide Röntgenmethoden ist, daß gut gemittelte Durchschnittsproben zur Untersuchung kommen, da ja die Substanzmenge gering ist. Immerhin bieten die Röntgenmethoden auch noch andere Schwierigkeiten; bei Gemischen mit mehreren unbekannten Komponenten ist die Identifizierung aller Bestandteile gelegentlich recht schwierig oder auch ganz unmöglich. Komponenten, die weniger als 3% der Gesamtprobemenge ausmachen, werden in der Regel nicht mehr erfaßt. Teilchen unter etwa $0,5\,\mu$ führen zu einer Verbreiterung der Interferenzen und verringern dadurch

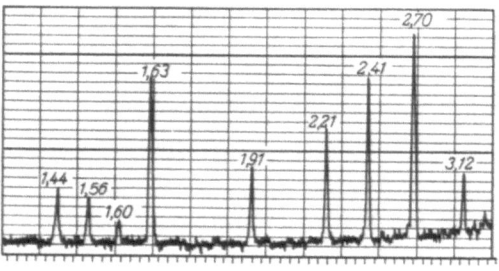

Abb. 40. Röntgengoniometeraufnahme von Pyrit mit aufgetragenen α-Werten (Kobaltstrahlung)

die Genauigkeit der Ausmessung. Erheblich kleinere Teilchen wirken *röntgenamorph* und führen zu einem Anstieg der Untergrundschwärzung. Gläser und amorphe Stoffe, d. h. Stoffe ohne geordneten strukturellen Aufbau, geben nur geringe Schwankungen in der Untergrundschwärzung und sind kaum mehr röntgenographisch erfaßbar. Schlecht kristallisierte Stoffe, zu denen häufig die Tonminerale der Kohlen gehören, liefern deshalb schwer auswertbare Röntgendiagramme. Quellfähige Tonminerale, z. B. Montmorillonit, können röntgenographisch dadurch erkannt werden, daß man zunächst eine Probe des unbehandelten entkohlten Materials röntgenographisch aufnimmt. Fügt man nun der Probe etwas Glykol zu und untersucht sie dann erneut, so machen sich die Montmorillonitlinien dadurch bemerkbar, daß sie gegenüber der ersten Aufnahme aufgeweitet und oft auch mit stärkerer Intensität erscheinen.

d) Die Thermoanalyse und die Differential-Thermoanalyse

Die Feinkörnigkeit des Untersuchungsmaterials und sein teilweiser schlechter Kristallisationsgrad bringen es mit sich, daß es mit Hilfe mikroskopischer und röntgenographischer Untersuchungsmethoden nicht immer in ausreichender Weise gelingt, die Zusammensetzung der mineralischen Bestandteile einer Kohle zu erfassen. Aus diesem Grunde haben in jüngster Zeit zwei weitere Untersuchungsmethoden stark an Bedeutung gewonnen. Dies sind die *Thermoanalyse* und die *Differential-Thermoanalyse*. Bei beiden Methoden werden die Veränderungen der Mineralsubstanz bei der Erhitzung untersucht.

Das einfachere und dementsprechend auch weniger empfindliche Verfahren ist die *Thermoanalyse*, für deren Durchführung man sich meistens der sogenannten Thermowaage bedient. Die Thermowaage gestattet die Bestimmung des Gewichtsverlustes bei steigender Temperatur. Derartige Gewichtsverluste treten stets dann auf, wenn sich Minerale, wie z. B. die Karbonspäte oder auch die sulfidischen Erze, bei steigender Temperatur zersetzen. Abb. 41 zeigt die Kurven des Entgasungsverlaufes für eine Kohle, zwei Karbonspäte, Schwefelkies und Kaolinit. Sie wurden mit der von ECHTERHOFF[1] entwickelten Apparatur zur Bestimmung des Entgasungsverlaufes aufgenommen. Die Aufheizgeschwindigkeit betrug

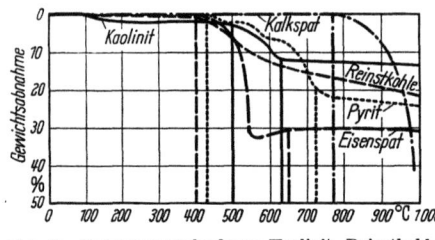

Abb. 41. Entgasungsverlauf von Kaolinit, Reinstkohle, Pyrit, Eisenspat und Kalkspat

3°/min. Gearbeitet wurde in einer absolut inerten Argonatmosphäre. Aus dem Verlauf der verschiedenen Kurven ist zu ersehen, daß mit der Thermoanalyse sehr brauchbare Informationen zu erhalten sind, jedoch nur dann, wenn sich das zu untersuchende Mineral unter merklichem Gewichtsverlust (Abspaltung eines Gases, wie Wasserdampf, CO_2 oder S) zersetzt.

Manche Minerale spalten jedoch beim Aufheizen auf 1000° C und mehr keine gasförmigen Komponenten ab, sondern zerfallen in feste Spaltprodukte oder gehen in eine andere Modifikation (Quarz) über. Derartige Umwandlungen sind stets mit positiven bzw. negativen Wärmetönungen verbunden, die mit Hilfe der Thermowaage selbstverständlich nicht erfaßt werden können. Ihre Erfassung ist jedoch durch die *Differential-Thermoanalyse* (DTA) möglich, die somit ein ganz besonders wertvolles Ergänzungsmittel der Mikroskopie und der Röntgenographie darstellt[2]. Selbstverständlich können mit der DTA auch alle die Mineralveränderungen untersucht werden, die thermoanalytisch erfaßbar sind. Da in der Regel Mineralgemische unbekannter Zusammensetzung vorliegen, wird allgemein der DTA als der umfassenderen Untersuchungsmethode der Vorzug gegeben. Das Verfahren beruht auf dem Vergleich der Art der Wärmeaufnahme einer thermisch inerten Substanz (z. B. geglühtes Al_2O_3) und der Art der Wärmeaufnahme der Probesubstanz bei kontinuierlicher Aufheizung. Auch der Vergleich der Wärmeabgabe beider Stoffe gibt wichtige Hinweise. Die Differenztemperatur zwischen beiden Stoffen

---

[1] ECHTERHOFF, H.: Schreibendes Gerät zur Bestimmung des Entgasungsverlaufes von festen Brennstoffen. Glückauf Bd. 90 (1954) Nr. 11/12, S. 319/321.

[2] KIRSCH, H.: Die Anwendung der Differentialthermoanalyse bei der Kohlenuntersuchung. Brennst.-Chem. Bd. 38 (1957) Nr. 5/6, S. 87/92.

wird dabei in einer Kurve aufgezeichnet. Die Kurve hat für die untersuchte Substanz eine spezifische Form. Die Probemenge liegt im allgemeinen zwischen 0,5 und 1 g. Gute Ergebnisse werden aber auch schon mit 10—50 mg Substanz erhalten. Probe und inerte Substanz werden dabei in Hülsen aus Platin oder keramischem Material untergebracht. In die feingemahlenen Substanzen, möglichst gleicher Korngröße und Packungsdichte, ragen zur Temperaturmessung Platin-Rhodium- bzw. Platin-Palladium-Thermoelemente hinein. Die Probebehälter werden in einem Ofen eingebracht, der mit 10—50° C pro Minute auf 1100° bis 1300° C aufgeheizt wird (Abb. 42.)

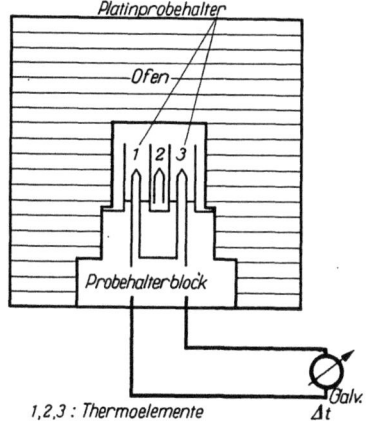

Abb. 42. Schema der Apparatur für die Differentialthermoanalyse

Wenn sich die zu untersuchende Substanz thermisch inert verhält, so tritt gegenüber der thermisch inerten Testsubstanz (Al_2O_3) keine Temperaturdifferenz auf. Es können aber auch in einer Untersuchungssubstanz endotherme oder exotherme Reaktionen bei Aufheizung und Abkühlung vor sich gehen. Exotherme Effekte werden durch Oxydation, Verbindungsbildung bei der Aufheizung oder durch Erstarren aus flüssiger Phase bei der Abkühlung hervorgerufen. Endotherme Effekte sind bei der Aufheizung auf Abgabe adsorbierten Wassers, Ausbau von gittergebundenen OH-Gruppen (Tonminerale, Chlorite), Abgabe von CO_2 aus Karbonaten und auf Abgabe von Schwefel aus Sulfiden oder auf Schmelzen zurückzuführen. Ein endothermer Effekt bei der Aufheizung kann auch dadurch hervorgerufen werden, daß ein Kristall bei höherer Temperatur von einer Kristallstruktur in eine andere übergeht. Eine solche Modifikationsänderung findet bei etwa 575° C beim Quarz statt. Diese Umwandlung ist reversibel und tritt bei der Abkühlung als exothermer Effekt auf. Die Effekte, die auf Abgabe von Molekülen beruhen, sind natürlich nicht reversibel. In ungünstigen Fällen können sich bei Stoffgemischen die Effekte bei der Aufheizung überlappen und so die Auswertung erschweren. Da bei den Kohlenmineralen nur der Quarz Effekte durch Modifikationsänderungen zeigt, kann er in solchen Fällen bequem aus der Abkühlungskurve bestimmt werden.

Abb. 43 zeigt die Aufheizungskurve eines Kaolinits, $Al_2O_3 \cdot 2 SiO_2 \cdot 2 H_2O$. Bei etwa 100° C erfolgt die Abgabe des oberflächlich adsorbierten Wassers, was sich durch einen schwachen endothermen Effekt andeutet. Bei 580° C werden die OH-Gruppen aus dem Kristallgitter ausgebaut.

Das macht sich durch ein scharfes und kräftiges endothermes Maximum bemerkbar. Bei etwa 950° C tritt ein starker exothermer Effekt ein, der durch Bildung eines Aluminiumsilikates (Mullit oder Sillimanit) hervorgerufen werden dürfte. Schlecht kristallisierte Substanzen liefern weniger pointierte Maxima. Aus dem Flächeninhalt der Maxima läßt sich mit einiger Vorsicht auf die mengenmäßigen Anteile der Komponenten in einem Gemisch schließen, wenn man vorher Eichkurven mit bekannter Zusammensetzung (z. B. Kaolin + inerte Tonerde) aufgestellt hat.

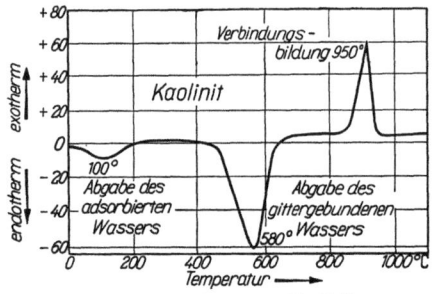

Abb. 43. DTA-Kurve von Kaolinit

Für quantitative Auswertungen müssen natürlich gleiche Mengen eingewogen werden und gleiches Volumen, gleiche Korngröße und Packungsdichte angestrebt werden. Wie bereits erwähnt, können sich bei Stoffgemischen die Effekte überdecken. Abb. 44 bringt die DTA-Kurve einer entkohlten Kohle. Bei 540° C werden die OH-Gruppen aus dem Illit ausgebaut, bei 700° C verliert der Ankerit sein CO_2, und bei 1000° C erfolgt Verbindungsbildung. Die Abkühlungskurve zeigt durch einen exothermen Effekt bei 575° C, daß Quarz vorhanden war, dessen Aufheizungseffekt durch die OH-Abgabe des Illits überdeckt wurde. Abb. 55—58 (S. 145/148) zeigen weitere DTA-Kurven von Kohlenmineralen.

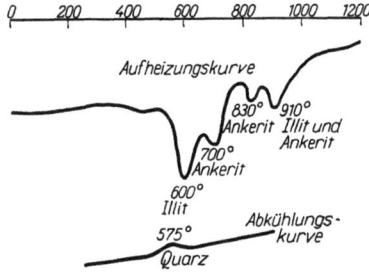

Abb. 44. DTA-Kurven einer *entkohlten* Kohlenprobe (Aufheizkurve oben, Abkühlkurve unten)

e) Elektronenmikroskopie

Da häufig bei den Kohlenmineralen sehr kleine Teilchengrößen vorliegen, muß die Hilfe der *Elektronenmikroskopie* herangezogen werden (v. BORRIES[1]). Mit dem Mikroskop ist eine Vergrößerung über 1000fach zwecklos, weil das optische Auflösungsvermögen durch die Wellenlänge des Lichtes bedingt ist. Das Prinzip des Elektronenmikroskopes beruht darauf, daß ein Bündel Elektronenstrahlen, die hohe Geschwindigkeit haben, an die Stelle des Lichtes treten. Die Rolle der gläsernen Linsen übernehmen beim Elektronenmikroskop elektromagnetische oder elektrostatische Felder. So kann man Vergrößerungen von mehr als

---

[1] v. BORRIES, B.: Übermikroskopie. Berlin: W. Saenger 1949.

100000fach erreichen, normalerweise beschränkt man sich aber auf 3000—20000fache Vergrößerung. Die Aufnahmen erfolgen im Vakuum.

Aus den Umrißformen elektronenoptischer Aufnahmen kann man gelegentlich auf die Mineralart schließen. Tonminerale und Chlorite sind häufig sechseckig. Gewisse Schwerminerale, wie Topas, Zirkon, Apatit usw., zeigen ebenfalls recht charakteristische Formen. Auch Lösungsvorgänge (z. B. Kieselsäure durch Flußsäure) lassen sich unter Anwendung einer besonderen Technik beobachten. Weiterhin bietet die *Elektronenbeugung* die Möglichkeit, ähnlich wie bei den Röntgenaufnahmen, die Netzebenenabstände eines winzigen durchstrahlten Partikels zu bestimmen und dadurch die Art des Partikels zu identifizieren. Die geringe Wellenlänge der Elektronenstrahlung ermöglicht es, Beugungsdiagramme bis zu Kristallitgrößen von 10 Å herzustellen. Diese Beugungsdiagramme die den DEBYE-SCHERRER-Aufnahmen auch äußerlich ähneln, werden ebenfalls mit Hilfe der BRAGGschen Gleichung (s. S. 116) ausgewertet.

2. Die Untersuchung der Kesselverschmutzungen

Die Kesselverschmutzungen, die insgesamt auch Kesselschlacken genannt werden, können nach ihrer äußeren Beschaffenheit unterschieden werden in:

a) Schlacken im eigentlichen Sinne, b) Ansätze, c) Ablagerungen und Flugstaub.

a) Untersuchung der Schlacken im eigentlichen Sinne

Unter Schlacken im eigentlichen Sinne versteht man Rückstände, die aus einer großen Anzahl einzelner Ascheteilchen zu einer verhältnismäßig homogen erscheinenden glasigen Masse zusammengeschmolzen sind; dazu sind natürlich hohe Temperaturen erforderlich. Man findet Schlacken i. e. S. deshalb an den Feuerraumwänden, als *abgezogene Schlacke* usw. Sie bestehen stets aus Schlackeglas, in dem in wechselnder Menge typische Minerale *(Schlackenminerale)* auftreten können. Man kann die Schlacken als künstliche Gesteine auffassen, deren natürliches Analogon glasige Gesteine (z. B. Laven bzw. vulkanische Gläser) sind. Deshalb werden sie auch mit den Methoden der Gesteinskunde (Petrographie) untersucht. Die wichtigste Methode ist die mikroskopische Untersuchung im *Dünnschliff*. Dazu wird aus einem flachen Splitter des Materials nach Planschleifen und Aufkitten auf einen Objektträger mit Kanadabalsam oder Caedax ein 20—30 μ dickes Plättchen durch Schleifen mit Schmirgelpulver verschiedener Korngrößen auf Eisen- und Glasplatten hergestellt. Der fertige Dünnschliff wird mit einem Deckgläschen abgedeckt. Die Untersuchung wird im durchfallenden Licht des Polarisationsmikroskopes durchgeführt. Die verschiedenen optischen Eigenschaften der Kristalle und des Glases ermöglichen in den meisten Fällen ein sicheres Erkennen. Der Vergleich der Brechungsindizes von sicher erkannten Mineralen oder des Kanadabalsams mit noch nicht sicher bestimmten Kristallen mit Hilfe der BECKEschen Linie gibt schon meist einen guten Anhalt zu deren Einordnung. Auch die Eigenfarbe des Minerals gibt Hinweise (z. B. Hercynit = grün). Weiterhin ist das Verhalten unter gekreuzten Nicols ein Hilfsmittel. Glasige (amorphe) und kubische Substanzen bleiben beim Drehen des Objekttisches um 360° bei gekreuzten Nicols dunkel, während die Kristalle der anderen Kristallsysteme viermal, häufig farbig, aufhellen. Diese Farben (Polarisationsfarben oder Interferenzfarben) können, sofern farblose Minerale vorliegen, bei gegebener Dicke des Dünnschliffs ein wichtiger Hinweis auf die Mineralart sein, da sie außer von der Dicke des Kristallplättchens auch noch von der *Höhe der Doppelbrechung* abhängig sind. Unter Höhe der Doppelbrechung versteht man die Differenz zwischen größtem und kleinstem Brechungsindex eines Minerals. Bei einer Schliffdicke von 20—30 μ erscheinen z. B. Quarzkriställchen graustrohgelb, Cristobalit grau, Hedenbergit orange, Feldspäte grau usw.

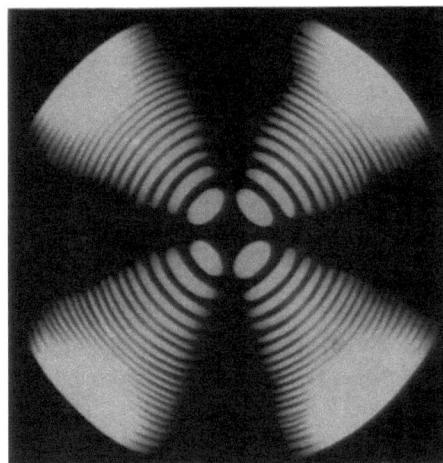

Abb. 45. Achsenbild eines optisch einachsigen Kristalls (in Richtung der optischen Achse gesehen)

Ein weiteres Unterscheidungsmerkmal sind die *Achsenbilder*. Wir unterscheiden (mit Ausnahme der kubischen, optisch isotropen) optisch einachsige und optisch zweiachsige Kristalle. Die Richtung der optischen Achsen ist diejenige Richtung in einem Kristall, in der sich der Kristall wie ein kubischer verhält, nämlich optisch isotrop, d. h. daß er in dieser Richtung beim Drehen um 360° bei gekreuzten Nicols völlig dunkel bleibt. Kristalle, die eine solche Richtung haben, sind optisch einachsig. Kristalle mit zwei solchen Richtungen heißen optisch zweiachsig. Man erhält das Achsenbild, wenn man die Kristalle bei hoher Vergrößerung unter gekreuzten Nicols betrachtet und das Okular entfernt. Dann sieht man im offenen Tubus des Mikroskops eine kreuzförmige Figur (Achsenkreuz), wenn man gerade in der Richtung der optischen Achse eines einachsigen Kristalls blickt (Abb. 45). Bei zweiachsigen Kristallen ist in dieser Richtung nur ein von der Mitte nach den Seiten sich verdickender dunkler Balken sichtbar (Abb. 46). Liegt der Kristall schief zu der optischen Achse, so ist nur ein Teil des Kreuzes oder des Balkens sichtbar. Durch ihr Verhalten beim Drehen des Objekttisches können die Figuren aber trotzdem noch richtig angesprochen werden. Besondere Hilfsmittel ermöglichen noch eine Unterteilung der Kristalle in optisch negative und optisch positive. Dadurch werden die beiden Gruppen von einachsigen und zweiachsigen Kristallen nochmals unterteilt. Man nennt dies den *optischen Charakter*.

Es ist auch möglich, bei den sich kreuzenden Achsen der optisch zweiachsigen Kristalle die Größe des Achsenwinkels in Grad anzugeben. Es gibt noch weitere optische Unterscheidungsmöglichkeiten, deren Erläuterung hier zu weit führen würde. Erwähnt sei nur noch die *Auslöschungsschiefe*. Unter Auslöschungsschiefe versteht man den Winkel, um den sich ein in Dunkelstellung befindlicher Kristall drehen muß, damit entweder eine kristallographische Begrenzungsfläche oder ein charakteristischer Spaltriß parallel

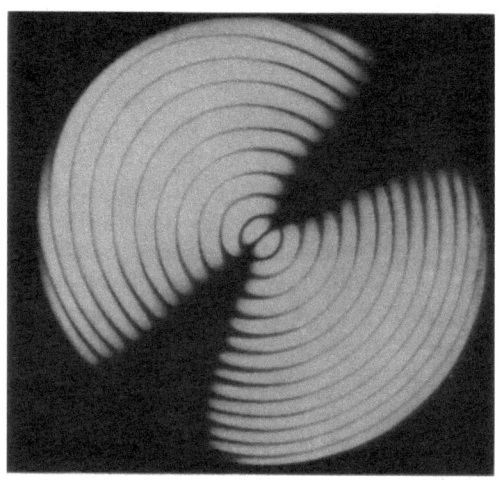

Abb. 46. Achsenbild eines optisch zweiachsigen Kristalls (in Richtung einer Achse gesehen)

Tabelle 37. *Optischer Charakter verschiedener Schlackenminerale*

optisch einachsig positiv	optisch einachsig negativ	optisch zweiachsig positiv	optisch zweiachsig negativ
Quarz	Hämatit	Mullit	Wollastonit
Åkermanit	Gehlenit	Hedenbergit	Orthoklas
	Korund	Sillimanit	Bytownit

zur Schwingungsrichtung eines Nicols steht. Diese Auslöschungsschiefen oder auch, wenn sich Begrenzung oder Spaltriß mit der Dunkelstellung deckt, die *gerade Auslöschung*, sind Hinweise auf die Mineralart.

Außer den Mineralkomponenten können auch die *Struktur* (Form und Größe der Mineralarten) und die *Textur* (Anordnung und Richtung der Gemengteile) der Schlacke im Dünnschliff bestimmt werden. Mittels Integrationstisch (s. S. 109) lassen sich die Volumina der am Schlackenaufbau beteiligten Minerale feststellen und prozentual bestimmen. Daraus sind dann einfach die Gewichtsprozente zu errechnen.

Gewisse silikatische Schlackenminerale, wie z. B. die nahe verwandten Minerale Diopsid $CaO \cdot MgO \cdot 2\ SiO_2$ und Wollastonit $CaO \cdot SiO_2$, sind manchmal mikroskopisch und auch mittels Röntgenographie nicht sicher zu unterscheiden. In diesem Falle ist es zweckmäßig, das Deckgläschen wieder vom Präparat abzunehmen und einige Tropfen konzentrierte Salzsäure auf das Präparat zu bringen. Diopsid wird von konzentrierter Salzsäure nicht angegriffen, während Wollastonit unter Bildung einer Kieselgallerte zerfällt. Diese Gallerte läßt sich zudem durch organische Färbemittel (z. B. Safraninlösung) anfärben und wird so besonders deutlich sichtbar. Um die in den Schlacken vorkommenden undurchsichtigen Minerale (z. B. Magnetit) näher untersuchen zu können, ist es empfehlenswert, polierte Dünnschliffe herzustellen, d. h. die Dünnschliffe werden auf der Oberseite auf Hochglanz poliert wie die Anschliffe und natürlich nicht mit einem Deckgläschen versehen. Dann kann der Schliff im Auflicht und im Durchlicht untersucht werden. Schlackengläser, die keine Schlackenminerale enthalten, können auch noch durch Bestimmung ihres Brechungsindexes näher charakterisiert werden, da zwischen Brechungsindex und chemischer Zusammensetzung Zusammenhänge bestehen. Ebenso bestehen Zusammenhänge zwischen Brechungsindex und spezifischem Gewicht (ALLEN[1]). Die Bestimmung des spezifischen Gewichtes erfolgt nach der herkömmlichen Pyknometermethode. Im allgemeinen reicht die mikroskopische Untersuchung der Schlacken i. e. S. zur Bestimmung des Mineralbestandes aus. Bei eventuellen Unklarheiten sind röntgenographische Aufnahmen der feingepulverten Schlacke zweckmäßig. Die Differentialthermoanalyse ist wenig erfolgversprechend, da keine Verbindung mit typischen thermischen Effekten, wie Tonminerale, Karbonspäte und Eisenhydroxyde mehr vorliegen. Auch freier Quarz kommt in der Regel nicht vor.

Die chemische Untersuchung ist zur genauen Kenntnis einer Schlacke erforderlich, da die genaue Zusammensetzung des Schlackenglases anders nur annähernd ermittelt werden kann. Diese chemische Analyse entspricht einer normalen Gesteinsanalyse *(Bauschanalyse)*. Da die Elemente in Gesteinen und Schlacken fast ausschließlich in oxydischer Bindung vorliegen, werden die Elemente als Oxyde angegeben. Eine brauchbare Schlackenanalyse soll die Bestimmung folgender Oxydgruppen umfassen: SiO_2, Al_2O_3, FeO, Fe_2O_3, CaO, MgO, MnO, TiO_2, P_2O_5, K_2O, Na_2O, SO_3. Zur Deutung der Analysen sind verschiedene *Berechnungsverfahren* entwickelt worden, von denen eines — die Methode nach P. NIGGLI — später zur Interpretation der Schlackenanalysen und Aschenanalysen herangezogen werden soll. Es hat nicht an Vorschlägen gefehlt, wie man aus der chemischen Aschezusammensetzung den Mineralbestand einer

---

[1] ALLEN, R. D.: A new equation relating index of refraction and specific gravity. American Mineralogist, Bd. 41, (1956) März—April, S. 245/257.

Kohle berechnen kann. Ein solches Verfahren ist nur dann gerechtfertigt, wenn durch andere Untersuchungen bereits gute Anhaltspunkte für den tatsächlichen Mineralbestand vorliegen. Ist dies nicht der Fall, so ist die Berechnung des theoretisch möglichen Mineralbestandes auf keinen Fall mit dem tatsächlich vorliegenden Mineralbestand gleichzusetzen.

Die röntgenographische Untersuchung dieser Schlacken ist, da sich — wie bereits erwähnt — die Schlackenminerale mikroskopisch meist gut identifizieren lassen, nur in Ausnahmefällen erforderlich. Das eigentliche Schlackeglas, das mikroskopisch nur unzureichend charakterisiert werden kann, gibt auch röntgenographisch keine verwendbaren Interferenzen.

b) Untersuchung der Ansätze

Unter Ansätzen wollen wir die Flugascheaggregate verstehen, die sich an dem Rohrsystem des Kessels stets infolge Verkrustung durch ein Bindemittel gebildet haben. Von diesen porösen Aggregaten sind Dünnschliffe nur bei sehr vorsichtiger und geschickter Präparation, und auch dann nicht immer, herzustellen. Diese Dünnschliffe geben Auskunft über die Art des Aufbaues der Ansätze. Die Ansätze sind vorwiegend aus glasigen Schlackekügelchen gebildet. Im Dünnschliff ist zu beobachten, ob und wie weit Sinterungsvorgänge stattgefunden haben und in welcher Menge Bindemittelsubstanz vorhanden ist. Auch die Unterteilung in verschiedene Schichten läßt sich beobachten. Von sehr lockeren Teilen des Ansatzes lassen sich nur schwer Dünnschliffe herstellen. Hier bietet der Anschliff einige Vorteile. Dazu wird der Ansatz mit einer Harzmischung durchtränkt (s. S. 107), die beim Abkühlen hart wird und dem Ansatz Festigkeit verleiht. So läßt sich der eingebettete Ansatz anschleifen, polieren und im Auflichtmikroskop untersuchen. Die günstigste mikroskopische Methode ist jedoch die Untersuchung der verschiedenen Teile und Schichten der Ansätze im Pulverpräparat bei Durchlicht. Hier lassen sich Korngrößen und Arten der Einzelteilchen bestimmen. Neuerdings sind gute Erfahrungen bei der Untersuchung rauchgasseitiger Ansätze durch Verwendung eines Mikroskop-*Heiztisches* gemacht worden. Der Heiztisch, durch den das mikroskopische Präparat in verschiedener Atmosphäre (Stickstoff, Rauchgas) bis etwa 1000° C erhitzt wird, besteht aus einer auf den Objekttisch aufschraubbaren Heizvorrichtung, einem Thermoelement zur Temperaturmessung, einem Temperaturableseinstrument und einem Regeltransformator. Durch Beobachtung des Ansatzes während der Aufheizung und Abkühlung kann der Schmelzpunkt und die Zersetzung des Ansatzbindemittels beobachtet werden. Da das Verhalten des Bindemittels für die Bildung und Konsistenz des Ansatzes von ausschlaggebender Bedeutung ist, kann dadurch schon eine Identifikation der Ansatzart in erster Näherung erreicht werden.

Die röntgenographische Untersuchung der einzelnen Ansatzschichten bildet in der Regel zumindest methodisch keine Schwierigkeiten. Zur Feststellung des teilweise in Wasser löslichen Bindemittels ist es zweckmäßig, den Ansatz dreißig Minuten mit Wasser zu kochen und das Filtrat einzudampfen. Der Rückstand ist ein wesentlicher Teil des Bindemittels, der jetzt allerdings teilweise hydratisiert vorliegt.

Sehr viele Ansätze zeigen bei der *Differentialthermoanalyse* charakteristische Kurven. Es sind besonders die Ansatz-Bindemittel, die durch Zersetzung und Schmelze diese Effekte hervorrufen. Die Ergebnisse sind, ähnlich wie die der Heiztischuntersuchung, zur Kennzeichnung der Ansätze äußerst wertvoll.

Für die Kenntnis der innersten Schichten ist es zweckmäßig, auch die *Elektronenmikroskopie* heranzuziehen, da teilweise Partikel unter $1\,\mu$ Größe vorliegen. Die getrennte Untersuchung der einzelnen Ansatzschichten nach den Methoden der chemischen Schlacken- und Gesteinsanalyse ist meist unerläßlich. Es hat sich als praktisch herausgestellt, die einzelnen Schichten nochmals in einen wasserlöslichen Anteil, einen säurelöslichen Anteil und einen unlöslichen Anteil zu trennen und getrennt zu analysieren. Auch der Anteil an Verbrennlichem (Flugkoks) ist zu bestimmen.

c) Untersuchung von Ablagerungen und Flugstaub

Ablagerungen sind Flugstaubteile, die sich am Mauerwerk, auf den Rohren oder dgl. in pulveriger Form abgesetzt haben. Sie zeigen meist keine ausgesprochene Aggregierung und nur geringe Verkrustung durch ein Bindemittel.

Unter Flugstaub werden alle nicht gasförmigen Teilchen verstanden, die sich im Rauchgasstrom befinden. Flugstaub kann demnach in Anteile von Flugasche (= Mineralreste aus Bergen und Kohlen), Flugschlacke und Flugkoks getrennt werden.

Die mikroskopische Untersuchung der Ablagerungen und des Flugstaubes kann bei Durchlicht im Pulverpräparat aber auch im Anschliff erfolgen. Für feinste Teilchen ist wiederum die Elektronenmikroskopie heranzuziehen. Gute Möglichkeiten bietet auch die röntgenographische Untersuchung. Die chemische Untersuchung geht zweckmäßig nach demselben Schema vor sich wie bei den Ansätzen (Teilung in wasserlöslich, säurelöslich und unlöslich). Der Anteil an Verbrennlichem ist bei den Flugstäuben meist relativ hoch.

Zur Beurteilung der angegebenen Untersuchungsmethoden für Kohleminerale, Bergeteilchen und Kesselverschmutzungen ist zu sagen, daß eine Methode allein in der Regel nicht zum Ziele führt. Es bedarf schon des Aufwandes aller hier angeführten Methoden, um einen einigermaßen zuverlässigen Überblick über die stofflichen Verhältnisse der Produkte zu erhalten. Es ist darauf hinzuweisen, daß derartige Untersuchungen nur von Spezialisten durchgeführt werden können und modern eingerichtete Laboratorien verlangen. Die Schwierigkeiten bestehen besonders in der quantitativen Erfassung der Mineralkomponenten der Kohlenminerale und der inneren Schichten der Ansätze. Schwierig aber vor allem ist es, die gewonnenen Tatsachen richtig zu interpretieren und für die technischen Zwecke auszuwerten.

B. Technologische Untersuchungsmethoden

a) Erweichen, Sintern, Schmelzen, Sublimieren

Die vorherrschende Feuerung früherer Zeiten war die Rostfeuerung, und die Schwierigkeiten mancher Brennstoffe bei der Verfeuerung ergaben sich aus der Schlackenbildung im Brennstoffbett. Es war daher notwendig, den Vorgängen der Schlackenbildung, die mit fortschreitender Temperatur über die Stufen des Erweichens, des Sinterns und des Schmelzens verläuft, nachzugehen, wobei der Schmelzfluß je nach den vorliegenden Voraussetzungen langsam oder schnell von einem zähflüssigen zu einem leichtflüssigen Zustand übergehen konnte. Die Nachahmung dieser Vorgänge in einem Laboratoriumsofen, die sich eng an die in der Keramik übliche Methode (Segerkegel-Methode) anlehnt, führte dann zur Festlegung bestimmter charakteristischer Temperaturen oder *Punkte* und zur Definition der Begriffe *Erweichungspunkt*, *Schmelzpunkt* und *Fließpunkt*.

Diese Methode ist u. a. noch in den amerikanischen Normen (ASTM[1]) verankert. Es werden Aschenkegel von $3/4''$ (19 mm) Höhe mit einer Grundfläche in Form eines gleichseitigen Dreiecks von $1/4''$ (5,6 mm) Kantenlänge in einem gas- oder elektrisch beheizten Ofen eingesetzt und mit einer Aufheizgeschwindigkeit von 5—10° C/min erhitzt. Als Beginn der Erweichung ist diejenige Temperatur definiert, wo der Kegel die erste Abrundung oder Verbiegung der Spitze zeigt (initial deformation temperature, abgekürzt I.D.). Als Erweichungs- oder Schmelztemperatur (softening temperature, abgekürzt S. T.) gilt diejenige Temperatur, bei der der Kegel zu einem halbkugeligen Gebilde zusammengesunken ist, und die Fließtemperatur (fluid temperature, abgekürzt F. T.) ist diejenige, bei der sich der Kegel zu einer flachen Schicht über den Boden ausgebreitet hat.

---

[1] ASTM. D 271—48 *Standard Methods of Laboratory Sampling and Analysis of Coal and Coke.*

Sehr ähnlich ist auch die Methode von BRO[1], der einen gasbeheizten Muffelofen benutzt, während ENDELL[2] einen Silitstabofen verwendet. Wenig bekannt ist die *Brünner Methode* (nach LISSNER, PYRO und RUINER), die KOHOUTEK[3] andeutungsweise beschreibt. Mit möglichst kleinen Probemengen suchen die Verfahren nach W. C. HERAEUS, HANAU[4] und DOLCH und PÖCHMÜLLER[5] auszukommen.

Als eine Methode, die eine bessere Einsicht in die Vorgänge bei dem Ascheschmelzvorgang geben sollte, wurde im Gasinstitut der Technischen Hochschule Karlsruhe die BUNTE-BAUM-Apparatur[6] entwickelt, mit der nicht nur einzelne charakteristische Punkte, sondern eine Kurve erhalten wird, die die Volumenveränderung eines Probekörpers während des Erweichens und Schmelzens erkennen läßt, die sogenannte *Bunte-Baum-Kurve*. Die Apparatur wurde durch REERINK[7] dahingehend verbessert, daß die Ofenabmessungen verkleinert und vor allem das Gewicht des Fühlhebels auf 30 g verringert wurde.

Eine Belastung des Probekörpers erschwert jedoch die Deutung des Kurvenverlaufs, wie man sich überhaupt wohl von der Möglichkeit einer solchen Deutung etwas zu viel versprochen hat. Die weitere Entwicklung ist daher zur Verwendung eines unbelasteten Probekörpers übergegangen, wobei dessen Kontur photographisch festgehalten wird.

Zur Durchführung der Untersuchung, wie sie heute bevorzugt angewendet wird und auch im Normenblatt DIN 51730 festgelegt ist, dient das Erhitzungsmikroskop der Firma E. Leitz, Wetzlar, mit photographischem Aufnahmeverfahren (RADMACHER[8]).

---

[1] BRO, L.: La fusion des cendres des charbons. IIIe Congrès du Chauffage Industriel. Paris 1933. — Bro, L.: Les mâchefers dans les foyers, les causes, les remèdes. Chal. et Ind. Bd. 18 (1937) Nr. 205, S. 215/224.

[2] ENDELL, K., C. WENZ, P. ROSIN, R. FEHLING: Über Temperatur-Zähigkeitsbeziehungen von Steinkohlenschlacken. Beiheft 12. Angew. Chem. u. Chem. Fabr. Berlin 1935 — Angew. Chem. Bd. 48 (1935) S. 76.

[3] KOHOUTEK, W.: Bestimmung der Ascheeigenschaften von Brennstoffen. Z. d. Techn. Überwachungsvereins München Bd. 4 (XLVII) (1952) Nr. 8, S. 185/190.

[4] GUMZ, W.: Kurzes Handbuch der Brennstoff- und Feuerungstechnik. 2. Aufl. S. 139. Berlin/Göttingen/Heidelberg: Springer 1953.

[5] DOLCH, M., u. E. PÖCHMÜLLER: Über eine einfache Form der Ascheschmelzpunktsbestimmung. Feuerungstechn. Bd. 18 (1930) H. 15/16, S. 149/151. — DOLCH, M.: Die Untersuchung der Brennstoffe und ihre rechnerische Auswertung. S. 27/31. Halle/S. 1932.

[6] BUNTE, K., u. K. BAUM: Untersuchungen über Schmelzvorgänge bei Brennstoffaschen. Gas- und Wasserfach Bd. 71 (1928) Nr. 5/6, S. 97/101, 125/130. —. vgl. auch GUMZ, W.: Kurzes Handbuch der Brennstoff- und Feuerungstechnik, Zweite Aufl., Berlin/Göttingen/Heidelberg: Springer 1953, S. 139.

[7] REERINK, W.: Das Aschenverhalten und der Aschengehalt von Steinkohlen. Diss. Techn. Hochschule Aachen 1933.

[8] RADMACHER, W.: Bestimmung des Asche-Schmelzverhaltens fester Brennstoffe. Brennst.-Chem. Bd. 30 (1949) Nr. 21/22, S. 377/384.

Der Probekörper ist ein Zylinder von 3 mm Durchmesser und 3 mm Höhe, wozu etwa 0,03 g Asche benötigt werden, die unter 0,06 mm zerkleinert und innig gemischt werden. Die Erhitzung erfolgt derart, daß der Ofen innerhalb einer Stunde eine Temperatur von 900—1000° C erreicht, die weitere Temperatursteigerung soll dann höchstens 10 °C/min betragen. In schwach reduzierender Atmosphäre wird die Aufheizgeschwindigkeit beim Eintreten von Reaktionen auf 2° C/min herabgesetzt, um ihren vollständigen Ablauf zu gewährleisten.

Aus den Beobachtungen bzw. dem photographischen Bild werden sodann die folgenden charakteristischen Punkte ermittelt: Der *Erweichungspunkt*, das ist diejenige Temperatur, bei der das erste Anzeichen eines Erweichens (Kantenabrundung, Beginn eines Blähens) beobachtet wird, der *Halbkugelpunkt* oder *Schmelzpunkt*, das ist diejenige Temperatur, bei der der Ascheprobekörper zu einer halbkugelförmigen Masse zusammengeschmolzen ist, der *Fließpunkt*, das ist diejenige Temperatur, bei der der Ascheprobekörper vollständig zerflossen ist.

Das Temperaturgebiet zwischen Erweichungspunkt und Halbkugelpunkt wird als *Erweichungsbereich*, dasjenige zwischen Halbkugelpunkt und Fließpunkt als *Schmelzbereich* bezeichnet. Ist der Schmelzbereich kurz, d.h. liegen die beiden charakteristischen Punkte nahe beieinander, so spricht man von *kurzer Schlacke*, ist er dagegen lang, von einer *langen Schlacke*.

Darüber hinaus haben die Babcock-Werke, Oberhausen, bei ihrem Verfahren, das im wesentlichen dem Verfahren der Vornorm entspricht, aber mit einem Probekörper in Pyramidenform (was die Vornorm ausdrücklich zuläßt) von 7 mm Höhe und 3 mm Kantenlänge arbeitet, noch folgende Zwischenpunkte definiert[1]: Der *Glanzpunkt*, das ist diejenige Temperatur, bei der im Auflicht charakteristische Reflexionen oder Kantenabrundungen (Teilschmelze) zu beobachten sind, und der *kritische Verschmutzungspunkt*, das ist das arithmetische Mittel aus dem Erweichungspunkt und dem Glanzpunkt.

Die BUNTE-BAUM-Kurve und die Photogramme der LEITZ-Apparatur nach DIN 51730 sind — unter Beachtung gewisser Vorbehalte, die für alle Konventionalmethoden gemacht werden müssen — als Anhalt für das Verhalten der Kohle auf Rostfeuerungen recht gut geeignet. Gelegentlich stößt man auf die Schwierigkeit, daß die Oberflächenkonturen (etwa die des Halbkugelpunktes) dem Idealbild wenig entsprechen, so daß die genaue Festlegung nicht ganz frei von individueller Auffassung ist. Ein Einsinken des Probekörpers muß auch nicht immer auf einem Sinter- oder Schmelzvorgang beruhen, weshalb TANNENBERGER[2] empfiehlt.

---

[1] Deutsche Babcock- & Wilcox-Dampfkesselwerke A.-G. Oberhausen (Rhld.): Kohle — Babcock-Handbuch. Bearb. von P. PRACHT (ohne Datum).

[2] TANNENBERGER, R.: Bunte-Baum-Kurve und Schmelzverhalten von Braunkohlenaschen. Arch. Wärmewirtsch. Bd. 25 (1944) Nr. 7, S. 109/113.

gleichzeitig den Gewichtsverlust des Probekörpers festzustellen, um ein Schrumpfen durch Gasabspaltung vom Sintern und Schmelzen unterscheiden zu können.

Die Kritik gegen die BUNTE-BAUM-Kurve und die Schmelzpunktbestimmung richtet sich einmal gegen die Verwendung von Kohlenasche, die durch die übliche Veraschung bei 775° C ± 25° C, also in durchweg oxydierter Form, erhalten wird, und gegen die gute Mischung der Aschebestandteile, wodurch sie in weit größere räumliche Nähe gebracht werden als in einer Feuerung. Weiter hat SCHNEIDER[1] gezeigt, daß das Ergebnis im LEITZschen Erhitzungsmikroskop von der Vorbehandlungstemperatur abhängt. Dem Verfahren kommt daher — worüber man sich allerdings schon von Anbeginn klar war — nur der Wert einer Konventionalmethode zu, und eine Modellähnlichkeit mit einer Großfeuerung besteht nicht. Diese Tatsache ist vielleicht manchem Benutzer der erhaltenen Zahlenwerte nicht immer voll bewußt geworden.

Unter diesen Umständen ist es verständlich, daß das Verfahren um so mehr an praktischer Brauchbarkeit einbüßt, je weiter es sich von den Vorgängen in der Feuerung entfernt. Während es sich bei den früher üblichen Rostfeuerungen, wie gesagt, gut bewährte, ist bei Kohlenstaubfeuerungen nicht einmal eine entfernte Modellähnlichkeit mehr zu erwarten. Die Aufheizgeschwindigkeiten in Kohlenstaubfeuerungen sind um mehrere Zehnerpotenzen größer als im Erhitzungsmikroskop, und die Kohle verbrennt als einzelnes kleines Partikel, ohne mit seinen Nachbarteilchen in Berührung zu stehen. Für Kohlenstaub- und Schmelzfeuerungen hat die Methode daher nur noch einen begrenzten Aussagewert. Es fehlt nicht an Beispielen, wo die Laboratoriumsuntersuchung im Betrieb aufgetretene Schwierigkeiten vorher nicht erkennen ließ (vgl. S. 220) oder wo sie geradezu zu einer falschen Aussage führte.

Um das Verhalten der Kohlenminerale im Kohle-Mineral-Gemisch (also nicht als Asche) und bei verschieden hohen Aufheizgeschwindigkeiten studieren zu können, haben MACKOWSKY[2] und SCHNEIDER[1,3] einen größeren, waagerecht liegenden Kohlegrießofen mit einem keramischen Rohr von 50 mm Durchmesser und 500 mm Länge benutzt, in den die Probe schnell in den vorgeheizten Ofen eingeschoben wurde, und der die direkte Beobachtung wie auch die photographische und kinematographische Aufnahme der Vorgänge gestattete (S. Abb. 47 u. Abb. 48).

---

[1] SCHNEIDER, B.: Das Verhalten der mineralischen Anteile in der Steinkohle bei hohen Verbrennungstemperaturen unter besonderer Berücksichtigung von geringen und großen Aufheizungsgeschwindigkeiten. Diss. Bonn Jan. 1956.

[2] MACKOWSKY, M. TH.: Das Verhalten der Kohlemineralien bei hohen Verbrennungstemperaturen unter Berücksichtigung langsamer und schneller Aufheizung. Mitt. VGB, Heft 38 (1955) S. 16/22.

[3] SCHNEIDER, B.: Das Verhalten der mineralischen Anteile der Steinkohle bei der Verbrennung. Glückauf Bd. 92 (1956) Nr. 31/32, S. 895/905.

Wenn damit auch noch nicht die außerordentlich hohen Aufheizgeschwindigkeiten der Kohlenstaubfeuerung erreicht wurden, so doch bereits eine wesentliche Steigerung und bessere Annäherung an die Wirklichkeit.

Abb. 47. Kohlegrießofen mit waagerecht angeordnetem Rohr

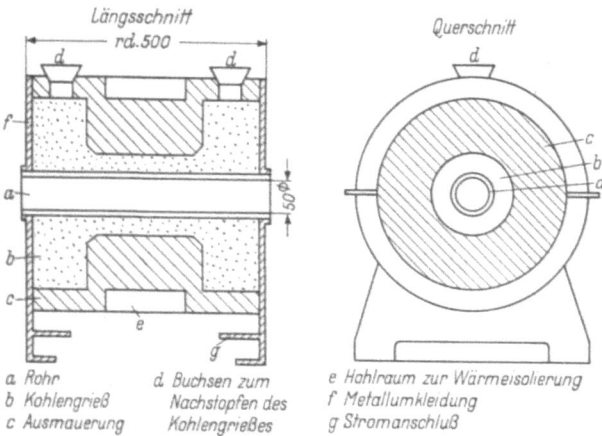

a Rohr
b Kohlengrieß
c Ausmauerung
d Buchsen zum Nachstopfen des Kohlengrießes
e Hohlraum zur Wärmeisolierung
f Metallumkleidung
g Stromanschluß

Abb. 48. Schema des Kohlegrießofens nach Abb. 47

Die Untersuchungen in diesem Ofen können zwar noch nicht als ein routinemäßiges Untersuchungsverfahren angesprochen werden, sie verdienen jedoch Erwähnung, weil sie wesentlich zur Aufklärung des Verhaltens der Kohlenminerale bei der Erhitzung beigetragen haben (vgl. S. 152), und weil sie zeigen, daß Laboratoriumsuntersuchungen, die sich allzu weit von den Umweltbedingungen der Feuerung entfernen, nicht mehr aufschlußreich genug sind.

Es hat auch nicht an weiteren Vorschlägen gefehlt, mit noch größeren Apparaten bis herauf zu kleinen Feuerungen eine bessere Annäherung an die Wirklichkeit zu erzielen. So hat WEIMER[1] die Verfeuerung von 45,3 kg Kohle (in der Abmessung 0—25 mm) auf einem Unterschubrost von 685 mm ⌀ (üblicher amerikanischer Stoker für Heizungskessel) bei einer Belastung von 15 kg/h vorgeschlagen, wobei das scheinbare spezifische Gewicht (Wichte) der entstehenden Schlacke als Kriterium herangezogen wird. Da die scheinbare Wichte der Schlacke mit steigender Verbrennungstemperatur steigt, wird das Ergebnis noch auf eine Standardtemperatur von 1427° C (2600° F) korrigiert. Die scheinbare Wichte der Schlacke steigt mit steigendem Fe_2O_3- und CaO + MgO-Gehalt und mit sinkendem Al_2O_3- und SiO_2-Gehalt der Kohlenasche; ebenso sind hohen spezifischen Gewichten niedrige Erweichungs-, Schmelz- und Fließtemperaturen zugeordnet. Das Kriterium kann daher auch dazu benutzt werden, etwaige das Schlackenverhalten regulierende Zuschläge (z. B. Sand) zu bestimmen.

b) Schmelz- und Erstarrungsverhalten

In der BUNTE-BAUM-Apparatur und mit dem Erhitzungsmikroskop nach E. LEITZ können im allgemeinen nur Temperaturen bis höchstens 1500° C erreicht werden. Von Interesse wäre aber — besonders bei den Kohlenstaub- und Schmelzfeuerungen — auch das Gebiet oberhalb dieser Temperatur sowie die Kenntnis des Verhaltens der wiedererstarrenden Schlacke bei fallenden Temperaturen. Auch vom Standpunkt der Ansatzbildung ist das Erstarrungsverhalten wichtiger als das Schmelzverhalten.

Leider hat man dieser Frage bisher nur wenige Untersuchungen gewidmet, und das einzige technologische Verfahren ist die Messung des elektrischen Widerstandes von Schlackenbädern nach WERNER[2]. Das Verfahren wurde zunächst mit Salzgemischen durchgeführt zum Studium der Frage nach der Versalzung von Dampfturbinen (WERNER[3]) und später auch auf Schlackenuntersuchungen übertragen. Die elektrische Leitfähigkeit eines Körpers (oder Gemenges) ist in hohem Maße von seinem Aggregatzustand abhängig; der Übergang von einem zum anderen Zustand zeigt daher einen charakteristischen Kurvenverlauf aus dem man nach der Theorie von LICHTENECKER[4] über den elektrischen Wider-

---

[1] WEIMER, R. S.: A new criterion for the clinkering characteristics of coal ash. Trans. Am. Inst. Min. Met. Engng. (Coal Division) Bd. 157 (1944) S. 192/214.

[2] GUMZ, W.: Verhalten der mineralischen Bestandteile der Kohle bei der Verbrennung und Vergasung. Bergbau-Archiv Bd. 156, S. 118/136 — bes. S. 121/122. Essen-Kettwig: Glückauf 1947.

[3] WERNER, M.: Über das Schmelzgebiet der in Kesselspeisewässern enthaltenen Salzgemische. VGB-Mitt. Nr. 58 (1936) S. 176/185.

[4] Handbuch der Physik. Hrsg. von H. GEIGER u. K. SCHEEL. Bd. 13, S. 39, Berlin: Springer 1928.

stand in Teilschmelzen auch den jeweiligen Anteil an festen und flüssigen Bestandteilen ausmessen bzw. errechnen kann. Das Erstarrungsverhalten, die Bildung von Teilschmelzen, Kristallbildung und ihre Geschwindigkeit bei zunehmender Abkühlung lassen sich somit verfolgen. Abb. 49 zeigt das Beispiel des Verlaufs bei der Erstarrung eines binären Salzgemisches. Der Anteil an fester Phase ergibt sich näherungsweise aus dem Verhältnis der Strecken lm: km (Abb. 49).

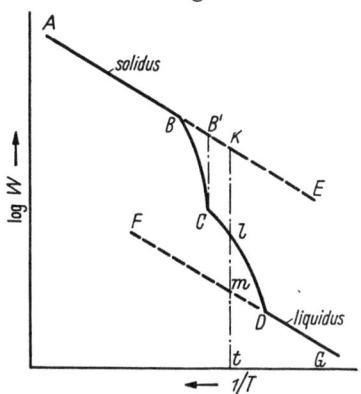

Abb. 49. Verlauf des elektrischen Widerstandes in Schmelzen binärer Salzgemische bei ihrer Erstarrung (nach M. WERNER)

Untersuchungen an Schlacken und Kohlenaschen zeigten Teilschmelzen schon bei wesentlich niedrigeren Temperaturen als nach der BUNTE-BAUM-Kurve. Eine abermalige Überprüfung der Schlacke in der BUNTE-BAUM-Apparatur zeigt dann ebenfalls niedrigere Erweichungs- und Schmelztemperaturen als bei der Verwendung der ursprünglichen Kohlenasche.

c) Viskosität und Oberflächenspannung der Schlacke

Schon mit dem Vordringen der Kohlenstaubfeuerung, mehr noch durch die Entwicklung der Schmelzfeuerungen, wandte sich das Interesse der Praktiker in hohem Maße von dem Schmelzverhalten ab und der Bestimmung der Schlackenviskosität zu, als dem viel maßgeblicheren Kennwert der Schlacke. Hier liegen in der Silikattechnik und im Eisenhüttenwesen eine große Zahl von Vorarbeiten vor, so daß die Viskositätsmessungen auf diesem Schatz der Erfahrungen aufgebaut werden konnten (EITEL[1], POHLE[2]).

Die Viskosimetrie ist überdies durch die Bedeutung ihrer Meßverfahren für die Ölindustrie sowohl praktisch wie theoretisch zu einer Spezialwissenschaft geworden, deren Grundlagen von UMSTÄTTER[3] dargestellt worden sind, obwohl es noch immer keine voll befriedigende Theorie der rheologischen Erscheinungen gibt (FRITZ[4]).

---

[1] EITEL, W.: Physikalische Chemie der Silikate. 2. Aufl. S. 67/104. Leipzig: Joh. Ambr. Barth 1941.

[2] POHLE, K.-A.: Über Verfahren zur Bestimmung der Viskosität von Schlacken. Mitt. Forsch. Inst. Ver. Stahlwerke, Dortmund Bd. 3 (1932/33), S. 59/80. — Diss. Braunschweig 1931.

[3] UMSTÄTTER, H.: Einführung in die Viskosimetrie und Rheometrie. Berlin/Göttingen/Heidelberg: Springer 1952.

[4] FRITZ, W.: Rheologie (Fachgebiete der Technik in Jahresübersichten) VDI-Z. Bd. 97 (1955) Nr. 28, S. 996.

Die Meßverfahren können in Absolut- und Relativ-Verfahren eingeteilt werden. Von den auch für Schlacken besonders geeigneten Meßgeräten kommen vor allem das Kugelziehviskosimeter nach HÄNLEIN (MÜLLENSIEFEN, ENDELL[1]) wie es von ENDELL und Mitarbeitern[2, 3, 4] verwendet worden ist, das Torsionsschwingungs-Viskosimeter der Babcock-Werke (HELDT[5]) und das Rotationsviskosimeter (DIETZEL[6]) in Frage.

Leider ist die Durchführung von Viskositätsmessungen zeitraubend und teuer, besonders wenn Messungen bei verschiedenen Temperaturen vorgenommen werden sollen. Man begnügt sich daher, nachdem eine Reihe von Untersuchungen auch an Feuerungsschlacken vorliegen — so von ENDELL und WENS[7], ENDELL und ZAULEK[8] und REID und COHEN[9] — mit *einer* Messung und rechnet dann auf die anderen Temperaturen um.

Eine theoretische Deutung des Zähigkeitsverlaufs als Funktion der Temperatur ist schwierig, und die bisherigen molekularstatischen Ansätze sind unbefriedigend. Nach OLDEKOP[10] dürfte der theoretische Ansatz von HOLZMÜLLER[11], der die Kopplungseffekte bei den thermischen Platzwechselvorgängen berücksichtigt, geeignet sein; jedenfalls bietet die

---

[1] MÜLLENSIEFEN, W., u. K. ENDELL: Zähigkeitsmessungen an technischen Gläsern und ihre Bedeutung für die Wirtschaftlichkeit der maschinellen Formgebung. Glastechn. Ber. Bd. 11 (1933) Nr. 5, S. 161/170.

[2] ENDELL, K., W. MÜLLENSIEFEN, u. K. WAGENMANN: Über den Einfluß der wichtigsten Schlackenbildner auf die Temperatur-Viskositäts-Beziehungen der Mansfeld-Schlacke. Metall u. Erz Bd. 30 (1933) Nr. 21, S. 425/431.

[3] ENDELL, K., u. R. KLEY: Über die Abhängigkeit der Temperatur-Zähigkeits-Beziehungen saurer Hochofenschlacken von der chemischen Zusammensetzung. Stahl u. Eisen Bd. 59 (1939) Nr. 23, S. 677/685.

[4] ENDELL, K., u. G. BRINKMANN: Der Einfluß von Kieselsäure, Titansäure und Tonerde auf die Zähigkeit einer sauren synthetischen Schlacke und Berechnung der Zähigkeit saurer und basischer Hochofenschlacken aus der chemischen Zusammensetzung. Stahl u. Eisen Bd. 59 (1939) Nr. 49, S. 1319/1321.

[5] HELDT, K.: Die Bestimmung der Viskosität von Steinkohlenschlacken. Brennst.-Wärme-Kraft Bd. 7 (1955) Nr. 7, S. 321/324.

[6] DIETZEL, A., u. R. BRÜCKNER: Aufbau eines Absolutviskosimeters für hohe Temperaturen und Messung der Zähigkeit geschmolzener Borsäure für Eichzwecke. Glastechn. Berichte Bd. 28 (1955) Nr. 12, S. 455/467.

[7] vgl. S. 130, Fußn. 7.

[8] ENDELL, K., u. D. ZAULEK: Beziehungen zwischen chemischer Zusammensetzung und Zähigkeit flüssiger Kohlenschlacken in Schmelzkammerfeuerungen. Diss. Berlin 1944. — Bergbau und Energiewirtsch. Bd. 3 (1950) Nr. 2/3, S. 42/50, 70/73.

[9] REID, W. T., u. P. COHEN: The flow characteristics of coal-ash slags in the solidification range. Trans. Amer. Soc. mech. Engrs. Bd. 66 (1944) Furnace Performance Factors. S. 83/97.

[10] OLDEKOP, W.: Theoretische Betrachtungen über die Zähigkeit von Gläsern Glastechn. Ber. Bd. 30 (1957) Nr. 1, S. 8/14.

[11] HOLZMÜLLER, W.: Thermisch-mechanisches Verhalten amorpher Festkörper als Folge molekularer Platzwechsel. Z. phys. Chem. Bd. 203 (1954) S. 163/180.

Auftragung der log η-Werte über Tg/T schon ein recht enges Band von Zähigkeitskurven. Tg ist die absolute Temperatur am *Transformationspunkt*, dem Punkt, an dem die Einstellungszeit der Gleichgewichte von äußerst langen auf sehr kurze Zeiten überspringt (HÄNLEIN[1]). Tg wird definiert als die Temperatur, bei der die Zähigkeit den Wert 10^{13} cgs-Einheiten besitzt (log $\eta = 13$).

Die Abhängigkeit der Zähigkeit von der Temperatur wird empirisch beispielsweise durch die FULCHER-TAMMANN-Gleichung

$$\log \eta = A + \frac{B}{T-T_0} \tag{48}$$

erfaßt, wobei A, B und T_0 Stoffkonstanten sind (EITEL[2]). Für die Eichsubstanz Borsäure geben DIETZEL und BRÜCKNER folgende Zahlenwerte an:

$$\log \eta = 0{,}296 + \frac{1327{,}5}{T-455}, \tag{49}$$

die durch Unterteilung in engere Temperaturbereiche noch verbessert werden können, so ist im Bereich 1000—1200 °C $A = 0{,}397$, $B = 1097{,}15$ und $T_0 = 578{,}3$.

REID und COHEN geben für Feuerungsschlacken folgende Formel an:

$$\eta^{-0{,}1614} = 0{,}0008136\, t - c, \tag{50}$$

wobei die Zähigkeit η in Poise, t in °C ausgedrückt ist. Die Konstante c ergibt sich sodann aus der Messung bei *einer* Temperatur.

Ein neuer Vorschlag von DIETZEL und BRÜCKNER[3] zur Gewinnung eines Kennwertes ist der *Einsinkpunkt*. Er ist definiert als diejenige Temperatur, bei der ein Platin-Rhodium-Stäbchen (80:20) von 0,5 mm ⌀ und 20 cm Länge, Gewicht 0,746 g, für eine Eindringtiefe von 2,00 cm in die zu untersuchende Glas- oder Schlackeschicht die Zeit von 2,00 min benötigt. Die Zähigkeit entspricht dann $10^{4,22}$ Poise (log $\eta = 4{,}22$). Aus diesem und zwei weiteren charakteristischen Werten, dem Erweichungs- und Transformationspunkt (mit $10^{7,6}$ und 10^{13} Poise), könnte man den ganzen Viskositäts-Temperatur-Verlauf mit Hilfe der FULCHER-TAMMANN-Gleichung [s. Gl. (48)] bestimmen.

Weiter hat man versucht, die schwierige Viskositätsmessung dadurch zu umgehen, daß man aus der Analyse der Schlacke eine Viskositätskennzahl ermittelt (GUMZ[4]),

---

[1] HÄNLEIN, W., u. M. THOMAS: Untersuchungen über den Aggregationspunkt und Transformationspunkt von Gläsern durch Messung des elektrischen Widerstandes. Glastechn. Ber. Bd. 12 (1934) S. 109/116.
[2] EITEL, vgl. S. 135, Fußnote 1.
[3] DIETZEL, A., u. R. BRÜCKNER: Ein Fixpunkt der Zähigkeit im Verarbeitungsbereich der Gläser. Schnellbestimmung des Viskositäts-Temperatur-Verlaufs. Glastechn. Ber. Bd. 30 (1957) Nr. 3, S. 73/79. — [4] GUMZ, W.: Handbuch S. 146/149.

ENDELL und ZAULEK[1] schlagen dafür den Ausdruck
$$K_1 = \frac{SiO_2 + 0.5 \, K_2O + 0.2 \, Al_2O_3}{MgO + 0.5 \, (\text{äquiv. } Fe_3O_3 + CaO) + 0.3 \, Na_3O} \qquad (51)$$
oder in etwas vereinfachter Form
$$K_2 = MgO + 0.5 \, (\text{äquiv. } Fe_2O_3 + CaO) \qquad (52)$$
vor, wobei *äquiv.* $Fe_2O_3 = Fe_2O_3 + 1,11 \, FeO$ (Gew.-%) bedeutet.

Da die Anfertigung einer vollständigen Aschenanalyse ebenfalls unbequem und zeitraubend ist, hat HELDT[2] ein Kurvenblatt zur Schnellbestimmung der Viskosität aus dem Schmelzpunkt (Halbkugelpunkt) bei reduzierender Atmosphäre angegeben, das von PRACHT[3] auf Grund weiterer Meßergebnisse noch verbessert worden ist (Abb. 50).

Für die Messung der *Oberflächenspannung* von Schlacken oder Gläsern liegen gleichfalls eine Reihe von Meßverfahren vor (EITEL[4]). Eine dem Verfahren von WASHBURN und LIBMAN[5, 6] nachgebildete Apparatur ist von KOZAKEVITSCH[7] beschrieben worden, in der er zahlreiche synthetische Hüttenschlacken untersucht hat.

In dem Zweistoff-System FeO-SiO_2 fällt die Oberflächenspannung von 585 dyn/cm bei 100% FeO fast linear auf 400 dyn/cm bei 59 Mol-% FeO. Eine Extrapolation auf reines SiO_2 würde 200 dyn/cm ergeben. Das Siliziumdioxyd wirkt also in umgekehrtem Sinne auf die Oberflächenspannung wie auf die Viskosität.

In dem Dreistoff-System FeO-CaO-SiO_2 wirkt das CaO erhöhend auf die Oberflächenspannung, SiO_2 wirkt zunächst geringfügig und dann erst in stärkerem Maße senkend, wenn freies SiO_2 auftritt. SiO_2 senkt die Oberflächenspannung im System FeO-MnO-SiO_2 unabhängig vom FeO/MnO-Verhältnis. Feuerungsschlacken sind nicht untersucht worden.

d) Der Sintertest

Um das Verhalten eines Materials, beispielsweise eines Flugstaubes, in Bezug auf seine Neigung zum Sintern beurteilen zu können, und um

---

[1] ENDELL u. ZAULEK: vgl. S. 136, Fußn. 8. — [2] vgl. S. 136, Fußn. 5.

[3] PRACHT, P.: Besondere Probleme aus der Praxis moderner Schmelz- und Zyklonfeuerungen. Energie Bd. 7 (1955) Nr. 9, S. 323/27.

[4] EITEL: vgl. S. 135, Fußn. 1.

[5] WASHBURN, EDW. W., G. R. SHELTON u. E. E. LIBMAN: The viscosity and surface tensions of the soda-lime-silica glasses at high temperatures. Part I: WASHBURN, EDW. W. u. G. R. SHELTON: The viscosity of glass at high temperatures. Part II: WASHBURN, EDW. W., u. E. E. LIBMAN: Surface tension of glasses at high temperatures. University of Illinois — Engineering Experiment Station. Bulletin Nr. 140, Bd. 21 (1924) Nr. 33, S. 51/71.

[6] WASHBURN, EDW. W.: Measurement of the viscosity and surface tension of viscous liquids at high temperatures. Rec. d. Trav. Chim. Pays-Bas Bd. 42 (1923) Nr. 1, S. 686/696.

[7] KOZAKEWITSCH. P.: Tension superficelle et viscosité des scories synthétiques. Rev. Métallurgie Bd. 46 (1949) Nr. 8, S. 505/516; Nr. 9, S. 572/582.

andererseits auch die Wichtigkeit der verschiedenen Einflüsse zu beurteilen, sind in jüngster Zeit mehrere technologische Methoden, Sinterteste, entwickelt worden:

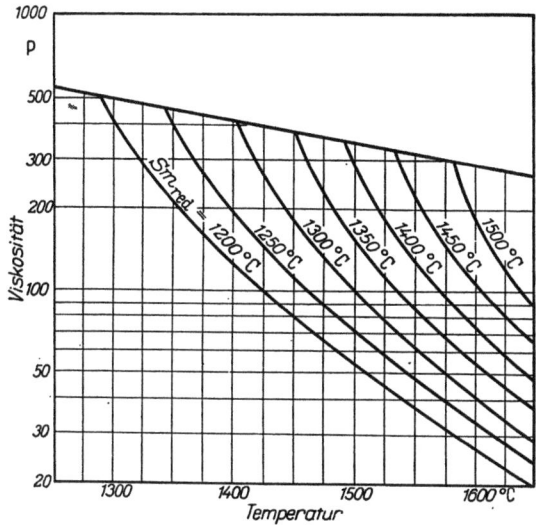

Abb. 50. Viskositäts-Temperaturkurven von Steinkohlenasche (nach REID und COHEN, korrigiert und ergänzt nach PRACHT) bei verschiedenem Schmelzpunkt, in reduzierender Atmosphäre gemessen

α) **Die Dilatometermethode (C.E.A.).** Diese von der Central Electricity Authority (C. E. A.) in England ausgearbeitete Methode (SMITH[1]) verwendet ein Dilatometer, und als *Sinterpunkt* ist diejenige Temperatur definiert, bei welcher die anfangs lineare, später von der Geraden etwas abweichende Ausdehnungskurve ihren Höchstwert erreicht, wo also die Schrumpfung gegenüber der Ausdehnung überwiegt (Abb. 51).

Der Tiegel aus einem bei 1200° C gebrannten Tonerde-Zement zur Aufnahme der Probe von etwa 4—5 kg hat einen Durchmesser von 19 mm, eine Höhe von 63,5 mm und wird etwa zur Hälfte gefüllt. Die Probe wird durch leichtes Aufstoßen verdichtet und ist mit einem Gestänge von 124 g Gewicht belastet, das die Ausdehnung auf das Anzeigegerät überträgt. Der Ofen wird langsam hochgeheizt und die Temperatur an der Oberfläche der Probe selbst durch ein Thermoelement gemessen.

Die Methode erweist sich in Grenzen von ± 10° C als reproduzierbar, das Probematerial darf jedoch keinen Kohlenstoff enthalten und muß deshalb bei 800° C geglüht werden, um etwaige C-Reste zu entfernen. Der so gemessene Sinterpunkt fällt auch etwa mit der Temperatur zusammen, wo die gesinterten Probekörper eine merkliche Druckfestigkeit zu zeigen beginnen. (Kurve *c* in Abb. 51).

[1] SMITH, E. J. D.: The sintering of fly-ash. Journ. Inst. Fuel Bd. 29 (1956) Nr. 185, S. 253/260.

Für die Festigkeitsuntersuchungen wurden Probekörper von 5 mm ⌀ und 4,76 mm Höhe benutzt.

β) Die Druckfestigkeitsmethode. Der von BARNHART und WILLIAMS[1] angegebene Sintertest arbeitet ebenfalls nach einem Verfahren der Druckfestigkeitsbestimmung. Eine Flugaschen-Probemenge von etwa 200 bis 350 g (vor einem etwaigen Rauchgasfilter entnommen) wird auf 100%

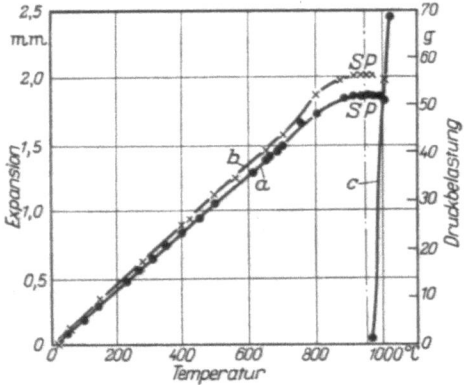 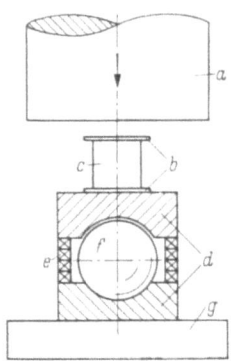

Abb. 51. Ausdehnungskurven und Druckfestigkeit beim C. E. A.-Sintertest (a = E-Filter-Flugasche, bei 800° geglüht, 7,4% Fe_2O_3-Gehalt; b = desgleichen mit 18,7% Fe_2O_3-Gehalt; c = Anstieg der Druckfestigkeit beim Erhitzen über den Sinterpunkt, SP = Sinterpunkt)

Abb. 52. Vorrichtung für die Druckprobe der gesinterten Probekörper
a Stempel, b Fiberscheiben (0,8 mm), c Probekörper, d Einstellplatten, e Gummifeder, f Kugellager, g Grundplatte

D 0,16 zerkleinert und in einer Handpresse mit 10 at Druck zu zylindrischen Prüfkörpern von 17 mm ⌀ und etwa 19 mm Höhe verpreßt. Für jede Untersuchungstemperatur werden in der Regel 6 Preßlinge hergestellt, bei einer vollständigen Versuchsreihe mit vier Temperaturen also 24 Preßlinge benötigt. Diese Rohlinge werden in einem elektrischen Ofen 1½ Stunden auf die gewünschte Temperatur (z. B. zwischen 700 bis 1100° C) gebracht und 15 Stunden auf der jeweiligen Temperatur gehalten. Man läßt die so behandelten Proben im Ofen langsam abkühlen und entnimmt sie erst, wenn die Temperatur unter 260° C gefallen ist.

Als Index dient dann die Druckfestigkeit der erhaltenen gesinterten Probezylinder. Zu diesem Zweck werden ihre Stirnflächen genau plangeschliffen, und dann wird die Druckfestigkeit in einer üblichen Prüfmaschine bestimmt. Dabei sorgt eine selbstjustierende Unterlage (ein Kugellager mit Gummifedern, s. Abb. 52) für eine gleichmäßige Beanspruchung der Stirnflächen. Die Auftragung der Druckfestigkeit als Funktion der Sintertemperatur ergibt dann eine Aussage über die Neigung des betreffenden Materials zum Versintern (s. Abb. 53).

---

[1] BARNHART, D. H., u. P. C. WILLIAMS: The sintering test — an index to ash fouling tendency. Trans. Am. Soc. mech. Engrs. Bd. 78 (1956) Nr. 6, S. 1229/1236.

γ) **Die Durchström-Methode (F. R. S.).** Eine dritte Methode ist die von der Fuel Research Station, Greenwich, verwendete Strömungsmethode (SMITH[1]), die eine gewisse Ähnlichkeit mit der FOXWELLschen Methode zur Untersuchung der Plastizität der Kohle (FOXWELL[2]) hat. Dabei wird ein Stickstoffstrom bei konstantem Druck durch einen Pfropfen des Probematerials in einem Rohr unter genau eingestellten Bedingungen hindurchgeleitet und Durchflußmenge und Temperatur gemessen. Beim Sinterpunkt tritt ein scharfer Anstieg des Durchflußwiderstandes auf.

Vergleiche dieser Methode mit der Dilatometer-Methode (C. E. A.) zeigen allerdings keine befriedigende Übereinstimmung, wie ja wohl überhaupt die Ergebnisse dieser Sinterteste als rein technologische Verfahren begreiflicherweise einen geringeren Aussagewert besitzen als die Relativwerte zwischen verschiedenen Substanzen oder verschiedenen Bedingungen wie etwa Kornfeinheit u. dgl.

δ) **Ergebnisse und Vergleiche der Methoden.** Die beiden unabhängig voneinander entwickelten Teste nach der Dilatometer- und der Druckfestigkeitsmethode haben übereinstimmend gezeigt, daß die Laboratoriumsuntersuchung wertvolle Einsichten in die Faktoren vermittelt, die Ansatzbildung und die Gefährlichkeit (die Festigkeit) eines Ansatzes bestimmen. Die Sintertemperatur oder der Sinterpunkt ist zwar kein absoluter Maßstab, denn die Sinterung setzt nach SMITH[1] bei $\alpha = 0{,}7$ bis $0{,}9$ im Mittel bei $\alpha = 0{,}77$ ein[3], während ja eine Frittung schon bei wesentlich niedrigeren Temperaturen auftritt; die Gefahr beginnt also nicht erst am Sinterpunkt. Dennoch stellt der Sinterpunkt einen guten Anhalt für die Gefährlichkeit einer Flugasche dar.

Die Korrelation der Druckfestigkeitskurven mit dem Verschmutzungsverhalten in Kesselanlagen zeigt ein klares Bild. In Abb. 53 zeigen die Flugaschen von Kohlen, die bei niedrigen Sintertemperaturen bereits hohe Druckfestigkeit ergaben, starke Verschmutzungsneigung (Kurve a bis d), diejenigen dagegen, die erst bei hohen Sintertemperaturen merkliche Druckfestigkeit erkennen lassen, eine entsprechend geringe oder gar keine Verschmutzungsneigung. Auffällig ist ferner, daß die Verschmutzungsneigung mit steigendem Alkaligehalt (Zahlenwerte an den Kurven der Abb. 53) etwa linear ansteigt, wenn man die Sintertemperatur bei merklicher Druckfestigkeit (500 kg/cm²) als Kennzeichnung zu Grunde legt. (Abb. 54). SMITH[1] hat gleichfalls durch Auswaschen der löslichen Alkalien aus der Flugasche festgestellt, daß bei Alkalige-

---

[1] SMITH, E. J. D.: The sintering of fly-ash. Journ. Inst. Fuel Bd. 29 (1956) Nr. 185, S. 253/260.
[2] FOXWELL, G. E.: The plastic state of coal. Fuel Sci. Bd. 3 (1924) Nr. 4/10, S. 122/128, 174/179, 206/210, 227/235, 276/283, 315/319, 371/375.
[3] Definition des α-Wertes, vgl. Gl. (74), S. 239.

halten um 0,3% der Sinterpunkt nach dem Entfernen der Alkalien um 20—75° C anstieg. Die Alkalien sind also an der Herabsetzung der Sintertemperatur sehr stark beteiligt, und ihr Einfluß auf die Ver-

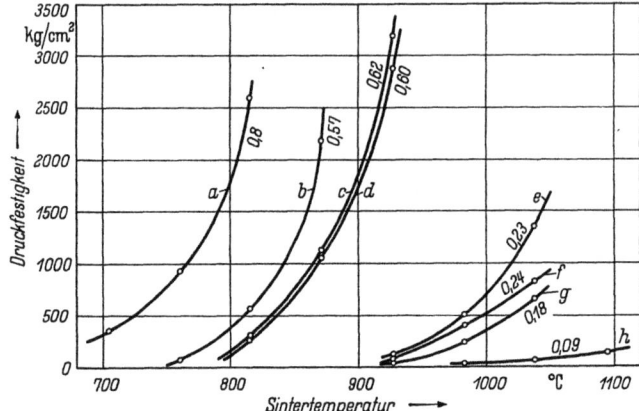

Abb. 53. Druckfestigkeit gesinterter Flugasche-Probekörper verschiedener Kohlen als Funktion der Versinterungstemperatur (nach BARNHART und WILLIAMS)

a bis *d* Central Illinois-Kohle, verschmutzend (verschiedener Gruben) *e* bis *g* Ohio-Kohlen, *h* West-Virgina Kohle (nicht verschmutzend) Zahlenwerte an den Kurven = Alkaligehalt (als Na_2O gerechnet in Prozent der Gesamtkohlensubstanz)

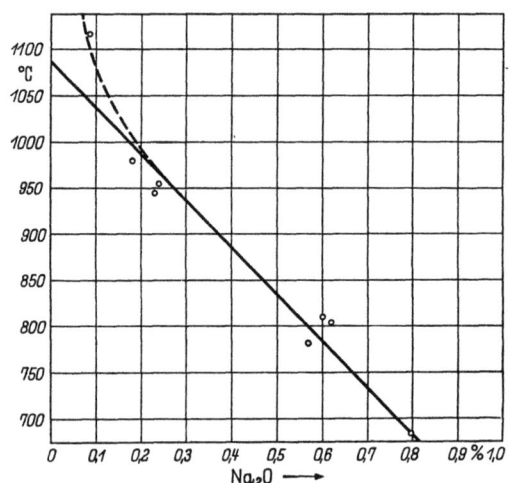

Abb. 54. Einfluß des Alkali-Gehaltes auf die Versinterung
Ordinate: Sintertemperatur bei einer Druckfestigkeit von 500 kg/cm²)

schmutzungsneigung ist augenscheinlich, was ja auch die praktische Erfahrung mit alkalireichen Kohlen (Salzkohlen) lehrt (vgl. S. 283/84).

Die übrigen Bestandteile üben nach SMITH kaum einen Einfluß auf den Sinterpunkt aus, lediglich der Eisenoxydgehalt scheint bei sehr hohen

Gehalten eine gewisse, wenn auch von anderen Einflüssen stark überdeckte Wirkung im Sinne einer Erniedrigung der Sintertemperatur zu zeigen.

Als sehr bedeutend dagegen erweist sich die Auswirkung der Korngröße. Mit abnehmendem Korndurchmesser fällt die Sintertemperatur stark ab. Bei 42 μ ⌀ liegen die Sinterpunkte (nach SMITH) bei etwa 1000—1100° C, bei 15 μ ⌀ dagegen nur noch bei 820—880° C. Damit ist auch durch den Sintertest der theoretisch zu erwartende starke Einfluß der Staubfeinheit und die besondere Gefährlichkeit des Feinststaubes erwiesen.

BARNHART und WILLIAMS[1] haben durch Versuche bei verschiedener Länge der Sinterzeit einen bedeutenden Einfluß der Dauer feststellen können. So wurde die gleiche Festigkeit erreicht bei

4 Stunden und 846° C
15 ,, ,, 807° C
168 ,, ,, 752° C .

Je länger also das zu sinternde Gut der Temperatur ausgesetzt ist, um so mehr verfestigt es sich verständlicherweise, bei um so niedrigerer Temperatur werden schon merkliche Festigkeiten erreicht. Das steht in Übereinstimmung mit der Erfahrung, daß Ansätze um so schwerer zu entfernen sind, je älter sie sind, daß daher Reinigungsmaßnahmen am wirksamsten sind, wenn die Ansatzbildung gleich bei der Entstehung bekämpft wird.

VI. Verhalten der Kohlenminerale bei der Erhitzung

Durch die Verwachsung der Kohle mit ihren Mineralen ist eine stoffliche Inhomogenität gegeben. Diese Inhomogenität ist besonders stark ausgeprägt bei den Kohle-Tonmineral-Verwachsungen, da die Tonminerale bekanntlich extrem dünne Schüppchen bis herab zu Abmessungen von 100 Å (vgl. S. 53) zu bilden vermögen. Damit sind der Aufbereitbarkeit Grenzen gesetzt, so daß selbst eine Reinstkohle immer noch Tonminerale enthalten wird.

Durch das Vermahlen bei der Kohlenstaubherstellung wird bei einer Korngröße von weniger als 10 μ bis herauf über 200 μ für die kleinsten Partikel der Zustand erreicht, daß nunmehr einzelne Teilchen als reine Kohle oder als reines Mineral vorliegen. Die Verteilung des Aschegehaltes in den einzelnen Kornfraktionen hat SCHWARTZKOPFF[2] untersucht

---
[1] vgl. S. 140, Fußn. 1.
[2] SCHWARTZKOPFF, H.: Beitrag zur Klärung der Frage, wie die Asche nach Menge und Art im Kohlenstaub enthalten ist, und welche Wege gegeben sind, sie trockenmechanisch zu beseitigen. 15. Berichtfolge des Kohlenstaubausschusses des Reichskohlenrates. Berlin 1920.

und im kleinsten Kornbereich besonders hohe Aschegehalte festgestellt. Hier liegen offensichtlich neben reinen Kohleteilchen reine Mineralteilchen in größerer Anzahl vor, zumal die Mineralsubstanz meist in feinster Verteilung in der Kohle enthalten ist.

Die Gesamtheit des brennfertigen Kohlenstaubes besteht mithin aus

1. reiner Kohle   3. Kohle-Mineral-Verwachsungen
2. einem Mineral   4. Mineral-Mineral-Verwachsungen.

In der Feuerung wird die aus diesen Kornarten bestehende Kohle mehr oder weniger schnell, bei Kohlenstaubfeuerungen extrem schnell, auf hohe Temperaturen gebracht. Die aus Kohle bestehenden Anteile werden dabei verbrannt, und geringe Restmengen mögen als Flugkoks durch den Rauchgasstrom abgeführt werden. Auch die Kohlenminerale und die Bergeteilchen unterliegen diesem raschen Temperaturanstieg. Je nach ihrem mineralischen Aufbau erleiden sie dadurch mannigfache Veränderungen wie Entwässerung, Entgasung, Oxydation, Reduktion, Zerfall in mehrere feste Komponenten, Schmelzen oder Verdampfen. Die meisten Mineral- und Bergeteilchen unterliegen mehreren dieser genannten Prozesse.

Eine Lösung der Verschmutzungsprobleme kann nur erfolgen, wenn über die Art der Veränderungen der Minerale aus Kohle und Bergen Klarheit besteht. Dabei ergeben sich folgende Fragen:

a) Wie verhält sich ein Mineral, eine Kohle-Mineral-Verwachsung oder eine Mineral-Mineral-Verwachsung während langsamer Aufheizung auf hohe Temperaturen? (Fall der Rostfeuerung).

b) Wie verhalten sich dieselben Stoffe bei sehr schneller Aufheizung bis auf hohe Temperaturen? (Fall der Kohlenstaub-Feuerungen).

c) Welchen Einfluß übt die Höhe der Maximal- und der Brennkammeraustrittstemperaturen aus?

Leider fehlt zur umfassenden Beantwortung in vielen Fällen die exakte Kenntnis über die stofflichen Zustände oberhalb 800° C, obgleich Hüttenleute, Keramiker und Glasfachleute sich stets sehr an der Hochtemperatur-Mineralogie interessiert gezeigt haben. Im folgenden soll das Hochtemperaturverhalten der einzelnen gekennzeichneten Kornarten zunächst in oxydierender und anschließend in reduzierender Atmosphäre besprochen werden.

A. Körner aus einem Mineral (oxydierende Atmosphäre)
1. Illitische Tonminerale

1. Illitische Tonminerale geben bei langsamer Aufheizung zwischen 100 und 200° C adsorbiertes Wasser ab. Zwischen 450—700° C erfolgt die Abgabe von OH-Gruppen aus dem Kristallgitter. Bei 850—1200° C bilden sich in der Masse in zunehmendem Maße Spinelle (kubisch kri-

stallisierende Magnesium-Eisen-Aluminate), während die Alkalien und Siliziumdioxyd mit dem restlichen Al_2O_3 eine glasige Masse bilden. Bei 1300° C löst sich der Spinell im Glase auf. Ab 1100° C beginnt sich das Aluminiumsilikat Mullit zu bilden, der bis 1400° C nachzuweisen ist. Oberhalb 1400° C scheint Mullit in Gegenwart von Alkalien nicht mehr existenzfähig zu sein (GRIM[1]). Bereits 1% Alkali genügt oberhalb dieser Temperatur, um den Zerfall von Mullit in eine flüssige Phase und Korund (Al_2O_3) herbeizuführen (SALMANG[2]). Aber auch Korund ist bei dieser

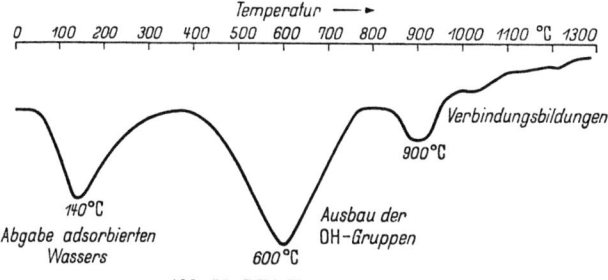

Abb. 55. DTA-Kurve eines Illites

Temperatur in Gegenwart von Alkali-, Erdalkali- und Schwermetalloxyden nicht beständig und geht ebenfalls im Glas auf. Nach Angaben von GRIM[3] bilden Illite, je nach Zusammensetzung, ab 1100—1300° C eine Schmelze. Bei schneller Aufheizung auf 1700° C haben wir also zu erwarten, daß illitische Tonminerale schnell unter Wasserabgabe schmelzen. Bei Abkühlung bilden die siliziumdioxydreichen Schmelztröpfchen Silikatglaskügelchen, da SiO_2 stets zur Unterkühlung neigt. Diese Tröpfchen aus Silikatglas (Schlackeglas) bilden Hohlkügelchen, weil sie durch ein gleichzeitig entstehendes Gas (in diesem Falle Wasserdampf) aufgebläht werden. Versuche haben ergeben, daß der Alkalianteil, der dabei entweicht, erheblich geringer ist als allgemein angenommen. Die Alkalien wirken als schmelzpunkterniedrigende *Flußmittel* (s. Abb. 55).

2. Montmorillonit

Dieses Mineral gibt zwischen 100 und 200° C adsorbiertes Zwischenschichtwasser ab. Zwischen 450 und 800° C erfolgt der Ausbau der OH-Gruppen. Die Hochtemperaturphasen des Montmorillonits, die sich über 900° C bilden, bedürfen noch weiterer Studien (Abb. 56). Nach

---

[1] GRIM, R. E., u. F. W. BRADLEY: Investigation of effect of heat on the clay minerals illite and montmorillonite. Journ. Am. Ceram. Soc. Bd. 23 (1940) Nr. 8, S. 242/248.

[2] SALMANG, H.: Die Keramik, 3. Aufl. Berlin/Göttingen/Heidelberg: Springer 1954.

[3] GRIM, R. E.: Clay minerals, New York-Toronto-London: McGraw-Hill 1953.

GRIM und BRADLEY[1] wurden folgende Minerale im Bereich vom 900 bis 1300° C bei verschiedenen Montmorilloniten neben nichtkristalliner Substanz gefunden:

900° C: Spinell
1000° C: Spinell, Quarz, Cristobalit, Mullit (gering), Enstatit (gering), Anorthit (gering)
1100° C: Spinell, Cristobalit, Hochquarz, Endstatit, Anorthit (gering)
1200° C: Cristobalit, Spinell, Mullit, Cordierit
1300° C: Cristobalit, Cordierit, Mullit, Spinell, Periklas (gering).

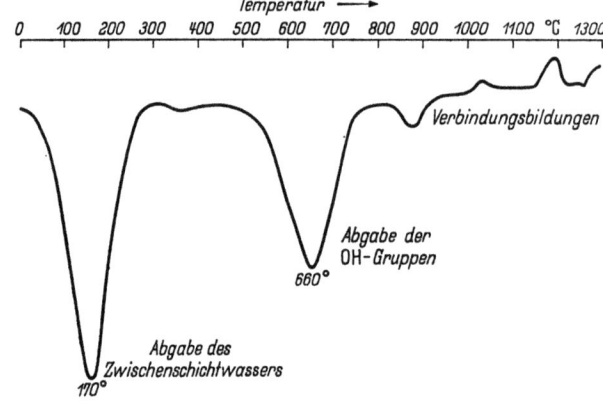

Abb. 56. DTA-Kurve eines Montmorillonits

Eisenreiche Montmorillonite schmelzen bei 1000°C, während eisenarme Varietäten erst bei 1200—1300° C schmelzen. Auch hier ist der Effekt der schnellen Aufheizung im Feuerraum ein Silikatglasschmelzkügelchen, das durch freiwerdenden Wasserdampf aufgebläht wird.

3. Kaolinit

Nach Verlust von etwas oberflächlich adsorbiertem Wasser gibt das Mineral seine OH-Gruppen zwischen 400 und 600° C ab. Danach dürfte eine Mischung von mehr oder weniger amorphem SiO_2 und Al_2O_3 vorliegen. Über die Phasen über 900° C sind die Meinungen geteilt. Man nimmt an, daß sich ab 950° C α-Al_2O_3 und/oder Mullit bildet. Es ist wahrscheinlich, daß sich ab 1000° C überwiegend α-Al_2O_3 und wenig Mullit bildet (Abb. 43, S. 122). Ab 1200° C scheint dann Mullit zu überwiegen, während ab 1300° C Cristobalit vorherrscht. Es ist bekannt, daß geringe Beimengungen von Magnesium, Eisen, Mangan usw. die Mullitbildung aus Kaolinit beschleunigen, während Natrium, Kalium und Titan die Mullitbildung verzögern. Außerdem wird die Cristobalitbildung durch Alkalien verringert.

---

[1] GRIM, R. E., u. W. F. BRADLEY: High temperature thermal effects of clay and related materials. Am. Mineral. Bd. 36 (1951) S. 182/201.

NORTON[1] gibt an, daß Kaolinite nach einer Glasbildungsphase, die sich über mehrere hundert Grad erstrecken kann, bei 1650—1750° C schmelzen. Kleine Verunreinigungen können den Schmelzpunkt stark beeinträchtigen. Da in den Kohlen sicher sehr unreine Kaolinite vorliegen, ist anzunehmen, daß im Feuerraum aus einzelnen Kaolinit-Partikeln sich ebenfalls durch Wasserdampf aufgeblähte Schmelztröpfchen eines Silikatglases bilden.

4. Karbonspäte

Hier verdanken wir eine hinreichende Kenntnis der Verhältnisse vorwiegend den Ergebnissen der Thermoanalyse und der Differentialthermoanalyse (vgl. S. 119, bis 122). Alle Karbonspäte zersetzen sich beim Erhitzen nach der Formel:

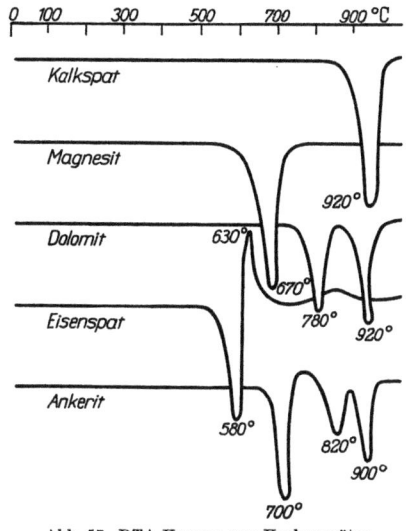

Abb. 57. DTA-Kurven von Karbonspäten

$$Me^{II}CO_3 \rightarrow Me^{II}O + CO_2. \tag{53}$$

Allerdings erfolgt die Abgabe des CO_2 für die einzelnen Arten der Karbonspäte bei verschiedenen Temperaturen. Am besten wird die Tem-

Tabelle 38. *Erhitzung der Karbonspäte*

Mineral	Oxyd	Oxyd-Schmelzpunkt (CAMPBELL[2])	Zustand bei 1700° C
Kalkspat $CaCO_3$	CaO	2600° C	fest
Dolomit $CaMg(CO_3)_2$	CaO MgO	2600° C 2800° C	fest fest
Siderit $FeCO_3$	$FeO \rightarrow Fe_2O_3$	1570° C : Fe_2O_3	flüssig
Ankerit $Ca(MgFe)(CO_3)_2$	CaO MgO $FeO \rightarrow Fe_2O_3$	2600° C 2800° C 1570° C : Fe_2O_3	fest fest flüssig
Magnesit $MgCO_3$	MgO	2800° C	fest

[1] NORTON, F. H.: Refractories. New York: McGraw-Hill 1949.
[2] CAMPBELL, I. E. (Hrsg.): High Temperature Technology, S. 31, New York: John Wiley & Sons, Inc. 1956.

peratur der CO_2-Abgabe durch eine *DTA*-Kurve charakterisiert. Die CO_2-Abgabe macht sich dabei durch einen scharfen endothermen Effekt bemerkbar (Abb. 57).

An den Kurven von Siderit und Ankerit ist an einer exothermen Reaktion zu sehen, daß das bei Abgabe von CO_2 entstehende FeO sofort zu Fe_2O_3 aufoxydiert wird. Die Karbonspäte liefern somit bei langsamer und auch bei schneller Aufheizung folgende Oxyde (Tab. 38).

Man sieht, daß die Karbonspat-Körnchen vorwiegend feste Feinstpartikel aus Erdalkali-Oxyden liefern. Lediglich Fe_2O_3 gelangt teilweise im Feuerraum zur Schmelze.

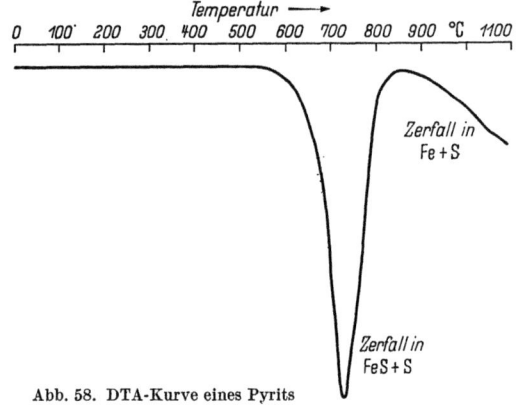

Abb. 58. DTA-Kurve eines Pyrits

5. Eisendisulfide (Pyrit, Markasit, Melnikovit)

Wird Markasit auf 400° C erhitzt, so geht er durch strukturelle Umwandlung in Pyrit über. Pyrit selbst zersetzt sich oberhalb 570° C nach der Formel:

$$FeS_2 \rightarrow FeS + S. \tag{54}$$

FeS bezeichnet man als Magnetkies, der bei 1190° C schmilzt. Ab 800° C jedoch gibt Magnetkies kontinuierlich Schwefel ab (Abb. 58). Bei 1700° C ist der Gesamtschwefel abgespalten und Fe ist in Fe_2O_3 übergegangen. Nur in der Feuerraumschlacke finden sich noch FeS-Reste. Dieselben Effekte treten bei schneller Aufheizung ein:

$$\text{Pyrit} \xrightarrow{570° C} FeS + S \xrightarrow[+O]{800-1700° C} Fe_2O_3 + SO_2$$

(Melnikovit) Schmelzpunkt 1190° C Schmelzpunkt 1570° C

$$\text{Markasit} \xrightarrow{400° C} \text{Pyrit} \xrightarrow{570° C} FeS + S \xrightarrow[+O]{800-1700° C} Fe_2O_3 + S$$

Schmelzpunkt 1190° C Schmelzpunkt 1570° C

6. Quarz

Wird Quarz allmählich erhitzt, so ändert er mehrere Male seine Kristallstruktur. Diese *Hochtemperatur-Modifikationen*, die auch andere physikalische Eigenschaften als der Quarz haben, sind mit besonderen Namen bezeichnet, die aus untenstehender Tafel zu entnehmen sind.

Tabelle 39. *Modifikationen des Quarzes*

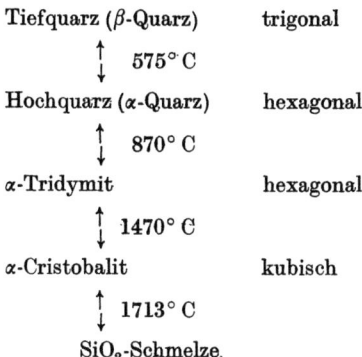

Tiefquarz (β-Quarz)	trigonal
↕ 575° C	
Hochquarz (α-Quarz)	hexagonal
↕ 870° C	
α-Tridymit	hexagonal
↕ 1470° C	
α-Cristobalit	kubisch
↕ 1713° C	
SiO_2-Schmelze	

Von Tridymit und Cristobalit gibt es noch instabile Tieftemperatur-Modifikationen:

Tabelle 40. *Tieftemperatur-Modifikationen des Tridymits und Christobalits*

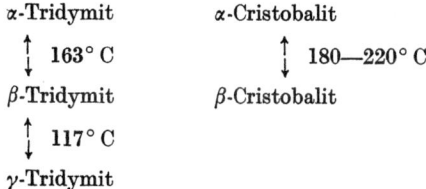

α-Tridymit	α-Cristobalit
↕ 163° C	↕ 180—220° C
β-Tridymit	β-Cristobalit
↕ 117° C	
γ-Tridymit	

Die Umwandlung von Tiefquarz und Hochquarz tritt stets ein, während die weitere Umwandlung in den α-Tridymit und in α-Cristobalit meist eine längere Einwirkungszeit der entsprechenden Temperaturen zur quantitativen Umwandlung voraussetzt. Bei schneller Aufheizung geht Hochquarz bei 1477° C direkt in die Schmelze über. Im Feuerraum werden also die Quarzpartikel in Kieselglasschmelze umgewandelt.

Wenn Kieselglas — das an sich sehr beständig ist — bei der Abkühlung entglast, so bildet sich oberhalb von 1200° C Cristobalit. Erst bei 850° C entsteht, aber auch nur wenn kristallisationsfördernde Stoffe (sog. Mineralisatoren), wie z. B. Alkalien, anwesend sind, Tridymit.

7. Apatit

Die unsicheren Kenntnisse über die Phosphorminerale in der Kohle lassen vorläufig nur unzureichende Aussagen über deren Hochtemperaturverhalten machen. Nach McINTOSH und JABLONSKI[1] setzt sich Tricalciumorthophosphat-Hydrat nach folgendem Schema um:

Tabelle 41. *Umsetzung des Tricalciumorthophosphat-Hydrats*

Tricalciumorthophosphat-Hydrat
$\updownarrow$ 680° C
β-Tricalciumorthophosphat
$\updownarrow$ 1150° C
α-Tricalciumorthophosphat
$\updownarrow$ 1730° C
Schmelze

Tabelle 42. *Hochtemperatur-Verhalten einiger Kohle- und Berge-Minerale in oxydierender Atmosphäre*

Mineral	Eventuelle Umwandlungsreaktionen	Schmelzpunkt des Minerals bzw. des Umwandlungsproduktes
Eisenhydroxyde $Fe_2O_3 \cdot H_2O$	Wasserabgabe bei etwa 300° C	Fe_2O_3 : 1570° C
Hämatit Fe_2O_3		1570° C
Zinkblende ZnS	$ZnS \rightarrow ZnO + S$	ZnO sublimiert
Bleiglanz PbS	$PbS \rightarrow PbO + S$	PbO verdampft bei 1470° C
Schwerspat $BaSO_4$		1350° C
Steinsalz NaCl		800° C Schmelpunkt 1464° C Verdampfung
Gips $CaSO_4 \cdot 2H_2O$	$CaSO_4 \cdot 2H_2O \rightarrow CaSO_4 + 2H_2O$ $CaSO_4 \xrightarrow{1200° C} CaO + SO_3$	CaO: 2600° C

Wir müssen damit rechnen, daß diese Phosphorverbindung im Feuerraum noch fest ist. Für Apatite werden z. T. niedrigere Schmelzpunkte

---

[1] McINTOSH, A. O., u. W. L. JABLONSKI: X-Ray diffraction powder patterns of calcium phosphates. Analyt. Chem. 28 (1956) No. 9, S. 1424/1427.

von 1285 und 1540° C angegeben[1]; von Wolff[2] nennt als Schmelzpunkt 1650° C.

Für einige andere Kohlen- und Bergeminerale sei ihr Hochtemperaturverhalten, soweit bekannt, tabellarisch zusammengestellt (Tab. 42).

Aus den bisherigen Überlegungen ist zu entnehmen, daß Körnchen, die nur aus einem Mineral bestehen, in folgendem Zustand im Feuerraum bei 1700° C vorliegen werden:

Tabelle 43. *Endzustand der Minerale nach Durchlaufen des Verbrennungsvorganges*

Alle Tonminerale	Als Hohlkügelchen einer Silikatglasschmelze
Karbonspäte	Als feste Partikel von CaO und/oder MgO. Als Fe_2O_3-Schmelzkügelchen
Eisendisulfide	Als Fe_2O_3-Schmelzkügelchen, FeS-Schmelzkügelchen
Quarz	Als Kieselglasschmelzkügelchen
Apatit	Als Calciumphosphat-Partikel

Beim Schmelzvorgang werden außerdem gasförmig frei:

H_2O	aus Tonmineralen, Chloriten usw.
CO_2	aus Karbonspäten
SO_2	aus Sulfiden
Alkali-Oxyde	aus Tonmineralen.
SiO, AlO (?)	aus Tonmineralen

Gelten diese Betrachtungen zunächst nur für die oxydierende Atmosphäre, so soll im nächsten Abschnitt das noch wichtigere, aber leider in Einzelheiten noch weniger geklärte Verhalten der Kohlenminerale in reduzierender bzw. in gemischter Atmosphäre behandelt werden.

B. Körner von Kohle–Mineral-Verwachsungen (reduzierende Atmosphäre)

Ein Teil des aufgegebenen Kohlenstaubes besteht noch, wie bereits ausgeführt, aus Kohle, die mit einem oder mehreren Mineralen verwachsen ist. Das wird besonders für die Tonminerale, aber daneben auch noch für viele andere, zutreffen. Nach den Vorstellungen über den Verbrennungsvorgang eines einzelnen Mineralstoffe enthaltenden Kohlepar-

---

[1] Fischer, W., u. S. Wolf: Schwefel in Schlacke und Schlackenwolle. S. 13. Stuttgart: E. Schweizerbarth 1951.
[2] v. Wolff, F.: Gesteinskunde. Die Eruptivgesteine. Pößneck: Rud. A. Lang 1951.

tikels (GUMZ[1]) geht die Verbrennung an der Oberfläche in einer gewissen oberflächennahen Schicht des Teilchens in reduzierender Atmosphäre vor sich. Durch das Fortschreiten des Abbrandes wird dabei der Mineralstoff in Form eines Mineral- oder Schlackengerüstes übrig bleiben und so in den Bereich der Maximaltemperaturen der Gasverbrennung geraten können, in dem die Temperaturen zu seiner vollständigen Verschlackung ausreichen. Die Atmosphäre geht dabei von einer reduzierenden über eine gemischte schließlich in eine oxydierende über. Bei den Rostfeuerungen kann man die Vorstellung der Kohle-Mineral-Verwachsung für die gesamte aufgegebene Kohle gelten lassen, da hier infolge der langen Verweilzeit die Mineralsubstanz laufend mit neuem Kohlenstoff in Berührung kommt, wodurch eine reduzierende Atmosphäre aufrechterhalten bleibt. Diese reduzierende Wirkung übt infolgedessen ihren Einfluß auf die Minerale und ihre Umwandlungsprodukte aus.

Ein bezeichnendes Beispiel dafür, dem auch eine große praktische Bedeutung zugeschrieben werden kann, ist die Verflüchtigung von SiO_2. SCHNEIDER[2,3] konnte nachweisen, daß Kohle bei schneller Aufheizung des SiO_2, das aus zerfallenden Tonmineralen und aus freiem Quarz stammt, bei Temperaturen um 1550° C zu SiO reduziert. Aus diesen Versuchen in einem Laboratoriumsofen (vgl. Abb. 47 u. 48) ergab sich, daß die Ausdampfungstemperatur des SiO bei verschiedenen Mineralen bzw. Mineralgemischen verschieden ist, wie dies aus Tab. 44 hervorgeht.

Tabelle 44. *Verhalten eines Kohle/Mineralgemisches mit 30% Mineralgehalt bei schneller Erhitzung* (nach B. SCHNEIDER)

Mineralsubstanz	Beginn der Si-Verflüchtigung C°	Im zurückbleibenden Schlackeglas festgestellte Minerale
90% Kaolinit + 10% Pyrit	1550	Mullit, α-Fe
80% Kaolinit + 10% Kalkspat + 10% Fe	1560	Mullit, α-Fe
100% Kaolinit	1580	Mullit, α-Fe
80% Kaolinit + 10% Kalkspat + 10% Pyrit	1580	Mullit, α-Fe
90% Kaolinit + 10% Kalkspat	1640	Korund
80% Kaolinit + 10% Kalkspat + 10% S	1640	Korund
100% Quarz	1650	Cristobalit

Im Rauchgasstrom reoxydiert das SiO schnell wieder zu SiO_2. Durch diese SiO-Verdampfung kommt ein nicht unerheblicher Teil des Siliziums

---
[1] GUMZ, W.: Chemie und Physik der Verbrennung, Vergasung und Verhüttung. Bergbau-Archiv Bd. 7, S. 96/110. Essen/Kettwig: Glückauf 1947.
[2] SCHNEIDER, B.: Das Verhalten der mineralischen Anteile in der Steinkohle bei hohen Verbrennungstemperaturen unter besonderer Berücksichtigung von geringen und großen Aufheizungsgeschwindigkeiten. Diss. Bonn, Januar 1956.
[3] —: Das Verhalten der mineralischen Anteile der Steinkohle bei der Verbrennung. Glückauf Bd. 92 (1956) Nr. 31/32, S. 895/905.

als feinste Kieselglaspartikel mit Durchmessern in der Größenordnung von 0,2 μ für die Mehrzahl der Teilchen in den Rauchgasstrom (s. Abb.59).

Neuere Untersuchungen an Kesselansätzen haben gezeigt, daß nicht nur das Siliziumdioxyd, sondern auch das Aluminium eine der Hauptkomponenten, in den meisten Fällen sogar *die* Hauptkomponente der

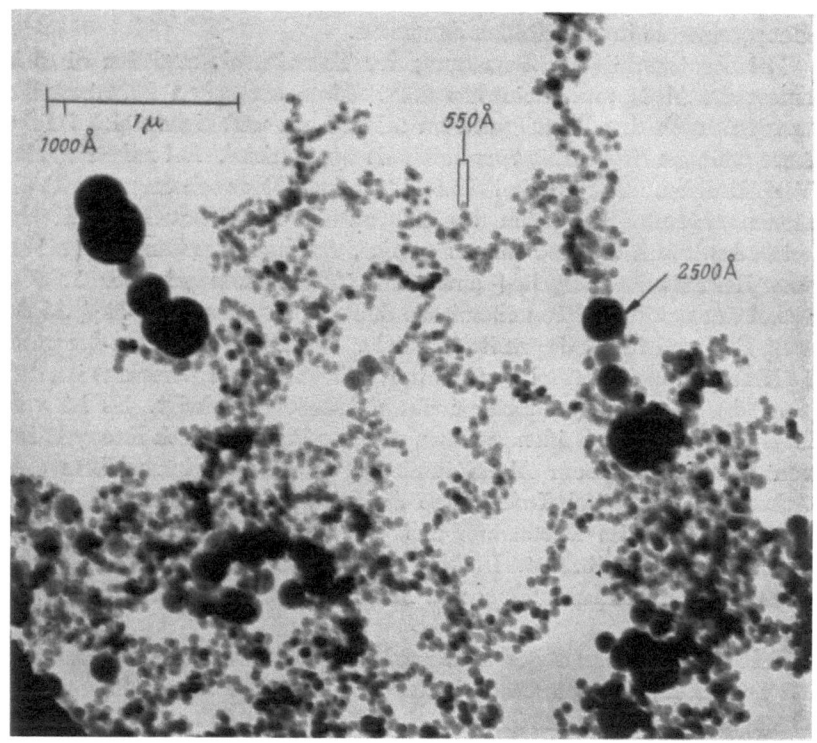

Abb. 59. Elektronenoptische Aufnahme der SiO$_2$-Nebel. V el.-opt. = 12700, nachvergrößert auf 19 100 (Aufnahme von Th. NEMETSCHEK, Rheinisch-Westfälisches Institut für Übermikroskopie, Düsseldorf)

löslichen Anteile der Ansätze ist. Ein Durchschnitt von 19 Analysen der wasser- und salzsäurelöslichen Anteile verschiedener Ansätze ergaben beispielsweise folgende Werte:

SiO$_2$	2,2%	Na$_2$O	2,3%
Al$_2$O$_3$	30,3%	K$_2$O	5,8%
FeO	3,1%	SO$_3$	11,6%
Fe$_2$O$_3$	24,7%	P$_2$O$_5$	6,1%
CaO	6,5%	H$_2$SO$_4$ fr.	2,7% .
MgO	2,9%		

Der lösliche Anteil stellt dabei nahezu die Gesamtheit das Bindemittels eines Ansatzes dar. Unlöslich sind ja nur in konzentrierter Salzsäure die Schlackeglaskügelchen und der Anteil des Bindemittels, der aus feinsten

Kieselglaspartikeln besteht, die durch Reoxydation des SiO entstanden sind.

Da das Aluminium des Bindemittels löslich ist, kann es nur in Form eines amorphen Al_2O_3 oder in Form löslicher Al-Sulfat- und Al-Phosphatverbindungen vorliegen. Als Lieferanten von Aluminium kommen vor allem sämtliche Tonminerale in Frage, die — wie erwähnt — die Hauptminerale in den Kohlen darstellen.

Bei der thermischen Zersetzung der Tonminerale zerfallen diese in amorphes Al_2O_3 und amorphes SiO_2. Diese amorphen Feinstpartikel werden durch den Rauchgasstrom mitgerissen und eignen sich infolge ihrer geringen Korngröße vorzüglich als Bindemittel. Bei reduzierenden Verhältnissen, also z. B. bei Kohle-Tonmineralverwachsungen, tritt die schon erwähnte Reduktion des SiO_2 zu SiO ein. Versuche im Kohlegrießofen haben darüber hinaus gezeigt, daß aus dem Gemisch (1 1:1) von Reinstkohle + Pyrit + amorphem Aluminiumoxyd über 1550° C Nebel ausdampfen, deren chemische Zusammensetzung mit 74% Al_2O_3, 12% FeO und 14% SO_3 ermittelt wurde. Der Brechungsindex der unter 1 Mikron großen Partikel wurde mit 1,46 bestimmt. Interessant ist, daß sich das Eisen in zweiwertiger Form dabei verflüchtigt. Es ist vorläufig nicht zu entscheiden gewesen, ob diese Dämpfe durch Reoxydation von sauerstoffärmerem Aluminiumoxyd oder Aluminiumsulfiden entstehen. Ohne Zweifel findet diese Ausdampfung von Aluminium und Eisen ebenfalls im Feuerraum aus Verwachsungen von Kohle, Tonmineralen und Pyrit statt. In Abwesenheit von Pyrit konnte im Kohlegrießofen keine Ausdampfung von Aluminiumverbindungen beobachtet werden.

Die Abb. 60 bis 62 geben einen Überblick über die verschiedenen Möglichkeiten, die die wechselnden verschiedenen Atmosphären dem Temperaturverhalten des Quarzes, des Kaolinits und des Serizits bieten. Das Beispiel des Serizits wurde hier deshalb gewählt, weil seine Reaktionen besser bekannt sind als die der verschiedenartigen Illite der Kohlen, wobei schon darauf hingewiesen worden ist (s. S. 53), daß zwischen Serizit und Illit fließende Übergänge bestehen. Das Verhalten der Illite wird weiteren künftigen Studien vorbehalten bleiben müssen.

Ist die Kohle mit Eisendisulfiden verwachsen, so kann u. U. Reduktion bis zum metallischen Eisen erfolgen, das wegen seiner großen Oberfläche zu Fe_2O_3 bzw. Fe_3O_4 aufoxydiert (s. Abb. 63).

Bei der Verwachsung von Kohle mit Karbonspäten ist teilweise eine Reduktion bis zum Kalzium-Karbid zu erwarten, das seinerseits wiederum auf einige Metalloxyde stark reduzierend zu wirken vermag. Das gilt auch für das FeO aus eisenhaltigen Karbonspäten, das einmal direkt durch die Kohle zu metallischem Eisen oder auch auf dem Umweg über Kalziumkarbid zum Metall reduziert werden kann. Normalerweise wird

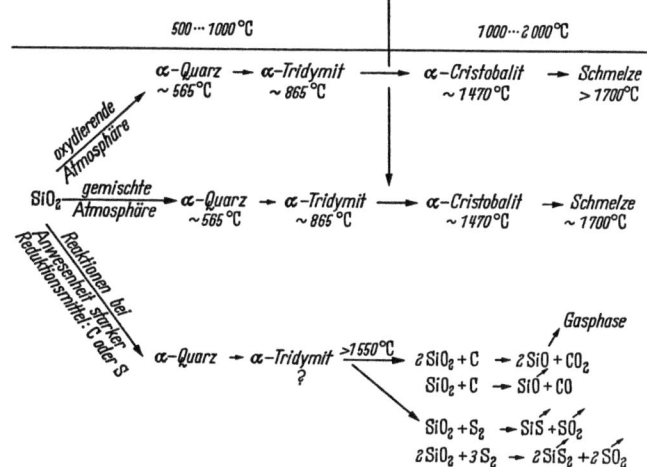

Abb. 60. Verhalten von Quarz bei verschiedenen Temperaturen und Atmosphären

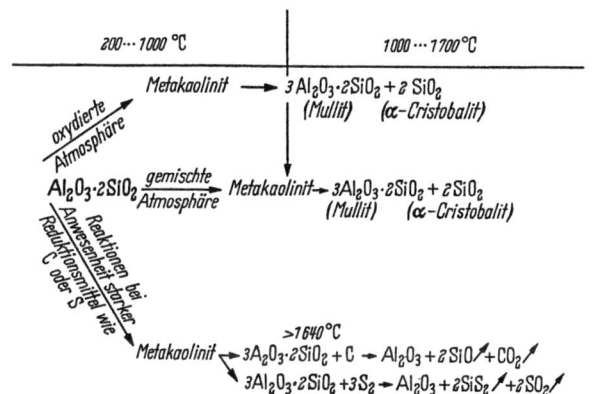

Abb. 61. Verhalten von Kaolinit bei verschiedenen Temperaturen und Atmosphären

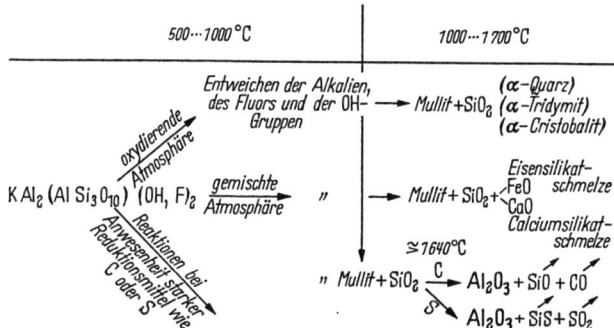

Abb. 62. Verhalten des Serizits (Muskowits) bei verschiedenen Temperaturen und Atmosphären

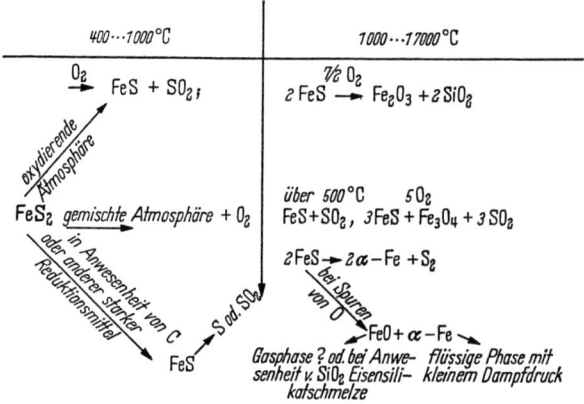

Abb. 63. Verhalten des Eisendisulfids bei verschiedenen Temperaturen und Atmosphären

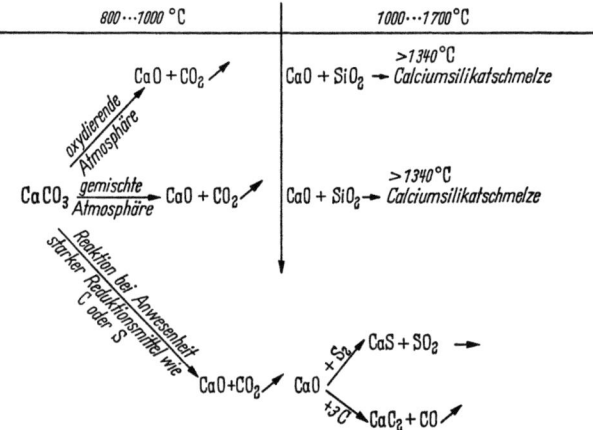

Abb. 64. Verhalten von Kalkspat bei verschiedenen Temperaturen und Atmosphären (z. T. in Gegenwart von SiO_2)

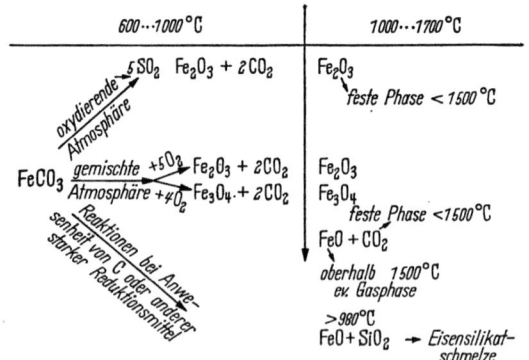

Abb. 65. Verhalten von Eisenspat bei verschiedenen Temperaturen und Atmosphären

dieses Eisen schnell wieder aufoxydiert. In der Schlacke der Schmelzfeuerungen, wo durch Einschluß in den Schlackenbrei eine Oxydation oft verhindert wird, ist gelegentlich aus Eisendisulfiden, eisenhaltigen Tonmineralen und eisenhaltigen Karbonspäten gebildetes metallisches Eisen anzutreffen, besonders leicht dann, wenn über dem Schlackenbett reduzierende Atmosphäre herrscht. Die Abb. 64 und 65 geben einen Überblick über die Verhältnisse bei verschiedenen Atmosphären.

Liegt Kohle in Verwachsung mit Apatit oder anderen Phosphaten vor, so gibt es verschiedene Möglichkeiten, durch Reduktion oder auch über Zwischenreaktionen den Phosphor freizusetzen, der sich sofort oxydiert bzw. mit Schwefel unter Verbindungsbildung reduziert. Da wir mit verschiedenen Verwitterungsprodukten und Übergangsverbindungen zu rechnen haben, sind die verschiedenartigsten Reaktionen möglich, z. B.

$$3\ Ca(PO_3)_2 + 10\ C \rightarrow P_4 + Ca_3(PO_4)_2 + 10\ CO. \tag{55}$$

Hier entweichen zwei Drittel des Phosphors als Dampf, während ein Drittel als tertiäres Phosphat zurückbleibt (HOFMANN[1]). Phosphor verbrennt sofort zu Phosphorpentoxyd

$$2\ P_2 + 5\ O \rightarrow P_2O_5 \tag{56}$$

P_2O_5 verdampft bei Feuerraumtemperatur.

Nach K. SCHWARZ und H. MÜLLER-NEUGLÜCK[2] kann sich Aluminiumphosphat mit Schwefelkohlenstoff (durch Reduktion von SO_2 durch Kohle gebildet) nach der Formel umsetzen:

$$2\ AlPO_4 + 4\ CS_2 \rightarrow Al_2S_3 + 4\ CO_2 + P_2S_5 \tag{57}$$

$$P_2S_5 + 15\ O \rightarrow P_2O_5 + 5\ SO_2. \tag{58}$$

Es ist also zu erwarten, daß aus den Kohle-Phosphatverwachsungen erhebliche Mengen P_2O_5-Dampfes frei werden.

Diejenigen Kohleteilchen, die aus Kohle-Mineral-Verwachsungen bestehen, liefern im Feuerraum folgende Komponenten, von denen viele sofort untereinander reagieren:

Kohle + Tonminerale: SiO-Dampf, CO_2, H_2O, Hohlkügelchen aus Silikatglas, Al_2O_3, K_2O, Na_2O, CaO, MgO, Fe_2O_3-Partikel (Fe_2O_3 z. T. flüssig)
Kohle + Karbonspäte: CO_2, CaO-, MgO-, Fe_2O_3-Partikel (z. T. flüssig)
Kohle + Eisendisulfide: CO_2, SO_2, Fe_2O_3-Partikel (z.T. flüssig), intermediär CS_2
Kohle + Phosphate: P_2O_5, Ca-Phosphat-Partikel.

Die Produkte aus Verwachsungen von Kohlen mit mehreren Mineralen sind nicht einfach festzulegen.

---

[1] HOFMANN, K. A., u. U. R. HOFMANN: Anorganische Chemie, S. 226. Braunschweig: F. Vieweg u. Sohn 1948.
[2] SCHWARZ, K., u. H. H. MÜLLER-NEUGLÜCK: Ursachen und Verhütung der Kesselverschmutzungen. II. Arten der Kesselverschmutzungen. BWK Bd. 3 (1951) Nr. 6, S. 179/185.

C. Körner von Mineral-Mineralverwachsungen

Diese Arten von Verwachsungen können aus Verwachsungen von Kohlenmineralen bestehen. Sehr oft handelt es sich dabei aber um Bergeteilchen. Sind Tonminerale oder Quarz an der Verwachsung beteiligt, was meist der Fall sein wird, so entstehen daraus im Feuerraum Hohlkügelchen aus Silikatglas.

Tonmineral-Quarz-Verwachsungen liefern Silikatglasschmelze mit den Elementen

$$Al, Fe, K, Ca, Mg, Na.$$

Tonmineral- und/oder Quarz-Karbonverwachsungen liefern Silikatglasschmelze mit den Elementen

$$Al, K, Na, Mg, Ca, Fe.$$

Tonmineral- und/oder Quarz-Eisendisulfidverwachsungen liefern Silikatglasschmelze mit Al, K, Na, Mg, Ca, Fe eventuell auch SiS und SiS_2, die in oxydierender Atmosphäre zu SiO_2 und SO_2 oxydieren.

Tonmineral- und/oder Quarz-Apatitverwachsungen liefern Silikat-Phosphatglasschmelze mit Al, K, Na, Mg, Ca.

Bei Verwachsungen von Karbonspäten mit Eisendisulfiden wird im Feuerraum ein Gemisch von CaO- und MgO-Partikeln mit Fe_2O_3-Schmelztröpfchen vorliegen.

Es ist darüber hinaus anzunehmen, daß sich die Reduktionswirkung der Kohlepartikel, wovon besonders die Reduktion von SiO_2 zu SiO von technischem Interesse ist, nicht allein auf die Kohle-Mineralverwachsungen beschränkt. Durch die Luftwirbel im Feuerraum werden auch Einzelmineralkörnchen oder Mineral-Mineralverwachsungen in die Nähe oder in Berührung mit Kohlepartikeln kommen. So werden die Kohleteilchen auch auf diese nicht kohlehaltigen Partikel reduzierend wirken können. Aus einer Anzahl tonmineralhaltiger bzw. quarzhaltiger Körnchen wird demnach SiO freigesetzt, woraus ziemlich schnell wieder SiO_2 entsteht. Weiterhin werden sich im Feuerraum auch Schmelztröpfchen untereinander mit festen Partikeln und mit Kohleresten zusammenballen. Die festen Partikel, wie CaO und MgO, werden dabei ihrerseits aufgeschmolzen und gehen im Glase auf. Die Haftfähigkeit der Kohlepartikel an den Schmelztröpfchen bzw. Schmelzhohlkügelchen ist nur gering.

D. Das Verhalten der Spurenelemente bei hohen Temperaturen

F. LEUTWEIN und H. J. RÖSLER[1] haben über den Verbleib der Spurenelemente der Steinkohle bei der Verbrennung spektrochemische Untersuchungen durchgeführt. Sie fanden, daß z. B. zwischen dem Spuren-

---

[1] LEUTWEIN, F., u. H. J. RÖSLER: vgl. S. 61, Fußn. 2.

elementgehalt von Kohlenaschen und Koksaschen kein wesentlicher Unterschied besteht. Der Vergleich von Schlacken und Flugstäuben erwies jedoch, daß in den Flugstäuben alle Elemente außer Be, Mn, Li, Sr und Ba mit höheren Gehalten vorliegen als in den dazugehörigen Schlacken. Ganz besonders werden Vanadium und Gallium in Flugstäuben angereichert. Wir können daraus schließen, daß die Spurenelemente Germanium, Arsen, Gallium, Molybdän, Vanadium, Bor, Blei, Zink, Silber, Zinn, Kobalt und Nickel bei den Feuerraumtemperaturen flüchtig werden und in den Rauchgasstrom übergehen. Einige Beispiele seien nach den genannten Autoren angeführt:

Tabelle 45
Spurenelemente in Schlacke und Flugasche

Element	Schlacke in g/t	Flugasche in g/t
Gallium	200	350
Vanadium	125	145
Nickel	40	270
Kobalt	45	110
Zink	—	1200
Arsen	(Sp.)	1700
Blei	Sp.	1200
Germanium	Sp.	85
Molybdän	Sp.	25

E. Die Bedeutung der Brennkammertemperaturen

Aus dem Überblick über das Verhalten der Kohlenminerale bei ihrem Durchlaufen des Verbrennungsvorganges, den Einwirkungen hoher Temperaturen in reduzierender Atmosphäre und dem im weiteren Ablauf erreichten maximalen Temperaturen in gemischter oder oxydierender Atmosphäre ergeben sich wichtige praktische Folgerungen. Als Beispiel sei besonders hervorgehoben, daß ab 1550° C aus einer Kohle-Tonmineral-Verwachsung SiO in beträchtlichen Mengen abdampft und dann als SiO_2-Kügelchen von aerosolartiger Feinheit in das Rauchgas übergeht. Daraus können Vor- und Nachteile entstehen, Vorteile z. B. bei der Senkung des SO_3-Gehaltes im Rauchgas, wahrscheinlich begünstigt durch die adsorbierende Wirkung der hier geschaffenen großen Feststoff-Oberflächen; Nachteile durch die Bildung dichter und besonders fest haftender Niederschläge an den Heizflächen.

Man darf annehmen, daß durch Vermeidung von Temperaturen von 1500° C und darüber die starke SiO-Ausdampfung vermieden und damit die Heizflächenverschmutzung gemildert wird. Es kann daher sehr entscheidend auf solche Temperaturschwellen ankommen, und eine Reihe praktischer Maßnahmen, auf die im Einzelnen noch im Kap. X (s. S. 257 ff.) eingegangen werden soll, finden darin ihre Begründung, wenn auch keineswegs verkannt werden soll, daß viele andere Faktoren (Korngröße, Atmosphäre, Zeit, Reaktionsgenossen) den Reaktionsbeginn mitbestimmen, und daß die Verschmutzungserscheinungen selten auf eine einzige Erscheinung zurückgeführt werden können. Es ist durchaus möglich, daß auch schon bei niedrigeren Temperaturen Reaktionsabläufe eingeleitet werden, die an sich höhere Temperaturen voraussetzen. Besonders zu erwähnen ist hier der Faktor *Zeit*. Die langen Verweilzeiten des Brennstoffes und seiner Mineralbestandteile im Brennstoffbett einer Rostfeuerung ermöglichen hier mitunter Reaktionen, die theoretisch erst bei höheren Temperaturen mit merklicher Geschwindigkeit ablaufen. Auch die Schlackenbeläge oder Schlackenbäder von Schmelzfeuerungen (s. S. 289) sind Beispiele dafür, daß Mineralbestände (Schlacken) mit langer Verweilzeit im Bereich hoher Temperaturen (in diesem Fall oberhalb des Fließpunktes) Gelegenheit zu Reaktionen besonders auch zwischen Gas und Schlacke ermöglichen, die sich in starkem Maße auf die Verschmutzungserscheinungen auswirken. Dabei ist etwa an die Verflüchtigung von Alkalien zu denken.

Die Betrachtung über das Verhalten der Kohleminerale bei ihrer Erhitzung und beim Verbrennungsvorgang der Kohle liefert somit entscheidende Ansatzpunkte für die Erklärung der Verschmutzungsvorgänge einerseits und für Maßnahmen zur Überwindung der Schwierigkeiten andererseits und damit Richtlinien für die künftige Feuerungsentwicklung.

VII. Die stoffliche Zusammensetzung der Schlacken und Kesselverschmutzungen
(Mineralogie und Petrographie der Verschmutzungen)

Es wurde bereits ausgeführt, daß man zweckmäßigerweise die Schlacken und die Kesselverschmutzungen als künstlich erzeugte Gesteine betrachtet. Man spricht deshalb auch von einer Petrographie (Gesteinskunde) der Schlacken und Kesselverschmutzungen, wenn die gesamte Kenntnis ihres Entstehens, ihrer Zusammensetzung und ihrer Eigenschaften beschrieben werden soll. Wie viele vulkanische Gesteine bestehen die Schlacken und Kesselverschmutzungen aus Glas, Mineralen und späteren Umbildungen und Neubildungen. Das Glas entsteht aus einer Unterkühlung der kieselsäurereichen Schmelze, die sich aus der mineralischen Kohlekomponenten bildet. Ist Gelegenheit zu langsamer Abkühlung (z. B. an den Feuerraumwänden) vorhanden, so können aus diesem Schlackeglas typische Minerale auskristallisieren. In den Ansätzen des Rohrsystems kommt es noch nach der Ansatzbildung zu Umbildungen und Neubildung von Mineralen. Die Kenntnis all dieser Minerale, die Schlackenminerale genannt werden, ist zur Erforschung der Schlacken und Kesselverschmutzungen unerläßlich. Die wichtigsten seien deshalb kurz besprochen, ehe die eigentliche Petrographie der Schlacken und Verschmutzungen erörtert werden soll.

A. Schlackenminerale
1. Oxydische Minerale

Korund, $\alpha\text{-}Al_2O_3$. Das Mineral kristallisiert im trigonalen Kristallsystem. Es kommt nur in mikroskopisch kleinen farblosen Kriställchen in den Schlacken vor (s. Abb. 77, Tafel I vor S. 171). Korund hat eine hohe Lichtbrechung ($n_\varepsilon = 1,759$, $n_\omega = 1,771$) und ist dadurch und durch seine charakteristische Kristallform leicht zu erkennen. Die Kriställchen sind in allen Säuren, einschließlich Flußsäure, unlöslich. Schmelzpunkt: 2050° C. Fast stets findet man Korund in den schlackigen Ansätzen im Feuerraum und häufig auch in den Flugaschekügelchen. Korund kommt in den Schlacken, wie auch ROST und NEY[1] feststellten, in zwei verschiedenen Kristallformen vor:

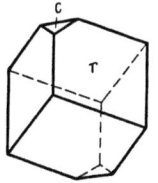
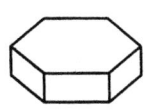

Abb. 66. Kombination von Rhomboeder (r) und Basis (c). Kristallform von Korund (selten)

Abb. 67. Kombination eines kurzen hexagonalen Prisma und Basis. Form der typischen und häufigen Korund-Täfelchen

a) Als Kombination von Rhomboeder und Basis (unter einem Rhomboeder stellt man sich einen etwas verzerrten, auf eine Ecke gestellten Würfel vor, während die Basis ebene Flächen darstellt, die die zwei gegenüberliegenden Ecken des verzerrten Würfels oben und unten abstumpfen) (Abb. 66);

b) als Kombination von einem sehr kurzen hexagonalen Prisma mit der Basis. Dadurch entstehen flache sechsseitige Täfelchen (Abb. 67). Im Längsschnitt sehen diese Täfelchen wie dünne Leistchen aus (Abb. 68.) Gelegentlich verwachsen die Täfelchen zu größeren Aggregaten. Dichte = 4,00.

Die d-Werte (vgl. S. 116) der drei stärksten Interferenzen der Röntgenaufnahme sind:

2,09 Å (I = 100); 2,55 Å (I = 92); 1,60 Å (I = 81).

In den Ansätzen tritt amorphes, säurelösliches Al_2O_3 zum Teil in erheblichen Mengen auf.

Die Spinell-Gruppe, $Me^{II}O \cdot Me_2^{III}O_3$, ist aufgebaut aus zwei- und dreiwertigen Metalloxyden. Diese Minerale, von denen manche als Edelsteine geschätzt sind, treten fast immer in den Schlacken der Feuerräume auf. Sie kristallisieren alle im kubischen System. Man unterscheidet nach ihrer chemischen Zusammensetzung drei Untergruppen:

a) Ferritspinelle = $MeO \cdot Fe_2O_3$ (Me = Mg, Fe, Mn oder Zn);
b) Aluminatspinelle = $MeO \cdot Al_2O_3$ (Me = Fe, Mn, Zn, Ni oder Ti);
c) Chromitspinelle = $MeO \cdot Cr_2O_3$ (Me = Fe, Mg oder Mn).

---

[1] ROST, F., u. P. NEY: Zur Kenntnis der Kesselschlacken. Brennstoff-Chemie Bd. 37 (1956) Nr. 13/14, S. 201/210.

162 Stoffliche Zusammensetzung der Schlacken und Kesselverschmutzungen

Ferritspinelle und Aluminatspinelle sind in den Schlacken häufig. Chromitspinelle treten nur dann auf, wenn im Feuerraum die Wände mit Chromerzstampfmasse belegt wurden.

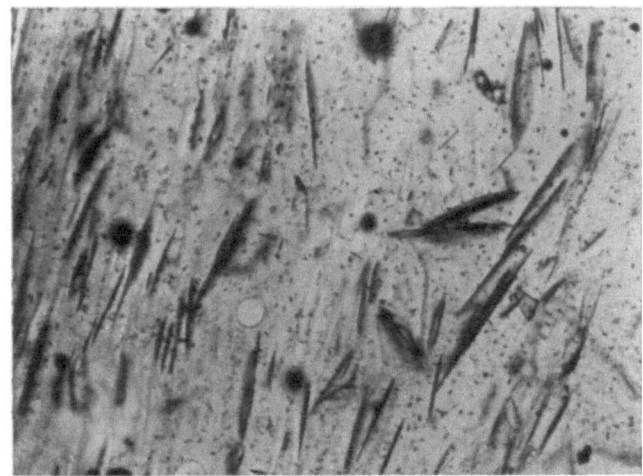

Abb. 68. Als Leistchen erscheinende Längsschnitte von Korundtäfelchen in einer Feuerraumschlacke. Dünnschliff. Vergrößerung: 75fach

Abb. 69. Magnetit-Oktaeder (weißgrau) neben Mullitleistchen (mittelgrau) und Glasbasis (dunkelgrau) in einer Feuerraumschlacke. Polierter Dünnschliff Auflicht, Vergrößerung: 200fach

Magnetit oder Magneteisen, $Fe_3O_4 = FeO \cdot Fe_2O_3$. Es handelt sich hierbei demnach um einen Eisen-Ferritspinell. Er kommt in den Schlacken der Feuerräume fast immer vor und bildet dort winzige Oktaeder (Abb. 69

u. 70) und gelegentlich auch Würfelchen. Sehr oft tritt er in Form kleiner Bäumchen oder Zweige auf (Abb. 78, Tafel I vor S. 171). Man nennt diese Bildungen *Skelettformen*. Sie entstehen infolge schnellen Wachstums und bei ungenügender Stoffzufuhr durch behinderte Diffusion innerhalb der zähen Schmelze. $D = 5{,}2$. Schmelzpunkt: $1527°$ C. In Salzsäure löslich. d-Werte der drei stärksten Interferenzen:

2,53 Å (I = 100); 1,48 Å (I = 80); 1,61 Å (I = 64).

Wird im Magnetitkristall das Fe_2O_3 zunehmend durch Al_2O_3 ersetzt, so färben sich die Kriställchen grün. Man nennt das Mineral *Ferrihercynit*. Wurde alles dreiwertige Eisen durch Aluminium ersetzt, so wird das Mineral als *Hercynit*, FeO Al_2O_3 bezeichnet. Es ist ein Eisen-Aluminatspinell, der mikroskopisch sehr oft in Form tiefgrüner Oktaeder in der Feuerraumschlacke anzutreffen ist (vgl. Abb. 77, Tafel I vor S. 171). Oft sind die Kristalle im Kern dunkler, d. h. eisenreicher (Zonarbau). Gelegentlich zeigen diese Kristalle auch Skelettformen, jedoch sehr viel weniger häufig als der Magnetit. $D = 4{,}35$.

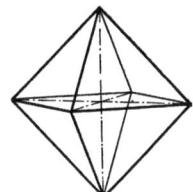

Abb. 70. Skizze eines Oktaeder (Achtflächners), das die Hauptform der Spinelle in den Kesselschlacken darstellt

Brechungsindex $n = 1{,}83$. Von Säuren nur schwer angreifbar. d-Werte der drei stärksten Interferenzen:

2,45 Å (I = 100); 2,02 Å (I = 80); 1,43 Å (I = 80).

Spinell (im eigentlichen Sinne), $MgO \cdot Al_2O_3$. Der Magnesia-Aluminatspinell hat der gesamten Gruppe den Namen gegeben. Er ist ebenso wie Hercynit ein begehrter Edelstein und kommt in rotbraunen (durch etwas Eisen gefärbt) bis farblosen Oktaedern in den Schlacken der Feuerräume vor. (Abb. 79 u. 80, Tafel I vor S. 171). Er ist von Säuren praktisch unangreifbar. Schmelzpunkt: $2135°$ C. Brechungsindex $n = 1{,}75$. Dichte $= 3{,}6$. d-Werte der drei stärksten Interferenzen:

2,44 Å (I = 100); 2,02 Å (I = 58); 1,43 Å (I = 58).

Chromit, $FeO \cdot Cr_2O_3$. Er bildet tiefbraune Oktaeder, die fast stets Magnesium und Aluminium enthalten und deshalb meist heller gefärbt sind. Von Säuren ist er kaum angreifbar. $D = 4{,}9$. Brechungsindex $n = \sim 2{,}10$. d-Werte der drei stärksten Interferenzen:

2,51 Å (I = 100); 1,60 Å (I = 90); 1,46 Å (I = 90).

Als eine Art Erdalkalispinelle kann man *Calcium-Ferrit* $CaO \cdot Fe_2O_3$ und *Magnesia-Ferrit* $MgO \cdot Fe_2O_3$ auffassen. Beide Minerale kristallisieren kubisch und haben dunkelbraune Farbe. Sie sind in Braunkohlenschlacken anzutreffen.

Calciumferrit: Brechungsindex $n = 2{,}46$, Dichte $= 5{,}08$, Schmelzpunkt 1250° C. Die d-Werte der drei stärksten Röntgen-Interferenzen sind

$$2{,}65 \text{ Å } (I = 100); \quad 2{,}52 \text{ Å } (I = 75); \quad 1{,}82 \text{ Å } (I = 75).$$

Bildet sich aus CaO und Fe_2O_3 bei Temperaturen über 600° C.

Magnesiaferrit: Brechungsindex $n = 2{,}34$, Dichte $= 4{,}40$, Schmelzpunkt 1750° C. Die d-Werte der drei stärksten Röntgen-Interferenzen sind

$$2{,}52 \text{ Å } (I = 100); \quad 1{,}48 \text{ Å } (I = 90); \quad 1{,}64 \text{ Å } (I = 70).$$

Bildet sich aus MgO und Fe_2O_3 bei Temperaturen über 700° C.

Hämatit, α-Fe_2O_3. Das Mineral kristallisiert trigonal und findet sich besonders mit rotbrauner Farbe in Form feiner Körnchen in den Ansätzen des Rohrsystems. Es ist in Salzsäure löslich. Schmelzpunkt 1570° C. Dichte $= 5{,}25$. Die d-Werte der drei stärksten Interferenzen sind

$$2{,}69 \text{ Å } (I = 100); \quad 2{,}51 \text{ Å } (I = 80); \quad 1{,}69 \text{ Å } (I = 80).$$

Periklas, MgO. Kristallisiert kubisch. Farbe: weißlich-grau. Kommt gelegentlich in geringen Mengen in Rohransätzen vor. Löslich in HCl. Dichte $= 3{,}56$. Brechungsindex $n = 1{,}75$. Die d-Werte der drei stärksten Interferenzen sind

$$2{,}11 \text{ Å } (I = 100); \quad 1{,}49 \text{ Å } (I = 52); \quad 0{,}94 \text{ Å } (I = 17).$$

Kalk, CaO. Kristallisiert kubisch in farblosen bis gelblichen Körnchen. Brechungsindex $n = 1{,}84$. Dichte $= 3{,}3$. Schmelzpunkt 2570° C. Die d-Werte der drei stärksten Röntgeninterferenzen sind

$$2{,}41 \text{ Å } (I = 100); \quad 1{,}70 \text{ Å } (I = 45); \quad 2{,}78 \text{ Å } (I = 34).$$

Metallisches Eisen, α-Fe. Kristallisiert kubisch und findet sich gelegentlich in kleinen Kügelchen in abgezogener Schlacke und am Boden der Feuerräume. Es ist durch Reduktion der Eisendisulfide entstanden. Dichte $= 7{,}86$. Schmelzpunkt 1535° C. d-Werte der drei stärksten Interferenzen:

$$2{,}03 \text{ Å } (I = 100); \quad 1{,}77 \text{ Å } (I = 30); \quad 1{,}43 \text{ Å } (I = 19).$$

Eisenbildung ist besonders gefährlich, da sich das Eisen infolge seiner Dichte am tiefsten Punkt ansammelt, die Ausmauerung bzw. Ausstampfung zerstört und beim Einleiten in Wasser zu explosionsartiger Gasbildung neigt.

2. Silikate

Neben Silikatglas und den oxydischen Mineralen sind kristallisierte Silikate die Hauptbestandteile der Schlacken. Wie bereits in dem Abschnitt über Tonminerale ausgeführt, bildet das Silizium in diesen Verbindungen SiO_4-Tetraeder. Durch die Mannigfaltigkeit der Anordnung dieser Tetraeder in den Silikaten in Form von Einzeltetraedern, Tetraeder-Gruppen, Ketten, Bändern, blattförmigen Schichten und Gerüsten ist eine Vielzahl von Verbindungen möglich. Hierzu kommt noch die Mannigfaltigkeit in der Art der Verknüpfung mit andern in den Verbindungen auftretenden Elementen. In den Silikaten der Kesselschlacken sind die SiO_4-Tetraeder oft ketten- bzw. bandförmig angeordnet, was eine nadelige Ausbildung begünstigt. Diese Silikatnadeln und Leistchen sind in den Ansätzen meist mikroskopisch klein. Sie treten jedoch verbreitet in den Ansätzen des Feuerraumes und in den Schlackeglaskügelchen des Flugstaubes und der Ansätze auf. Die große Zahl der Kombinationsmöglichkeiten, die enge Verwandtschaft der Silikate und die Ersetzbarkeit gewisser Atome durch andere (Mischkristallbildung) erschweren teilweise die genaue Feststellung der auftretenden Minerale. Weitere Forschungen sind auf diesem Gebiete erforderlich.

Mullit, $3\ Al_2O_3 \cdot 2\ SiO_2$. Mullit ist in den Feuerraumschlacken und in den Schlackeglaskügelchen als mikroskopischer Bestandteil häufig. Das Mineral kristallisiert im rhombischen System und bildet stets schmale Nädelchen, deren Querschnitt viereckig ist (Abb. 71 u. 72). Mullit kommt auch im Porzellan und ähnlichen keramischen Massen vor. Lichtbrechung $n_\alpha = 1{,}639$; $n_\gamma = 1{,}668$, also höher als das Schlackenglas. Mullit ist selbst in Flußsäure kaum löslich. Schmelzpunkt 1930° C. $D = 3{,}19$. d-Werte der drei stärksten Interferenzen:

3,40 Å (I = 100); 2,21 Å (0 = 90); 1,52 Å (I = 90).

Es existieren, da die Mullitzusammensetzung häufig etwas variiert, noch andere Werte. In diesem Zusammenhang muß noch auf ein dem Mullit eng verwandtes Mineral, den *Sillimanit* oder *Faserkiesel*, $Al_2O_3 \cdot SiO_2$, eingegangen werden. Er ist, wenn er in kleinen Nädelchen vorliegt, vom Mullit nur schwer zu unterscheiden. Es gelingt manchmal auf Grund seiner optischen Eigenschaften. So ist auch der exakte Nachweis seines Vorkommens in den Schlacken und Kesselverschmutzungen noch nicht geführt. Dichte = 3,2. Brechungsindex $n = 1{,}657$—$1{,}682$. Geht oberhalb 1550° C allmählich in Mullit über. Die d-Werte der drei stärksten Interferenzen sind etwa

3,40 Å (I = 100); 2,20 Å (I = 80); 1,52 Å (I = 80).

Leider sind diese Werte nicht ganz eindeutig; es existieren auch noch andere Werte.

Feldspäte. Hierunter sind in der Natur außerordentlich verbreitete Alkali-Erdalkali-Aluminiumsilikate zu verstehen. Der Kalium-, Natrium- und Kalziumgehalt der Kohlemineralsubstanz ermöglicht in Verbindung mit dem reichlich vorhandenen Al_2O_3 und SiO_2 auch in der Kesselschlacke ihre Bildung. Wir unterscheiden zwei Hauptgruppen der Feldspäte:

166 Stoffliche Zusammensetzung der Schlacken und Kesselverschmutzungen

a) Die Kalifeldspäte, $KAlSi_3O_8$. Monoklin kristallisierend: Orthoklas, Sanidin; triklin kristallisierend: Mikroklin. Diese Feldspäte werden nur von Flußsäure angegriffen. Dichte = 2,58.

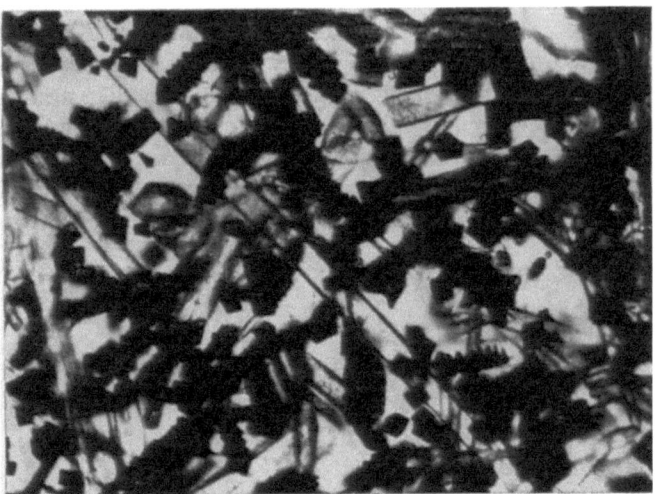

Abb. 71. Lange farblose Mullit-Nadeln neben schwarzen Magnetit-Skelettkristallen in einer Feuerraumschlacke. Dünnschliff, Vergrößerung: 400fach

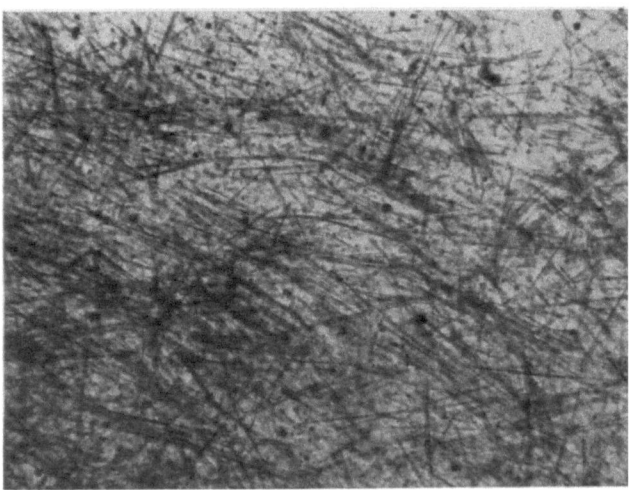

Abb. 72. Lange, dünne Mullitnadeln im Schlackeglas einer Feuerraumschlacke Vergrößerung: 75fach

b) Die Plagioklase oder Kalknatronfeldspäte. Darunter versteht man eine Mischkristallreihe von Natronfeldspat (= Albit, $NaAlSi_3O_8$) und Kalkfeldspat (Anorthit, $CaAl_2Si_2O_8$). Die einzelnen Glieder dieser Mischkristallreihe, die alle triklin kristallisieren, haben bestimmte Namen, die für ein bestimmtes Anorthit/Albit-Verhältnis kennzeichnend sind. Über die Zusammensetzung gibt folgende Tabelle nach RAMDOHR[1] unter Hinzunahme der Dichte und Löslichkeit Auskunft:

Tabelle 46. *Chemische Zusammensetzung der Kalknatronfeldspäte*

Name	Albit (Ab)-Anorthit (An)-Verhältnis in Mol.-%	SiO_2	Al_2O_3	CaO	Na_2O	Dichte	Löslichkeit
Albit	100 Ab	68,6	19,4	—	11,8	2,61	durch HF
Oligoklas	75 Ab 25 An	62,1	23,9	5,2	8,7	2,65	durch HF
Andesin	50 Ab 50 An	55,7	28,3	10,3	5,7	2,69	durch HF
Labradorit	35 Ab 65 An	51,9	31,8	13,3	4,0	2,70	durch HCl zers.
Bytownit	15 Ab 85 An	46,9	34,2	17,2	1,6	2,75	durch HCl zers.
Anorthit	100 An	43,3	36,6	20,1	—	2,77	durch HCl zers.

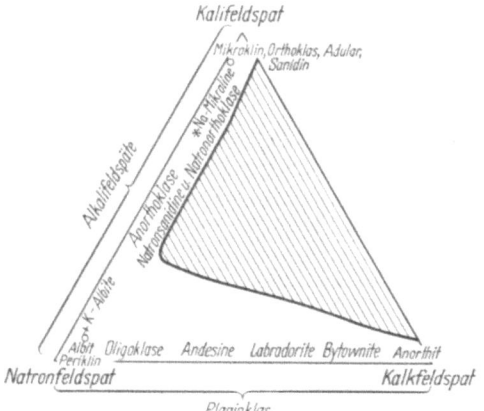

Abb. 73. Dreiecks-Diagramm der Feldspäte. (Schraffiert: Mischungslücke)

Zwischen Kalifeldspat und Natronfeldspat besteht nur eine recht beschränkte Mischbarkeit, während zwischen Kalifeldspat und Kalkfeldspat keine Mischbarkeit vorhanden ist. Das folgende Diagramm gibt vereinfacht Auskunft über die Verhältnisse (Abb. 73).

	Schmelzpunkte	Brechungsindizes
Orthoklas	1200° C	1,518—1,535
Albit	1150° C	1,528—1,538
Anorthit	1560° C	1,576—1,589

[1] RAMDOHR, P.: KLOCKMANNS Lehrbuch der Mineralogie, 14. Aufl. Stuttgart: Enke 1954.

168 Stoffliche Zusammensetzung der Schlacken und Kesselverschmutzungen

Die Mischkristalle von Anorthit und Albit liegen in ihren Schmelzpunkten und Brechungsindizes zwischen den beiden reinen Endgliedern. Die Feldspäte bilden in den Schlacken Nädelchen und Leisten. Gelegentlich treten auch Zwillinge auf. Dann sind zwei oder mehrere Leistchen in bestimmter Orientierung an der Längsseite miteinander verwachsen (Abb. 74).

Enthält eine Schlacke z. B. 4,6 Gew.-% K_2O, so können daraus, vorausgesetzt daß alles K_2O verwertet wird, 27,4 Gew.-% der gesamten

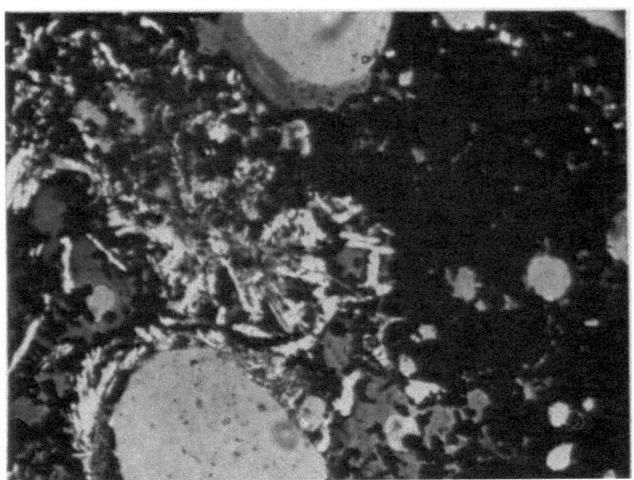

Abb. 74. Plagioklas-Leisten (weißgrau) neben Magnetit (schwarz) in einer Feuerraumschlacke. Halbgekreuzte Nicols. Vergrößerung: 75fach

Schlacke als Kalifeldspat auskristallisieren (die Dichte des Schlackeglases entspricht etwa der der Feldspäte). Dazu sind noch 4,98 % Al_2O_3 und 17,6% SiO_2 erforderlich. Ebenso liefern 0,8 Gew.-% Na_2O und 4,0 Gew.-% CaO 26,97 Gew.-% der gesamten Schlacke als Kalknatronfeldspat von der Zusammensetzung des Bytownits. Dazu bedarf es noch 8,68% Al_2O_3 und 13,46% SiO_2. Bei den in den Steinkohlenschlacken auftretenden Alkali- und CaO-Verhältnissen ist es demnach möglich, daß theoretisch 50 Gew.-% aus Feldspat bestehen. Das tritt, da sich keine Gleichgewichte einzustellen vermögen, nicht ein. Außerdem ist meist schon ein erheblicher Teil des Al_2O_3 bzw. des SiO_2 als Korund und als Mullit gebunden. Die d-Werte der drei stärksten Interferenzen betragen:

Orthoklas: 3,18 Å (I = 100); 4,02 Å (I = 90); 3,80 Å (I = 80)
Albit: 3,20 Å (I = 100); 4,05 Å (I = 35); 3,66 Å (I = 25)
Anorthit: 3,19 Å (I = 100); 2,51 Å (I = 70); 4,04 Å (I = 40).

Es sind noch andere Werte bekannt.

Wollastonit, $CaO \cdot SiO_2$, monoklin kristallisierend, kann 76 Mol.-% $FeO \cdot SiO_2$ in sein Kristallgitter aufnehmen, ohne seinen Gitterbau zu ändern. ROST und NEY[1] bezeichnen diese Art von Mischkristallen als Wollastonitphase (s. Abb. 81, Tafel I vor S. 171). Die Wollastonitphase bildet in den Schlackenansätzen des Feuerraums feine braune Fäserchen und eigenartig eingekerbte Leisten, die manchmal wie Hellebarden aussehen können (vgl. ROST u. NEY [a. a. O. S. 205] Bild 15). Wollastonit geht bei 1190° C in Pseudowollastonit über, der bei 1540° C schmilzt.

Hedenbergit, $(CaO \cdot FeO) \cdot 2\,SiO_2$, ebenfalls monoklin kristallisierend, aber mit anderem Gitterbau als der Wollastonit. Das Mineral kann mit bis zu 78% $FeO \cdot SiO_2$ Mischkristalle bilden (Hedenbergitphase). ROST und NEY konnten zeigen, daß sich in den Partien des Schlackeglases, die 85—100% Wollastonitzusammensetzung enthielten, bei der Abkühlung nur Wollastonitphase ausbildete. War die Zusammensetzung an der Stelle der Schmelze entsprechend 47—85% Wollastonit, so kristallisierte beim Abkühlen reiner Wollastonit und reiner Hedenbergit aus. Hedenbergitphase bildete sich aus der Schmelze, wenn der Prozentsatz an Wollastonitkomponenten 24—47% betrug.

Wollastonit zersetzt sich mit konzentrierter Salzsäure, während Hedenbergit praktisch unangreifbar ist, ebenso die Hedenbergitphase.

	Dichte	Brechungsindizes
Wollastonit	2,91	$n_\alpha = 1{,}618,\ n_\gamma = 1{,}636$
Hedenbergit	3,62	$n_\alpha = 1{,}737,\ n_\gamma = 1{,}756$

Die d-Werte der drei stärksten Interferenzen sind

Wollastonit: 2,97 Å (I = 100); 3,30 Å (I = 80); 1,71 Å (I = 80)
Hedenbergit: 3,05 Å (I = 100); 2,56 Å (I = 100); 1,64 Å (I = 80).

Es gibt noch einige Schlackensilikate, die wegen ihres hohen Kalziumgehaltes fast nur in den kalziumreichen Braunkohlenschlacken vorkommen. Die zwei wichtigsten seien deshalb erwähnt.

Melilith-Gruppe. Diese Verbindungen wurden besonders von ROST und NEY beschrieben, die sie als *Melilithphase* bezeichnen. Es handelt sich dabei um Mischkristalle der Minerale *Gehlenit*, $2\,CaO \cdot Al_2O_3 \cdot SiO_2$, und *Åkermanit*, $2\,CaO \cdot MgO \cdot 2\,SiO_2$. Beide Verbindungen enthalten etwa 40% CaO. Die Minerale der Melilithgruppe sind farblos bis graugelb und zersetzen sich mit Salzsäure. Eisen kann in ihnen z. T. sowohl das Aluminium als auch das Magnesium ersetzen. Die Minerale kristallisieren im tetragonalen Kristallsystem. Mikroskopisch zeigen die Melilithe rechteckige bis leistenförmige Formen. Häufig haben die Kristalle

---

[1] s. S. 161, Fußn. 1.

170 Stoffliche Zusammensetzung der Schlacken und Kesselverschmutzungen

massenhaft Glaseinschlüsse. Auch Skelettbau, bei dem die Kanten der Kristalle scherenförmig zerspalten erscheinen, kommt vor (Abb. 75).

	Dichte	Brechungsindizes
Gehlenit	3,05	$n = 1{,}669\text{—}1{,}658$
Åkermanit	3,18	$n = 1{,}663\text{—}1{,}639$.

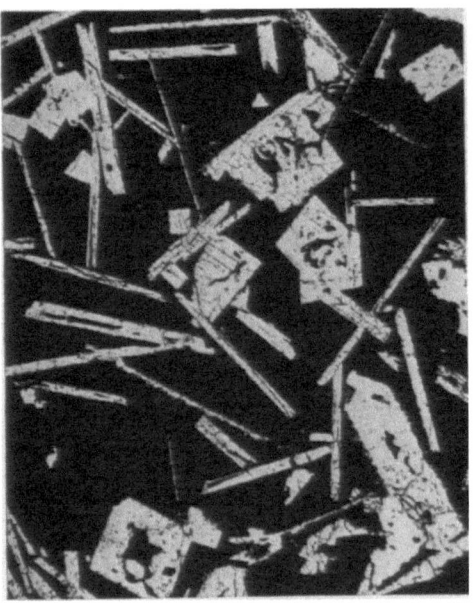

Abb. 75. Melilith-Kristalle in einer Bleihüttenschlacke
Vergrößerung: 75fach

Die d-Werte der drei stärksten Interferenzen sind:

Gehlenit: 2,85 Å (I = 100); 1,75 Å (I = 100); 2,43 Å (I = 70)
Åkermanit: 2,87 Å (I = 100); 1,76 Å (I = 80); 3,09 Å (I = 79).

Dikalzium-Silikat, $2\,CaO \cdot SiO_2$. Es ist eine farblose schwach lichtbrechende Verbindung, die in den Feuerraumschlacken der Braunkohlenkessel mikroskopisch wahrnehmbar ist.

Die d-Werte der drei stärksten Interferenzen betragen:

2,77 Å (I = 100); 2,71 Å (I = 100); 2,18 Å (I = 75).

3. Siliziumdioxyd

SiO_2. Eine besondere Stellung unter den Mineralen der Schlacken und Kesselverschmutzungen nimmt die Kieselsäure ein. Man trifft sie fast niemals als Quarz in kristallisierter Form und nur selten als Cristobalit,

Tafel I

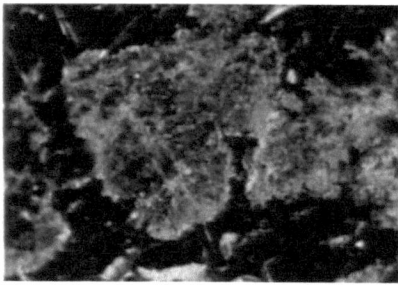

Abb. 76. Konkretionärer Eisenspat, teilweise zu Eisenhydroxyd verwittert. Vergrößerung: 50fach

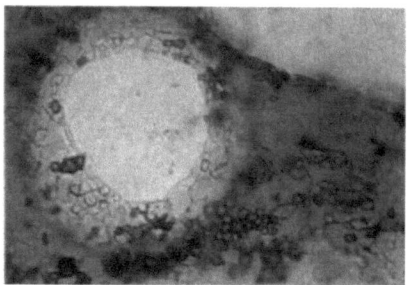

Abb. 77. Farblose Korundtäfelchen um eine Blase in einer Feuerraumschlacke ausgeschieden. Daneben grüne Hercynit-Oktaeder in gelblichem Schlackeglas. Dünnschliff. Vergrößerung: 250fach

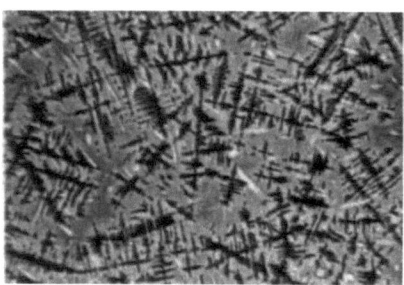

Abb. 78. Schwarze Skelettkristalle von Magnetit neben farblosen Mullitnadeln in braunem Schlakkeglas einer Feuerraumschlacke. Dünnschliff. Vergrößerung: 100fach

Abb. 79. Braune Spinelloktaeder, die teilweise miteinander verwachsen sind, im gelblichen Schlackeglas einer Feuerraumschlacke. Dünnschliff. Vergrößerung: 500fach

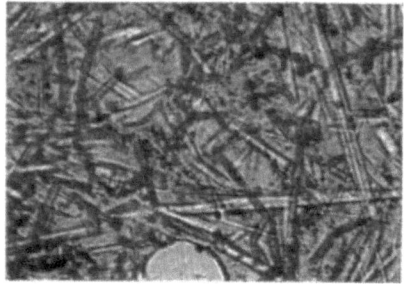

Abb. 80. Wurmförmig gekrümmte und verwachsene Spinellkristalle (braun) neben farblosen Mullit-Nädelchen und gelblichem Schlackeglas in einer Feuerraumschlacke. Dünnschliff. Vergrößerung: 500fach

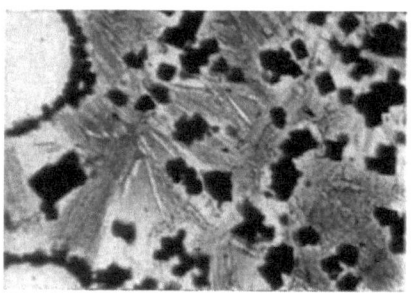

Abb. 81. Braune Fäserchen von *Wollastonitphase* und helle Wollastonit-Nadeln neben gelblichem Schlackeglas einer Feuerraumschlacke. Dünnschliff. Vergrößerung: 250fach

Gumz/Kirsch/Mackowsky, Schlackenkunde   Springer-Verlag, Berlin/Göttingen/Heidelberg

sondern vor allem als Hauptbestandteil des Schlackeglases an. Dieses Kieselsäureglas stellt stofflich die Hauptmenge der Schlacken und Verschmutzungen dar, da nahezu 50% der Steinkohlenasche SiO_2 ist. Den strukturellen Bau des Kieselsäureglases muß man sich als einen ungeregelten Verband von SiO_4-Tetraedern (s. Abb. 14, S. 51) vorstellen. Silizium ist ein hervorragender *Netzwerkbildner* solcher wenig geordneten Netzwerke, aber auch Aluminium, Phosphor u. a. sind dazu befähigt. Tatsächlich vermögen auch Aluminium und Phosphor das Silizium im Schlackeglas bis zu einem gewissen Grade zu vertreten. Die Verbindung der SiO_4-Tetraeder erfolgt über Sauerstoffbrücken. Ob auch, wie in natürlichen Gläsern, gelegentlich Wasserstoffbrücken vorhanden sind, ist noch nicht nachgeprüft. Nicht zur Glasbildung befähigt sind Elemente, wie Kalium, Natrium, Magnesium, Kalzium usw. Diese Elemente treten stets in Schlackegläsern auf. Sie lagern sich dabei in die Lücken des wenig kompakten SiO_4-Tetraedergerüstes ein. Sie beeinflussen die Eigenschaften des Schlackeglases, wie Schmelzpunkt, Viskosität, Farbe usw., ganz wesentlich. Es sind *Netzwerkwandler*. Besonders Alkaligehalte führen zur Schmelzpunkterniedrigung. Die sogenannte *abgezogene Schlacke* besteht nahezu hundertprozentig aus Glas, ebenso die Schlackeglaskügelchen des Flugstaubes. Weitgehend glasig sind auch die Schlacken der Feuerräume. Fast reines Kieselsäureglas, nur etwas mit Kalium verunreinigt, stellen diejenigen Kieselsäurekügelchen dar, die durch Abdampfen von SiO aus der flüssigen Schlacke oder durch Reduktion von Tonmineralen und Quarz zu SiO durch Kohle entstanden sind. Dieses SiO wird schnell zu SiO_2 reoxydiert und wird in Form kleiner Kieselglaskügelchen vom Rauchgasstrom mitgerissen. Die Kügelchen, die Durchmesser von weniger als 2 μ haben, finden sich als Füllmasse und Bindemittel zwischen den größeren Schlackeglaskügelchen der Ansätze wieder.

Tabelle 47. *Physikalische Eigenschaften verschiedener Kieselsäureverbindungen*

	Brechungsindizes	Dichte	Löslichkeit
Reines SiO_2-Glas	1,49	2,2	HF
Schlackeglas	etwa 1,57	etwa 2,7	HF
Kieselglaskügelchen des Bindemittels	1,51	unbest.	HF
Cristobalit	1,48	2,33	HF

Die d-Werte der drei stärksten Interferenzen des Tief-Cristobalits betragen:

$$4{,}04 \text{ Å (I = 100); } 2{,}49 \text{ Å (I = 18); } 2{,}85 \text{ Å (I = 14)}.$$

4. Sulfate

Die reichliche Schwefelabspaltung aus den Eisendisulfiden, sonstigen schwefelhaltigen Mineralen der Einsatzkohle und aus der Kohle selbst verursacht im Feuerraum eine ständige Durchdampfung der sich bildenden Ansätze mit Schwefeloxyden. Das führt zur Bildung sulfathaltiger Minerale. Es handelt sich dabei vorwiegend um komplexe Sulfate der Metalle Kalium, Natrium, Eisen, Kalzium, Magnesium und Aluminium. ANDERSON und DIEHL[1] konnten röntgenographisch $Na_3Fe(SO_4)_3$ und $KAl(SO_4)_3$ nachweisen. Auch $CaSO_4$ ist zu finden. Die vorwiegend komplexen Sulfate bilden ein ausgezeichnetes Bindemittel innerhalb der Ansätze. Die Schmelztemperaturen einiger Sulfate zeigt die Tab. 68, S. 221.

Einige Angaben über die möglichen Schmelzpunkte komplexer Sulfate lassen sich einer Arbeit von BELLANCA[2] entnehmen. Nach der chemischen Analyse enthält ein Überhitzerrohr-Ansatz in wasser- und säurelöslicher Form 1,12% CaO, 1,83% Na_2O und 8,85% K_2O und im Überschuß SO_3. Es ist sicher, daß diese Elemente einen Hauptteil des Bindemittels darstellen. Auf Sulfate umgerechnet ergeben sich:

15 Mol.-% $CaSO_4$, 21 Mol.-% Na_2SO_4, 65 Mol.-% K_2SO_4 .

Nach BELLANCA liegt der Schmelzpunkt einer Verbindung von 15 Mol.-% $CaSO_4$ und 25 Mol.-% Na_2SO_4 und 60 Mol.-% K_2SO_4 zwischen 915—933° C.

Für das Bindemittel eines Siederohransatzes von 22 Mol.-% $CaSO_4$ und 12 Mol.-% Na_2SO_4 und 66 Mol.-% K_2SO_4 ergibt sich ein Schmelzpunkt zwischen 935—971° C. Eine Zwischenschicht zwischen Schlacke und Rohr eines Feuerraumes mit 19 Mol.-% $CaSO_4$ und 40 Mol.-% Na_2SO_4 und 41 Mol.-% K_2SO_4 ergibt einen Schmelzpunkt zwischen 845—860° C. Da aber auch noch Eisen- und Aluminiumsulfate beteiligt sind, wird der Schmelzpunkt noch weiter herabgedrückt. Der Einfluß des Magnesiums ist noch nicht erfaßt worden. Die mineralogisch-kristallographischen Daten der komplexen Sulfate sind weitgehend unbekannt.

Anhydrit, $CaSO_4$ kristallisiert im rhombischen System und ist farblos. Es tritt in mikroskopisch kleinen Körnern in den Rohransätzen auf. Anhydrit ist im Wasser schwer, besser in Salzsäure löslich. Beim Eindampfen der Lösung scheidet sich aus dem Wasser Gips = $CaSO_4 \cdot 2\,H_2O$ und aus Salzsäure wieder Anhydrit ab. Der Schmelzpunkt liegt bei 1297° C. Anhydrit findet sich auch in Ansätzen der mit Braunkohle betriebenen Kessel. Brechungsindex $n_\alpha = 1{,}57$, $n_\gamma = 1{,}614$. $D = 2{,}96$. d-Werte der drei stärksten Interferenzen sind

3,50 Å (I = 100); 2,85 Å (I = 33); 2,33 Å (I = 22.)

---

[1] ANDERSON, C. H., u. E. K. DIEHL: Bonded fireside deposits in coalfired boilers. A progress report on the manner of formation. Am. Soc. mech. Eng. Paper No. 55—A—200. Nov. 1955.

[2] BELLANCA, A.: L'aftitalite nel sistema ternario K_2SO_4-Na_2SO_4-$CaSO_4$. Periodico di Mineralogia Bd. XIII (1942) Nr. 1, S. 21/86.

Die d-Werte der drei stärksten Interferenzen für einige komplexe Sulfate sind

KAl(SO$_4$)$_2$ 3,63 Å (I = 100); 2,86 Å (I = 67); 2,36 Å (I = 42)

Na$_3$Fe(SO$_4$)$_3$ 3,18 Å (I = 100); 6,80 Å (I = 75); 3,04 Å (I = 75).

5. Komplexe Phosphate

Die Ansätze zeigen gelegentlich auch hohen Phosphatgehalt. Dabei liegt der Phosphor vorwiegend in säurelöslicher Verbindung vor, zu einem gewissen Prozentsatz aber auch in unlöslicher Form. Die entstehenden Verbindungen sind nur sehr unzulänglich bekannt. Es dürfte sich um komplexe Phosphate und Pyrophosphate der Metalle Kalzium, Magnesium, Kalium, Natrium, Aluminium und Eisen handeln. Der unlösliche Teil des Phosphors liegt als Glas vor, da Phosphor, ähnlich wie Silizium, ein Glasbildner ist.

Tabelle 48. *Schmelzpunkte einiger Phosphate*

NaPO$_3$	619° C
KPO$_3$	817° C
Ca(PO$_4$)$_3$	975° C
K$_3$PO$_4$	1340° C
Mg$_2$P$_2$O$_7$	1383° C
AlPO$_4$	1500° C

Das Bindemittel der Ansätze besteht zu einem erheblichen Teil aus einem Gemisch dieser wasserlöslichen Phosphate und Sulfate, das in manchen Fällen bei 900° C teilweise schmilzt.

6. Sulfide

Magnetkies, Pyrrhotin, FeS. Man findet dieses Mineral gelegentlich als Rückstand des Pyritzerfalls in den Schlacken des Feuerraumes und in der abgezogenen Schlacke. Es sitzt als Wandauskleidung in kleinen Hohlräumen der Schlacke, kommt aber auch in Form von Körnchen vor. Magnetkies in der Schlacke ist schwarz bis undurchsichtig dunkelbraun. Mit HCl entwickelt er Schwefelwasserstoff. Dichte = 5,64. Die d-Werte der drei stärksten Interferenzen liegen bei

20,6 Å (I = 100); 2,63 Å (I = 50); 1,72 Å (I = 40).

Oldhamit, CaS. Das Auftreten dieses Minerals wird besonders bei Verbrennungsprodukten der Braunkohlen (OTTEMANN[1]) beobachtet. Es entsteht durch Verbindung des Schwefels mit dem Kalzium des Kalziumhumates oder durch Reduktion des CaSO$_4$:

$$CaSO_4 + 3\,C \rightarrow CaS + CO_2 + 2\,CO. \qquad (59)$$

---

[1] OTTEMANN, J.: Über die Mineralbestandteile von Braunkohlenaschen und ihre Bedeutung für die Beurteilung von Aschenbindern. Mitt. a. d. Labor d. Geol. Dienstes. N. F. H. 1. Berlin: Akademie-Verlag 1951.

174 Stoffliche Zusammensetzung der Schlacken und Kesselverschmutzungen

CaS geht nach ZINZEN[1] mit $CaSO_4$ eine eutektische Mischung ein, die bei 850° C kongruent schmilzt. Oldhamit kristallisiert kubisch und bildet hoch lichtbrechende farblose bis bräunliche Körnchen. Die d-Werte der drei stärksten Interferenzen betragen

2,85 Å (I = 100); 2,00 Å (I = 100); 1,27 Å (I = 60).

B. Schlackenpetrographie der mit Steinkohlen gefeuerten Kessel

Die Kenntnis der Schlackenminerale ermöglicht die Aufklärung der Zusammensetzung, der Eigenschaften und der Bildungsbedingungen von Schlacken, Kesselverschmutzungen und Flugstäuben. Die Verschieden-

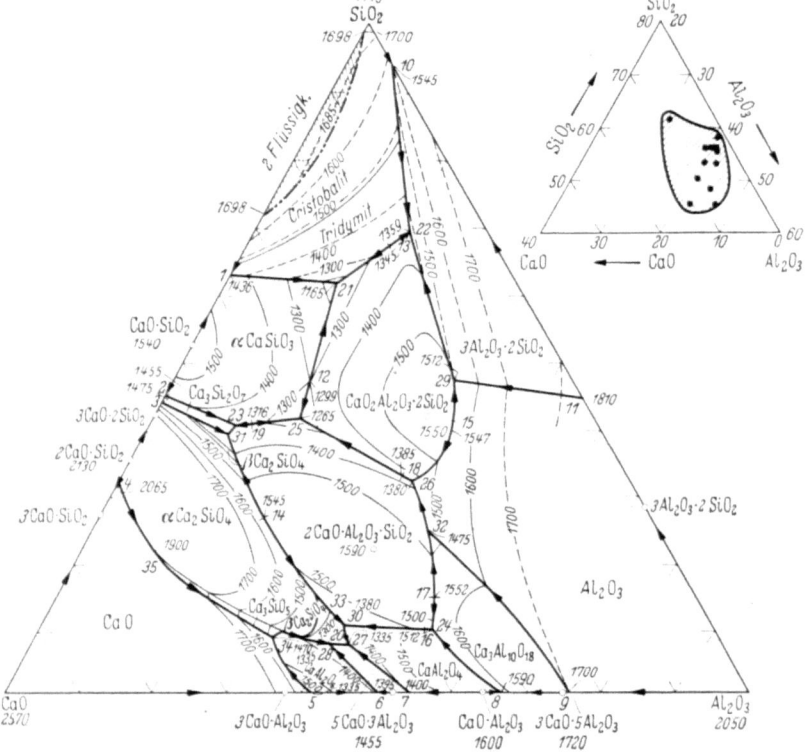

Abb. 82. System SiO_2-Al_2O_3-CaO (nach RANKIN ergänzt und berichtigt von GREIG und WRIGHT)

heit der technischen Voraussetzungen bzw. der mineralischen Zusammensetzung erfordert eine getrennte Behandlung der Produkte aus mit Steinkohle gefeuerten Großkesseln, aus mit Koks gefeuerten Zentralheizungskesseln und aus mit Braunkohle gefeuerten Großkesseln.

---

[1] vgl. S. 203, Fußn. 3.

Silikatchemische Vorbemerkungen. Die Analyse von Steinkohlenaschen (vgl. Tab. 24, S. 77) zeigt, daß mengenmäßig SiO_2, Al_2O_3 und FeO als Hauptkomponenten auftreten, so daß das Dreistoffsystem SiO_2–Al_2O_3–FeO auch bei den Feuerungsschlacken eine wichtige Rolle spielt. Sich lediglich auf dieses System zu beschränken, hieße aber, unzulässige Vereinfachungen vorzunehmen, da die Alkalien und die Erdalkali-Oxyde das Dreistoffsystem stark beeinflussen. Es wäre demnach wünschenswert, vom Fünfstoffsystem SiO_2–Al_2O_3–FeO–K_2O–CaO ausgehen

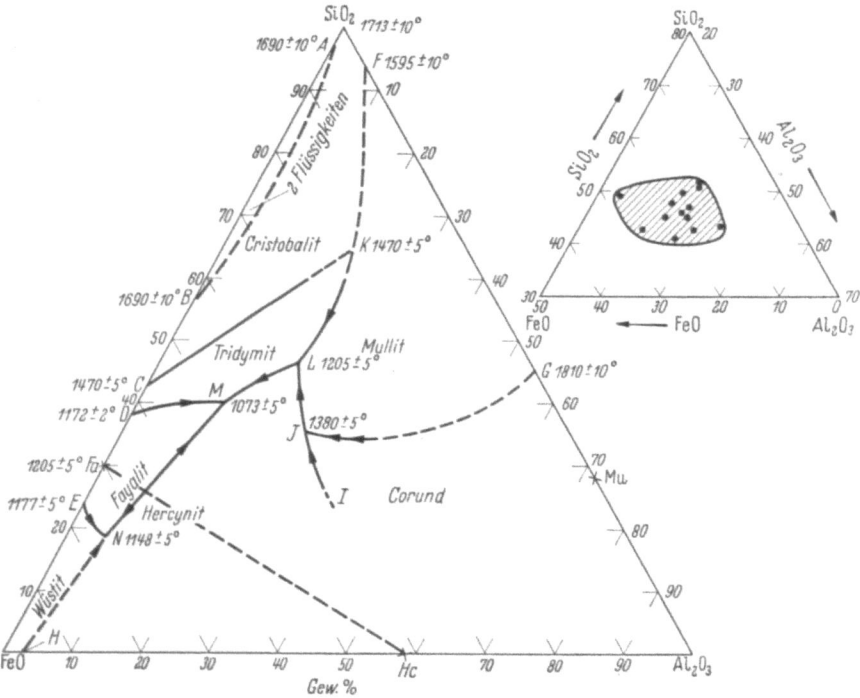

Abb. 83. System SiO_2-Al_2O_3-FeO (nach SCHAIRER)

zu können. Es ist jedoch nicht möglich, ein solches Vielstoffsystem übersichtlich darzustellen (vgl. Kap. VIII, S. 201 ff.) und dadurch die Verhältnisse zu überblicken. Es soll deshalb genügen, drei Teilsysteme SiO_2–Al_2O_3–FeO, Al_2O_3–SiO_2–CaO und SiO_2–Al_2O_3–K_2O (EITEL[1,2]) abzubilden. Die Erforschung des gesamten Systems SiO_2–Al_2O_3–K_2O stieß auf besondere Schwierigkeiten, da diese Verbindungen hartnäckig zur Glasbildung neigen. Die Diagramme erhält man meist

---

[1] EITEL, W.: Physikalische Chemie der Silikate. 2. Aufl. S. 405, 420. Leipzig: Joh. Ambr. Barth 1941.

[2] —: The Physical Chemistry of the Silicates. S. 175. Chicago-Ill.: The University of Chicago Press 1954.

dadurch, daß man möglichst viele verschiedene Mischungen der Komponenten herstellt und diese schmilzt. Bei der Abkühlung mißt man dann die Temperatur der Ausscheidung der Kristalle, deren Zusammensetzung und Eigenschaften bestimmt werden. So kann man in einem Diagramm auftragen, welche Zusammensetzung bei welcher Temperatur welche Kristallart liefert (Abb. 82—84).

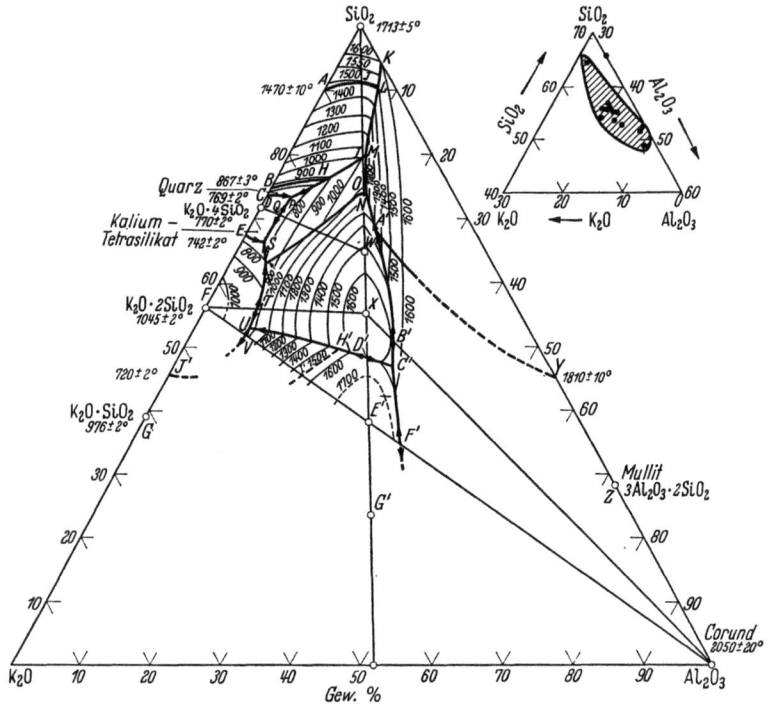

Abb. 84. System SiO_2-Al_2O_3-K_2O (nach Schairer und Bowen)

In den Systemen wurde die ungefähre Zusammensetzung der Steinkohlenasche durch eine schraffierte Fläche gekennzeichnet (s. die Nebenfiguren zu Abb. 82—84). Braunkohlenaschen weisen zu hohe Streuungen auf, um einem enger begrenzten Bereich zugeordnet werden zu können. Die Diagramme geben also einen Anhalt dafür, welche Schlackenminerale sich aus den Schmelzen der auf Feuerraumtemperatur erhitzten Kohlenmineralgemische bilden können. Dazu ist jedoch einschränkend zu sagen, daß derartige Dreistoffdiagramme im Laboratorium unter Bedingungen erarbeitet worden sind wie völlige Homogenität der Schmelze, ausreichende Zeit zum Einstellen von Gleichgewichten und selbstverständlich absolute Reinheit der Komponenten, Bedingungen, die bei Feuerungs- und Ofenschlacken niemals verwirklicht sein werden. Bei der meist relativ raschen Abkühlung der Schmelzen im Kessel kommt es — infolge der Neigung des SiO_2 zur Unterkühlung —, niemals zur Auskristallisierung aller theoretisch bildungsfähigen Minerale. Meist bleibt die Hauptmenge glasig.

1. Der Glaszustand

Mit den Gesetzen der Glasbildung hat sich bereits G. TAMMANN befaßt, als er über die Vorgänge beim Schmelzen und Kristallisieren arbeitete (TAMANN[1, 2, 3]).
Er stellte fest, daß mit der zunehmenden Unterkühlung einer Silikatschmelze die Viskosität zunahm, bis schließlich eine Ausbildung von Glas erfolgte. Einen wesentlichen Beitrag zum strukturellen Aufbau der Gläser leistete ZACHARIASEN[4]. Er erkannte, daß Kieselsäureglas aus SiO_4-Tetraedern (Abb. 14, S. 51) aufgebaut wird. Die Verbindung dieser Tetraeder erfolgte über eine Ecke hinweg, so daß jedes Si-Atom mit zwei Sauerstoffatomen innerhalb des gesamten Netzwerkes verbunden ist. Für die Ausbildung eines Oxydglases sind nach ZACHARIASEN folgende Regeln bindend:

1. Kein Sauerstoffatom darf an mehr als zwei Atome Si gebunden sein.

2. Die Sauerstoffpolyeder (im Falle des Siliziums SiO_4-Tetraeder) haben nur Ecken, niemals Kanten oder Flächen gemeinsam.

3. Wenigstens drei Ecken jedes Sauerstoff-Polyeders müssen mit anderen gemeinsam sein.

4. Die Anzahl der Sauerstoff-Atome, die das Si-Atom (auch andere Atome sind möglich) umgeben, muß klein (3 oder 4) sein.

Durch röntgenographische Untersuchungen gelang es WARREN[5], die Auffassungen von ZACHARIASEN zu bestätigen. Die Abb. 85 gibt ein zweidimensionales Bild einer Glasstruktur, wie man sie sich nach den Angaben von ZACHARIASEN und WARREN vorzustellen hat. Das Bild ist auch insofern vereinfacht, als die Sauerstoffatome im Verhältnis zu den Si-Atomen viel zu klein gezeichnet sind. Das Silizium ist in Wirklichkeit gerade so groß, daß es den Raum zwischen vier Sauerstoffatomen ausfüllt. Es ist unschwer einzusehen, daß auch andere Atome (*Netzwerkbildner*), die ähnliche Größe und ähnliche Ladung wie Silizium haben,

---

[1] TAMMANN, G.: Kristallisieren und Schmelzen. Leipzig: J. A. Barth 1903.
[2] —: Über die Viskosität unterkühlter Flüssigkeiten. Zeitschr. f. physikal. Chemie Bd. 28 (1899) Nr. 1, S. 17/32.
[3] —: Der Glaszustand. S. 22. Leipzig: Leop. Voss 1933.
[4] ZACHARIASEN, W. H.: The atomic arrangement in glass. Journ. Am. Chem. Soc. Bd. 54 (1932) S. 3841/3851.
[5] WARREN, B. E.: Summary of work on atomic arrangements in glass. Journ. Am. Ceram. Soc. Bd. 24 (1941) Nr. 8, S. 256/261.

178 Stoffliche Zusammensetzung der Schlacken und Kesselverschmutzungen

ebenfalls zur Bildung von Gläsern befähigt sind. Dies trifft tatsächlich für Phosphor, Bor, Vanadium, Magnesium usw. zu. Diese Atome vermögen also gemeinsam mit den sie umgebenden Sauerstoffatomen ungeregelte Netzwerke zu bilden, die Glas darstellen. Das Glas steht somit in seiner strukturellen Ordnung zwischen der ungeordneten Flüssigkeit und dem streng strukturell geordneten Kristall. Auch Aluminium vermag das Silizium im Silikatglas teilweise zu ersetzen, obwohl es etwas größer ist. Wie aus der Abbildung ersichtlich ist, vermag das Netzwerk von SiO_4-Tetraedern in seine Lücken noch andere Elemente aufzunehmen. Es sind dies u. a. Kalium, Natrium, Lithium, Kalzium, Zink, Magnesium und Blei. Diese *Netzwerkwandler* sind selbst nicht zur Glasbildung befähigt, sie beeinträchtigen das Glas nur insoweit, als durch sie gewisse physikalische und chemische Eigenschaften verändert werden, der Glaszustand als solcher aber erhalten bleibt. Die Netzwerkwandler, die kein regelloses räumliches Netzwerk zu bilden vermögen, spalten sogar die Bindungen zwischen Silizium und Sauerstoff teilweise auf (FLÖRKE[1]), und es bilden sich Trennstellen, die den Vernetzungsgrad herabsetzen. Dadurch ist z. B. die Verminderung der Viskosität von Kieselglas durch Alkali- oder CaO-Zugabe zu erklären. Auch OH-Gruppen und Sulfidkomplexe können in den Gläsern vorliegen. DIETZEL und Mitarbeiter[2] konnten nachweisen, daß in der Schmelze alle Glasbestandteile (Na_2O, SiO_2, CaO) der von ihnen untersuchten Gläser verdampfen. Mit steigendem Wasserdampfpartialdruck steigt die spezifische Verdampfung. Alkalien verdampfen am stärksten, da diese am schwächsten in der Struktur gebunden sind. Fluor, das aus Apatiten stammen kann, fördert die Verdampfung von SiO_2. Die Bearbeiter weisen darauf hin, daß die aus der Glasschmelze ausdampfenden Substanzmengen erheblicher sind als zunächst angenommen wurde. Damit kommt dieser Ausdampfung auch eine Rolle bei den Kesselverschmutzungen zu (vgl. S. 224).

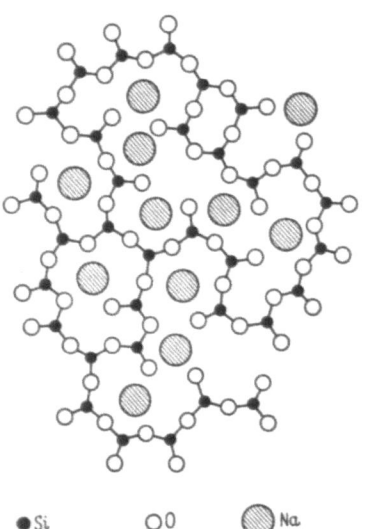

Abb. 85. Zweidimensionale Darstellung eines Natrium-Silikatglases (nach B. E. WARREN)

---

[1] FLÖRKE, O., L. H. LEHNERT u. H. SCHOLZE: Einführung in die Grundlagen der Glasstruktur. Glastechn. Ber. Bd. 29 (1956) Nr. 5, S. 169/174.

[2] DIETZEL, A., u. L. MERKER: Verdampfung aus geschmolzenem Glas. Vortrag gehalten auf dem IVe Congrès International du Verre. Paris 1956.

Da die im Feuerraum geschmolzenen Mineralbestandteile, mit Ausnahme der im Feuerraum verbleibenden Schlacken, rasch abgekühlt werden, ist Kieselsäureglas, in dem auch Aluminium, Phosphor, Alkalien usw. enthalten sind, der Hauptbestandteil der Schlacken und der Heizflächenverschmutzungen. Lediglich in den Schlackenansätzen des Feuerraums, wo eine langsame Abkühlung möglich ist, ist ein erheblicher Teil des Schlackeglases zu verschiedenen Mineralen auskristallisiert. Die Grundmasse bleibt aber in jedem Falle glasig. Im folgenden sollen die Schlacken und Verschmutzungen aus verschiedenen Teilen des Kessels auf ihre petrographische Zusammensetzung hin untersucht werden.

2. Schlackengranulat

Diese abgezogene und meist in Wasser rasch abgekühlte und dadurch granulierte Schlacke besteht vorwiegend aus gelblichem, durchsichtigem Kieselglas. Die beigegebenen Analysen (Tab. 49) lassen erkennen, daß typischerweise nahezu alles Eisen in dem Granulat als FeO, also in zweiwertiger Form, vorliegt. Fe^{++} lagert sich in die Lücken des Netzwerkes der SiO_4-Tetraeder ein. Der Gehalt an leicht flüchtigen Stoffen, wie Schwefeloxyden, Wasser usw., ist begreiflicherweise gering. Der Kieselsäuregehalt beläuft sich auf nahezu 50%. Auch Alkalien, die nicht so schnell flüchtig sind, wie oft angenommen, finden sich in erheblicher Menge. Verbrennliches tritt in wechselnder, aber meist sehr geringer Menge bis herunter zum Wert Null auf. Das Dünnschliffbild dieser Schlacke zeigt ein mehr oder weniger schlieriges Glas, in dem nur selten feine Nädelchen, häufig um eingeschlossene Luftblasen herum, auskristallisiert sind. Dabei handelt es sich vorwiegend um Mullitnädelchen. Sonst finden sich in diesem Schlackeglas scharenweise dunkle Teilchen, die aus Magnetkies, metallischem Eisen

Tabelle 49. *Analysen von Schlackengranulaten*[1]

	1	2	3
C	—	Sp	0,6
SiO_2	49,7	49,3	48,6
Al_2O_3	30,9	28,6	27,5
Fe_2O_3	0,9	0,5	1,9
FeO	6,3	12,4	9,8
CaO	3,9	2,0	4,0
MgO	1,8	1,4	2,1
Na_2O	0,8	0,8	0,9
K_2O	4,3	4,0	4,5
SO_3	0,2	0,3	—
P_2O_5	1,0	0,4	0,2
MnO	—	—	0,1
ZnO	—	—	0,1
Dichte	2,64	unb.	2,65

1. Schlackengranulat eines Naturumlaufkessels, VKW, Baujahr 1953, 100/125 t/h (Brennkammertemperatur 1650° C).
2. Schlackengranulat eines Benson-Kessels, Borsig-VKW, Baujahr 1942, mit Staubfeuerung geliefert und 1955 auf VKW-Schmelzkammerfeuerung umgebaut. 80 t/h (Schmelzkammertemperatur 1700° C).
3. Schlackengranulat eines Naturumlaufkessels, Maschinenfabrik Buckau, Baujahr 1940, 68/85 t/h (Feuerraumtemperatur etwa 1450° C).

---

[1] Analysen des Chemischen Laboratoriums der Ruhrkohlen-Beratung G.m.b.H., Essen.

180 Stoffliche Zusammensetzung der Schlacken und Kesselverschmutzungen

und Spuren von Koks und ähnlichem bestehen. In Kesseln, die mit verschmutzungsvermindernden Salzen versetzt worden sind, zeigen die abgezogenen Schlacken oft verstärkte Schlierenbildung und eine erhöhte Neigung zur Entglasung. Dies ist vermutlich auf die in den Salzen häufig enthaltenen feinverteilten Schwermetallsalze zurückzuführen, deren Mineralisatorwirkung bekannt ist (Abb. 86).

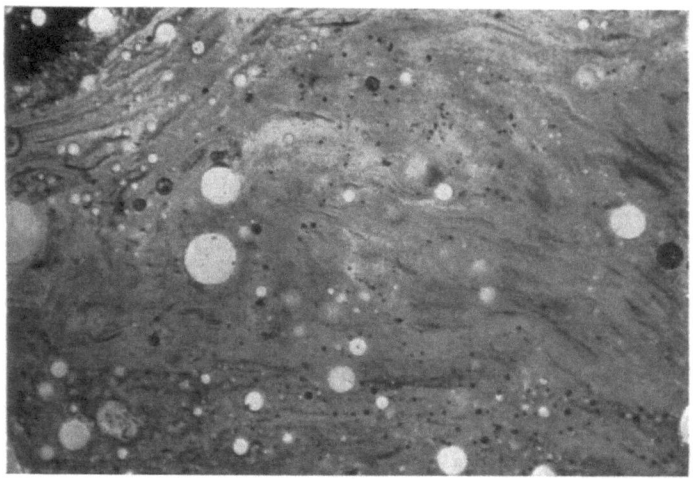

Abb. 86. Dünnschliff eines Schlackegranulates aus einem mit verschmutzungsverhindernden Salzen versetzten Kessel. Vorwiegend gelbliches Schlackeglas mit unzähligen kleinen organischen und anorganischen Resten. Linke obere Ecke: Mullit-Nädelchen. Vergrößerung: 500fach

3. Schlacken als Ansätze in Brennkammern (Hochtemperaturbereich)

Diese Schlacken entstehen dadurch, daß sich Flugschlacketeilchen, zum großen Teil in geschmolzenem Zustand, an den Wänden der Feuerräume usw. absetzen. Hierzu gehören auch die im Brennstoffbett von Rostfeuerungen gebildeten Schlacken, die dort den schmelzflüssigen Zustand durchlaufen und sich unter der kühlenden Wirkung der Verbrennungsluft wieder verfestigt haben, ehe sie vom Rost abgeworfen werden. Die auftretenden Temperaturen reichen stets aus, um große Anteile der Mineralsubstanz aufzuschmelzen. In dieser Schmelze werden dann auch an sich bei den vorliegenden Temperaturen nicht schmelzende Partikel, wie CaO usw., gelöst. Von den Rohren und der Bestiftung der Rohre und vom Rostbaustoff kann von der Schmelze Eisen aufgenommen werden. In Rohrwandnähe ist deshalb die Schlackenschmelze stark eisenhaltig, was zur Ausbildung eisenhaltiger Schlackenminerale (Magnetit) führt. Auch siliziumhaltige und chromerzhaltige Wandauskleidungen (Stampfmassen) werden korrodiert. Aus chromhaltigen Schmelzen scheiden sich braune Chromitspinelle aus.

Geschmolzene Schlacke kann als ein Lösungsmittel für Eisen angesehen werden. Sobald eine Sättigung der Schmelze erfolgt ist, kann deshalb keine weitere Auflösung von Eisen stattfinden. Durch eine Bestiftung der Feuerraumrohre wird eine Schlackehaut erzeugt, die am schnellen Abfließen verhindert ist. Diese flüssige Haut löst Eisen, besonders aus der Bestiftung, bis zur Sättigung. Über die Sättigung hinaus ist keine Lösung möglich. Die eisengesättigte Schlackehaut wirkt deshalb als Schutzschicht der Feuerraumrohre gegen weitere Erosion und Korrosion. Ohne Bestiftung wird die flüssige Schlacke an den Wänden ständig erneuert und bewirkt eine ununterbrochene Lösung des Rohrwandmaterials. Auch das Chrom der Stampfmassen wird von der Schlackenschmelze herausgelöst. Aluminium wird nur sehr wenig von flüssiger Steinkohlenschlacke aufgelöst, die ja an sich schon hohen Aluminiumgehalt hat, daher auch die Schutzwirkung von Al-Überzügen.

Die Dreistoffsysteme (Abb. 82, 83 u. 84) ermöglichen es, die bei der Abkühlung sich bildenden Minerale etwa vorauszusagen. Man sieht, daß die Schlacken nach ihrer Zusammensetzung im Mullit-Feld des Systems SiO_2—Al_2O_3—FeO liegen. Mullit ist demnach auch das erste Mineral, das sich bei der Zusammensetzung ausscheidet (s. Abb. 83, S. 175). Daneben bilden sich Korundkriställchen und Hercynit. Der tiefgrüne Hercynit wird in der Nähe der Rohrwandungen durch Eisenaufnahme immer dunkler (Ferrihercynit) und geht schließlich in den schwarzen Magnetit über, der sehr oft Skelettformen bildet (s. Abb. 78, Tafel I vor S. 171). Diese vier Schlackenminerale sind die Hauptvertreter der kristallinen Substanz in den Schlacken. Die Minerale sind in eine glasige Zwischenmasse, auch Glasbasis genannt, eingebettet. Je langsamer eine Schlackenschmelze abkühlt, und je mehr feinste Festkörper, die als „Kristallkeime" wirken, in ihr enthalten sind, um so zahlreicher sind im allgemeinen die Kristalle von Schlackenmineralen zu finden. Ein Blick auf die beiden anderen Dreistoffsysteme SiO_2—Al_2O_3—K_2O und SiO_2—Al_2O_3—CaO zeigt, daß auch noch andere Kristallarten auftreten können: Feldspäte, Wollastonit, Hedenbergit, Gehlenit usw. Durch Hinzutreten von Magnesium können noch Magnesia-Spinelle und Åkermanit entstehen. Die Abbildungen S. 183 zeigen einige Dünnschliffe von Feuerraumschlacken. Auch in den Schlackenpelzen von Schmelzfeuerungen und den Schlackenansätzen zeigt sich bei Anwendung von verschmutzungsmindernden Salzen, daß deren Gehalt an Schwermetallen (Zink, Kupfer) die Zahl der Kristallkeime in der Schlackenschmelze wesentlich erhöht. Man erkennt in diesen Schlacken meist viel zahlreichere, aber wesentlich kleinere Kriställchen (Abb. 87). Vgl. dazu auch S. 272.

Über die chemische Zusammensetzung der Feuerraumschlacken gibt nachstehende Tab. 50 Aufschluß. Hierin ist teilweise außerdem auch noch die Analyse jener millimeterdünnen pulverigen Schicht zwischen

182 Stoffliche Zusammensetzung der Schlacken und Kesselverschmutzungen

Rohrwand und dem eigentlichen Schlackenansatz angegeben. Diese Schicht weicht von der Zusammensetzung der übrigen glasigen Schlacke erheblich ab. Hier scheinen besonders reaktionsfähige Bestandteile des ersten Ansatzes der Schlackenschmelze mit dem Metall der Rohre reagiert zu haben. Augenscheinlich liegen, durch die relativ niedrige Temperatur begünstigt, vorwiegend Alkali-Eisen-Aluminiumsulfate vor. Auch Phosphate sind bei diesen Temperaturen existenzfähig.

Wird durch einen besonderen Umstand übermäßig viel Eisen von den Wänden des Feuerraums eingeschmolzen und aus dem Mineralbestand der Kohle reduziert, so kann sich die auf dem Feuerraumboden angesammelte Schlacke in eine spezifisch schwerere und eine spezifisch leichtere Schicht differenzieren. Die schwerere Schicht, die metallisches Eisen enthält (Analyse Nr. 4 b), ist direkt über dem Boden gelagert, während die leichtere (Analyse 4 a) Schicht normaler Zusammensetzung sich darüber absetzt.

Tabelle 50. *Analysen von Schlackenansätzen*

	1 a	1 b	2 a	2 b	3	4 a	4 b	4 c	5
C	0,5	—	0,3	—	—	0,8		1,2	0,6
SiO_2	43,1	23,6	48,0	31,1	45,7	41,1	Si* 4,6	47,9	48,6
Al_2O_3	26,8	10,1	30,1	20,3	31,2	25,7	2,7	28,9	27,5
Fe_2O_3	13,0	24,5	{10,7	{12,9	3,4	13,8	Fe** 78,9	0,4	{11,7
FeO	2,6	1,4			3,8	—	—	8,1	
CaO	4,1	1,5	4,3	2,7	4,8	4,6	0,5	4,5	4,0
MgO	2,4	1,5	1,54	1,1	1,7	2,9	0,4	2,9	2,1
Na_2O	1,5	3,5	0,8	1,2	1,2	1,3	0,2	0,9	0,9
K_2O	4,4	6,4	4,6	5,8	4,0	3,6	0,6	3,9	4,5
SO_3	0,3	14,5	—	9,3	Sp	3,7	53,2	0,9	—
P_2O_5	1,2	6,9	0,5	0,7	3,0	0,9	5,5	0,2	0,2
MnO	0,1	—	—	—	—	0,1	Sp	0,1	0,1
ZnO	0,1	—	—	—	—	Sp	Sp	Sp	0,1
H_2SO_4	—	3,7	—	—	—	—	—	—	—

* = SiO_2 als Si berechnet
** = Gesamteisen als Fe berechnet

1 a: Schlacke aus dem Feuerraum eines regelmäßig mit SMR-Salz versetzten Naturumlauf-Sektionalkessels, Babcock, Baujahr 1928, 36/40 t/h (Feuerraumtemperatur 1350—1400° C).
1 b: Zwischenschicht zwischen Schlacke 1a und Rohr.
2 a: Schlacke aus dem Feuerraum eines Zyklonkessels, Steinmüller Baujahr 1929, umgeb. 1950, 45 t/h.
2 b: Zwischenschicht zwischen Schlacke 2 a und Rohr.
3: Schlackenbelag an der Zwischenwand der Strahlkammer. direkt über dem Fangrost. Naturumlaufkessel, VKW, Baujahr 1953, 100/125 t/h, Brennkammertemperatur 1650° C, über dem Fangrost 1250° C (SiC-Stampfmasse).
4 a: Schlacke der oberen Bodenschicht eines mit SMR-Salz versetzten Babcock-Schmelztiegelkessels (Rauchgastemperatur 1680° C, SiC-Material 1250° C).
4 b: Schlacke der unteren Bodenschicht von 4 a (Rauchgastemperatur 1650° C, SiC-Material 1300° C). Hier tritt metallisches Eisen in großen Mengen und Silizium wahrscheinlich auch als Silizid auf.
4 c: Schlacke von der Vorderwand von 4 a.
5: Schlacke aus dem Feuerraum eines Naturumlaufkessels, Maschinenfabrik Buckau, Baujahr 1940, 68/85 t/h (Feuerraumtemperatur 1450° C, Rohrwandtemperatur 375° C).

Sämtliche Analysen wurden von dem Chemischen Laboratorium der Ruhrkohlen-Beratung G. m. b. H., Essen, ausgeführt.

Eine weitere, in Schmelzfeuerungen sehr störende Erscheinungsform ist die sogenannte *weiße Schlacke* oder *Schwimmschlacke*, die infolge geringer Dichte auf dem Schlackenbad schwimmt, sich zu voluminösen

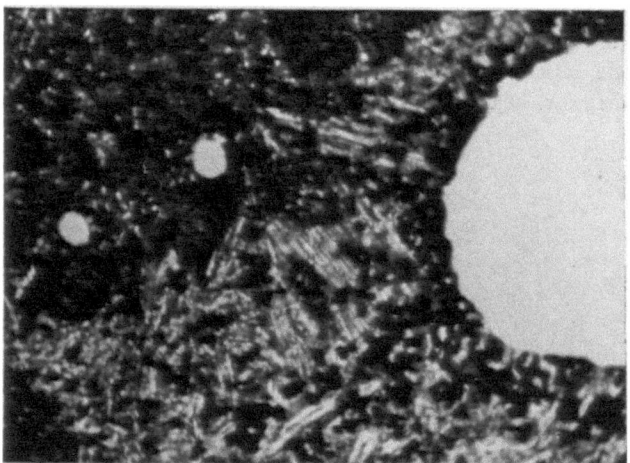

Abb. 87. Dünnschliff einer Feuerraumschlacke eines Schmelzkammerkessels, der mit verschmutzungsverhindernden Salzen beschickt wurde. Dunkel: Viele kleine Magnetitkriställchen. Helle Leisten: Feldspat. Vergrößerung 200fach

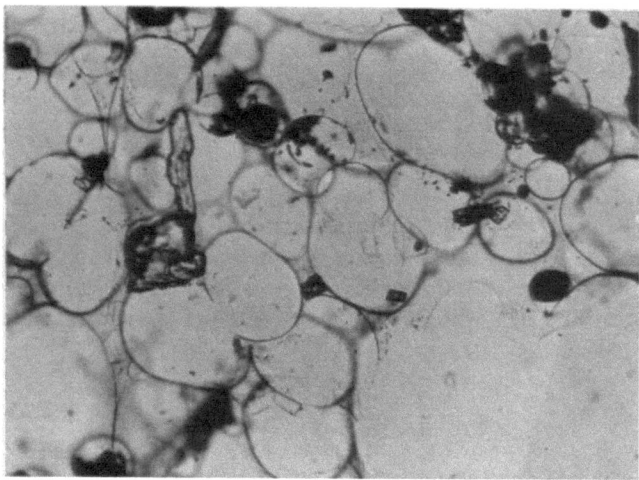

Abb. 88. Dünnschliff von Schwimmschlacke. Große rundliche Poren mit dünnen Zellwänden und vereinzelt auftretende kristalline Substanz. Vergrößerung: 75fach

Bergen auftürmt und den Abzug unmöglich macht. Die wahre Dichte der Schwimmschlacke beträgt etwa 2,3; die scheinbare Dichte jedoch nur 0,6. Normale Feuerraumschlacken weisen demgegenüber Werte der wahren Dichte von 2,66 bis 2,95 auf. Nach PRACHT[1] soll sich Schwimm-

---

[1] vgl. S. 138, Fußn. 3.

184 Stoffliche Zusammensetzung der Schlacken und Kesselverschmutzungen

schlacke unter reduzierenden Verhältnissen bilden, doch dürften bei ihrer Entstehung verzögerte Entgasungsvorgänge (z. B. von Karbonspäten) eine entscheidende Rolle spielen. Die mikroskopische Untersuchung dieser leichten, sehr porösen Schlacke zeigt, daß es sich dabei um ein Schlackenglas handelt, in dem erhebliche Mengen von Mullitnädelchen, Melilithkriställchen und Korundkriställchen auskristallisiert sind (Abb. 88 u. 89). Es liegt hier ein Schlackeschaum mit relativ hohem

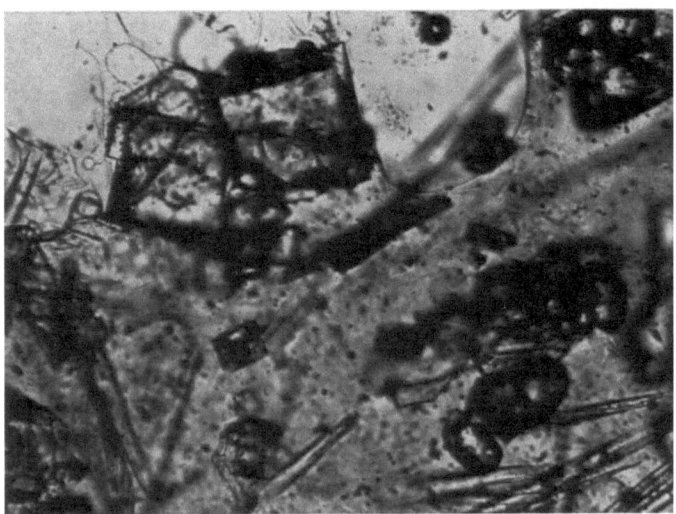

Abb. 89. Dünnschliff von Schwimmschlacke. Quadratische Melilith-Kristalle und Mullit-Leisten. Vergrößerung: 200fach

CaO- und Al_2O_3-Gehalt vor, in dem nur wenig Eisen, dies vorwiegend in der niedrigen Oxydstufe, als FeO, auftritt. Auch der Brechungsindex des Glases der Schwimmschlacke liegt mit $n = 1{,}548$ niedriger als der von normalen Schlackengläsern, der etwa die Größenordnung von $n = 1{,}57$ hat. Der Brechungsindex ist von der chemischen Zusammensetzung abhängig.

Tabelle 51. *Analyse von Schwimmschlacke*

SiO_2	47,0%	MgO	2,0%
Fe_2O_3	2,9%	SO_3	1,3%
FeO	4,3%	P_2O_5	0,4%
Al_2O_3	33,1%	Na_2O	0,7%
CaO	8,0%	K_2O	3,5%

4. Heizflächenverschmutzungen

Die aus dem Feuerraum ausgetragenen Flugstaubteilchen durchströmen mit dem Rauchgas das Rohrsystem des Kessels. Ein Teil der Flugstaubteilchen setzt sich auf dem Wege im Strömungsschatten der

Rohre, in Ecken und Nischen des Kessels ab. Diese *Ablagerungen*, die meist nicht erheblich verfestigt sind, stellen für den Kesselbetrieb zunächst keine Gefährdung dar, solange sie keine merkliche Verengung der Strömungswege hervorrufen. Relativ geringe Mengen haften am Rohrsystem selbst fest und bilden die eigentlichen Heizflächenverschmutzungen durch *Ansätze*. Brennstoffreste in Form von Flugkoks sind an den Ansätzen nur sehr wenig beteiligt, da Flugkoks keine Klebefähigkeit und sehr geringe Benetzbarkeit gegenüber anderen viskosen Partikeln besitzt. Dadurch wird ein Festhaften außerordentlich erschwert. Rein morphologisch betrachtet kann man die Heizflächenverschmutzung in a) deutlich mehrschichtig aufgebaute Absätze, b) kaum und nicht schichtig aufgebaute Ansätze unterteilen. Beide Arten können verhältnismäßig hohe Härte erlangen. Es ist zur Zeit noch nicht sicher bekannt, ob die Schichtenausbildung durch selektives Festhaften der verschiedenartigen Feinstpartikel primär erfolgt, oder ob die Schichtenbildung durch Stoffwanderung im bereits gebildeten Ansatz sekundär bedingt ist (vgl. Abschn. IX. S. 241 ff.). Beide können auch gemeinsam als Ursache der Schichtungsausbildung angenommen werden.

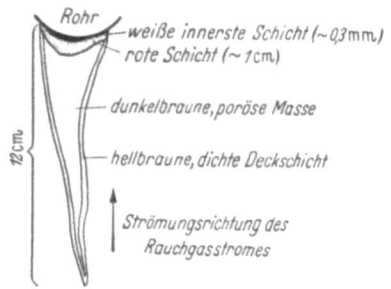

Abb. 90. Schematische Darstellung eines deutlich geschichteten Ansatzes von einem Überhitzerrohr eines Benzolkessels

Die unter a) genannten, deutlich mehrschichtigen Ansätze lassen sehr oft eine weißlich-graue millimeterdünne Innenschicht erkennen (Abb. 90). Auf diese Innenschicht folgt mitunter eine rotbraune, etwas lockere Schicht von bis zu einem Zentimeter Dicke. Die äußere Schicht, die meist eine kaffeebraune Farbe hat, ist oft in einigen Dezimeter langen, der Strömung entgegenwachsenden Bärten oder Wächten ausgebildet.

Mikroskopisch läßt sich die innere weißliche Schicht als Aggregat von meist ungeformten, gelegentlich auch kugeligen Teilchen feststellen, die nur teilweise kristallinen Aufbau zeigen. Der Brechungsindex dieser Partikel variiert zwischen 1,51 und 1,55. Röntgenographische und chemische Untersuchungen dieser weißlichen Schicht zeigen, daß es sich hierbei um silikatische Verbindungen und komplexe Sulfate und/oder komplexe Phosphate handelt. Die Sulfate und Phosphate bilden den wasserlöslichen Teil dieser Schicht.

Diese Komplexverbindungen sind häufig auch leicht thermisch zersetzbar bzw. leicht schmelzbar. Sie haben sich ja an den kühlsten Stellen des Ansatzes, unmittelbar am Rohr, gebildet oder sind möglicherweise, dem Temperaturgefälle folgend, dorthin gewandert. Der Alkaligehalt dieser Innenschicht ist meist relativ hoch. Die differential-thermoanaly-

Tabelle 52. *Analysen von Schichten*

Analyse Nr.	1 a	1 b	2 a	2 b	3 a			3 b	
					w	s	su	w	s
SiO_2	33,8	37,7	34,7	44,8	0	0,9	38,3	0	0,4
Al_2O_3	21,7	26,6	21,6	30,1	0	13,7	11,8	0	10,2
Fe (met.)	—	—	—	—	—	—	—	—	—
FeO	—	—	—	—	0	0	—	0	0
Fe_2O_3	33,7	27,4	34,1	16,6	0	7,8	2,8	0	6,8
CaO	3,9	4,1	3,9	4,7	2,1	0,7	0,2	2,7	0,2
MgO	1,8	2,1	1,8	1,7	1,0	1,3	0,2	1,0	1,2
Na_2O	2,0	0,7	0,6	0,7	0,6	0,5	0,2	0,3	0,5
K_2O	3,7	2,9	2,8	3,5	1,0	1,0	1,7	0,6	1,0
Sulfide	—	—	—	—	—	0	—	—	0
SO_2	—	—	—	—	—	—	—	—	—
SO_3	2,3	0,3	0,4	0,5	8,1	0,2	0	6,7	0,2
Cl	—	—	—	—	0	—	—	0	—
CO_2	—	—	—	—	—	—	—	—	0
P_2O_5	0,4	0,3	0,3	0,4	0	1,1	Sp	0	1,1
H_2SO_4 (fr.)	unb.	unb.	unb.	unb.	1,7	—	—	0,7	—
Glühverlust	0,2	0,0	0,1	0,0	—	—	3,8	—	—
p_H der Wasserauszüge	unb.				4,3	—	—	4,4	—
Summe	103,5	102,1	100,3	103,0	14,5	27,2	59,0	12,0	21,6

w = wasserlöslich, s = säurelöslich, su = säureunlöslich

Analyse Nr. 1: Ansatz von den Überhitzerrohren eines Benson-Kessels. Rohrtemperatur etwa 500° C, Rauchgastemperatur 800° C.
  a) Innenschicht: Dünner weißer Belag + 1 cm dicker roter Belag. (Weißer Belag allein: 4,1% K_2O, 3,4% Na_2O.)
  b) Außenschicht: Kaffeebraun.

Analyse Nr. 2: Ansatz von den Halterungen der Überhitzerrohre von Nr. 1. Halterungs-Temperatur 800° C, Rauchgastemperatur ca. 800° C.
  a) Nur rote Innenschicht (weißer Belag nicht vorhanden).
  b) Außenschicht: Kaffeebraun.

Analyse Nr. 3: Ansatz an den Steigrohren eines Babcock-Schmelztiegelkessels (mit SMR-Salz regelmäßig versetzt). Rohrwandtemperatur 345° C, Rauchgastemperatur 850° C.

tische Untersuchung dieser Schicht zeigt durch endotherme Effekte über einen größeren Temperaturbereich, daß das Material ab 550° C zu schmelzen beginnt bzw. sich zersetzt. ANDERSON und DIEHL[1] weisen ebenfalls darauf hin, daß Alkali-Eisen-Sulfate und Alkali-Aluminium-Sulfate bei Temperaturen von etwa 570° C schmelzen.

Die Tab. 52 gibt die Untersuchungen von solchen deutlich mehrschichtigen Ansätzen wieder.

Die unter b) aufgeführten, weniger deutlich geschichteten Ansätze machen die Hauptmasse der Heizflächenverschmutzungen aus. Sie sind lediglich dadurch von den geschichteten Ansätzen unterschieden, daß man bei ihnen keine augenfällige Schichtung wahrnehmen kann. Trotz-

---

[1] ANDERSON, C. H., u. E. K. DIEHL: vgl. S. 172, Fußn. 1.

*deutlich mehrschichtiger Ansätze**

Analyse Nr.	3 b	4 a			4 b			5 a	5 b
	su	w	s	su	w	s	su		
SiO_2	40,3	0	0,6	23,0	0	0,9	30,4	15,8	41,4
Al_2O_3	18,4	0	4,5	8,2	0	5,5	12,7	9,0	16,8
Fe (met.)	—	—	—	—	—	—	—	—	—
FeO	—	Sp	0	—	Sp	0	—	—	—
Fe_2O_3	3,2	—	33,9	12,4	0	22,8	8,8	12,3	24,9
CaO	0	2,2	3,9	Sp	1,1	6,9	0,4	3,9	7,4
MgO	0,2	0	1,1	0,9	0	1,5	1,2	0,8	0,5
Na_2O	0,5	0,2	0,3	0,1	0	0,5	0	5,9	3,4
K_2O	2,4	0,3	0,3	1,4	0	0,3	1,6	9,0	2,6
Sulfide	—	—	0	—	—	0	—	—	—
SO_2									
SO_3	0	3,8	0,3	Sp	1,4	0,2	Sp	43,3	3,0
Cl	—	0	—	—	0	—	—	—	—
CO_2	—	—	0	—	—	0	—	—	—
P_2O_5	Sp	0	1,3	Sp	0	1,4	Sp	—	—
H_2SO_4 (fr.)	—	0	—	—	0	—	—	—	—
Glühverlust	1,5	—	—	1,4	—	—	2,6	—	—
p_H der Wasserauszüge	—	4,9	—	—	5,9	—	—	3,0	—
Summe	70,5	6,5	46,2	47,4	2,5	40,0	57,7	w = 60,4 103,0	w = 12,2 100,0

Analysen der Schichten geschichteter Ansätze (a = Innenschicht, b = Außenschicht)
Anyalse Nr. 4: Ansätze von den Rohren des Übergangsteiles eines Schmelztrichter-Strahlungskessels. Rauchgastemperatur 1000° C.
Analyse Nr. 5: Ansatz-Analysen nach C. H. ANDERSON und E. K. DIEHL[1].
* Analysen ausgeführt von den Laboratorien der Ruhrkohlen-Beratung G. m. b. H. (Nr. 1 u. 2), dem Technischen Überwachungsverein, Essen (Nr. 3 u. 4), und nach ANDERSON und DIEHL[1].

dem ist stets eine zunderähnliche Innenschicht vorhanden, die meist außerordentlich dünn ist. Darauf folgt dann ein Aggregat von Schlackeglaskügelchen, das auch bei den geschichteten Ansätzen die Außenschicht ausmacht. Das Aneinanderhaften der Schlackeglaskügelchen ist wiederum in Abhängigkeit von der Temperatur durch Sintererscheinungen oder durch ein Bindemittel bedingt (Abb. 92 u. 93, Tafel II vor S. 189). Das Bindemittel besteht auch in diesem Falle vorwiegend aus komplexen Sulfaten, Silikaten und Phosphaten. Dabei scheint es, daß die Sulfate in höheren Temperaturbereichen beständig sind, während sich die Phosphate an kühleren Stellen anreichern (s. Tab. 53 u. 54).

Die angegebenen Analysenwerte stammen aus Verschmutzungsproben, die einem Babcock-Sektionalkessel mit Naturumlauf (Baujahr 1938) (gefahrene Leistung 40 t/h) entnommen wurden. Die Tab. 54 gibt eine Unterteilung der in Tab. 53 aufgeführten Ansätze in ihren wasserlöslichen, säurelöslichen und säureunlöslichen Anteil wieder.

[1] s. S. 172, Fußn. 1.

188 Stoffliche Zusammensetzung der Schlacken und Kesselverschmutzungen

Tabelle 53. *Analysen von wenig deutlich geschichteten Ansätzen*[*]

	Überhitzer	Siederohre	Fallrohre	Vorwärmer
SiO_2	24,11	29,72	20,36	22,63
Al_2O_3	12,12	19,05	16,62	17,72
FeO	1,07	0,71	1,43	1,07
Fe_2O_3	9,99	13,66	8,58	7,58
CaO	1,12	1,54	0,63	0,56
MgO	0,43	0,46	1,07	0,98
Na_2O	1,83	1,16	1,05	0,90
K_2O	11,20	10,00	8,00	6,20
SO_3	25,95	12,65	9,77	9,08
P_2O_5	4,39	5,06	24,95	24,04
H_2SO_4 (frei)	7,11	5,64	7,35	7,35
	99,32	89,65	99,81	98,11
Wasserlöslicher Anteil	38,1%	22,13%	26,80%	24,40%
Zersetzungstemperatur	ab 900° C	ab 900° C	ab 800° C	ab 740° C
Temperatur der Teilschmelze	bei 1000° C ungeschmolzen	bei 1000° C ungeschmolzen	ab 900° C Teilschmelze	ab 940° C Teilschmelze

[*] Die Analysen wurden vom Laboratorium des Technischen Überwachungsvereins, Essen, durchgeführt.

Bemerkenswert — aber infolge des SO_3-Überschusses nicht verwunderlich — ist die verhältnismäßig stark saure Reaktion der Wasserauszüge (s. p_H-Werte in der letzten Zeile der Tab. 54). Man sieht auch, daß alles Sulfat in löslicher Form vorliegt, also im Bindemittel auftritt. Bei den Phosphaten hingegen ist nur ein Teil, allerdings der größere, säurelöslich und dürfte den Phosphaten im Bindemittel zuzuschreiben sein. Der unlösliche Phosphor liegt im Netzwerk des Kieselglases vor, da Phosphor ein Glasbildner ist. Aluminium, Kalzium und Magnesium und der Hauptteil

Unterschriften zur nebenstehenden Farbtafel II

Abb. 91. Dünnschliff eines Überhitzer-Ansatzes: Aggregat von verschieden großen und verschiedenfarbigen Schlackeglaskügelchen. Vergrößerung: 250fach, 1 Nicol

Abb. 92. Objekt von Abb. 91 bei gekreuzten Nicols. Als helle Stellen tritt das kristalline Bindemittel aus Sulfaten, Phosphaten usw. hervor. Vergrößerung: 250fach, + Nicols

Abb. 93. Restmineralsubstanz eines Kokses, der bei maximal 380° C 4 Wochen lang entkohlt wurde. Hell: Erdalkalisulfate. Daneben Eisenoxydpartikel, Tonmineralreststubstanz usw. Vergrößerung: 100fach. Pulverpräparat in Caedax. Halbgekr. Nicols

Abb. 94. Dünnschliff eines Ansatzes vom Endüberhitzer eines Braunkohlenkessels. Helle Kalziumsulfatteilchen umkrusten und verbinden dunkle Eisenoxydpartikel. Vergrößerung: 500fach. Halbgekr. Nicols

Abb. 95. Objekt von Abb. 94 bei nur 30facher Vergrößerung. Rhythmische Bänderung durch Ausbildung kalziumsulfatreicher bzw. eisenoxydreicher Parteien.

Abb. 96. Dünnschliff des äußeren Teiles eines Ansatzes von den Überhitzerrohren. Vergrößerung: 100fach

Abb. 144. Mikroaufnahme eines Anschliffes des Rohrbelages im Feuerraum eines ölgefeuerten Kessels. Gekreuzte Nicols Vergr. 50fach. Starke Anisotropie-Effekte der Vanadium-Natriumoxyd-Mischkristalle

Abb. 145. Mikroaufnahme eines Anschliffes eines Rohrbelages aus dem Feuerraum eines ölgefeuerten Kessels. Gekreuzte Nicols. Vergr. 50fach. Hämatit (hell bis dunkelgrau), daneben Nickelverbindungen (gelb-grün)

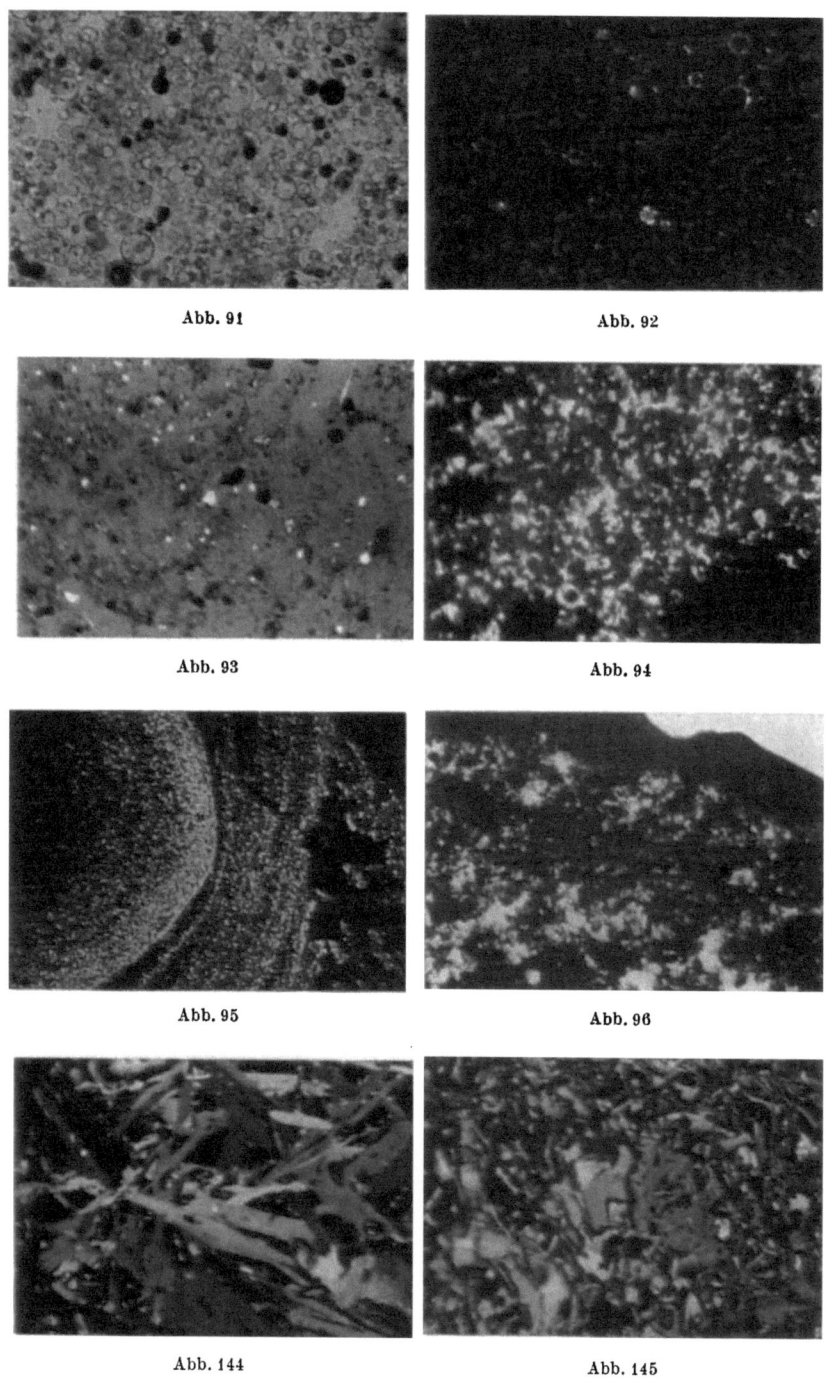

Tafel II

Abb. 91 Abb. 92

Abb. 93 Abb. 94

Abb. 95 Abb. 96

Abb. 144 Abb. 145

Gumz/Kirsch/Mackowsky, Schlackenkunde Springer-Verlag, Berlin/Göttingen/Heidelberg

Schlackenpetrographie der mit Steinkohlen gefeuerten Kessel

Tabelle 54. *Trennung der Proben von Tab. 53 nach der Löslichkeit**

Probe	Überhitzer			Siederohre			Fallrohre			Vorwärmer		
	w	s	u	w	s	u	w	s	u	w	s	u
SiO_2	0	0,9	23,3	0	1,7	28,0	0	0,4	19,9	0	0,4	22,2
Al_2O_3	2,6	3,6	6,0	2,2	8,8	8,1	1,6	9,4	5,7	2,9	10,6	4,2
FeO	1,1	0	—	0,7	0	—	1,4	0	—	1,1	0	—
Fe_2O_3	1,6	6,0	2,4	0	6,8	6,9	1,2	6,6	0,8	0	5,6	2,0
CaO	1,1	Sp	0	1,5	Sp	0	0,6	Sp	0	0,6	Sp	Sp
MgO	0,4	Sp	Sp	0,5	Sp	0	0,9	0,2	Sp	1,0	Sp	Sp
Na_2O	1,7	0,2	Sp	0,8	0,2	0,2	0,9	0,2	Sp	0,7	0,3	Sp
K_2O	6,7	2,2	2,4	4,1	3,1	2,9	4,5	2,4	1,2	3,5	2,9	0,8
SO_3	15,8	10,2	Sp	6,8	5,8	Sp	8,4	1,4	Sp	7,4	1,7	Sp
Cl	0	—	—	0	—	—	0	—	—	0	—	—
P_2O_5	0	3,9	0,5	0	4,3	0,8	0	15,4	9,6	0	16,5	7,6
H_2SO_4 (frei)	7,1	—	—	5,6	—	—	7,4	—	—	7,4	—	—
Glühverlust	—	—	0,6	—	—	1,3	—	—	1,1	—	—	1,3
Gesamt	38,1	27,0	35,2	22,2	30,7	48,2	26,9	35,8	38,3	24,6	38,0	38,1
p_H-Wert	3,1			3,3			3,2			3,1		

w = wasserlösliche Bestandteile, s = säurelösliche Bestandteile, u = säureunlösliche Bestandteile

* Die Analysen wurden im Laboratorium des Technischen Überwachungs-Vereins, Essen, durchgeführt.

der Alkalien, sowie geringere Anteile von SiO_2 treten ebenfalls im Bindemittel auf. Ein Teil der Alkalien, des Aluminiums und die Hauptmenge des Siliziums liegt im Schlackenglas vor. Wenn zweiwertiges Eisen auf-

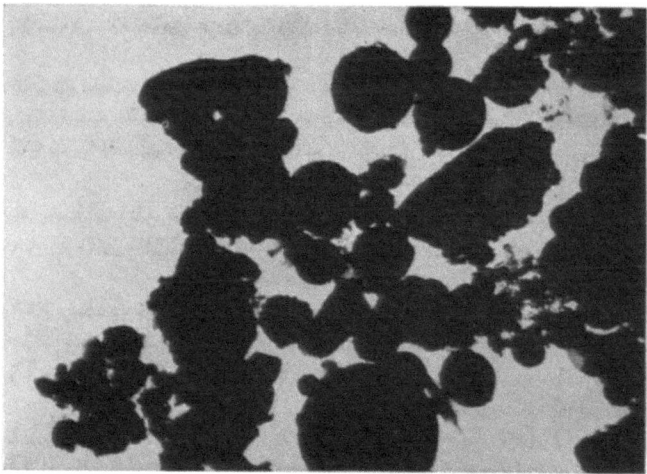

Abb. 97. Elektronenoptische Aufnahme der innersten, sulfatreichen Schicht zwischen Schlacke und Feuerraumrohr. Elektronenoptische Aufnahme (Th. NEMETSCHEK, Institut für Übermikroskopie Düsseldorf). Vergrößerung: 5200fach

Tabelle 55. *Analysen von fast ungeschichteten*

Analyse Nr.	1			2			3			4
	w	s	su	w	s	su	w	s	su	w
SiO$_2$	0	0,6	33,9	0	0,9	34,5	0	1,7	28,0	0
Al$_2$O$_3$	0	9,2	21,3	0	13,4	15,2	2,1	8,8	8,1	1,6
Fe (met.)	—	—	—	—	—	—	—	—	—	—
FeO	0,3	2,1	—	0,4	1,4	—	0,7	0	—	1,4
Fe$_2$O$_3$	0	2,8	2,8	0	2,4	2,0	0	6,8	6,9	1,2
CaO	0,7	1,0	Sp	1,2	Sp	Sp	1,5	Sp	0	0,6
MgO	0,2	1,0	1,0	0,5	0,8	0,5	0,5	Sp	0	0,9
Na$_2$O	0,5	0,2	1,1	0,8	0,5	0,9	0,7	0,2	0,2	0,8
K$_2$O	0,8	0,6	3,4	1,2	1,1	2,8	4,0	3,1	2,8	4,5
Sulfide	—	0	—	—	0	—	—	—	—	—
SO$_2$	—	—	—	—	—	—	—	—	—	—
SO$_3$	4,1	2,5	Sp	7,9	1,5	Sp	6,8	5,8	Sp	8,4
Cl	Sp	—	—	0	—	—	0	—	—	0
CO$_2$	—	0	—	—	0	—	—	0	—	—
P$_2$O$_5$	0	3,0	Sp	0	1,8	Sp	0	4,2	0,8	0
H$_2$SO$_4$ (fr.)	0	—	—	1,7	—	—	5,6	—	—	7,3
Glühverlust	—	—	1,7	—	—	2,3	—	—	1,3	—
p$_H$ der Wasserauszüge	5,1	—	—	4,4	—	—	3,3	—	—	3,2
Summe	6,6	23,0	65,2	13,7	23,8	58,3	21,9	30,6	48,1	26,7

Analyse Nr. 1: Belag an den Gardinenrohren eines VKW-Naturumlaufkessels (Baujahr 1953, gefahrene Leistung 110 t/h). Rauchgastemperatur 950° C, Wandtemperatur 350° C.

Analyse Nr. 2: Ansatz an den Rohren des Nachüberhitzers vom Kessel Analyse Nr. 1. Rauchgastemperatur 900°C, Rohrwandtemperatur 500°C

Analyse Nr. 3: Ansatz von den Siederohren eines Babcock-Sektionalkessels mit Naturumlauf (Baujahr 1938, gef. Leistung 40 t/h).

Analyse Nr. 4: Ansatz von den Fallrohren zwischen Überhitzer und Eco des Kessels von Analyse Nr. 3.

tritt, ist es stets im Bindemittel gebunden. Die Zusammensetzung des Bindemittels ergibt sich bereits aus den Analysen des Wasser- und Säurelöslichen. Es muß sich um Sulfate, Phosphate, Silikate und evtl. Al$_2$O$_3$ handeln (vgl. auch Tab. 52, Proben Nr. 3 und 4).

In Tab. 55 seien noch einige Analysen von Ansätzen, die keine Schichtung bzw. nur wenig ausgeprägte Schichtung zeigen und verschiedenen Kesseln entnommen sind, aufgeführt.

Die Analysen Nr. 5, 6 und 7 sind Analysen von Ablagerungen, die von lockerer Konsistenz sind, was auf geringen Gehalt an Bindemittel zurückzuführen ist. Das macht sich auch durch den hohen Gehalt an säureunlöslicher Substanz bemerkbar.

Da die lichtmikroskopische Untersuchung nur Teilchen bis zu 1 bis 2 μ zu erfassen gestattet, ist für die Untersuchung der kleinen Partikel die elektronenoptische Untersuchung erforderlich. Sowohl die in Abb. 59 gezeigte Aufnahme als auch die folgenden Abb. 97 und 98 stammen aus

Ansätzen (1—4) und Ablagerungen (5—7)*

Analyse Nr.	4		5			6			7		
	s	su	w	s	su	w	s	su	w	s	su
SiO$_2$	0,4	19,9	0	0,5	46,8	0	0,3	47,2	0	1,7	44,7
Al$_2$O$_3$	9,3	5,7	0	1,8	27,2	0	7,2	23,1	0	0,7	23,1
Fe (met.)	—	—	—	—	—	—	—	—	—	—	—
FeO	0	—	0	0	—	—	1,4	—	Sp	0	—
Fe$_2$O$_3$	6,6	0,8	0	5,2	8,4	0	6,2	4,0	0	4,8	9,6
CaO	Sp	0	0,2	0	0,7	0	1,0	Sp	0,2	2,6	1,3
MgO	0,1	Sp	0	0	0,1	0	1,2	1,3	0	0,7	1,9
Na$_2$O	0,2	Sp	0,1	0,1	0,7	0,1	0,3	0,6	0	0,3	0,5
K$_2$O	2,3	1,1	0,1	0,1	4,6	0	0,6	3,9	0	0,2	4,2
Sulfide	—	—	—	0	—	—	0	—	—	0	—
SO$_2$	—	—	—	—	—	—	—	—	—	—	—
SO$_3$	1,4	Sp	0,9	Sp	0	0	Sp	0	0,2	0,4	Sp
Cl	—	—	0	—	—	0	—	—	0	—	—
CO$_2$	0	—	—	0	—	—	0	—	—	0	—
P$_2$O$_5$	15,4	9,5	0	0	0	—	0,2	0,4	0	1,6	Sp
H$_2$SO$_4$ (fr.)	—	—	0	—	—	0	—	—	0	—	—
Glühverlust	—	1,0	—	—	1,6	—	—	1,4	—	—	1,1
p$_H$ der Wasserauszüge	—	—	5,7	—	—	6,1	—	—	6,2	—	—
Summe	35,7	38,0	1,3	7,7	90,1	0,1	18,4	81,9	0,4	13,0	86,4

Analyse Nr. 5: Ablagerung vom Mittelwand-Schotten eines Benson-Kessels Bauart Borsig (Leistung 62,5 t/h).

Analyse Nr. 6: Ablagerung auf den Schotten eines VKW-Schmelzkammerkessels (Benson-Kessel, Lieferjahr 1942, 1955 auf VKW-Schmelzkammerfeuerung umgebaut, gef. Leistung 90/th). Rauchgastemperatur 1000° C, Wandtemperatur 550° C.

Analyse Nr. 7: Ablagerung auf der Zwischenwand des Übergangsteiles eines Naturumlaufkessels der Maschinenfabrik Buckau (Baujahr 1940, gef. Leistung 90—95 t/h).

* Die Analysen wurden vom Laboratorium des Technischen Überwachungs-Vereins, Essen, durchgeführt.

Untersuchungen von TH. NEMETSCHEK im Rheinisch-Westfälischen Institut für Übermikroskopie in Düsseldorf.

In allen Teilen der Ansätze finden sich kantige und kugelige Anteile meist in Verwachsung. Nach Behandlung mit Flußsäure — wodurch die freie Kieselsäure und die Kieselsäure der durch Flußsäure zersetzten Silikate als Siliziumfluorid abdampft — bleiben einige weitgehend unlösliche Verbindungen, wie Mullit und Korund sowie Lösungsreste der übrigen Verbindungen (z. B. Kalziumfluorid aus Wollastonit, Plagioklas und Gehlenit) zurück. In der elektronenoptischen Abbildung (Abb. 97 u. 98) erkennt man Nädelchen, bei denen es sich vorwiegend um Mullit handeln dürfte, und sechsseitige Kriställchen von Korund. Daneben treten ungeformte Partikel auf, die Lösungsreste darstellen. Auch die Wasserlöslichkeit läßt sich für kleine Partikel mit einem Übermikroskop bequem verfolgen.

192 Stoffliche Zusammensetzung der Schlacken und Kesselverschmutzungen

Flugstaub. Der Flugstaub stellt die Gesamtheit der festen Anteile des Rauchgasstromes dar. Er enthält mitunter erhebliche Mengen *Flugkoks*, der aus zerspratzten Koksteilchen und Kokshohlkügelchen besteht. Daneben tritt als vorherrschender Gemengteil *Flugschlacke* auf, die

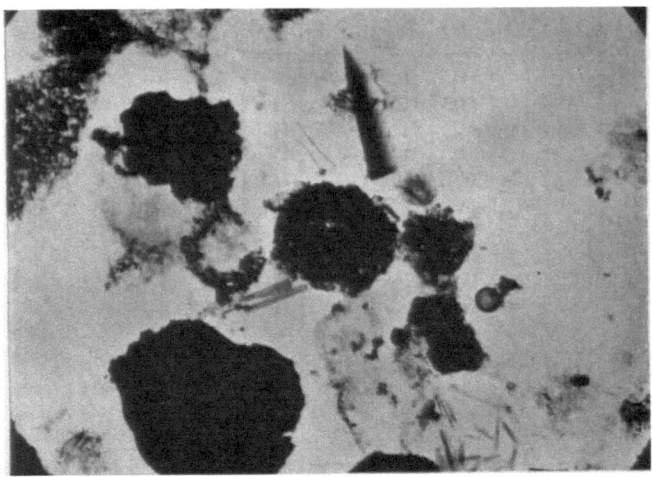

Abb. 98. Objekt von Abb. 97 mit Flußsäure behandelt. Rückstand aus Mullitnädelchen, Korundtäfelchen und unlöslichen Fluoriden usw. Vergrößerung: 5200fach

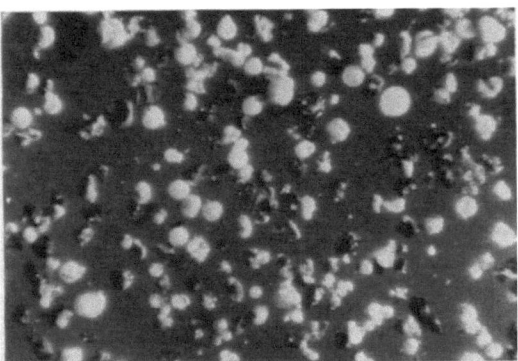

Abb. 99. Flugstaub bei 30facher Vergrößerung. Sichtbar sind hierbei nur die dunklen Flugkokspartikel und helle Schlackeglaskügelchen.

vorwiegend aus Schlackeglaskügelchen und zu geringen Teilen aus Schlackeglasfetzen zusammengesetzt ist. Als *Flugasche* kann man die staubfeinen Partikel aus SiO_2, CaO, MgO, Al_2O_3, Fe_2O_3, bzw. deren Sulfate und Phosphate bezeichnen. Diese Flugaschen stellen die festen Komponenten für den Aufbau des Bindemittels (Abb. 99).

Die größten Teilchen der Flugasche bestehen häufig aus Flugkoks, die Schlackeglaskügelchen variieren stark in der Korngröße, während die Flugascheteilchen Feinstpartikel darstellen. Relativ selten sind Flugkoksteilchen mit Flugschlacke verwachsen, was auf der bereits erwähnten geringen Benetzbarkeit des Kokses durch flüssige Schlacke beruht. Die Korngrößen von Flugstäuben zeigen einige in Tabelle 56 wiedergegebene Meßwerte (MACKOWSKY[1]).

Die beträchtliche Korngrößenveränderung durch Aufblähen der Koks- und der Mineralsubstanz geht aus der Gegenüberstellung der Siebanalysen des Brennstaubes und des Flugstaubes hervor (Tab. 57).

Tabelle 56. *Siebanalyse verschiedener Flugstäube von Kohlenstaubfeuerungen*

Siebstufe mm	Probe 1	2	3	4	5
	Anteil %				
+0,25	0,9	5,8	10,9	16,1	5,2
0,25 —0,12	12,6	11,6	35,4	47,8	2,4
0,12 —0,09	12,8	6,1	9,7	11,9	5,9
0,09 —0,075	6,4	7,1	10,6	9,3	7,7
0,075—0,06	15,6	5,7	8,8	4,3	40,7
—0,06	51,7	63,7	23,6	10,6	38,1

Tabelle 57. *Vergleich der Siebanalysen von Brennstaub und Flugstaub**

Siebstufe mm	Probe 1 Brennstaub	Probe 1 Flugstaub	Probe 2 Brennstaub	Probe 2 Flugstaub
+0,25	0,8	16,1	55,7	67,3
0,25 —0,12	9,8	47,8	21,2	25,6
0,12 —0,09	5,3	11,9	7,0	1,8
0,09 —0,075	1,6	9,3	3,6	1,5
0,075—0,06	7,5	4,3	4,2	2,3
—0,06	75,0	10,6	8,3	1,5
	100,0	100,0	100,0	100,0

* Ausgeführt vom Chemischen Laboratorium der Ruhrkohlen-Beratung G.m.b.H., Essen

Die mikroskopische Beobachtung der Flugstäube zeigt die bekannten Kokshohlkügelchen, zerspratzte Koksteilchen, Schlackeglaskügelchen, Schlackeglasfetzen und meist winzige massive Schlackepartikel. In den Wänden der Schlackeglaskügelchen sind häufig Kristalle festzustellen, bei denen es sich um Korundkriställchen und feine Silikatnädelchen (meist Mullit) handelt (Abb. 100 u. 101).

---

[1] MACKOWSKY, M.-TH.: Mikroskopische Beobachtung an Flugstäuben. Handbuch d. Mikroskopie in der Technik, Bd. 2, Teil I, S. 714/750. Frankfurt/M.: Umschau-Verlag 1952.

194 Stoffliche Zusammensetzung der Schlacken und Kesselverschmutzungen

In Tab. 58 sind noch einige chemische Analysen von Flugstäuben angeführt.

Tabelle 58. *Analysen von Flugstäuben*

	1	2	3	4	5
C	5,7	0,9	4,8	6,8	3,7
SiO_2	42,8	46,7	46,3	46,8	39,6
Al_2O_3	28,1	25,8	27,0	26,6	24,5
Fe_2O_3	3,8	2,9	10,1	4,0	10,7
FeO	2,7	7,4	10,1	4,1	4,8
CaO	3,9	4,6	2,8	1,7	3,8
MgO	1,4	3,1	1,9	1,3	2,3
Na_2O	1,2	1,1	1,0	1,0	0,9
K_2O	4,0	4,2	4,5	4,3	3,7
SO_3	0,4	0,9	0,4	0,5	3,2
P_2O_5	3,60	0,6	0,4	0,7	0,8
	97,6	98,2	99,2	97,8	98,0

Analyse Nr. 1: Flugstaub (unter dem E-Filter) eines VKW-Naturumlaufkessels (Baujahr 1953, gef. Leistung 110—115 t/h). VKW-US-Feuerung
Analyse Nr. 2: Flugstaub aus dem Wabenfilter eines Naturumlauf-Schmelztiegelkessels der Firma Babcock (Baujahr 1953, gef. Lstg. 67 t/h)
Analyse Nr. 3: Flugstaub vom Elektrofilter eines Schmelztrichter-Strahlungskessels
Analyse Nr. 4: Flugstaub aus dem Filter eines Borsig-VKW-Benson-Kessels (gef. Leistung 80 t/h) Schmelzkammerkessel
Analyse Nr. 5: Flugstaub aus dem Filter eines Babcock-Schmelzkammerkessels (gef. Leistung 67 t/h)

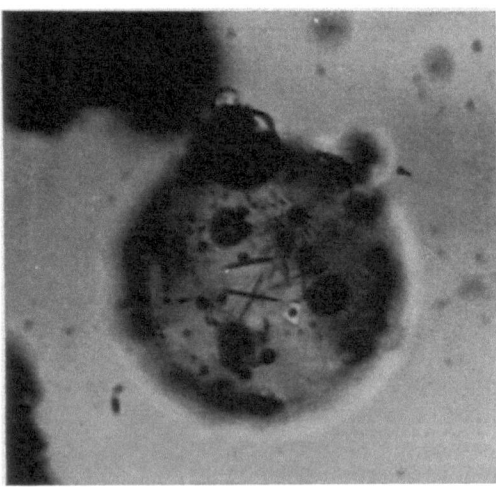

Abb. 100. Flugschlacke-Kügelchen mit Mullit-Nädelchen
Vergrößerung: 500fach

5. Verschmutzungen in koksgefeuerten Kesseln

In koksgefeuerten Zentralheizungskesseln sind bisher Verschmutzungen nur in geringem Umfang aufgetreten. Durch die Entwicklung von

Hochleistungskesseln hingegen macht sich auch hier ein ähnliches Verschmutzungsproblem bemerkbar wie bei den industriellen Großkesseln.

Ansätze an koksgefeuerten Kesseln wurden bisher mineralogisch-petrographisch noch nicht bearbeitet. Solche Untersuchungen wurden erstmalig vom Petrographischen Laboratorium des Steinkohlenbergbauvereins, Essen, durchgeführt.

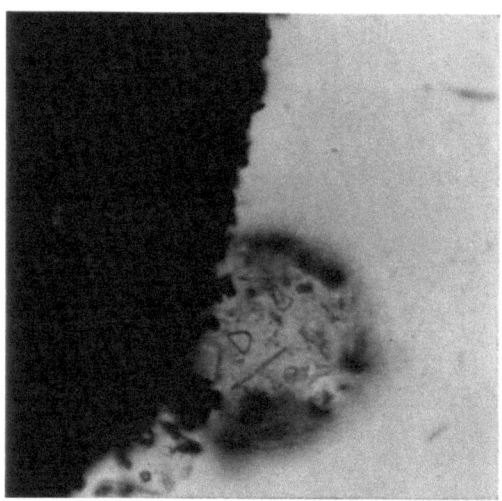

Abb. 101. Flugschlacke-Kügelchen mit Korundkriställchen auf Flugkoks aufsitzend. Vergrößerung: 400fach

Es wurde dabei zunächst die Mineralrestsubstanz in den Koksen untersucht. Die bei der Verkokung im Koksofen herrschenden Bedingungen bewirken keine vollkommene Zerstörung aller Kohlenminerale. Bereits im Anschliff läßt sich mit Sicherheit erkennen (Abb. 102), daß sogar noch Pyrit im Koks unzersetzt vorhanden ist. Um auch die übrigen noch vorhandenen Minerale bzw. deren Reste feststellen zu können, mußte der feingemahlene Koks im Trockenschrank vier Wochen lang bei Temperaturen von etwa 380° C entkohlt werden. Durch diese niedrige Temperatur wurde ein weiterer thermischer Zerfall der Restmineralsubstanz ziemlich verhindert. Das erhaltene Pulver läßt mikroskopisch eine relativ große Menge kristalliner Substanzen erkennen (Abb. 93). Es handelt sich dabei allerdings vorwiegend um neugebildete Sulfate (Anhydrit u. ä.), die nach dem Zerfall der Späte und Eisendisulfide während der Verkokung bei der Entkohlung neu gebildet worden sind. Aber auch Tonmineralreste, Eisenoxyde und Quarzkörnchen treten auf. Röntgenographisch lassen sich Anhydrit, Quarz, Hämatit und Zerfallsprodukte von Tonmineralen feststellen.

196 Stoffliche Zusammensetzung der Schlacken und Kesselverschmutzungen

Tab. 59 zeigt die Durchschnittsanalyse von vier Koksaschen.

Tabelle 59. *Analyse von Koksaschen*
(Mittelwert aus 4 Analysen)

SiO_2	43,7%	Na_2O	1,1%
Al_2O_3	27,9%	K_2O	3,2%
Fe_2O_3	13,7%	SO_3	2,3%
CaO	4,1%	P_2O_5	0,6%
MgO	2,0%	ZnO	0,2%
			98,8%

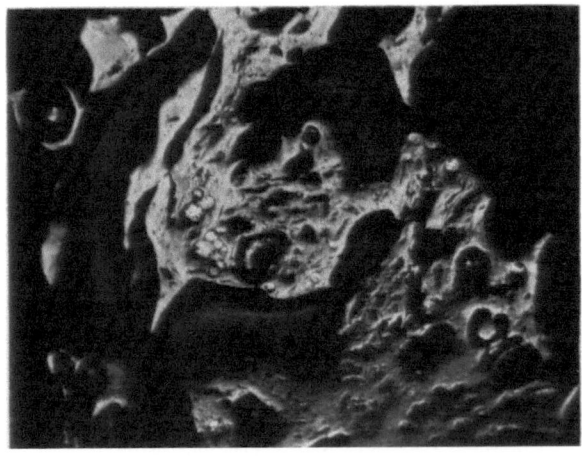

Abb. 102. Helle Pyrit-Klümpchen in Koks (hellgrau bis mittelgrau)
Anschliff. Trockenobjektiv. Vergrößerung: 120fach

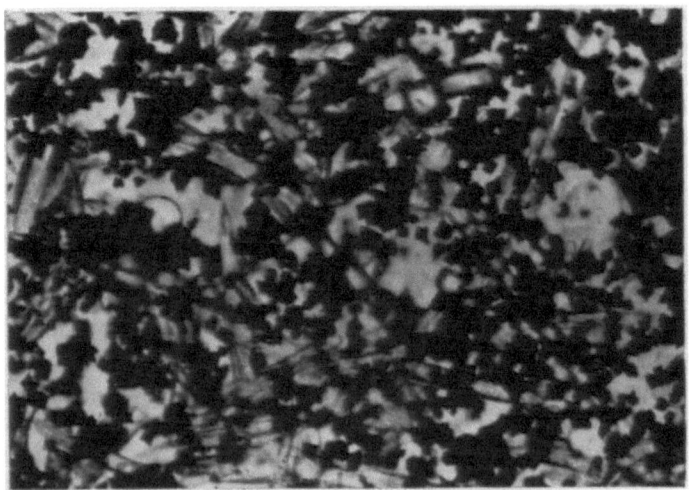

Abb. 103. Dünnschliff der Schlacke vom Feuerungsbett eines Zentralheizungskessels
Dunkel: Magnetit, Hell: Schlackeglas und Mullit-Nadeln. Vergrößerung: 400fach

Koksaschenanalysen unterscheiden sich in den Hauptbestandteilen nicht wesentlich von Kohlenaschen. Es sind also auch noch im Koks Alkalien, Schwefel und Phosphor vorhanden.

Die Schlacken im Feuerungsbett der Zentralheizungskessel zeigen im Dünnschliff lange Mullitnädelchen, skelettartige Magnetitkristalle (Abb. 103) und Hercynitkristalle in gelbliches Schlackeglas eingebettet. Hierzu kommen noch reichliche Koksreste. Die Ansätze an den Rohrlagen bestehen vorwiegend aus feinstkörnigen, schlecht oder nicht kristallisierten Aggregaten, aus Koksresten, in geringer Menge aus Schlackeglaskügelchen und farbloser kristalliner Substanz, bei der es sich vorwiegend um Alkali-Erdalkali-Eisen-Aluminium-Sulfate handelt. Tab. 60 zeigt die chemische Analyse von den Verschmutzungen eines Ygniskessels.

Tabelle 60. *Analysen der Ansätze eines koksgefeuerten Kessels**

	1	2	3	4	5	6	7
C	—	—	—	—	4,1	4,2	10,6
SiO_2	43,3	46,6	48,9	47,7	54,4	42,9	54,9
Al_2O_3	29,0	29,8	15,9	16,8	6,0	6,9	3,8
Fe_2O_3	11,5	11,3	12,2	13,6	5,9	11,8	5,5
FeO	—	2,3	—	—	—	—	—
CaO	5,1	5,0	5,3	6,2	1,6	1,5	1,1
MgO	2,2	2,3	2,2	2,3	0,6	0,4	0,6
Na_2O	1,2	0,8	2,6	2,2	2,2	2,2	1,9
K_2O	3,2	2,8	6,8	6,1	6,0	5,0	4,9
SO_3	3,0	0,3	1,4	1,3	11,5	15,2	8,9
P_2O_5	0,6	0,6	2,6	2,2	1,7	2 2	1,7
ZnO	0,1	0,1	0,2	0,2	0,3	0,2	0,3
NH_3	—	—	—	—	0,5	0,4	0,5
Cl	—	—	—	—	0,2	0,1	0,2
	99,2	101,9	98,1	98,6	95,0	93,0	94,9

Die Untersuchung auf Wasserlöslichkeit ergab folgende Werte:

	2	3	4	5	6	7
Wasserlöslicher Anteil in %	0,2	2,1	4,6	21,6	24,0	16,7
p_H-Wert	7	5	5	3	3	2

zunehmende Entfernung vom Feuerraum

1. Analyse der Koksasche
2. Analyse der Feuerbettschlacke
3. Analyse des Ansatzes der ersten Rohrlage über dem Feuerraum
4. Analyse des Ansatzes der zweiten Rohrlage über dem Feuerraum
5. Analyse des Ansatzes der dritten Rohrlage über dem Feuerraum
6. Analyse des Ansatzes der vierten Rohrlage über dem Feuerraum
7. Analyse des Ansatzes der sechsten Rohrlage über dem Feuerraum

* Die Analysen wurden von dem Chemischen Laboratorium der Ruhrkohlen-Beratung G.m.b.H., Essen, durchgeführt

C. Schlackenpetrographie der mit Braunkohle gefeuerten Kessel

Der hohe Gehalt der Braunkohlen an Kalzium und Eisen bei geringem Siliziumgehalt bedingt, daß die anorganische Substanz bei den Temperaturen der Braunkohlenkessel in der Regel nicht geschmolzen werden, und daß sich glasige Schlacken nicht ausbilden. Die Ansätze der Braunkohlenkessel bestehen deshalb aus Aggregaten von Einzelpartikeln, die nun im Feuerraum gering durch Sinterungserscheinungen, vorwiegend aber durch ein Bindemittel verklebt und verkittet werden. Bei dem Bindemittel handelt es sich größtenteils um Kalziumsulfat (Anhydrit), das Eisenoxydpartikel überkrustet (Abb. 94, Taf. II vor S. 189.) Eisenoxyd (Hämatit) und Kalziumsulfat sind die Hauptbestandteile der Verschmutzungen der Braunkohlenkessel. Im allgemeinen zeigen die Braunkohlenansätze eine deutliche Schichtung in eine innere, eine mittlere und eine äußere Schicht. Innerhalb der einzelnen Schichten ist fast stets eine rhythmische Bänderung festzustellen, die durch hellere (anhydritreichere) Zonen und dunklere (hämatitreichere) Zonen hervorgerufen wird. (Abb. 94, Taf. II vor S. 189). Die Anhydritbildung ist von den herrschenden Temperaturen abhängig. Über 800° C wird in Gegenwart von Asche und Alkalien Kalziumsulfat zunehmend instabil und zerfällt in CaO und Schwefeloxyd. In geringen Mengen ist tatsächlich CaO in den heißeren Ansätzen nachzuweisen. Nach OTTEMANN[1] ist auch mit dem Vorhandensein von CaS und der Ausbildung eines $CaS-CaSO_4$-Eutektikums zu rechnen, das bei 850° C schmilzt. Durch Reaktionen im festen Zustand bilden sich über 575° C aus Hämatit und feinverteiltem SiO_2 auch Eisensilikate. Das SiO_2 stammt, wie bei den Steinkohlenkesseln, aus Tonmineralen und Quarz, die bei der Verbrennung zu SiO reduziert werden. Das SiO dampft ab und reoxydiert im Rauchgasstrom wiederum zu SiO_2. In untergeordnetem Maße erfolgt ebenfalls die Bildung von Ferriten. Über 600° C ist aus CaO und Fe_2O_3 die Bildung von $CaO \cdot Fe_2O_3$ (Kalziumferrit) und über 700° C aus MgO und Fe_2O_3 die Bildung von $MgO \cdot Fe_2O_3$ (Magnesiumferrit) möglich.

Mikroskopische Untersuchungen der verschiedenen Ansatzschichten geben interessante stoffliche Aufschlüsse. Die dünne innerste, rohrnahe Schicht besteht vorwiegend aus Eisenoxyd, das vor allem durch den Zerfall eines intermediär gebildeten Eisensulfats (Bildung bei 230° C, Zerfall ab 600° C) entstanden ist. Das Eisensulfat stammt aus der Reaktion der Schwefeloxyde des Rauchgases mit dem Rohrwandmetall. (Nach sorgfältiger Ablösung des Ansatzes erkennt man auflichtmikroskopisch an

---

[1] OTTEMANN, J.: Über die Mineralbestandteile von Braunkohlen und ihre Bedeutung für die Beurteilung von Aschenbindern. Mitt. aus d. Laboratorien des Geologischen Dienstes, Neue Folge, Nr. 1. Berlin: Akademie-Verlag 1951.

Tabelle 61. *Analyse von Ansätzen aus Braunkohlenkesseln**

Analytische Zerlegung in Gew. %	1a wasser- und säure-löslich	1a säure-unlöslich	2a wasser- und säure-löslich	2a säure-unlöslich	3a wasser- und säure-löslich	3a säure-unlöslich	4a wasser- und säure-löslich	4a säure-unlöslich
SiO_2	2,3	3,2	1,0	0,5	1,9	1,1	2,2	2,6
Al_2O_3	1,5	0,7	3,7	Spuren	4,6	Spuren	4,8	0,2
Fe (met.)	—	—	—	—	—	—	—	—
FeO	0	—	0	—	0	—	0	—
Fe_2O_3	58,1	5,6	14,9	1,0	12,8	0,9	8,2	2,0
CaO	16,7	Spuren	26,6	Spuren	27,6	Spuren	22,8	Spuren
MgO	5,4	Spuren	8,3	Spuren	7,2	Spuren	6,7	Spuren
Na_2O	0,3	0	1,2	0,1	0,9	0,2	1,1	0
K_2O	0	0	0,2	0,1	0,1	0	0,8	0
Sulfide	0	—	0	—	0	—	0	—
SO_2	—	—	—	—	—	—	—	—
SO_3 (Ges.)	4,5	Spuren	42,5	Spuren	42,8	Spuren	43,3	Spuren
Cl	0	—	0	—	0	—	0	—
CO_2	0	—	0	—	0	—	0	—
P_2O_5	0	0	0	0	0	0	0	0
H_2SO_4 (fr.)	0	—	0	—	0	—	0	—
Glühverlust	—	0,3	—	0	—	0	—	0
Reaktion des wäßrigen Auszuges	alk.	—	neutr.	—	neutr.	—	neutr.	—
p_H-Werte	10,4	—	6,2	—	6,4	—	6,4	—
Wasser bei 195°	0,3	—	0,8	—	0,4	—	5,0	—
	89,1	9,8	99,2	1,7	98,3	2,2	97,9	4,8

Analyse Nr. 1a: Ansatz aus dem Feuerraum (Rauchgastemperatur 1100—1200° C, Rohrtemperatur 320° C)
Analyse Nr. 2a: Ansatz vom Endüberhitzer (Rauchgastemperatur 900° C, Rohrwandtemperatur 520°C).
Analyse Nr. 3a: Ansatz von der Überhitzerstirnwand (Rauchgastemperatur 900° C, Rohrtemperatur 450° C)
Analyse Nr. 4a: Ansatz von der Überhitzerstirnwand (Rohre vor dem Kühler) (Rauchgastemperatur 920° C, Rohrtemperatur 450° C)
* Die Analysen wurden vom Laboratorium des Technischen Überwachungsvereins, Essen, durchgeführt

den Rohren eindeutig Korrosionserscheinungen.) Gelegentlich ist diese dünne rote Schicht durch einen weißen Film unterlegt, der aus Kieselglas und Kalziumsulfat bestehen dürfte. Infolge der Kühlung durch das Rohr werden hier die Temperaturen nicht erreicht, die eine Eisensilikatbildung bedingen. Die braun-violett gefärbte und recht kompakte mittlere Schicht ist wesentlich dicker als die innerste Schicht. In ihr erreicht der Gehalt an Anhydrit ein Maximum. Die äußere Schicht, die von brauner Farbe und lockerer Konsistenz ist, zeigt wiederum eine starke Beteiligung von Eisenoxyd. Die höheren Temperaturen, die durch das unmittelbar einwirkende Rauchgas hervorgerufen werden, führen zu einer Zersetzung des Anhydrits. Sehr typische Kurven, die noch nicht völlig gedeutet

Tabelle 62. *Analyse der einzelnen Schichten*

	1b					
	Probe A		Probe B		Probe C	
Analytische Zerlegung in Gew. %	wasser- und säurelöslich	säureunlöslich	wasser- und säurelöslich	säureunlöslich	wasser- und säurelöslich	säureunlöslich
SiO_2	0,7	6,4	0,2	1,6	0,7	3,8
Al_2O_3	2,2	1,0	0,3	2,0	2,8	2,2
Fe (met.)	—	—	—	—	—	—
FeO	0	—	0	—	0	—
Fe_2O_3	11,4	0,4	9,2	1,4	11,4	2,6
CaO	19,1	Spuren	24,8	Spuren	25,8	Spuren
MgO	5,2	Spuren	4,6	Spuren	6,0	Spuren
Na_2O	0,7	0,1	1,9	0,1	1,3	0
K_2O	0,6	0,3	2,0	0,3	0,8	0
H_2S	0	—	0	—	0	—
SO_2	—	—	—	—	—	—
SO_3 (Ges.)	38,9	Spuren	48,5	Spuren	40,7	Spuren
Cl	0	—	0	—	0	—
CO_2	0	—	0	—	0	—
P_2O_5	0	0	0	0	0	0
H_2SO_4 (frei)	0	—	0	—	0	—
Glühverlust	—	0,3	—	0,3	—	0,3
Reaktion des wäßrigen Auszuges	sauer	—	schwach sauer	—	neutr.	—
p_H-Wert	4,1	—	4,9	—	5,8	—
Wasser bei 195° C	12,3	—	3,6	—	1,4	—
	91,1	8,5	95,1	5,7	90,9	8,9

Probe A: Innenschicht   Probe B: mittlere Schicht   Probe C: Außenschicht

wurden, werden auch durch die Differentialthermoanalyse der Ansätze erhalten (Abb. 104).

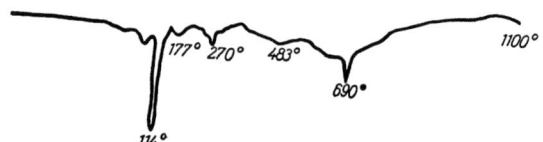

Abb. 104. DTA-Kurve eines Ansatzes aus einem Braunkohlenkessel. Der endotherme Effekt bei 114° C kommt der Wasserabgabe einer nachträglichen Hydratisierung des Kalziumsulfates zu

Im Anschluß werden einige Gesamtanalysen von Ansätzen gegeben und einige Analysen der drei Schichten verschiedener Ansätze. Sämtliche Ansätze stammen aus einem Braunkohlen-Strahlungskessel (STEINMÜLLER) mit trockenem Ascheabzug.

Die Analyse Nr. 1a aus dem Feuerraum zeigt hohe Eisenwerte. Daß kein Kalziumsulfat, sondern infolge der hohen Temperatur CaO vorliegt,

*der Ansätze aus Braunkohlenkesseln**

Analytische Zerlegung in Gew. %	2b					
	Probe A		Probe B		Probe C	
	wasser- und säurelöslich	säureunlöslich	wasser- und säurelöslich	säureunlöslich	wasser- und säurelöslich	säureunlöslich
SiO_2	0,4	5,5	0,6	1,0	1,4	0,6
Al_2O_3	1,7	2,2	1,8	0,2	6,0	0,2
Fe (met.)	—	—	—	—	—	—
FeO	0	—	0	—	0	—
Fe_2O_3	9,6	0,6	6,8	1,0	13,4	0,9
CaO	21,3	Spuren	34,9	Spuren	26,5	Spuren
MgO	6,1	Spuren	3,3	Spuren	8,2	Spuren
Na_2O	0,7	0	0,8	0	1,1	0
K_2O	0,8	0,1	0,5	0,1	0,4	0
H_2S	0	—	0	—	0	—
SO_2	—	—	—	—	—	—
SO_3 (Ges.)	41,2	Spuren	49,0	Spuren	40,9	Spuren
Cl	0	—	0	—	0	—
CO_2	0	—	0	—	0	—
P_2O_5	0	0	0	0	0	0
H_2SO_4 (frei)	0	—	0	—	0	—
Glühverlust	—	0,3	—	0,8	—	0,1
Reaktion des wäßrigen Auszuges	neutr.	—	neutr.	—	neutr.	—
p_H-Wert	5,9	—	6,6	—	6,7	—
Wasser bei 195° C	9,5	—	0,1	—	0,8	—
	91,3	8,7	97,8	3,1	98,7	1,8

Analyse Nr. 1b: Schichten des Ansatzes eines Nadelrohres vom Stirnwandüberhitzer
Analyse Nr. 2b: Schichten des Ansatzes eines Nadelrohres vom Endüberhitzer

* Die Analysen wurden im Laboratorium des Technischen Überwachungs-Vereines, Essen, durchgeführt

macht sich auch durch die stark basische Reaktion des Wasserauszuges ($p_H = 10,4$) bemerkbar.

Die Analysen Nr. 2a, 3a und 4a zeigen ein Ansteigen des CaO, MgO und der SO_3-Werte. Hier liegen, wie bereits die mikroskopischen Untersuchungen erwiesen, Kalziumsulfate und Magnesiumsulfate in großen Mengen vor.

VIII. Darstellung und Auslegung der Untersuchungsergebnisse

Die vielseitigen geschilderten Untersuchungsmethoden, angefangen von der chemischen Analyse bis zu der Identifizierung der Schlackenminerale, besitzen für den Betriebsmann an sich noch keinen Wert; sie verlangen eine entsprechende Interpretation, wodurch erst die Vorgänge erkannt und die notwendigen Maßnahmen im Betrieb ergriffen werden können. Leider ist eine zweckmäßige Darstellung nicht immer leicht zu finden und die Auslegung der Untersuchungsergebnisse oft äußerst schwierig.

Als Beispiel möge die Aschenanalyse erwähnt werden. Ihre Anfertigung ist mühevoll, zeitraubend und kostspielig. Ihre Bewertung ist so schwierig, daß oft aus der bloßen Betrachtung der gegebenen Analysenwerte kein Schluß möglich ist, ob eine Kohle mit einer Asche dieser Zusammensetzung im Kesselbetrieb Schwierigkeiten bereiten wird oder nicht, wie auch umgekehrt zwei Kohlen, deren Aschenanalysen nur unwesentlich voneinander abweichen, mitunter ein ganz verschiedenartiges Verhalten, besonders bezüglich der Verschmutzungserscheinungen zeigen können.

Es sind eine Reihe von aus der Analyse ableitbaren Kennwerten vorgeschlagen worden, wie die Basizität oder Azidität, Kennzahlen für den Schmelzpunkt oder für die Schlackenviskosität, die von der Zusammensetzung auf gewisse Asche- und Schlackeeigenschaften schließen lassen, wobei allerdings meist ein erheblicher Streubereich in Kauf genommen werden muß. Erinnert sei an die TEUNEsche Kennzahl[1]

$$K_T = \frac{SiO_2 + Al_2O_3}{Fe_2O_3 + CaO + MgO}, \qquad (60)$$

die mit steigendem Schmelzpunkt steigt, die Kennzahl von NICHOLLS und SELVIG[2]

$$K_{NS} = \frac{Al_2O_3 + SiO_2}{Fe_2O_3 + CaO + MgO + Na_2O + K_2O} \qquad (61)$$

oder von SCHAEFFER[3]

$$K_S = \frac{Al_2O_3 (SiO_2 + Al_2O_3)}{SiO_2 [FeO + 0.6 (CaO + MgO + Na_2O + K_2O)]} \qquad (62)$$

u. a. m. (GUMZ[4]) oder auch an die Zähigkeitskennzahlen nach ENDELL-ZAULEK[5]. Auch gewisse Grenzwerte im Eisenoxyd- oder im Alkaligehalt sind für das Schmelzverhalten, oder im Schwefel-, Phosphor- und Chlor-

---

[1] TEUNE, J. N. E.: Onderzok van gas- en gietcokes. Het Gas Bd. 32 (1912) Nr. 11, S. 506/511. s. a. Journal f. Gasbeleuchtung Bd. 56 (1913) Nr. 9, S. 213.

[2] NICHOLLS, P., u. W. A. SELVIG (mit E. B. RICKETTS): Clinker formation as related to the fusibility of coal ash. U. S. Bureau of Mines Bull. 364. Washington 1932.

[3] SCHAEFFER, J.: Masters Thesis (M5 S. 2943) Ohio State University, Columbus, O. 1933 zitiert nach EDGCOMBE L. J. und A. B. MANNING: Origin and nature of ash; sampling and analysis. J. Inst. Fuel Bd. 25 (1952) Nr. 144, S. 166/170.

[4] GUMZ, W.: Kurzes Handbuch der Brennstoff- und Feuerungstechnik. 2. Aufl. S. 136/137, 147/149, 154. Berlin/Göttingen/Heidelberg: Springer 1953.

[5] vgl. S. 136, Fußn. 8.

gehalt der Kohle zur Einstufung in die Verschmutzungsgefährlichkeit herangezogen worden. Nach CROSSLEY[1] gilt als:

	Schwefel %	Phosphor %	Chlor %
hoch	> 1,8	> 0,03	> 0,3
mittel	1,3—1,8	0,01—0,03	0,15—0,3
niedrig	< 1,3	< 0,01	< 0,15

Wenn sich aus solchen Grenz- und Verhältniswerten auch gewisse Anhaltspunkte ergeben, so bleibt doch die Auswertung noch unbefriedigend und läßt die Vielfalt der Vorgänge und der Einflußfaktoren nicht so einfach überschauen. Damit soll dem Wert der chemischen Analyse kein Abbruch getan werden; sie ist als Hilfsmittel ganz unentbehrlich. Ihr Wert steigt in dem Maße, wie es gelingt, durch zweckmäßige Interpretation die Veränderungen im Verhalten der Kohleminerale beim Verbrennungsvorgang aufzuklären.

Eine Darstellung, die das Ergebnis der chemischen Analyse und einer technologischen Untersuchungsmethode auszuwerten gestatten soll, ist das ZINZEN-Diagramm.

1. Das Zinzen-Diagramm

ZINZEN[2,3,4] faßte die Werte der Aschenanalyse $SiO_2 + Al_2O_3$, $Fe_2O_3 + FeO$ und $CaO + MgO +$ Rest zusammen und trug die zugehörigen Schmelztemperaturen in ein Dreieckskoordinatensystem ein. (Abb. 105.) Die Sinter- und Schmelzpunkt-Isothermen des Diagramms auf Grund von BUNTE-BAUM-Kurven sollten jedoch weniger dazu dienen, diese Temperaturen als Funktion der gegebenen Aschenanalyse ablesen zu können. Die Absolut-Werte sind überdies nicht nach der heute genormten Methode des LEITZschen Erhitzungsmikroskops ermittelt, und beide Methoden weichen als Folge der Auswirkungen apparativer Voraus-

---

[1] CROSSLEY, H. E.: Deposits on the external heating surfaces of boiler system. An account of the work of the boiler availability committee. Trans. Fuel Econ. Conf. The Hague 1947. Bd. III. Sect. C 2 Pap. 3, S. 1034/1036. London 1948 — Research work of the Fuel Research Station on boiler deposits. Fuel and the Future. Proc. Conf. Bd. I, S. 36/40. London 1948.
[2] ZINZEN, A.: Allgemeines Schmelzdiagramm für Kohlenaschen. Borsig-Mitt. (1943) Heft 17.
[3] —: Brennstoffaschen in technischen Feuerungen. Forsch. Ing.-Wes. Bd. 14 (1943) Heft 4, S. 89/104.
[4] —: Ursachen der Aschenansätze an Kesselheizflächen. Z. VDI. Bd. 88 (1944) Heft 13/14, S. 171/178.
RIEDIGER, B.: Brennstoffe, Kraftstoffe, Schmierstoffe. S. 398/402. Berlin/Göttingen/Heidelberg: Springer 1949.
ZINZEN, A.: Dampfkessel und Feuerungen. 2. Aufl. S. 14/24. Berlin/Göttingen/Heidelberg: Springer 1957.

setzungen voneinander ab. Der Zweck des ZINZENschen Diagrammes war vielmehr eine Beurteilung bestimmter, mineralogisch bedingter Aschetypen. Dazu ist die Diagrammfläche in einzelne Bezirke eingeteilt, denen bestimmte Aschetypen zugeordnet werden (a bis e), wobei jeweils

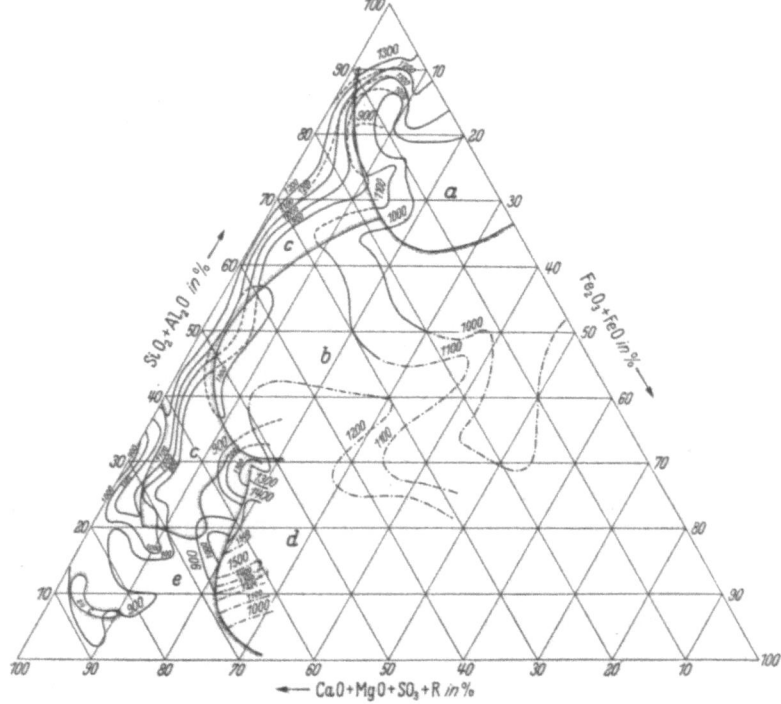

Abb. 105. Allgemeines Schmelzdiagramm nach Zinzen

bestimmte Reaktionen eine bevorzugte Rolle spielen sollen. In Tab. 63 ist diese Kennzeichnung der Felder und ein Versuch zur Interpretation der einzelnen jeweils zu beobachtenden Sinterstufen bzw. Haltepunkte (nach ZINZEN) wiedergegeben.

Das Diagramm wurde — im Laufe seiner Entwicklung — von ZINZEN durch Hereinnahme weiterer Meßwerte immer wieder verbessert, aber es wird schwerlich eine endgültige Form annehmen können und widerspruchsfrei bleiben, bedingt durch die unabwendbare Tatsache, daß man es bei den Aschen und Schlacken mit Vielstoff-Systemen zu tun hat, die sich nicht in ein Dreistoffsystem einzwängen lassen.

Es hat auch nicht an Versuchen gefehlt, über das Dreistoff-System hinauszugehen; so haben THIESSEN und Mitarbeiter[1] eine räumliche

---

[1] THIESSEN, R., C. G. BALL, P. E. GROTTS: Coal ash and coal mineral matter. Ind. Eng. Chem. Bd. 28 (1936) Nr. 3, S. 355/361.

Tabelle 63. *Kennzeichnung der Felder im Allgemeinen Schmelzdiagramm für Brennstoffaschen nach A. Zinzen*

Sinterstufen	Feld				
	a	b	c	d	e
1. Sinterstufe	selten: CaS-Schmelze	fehlt meist	CaS-Schmelze	fehlt	CaS-Schmelze
2. Sinterstufe	Fe_2O_3-Reduktion	fehlt meist	SO_3-Abgabe und Gesamtschmelze	SO_3-Abgabe	SO_3-Abgabe
3. Sinterstufe	Olivin-Schmelze* selten: Gesamtschmelze	Olivin-Schmelze meist: Gesamtschmelze	—	Gesamtschmelze	Gesamtschmelze
4. Sinterstufe	Gesamtschmelze	fällt meist mit der 3. Stufe zusammen	—	—	—
Niedrigste Schmelze	meist: Olivinschmelze selten: CaS-Schmelze	Olivinschmelze	CaS-Schmelze	Gesamtschmelze	CaS-Schmelze

* Olivine sind Orthosilikate des Eisens, des Magnesiums usw.; dazu gehört auch der in der Literatur häufig erwähnte Fayalit oder Eisen-Orthosilikat ($2\,FeO \cdot SiO_2$)

Darstellung in einem Vierflächner (Pyramide) gewählt und haben, von dem Dreieck SiO_2–Al_2O_3–CaO als Basis ausgehend, mit Fe_2O_3 in der Spitze, die drei dreieckförmigen Seiten SiO_2–Al_2O_3–Fe_2O_3, Al_2O_3–CaO–Fe_2O_3 und CaO–SiO_2–Fe_2O_3 in die Bildebene hineingeklappt. Aber selbst das ist nur ein Notbehelf, der der Anschaulichkeit etwas entgegenkommt, aber als praktisches Darstellungsmittel doch nicht ausreichend ist. Auch dieses Vierkomponentensystem kann die Verhältnisse nicht eindeutig beschreiben.

Die Zusammenfassung zu drei Komponenten, wie im ZINZEN-Diagramm, ist ohne Zweifel vom Viskositätsverhalten etwas beeinflußt; sowohl SiO_2 als auch Al_2O_3 erhöhen die Zähflüssigkeit einer Schmelze, CaO, MgO, FeO und die Alkali-Oxyde setzen sie herab. Für das Schmelzverhalten kann daher dieser Gruppierung eine gewisse Berechtigung zuerkannt werden. Vom mineralogischen Standpunkt ist aber die Art der Zusammenfassung nicht besonders zweckmäßig oder sachlich begründet. So erwartet man von einer graphischen Darstellung eines Mehrstoffsystems, daß auch die sich in den einzelnen Mischungsbereichen ausscheidenden Kristalle angegeben werden. Dies ist aber in dem ZINZENschen Diagramm ebenso unmöglich, wie sich auch die jahrzehntelangen Bemühungen der Mineralogen auf dem Gebiete der Gesteinskunde als fruchtlos erwiesen haben, die die Zusammendrängung der Komponenten auf drei Eckpunkte (Komponentengruppen) versucht haben. Es wird später gezeigt werden, daß mindestens vier Gruppen von Oxyden gebildet werden müssen, und daß dem SiO_2 eine Ecke allein zuerkannt werden muß, wie dies die von den Mineralogen angegebenen Berechnungsmethoden ersehen lassen.

Zu einer sicheren Voraussage über die zu erwartende Heizflächenverschlackung oder -verschmutzung läßt sich das Diagramm nicht verwenden. ZINZEN[1] hat selbst auf die Rolle des Siliziumsulfids und der Siliziumverflüchtigung hingewiesen, die sich über den ganzen Bereich des Diagramms erstrecken kann, und daß dies nur eine Frage der Temperatur sei, was in vollem Umfang bestätigt werden kann. Die Alkalien, deren Rolle bei allen Verschmutzungsfragen unbestritten ist, haben in dem Diagramm keinen Platz gefunden; das Diagramm soll für die Aschen mit mäßigem Alkaligehalt (nämlich $\leq 3\%$) gelten. Auch diese Einschränkung genügt noch nicht, da die Art der alkalihaltigen Minerale ausschlaggebend ist, die wie bei den Salzen schon bei äußerst niedrigen, in anderen Fällen (so in Tonmineralen, Glimmern usw.) erst bei höheren Temperaturen freigesetzt werden können, und die mit dem Brennstoffschwefel und seinen Oxydationsprodukten Sulfate bilden. Während man die Alkalien, soweit sie in den Tonmineralen gebunden vorlagen, zunächst als harmlos ansah (ENDELL[2]), zeigte sich im Bereich höherer Temperaturen, so bei Schmelzfeuerungen, doch ein anderes Bild. Den Alkalien kommt daher eine so umfassende Bedeutung zu, daß man sie bei der Beurteilung der Mineralsubstanz der Kohle unter keinen Umständen außer Betracht lassen kann.

Leider zeigt diese Betrachtung, daß es eine so einfache Darstellung wie in einem Diagramm mit 3 Komponentengruppen nicht geben kann, selbst wenn man eine andere Gruppierung der Komponenten vornehmen würde, und daß man folglich auf eine so einfache und anschauliche Darstellung zur Beurteilung des Verhaltens der Mineralsubstanz verzichten muß.

2. Darstellung von Analysenwerten

Vergleicht man Analysenwerte verschiedener Kohlenaschen oder gar die Analysen von Aschen, Schlacken und Ansätzen miteinander, so kann die prozentuale Höhe einer bestimmten Komponente durch andere Kom-

---

[1] vgl. S. 203, Fußn. 4.
[2] ENDELL, J., u. K. ENDELL: Über die Bestimmung der Röntgenfeinstruktur mineralogischer Bestandteile von Kohle und ihrer Asche sowie ihre technische Bedeutung. Feuerungstechn. Bd. 31 (1943) Nr. 9/11, S. 137/143.

ponenten (so besonders durch SO_3-Aufnahme) wesentlich verändert werden, was das Bild sehr verschleiert. Es empfiehlt sich daher, die Analysenangaben so aufzuarbeiten, daß solche Unklarheiten oder Willkürlichkeiten ausgeschaltet werden. In der Mineralogie sind bereits mehrere Methoden gebräuchlich, die dort zur Darstellung von Gesteinsanalysen ausgearbeitet worden sind, und die auch für die Analysen von Aschen, Schlacken, Heizflächenansätzen und Flugstäuben herangezogen werden können. Da die Elemente in Gesteinen, wie auch in diesem Falle, fast immer in oxydischer Bindung vorliegen, werden die Oxyde in Gewichtsprozenten in der Analyse angegeben. Daraus wird die Anzahl der Mole berechnet (= Gewichtsprozent/Molekulargewicht).

Die Zweckmäßigkeit und Notwendigkeit eines solchen Vorgehens wurde schon von dem Altmeister der Petrographie ROSENBUSCH[1] vor mehr als 50 Jahren erkannt. Ihn beschäftigte die zweckmäßige Auswertung von Analysen magmatischer — also aus dem Schmelzfluß entstandener — Gesteine. Er entwickelte deshalb eine rechnerische Auswertung auf der Grundlage der Anzahl der Moleküle und faßte bestimmte geeignete Molekülgruppen zu sogenannten *Kernen* zusammen. Seit diesen Anfängen ist eine große Anzahl von Berechnungsverfahren entwickelt worden und bildet einen festen Bestand der Petrographie. Da nun die Asche den Rest der Mineralsubstanz aus der Kohle darstellt, und das Schmelzen der Asche zu Schlacke der Bildung von Gesteinen, insbesondere Gesteinsgläsern aus dem Schmelzfluß sehr nahe kommt, ist es wohl nicht abwegig, diese petrographischen Berechnungsverfahren zur Interpretation von Aschen- und Schlackenanalysen heranzuziehen.

Ein älteres Verfahren ist das Verfahren nach OSANN (ROSENBUSCH[2]), das direkt auf der Methode von ROSENBUSCH aufbaut. Es werden statt der Anzahl der Moleküle die Molprozente (= prozentualer Anteil der Moleküle) zu Grunde gelegt. Daraus werden vier Atomgruppen gebildet.

1. Atomgruppe A: Die Alkalien werden dabei zu $(Na, K)_2O \cdot (Al_2O_3)$ verbunden. Al_2O_3 gilt dabei nur als Rechenhilfe und geht nicht in die Berechnung ein.
2. Atomgruppe C: Der Rest Al_2O_3 wird mit CaO zu $CaO \cdot Al_2O_3$ verbunden.
3. Atomgruppe F: Der Rest CaO wird zu MgO und FeO (hierzu auch Fe_2O_3 zu FeO umgerechnet) BaO, MnO usw. addiert.
4. Den die sämtlichen basischen Oxyde enthaltenden Atomgruppen A, C und F wird die gesamte Kieselsäure als Atomgruppe S gegenübergestellt.
5. Das Verhältnis $Na_2O:K_2O$ (Alkalikoeffizient) wird ausgedrückt durch

$$n = \frac{10\, Na_2O}{(Na, K)_2O}.$$

6. Kieselsäure-Koeffizient $k = \dfrac{S}{6A + 2C + F}$.

---
[1] ROSENBUSCH, H.: Mikroskopische Physiographie der Mineralien und Gesteine. Stuttgart 1907.
[2] ROSENBUSCH, H.: Elemente der Gesteinslehre. 4. Aufl. von A. OSANN. Stuttgart: F. Enke 1923.

Ist k größer als 1, so enthält das Produkt freie Kieselsäure. Tab. 64 bringt als Beispiel die Berechnung einer Kohlenasche.

Tabelle 64. *Beispiel für das Berechnungsverfahren nach* OSANN
Asche einer Zyklon-Kessel-Einsatzkohle.

	Gew.-%	Mol.-Gewicht	Mol.-Zahl	Mol.-%		
SiO_2	45,15	60	752	55,5	$A = $ Mol.-% $Na_2O + K_2O$	$= 3,8$
Fe_2O_3	14,94	160	187	13,9	$C = $ Mol.-% CaO	$= 4,9$
Al_2O_3	26,11	102	256	18,9	$F = $ Mol.-% $2 Fe_2O_3 + MgO + $ Rest	
CaO	3,81	56	68	4,9	$Al_2O_3 (= 18,9 - 8,7)$	$= 26,7$
MgO	1,45	40	36	2,7	$S = $ Mol.-% SiO_2	$= 55,5$
P_2O_5	0,68	142	4,8	0,4	$n = \dfrac{10 Na_2O}{(Na, K)_2O} = \dfrac{11}{3,8}$	$= 2,9$
K_2O	3,50	94	37	2,7	$k = \dfrac{\text{Mol.-\% } SiO_2}{6A + 2C + F}$	$= 0,95$
Na_2O	0,94	62	15	1,1	$k < 1 = $ keine freie Kieselsäure	
			1356	100,0		

Auf 20 umgerechnet: $A = 2,2$, $C = 2,9$, $F = 14,9$

Zur graphischen Darstellung werden die Gruppen A, C und F auf die konstante Summe 20 (oder 30) umgerechnet. Die Darstellung erfolgt im sogenannten OSANNschen Dreieck (Abb. 106).

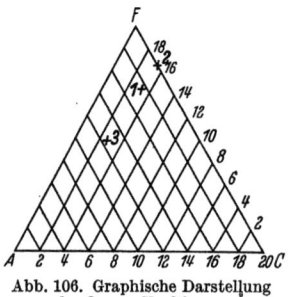

Abb. 106. Graphische Darstellung des OSANN-Verfahrens

Ein in den Vereinigten Staaten besonders gebräuchliches Verfahren ist das CIPW-System (CROSS, IDDINGS, PIRSSON, WASHINGTON[1]). Bei diesem Verfahren werden zunächst aus der chemischen Analyse wiederum die Molprozente errechnet. Aus diesen Prozentzahlen stellt man dann bestimmte Standardminerale zusammen. Diese Standardminerale sind Minerale, die sich aus der Schmelze zu bilden vermögen, wenn sich Gleichgewichte einstellen. Das ist natürlich bei Schlacken nur selten und fast nie bei Kesselansätzen der Fall. Die Standardminerale, die von den Begründern dieses Systems aufgestellt worden sind, waren für die Berechnung magmatischer Gesteine bestimmt. Es ist zweckmäßig, für die Berechnung der hier vorliegenden Produkte andere Standardminerale auszuwählen, deren Bildung in den Schlacken und Kesselansätzen beobachtet wurde.

---

[1] WASHINGTON, H. ST.: Chemical analyses of igneous rocks published from 1884 to 1913, inclusive with a critical discussion of the character and use of analyses. Department of the Interior, U. S. Geological Survey, Professional Paper 99. Washington 1917.

Tab. 65 bringt die Aufstellung der evtl. möglichen Standardminerale für Schlacken.

Tabelle 65. *Standardminerale für das C.I.P.W.-Verfahren*
(für Aschen, Schlacken und Kesselansätze)

Hämatit	Fe_2O_3	Na-Sulfat	$Na_2O \cdot SO_3$
Mullit	$3Al_2O_3 \cdot 2SiO_2$	K-Sulfat	$K_2O \cdot SO_3$
Trikalziumphosphat	$3\,CaO \cdot P_2O_5$	Na-Silikat	$Na_2O \cdot SiO_2$
Enstatit	$MgO \cdot SiO_2$	K-Silikat	$K_2O \cdot SiO_2$
Wollastonit	$CaO \cdot SiO_2$	Freie Kieselsäure	SiO_2

Die Berechnung geht nun so vor sich, daß die zeitliche Bildungsfolge der Einzelminerale nach Möglichkeit berücksichtigt wird. Bei einem Kesselansatz wird man also zunächst die aus leicht flüchtigen Komponenten gebildeten Alkalisulfate errechnen. Das übrigbleibende Alkali wird zu Alkalisilikat verrechnet. MgO bildet mit SiO_2 Enstatit, P_2O_5 wird mit einem Teil CaO zu Kalziumphosphat vereinigt, der Rest CaO bildet mit SiO_2 Wollastonit und das Eisen Hämatit. So erhält man die Molprozente der sich möglicherweise bildenden Standardminerale. Sie werden dann durch Multiplikation mit dem Molekulargewicht auf die tatsächlichen Gewichtsverhältnisse umgerechnet, die dann zum Erhalt der Gewichtsprozente der Standardminerale auf 100 bezogen werden. Die so erhaltenen Werte bezeichnet man als *Norm* und den Mineralbestand als *normativ*. Der tatsächliche Mineralbestand wird als *Modus* bezeichnet.

Tab. 66 bringt ein Beispiel dieser Berechnungsart an einem Kesselansatz von den Überhitzerrohren eines Zyklonkessels.

Tabelle 66. *Beispiel einer Berechnung nach dem C.I.P.W.-Verfahren*

	Gew.-%	Mol.-Gewicht	Mol.-Zahl	Mol.-%		Mol.-%	Mol.-Gewicht	Mol.-Zahl	Gew.-%
SiO_2	40,31	60	672	51,4	K-Sulfat	8,8	174	1530	7,2
Fe_2O_3	9,05	160	57	4,4	Na-Sulfat	2,8	142	341	1,6
Al_2O_3	26,21	102	257	19,6	K-Silikat	7,4	154	1140	5,4
CaO	2,68	56	48	3,7	Na-Silikat	3,2	122	390	1,8
MgO	1,31	40	33	2,5	Ca-Phosphat	2,0	310	620	2,9
P_2O_5	1,01	142	7,1	0,5	Wollastonit	4,4	116	510	2,5
SO_3	6,62	80	83	6,3	Enstatit	5,0	100	500	2,4
K_2O	10,00	94	106	8,1	Mullit	32,1	426	13680	64,6
Na_2O	2,81	62	45	3,5	Hämatit	4,4	160	710	3,4
			1308	100,0	Freie Kieselsäure	28,9	60	1734	8,2
								21155	

Trotz der zweifellos großen Vorteile, die die CIPW-Methode bietet, scheint sie wegen der Schwierigkeit der Auswahl geeigneter Standardminerale und der Unklarheit hinsichtlich ihrer Bildungsabfolge für die Zwecke der Schlackenuntersuchungen weniger gut geeignet zu sein. Diese Schwierigkeiten vermeidet die Methode von P. NIGGLI.

3. Die Niggli-Werte

Die NIGGLI-Werte werden zur Ausdeutung und zum Vergleich von Gesteinsanalysen in der Gesteinskunde vorwiegend in Europa verwendet. Diese Verrechnungsart läßt sich auch auf Asche, Schlacke und Kesselverschmutzungen übertragen. Hierzu werden zunächst aus den Gewichtsprozenten der Analyse die sogenannten Molzahlen errechnet (auch Molekularquotient oder Molekularproportion genannt). Da diese Zahlen stets nur klein sind, werden sie mit 1000 multipliziert.

$$\text{Molzahl} = \frac{\text{Gewichtsprozent} \times 1000}{\text{Molekulargewicht}}.$$

Dann werden die basischen Oxyde (Al_2O_3, FeO, Fe_2O_3, MgO, K_2O, Na_2O) zu bestimmten Gruppen vereinigt:

$Al_2O_3 = al$
$FeO + MgO + MnO + 2\,Fe_2O_3 = fm$
(Fe_2O_3 wird durch Multiplikation mit dem Faktor 2 als FeO ausgedrückt)
$CaO = c$
$Na_2O + K_2O = alk$.

Die Summe dieser vier basischen Oxydgruppen wird gleich 100 gesetzt. Im gleichen Verhältnis werden nun die Molekularwerte für SiO_2, SO_3 und P_2O_5 (evtl. noch ZnO) errechnet. So erhält man die Werte si, s, p, (z).

$$si = \frac{\text{Molzahl } SiO_2 \times 100}{\text{Summe der Molzahlen } al + fm + c + alk} \qquad (63)$$

$$s = \frac{\text{Molzahl } SO_3 \times 100}{\Sigma\, al + fm + c + alk}; \qquad (64)$$

$$p = \frac{\text{Molzahl } P_2O_5 \times 100}{\Sigma\, al + fm + c + alk}. \qquad (65)$$

Zur weiteren Kennzeichnung des Produktes werden noch folgende Begriffe eingeführt:

$$\text{Kaliverhältnis } k = \frac{\text{Molzahl } K_2O}{\text{Molzahl } K_2O + Na_2O} \qquad (66)$$

$$\text{Magnesiaverhältnis } mg = \frac{\text{Molzahl } MgO}{\text{Molzahlen } MgO + FeO + MnO + Fe_2O_3}. \qquad (67)$$

Die Quarzzahl qz gibt die mögliche Menge freier Kieselsäure im Produkt an:

$$qz = si - si' \qquad (68)$$

(si' = Summe des gebundenen Quarzes = $100 + 4\,alk$).

Ist si größer als si', so erhält das Produkt auf jeden Fall freie Kieselsäure; d. h. selbst wenn alle möglichen silikatischen Mineralkombinationen auskristallisieren, bleibt noch ein Rest freier Kieselsäure zurück.

Tabelle 67. *Beispiel für die Berechnung der Niggli-Werte einer Schlacke*

	Gew.-%	Molekulargewicht	Molzahl = $\frac{\text{Gew.-\%} \times 1000}{\text{Molekülgewicht}}$
SiO_2	45,7	60	761
Al_2O_3	31,2	102	306
Fe_2O_3	3,4	160	× 2 = 42,5
FeO	3,8	72	52,7
CaO	4,8	56	85,7
MgO	1,7	40	42,5
Na_2O	1,2	62	19,4
K_2O	4,0	94	42,6
SO_3	—	—	—
P_2O_5	3,0	142	21,1

$$al = \text{Molzahl } Al_2O_3 = 306 = 51{,}7\%$$
$$fm = \text{Molzahl FeO} + 2\,Fe_2O_3 + \text{MgO} = 137{,}7 = 23{,}3\%$$
$$c = \text{Molzahl CaO} = 85{,}7 = 14{,}5\%$$
$$alk = \text{Molzahl } Na_2O + K_2O = 62{,}0 = 10{,}5\%$$
$$591{,}4 = 100{,}0\%$$

$$si = \frac{761 \,(\text{Molzahl SiO}_2) \times 100}{591 \,(\text{Molzahl der basischen Oxyde})} = 128$$

Quarzzahl $qz = 128\,(= si) - 142\,(= si' = 100 + 4\,alk = 100 + 54)$
$= -14$

$$k = \frac{42{,}6 \,(\text{Molzahl K}_2\text{O})}{62{,}0 \,(\text{Molzahl K}_2\text{O} + \text{Na}_2\text{O})} = 0{,}69$$

$$mg = \frac{42{,}5 \,(\text{Molzahl MgO})}{137{,}7 \,(\text{Molzahl FeO} + \text{MgO} + 2\,Fe_2O_3)} = 0{,}31$$

$$p = \frac{21{,}1 \,(\text{Molzahl P}_2\text{O}_5) \times 100}{591 \,(\text{Molzahl der basischen Oxyde})} = 3{,}6.$$

In dieser Schlacke ist, da die Quarzzahl negativ ist, keine freie Kieselsäure vorhanden.

Als weiteres Kennzeichen kommt noch der Basengrad CaO/SiO_2 in Betracht. Steinkohlenschlacken, die CaO-Gehalte von etwa 3—5% und Kieselsäuregehalte von 40—50% haben, sind sehr saure Schlacken im Gegensatz zu den basischen Schlacken der Braunkohlenkraftwerke mit 25—40% CaO und den basischen Hochofenschlacken mit 45—55% CaO.

212 Darstellung und Auslegung der Untersuchungsergebnisse

Unter *sauer* versteht man hier im petrographischen Sinne das Vorherrschen der Kieselsäure über die Erdalkalien. Man erhält für die Schlacke eines Zyklonkessels etwa einen Basengrad von 0,09, während Braunkohlenschlacken Basengrade von etwa 3 und Hochofenschlacken von 7 haben können.

Nach dem Vorschlag von NIGGLI wird der *si*-Wert bei der graphischen Darstellung der Werte als Abszisse gewählt. Bei der Untersuchung von Schlacken und Ansätzen erweist es sich jedoch als zweckmäßiger, sämt-

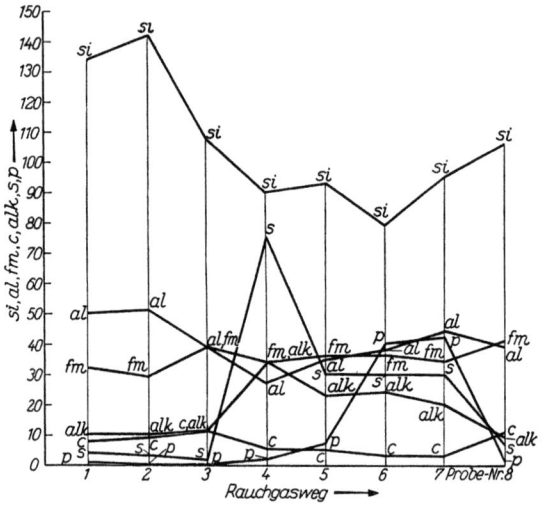

Abb. 107. Niggli-Werte der Ansätze eines rostgefeuerten Kessels

1 Mineralsubstanz der Kohle, *2* Schlacke vom Rost, *3* Gesinterter, schichtiger Ansatz oberhalb des Rostes, *4* Ansatz am Überhitzer, *5* Ansatz an den Siederohren, *6* Ansatz an den Fallrohren, *7* Ansatz am Vorwärmer, *8* Flugstaub. Analysen der Proben Nr. 4—7 vgl. Tab. 53 und 54 S. 188/189

liche Werte über dem Rauchgasweg aufzutragen, wobei in den folgenden Beispielen meist auf der linken Seite zunächst die Mineralsubstanz der Kohle (wie sie durch Tieftemperatur-Entkohlung aus dem Brennstoff isoliert worden ist), sodann die abgezogene Schlacke aus dem Feuerraum und anschließend die Schlacken- und Heizflächenansätze oder -ablagerungen in Richtung des Rauchgasströmungsweges aufgetragen worden sind. Aus einer solchen Darstellung kann man dann die chemischen Veränderungen der Ansätze durch das ganze Kesselsystem hindurch verfolgen. Die Abb. 107—112 zeigen einige Beispiele solcher NIGGLI-Werte.

Abb. 107 stellt den Verlauf der auf NIGGLI-Werte umgerechneten Zusammensetzung der Ansätze eines rostgefeuerten Kessels dar. Das Maximum des *si*-Wertes liegt in der Schlacke vor, wie sie im Brennstoffbett des Rostes vorkommt. Die Ansätze sind demgegenüber relativ siliziumarm, während der Flugstaub wiederum einen verhältnismäßig hohen Wert zeigt. Die Ansätze sind dagegen relativ reich an Alkalien, besonders am Punkt 4 (Überhitzer). Auch sind die s- und p-Werte ziemlich hoch. Dies gilt ganz besonders von den Ansätzen im rückwärtigen Teil des Kessels und im Vorwärmer. Auffällig ist, daß die s-Werte im höheren Temperaturbereich ein Maximum zeigen, während Phosphor sich in den kühleren Kesselpartien anreichert. Der Kalziumgehalt ist in der Regel keinen größeren Schwankungen unterworfen. Auch das Alkaliverhältnis (im Diagramm nicht aufgetragen) bleibt ziemlich konstant. In den An-

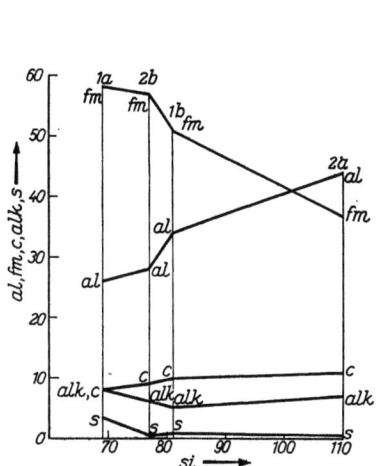

Abb. 108. Niggli-Werte der Innen- und Außenschicht eines Überhitzer-Ansatzes aufgetragen über si

1a Überhitzeransatz Innenschicht, 1b Überhitzeransatz Außenschicht, 2a Überhitzer-Halterung Ansatz Innenschicht, 2b Überhitzer-Halterung Ansatz Außenschicht
Vgl. die Analysen Tab. 52 S. 186/187

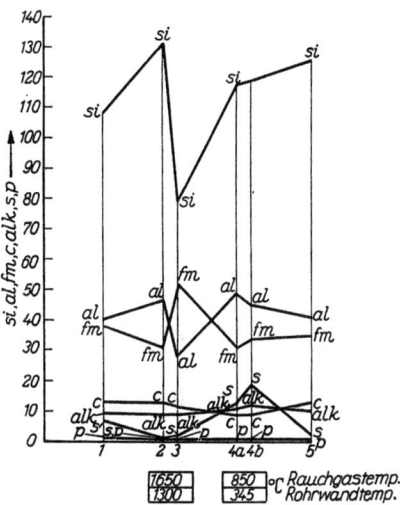

Abb. 109. Niggli-Werte der Ansätze eines Schmelzkammerkessels

1 Mineralsubstanz der Kohle, 2 Obere Schlackeschicht vom Schmelzkammerboden, 3 Schlacke von der Vorderwand der Schmelzkammer, 4a Äußere Ansatzschicht eines Steigrohres, 4b Innere Ansatzschicht eines Steigrohres, 5 Flugstaub (vom Saugzug)

sätzen findet man eine starke Anreicherung an Alkalien, die in Richtung des Temperaturabfalles ebenfalls abfällt, dagegen findet eine Verschiebung des Na_2O-K_2O-Verhältnisses (im Diagramm nicht dargestellt) nicht statt.

Abb. 108 stellt einen Vergleich zwischen der Innen- und Außenschicht eines Überhitzers und der Innen- und Außenschicht des Ansatzes an der Überhitzerhalterung dar. Da sich beide Probeentnahmestellen im gleichen Rauchgastemperaturbereich befinden, ist eine Auftragung über der Rauchgastemperatur hier nicht am Platze und daher der si-Wert als Abszisse gewählt worden. Die Innenschicht des Überhitzeransatzes zeigt eine geringe, aber doch deutliche Erhöhung des alk- und s-Wertes sowie einen hohen fm-Wert. Der si-Wert liegt dafür tief. Die erheblich heißere Außenschicht des Überhitzeransatzes und auch die erheblich höheren Temperaturen ausgesetzten Innen- und Außenschichten der

Überhitzerhalterung haben nur noch einen geringen Sulfatgehalt (niedriger s-Wert). Der dargestellte Überblick zeigt, daß mit zunehmenden si-Werten die al-Werte ebenfalls zunehmen, die fm-Werte dagegen abfallen. Eine Phosphor-Anreicherung findet nicht statt. In der Innenschicht des Überhitzeransatzes ist es außerdem zu einer Anreicherung von Natrium gekommen, wie das Kali-Verhältnis von 0,5 ausweist, ohne daß eine bündige Erklärung dafür vorliegt.

In Abb. 109 sind die NIGGLI-Werte der Schlackenansätze eines Schmelzkammerkessels wiedergegeben. Hier ist besonders der Vergleich zweier Temperaturbereiche von erheblich unterschiedlicher Wandtemperatur (gemeint ist selbstverständlich die gasseitige Außentemperatur der Ansätze) möglich. Auch in diesem Falle ist der höchste si-Wert der Schlacke vom Boden der Schmelzkammer zugeordnet. Die Schlacke der Schmelzkammerwand ist wahrscheinlich infolge Eisenaufnahme von der Wand sehr reich an fm. Die innere Schicht des Steigrohres weist relativ hohe Alkali- und Schwefeloxydgehalte auf. Der Phosphorwert ist innerhalb des gesamten Diagramms ziemlich konstant und niedrig. Der Flugstaub ist in seiner Zusammensetzung dem Mineralgehalt bzw. der Aschezusammensetzung ähnlich.

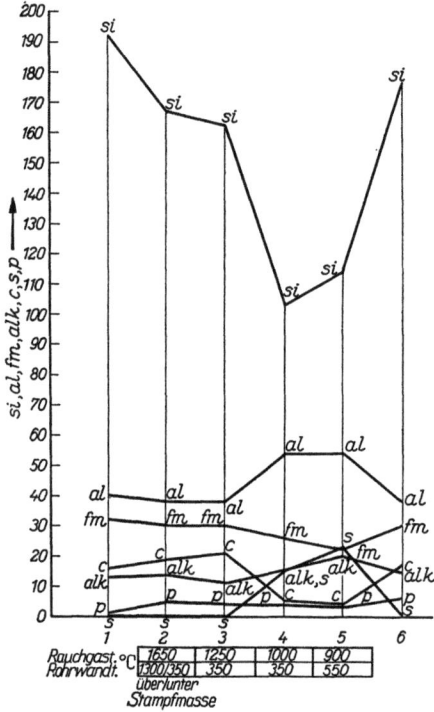

Abb. 110. Niggli-Werte der Ansätze eines Schmelzkammerkessels

1 Schlackengranulat, *2* Schlacke von der Zwischenwand der Strahlkammer, *3* Schlacke von der Rückwand der Strahlkammer, *4* Belag an den Gardinenrohren, *5* Ansatz an den Rohren des Nachüberhitzers, *6* Flugasche

Abb. 110 zeigt das Beispiel eines anderen Schmelzkammerkessels. Das Schlackengranulat hat meist, wie auch in diesem Falle, die höchsten Werte an si. An den Gardinenrohren und besonders im Nachüberhitzer steigen die alk-Werte wiederum stark an. Auch die al-Werte sind in diesem Bereich des Kessels oft hoch, Phosphor reichert sich dagegen nicht an, das Kali- und Magnesia-Verhältnis bleibt ziemlich konstant. Auch in diesem Beispiel sind die eigentlichen Ansätze im Bereich der niedrigsten si-Werte.

Abb. 111 stellt die NIGGLI-Werte eines koksgefeuerten Zentralheizungskessels dar. Die Ansätze zeigen eine deutliche Siliziumanreicherung mit zunehmender Entfernung vom Feuerraum. Auch die *s*-Werte steigen in dieser Richtung besonders dann in den kälteren Partien sehr stark an.

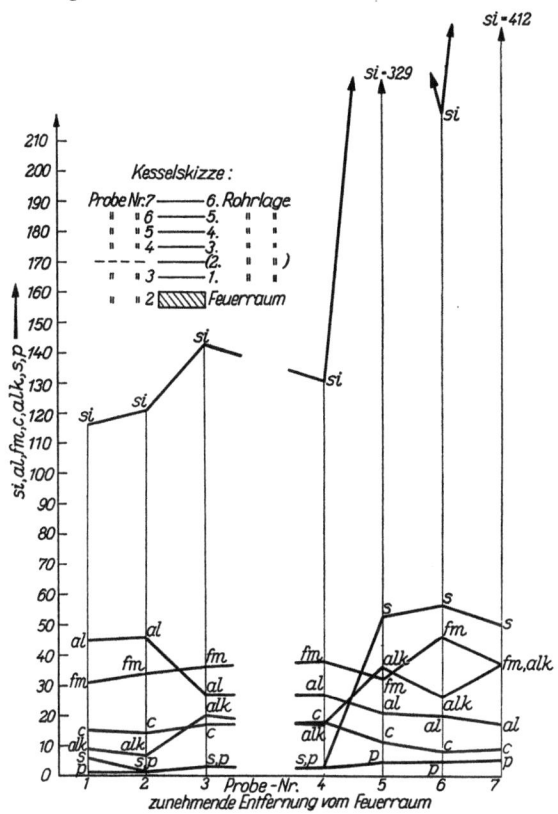

Abb. 111. Niggli-Werte der Ansätze eines koksgefeuerten Zentralheizungskessels (Ygnis-Kessel)
Probe Nr. 1: Analyse der Rostmineralsubstanz nach der Entkohlung des Kokses bei 380° C
Vgl. Tab. 60 S. 197

Dies gilt auch von den *alk*-Werten. Aluminium dagegen nimmt im gleichen Verhältnis ab, während sich Phosphor und *zn* in den kühleren Bereichen anreichern.

Abb. 112 stellt das Beispiel eines mit Braunkohle gefeuerten Kessels dar. Die *si*-Werte sind in diesem Falle sehr niedrig, die beherrschenden Komponenten sind *fm*, *c* und *s*. Der *fm*-Wert ist im Feuerraum hoch, während *c* dort mäßig und *s* sehr niedrig liegt. Mit zunehmender Entfernung reichern sich dann Kalzium und Schwefel sehr stark an und führen zu hohen *c*- und *s*-Werten, während *fm* dementsprechend zurücktritt (Proben Nr. 1a, 2a, 3a und 4a). Die Alkalien zeigen keine besonders

216   Theorie der Ansatzbildung

starken Schwankungen. Sehr gesetzmäßig verändert sich die chemische Zusammensetzung der einzelnen Schichten der Ansätze (Proben Nr. 1b A, B, C und Nr. 2b A, B, C). Die Maximalgehalte an si liegen in der Innenschicht, die c- und s-Werte haben ihre Maxima in der Mittelschicht. Die Komponenten al und fm zeigen in der Innen- und Außenschicht relativ hohe Werte, in der Mittelschicht dagegen treten sie zurück. Die s-Werte haben ihr Minimum stets in der heißen Außenschicht.

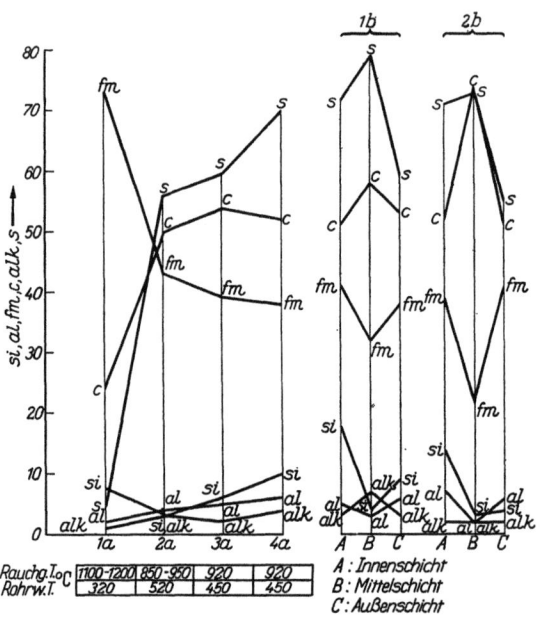

Abb. 112. Niggli-Werte der Ansätze an einem braunkohlegefeuerten Kohlenstaubkessel

Linke Bildhälfte: 1a Ansatz aus dem Feuerraum, 2a Ansatz vom Endüberhitzer, 3a Ansatz von der Überhitzerstirnwand, 4a Ansatz von der Überhitzerstirnwand. Vgl. die Analysen Tab. 61 S. 199

Rechte Bildhälfte: Gesamtanalysen der Innen-, Mittel- und Außenschichten. 1b Ansatz aus dem Feuerraum, 2b Ansatz vom Endüberhitzer. Vgl. die Analysen Tab. 62 S. 200/201

IX. Theorie der Ansatzbildung

1. Bisherige Anschauungen

Im Laufe der Entwicklung der Feuerungstechnik hat sich die Einstellung der Praxis und Forschung zu den Asche- und Schlackeproblemen dauernd geändert, zumal das Ascheverhalten durch die Änderungen in den Verbrennungsverfahren, in den Feuerungskonstruktionen und bei den Feuerungsleistungen stets neuartige Probleme aufwarf und gelegentlich zu einer Revision bestehender Anschauungen zwang. Auf den niedrig belasteten, handgefeuerten Rosten der Kessel des vorigen Jahrhunderts (es waren vorzugsweise Großwasserraumkessel oder kleine Wasserrohrkessel) gab es keine überraschenden Asche- und Schlackenprobleme, abgesehen von der Schlackenbildung in der Brennstoffschicht und der Notwendigkeit periodischer Entschlackung. Das Heizflächenverschmutzungsproblem beschränkte sich vorzugsweise auf die Verstaubung von Flammrohr, Heizflächen und Rauchgaszügen. Zu einem großen Teil ließen sich die Schwierigkeiten auch noch von der Brennstoffseite her lösen oder erleichtern durch die Verfeuerung ausgesucht guter (aschearmer) und körnungsgerechter Brennstoffe und durch eine laufende Verbesserung der Aufbereitungsverfahren, um diesen Verbraucherwünschen nachzukommen. Die Leistungssteigerungen der Rostfeuerungen durch Dampfstrahlgebläse glichen die zu erwartenden Schwierigkeiten durch die gar nicht einkalkulierte Wirkung des Wasserdampfes auf den Verbrennungs- und Schlackenbildungsvorgang aus (GUMZ[1]).

Erst durch die allmähliche Verdrängung der unwirtschaftlichen Dampfstrahlgebläse durch Ventilatoren und die Steigerung der Größe der Kessel- und Feuerungseinheiten erhöhten sich auch die Schwierigkeiten, um dann in den Zeiten des Kohlemangels in der Zeit nach dem 1. Weltkrieg und im Zug des Zwanges zu Rationalisierung der Energieerzeugung und der damit verbundenen weiteren Steigerung der Einheitsgrößen, der spezifischen Leistungen, der Kesseldrücke und Überhitzertemperaturen, des Rückgriffs auf billigere und ballastreichere Brennstoffe doch so stark in Erscheinung zu treten, daß man gezwungen wurde, sich diesen Problemen ernstlich zuzuwenden.

Es ist dies die Zeit, wo man anfing, die Angabe der Höhe des Aschegehaltes als nicht ausreichend zu erachten, sich den Kohlemineralen zuzuwenden, den unzulänglich definierten Ascheschmelzpunkt durch das Ascheschmelzverhalten zu ersetzen und sich — ebenso wie mit der Physik der Verbrennung — auch mit der Physik der Verschlackung und der Ansatzbildung und Heizflächenverschmutzung zu befassen.

Starke Impulse gingen sowohl von der reinen und angewandten Forschung — und hier verdienen besonders die Arbeiten des Gasinstituts von Professor BUNTE und seiner Schüler Erwähnung[2] —, als begreiflicherweise vor allem von der Brennstoffverwendungsseite aus; hier seien besonders die Arbeiten von Prof. ROSIN und seiner Mitarbeiter und das fördernde Interesse des damaligen *Reichskohlenrates* und seiner Technisch-Wirtschaftlichen Sachverständigenausschüsse hervorgehoben. Nicht zuletzt haben die Kraftwerke des Braunkohlen- und Steinkohlenbergbaus, die ja durch die Verfeuerung frachtunwürdiger, ballastreicher Kohle am frühesten diesen neuartigen Aufgaben gegenüberstanden, in den Lösungen ihrer feuerungstechnischen Aufgaben bahnbrechend gewirkt und der Forschung Auftrieb und Anregung gegeben. Die angespannten Anforderungen an die Energieerzeugung während des 2. Weltkrieges in allen Ländern, verbunden mit der Schwierigkeit der Versor-

---

[1] GUMZ, W.: Nasse Verbrennung. Vgl. S. 262, Fußn. 2. — [2] vgl. S. 130, Fußn. 6 u. 7

gungslage, hat endlich erneut die Probleme des Verhaltens der Mineralsubstanz aller Brennstoffe (einschließlich derjenigen des Heizöles) unabweisbar in das Bewußtsein aller für die Energieerzeugung Verantwortlichen gerückt. Daraus sind diejenigen Arbeitsgemeinschaften entstanden, die heute an der Grundlagenforschung und an den Aufgaben zur Überwindung der entstandenen und stetig gewachsenen Schwierigkeiten arbeiten. In diesem Zusammenhang wäre in England das *Boiler Availability Committee*[1], in Deutschland die Tätigkeit der *Vereinigung der Großkesselbesitzer* zu nennen. Das jüngste Glied der Entwicklung ist die Schmelzfeuerung, die vielfach eine neue Fragestellung aufgeworfen und viele neue Anregungen gegeben hat. Diese Abschweifung in die historische Entwicklung mag notwendig gewesen sein, um die Wandlung der Anschauungen einerseits, das verhältnismäßig späte Eintreten der Forschung in dieses Arbeitsgebiet andererseits zu erklären.

Der Stand der Kenntnis, von dem wir zunächst ausgehen möchten, ist in den Berichten der Technisch-Wirtschaftlichen Sachverständigenausschüsse des Reichskohlenrats[2], in den Arbeiten der Kesselindustrie (KONEJUNG[3]), besonders auch denen von A. ZINZEN[4], in den Untersuchungen der Technischen Überwachungsvereine, besonders des TÜV Essen (MÜLLER-NEUGLÜCK[5]) und in zusammenfassenden Veröffentlichungen des Bergbau-Vereins (MACKOWSKY[6], GUMZ[7,8]) dargestellt.

Bereits ROSIN und FEHLING[2] stellten fest, daß bei der Verbrennung eine Art *Sichtung* der Aschebestandteile eintritt, d. h. die Zusammensetzung der Ansätze eine völlig andere sei als die der Brennstoffasche selbst. Ihr Vorschlag eines Modellversuchs (eine Brennkammer von 105 mm $\varnothing$ mit Gasfeuerung, in die Flugasche aufgegeben wird) führte

---

[1] Eine Arbeitsgemeinschaft aus den Kesselbetreibern (jetzt die staatliche Elektrizitätsbehörde, die Central Electricity Authority), Kesselherstellern und einschlägiger Forschungsorganisationen wie die British Coal Utilization Research Association und der staatlichen Fuel Research Inst. in England, die während des Krieges entstanden ist und ihre Arbeiten seitdem fortgesetzt und laufend ausgedehnt hat.

[2] Berichte C. 32, D. 50, D. 52, D. 54/55, D. 63. — FEHLING, R.: Asche, Schlacke und Verschlackung, Feuerungstechn. Bd. 24 (1936) Nr. 9, S. 151.

[3] KONEJUNG, A. P.: Der heutige Stand des Verschlackungsproblems. Mitt. VGB 1948, H. 2/3, S. 21/31. — [4] vgl. S. 203, Fußn. 2–4.

[5] MÜLLER-NEUGLÜCK, H. H.: Analytische Untersuchungen rauchgasseitiger Ansätze. BKW Bd. 3 (1951) Nr. 6, S. 177/178.—SCHWARZ, K., u. H. H. MÜLLER-NEUGLÜCK: Arten der Kesselverschmutzung. Ibid. S. 179/185. — K. SCHWARZ: Verhütung der Kesselverschmutzung. Ibid. S. 185/188.

[6] MACKOWSKY, M.-TH.: Mineralogie und Petrographie als Hilfsmittel für die rohstoffliche Kohlenforschung. Bergbau-Archiv, Bd. 5/6, Essen-Kettwig 1947, Glückauf, S. 105/117.

[7] GUMZ, W.: Verhalten der mineralischen Bestandteile der Kohle bei der Verbrennung und Vergasung. Ebenda S. 118/136. —

[8] —: s. Vorwort S. III, Fußn. 1

nicht weiter, zeigte jedoch schon, daß die Ansatzbildung ein strömungstechnisches Problem ist, wobei die Gesetze des Wachstums als ein Spiel zwischen den Strömungskräften einerseits und der Festigkeit bzw. Viskosität der Ansätze andererseits verstanden werden können.

LESSNIG[1] fand, daß der Verschmutzungsvorgang als eine *selektive Sublimation* aufgefaßt werden könne, und daß die Zusammensetzung der Ansätze im Verlaufe des Rauchgasweges stark wechselt und von der Oberflächentemperatur abhängt. Kennzeichnend ist besonders die Zunahme des SO_3-Gehaltes (durch Sulfatbildung) bei gleichzeitiger Abnahme des SiO_2- und Al_2O_3-Gehaltes im Verlauf des Rauchgasweges.

Als die besonders gefährlichen Komponenten der Brennstoffasche wurden die Alkalien und das SiO_2 erkannt. Während die Verflüchtigung der Alkalien (ganz besonders, wenn sie etwa in Form von Chloriden, Sulfaten u. dgl. vorliegen) leicht vorzustellen ist und schon bei sehr niedrigen Temperaturen eintritt, blieb zunächst der Reaktionsmechanismus unerklärlich, wie das Siliziumdioxyd (Siedepunkt 2230° C) aus den Silikaten verflüchtigt werden könnte. LANGE[2] wies auf Grund von Laboratoriumsversuchen nach, daß dies durch Siliziumsulfidbildung möglich sei, und die Arbeiten von ZINTL[3] und Mitarbeitern, von GRUBE und SPEIDEL[4], VON WARTENBERG[5] und SCHWARZ[6] zeigten, daß auch die Bildung von Siliziummonoxyd in Betracht zu ziehen ist. Wenn dies so ist, so müßte nach LANGE durch Oxydation oder Hydrolyse eine Überführung der Sulfide (oder des Monoxyds) in das Dioxyd möglich sein. In der Tat hat die Beobachtung an Gaserzeugern (DOLCH[7]), wo diese Verhältnisse krasser

---

[1] LESSNIG, R.: Chemische Einflüsse bei der Verschmutzung und Verschlackung von Kesselanlagen und Gaserzeugern. Feuerungstechn. Bd. 28 (1940) Nr. 7, S. 145/149.

[2] LANGE, W.: Untersuchungen über die Ursachen der Ansatzbildung bei der Vergasung und Verfeuerung von Steinkohlen. Glückauf Bd. 79 (1940) Nr. 30, S. 410/413.

[3] ZINTL, E., W. BRÄUNING, H. L. GRUBE, W. KRINGS und W. MORAWIETZ: Siliziummonoxyd. Z. anorg. u. allgem. Chemie, Bd. 249 (1949) Nr. 1, S. 1/7.

[4] GRUBE, G., u. H. SPEIDEL: Zur Kenntnis des Siliziummonoxyds. I. Die Abscheidungsformen des Siliziummonoxyds aus der Dampfphase. II. Die Bildungswärme des gasförmigen Siliziummonoxyds. Z. f. Elektrochem. Bd. 53 (1949) Nr. 6, S. 339/343.

[5] v. WARTENBERG, H.: Über Siliziummonoxyd. Z. f. Elektrochem. Bd. 53 (1949) Nr. 6, S. 343/347.

[6] SCHWARZ, R.: Die Chemie des Siliziums. Angew. Chemie Bd. 67 (1955) Nr. 4, S. 117/123; —: Silizium, Schwefel, Phosphate. IZPAC Kolloquium Münster i. W. S. 1/15. (1954) Weinheim: Verlag Chemie 1955.

[7] DOLCH, P.: Die Verflüchtigung von Kieselsäure und Silizium als Siliziumsulfid. Eine technologische Studie. Chem. Fabr. Bd. 8 (1935) Nr. 51/52, S. 512/514; —: Über die Verflüchtigung von Silizium und Kieselsäure durch Schwefel und ihre Bedeutung für die Praxis. Montan. Rundschau Bd. 27 (1935) Nr. 1, S. 3/4; —: Vergasung von Steinkohle im Fahrzeuggaserzeuger. Brennstoff-Chemie Bd. 17 (1936) Nr. 4, S. 67/69.

in Erscheinung traten, erwiesen, daß bei trockenem Vergasungsmittel sehr viel SiO_2 verflüchtigt wird, bei nassem Vergasungsmittel dagegen nicht. Dies kann — ebenso wie die Wirkung des Wasserdampfes bei der Verbrennung — auf die doppelte Wirkung der Unterdrückung der SiS-, SiS_2- oder SiO-Bildung durch die Temperatursenkung wie auf die Hydrolyse nach dem Entstehen der Sulfide oder des Monoxyds zurückzuführen sein. In England war man nicht geneigt, diese Sulfid-Verschmutzungstheorie anzuerkennen, obwohl die Beobachtungen im Gaserzeugerbetrieb in gleicher Weise bestätigt werden (LEES[1]). Als Hauptargument wurde entgegengehalten, daß (im Laborversuch) Silizium auch in Abwesenheit von Schwefel verflüchtigt werden könne, andererseits ist aber auch nicht zu verkennen, daß genügende Schwefelmengen in den üblichen Brennstoffen immer vorhanden sind, um Sulfidbildung zu ermöglichen.

Dem Siliziumsulfid und -disulfid wie auch dem Monoxyd kommt die unangenehme Eigenschaft zu, daß sie bei den Feuerraumtemperaturen gasförmig sind und sich bei der weiteren Reaktion mit Sauerstoff oder Sauerstoffträgern (wie Wasserdampf) aus der Gasphase zu Festkörpern größter Feinheit sublimieren. Sie kommen mithin in Aerosolform im Gas vor und entziehen sich damit der Möglichkeit einer mechanischen Abscheidung.

Nach ZINZEN[2] bildet aber nicht nur das Silizium bei den üblichen Feuerungstemperaturen Sulfide, sondern auch das Eisen, das Kalzium und das Magnesium. Kalziumsulfidbildung spielt besonders bei Braunkohlenverfeuerung eine Rolle. JAKISCH[3] fand bei den eisenreichen Braunkohlenaschen der ostelbischen Rohbraunkohlen, daß im höheren Temperaturbereich Eisensulfide, bei etwas tieferen Kalziumsulfide die Hauptursache für die Ansatzbildung sind. Dies bestätigen die Erfahrungen und Untersuchungen von MATTHAEI und HENTZE[4,5] u. a. Als überraschendes Moment verzeichnen diese Untersuchungen die Tatsache, daß die *Bunte-Baum*-Kurve die Kohlenasche als gutartig ausgewiesen hätte (hohe Schmelzpunkte!), während es im Betrieb erhebliche Störungen durch schnell wachsende Ansätze im Bereich des Überhitzers gegeben hat.

Diese Sulfide treten zwar in fester und gröberer Form auf, aber als Flugstaub besitzen sie infolge ihres niedrigen Schmelzpunktes die unangenehme Neigung zu fester Haftung.

---

[1] LEES, B.: Particle size distribution of the dust in producer-gas. Fuel Bd. 28 (1949) Nr. 9, S. 208/213. — [2] s. S. 260, Fußn. 4.

[3] JAKISCH, H.: Verschlackung der Feuerräume unterhalb des Erweichungspunktes der Asche. Arch. Wärmewirtschaft Bd. 23 (1942) Nr. 10, S. 211/214.

[4] MATTHAEI, G. A.: Erfahrungen mit Ascheanbackungen an einem Braunkohlen-Hochleistungskessel. Wärme Bd. 63 (1940) Nr. 41, S. 353/358.

[5] MATTHAEI, G. A., u. F. HENTZE: Die Aschenansätze an Berührungsheizflächen von Staubkesseln. Arch. Wärmewirtschaft Bd. 23 (1942) Nr. 2, S. 25/28.

Nach SCHWARZ und MÜLLER-NEUGLÜCK verlaufen vermutlich auch die phosphorhaltigen Verschmutzungen über eine Sulfidbildung, wobei das Aluminiumphosphat durch den als Zwischenprodukt gebildeten Schwefelkohlenstoff in Aluminiumsulfid und Phosphorpentasulfid übergeführt werden. Wie Tab. 68 zeigt, besitzt gerade das Phosphorpenta-

Tabelle 68. *Schmelzpunkt (Fp) und Siedepunkt (Sp) einiger Sulfide, Sulfate und Chloride*

		Fp	Sp
Natriumchlorid	$NaCl$	800	1465
Natriumsulfat	Na_2SO_4	884	—
Natriumpyrosulfat	$Na_2S_2O_7$	401	—
Natriumsulfid	NaS_2	920	—
Kaliumchlorid	KCl	110	1407
Kaliumsulfat	K_2SO_4	1096	—
Kaliumpyrosulfat	$K_2S_2O_7$	>300	—
Kaliumpentasulfid	K_2S_5	206	—
Kalziumchlorid	$CaCl_2$	765	1600
Kalziumsulfid	CaS		
Kalziumsulfat (Anhydrit)	$CaSO_4$	~1297*	—
Magnesiumsulfat	$MgSO_4$	1127	—
Eisen(III)sulfat	$Fe_2(SO_4)_3$	480*	—
Eisen(II)sulfid	FeS	1195	—
Eisendisulfid (Pyrit)	FeS_2	1171	—
Siliziumsulfid	SiS	—	subl. 940
Siliziumdisulfid	SiS_2	1090	—
Aluminiumsulfat	$Al_2(SO_4)_3$	770	—
Aluminiumsulfid	Al_2S_3	1100	—
Phosphorpentasulfid	P_4S_{10}	290	514
Phosphor(III)sulfid	P_4S_3	172,5	407,5

* zersetzt

sulfid einen äußerst niedrigen Schmelzpunkt; dies dürfte auch erklären, warum phosphatreiche Ansätze besonders an den kälteren, nachgeschalteten Heizflächen auftreten, da das Phosphorpentasulfid infolge seines ebenfalls sehr niedrigen Siedepunktes nur im Bereich der niedrigsten Wandtemperaturen sublimieren kann. Bemerkenswert ist in diesem Zusammenhang auch die Tatsache, daß Wasserdampfzugabe sich als wirksames Gegenmittel gegen die Bildung von Phosphatverschmutzungen erwiesen hat (FREEDMANN[1]). Es sei besonders auf den Fall der Fulham Power-Station verwiesen, wo phosphatische Ansätze (bis zu 24% P_2O_5 in den Außenschichten) durch Luftbefeuchtung wirksam bekämpft werden konnten.

In England glaubt man, die Hauptschwierigkeiten — besonders auf Grund von Beobachtungen an Rostfeuerungen — auf die Alkalien zu-

[1] FREEDMANN, s. S. 263, Fußn. 3.

rückführen zu müssen (CROSSLEY[1], CARLILE[2]). Man hat festgestellt, daß die innere weiße Schicht vorzugsweise aus Alkalisulfaten und Alkalipyrosulfaten besteht. Diese Einbettungsmasse stellt das eigentliche Bindemittel dar, welches dann die Flugaschebestandteile einbindet und die Verfestigung der Ansätze bewirkt. Man glaubt ferner, die Herkunft dieser Alkalien besonders den Alkalichloriden in der Kohle zuschreiben zu müssen und betrachtet so den Chlorgehalt der Kohle als unmittelbaren Maßstab für die Gefährlichkeit vom Standpunkt der Heizflächenverschmutzung (vgl. S. 203).

Während es ohne weiteres einzusehen ist, daß salzhaltige Kohlen große Schwierigkeiten verursachen müssen (vgl. S. 284), ist umgekehrt der Alkaligehalt keineswegs ausschließlich oder auch nur vorzugsweise an Chloride gebunden. Niedriger Chlorgehalt ist daher durchaus keine Gewähr für die Ungefährlichkeit einer Kohle und die Reinhaltung der Heizflächen.

Ein zweiter Typus von Verschmutzungen sind die phosphatischen Ansätze, die bisher vorzugsweise bei Rostfeuerungen und nur bei bestimmten Kohlen (bei Phosphorgehalten über 0,03%) aufgetreten sind.

Als ein dritter Verschmutzungstyp, den man vorzugsweise bei Kohlenstaubfeuerungen festgestellt hat, sind die Kalziumsulfatansätze (CRUMLEY[3]) zu erwähnen. Wie das Kalziumsulfat die Rolle des Bindemittels übernehmen könnte, ist angesichts seines sehr hoch liegenden Schmelzpunktes (1297° C) nicht ohne weiteres einzusehen. CRUMLEY und Mitarbeiter vermuten einen Verschmutzungschemismus, bei dem die Bindung über das Kalziumchlorid erfolgt, das dann nach Ablagerung in geschmolzenem oder noch teigig-klebrigem Zustand, in dem es einbindend wirken kann, allmählich durch die Reaktion mit dem Rauchgasschwefel in Sulfat umgewandelt wird. Allerdings hat auch Kalziumchlorid noch immer einen Schmelzpunkt von 765° C. Es konnte auch in den Feinstanteilen der Flugasche — nicht dagegen in den Ansätzen — nachgewiesen werden, besonders wenn der Chlorgehalt der Kohle sehr hoch war. Als Quelle für dieses $CaCl_2$ wurde teils ein in der Kohle vorliegender Kalziumchloridgehalt, teils eine Umbildung von Kalziumcarbonaten durch Reaktion mit freier Salzsäure festgestellt.

---

[1] CROSSLEY, H. E.: Research work of the fuel research station on boiler deposits. Fuel and the Future. Proc. Conf., London 1948, Bd. I, S. 36/40; —: External boiler deposits. Journ. Inst. Fuel Bd. 25 (1952/53) Nr. 145, S. 221/225.

[2] CARLILE, J. H.: Boiler availability: Some factors affecting the formation of deposits on the external heating surfaces of coalfired boilers. Journ. Inst. Fuel Bd. 25 (1952/53) Nr. 14, S. 256/260.

[3] CRUMLEY, P. H., A. W. FLETCHER u. D. S. WILSON: The formation of bonded deposits in pulverized-fuel-fired boilers. Journ. Inst. Fuel Bd. 28 (1955) Nr. 170, S. 117/120.

Bemerkt sei dazu, daß derartig hohe Kalziumgehalte, wie sie CRUMLEY und Mitarbeiter unter Stützung auf Untersuchungen in 17 englischen Kraftwerken mit Kohlenstaubfeuerung fanden, bei deutschen Steinkohlen und bei Ansätzen in kohlenstaubgefeuerten Kesseln bisher noch nicht beobachtet worden sind.

2. Neuere Anschauungen auf Grund von Versuchsergebnissen

Es ist bei der Vielzahl der Erscheinungsformen und bei der Vielzahl der Meinungen durchaus nicht einfach, den Mechanismus und den chemischen Vorgang der Ansatzbildung auf eine einheitliche oder gar einfache Formel zu bringen. Es muß daher vorausgeschickt werden, daß folgende Punkte in Betracht gezogen werden müssen:

1. die vorhandenen Kohlenminerale und ihr Verhalten unter den gegebenen Feuerungsbedingungen,

2. Temperaturverlauf, Erhitzungsgeschwindigkeit und Dauer der Temperatureinwirkung innerhalb des Verbrennungsprozesses bzw. innerhalb der Feuerung,

3. Physik der Ansatzbildung, Teilchenbewegung im Gasstrom und ihre Heranführung an die Heizflächen,

4. chemische und physikalische Vorgänge innerhalb der Ansätze während und nach ihrer Bildung.

Daraus ergibt sich die Folgerung, daß sich gleiche Kohlearten und gleiche Kohleminerale je nach den Temperaturbedingungen verschieden verhalten können, wie selbstverständlich auch umgekehrt gleiche Feuerungen bei verschiedenen Brennstoffen (bzw. Kohlemineralen) unterschiedliche Ergebnisse zeitigen können. Weiter ist leicht einzusehen, daß die relativ langsamen Festkörperreaktionen, also Reaktionen in Schlackenansätzen in der Feuerung und Ansätze und Ablagerungen an den Heizflächen, nach ihrer Bildung genügend Zeit zu weitgehenden Veränderungen ihrer chemischen Zusammensetzung, ihrer physikalischen Natur und Festigkeit haben. Hinzu kommen laufende Einwirkungen durch Bestandteile des Rauchgases (besonders auch des SO_2 und SO_3, aber auch des H_2O, CO_2, CO). In dieses Gebiet gehören vor allem auch die Vorgänge der Sinterung und, bei steigender Temperatur, der Verschlackung.

Für die Bekämpfung der Verschmutzungserscheinungen ergibt sich aus dieser Aufstellung eine Aufgliederung in

a) Maßnahmen, die die Temperaturhöhe und den Temperaturverlauf beim Verbrennungsvorgang beeinflussen,

b) Maßnahmen konstruktiver Art, die in den physikalischen Vorgang der Ablagerung eingreifen,

c) Maßnahmen, die in die Veränderung der Ansätze durch Festkörperreaktionen eingreifen, wozu vor allem auch die Maßnahmen frühzeitiger Entfernung von Ansätzen schon im Entstehungszustand gehören.

Von diesen Voraussetzungen ausgehend, sind vor allem zwei Feststellungen von Bedeutung, nämlich daß die Mineralsubstanz der Kohle dauernden Veränderungen unterworfen ist und selektiv verflüchtigt wird, wobei es vor allem eine Frage der Temperatur und der Einwirkungszeit ist, wie weit diese Verflüchtigung getrieben wird. Nach OSANN[1] können sich bei genügend hohen Temperaturen und bei ausreichend langer Einwirkungszeit in reduzierender Atmosphäre eigentlich alle Bestandteile einer Schlacke verflüchtigen, wofür er folgende Reihenfolge angibt: MgO (?), Alkalien, FeO, CaO, SiO_2, Al_2O_3. Es sind allerdings nicht etwa diese chemischen Verbindungen, die in dieser Form flüchtig werden, sondern die Verflüchtigung geht von Reaktionen der diese Verbindungen enthaltenden Minerale aus und kann sich über allerlei Zwischenstufen vollziehen, wie es am Beispiel der Siliziumverflüchtigung deutlich gemacht wurde (vgl. S. 152). Die unmittelbare Folge davon ist die immer wieder festgestellte Tatsache, daß sowohl die sich bildende Schlacke, die sich bildende Flugasche bzw. Flugschlacke und die Ansätze in den verschiedenen Teilen des Kessels eine von der Ausgangssubstanz (den Kohlemineralen bzw. der Aschenanalyse) teilweise äußerst abweichende Zusammensetzung und selbstverständlich auch abweichende Eigenschaften aufweisen. Soweit dann Ansätze während einer sehr langen Einwirkzeit (ja einer praktisch unbegrenzten Einwirkzeit) der Temperatur und der Reaktion mit den Gasbestandteilen des Rauchgases ausgesetzt sind, findet eine zeitlich dauernde Veränderung der Zusammensetzung und der Eigenschaften statt. Leider entzieht sich die Beurteilung solcher Schlacken- oder Ansatzproben oft einer genauen Erfassung dieses Zeitfaktors, vor allem fehlt in der Literatur bei Angaben über die Zusammensetzung von Ansätzen meist eine Mitteilung über ihr Alter.

Die zweite Feststellung ist das sich ergebende breite Körnungsband der Festteilchen im Rauchgas. Gegenüber den äußerst groben Flugschlacke- und Flugkoksteilchen, die unter dem Einfluß der Strömungsverhältnisse aus einem Brennstoffbett herausgerissen und ausgetragen werden, und gegenüber den — wie man sagen könnte — mittelfeinen Flugascheteilchen, wie sie die Kohlenstaubfeuerung als Restteilchen des Verbrennungsprozesses der Kohlenstaubteilchen liefert, tritt als eine dritte Gruppe äußerst feiner Festteilchen diejenige der Sublimate auf, die aus der Gasphase entstanden, nunmehr in Aerosolform vorliegt.

Die üblichen Körnungskennlinien von Flugaschen erfassen diese Gruppe der Sublimate nicht mehr oder bestenfalls in dem Restbestand

---

[1] OSANN, B.: Verdampfung von Hochofenschlacke. Stahl u. Eisen Bd. 23 (1903) Nr. 5, S. 870/872.

Null bis ···; sie entziehen sich nicht nur der Körnungsanalyse, sondern auch der Sicht, teilweise sogar der Betrachtung im Lichtmikroskop. Nur im Elektronenmikroskop werden diese Teilchen, die Größenordnungen von 0,1 bis 0,2 μ und auch noch darunter aufweisen, erkennbar (vgl. Abb. 59, S. 153).

3. Physik der Ansatzbildung

Eine Feststellung, die alle neueren Untersuchungen bestätigt, ist der schichtweise Aufbau der Ansätze mit deutlich erkennbaren Unterschieden in Farbe, Struktur und chemischer Zusammensetzung. Hervorzuheben ist dabei, daß dieser schichtweise Aufbau gewisse Mindesttemperaturen zur Voraussetzung hat, und daß ebenfalls der Zeitfaktor dabei eine Rolle spielt. Die Verschiedenheit der chemischen Zusammensetzung dieser Schichten (und damit auch solcher Eigenschaften wie der Farbe) ist daher noch kein schlüssiger Beweis für ein nacheinander erfolgtes Absetzen von Teilchen verschiedener Art und Größe, da sie gleichzeitig auch als ein Anzeichen für die zeitlichen Veränderungen und Wanderungen bestimmter Bestandteile innerhalb der Schicht gewertet werden kann. Auf diese chemisch-physikalischen Vorgänge in der Schicht soll weiter unten eingegangen werden.

Für den Mechanismus der Ansatzbildung, also den physikalischen Vorgang der Teilchenbewegung, der Ansatzbildung, der Haftkräfte und schließlich der Gesetze des Wachstums solcher Ansätze und der Veränderung ihrer physikalischen Eigenschaften (bes. der Festigkeit) ist die Beobachtung von Interesse, daß man in den Rohransätzen eines Kessels auch eine physikalisch selektive Abscheidung nach Teilchengrößen feststellen kann. Bei den innersten Ablagerungen handelt es sich stets um Teilchen größter Feinheit — also die Gruppe der Sublimate — man kann dies bei Berührung der Rohre mit der Hand feststellen, die sich infolge der geringen Teilchengröße besonders glatt anfühlen. Nach außen hin nimmt die Größe der (erkennbaren) Teilchen zu, ja das Haften der teilweise sehr groben Teilchen ist dann überhaupt nur noch durch das Anwachsen der Oberflächentemperaturen und die Einbindungskraft der Unterlage und der gleichzeitig laufend hinzutretenden Feinstteilchen oder Sublimate erklärbar.

Man wird sich zunächst die Frage vorlegen müssen: Wie gelangen die feinsten Festkörperteilchen an die Rohroberfläche?[1]

Bei Betrachtung dieser physikalischen Verschmutzungsvorgänge soll eine Gruppe von Erscheinungen von vornherein ausgeschlossen werden,

---

[1] Die folgenden Ausführungen stützen sich weitgehend auf ein Referat von A. DAHME: *Einige physikalische Gesichtspunkte zur Frage der Entstehung von Heizflächenverschmutzungen in Kesselanlagen*, gehalten im Unterausschuß *Verbrennungsforschung* des Steinkohlenbergbauvereins am 27. 4. 1956 (unveröffentlicht).

nämlich die Ablagerungen von Staub durch Fehlkonstruktionen des Kesselbaues. Es ist in der Praxis des Kesselbaus schon zur Selbstverständlichkeit geworden, daß die Rauchgaswege und die Heizflächenanordnung strömungsgerecht konstruiert werden müssen, daß man tote Ecken, waagerechte Flächen u. dgl. peinlichst vermeidet. Es muß daher ausschließlich der Fall der Verschmutzung von Heizflächen oder Rohren betrachtet werden, die dank ihrer Konstruktion und Anordnung nicht notwendigerweise zur Verschmutzung prädestiniert sind.

Ausgangspunkt der Betrachtung ist das Strömungsfeld, das sich um die Kessel- und Überhitzerrohre ausbildet. Bei den üblichen Rauchgasgeschwindigkeiten handelt es sich im Bereich der höheren Temperaturen vorzugsweise um turbulente Strömung; erst in den Nachschaltheizflächen kommt man gelegentlich auch in den Bereich laminarer Strömung (z. B. in den Spalten von Luftvorwärmern) oder vielmehr in den dort sehr verbreiteten Zwischenbereich zwischen laminarer und turbulenter Strömung. In großen Feuerräumen können an der Wand teilweise sehr wenig genau zu definierende Strömungszustände entstehen, doch soll sich die folgende Betrachtung ausschließlich auf das turbulente Strömungsfeld eines Rohres (etwa eines Überhitzerrohres) beziehen, das senkrecht zur Rohrachse umströmt werde. Dabei wird die Rohroberfläche zunächst als geometrische Fläche betrachtet, eine Abstraktion, die allerdings ja keineswegs zutrifft, was auch für die Vorgänge der Verschmutzung von praktisch größter Bedeutung ist.

Charakteristisch für die Form des Geschwindigkeitsprofils in der Strömung um ein Rohr und in der Grenzschicht ist die Stauung (*a*) auf der Anströmungsseite (Luvseite) des Rohres, die Wirbelablösung an den Flanken (*b*) und die Wirbelbildung auf der Abströmseite (Leeseite) (*c*). (Abb. 113.) Für das Geschwindigkeitsprofil in der Grenzschicht ist die Druckverteilung maßgebend, insbesondere, ob der Druckgradient in Strömungsrichtung positiv, Null oder gar negativ ist. Ist er Null, so beginnt an dieser Stelle die Ablösung der Grenzschicht und damit eine Wirbelbildung, ist er negativ, so findet sogar eine Rückströmung statt.

Diesem Geschwindigkeitsprofil der turbulenten Strömung überlagert sich die quer zur Hauptströmung auftretende Schwankungsgeschwindigkeit, die das Kennzeichen der turbulenten Strömung ist. Wenn auch eine genaue Analyse und Berechnung dieser Schwankungsgeschwindigkeit sehr schwierig ist, so ist doch ihre Größenordnung bekannt; sie beträgt einige Prozent (bis zu 4%) der Hauptgeschwindigkeit; bei üblichen Rauchgasgeschwindigkeiten ist dies etwa die Größenordnung von 0,1 bis 1 m/sec. Dadurch werden Feststoffteilchen beschleunigt und in die laminare Grenzschicht sozusagen hineingeschossen. Die Dicke der laminaren Grenzschicht liegt, obwohl sie durchaus keine einheitliche Größe besitzt, etwa in der Größenordnung von 50 bis 150 μ.

Um diese Beschleunigung zu erhalten, ist ein Beschleunigungsweg von gleicher Größenordnung notwendig, wie der sogenannte Bremsweg im ruhenden Medium. Der Bremsweg (x_∞) ist nach SELL[1]

$$x_\infty = \frac{v_s v}{g} \quad [\text{m}], \tag{69}$$

wenn v_s die Schwebegeschwindigkeit, v die Anfangs- oder Einschußgeschwindigkeit und g die Erdbeschleunigung bedeutet. Nimmt man an, daß die Anfangsgeschwindigkeit gleich der Schwebegeschwindigkeit ist,

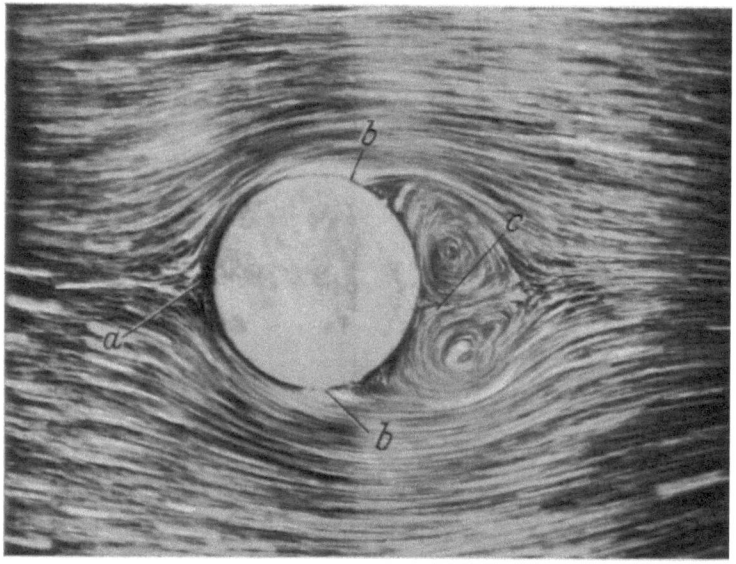

Abb. 113. Wirbelbildung beim Umströmen eines Rohres (nach ECK)
a Stauung auf der Anströmseite, b Wirbellösung, c Wirbelbildung auf der Abströmseite

daß also die Zeit bzw. der Weg ausreicht, das Teilchen auf diese Maximalgeschwindigkeit senkrecht zur Hauptströmungsrichtung zu beschleunigen, so erhält man als Bremsweg

$$x_\infty = \frac{v_s^2}{g} = \sim 0{,}1\, v_s^2\,. \tag{70}$$

Aus der Schwebegeschwindigkeit der Teilchen läßt sich daher nun leicht die Größenordnung des Bremsweges errechnen; umgekehrt kann man sagen, daß diejenigen Teilchen, die die Dicke der Grenzschicht (angenommen im Durchschnitt ca. 100 μ) durchfliegen und die Fläche erreichen können, mindestens einen Durchmesser von ca. 20 μ haben müssen bei einer Temperatur von 500° C (der Grenzschicht) und einem spez. Gewicht

---

[1] SELL, W.: Staubausscheidung an einfachen Körpern und in Luftfiltern. Forschungsheft 347. Berlin: VDI-Verlag 1931.

der Teilchen von 2 (2000 kg/m³). Die Schwebegeschwindigkeiten sind der Abb. 114 zu entnehmen (GUMZ[1]).

Versuche von RUMPF[2] mit einem bei 11 μ gesichteten Kalksteinmehl (bei Zimmertemperatur) über das Ansetzen, besonders den Ansatzbeginn, auf einer ebenen, parallel angeströmten Fläche haben gezeigt, daß

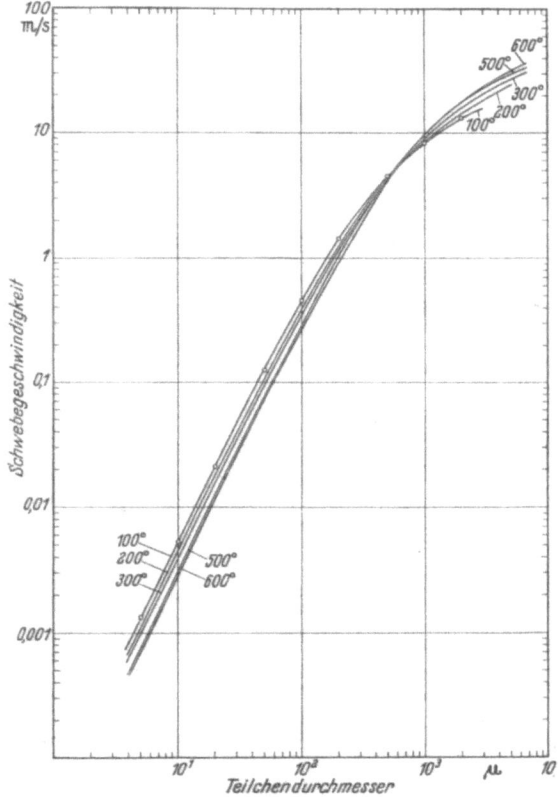

Abb. 114. Schwebegeschwindigkeit von kugeligen Flugascheteilchen (γ = 2000 kg/m³) in Rauchgas (γ = 1,33 kg/m³). Logarithm. Maßstäbe!

eine Sedimentation stattfindet, und daß sich in den Unebenheiten des Bleches zunächst feinste Teilchen von ca. 2 μ ⌀ bevorzugt absetzen, obwohl sie in der Körnungsanalyse nur etwa 5% ausmachen.

Wie kommt es zu dem bevorzugten Absetzen der feinsten Teilchen ($\leq 2\ \mu$), während die gröberen fehlen?

---

[1] GUMZ, W.: Theorie und Berechnung der Kohlenstaubfeuerungen. S. 2/5. Berlin: Springer 1939.

[2] RUMPF, H.: Über das Ansetzen fein verteilter Stoffe an den Wänden von Strömungskanälen. Chem. Ing. Techn. 25 (1953) Nr. 6, S. 317/327.

Die feinsten Teilchen entsprechen zwar den natürlichen Unebenheiten, den Schleifriefen dieses geschliffenen Stahlbleches, und gröbere Teilchen können im Spiel der Strömungskräfte von der Wand wieder abgerissen worden sein. Man kann sich an Hand obiger Überlegungen über Beschleunigung und Abbremsung der Teilchen auch vorstellen, daß zu feine Teilchen nicht an die Wand gelangen, weil sie in der Grenzschicht zu früh abgebremst werden, während zu grobe Teilchen gar nicht erst auf ihre Maximalgeschwindigkeit v_s beschleunigt werden können. Zwar ist die Größe der Gasballen und die Länge ihres Weges nicht angebbar, doch darf eine enge Begrenzung der Teilchengröße nach oben durchaus als gegeben angenommen werden.

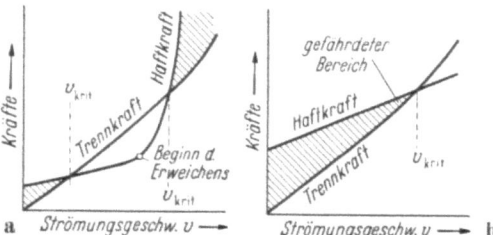

Abb. 115 a u. b. Einfluß der Geschwindigkeit auf die Haft- und Trennkräfte und damit auf die Ansatzbildung (nach H. RUMPF) a) Temperaturempfindliche Stoffe, b) Temperaturunempfindliche Stoffe

Auffällig ist indessen, daß die obengenannte Größenordnung von 20 μ wesentlich größer ist als die tatsächlich abgesetzten Teilchen. Dafür gibt RUMPF an anderer Stelle[1] folgende Erklärung, die er als *Schneeballeffekt* bezeichnet. Diejenigen Teilchen, die bevorzugt in die Grenzschicht einfliegen und die Wand erreichen, und die eine Größe von 20 μ und darüber haben, also mehr als die gröbsten Staubteilchen des Ausgangsstaubes, sind Agglomerate von feineren Partikeln, die sich durch Zusammenstoß gebildet haben. Diese Agglomerate zerspritzen beim Aufprall auf die Wand wie Schneebälle und lassen folglich nur die sie aufbauenden feineren Partikel zurück.

Wären kompakte gröbere Körner vorhanden, so würden sie starke Trennkräfte ausüben und Ansatzbildung verhindern. Die Gefahr ist daher in gewissen (besonders den feinen) Körnungsbereichen besonders groß, bei Grobstäuben geringer. Dieses Spiel der Kräfte zwischen Haftkräften und Trennkräften ist in Abb. 115 (nach RUMPF) bildlich dargestellt, dabei sind zwei verschiedene Typen von Haftkräften angenommen bzw. zwei Stoffgruppen — temperaturempfindliche und temperaturunempfindliche.

Neben den Bewegungen der Festteilchen durch die Turbulenz müssen zwei weitere Kräfte in die Betrachtung einbezogen werden, die Thermo-

---
[1] RUMPF, H.: Über physikalische Gesetzmäßigkeiten bei der Schlagzerkleinerung, der Windsichtung und der Strömung von Staubluftgemischen und ihre Anwendung zur Entwicklung technischer Geräte. DECHEMA-Monographien Bd. 24, Nr. 283/292, S. 58/104. ; —: Über das Ansetzen von Teilchen an festen Wandungen. VDI-Berichte Bd. 6, 1955, S. 17/28.

diffusion und die elektrostatischen Kräfte. Eine dritte Möglichkeit, eine Beschleunigung der Teilchen durch den Magnuseffekt bei der Drehung der Gaswirbel, kann vernachlässigt werden, da die möglichen Beschleunigungen zu gering sind.

In der Grenzschicht beheizter Kessel- oder Überhitzerrohre besteht ein sehr steiles Temperaturgefälle von mitunter einigen hundert Grad. Daß Thermodiffusion schon bei mäßigem Temperaturgefälle eine Staubwanderung hervorruft, ist ja aus dem täglichen Leben bekannt, man denke an die Abzeichnung von Stellen verschiedener Wärmeableitung, wie die Balken in einer Decke oder die Verschmutzungserscheinungen an den Wänden oberhalb von Heizkörpern bei Zentralheizung u. a. m. Über den Mechanismus der Thermodiffusion bestehen verschiedene Auffassungen.

Nach STETTER[1] kann man sich den Vorgang folgendermaßen vorstellen: Die Diffusion der Gasmolekeln erfolgt von kalt nach warm. Dadurch würde aber das Druckgleichgewicht gestört, und zu seiner Wiederherstellung muß sich die gesamte Gasmasse von warm nach kalt bewegen. Dieser *Rückstrom* nimmt die in ihm enthaltenen Staubteilchen mit. Die Diffusions- und die Rückstromgeschwindigkeit ist

$$v = v_R = \frac{1}{2} D \frac{1}{T} \frac{dT}{dx}. \tag{71}$$

Darin bedeutet D den Diffusionskoeffizienten, T die absolute Temperatur (°K), dT/dx das Temperaturgefälle.

Die vom Rückstrom auf ein Staubteilchen ausgeübte Kraft, vorausgesetzt, daß die Teilchengröße höchstens etwa der freien Weglänge entspricht, beträgt

$$K_R = p \frac{4 \, v_R}{c} r^2 \pi. \tag{72}$$

Überschläglich ergibt sich nach STETTER für $r = 10^{-5}$ cm, den Druck $p = 10^6$ dyn, bei 300 Grad/cm Temperaturgefälle $v_R = 10^{-1}$ cm/sec und bei der Molekelgeschwindigkeit $c = 5 \times 10^4$ cm/sec ein K_R von $2,4 \times 10^{-9}$ dyn, also etwa das 1000-fache der Schwerkraft, die sich bei der Dichte 2 zu $K_g = 8 \times 10^{-12}$ dyn errechnet. Derartig feine Teilchen unterliegen also praktisch nicht der Schwerkraft. Wenn auch die Kraft abnimmt, sobald sich das Staubteilchen in Bewegung gesetzt hat, weil nunmehr nicht mehr die Rückstromgeschwindigkeit v_R, sondern nur noch die Differenz $(v_R - v)$ wirksam ist, und wenn bei Teilchengrößen oberhalb der freien Weglänge die Geschwindigkeit zunächst auf etwa die Hälfte absinkt, so

---

[1] STETTER, G.: Zum Verständnis des Trennrohreffektes. Österr. Chem. Ztg. Bd. 45 (1942) Nr. 11/12, S. 130/145; —: Abscheidung und Fraktionierung von Staub durch Thermodiffusion; theoretische Untersuchung. Anz. math.-naturw. Klasse der österr. Akad. Wiss. (1951) Nr. 7, S. 180/191.

bildet doch die Thermodiffusion die wichtigste Quelle für die erste Ansatzbildung und den Grund für die Sedimentation und die zunächst bevorzugte Abscheidung ultrafeiner Teilchen. Zur Gruppe der ultrafeinen Teilchen gehören aber in erster Linie die aus der Gasphase entstandenen Sublimate, die oben als Beispiel genannte Größenordnung von 10^{-5} cm ist ziemlich genau die Durchschnittsgröße dieser Sublimate 0,1—0,2 μ (= 1 bis 2 $\times$ 10^{-5} cm).

Als eine dritte Möglichkeit für die Krafteeinwirkung auf Feststoff-Teilchen im Rauchgas sind die elektrischen Kräfte zu nennen. Die Bewegung von Stäuben im Gas kann zu erheblichen elektrostatischen Aufladungen führen. Nach SCHÄFF[1] konnte man in einem Kohlenstaubbunker feststellen, daß zwischen einer Elektrode in Bunkermitte und der Bunkerwand eine Spannungsdifferenz von 200 V vorhanden war. Wurde aber nach teilweiser Entleerung die Kohlenmahlanlage angestellt, also frische Kohle mit Hilfe eines Gasstromes in den Bunker gefördert, so stieg die Spannung bis auf 3500 V an. Solche elektrischen Aufladungen in strömenden staubhaltigen Gasen sind bekannt, HERNING und HEUSINGER[2] haben in einer dazu geeigneten Versuchsstrecke ebenfalls ein sprunghaftes Ansteigen der Spannung auf 2—3000 V (auch bis 4000 V) messen können.

Es lag daher nahe, zu vermuten, daß auch der Flugstaub durch die Rauchgasströmung im Kessel eine elektrische Aufladung erfährt, und daß diese elektrostatischen Kräfte ihrerseits für den Transport von Feststoffen durch die Grenzschicht hindurch zur Heizfläche mitverantwortlich gemacht werden könnten. Zwar werden, solange die Oberflächen metallisch rein sind, alle übertragenen Ladungen ohne weiteres abfließen, aber wenn andere Ursachen bereits eine Schicht von nichtleitenden Stoffen gebildet haben, so ändern sich damit auch die Voraussetzungen, und eine Mitwirkung der elektrostatischen Kräfte am Fortgang der Verschmutzung ist durchaus denkbar.

Versuche in dieser Richtung[3] haben zwar noch zu keinem abschließenden Bild geführt, zeigen aber sowohl das Auftreten hoher elektrostatischer Aufladungen in Abhängigkeit von bestimmten Betriebszuständen (besonders von gewissen Störungen in der Regelmäßigkeit des Strömungsablaufs und der Kohlenzuteilung) und auch einen Zusammenhang zwischen der Art und der Größe der auftretenden Ablagerungen von der elektrostatischen Aufladung. Zu diesem Zweck wurde ein Entnahme-

---

[1] SCHÄFF, K.: Entwicklungen und Erfahrungen beim Bau von Dampfkraftwerken. VDI-Z. Bd. 98 (1956) Nr. 1 u. 2, S. 1/8, 47/55, bes. S. 49.

[2] HERNING, F., u. P.-P. HEUSINGER: Elektrostatische Aufladungen in Gasströmungen. Gesammelte Berichte aus Betrieb und Forschung der Ruhrgas A. G. Heft 5 (1955), S. 32/34.

[3] Ausgeführt vom Steinkohlenbergbauverein (Dr. H. SCHNITZLER) und der Steinkohlen-Elektrizitäts A. G. (Dipl.-Phys. K. H. KRIEB).

rohr konstruiert, welches das Auffangen einer Probe der abgesetzten Feststoff-Teilchen unmittelbar auf einem Objektträger des Elektronenmikroskops gestattet.

Die Kraft, von der das geladene Teilchen gegen eine leitende Wand getrieben wird, bezeichnet man als die sogenannte *Bildkraft*. Dieser Name leitet sich ab von der Vorstellung, daß sich das von einem Teilchen ausgehende elektrische Feld so ausbreitet, als ob sich im *Bildpunkt* ein Teilchen gleichgroßer, aber entgegengesetzter Ladung befände. Die Größe der Bildkraft (BECKER[1]) ist

$$K = \left(\frac{e}{2a}\right)^2, \tag{73}$$

wenn a den Abstand von der Wand und e die Ladung bedeutet.

Sie nimmt also mit Annäherung an die Wand stark zu und fällt mit der Teilchengröße ab, wirkt also auch korngrößenselektiv. Bei den großen Schwankungen der auftretenden Ladungen ist damit zu rechnen, daß die elektrostatischen Kräfte gelegentlich eine erhebliche Rolle spielen können, aber nicht immer wirksam sind.

Zusammenfassend kann man daher sagen, daß der Transport der abzusetzenden Teilchen an die Heizflächen zugleich ein Sedimentationsvorgang ist, der feinste Teilchen (0,1—0,3 μ) bevorzugt durch Thermodiffusion durch die auch bei turbulenter Strömung vorhandene laminare Grenzschicht hindurchbewegt.

Nachdem die Verschmutzung zugenommen hat, sinkt der Einfluß der Thermodiffusion, da der Temperaturgradient flacher wird, und die turbulente Strömungsbewegung (Einschließen von Teilchen in die Grenzschicht) beginnt eine größere Rolle zu spielen. Elektrostatische Ladungen können diesen Transport wesentlich unterstützen, wobei Unregelmäßigkeiten im Verbrennungsablauf (oder z. B. auch in der Kohlenzuteilung) die Entstehung der Ansatzbildung begünstigen. Das Anwachsen des Einflusses der Turbulenzbewegung sorgt dann dafür, daß nun auch Teilchen eines etwas größeren Kornbereichs (1 bis 2 μ) in die Grenzschicht gelangen. Durch diese Schichten und ihre allmählich ansteigenden Oberflächentemperaturen werden bezüglich Konsistenz und Klebe- oder Haftfähigkeit Bedingungen geschaffen, die es dann auch größeren Flugascheteilchen von 5 bis 10 μ Durchmesser gestattet, an den vorverschmutzten Heizflächen hängen zu bleiben. Mit den gröberen Teilchen geht aber das Absetzen der feineren weiterhin parallel, die Ansätze werden daher laufend mit diesen Sublimaten und anderen Feinstteilchen überpudert, was den Oberflächen auch nicht klebefähiger Stoffe eine gewisse Bindekraft verleiht. Das Aussehen gröberer Flugasche-

---

[1] BECKER, R.: Theorie der Elektrizität. Bd. I, 12./13. Aufl., S. 65/66. Leipzig u. Berlin: Teubner 1944.

teilchen (Silikatglaskügelchen) zeigt im übrigen, daß diese kugeligen Gebilde häufig Auswüchse, Unebenheiten und Überkrustungen zeigen, die sowohl in das Glas nicht voll eingebundene Bestandteile als auch aufgeflogene und abgesetzte Festteilchen (Sublimate) wesentlich klei-

Abb. 116. Elektronenoptische Aufnahme von oxydierten Eisenoberflächen
(nach G. PFEFFERKORN) V = 3700

neren Durchmessers darstellen können. Die Oberflächeneigenschaften solcher Teilchen werden also keineswegs ausschließlich von ihrer eigenen Grundmasse her bestimmt.

Wenn man somit versucht hat, sich ein Bild von der Art des Transportes der Teilchen an die Oberfläche zu machen, so ist die nächste Frage die nach der Art und der Größe der Haftkräfte. Die Ansatzbildung kann ja nach RUMPF[1] als das Ergebnis des Wechselspiels von Strömungskräften und Haftkräften angesehen werden.

---

[1] s. S. 229, Fußn. 1.

234   Theorie der Ansatzbildung

Als erstes wird man nach der wirklichen Gestalt der Oberflächen fragen müssen, und zwar nicht nach der geometrischen Idealgestalt (wie Zylinder oder ebene Fläche), sondern nach der wirklichen Struktur der ja stets als rauh aufzufassenden technischen Oberflächen. Schon der erwähnte Versuch von RUMPF, der an einem geschliffenen Stahlblech durch-

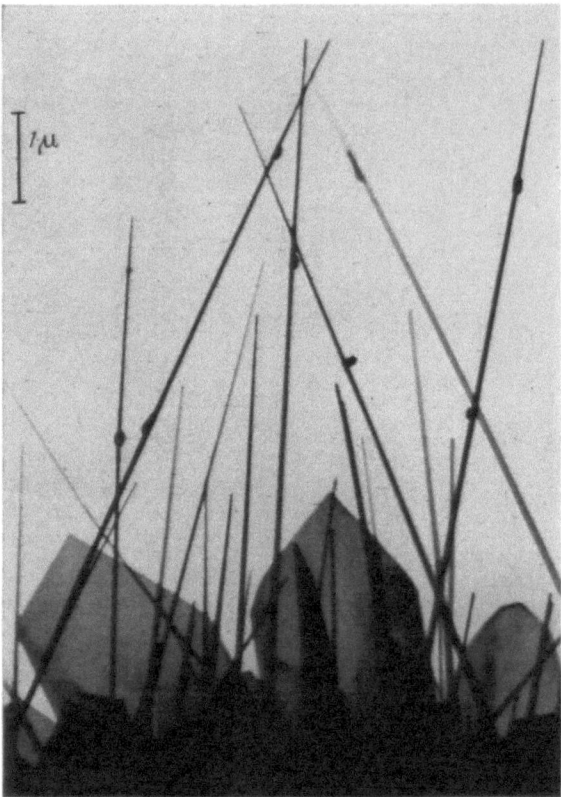

Abb. 117. Oxydierte Eisenoberfläche mit Kristallen und nadelförmigem
Wachstum (nach G. PFEFFERKORN) V= 8300

geführt wurde, zeigte ein dem bloßen Auge zunächst verborgenes Absetzen von Feinstteilchen von ca. $2\,\mu\,\varnothing$ in den Schleifriefen gleicher Größenordnung. Die Oberflächen gewöhnlicher Kesselbaustoffe sind jedoch nicht geschliffen, sondern sehr rauh, und gleichen eher einem wildgezackten Gebirgsprofil. Soweit die Oberflächen dann noch oxydiert sind — und auch das wird man in der Regel annehmen müssen —, so wird der Grad der Rauhigkeit und der Oberflächenvergrößerung durch die nadel- oder grashalmartigen Kristalle des Eisenoxyds noch ganz erheblich vergrößert.

Abb. 116 und 117 zeigen elektronenmikroskopische Aufnahmen oxydierter Stahloberflächen nach PFEFFERKORN[1]. Zur Verdeutlichung der

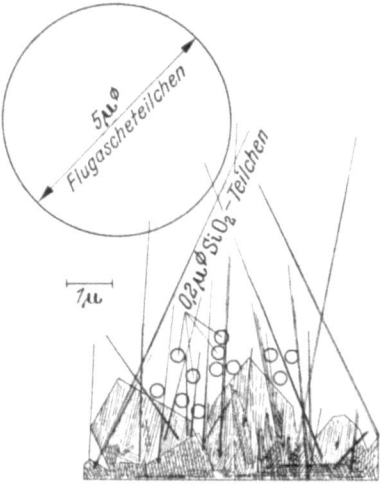

Abb. 118. Oxydierte Eisenoberfläche (nach Abb. 117) mit eingezeichneten SiO$_2$-Teilchen von 0,2 μ ⌀ und einem 5 μ ⌀ Flugascheteilchen zum Größenvergleich

Abb. 119. Adsorption von Teilchen an nadelförmigem Eisenoxyd
(nach G. PFEFFERKORN)

Größenordnung ist in Abb. 118 der Umriß der Abbildungen noch einmal herausgezeichnet, und es sind Teilchen von 0,2 μ ⌀ (Sublimate)

---

[1] PFEFFERKORN, G.: Elektronenmikroskopische Untersuchungen an Metalloxydschichten. Z. Metallkunde, Bd. 46 (1955) Nr. 3, S. 204/207.

und vergleichsweise ein Flugascheteilchen von 5 μ ⌀ eingezeichnet. Man sieht, daß das Einfangen von Feststoff-Teilchen schon rein mechanisch außerordentlich begünstigt wird. Hinzu kommt — und das soll durch Abb. 119 besonders illustriert werden —, daß die Feinheit dieser Oxydnadeln ihre Adsorptionswirkung wesentlich erhöht, wie das Festhalten verhältnismäßig grober Teilchen durch die Nadeln zeigt (PFEFFERKORN[1]).

Die Haftkräfte hängen in hohem Maße von der physikalischen Beschaffenheit und diese wiederum von der Temperatur ab. Typisch für viele in Betracht kommende Stoffe ist ja ihr verhältnismäßig niedriger Schmelzpunkt und die bei der Vielzahl der Stoffe mögliche Bildung niedrig schmelzender Eutektika. Das Haften ist indessen nicht als ein Kleben im Sinne eines *Fliegenleims* aufzufassen, vielmehr besteht zwischen Kleben und Nichtkleben ein allmählicher Übergang mit stetig, wenn auch nicht notwendigerweise linear zunehmendem Anwachsen der Haftkräfte. Am Beispiel der Sinterung soll dies besprochen werden.

4. Frittungs- und Sintervorgänge

Unter Sintern versteht man die Bildung fester Körper unter dem Einfluß höherer Temperaturen, jedoch unterhalb des Schmelzpunktes der beteiligten Stoffe. Nach einer Definition von HÜTTIG[1] sollen unter *Frittung* solche Vorgänge verstanden werden, die ausschließlich in Wechselwirkungen zwischen festen Teilchen bestehen, ohne Schmelz- oder Sublimationsvorgänge, während mit *Sintern* solche Vorgänge (bei noch höheren Temperaturen) zu bezeichnen wären, bei denen bereits ein teilweises Schmelzen auftritt. Die Haftung der Teilchen, das Verbacken, ist dann hervorgerufen durch Reaktionen in festem Zustand.

Vom praktischen Standpunkt gesehen interessieren Frittungs- und Sintervorgänge in zweifacher Hinsicht:

1. als die Vorstufe der Schlackenbildung in einer Brennstoffschicht und
2. als der Vorgang der Verfestigung loser Flugascheansätze und damit als die Vorstufe einer Anbackung und schließlich der Heizflächenverschlackung.

Die Rolle, die die Natur der beteiligten Stoffe, ihre Korngröße, die Temperatur, die Zeit und sonstige Faktoren dabei spielen, wird klar aus den Ergebnissen der Festkörperphysik und an den Untersuchungen über die technologischen Verfahren der Pulvermetallurgie und der Feinerzsinterung, die ja Gegenstand umfangreicher Forschungsarbeit gewesen

---

[1] PFEFFERKORN, G.: Grundlagenforschung zur Staubbekämpfung. Schwebestoffe *aufgespießt*. Umschau, Bd. 55 (1955) Nr. 15, S. 464/465.

[2] HÜTTIG, G. F.: Die chemischen Reaktionsarten und deren Systematik. II. Zusammenfassende Mitteilung über den Verlauf chemischer Vorgänge, an denen feste Stoffe beteiligt sind. Kolloid-Zschr. Bd. 94 (1941) Nr. 3, S. 258/283.

sind. Eine kurze Betrachtung dieser Nachbargebiete liefert daher für manche Schlacken- und Verschlackungsprobleme wertvolle Anhaltspunkte (HARDT[1]).

In der Festkörper-Physik und Chemie (PICK[2], HEDVALL[3,4], HAUFFE[5]) unterscheidet man verschiedene Typen von Festkörpern je nach der Art ihrer Bausteine und ihres Bindungscharakters, wie aus der folgenden Zusammenstellung hervorgeht:

Tabelle 69. *Übersicht über die Festkörper* [nach H. PICK]

Art der Festkörper (Beispiele)	Bausteine	Bindungskräfte	Eigenschaften
Molekülkristalle (Feste Edelgase, Naphthalin, Anthracen)	Elektrisch neutrale Atome oder Molekeln	VAN DER WAALSsche Kräfte	Isolatoren, geringe Bindungsenergie, daher niedriger Schmelzpunkt
Valenzkristalle (Diamant, Germanium, Silizium)	Atome	Valenzelektronen	Halbleiter nach Anregung durch thermische oder optische Energie. Hohe Bindungsenergie, daher hoher Schmelzpunkt
Metallkristalle (Natrium, Silber)	Positive Ionen	Valenzelektronen	Gute Leiter, als Folge elektrischer Fehlstellen, geringe Elektronenbindung
Ionenkristalle (Steinsalz, Kaliumbromid)	Ionen (Positive und negative Ionen abwechselnd)	Elektrostatische Kräfte (COULOMBsche Gitterbindung)	Nichtleiter

Entscheidend ist dabei die Art der Gitterbindung und das Vorhandensein von Gitterstörungen (Defekte), wodurch sich die *realen* von den (praktisch nicht vorkommenden) störstellenfreien *idealen* Kristallen unter-

---

[1] HARDT, L.: Modellmäßige Vorstellung über Ansatzbildung und ihre Verhütung vom Standpunkt der Gitterphysik aus. Vortrag gehalten im Ausschuß *Verbrennungsforschung* des Steinkohlenbergbauvereins am 20. 12. 1954 (unveröffentlicht). Der folgende Absatz stützt sich weitgehend auf diese Ausführungen.

[2] PICK, H.: Festkörperphysik. Naturwiss. Band 41 (1954) Nr. 15, S. 346—354.

[3] HEDVALL, J. A.: Reaktionsfähigkeit fester Stoffe. Leipzig: J. A. Barth 1938.

[4] —: Einführung in die Festkörperchemie. Mit Beiträgen von R. LINDNER. Braunschweig: Fr. Vieweg 1952 (Die Wissenschaft. Hrsg. v. W. WESTPHAL. Bd. 106.)

[5] HAUFFE, K.: Reaktionen in und an festen Stoffen. Berlin/Göttingen/Heidelberg: Springer 1955 (Anorgan. und allgemeine Chemie in Einzeldarstellungen. Hrsg. von G. JANDER u. W. KLEMM Bd. 2).

scheiden. Die Konzentration dieser Störstellen kann dabei äußerst klein sein — etwa eine Störstelle auf 10000 oder mehr Bausteine des Gitters —, es liegt also eine ähnliche Wirkung vor wie bei der katalytischen Beeinflussung chemischer Reaktionen.

Zwischen zwei benachbarten Festteilchen — sei es, daß sie in einer Brennstoffschicht nebeneinander liegen oder als Flugstaub ein anderes Teilchen oder ein Rohr treffen und mit einer gewissen *Verweilzeit* zusammenbleiben — werden gewisse Kräfte verschiedenster physikalischer Natur aufeinander ausgeübt, die ihrerseits wiederum von der Temperatur abhängig sind. Schon im Bereich niedriger Temperaturen können derartige Teilchen in den Bereich der zwischen den Molekülen wirksamen Kräfte, der sogenannten *van der* WAALSschen Kräfte, kommen. Zu diesen zählen die Adhäsion, elektrostatische Kräfte, Dispersionskräfte u. a. m.

Entscheidend ist der Einfluß der Temperatur auf die Bindungskräfte zwischen zwei Teilchen, die sich mit steigenden Temperaturen verstärken. Die Teilchen versuchen als Folge ihrer Oberflächenspannung ihre Oberfläche zu verkleinern, sie sind bestrebt, zusammenzuwachsen. Bei großer Beweglichkeit (z. B. bei Flüssigkeitströpfchen) ist dieser Vorgang natürlich viel ausgeprägter und leicht zu beobachten. Bei Festkörpern sind diese Kräfte zunächst viel zu gering, als daß sich kristallographische Richtungen umorientieren könnten, die Teilchen deformieren sich zunächst noch nicht.

Als Beispiel möge der Vorgang der Erzeugung von Sintermetallen herangezogen werden (FAST[1]). Bei geringer Erwärmung bleiben die Einzelteilchen unverändert, es findet noch keine Schrumpfung statt. Bei höheren Temperaturen dagegen tritt eine andere Art von Bindungskräften auf. Einzelne Gitterbausteine, die man sich als um einen bestimmten festen Platz im Gitter schwingend vorstellen muß, wechseln nun — sofern sie genügend hohe Schwingungsenergie haben — ihren Platz. Man spricht von *Platzwechselvorgängen,* die durch die Anregung durch thermische Energie möglich geworden sind. Zwischen zwei benachbarten Festkörpern ist auf diese Weise eine Diffusion, ein Ineinanderhineinwandern, möglich.

Bei den Diffusionsvorgängen in festen Körpern kann man zwei Arten unterscheiden, die Oberflächen- oder Grenzflächendiffusion und die Gitterdiffusion (durch das Innere eines Kristallgitters hindurch). Oberflächendiffusion setzt bereits bei mäßigen Temperaturen ein (s. Tab. 70), zumal ja die an den Grenzflächen liegenden Teilchen gewissermaßen nur einseitig gebunden sind, im Gegensatz zu einem im Innern gelegenen Gitterbausteinchen.

---

[1] FAST, J. D.: Die Herstellung von Metallen nach den Verfahren der Sintermetallurgie. Österr. Chem. Ztg. Bd. 43 (1940), S. 27/33.

Bei weiter ansteigenden Temperaturen bewirkt die Energiezufuhr nun eine Gitterdiffusion. Einzelne Teilchen werden in die Lage versetzt, aus ihrem Verband herauszutreten, unter Hinterlassung einer Lücke, und in den Nachbarkörper zu diffundieren, wo sie auf andere Gitterlücken treffen und sich dort einbauen werden. Sie können sich aber auch, wenn ihre Größe das zuläßt, auf sog. Zwischengitterplätze begeben, wo sich normalerweise keine Gitterbausteine befinden.

In der Sintermetallurgie ist es üblich, nach dem Vorgang von TAMMANN[1], die Temperaturbereiche durch das Verhältnis α der absoluten Temperatur zur absoluten Temperatur des Schmelzpunktes des betreffenden Stoffes zu kennzeichnen

$$\alpha = T/T_s. \tag{74}$$

Nach HÜTTIG[2]) kann man den Verlauf der Frittungsvorgänge in die folgenden in Zahlentafel 70 angegebenen Perioden und Temperaturbereiche einteilen.

Tabelle 70. *Temperaturbereiche bei Frittungs- und Sintervorgängen*

1. Adhäsionsperiode	$\alpha \leq 0{,}23$
2. Periode der Oberflächendiffusion	$\alpha = 0{,}23$—$0{,}36$
3. Periode der Korngrenzenverschiebung	$\alpha = 0{,}33$—$0{,}45$
4. Periode der Gitterdiffusion	$\alpha = 0{,}37$—$0{,}53$
5. Periode der Bildung neuer Kristallisationszentren	$\alpha = 0{,}48$—$0{,}8$
6. Annäherung an den Schmelzpunkt (zunehmende Zerstörung des Gitters)	$\alpha > 0{,}8$

Man erkennt daraus, wie schon bei rd. $1/4$ der (absoluten) Schmelztemperatur Kräfte wirksam werden, die sich etwa linear mit der Temperatur verstärken. Die einzelnen Temperaturbereiche lassen sich nicht genau angeben, sie überschneiden sich und hängen auch von der Art der betrachteten Stoffe ab. Mit dem Wirksamwerden der Oberflächendiffusion und noch stärker durch die Gitterdiffusion findet dann eine immer kräftigere Bindung statt, — nunmehr stärker als linear mit der Temperatur ansteigend, — bis schließlich beim Einsetzen der Schmelze das Kristallgitter überhaupt zerstört wird. Es geht daraus klar hervor, daß starke Bindung und Verfestigung schon weit unterhalb des Schmelzpunktes möglich sind, wobei — wie die Ergebnisse der Pulvermetallurgie zeigen — ungewöhnlich hohe Festigkeiten erreicht werden können.

Die Diffusion ist temperaturabhängig, und zwar ist

$$D = C \cdot e^{-E/kT} \quad [\text{cm}^2/\text{sek}]. \tag{75}$$

---

[1] TAMMANN, G., u. A. SWORYKIN: Zur Bestimmung der Temperatur des Zusammenbackens. Z. anorg. u. allg. Chem. Bd. 176 (1938) Nr. 1/3, S. 46/48.
[2] HÜTTIG, G. F.: s. S. 236, Fußn. 2. T. III, 3. Kolloid-Ztschr. Bd. 98 (1942) Nr. 3, S. 263/286.

Darin ist E die Aktivierungsenergie, C eine Konstante, k die BOLTZMANNsche Konstante und T die absolute Temperatur. Auch die Zahl der Eigenfehlstellen ist temperaturabhängig, und zwar steigt sie ebenfalls mit dem Exponenten $-E/kT$. Die hohen Temperaturen begünstigen also die Bildung solcher Fehlstellen (STEINEMANN[1]). Daraus folgt die im Bereich der Diffusionsvorgänge starke Temperaturabhängigkeit der Bindungskräfte; die Körper verwachsen ineinander.

Aus diesen Betrachtungen geht schon die Bedeutung der Wandtemperatur für die Bildung von Ansätzen und für deren Festigkeit hervor. Ein Flugschlacketeilchen mit einer Schmelztemperatur von (beispielsweise) 1200° C bis 1400° C ist bei 500° C Wandtemperatur des Überhitzers im Bereich von $\alpha = 0{,}53$ bis $0{,}46$, also der Gitterdiffusion, wo schon ein schneller Anstieg der Verbindung benachbarter Teile vorliegt.

Aus den Untersuchungen auf dem Gebiete der Pulvermetallurgie geht weiter hervor, daß neben der Temperatur der Druck, die Verweilzeit (die Wirkzeit) und die Feinheit des Stoffes eine Rolle spielt. Die *Klebetemperaturen* werden nach DAWIHL[2]) bei etwa $\alpha = 0{,}5$ erreicht, d. h. von hier an sind nicht nur Adhäsionskräfte am Werk, und die Festigkeit nimmt mit abnehmender Korngröße rasch zu.

Bei der Sinterung von Feinerzen liegt insofern eine andere Problemstellung vor, als es auf die Schaffung und Erhaltung eines gasdurchlässigen Bettes auf dem Sinterband oder im Sintertopf ankommt. Aus diesem Grunde ist zur Erzielung hoher Leistungen die Anwesenheit des Kornes unter 0,1 mm unerwünscht und es empfiehlt sich, das Feinstkorn zur Krümelbildung zu bringen. Ebenso aber wird das Überkorn über 5 mm möglichst ferngehalten. Die Festigkeit wird in starkem Maße von den physikalischen Eigenschaften des Sintergutes beeinflußt. Die Bildung von Eisensilikat, die ihrerseits von der Höhe des Kohlenstoffgehaltes in der Mischung abhängt, also eine Funktion der Temperatur ist, wird für die Bindung als wichtig angesehen, andererseits ist aber zu hoher $CaFeSiO_4$-Gehalt unerwünscht, da er die Reduzierbarkeit des Sinters herabsetzt (WILD[3]). Von Interesse für die Probleme der Schlacken- und Ansatzbildung ist die Erkenntnis, daß bestimmte Temperaturbereiche durch die Reaktionen der Mineralbestandteile Bedingungen schaffen, die für die Haftung der Komponenten und die Festigkeit des gesinterten Materials besonders günstige Voraussetzungen liefern.

---

[1] STEINEMANN, A.: Atomare Fehler im Aufbau der Kristalle. Schweiz. Arch. Wiss. u. Techn. Bd. 22 (1956) Nr. 7, S. 226/237.

[2] DAWIHL, W.: Über die Vorgänge bei der Sinterung von Metallpulvern. Schweiz. Arch. Wiss. u. Techn. Bd. 17 (1951) Nr. 3, S. 91/96.

[3] WILD, R.: The chemical constitution of sinters. Symposium on sinter. The Iron and Steel Institute. Special Report No. 53, S. 30/34. London 1955.

5. Der chemische Vorgang der Ansatzbildung

Nachdem klargestellt ist, wie die Teilchen an die Heizflächen gelangen, wobei die wirkenden Kräfte eine körnungsmäßige selektive Abscheidung hervorrufen, und nachdem man sich über die Haftkräfte ein Bild zu machen versuchte, wird bereits klar, daß diese Kräfte zeitabhängig sind, wie das Beispiel der Versinterung zeigt. Diese Zeitabhängigkeit ist ja allein dadurch gegeben, daß die Zunahme der Ansatzstärke eine dauernde Veränderung der Umweltbedingungen, vor allem der Temperaturen (Oberflächentemperaturen) bedingt. Weitere diskontinuierliche Veränderungen der Temperaturen, der Geschwindigkeiten, der Atmosphäre überlagern sich durch die Betriebsweise des Kessels und seine Lastschwankungen.

Die Analyse eines Ansatzes stellt gewissermaßen einen Augenblickswert dar in einem Geschehen, das — streng genommen — nur als Funktion der Zeit, der Temperatur und der umgebenden Atmosphäre verstanden werden kann. Es ergibt sich daraus, daß es sehr schwierig ist, das Bild dieser Vorgänge aus einer solchen Momentaufnahme rekonstruieren zu wollen, ebenso wie es unmöglich wäre, aus einem Momentbild eine Filmhandlung rekonstruieren zu wollen. Man wird es daher als eine künftige Forschungsaufgabe ansehen müssen, die Verfolgung des zeitlichen Ablaufs der Ansatzbildung und seine chemische Reaktion unter Berücksichtigung des Zeitfaktors schärfer unter die Lupe zu nehmen.

Es handelt sich aber nicht nur darum, daß die Entstehungsgeschichte eines Ansatzes (etwa physikalisch betrachtet) einen zeitlich bedingten Verlauf nimmt, es kommt vielmehr hinzu, daß ein Ansatz auch chemisch dauernden Veränderungen unterworfen ist, und man gewinnt den Eindruck, daß die Geschwindigkeit dieser Veränderungen und der Wanderung bestimmter Bestandteile sehr stark von der Temperatur abhängig ist. So findet man z. B. in Ansätzen in heißliegenden Kesselteilen eine ausgesprochene Schichtung, die chemisch sehr stark unterschiedlich zusammengesetzt ist, in kälterliegenden Teilen des gleichen Kessels dagegen nicht. Es darf daraus nicht ohne weiteres geschlossen werden, daß sich die Bestandteile der untersten (innersten) Schichten auch zeitlich zuerst als solche abgesetzt haben, vielmehr können bestimmte Bestandteile durch Wanderung getrennt worden sein, ganz abgesehen, daß offensichtlich dauernd chemische Reaktionen vor sich gehen. So geht z. B. die Sulfatbildung sicherlich nach dem Absetzen der Alkalien und Leicht- und Schwermetalloxyde durch die dauernde Begasung mit SO_2- und SO_3 haltigen Rauchgasen vor sich.

Ein typisches Beispiel für einen solchen zeitlichen Ablauf der Veränderungen bilden die Untersuchungen von ANDERSON und DIEHL[1].

---

[1] ANDERSON, C. H., u. E. K. DIEHL: vgl. S. 172, Fußn. 1.

Tabelle 71. *Analyse von inneren Ansatzschichten*
(nach ANDERSON und DIEHL)

Analyse		Proberohr nach 1 Woche	Proberohr nach 11 Wochen	Am Überhitzerrohr	Flugasche
SiO_2	%	35,0	19,8	17,5	37,0
Al_2O_3	%	12,5	8,3	7,2	16,0
Fe_2O_3	%	21,0	17,9	10,6	20,0
TiO_2	%	0,9	0,7	0,8	0,9
CaO	%	7,1	3,0	5,3	5,6
MgO	%	1,0	1,2	0,8	1,2
SO_3	%	15,7	35,4	40,3	2,6
Na_2O	%	4,0	4,4	4,7	3,4
K_2O	%	2,8	6,3	7,2	10,3
Rest	%	—	—	—	3,0
SO_3 für normale Sulfate	%	18,9	17,7	21,4	—
SO_3-Überschuß	%	—	17,7	18,9	—

Man erkennt die langsame Zunahme der Sulfatbildung, 15,7% SO_3 nach einer Woche, 35,4% nach 11 Wochen, 40,3% am Überhitzer, wo die Beläge der Rauchgaseinwirkung dauernd ausgesetzt sind, und endlich 3,4% SO_3 in der Flugasche, die einer minimalen Expositionszeit unterworfen ist.

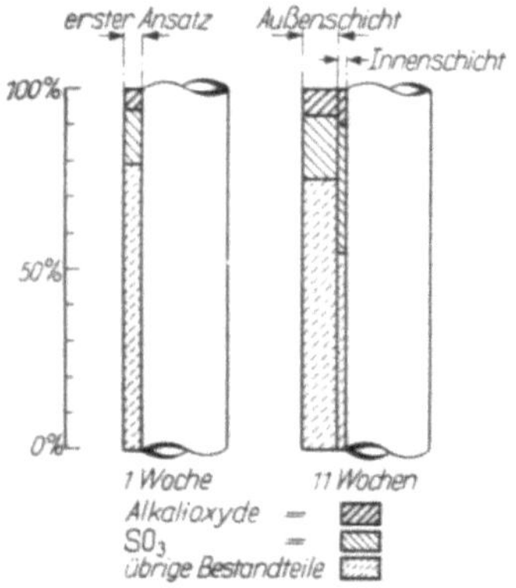

Abb. 120 zeigt in schematischer Darstellung den Vergleich der Ansätze nach einer und nach 11 Wochen und auch die dabei eintretende Verschiebung in der Zusammensetzung.

Ein anderes Beispiel ist die Beobachtung eines Natriumsulfat-Ansatzes an den Schaufeln einer ölgefeuerten Gasturbine (SIMON[1]). Der Ansatz, der offensichtlich temperaturabhängig war, zeigte stellenweise weiße, stellenweise dunkle Färbung. Ein Querschnitt durch den fast schwarz gefärbten Ansatz ließ erkennen,

Abb. 120. Schematische Darstellung der Schichtstärke und ihrer Zusammensetzung als Funktion der Zeit (nach ANDERSON und DIEHL)

daß die Innenschicht ebenfalls weiß war (Natrium- und Kalziumsulfate), daß die Dunkelfärbung, verursacht durch Schwermetalloxyde (Eisen, Vanadium), dagegen nur auf der Außenoberfläche auftrat, die nach außen in diese Zone gewandert sind und sich dort angereichert haben. Ein solches Wandern von Mineralbestandteilen in einem Gestein ist den

---

[1] SIMONS, E. L., G. V. BROWNING u. H. A. LIEBHAFSKY: Sodium sulfate in gas turbines. Corrosion Bd. 11 (1955) Nr. 12, S. 505 t/514 t.

Mineralogen nicht unbekannt. HELLNER und EULER[1] haben an einer Gneis-Leiste, die auf der einen Seite einer Temperatur von 500° C, am anderen Ende einer solchen von 600° C ausgesetzt war, feststellen können, daß in einer Versuchszeit von 4 Wochen (unter hydrothermalen Bedingungen) kieselsäurereiche helle Bestandteile zur niedrigen Temperatur wanderten, während an der heißen Seite die dunkleren (eisenreichen) Bestandteile zurückblieben. Es kann daher keinem Zweifel unterliegen, daß in den so viel lockereren Heizflächenansätzen bei den sehr viel größeren Temperaturdifferenzen erhebliche und schnelle Wanderungen und Umschichtungen möglich sind.

Im zeitlichen Ablauf der Verschmutzung eines zunächst sauberen Kessel- oder Überhitzerrohres vollzieht sich — wie bei Betrachtung der physikalischen Vorgänge gezeigt wurde — durch die Selektivwirkung der Teilchenbewegung und der wirksamen Haftkräfte zunächst ein Niederschlag feinster Partikelchen. Die Anfangserscheinungen, die einen entscheidenden Einfluß auf den ganzen Vorgang der Verschmutzung ausüben, hängen also weitgehend von der Anwesenheit solcher Feinstpartikel (Sublimationsprodukte) ab, deren Entstehung wiederum als eine Funktion der Temperatur, der Art der Mineralsubstanz und der Umweltbedingung erkannt worden ist. Solche leichtflüchtigen Sublimate sind einerseits die SiO_2-Nebel und Al-Verbindungen, die aus den Mineralen bzw. Schlacken ausdampfen, andererseits die teilweise sehr leichtflüchtigen Alkalien. Sie bilden die Hauptmasse der ersten Ansatzschicht, für die in den meisten Fällen ein hoher SiO_2-Gehalt kennzeichnend ist (vgl. auch Spalte 1 in Tab. 71, S. 242). Die gute Haftwirkung dieser ersten Ansatzschicht beruht also auf dem Zusammenwirken sehr kleiner Feststoffteilchen (z. B. Silikatglaskügelchen) und von Alkali- und komplexen Eisen- oder Aluminium-Alkali-Sulfaten als Bindemittel und Einbettungsmasse.

Die auf die oft nur millimeterdünne Innenschicht folgende Schicht ist meist rot oder gelb-rot gefärbt. In diesem — manchmal noch zur Innenschicht gerechneten Teil des Ansatzes — die Trennung ist bei der geringen Stärke der Schichten nicht immer leicht möglich — zeigt bereits die Farbe an, daß sie reich an dreiwertigem Eisen ist, das in Form von Hämatitkörnchen auftritt. Wahrscheinlich stammt ein großer Teil dieses Eisens von der Rohrwand selbst, denn die so überaus zerklüftete Oberfläche ist selbstverständlich auch sehr reaktionsbereit. Durch Einwirken der Schwefeloxyde, die die Ansätze dauernd begasen und von ihnen aufgenommen werden, bilden sich Eisensulfate, die schon in geringer Entfernung von dem kühlenden Rohr (bei Temperaturen über

---

[1] HELLNER, E., u. R. EULER: Zur Entstehung metatektischer Gesteine. Vortrag gehalten auf der Mineralogen-Tagung, Marburg 1956.

500° C) nach der Gleichung

$$Fe_2(SO_4)_3 \rightarrow Fe_2O_3 + 3\, SO_3 \qquad (76)$$

$$2\, SO_3 \rightarrow 2\, SO_2 + O_2 \qquad (77)$$

wieder zerfallen.

Mit zunehmender Schichtstärke werden die Oberflächentemperaturen des Ansatzes höher, und die Größe der durch die Haftkräfte festgehaltenen Teilchen steigt dementsprechend.

Die Lieferung von Einbettungsmasse oder Bindemittel aus dem Rauchgasstrom setzt sich ja im übrigen laufend fort. Die Wachstumsgeschwindigkeit steigt daher auch laufend an. Die äußeren Schichten bestehen nach genügender *Lebensdauer* aus Aggregaten von Schlackeglaskügelchen auch größeren Durchmessers (Abb. 91 Tafel II vor S. 189), die nicht nur durch das Bindemittel der Sulfate, sondern bei höheren Temperaturen (über 800° C) in zunehmendem Maße auch durch Sinterung verkittet sind. Die Außenpartien sind dabei naturgemäß am stärksten gesintert (Abb. 92, Tafel II vor S. 189).

Abhängig von der im Ansatz von innen nach außen ansteigenden Temperatur zeichnen sich verschiedene Existenzbereiche verschiedener Bindemittelarten ab.

Tabelle 72. *Temperaturbereich für die Existenz verschiedener Bindemittel in Ansätzen*

Temperaturbereich (im Ansatz)	Bestandteile des Bindemittels
400— 600° C	Alkali-Eisen-Sulfate, Alkali-Aluminium-Sulfate, Alkali-Phosphate, Erdalkali-Phosphate, Silikate, Erdalkali-Sulfate
600— 800° C	Silikate, Erdalkali-Sulfate, Erdalkali-Phosphate (zurücktretend)
800—1000° C	Silikate, Erdalkali-Sulfate zurücktretend, Beginn der Sintererscheinungen
über 1000° C	Sinterung der Schlackeglaskügelchen

Werden die Temperaturen jedoch so weit erniedrigt, daß der Bereich des Rauchgastaupunktes erreicht wird, so führen die säurehaltigen Niederschläge oder bereits die Adsorption von Säurenebeln zu verstärkter Sulfatbildung und erhöhter Korrosion.

Nachstehend seien einige weitere Reaktionen aufgeführt und einige Diagramme (LEVIN[1]) gezeigt, die die Bildung des Bindemittels aus den Einzelkomponenten verdeutlichen und die tiefen Schmelzpunkte einiger

---

[1] LEVIN, E. M., HOWARD F. MCMURDIE u. F. P. HALL: Phase Diagrams for Ceramics. Columbus, Ohio 1956. The Am. Ceram. Soc.

dabei auftretender Eutektika zeigen.

$$MgO + SiO_2 \xrightarrow{ab\ 750°} MgSiO_3$$

$$MgSO_4 + SiO_2 \xrightarrow{ab\ 680°} MgSiO_3 + SO_3$$

$$Mg_2P_2O_7 + K_2SO_4 \xrightarrow{ab\ 800°} KMgPO_4 + SO_3.$$

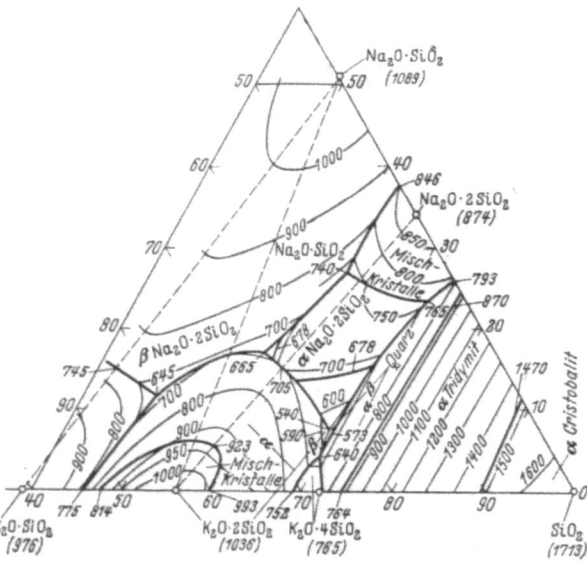

Abb. 121. Ausschnitt aus dem System SiO_2-Na_2O-K_2O ($K_2O \cdot SiO_2$-$Na_2O \cdot SiO_2$-SiO_2) nach F. C. KRACEK

Die Abb. 121 bis 125 zeigen einige Phasendiagramme für Bindemittel-Komponenten bzw. Ausschnitte daraus.

Abb. 121, ein Ausschnitt aus dem System K_2O–Na_2O–SiO_2, zeigt, daß der tiefste Schmelzpunkt in diesem System bei 540° C liegt. Das Teilsystem $K_2O \cdot 4\,SiO_2$–$CaO \cdot SiO_2$ des Dreistoffsystems K_2O–CaO–SiO_2 zeigt ein Eutektikum bei 730° C (Abb. 122). Das Teilsystem $K_2O \cdot MgO \cdot 5\,SiO_2$–$K_2O \cdot 4\,SiO_2$ weist in diesem Temperaturgebiet ebenfalls ein Eutektikum auf (Abb. 123).

Über die verschiedenartigen Eutektika des Systems CaO–P_2O_5 gibt Abb. 124 Auskunft. Hier sind sogar Eutektika bei 480° C möglich. Abb. 125 vermittelt einen Teil-Überblick über die Verhältnisse des Systems K_2O–P_2O_5–SO_3. Hier tritt bei 718° C ein Eutektikum auf. Bei 595° C ist ein Übergang von fester β-Form in feste α-Form (Hochtemperaturform). (Über die Schmelzpunkte einiger Sulfate vgl. Tab. 68, S. 221).

Mit etwas anderen Stoffkomponenten ist bei der Verfeuerung von Braunkohle zu rechnen, entsprechend der anderen Zusammensetzung der anorganischen Substanz, des meist höheren Schwefelgehaltes, des wesentlich höheren Wassergehaltes und der dadurch veränderten Temperaturbedingungen. Im Rauchgas werden daher neben SO_2 Feststoffpartikel von CaO, MgO, Fe_2O_3, Al_2O_3, SiO_2, K_2O und Na_2O auftreten, davon können SO_2, CaO und Fe_2O_3 als die auch mengenmäßig wichtigsten angesehen werden. Bereits in der Schwebe werden wahrscheinlich — wie es die Betrach-

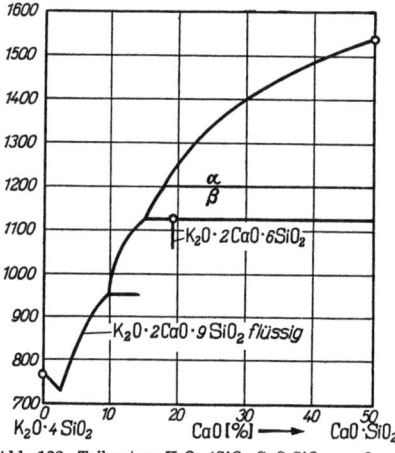

Abb. 122. Teilsystem $K_2O \cdot 4SiO_2$-$CaO \cdot SiO_2$ aus dem Dreistoffsystem K_2O-CaO-SiO_2 nach G. W. MOREY, F. C. KRACEK und N. L. BOWEN

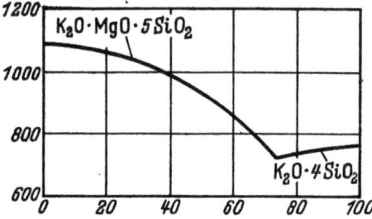

Abb. 123. Teilsystem $K_2O \cdot MgO \cdot 5SiO_2$-$K_2O \cdot 4SiO_2$ aus dem Dreistoffsystem K_2O-MgO-SiO_2 nach EDWIN W. ROEDDER

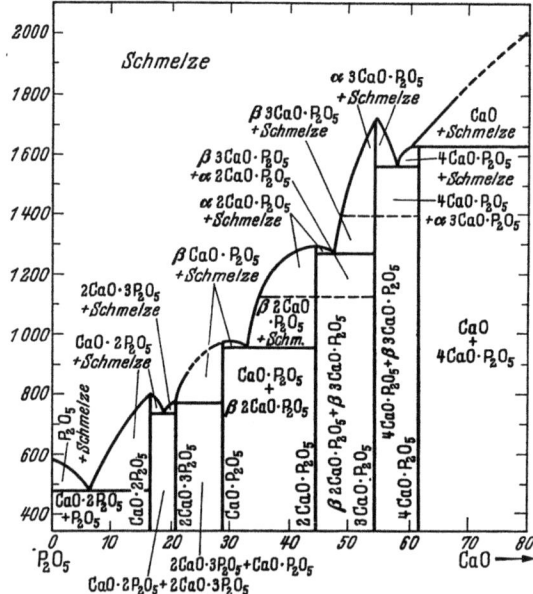

Abb. 124. Zweistoffsystem CaO-P_2O_5 nach G. TRÖMEL, W. H. HILL, G. T. FAUST und D. S. REYNOLDS

tung von Flugstäuben erkennen läßt — die Oberflächen vieler Partikel (z. B. CaO, MgO, K_2O usw.) mit SO_2 bzw. SO_3 unter Bildung von Sulfatkrusten reagieren.

Durch die Wirkung der Schwefeloxyde bilden sich an den ungebrauchten Rohren intermediär Eisensulfate, die schnell wieder durch thermische Zersetzung in Fe_2O_3 und SO_3 zerfallen. Die an den Rohren herrschenden Temperaturen begünstigen Reaktionen im festen Zustand zwischen den heterogenen Rauchgaspartikeln. So können sich z. B. durch Aufprallen von Na_2SO_4-Partikeln auf die intermediären Eisensulfate der Rohrwände tiefschmelzende Verbindungen bilden, die vorübergehend klebend wirken können. Auch $CaSO_4$ und $MgSO_4$ führen zu ähnlichen niedrigschmelzenden Verbindungen. Ebenfalls CaS und $CaSO_4$ können tiefschmelzende Eutektika bilden. Durch diese tiefschmelzenden Verbindungen wird auch bei den Braunkohlenverschmutzungen eine Klebewirkung für andere Rauchgaspartikel (insbesondere Fe_2O_3) hervorgerufen. Die am Rohr haftenden Teilchen reagieren bei den vorliegenden Temperaturen miteinander und mit dem SO_2 des Rauchgases. Neu aufprallende Teilchen, die durch

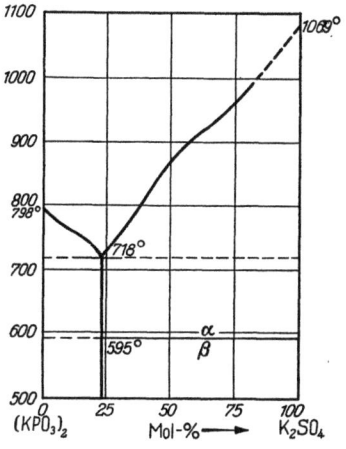

Abb. 125. Teilsystem $(KPO_3)_2$-K_2SO_4 aus dem Dreistoffsystem K_2O-P_2O_5-SO_3 nach A. G. BERGMANN und M. L. SHOLOKHOVICH

kurzfristig existente Schmelzbereiche oder durch physikalische Kräfte festgehalten werden, reagieren ebenfalls mit. Es bilden sich dabei stets Verbindungen, die bei der Temperatur des betreffenden Ansatzteiles existenzfähig sind. So sind in der kühlen inneren Schicht andere Mineralverteilungen als in der gemäßigten Mittelschicht oder in der heißen Außenschicht zu finden. Die Braunkohlenansätze werden im großen gesehen durch das System CaO-Fe_2O_3-SO_3 bestimmt. Die Wirkungen selbst geringerer Mengen von MgO, SiO_2 und Na_2O, auf die Schmelzpunkte sind erheblich. Aus der Unzahl der möglichen Reaktionen seien wiederum — soweit bekannt — einige zusammengestellt:

$$CaO + Fe_2O_3 \xrightarrow{ab\ 600°\ C} CaO \cdot Fe_2O_3 \tag{76}$$
$$\text{(Schmelzpunkt 1250° C)}$$

$$MgO + Fe_2O_3 \xrightarrow{ab\ 700°\ C} MgO \cdot Fe_2O_3 \tag{77}$$
$$\text{(Schmelzpunkt 1750° C)}$$

$$Fe_2O_3 + SiO_2 \xrightarrow{ab\ 575°\ C} \text{Eisen-III-Silikate} \tag{78}$$

$$MgSO_4 + SiO_2 \xrightarrow{ab\ 680°\ C} MgSiO_3 + \text{Schwefeloxyde} \tag{79}$$
$$\text{(Schmelzpunkt 1524° C)}$$

$$2\,\mathrm{Fe_2O_3} + 6\,\mathrm{SO_2} + 3\,\mathrm{O_2} \xrightarrow{\text{ab } 230°\,\mathrm{C}} 2\,\mathrm{Fe_2(SO_4)_3} \xrightarrow{\text{ab } 600°\,\mathrm{C}} \mathrm{Fe_2O_3} + 6\,\mathrm{SO_3} \quad (80)$$

$$\mathrm{Na_2SO_4} + \mathrm{CaCO_4} \rightarrow \mathrm{Na_2SO_4 \cdot CaSO_4} \quad (81)$$

(Schmelzpunkt 905° C)[1].

Teilweise können diese Reaktionen auch in steinkohlengefeuerten Kesseln vorkommen.

6. Schlackenansätze

Unter dem Begriff der hier zu behandelnden Schlackenansätze sollen nicht nur die unerwünschten Verschlackungen der Rohrwandungen im Bereich der höchsten Gastemperaturen, sondern vor allem auch die absichtlich erzeugten Schlackenschichten in Schmelzfeuerungen (Schmelzkammer- und Zyklonfeuerungen) verstanden werden.

Wurde schon auf die zeitliche Veränderung als ein wesentliches Merkmal der Heizflächenansätze im allgemeinen hingewiesen, so hat vor allem der Schlackenpelz der Primärbrennkammer eines Schmelzkessels einen durchaus *dynamischen* Charakter. Ständig erhält er neue Materialzufuhr und fließt an seiner Oberfläche langsam ab. Weitere maßgebende, ihr Verhalten bestimmende Umweltbedingungen für diese Schlackenansätze sind die hohen Temperaturen ihrer gasberührten Oberfläche und die verhältnismäßig lange Aufenthaltszeit der Schlacke im Bereich dieser hohen Temperaturen.

Infolgedessen kommen in den Schlackenansätzen auch langsame Vorgänge noch zum Zuge — als ein solcher ist das Auskristallisieren anzusprechen —, während die hohen Temperaturen gewisse andere Reaktionen begünstigen und beschleunigen. Aus diesem Grunde müssen auch grundsätzliche Unterschiede zwischen den Vorgängen in den Schlackenansätzen und in der Flugschlacke bestehen, und bei den Auswirkungen von Vorgängen im Feuerraum, an denen die Schlacke beteiligt ist, kann zunächst nicht leicht unterschieden werden, ob die Flugschlacke (höhere Temperatur, aber äußerst kurze Aufenthaltszeit) stärker oder gar ausschließlich daran beteiligt ist. Es besteht zunächst die Vermutung, bestärkt durch Beobachtungen an Glaswannenöfen, daß der Schlackenpelz eine ganz entscheidende Rolle spielen dürfte.

Betrachten wir zunächst die Entstehung des Schlackenbelages, physikalisch gesehen. Die Schlackenschichtstärke entspricht dabei jeweils einem Gleichgewichtszustand zwischen Viskosität und Oberflächentemperatur einerseits und der Wärmeabfuhr durch die Schicht hindurch zu den Kühlflächen andererseits. Jedem Betriebszustand des Kessels (Belastung, Kohlenart und Art der Kohlenminerale) ist demnach sowohl eine bestimmte Zusammensetzung als auch eine bestimmte Schicht-

---

[1] BELLANCA: vgl. S. 172, Fußn. 2.

stärke des Schlackenpelzes zugeordnet. Damit wird zugleich auch die Temperatur im Verbrennungsraum lediglich durch die Geometrie des Feuerraumes, die gegebene Brenneranordnung und die durch Brenner und Feuerraumausbildung gegebenen Strömungs- und Mischverhältnisse bestimmt, so daß sie im Betrieb nicht wesentlich verändert werden kann.

Aus der Tatsache, daß weder die Belastung noch im allgemeinen die Brennstoffverhältnisse eines Kessels konstant sind, ergibt sich dann eine Fülle von möglichen Erscheinungsformen und eine häufige Verschiebung des Gleichgewichtszustandes in der Schlackenschicht nach Stärke und Zusammensetzung.

Stärke der Schicht und Oberflächentemperatur des Schlackenansatzes stellen sich so ein, daß die äußerste Schicht gerade abzufließen in der Lage ist. Die Vorausberechnung wäre daher im Prinzip einfach, wenn die Schlackenzusammensetzung und die Schlackeneigenschaften (Schmelzpunkt, Fließpunkt, Viskosität) und die Wärmeleitfähigkeit der Schlackenschicht einfache Stoffkonstanten wären. Sie wird aber dadurch äußerst kompliziert, daß alle diese Stoffwerte nicht konstant sind, und daß auch die Wärmeübertragung durch die Schlackenschicht hindurch nicht nur ein einfacher Vorgang der Wärmeleitung ist. Die Wärmeleitzahl ist in verschiedenen Tiefen der Schlackenschicht sicherlich nicht konstant. Leider sind genaue Werte für flüssige und teilflüssige Schlacke nicht bekannt. Hinzu kommt die bereits angedeutete Tatsache, daß zumindest im heißesten Teil der Schlackenschicht auch eine Wärmeübertragung durch Strahlung erfolgen kann.

Schlacken sind ja im wesentlichen Gläser und als solche bis zu einem gewissen Grade strahlendurchlässig. Doch wird diese Eigenschaft je nach dem Grade ihrer Verunreinigung bzw. ihrer Entglasung oder Kristallbildung entsprechend stark verringert sein. An dieser Schwierigkeit scheitert ja auch die genaue Bestimmung der Wärmeleitfähigkeitszahl von Gläsern und Schlacken im Bereich der hohen Temperaturen, die hier besonders interessieren, und es ist darum nicht verwunderlich, daß verläßliche Meßwerte nicht zur Verfügung stehen.

Die Temperaturleitfähigkeit von Glas ist stärker temperaturabgängig, als man es bei festen Körpern und Flüssigkeiten erwarten würde, wie Abb. 126 nach Messungen von VAN ZEE und BABCOCK[1] zeigt, wo die Temperaturleitzahl als Funktion der Temperatur dargestellt ist. Die Frage des Wärmetransportes in flüssigem Glas ist für die Probleme der Wannenbeheizung und der Beanspruchung der Wannensteine bei der Glasherstellung von besonderer Bedeutung. Die Untersuchungen von

---

[1] VAN ZEE, A. F., u. C. L. BABCOCK: A method of the measurement of thermal diffusivity of molten glass. Journ. Am. Ceram. Soc. Bd. 34 (1951) Nr. 8, S. 246/250.

250 Theorie der Ansatzbildung

CZERNY und GENZEL[1] bestätigen den starken Einfluß der Strahlung am Gesamtwärmestrom im Bereich der hohen Temperaturen.

Die Größenordnung der Wärmeleitfähigkeit von Schlacken im festen Zustand liegt nach verschiedenen Literaturangaben etwa bei 1,0—2,0 im Mittel 1,5 kcal/m h°C. KEIL[2] gibt z. B. für Hochofenschlacke ein λ von 1—3 kcal/m h°C an, LEDINEGG[3] hält einen Wert von 1 kcal/m h°C auf Grund einer Rückwärtsrechnung aus Brennkammerberechnungen für den wahrscheinlichsten. Die Strahlung durch einen Teil der Schlackenschicht, die zwar sicherlich geringer ist als beim Glas, ist dabei nicht berücksichtigt, obwohl noch nicht feststeht, ob eine solche Vernachlässigung zulässig ist. Angesichts dieser Schwierigkeiten ist es berechtigt, auf allzu große Feinheiten bei der Berechnung der Brennkammer-Endtemperaturen zu verzichten und sich mit empirisch-statistischen Formeln zu begnügen, wozu sowohl die ORROK-Formel wie auch die neuerdings von KONAKOW verwendete Formel nach Einführung gewisser Modifikationen für die Schlackenbedeckung geeignet erscheint (GUMZ[4]). Das Ergebnis solcher Berechnungen der Brennkammer-Endtemperaturen für drei Feuerungen, nämlich für eine verschlackte, eine teilverschlackte und eine vollverschlackte Brennkammer, ist in Abb. 127 gezeigt. Diese Berechnungen bedürfen einer späteren Kontrolle durch Messungen an solchen vollverschlackten Feuerräumen, doch stehen Meßergebnisse trotz der heute schon großen Zahl an Schmelz- und Zyklonfeuerungen noch nicht zur Verfügung, und sie sind auch so schwierig durchzuführen, daß u. U. noch geraume Zeit auf sie gewartet werden muß.

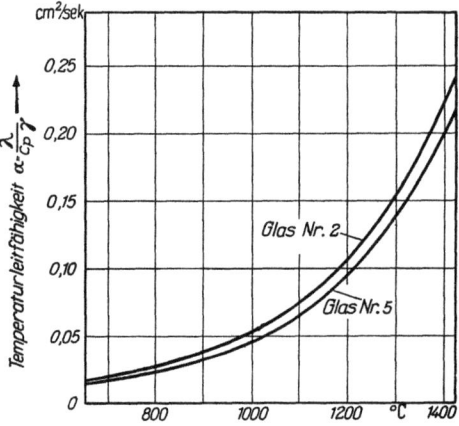

Abb. 126. Einfluß der Temperatur auf die Temperaturleitfähigkeit von Gläsern (nach VAN ZEE und BABCOCK)

Deutlich erkennbar ist aber an diesem rechnerischen Ergebnis die Tendenz der Steigerung der Endtemperaturen und damit gleichlaufend der Höchsttemperaturen in den Feuerungen als Funktion des Grades der

---

[1] CZERNY, M., u. L. GENZEL: Energiefluß und Temperaturverlauf im Glasbad von Schmelzwannen als Folge von Wärmeleitung und Wärmestrahlung. Glastechn. Ber. Bd. 25 (1952) Nr. 12, S. 387/392. — [2] KEIL, vgl. S. 1, Fußn. 1.

[3] LEDINEGG, M.: Dampferzeugung. Dampfkessel, Feuerungen, Theorie, Konstruktion, Betrieb. S. 218/220. Wien: Springer 1952.

[4] GUMZ, W.: Die Vorgänge in den Feuerungen bei hohen Temperaturen. Mitt. VBG Heft 38, Okt. 1955, S. 3/16.

spezifischen Wärmeentbindung. Diese Höchsttemperaturen liegen in der Größenordnung des 1,26- bis 1,42 fachen der Endtemperaturen. Selbstverständlich ist die Kenntnis der Temperaturen nun einmal notwendig bei allen Betrachtungen der Vorgänge in den Feuerungen und in den Schlackenschichten.

Über die Oberflächentemperaturen der vollverschlackten Feuerräume von Schmelzfeuerungen herrscht insofern etwas mehr Klarheit, als der Schlackenfluß eindeutig das Vorherrschen der Fließtemperaturen an der

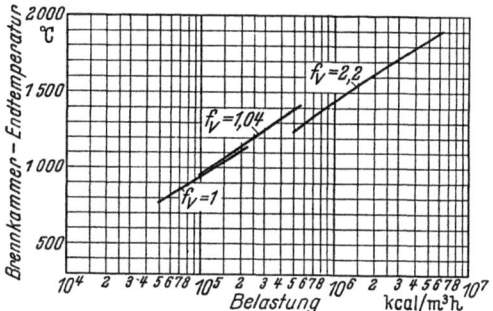

Abb. 127. Endtemperaturen von unverschlackten ($f_v = 1$), teilverschlackten ($f_v = 1,04$) und vollverschlackten ($f_v = 2,2$) Kohlenstaub-Brennkammern als Funktion der spez. Belastung

Oberfläche kundtut. Nur die gleichzeitig vorliegende Schichtstärke ist dann nicht ohne weiteres bekannt und wäre erst durch eine Nachmessung nach Abstellen des Kessels zu ermitteln, wobei aber die Vorgänge, die beim Abstellen vor sich gehen, das ursprüngliche Bild etwas verschieben können. Man kann also umgekehrt die Schlackenfließtemperatur als das Maß für die Oberflächentemperatur ansehen. Dabei ist aber nicht die Fließtemperatur der Kohlenasche, sondern diejenige des Schlackenpelzes selbst zu bestimmen und als maßgebend zu betrachten.

Die Veränderungen des der dauernden Bestrahlung ausgesetzten Schlackenansatzes bestehen, abgesehen von der laufenden Materialzufuhr und dementsprechendem Abfluß des hinreichend viskosen Überschusses, vor allem in der *Wanderung* von Mineralbestandteilen innerhalb der Schicht und in der *Verflüchtigung* bestimmter Schlackenkomponenten. Zu diesen flüchtigen Substanzen gehören einmal die Alkalien, aber auch das Siliziumdioxyd, Al_2O_3 und auch noch andere Komponenten. Es ist aus Untersuchungen von Heizflächenansätzen in weiter zurückliegenden Kesselteilen nicht ohne weiteres zu entscheiden, wo die dort sublimierten oder abgelagerten Mineralbestandteile herstammen.

Beim Betrieb von Glaswannenöfen ergibt sich nach W. DIETRICHS[1] ein Verlust an Alkalien in der Größenordnung von 0,2 bis 0,3% der Glas-

---

[1] DIETRICHS, W.: Verstaubung und Verdampfung im Glasschmelzofen. Deutsche Glastechn. Ges. Frankfurt/M., Fachausschußbericht III 1955.

masse. Dabei verhält sich die Verdampfung zur Verstaubung nach LÖFFLER[1] wie 84 : 16. Untersuchungen von TURNER und Mitarbeitern[2,3] in England und DIETZEL und MERKER[4] in Deutschland zeigen am Beispiel der Verdampfung von Glasbestandteilen, daß mit der Möglichkeit einer starken Verflüchtigung von Schlackenbestandteilen gerechnet werden muß. Die spezifische Verdampfung von Gläsern nach PRESTON und TURNER geht aus Tab. 73 hervor.

Tabelle 73. *Verflüchtigung von Glasbestandteilen* (nach PRESTON und TURNER)

	spez. Verflüchtigung mg/cm²h bei 1400° C
29,83% PbO	23
29,80% LiO$_2$	0,725
29,37% K$_2$O	0,63
32,89% Na$_2$O	0,35

Besonderes Augenmerk ist auf die Alkalien zu richten, da sie in den Kohlenschlacken auch vertreten sind und infolge ihrer schwächeren Strukturbindung leicht verflüchtigt werden können. Die angezogenen Arbeiten lassen erkennen, daß die Verdampfungsverluste proportional der Oberfläche sind, daß sie mit der Temperatur stark ansteigen (Abb. 128), und daß sie vor allem mit dem Alkaligehalt der Schmelze stetig und bei hohen Gehalten stark zunehmen (Abb. 129).

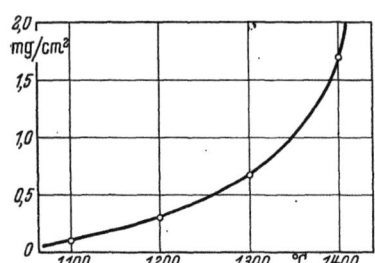

Abb. 128. Verdampfungsverluste eines Natron-Kalk-Glases nach TURNER u. Mitarb. (nach 20 h)

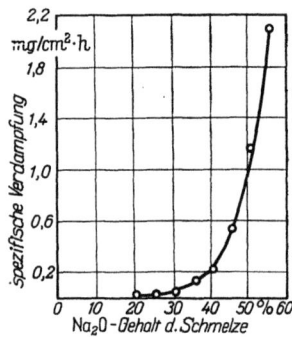

Abb. 129. Verdampfung von Natriumsilikatgläsern in Abhängigkeit vom Na$_2$O-Gehalt bei 1300° C (nach DIETZEL und MERKER)

Die Geschwindigkeit des Gases hat keinen starken Einfluß, einen größeren dagegen der H$_2$O- und CO$_2$-Gehalt der Gasatmosphäre (Abb. 130).

---

[1] LÖFFLER, H.: Verstaubung von Gemenge und Verdampfung von Glasbestandteilen. Deutsche Glastechn. Ges., Fachausschußbericht III 1954.
[2] PRESTON, E., u. W. E. S. TURNER: A study of the volatilisation and vapour tension at high temperatures of an alkali-leadoxide silica glass. J. Soc. Glass Technol. (Trans.) Bd. 16 (1932) S. 219/239. — Ibid. S. 331/349; Bd. 17 (1933) S. 122/144. Bd. 18 (1934) S. 143/168; Bd. 19 (1935) S. 296/311.
[3] HOWES, H. W., H. LAITHWAITE, E. PRESTON u. W. E. S. TURNER: The volatility of soda-lime-silica glasses. J. Soc. Glass Technol. (Trans.) Bd. 19 (1935) S. 104/117. — [4] DIETZEL, A., u. L. MERKER: vgl. S. 178, Fußn. 2.

Über den Mechanismus dieser Ausdampfungsvorgänge ist noch wenig bekannt, doch bildet die Stärke der Sauerstoffbindung ein gewisses Maß für die Wahrscheinlichkeit des Herauslösens aus dem Verband des Glases bzw. der Schlacke. Die Möglichkeit einer solchen Verflüchtigung von Alkalien nebst geringen Mengen an anderen Bestandteilen ist für den Betrieb von Schmelzfeuerungen von so großer Bedeutung, daß ein eingehendes Studium dringend erforderlich ist. Wie sehr dabei die Temperaturen eine einschneidende Rolle spielen, zeigen nicht nur die soeben erwähnten Laboratoriumsversuche, sondern führen auch die Erfahrungen mit Abhitzekesseln hinter Siemens-Martin-Öfen deutlich vor Augen, bei denen — bei Gasfeuerungen — die außerordentlich hartnäckigen Heizflächenverschmutzungen ja nur dem Bad des Herdofens entstammen können[1]. Hier zeigt sich so recht die Wirkung der extrem hohen Schlackentemperatur.

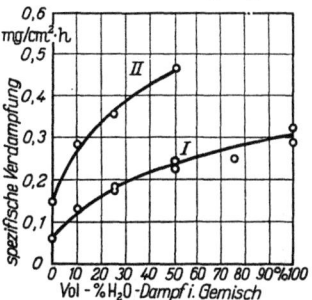

Abb. 130. Verdampfung von Natronkalkgläsern verschiedener Zusammensetzung (I, II) in Abhängigkeit vom Wasserdampfgehalt der Atmosphäre (nach DIETZEL und MERKER)

Eine zweite Möglichkeit der Verflüchtigung von Schlackenbestandteilen aus der heißen Schicht der Schlackenansätze ist die Verflüchtigung in reduzierender Atmosphäre. Es konnte gezeigt werden (vgl. S. 152), daß unter reduzierenden Bedingungen, also in Gegenwart von Kohlenstoff, Silizium als Siliziummonoxyd und Aluminium als Aluminiummonoxyd verflüchtigt werden kann, das dann im Feuerraum bei ausreichender Sauerstoffmenge zu SiO_2 bzw. Al_2O_3 weiter oxydiert. Es ist anzunehmen, daß auch eine reduzierende Gasatmosphäre schon genügt, diese Wirkung zu erzielen. Bei den Zyklonfeuerungen findet man überdies besonders im anglo-amerikanischen Schrifttum (GRUNERT[2], KESSLER[3], SHARPE[4]) die Ansicht vertreten, daß die gröberen Teilchen an die Zyklonwand geschleudert, dort von der zähflüssigen Schlacke festgehalten und von der vorbeistreichenden Luft ausgebrannt würden. Die Richtigkeit dieser Auffassung ist umstritten, zumal man an im Betrieb gewesenen Zyklonen nach dem Abstellen kein Koksteilchen sichtbaren Ausmaßes entdecken kann. Nach CAUTIUS[5] fehlt ein schlüssiger Beweis für diese Auffassung.

---
[1] vgl. S. 327, bes. Fußn. 2 u. 3.
[2] GRUNERT, A. E., L. SKOG u. L. S. WILCOXSON: The horizontal cyclone burner. Trans. ASME Bd. 69 (1947) Nr. 6, S. 613/634.
[3] KESSLER, GEO. W.: Cyclone furnace boilers. Proc. Am. Power Conference. Bd. XVI (1954) S. 78/90.
[4] SHARPE, G. C. H.: The cyclone furnace. B. C. U. R. A. Monthly Bull. Bd. 18 (1954) Nr. 8, S. 349/372.
[5] CAUTIUS, W.: Zwei Jahre Entwicklungsarbeit am Zyklon. VGB-Mitt. Heft 21 (1952) S. 234/237.

Eine andere Möglichkeit, die starke Verdampfung von Schlackenbestandteilen gerade in Zyklonfeuerungen zu erklären, wäre neben der hohen Brennkammertemperatur die längere Aufenthaltszeit der Teilchen im Bereich der hohen Temperaturen, verglichen etwa mit einer normalen Kohlenstaubfeuerung.

LEDINEGG[1] hat eine theoretische Berechnung über den Weg und die Aufenthaltsdauer der Staubteilchen im Zyklon durchgeführt, wonach ein um so höherer Anteil des Staubes den Schlackenfilm der Zyklonwand erreicht, je höher die Umfangsgeschwindigkeit der Gasströmung ist. Bei dieser langen Aufenthaltszeit könnte immerhin eine stärkere Entbindung von Alkalien auch schon außerhalb des Schlackenpelzes stattfinden.

Diese Überlegungen betrafen zunächst nur den flüssigen Teil der gasberührten Oberfläche des Schlackenfilmes. Innerhalb des Filmes selbst finden jedoch auch erhebliche Wanderungen von Mineralbestandteilen statt. Dies geht sehr augenfällig schon daraus hervor, daß die Auskleidung der Primärkammern der Schmelzfeuerungen schon nach einem Betrieb von wenigen Tagen weitgehend durch Schlacke ausgetauscht ist. Man hat daraus den praktischen Schluß gezogen, daß es zwecklos wäre, besonders hochwertige Stampfmassen zu verwenden, da sie doch nur die Funktion haben, die Kammer während der ersten Betriebstage vor übermäßiger Einstrahlung zu schützen.

Daß solche Wanderungen stattfinden, ist aus dem Verhalten feuerfester Steine bei Berührung mit Schlackenbestandteilen bekannt und u. a. von KONOPICKY[2,3] untersucht worden.

Feuerfeste Steine, die unter der Einwirkung eines starken Temperaturgefälles stehen, zeigen auch ohne Verschlackung Wanderungserscheinungen. Wenn aber Flußmittel aus der Ofenatmosphäre oder aus einer Schlackenschicht aufgenommen werden, so verstärken sich die Erscheinungen einer Entmischung und Wanderung der Flußmittel in Richtung zur kalten Seite bis zur Temperaturfläche des niedrigst-schmelzenden Eutektikums und führen zu einer Zonenbildung, wie man sie besonders bei Silikasteinen und basischen Steinen feststellen kann. Bei Schamotte- und Korundsteinen dagegen findet man allerdings nur schmale Reaktionssäume. Die Wanderungsgeschwindigkeit liegt in der Größenordnung von 5—10 mm je Tag.

Wenn solche Vorgänge schon in den verhältnismäßig dichten feuerfesten Steinen ein solches Ausmaß annehmen können, so ist leicht einzu-

---

[1] LEDINEGG, M.: Theorie der Zyklonfeuerung. Z. VDI Bd. 94 (1952) Nr. 28, S. 921/927, bes. Abb. 12.

[2] KONOPICKY, K.: Die Wanderung von Schlackenbestandteilen in feuerfesten Steinen. Stahl u. Eisen Bd. 74 (1954) Nr. 15, S. 943/947.

[3] —: Die Wanderung von Schlackenbestandteilen in feuerfesten Baustoffen. Forsch.-Ber. Wirtsch. u. Verk. Ministerium Nordrh./Westf. Nr. 149. S. 19/37. Köln u. Opladen: Westdeutscher Verlag 1955.

sehen, daß in den meist sehr viel poröseren Schlackenansätzen und in den Schichten, denen das Material fortgesetzt mechanisch zugeführt wird, durch das Ausschleudern von Schlacketröpfchen diese Wanderungen mit viel größerer Leichtigkeit und Schnelligkeit vor sich gehen werden.

Die Zusammensetzung und der schicht- und zonenweise Aufbau eines Schlackenansatzes wie auch der Anbackungen und Ansätze an Kesselheizflächen sind mithin nicht unmittelbar ein Spiegelbild für die Reihenfolge der abgesetzten Teilchen, sondern möglicherweise auch das Ergebnis eines dynamischen Wanderungsvorganges innerhalb der Schichten. Der Zeitfaktor spielt dabei eine ebenso große Rolle wie das Temperaturgefälle und die Konstanz oder die Veränderlichkeit der Umweltbedingungen.

Der Niederschlag von Alkalisulfaten und komplexen Alkali-Metall-Sulfaten — oder auch, was als wahrscheinlicher anzunehmen ist, ihre nachträgliche Bildung in den Ansätzen — kann auch zu *Korrosionen* führen. Auch hier liegen Beispiele aus der Glastechnik vor. In den senkrechten Fugen der Wannensteine von Glaswannen und auch in den Wannensteinen selbst beobachtete man häufig sehr starke Korrosionen. Man vermutet nun, daß aus dem Glas, das in den Fugen sitzt, Alkalien verdampfen. Kondensieren diese Dämpfe auf dem Weg zur Außenseite des Wannenblocks, so können sie in den Wannensteinen Korrosionen hervorrufen. Der starke Einfluß der Alkalien geht auch aus einer Untersuchung von STEINHOFF[1] hervor. Bei der Auflösung von Wannensteinen spielen die Diffusionsvorgänge von Alkali-Ionen eine sehr große Rolle. Bei reinen Kalk-Natron-Glasschmelzen diffundieren Na-Ionen aus der Glasschmelze in die Korrosionshaut und K-Ionen in umgekehrter Richtung in die Schmelze. Enthält die Glasschmelze K- und Na-Ionen, so diffundieren erstere hauptsächlich in die einige Zehntel Millimeter dicken weißen Grenzschichten der Korrosionshaut ein, obwohl in der Glasschmelze Na_2O überwiegt. Man nimmt an, daß für diese Wanderungserscheinungen der Ausgleich des chemischen Konzentrationsgefälles zwischen dem Alkali-Gehalt der Glasschmelze und dem der Wannensteine verantwortlich ist. Ein großes Hindernis für die Diffusion bedeutet die weiße Grenzschicht, besonders wenn sie aus einem dichten Mullitfilz besteht, der jedoch mit der Zeit in Korund und Glas zerfällt.

Für die Korrosionserscheinungen an verschlackten Kesselrohren haben COREY, GRABOWSKY und CROSS[2] folgende Hypothese aufgestellt und an Laboratoriumsuntersuchungen zu erhärten versucht:

---

[1] STEINHOFF, E.: Auflösungsvorgänge an Wannensteinen. Glastechn. Berichte Bd. 27 (1954) Nr. 9, S. 309/319.

[2] COREY, R. C., H. A. GRABOWSKY u. B. J. CROSS: External corrosion of furnace wall tubes — III. Further data on sulphate deposits and the significance of iron sulphite deposits. Trans-ASME. Bd. 72 (1950) Nr. 8, S. 951/963.

Alkalisulfate etwa vom Typ 3 Mol K_2SO_4 und 1 Mol Na_2SO_4 (dem Mineral Glaserit entsprechend) schlagen sich auf der mit einer Oxydschicht bedeckten Eisenoberfläche nieder (oder werden dort aus Alkalien und vorbeistreichendem SO_3 gebildet). Mit durch Anwachsen der Schichtstärke steigender Oberflächentemperatur wird SO_3 wieder freigesetzt, und ein Teil davon diffundiert durch die Sulfatschicht und reagiert mit dem Eisenoxyd gemäß der Gleichung

$$3\ K_2SO_4 + Fe_2O_3 + 3\ SO_3 \rightarrow 2\ K_3Fe(SO_4)_3 \qquad (82)$$

unter Bildung eines komplexen Alkali-Eisen-Sulfats, wodurch ein Nachschub von Eisen angeregt wird. Ändert sich die Schichtdicke z. B. durch das Abfallen oder Abreißen eines Teils des Ansatzes und damit schlagartig auch die Temperaturverteilung in dem Ansatz, so wird das Alkali-Eisen-Sulfat unter Freisetzung von SO_3 zersetzt, wieder diffundiert SO_3 an die Eisenoberfläche, und das Spiel setzt sich fort unter zunehmender Abzehrung der Eisenoberfläche.

Bei dieser Bildung von komplexen Sulfaten wird das Auftreten von Pyrosulfaten als Zwischenprodukt als möglich angesehen, obwohl Pyrosulfat bisher nicht direkt analytisch nachgewiesen werden konnte. Die Pyrosulfate sind flüssig und reagieren mit Fe_2O_3 nach

$$3\ M_2S_2O_8 + Fe_2O_3 \rightarrow 2\ M_3Fe\ (SO_4)_3 \qquad (83)$$
Pyrosulfat (liqu.)   komplexes Sulfat(s.)

Als Lieferant für SO_3 kommt nach COREY, GRABOWSKY und CROSS auch Pyrit in Frage, besonders im Feuerraum selbst und unter reduzierenden Bedingungen, die ja meist als die Voraussetzung für das Auftreten von Korrosionen angesehen werden. Sind die Pyrite aus der Kohlenasche nicht oxydiert, und werden sie als Bestandteile des Ansatzes niedergeschlagen, so finden sie dort Gelegenheit, langsam zu oxydieren und SO_2 und SO_3 abzugeben. Dieses SO_3 diffundiert teilweise an die Oberfläche, auch SO_2 kann katalytisch (durch Fe_2O_3) zu SO_3 umgewandelt werden und dann weitere Sulfate bilden.

Die Vermeidung von eisensulfidhaltigen Ansätzen, z. B. durch bessere Ausmahlung, bessere Luftverteilung und besseren Ausbrand, durch Vermeidung einer direkten Wandberührung durch Stichflammen und das Einlegen von Luftschleiern hat die Korrosionserscheinungen restlos beseitigen können. Die Rolle des FeS_2 und seiner Oxydationsprodukte scheint damit hinlänglich bewiesen zu sein.

Nach WICKERT[1] ist bei reduzierender Atmosphäre die Bildung von Alkali-Sulfiden möglich, die ein hohes Diffusionsvermögen haben. Die

---

[1] WICKERT, K.: Chemische Umsetzungen im Feuerraum der Schmelzkammerkessel. BWK Bd. 9 (1957) Nr. 3, S. 105/118.

Auskleidungsmasse oder der Schlackenpelz stellt also keineswegs einen hermetischen Schutz vor Korrosionen der darunterliegenden Rohre dar. Er kommt daher zu der praktischen Schlußfolgerung, zu der auch COREY und Mitarbeiter gekommen waren, daß der beste Schutz vor Korrosionen in einem Luftschleier liege, und er will dies erreichen, indem er an den Brennern auch noch seitlich Zweitluftzuführungsrohre anordnet.

X. Maßnahmen zur Bekämpfung der Verschlackung und der Heizflächenverschmutzung im Kraftwerksbetrieb

A. Rostfeuerungen

a) Verbesserung der Verbrennungsverhältnisse

Kesselanlagen mit Rostfeuerung unterliegen, wie die praktische Erfahrung zeigt, der Verschmutzung in stärkerem Maße als solche mit Kohlenstaubfeuerung. Der Rauchgastaupunkt liegt bei Rostfeuerungen meist sehr hoch, d. h. der SO_3-Gehalt der Rauchgase ist höher als bei Kohlenstaubfeuerungen (vgl. S. 316).

Die Ursache liegt in der Art des Verbrennungsprozesses in Rostfeuerungen, in dem Ablauf der Vorgänge der Entgasung, der Koksverbrennung nacheinander und des Gasausbrandes oberhalb des Rostbettes und aus der sich daraus ergebenden Temperaturverteilung im Brennstoffbett und im Feuerraum. Die richtige Dosierung der Verbrennungsluft an jeder Stelle des Rostes ist trotz der Zoneneinteilung moderner Konstruktionen keine leichte Aufgabe, die Veränderungen des Brennstoffbettes und seiner physikalischen Charakteristik (Korngrößenverteilung, Kornveränderung durch Backen, Blähen, Sintern, Abbrand, Lückenvolumen, Strömungswiderstand, Temperaturverteilung, Schlackenbildung usw.) während des Verbrennungsvorganges erschweren die sorgfältige Anpassung. So kann es zu Ungleichförmigkeiten der Strömung, der Luftzumessung und des Abbrandes und dadurch zu Strähnenbildung im Gasraum kommen, deren Beseitigung durch die Gas-Luft-Mischung im Feuerraum angesichts der oft großen Abmessungen, der hohen Temperaturen und der hohen Gaszähigkeit ebenfalls nicht leicht ist. Hierzu mögen je nach Güte der Konstruktion, dem Alter und dem Erhaltungszustand der Anlage Strömungsstörungen durch Undichtigkeiten, schlechte Zonenabdichtung, Seitenspielraum und verbrannte oder verschlackte Roststäbe auftreten, zu denen sich oft noch Mängel durch unachtsame Bedienung, schlechte Rostbedeckung u. a. m. hinzugesellen.

Der Verbrennungsvorgang selbst ist in den verschiedenen Phasen der Kohleverbrennung sehr verschieden, vor allem ergibt sich ein wesentlicher Unterschied zwischen den vorderen Zonen eines Wanderrostes, wo

258 Bekämpfung der Verschlackung und der Heizflächenverschmutzung usw.

im Brennstoff noch Flüchtige Bestandteile vorhanden sind, und den hinteren Zonen, wo eine reine Koksverbrennung vor sich geht. Im ersteren Falle erhält man eine Überlagerung von Entgasungs- und Verbrennungsvorgängen, im zweiten Falle eine Kombination von Vergasungs- und Verbrennungsvorgängen. Abb. 131 zeigt nach BOWRING und CRONE[1,2]

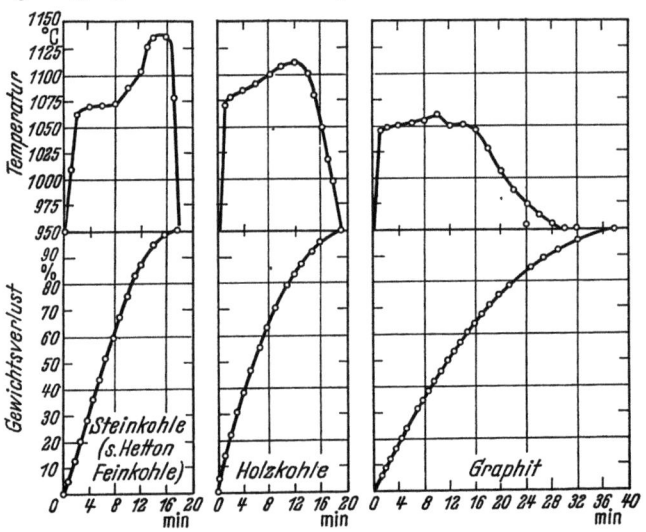

Abb. 131. Verbrennungstemperatur von Kohle, Holzkohle und Graphit in Abhängigkeit von der Zeit bzw. vom Abbrand (nach BOWRING und CRONE)

gerade bei Steinkohle (in diesem Falle eine Fettkohle mit 36% Fl. Best.) zwei deutlich unterschiedene Phasen der Verbrennung, die sich auch in der Höhe der gemessenen Verbrennungstemperatur ausdrücken. Hervorzuheben ist die Atmosphäre, in der sich die Verbrennung abspielt. Sie ist im vorderen, ersten Teil durch die große, dann allmählich abfallende Menge an Wasserdampf (aus der Brennstoff-Feuchtigkeit und den Verbrennungsprodukten der Kohlenwasserstoffe der Flüchtigen Beteile stammend) gekennzeichnet. In der Übergangszone von 50—90% des Abbrandes steigt dann die Temperatur rasch an, und die letzten 10% des Abbrandes stellen dann eine reine Kohlenstoffverbrennung in einer sehr wasserdampfarmen Atmosphäre dar. Je nach Dicke der Brennstoffschicht ist ein Teil der Schicht eine ausgesprochene Reduktionszone, und auch am und im brennenden Kohleteilchen herrscht eine kräftig redu-

---

[1] BOWRING, J. R., u. H. G. CRONE: Rate of combustion of carbon. Some effects of internal structure and inorganic impurities. Journ. Chimie Physique Bd. 47 (1950) Nr. 5/6, S. 543/547.

[2] CRONE, H. G.: Modes of burning of solid fuel. Journ. Chimie Physique Bd. 47 (1950) Nr. 5/6, S. 563/564. — La Combustion du Carbone. Nancy, 27.—30. Sept. 1949, Paris (1950). Centre National de la Recherche Scientifique S. 105/106.

zierende Atmosphäre. Dies festzustellen ist wichtig, da viele Mineral-Kohlenstoff-Reaktionen gerade von reduzierender Atmosphäre begünstigt werden. Dieser hintere Rostabschnitt, die Koksausbrennzone, ist also für die Mineralstoffverflüchtigung und damit für die Heizflächenverschmutzung von besonderer Bedeutung, und Maßnahmen der Bekämpfung müssen daher gerade hier einsetzen. Nach BANGHAM und TOWNEND[1] ist diese Ausbrennzone auch diejenige, wo sich ein höherer SO_3-Gehalt ausbildet. Die reduzierende Atmosphäre wirkt sich auch in dieser Richtung aus, da nach WHITTINGHAM[2] in *trockenen* CO-Flammen ungewöhnlich hohe SO_3-Bildung festzustellen ist, wie sie beispielsweise in Methan- und Stadtgasflammen nicht auftreten.

Es ist in Anbetracht der Rolle der in einer Feuerung auftretenden Höchsttemperaturen wichtig, festzustellen, daß die Rostfeuerungen durchaus zu den *Hochtemperatur-Feuerungen* zu rechnen sind. Die Verbrennung geht im Brennstoffbett, selbst unter Berücksichtigung der Tatsache, daß sie dort noch nicht beendet ist, d. h. noch nicht völlig bis zum CO_2 verläuft, und sich im Feuerraum fortsetzt, doch mit einer spez. Wärmeentbindung vor sich, die mit höchstbelasteten Zyklon-Schmelzfeuerungen vergleichbar ist (GUMZ[3]). Bei 100—200 kg/m²h Rostbelastung erreicht die Wärmeentbindung in der Schicht selbst 5,54 bis 4,40 × 10⁶ kcal/m³h. Dabei werden selbst unter üblichen Betriebsbedingungen Temperaturen erreicht, die örtlich 1550° C oder auch weit darüber betragen, die also gerade in diesem kritischen Bereich liegen, in dem eine starke Siliziumverflüchtigung einsetzt (vgl. Tab. 44, S. 152). Der mutmaßliche Temperaturverlauf in der Brennstoffschicht einer Wanderrostfeuerung innerhalb der Ausbrennzone ist in Abb. 132 wiedergegeben.

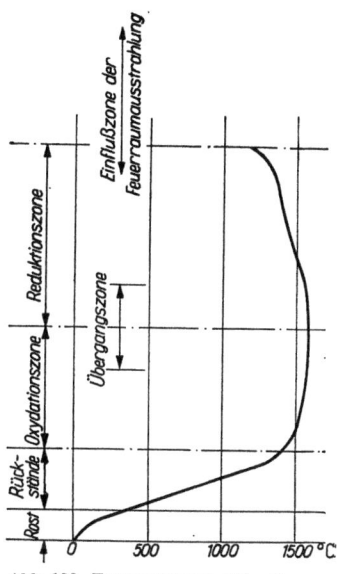

Abb. 132. Temperaturverlauf im Brennstoffbett einer Rostfeuerung

---

[1] BANGHAM, D. H., u. D. T. A. TOWNEND: The combustion of carbon. An outline ot the work of the B. C. U. R. A. Laboratories 1939—1949. J. Chimie Physique Bd. 47 (1950) Nr. 3/4, S. 315/321; La combustion du carbone. Nancy, 27. à 30. Sept. 1949. Centre National de la Recherche Scientifique, S. 3/9. Paris 1950.

[2] WHITTINGHAM, G.: Third Symposium on Combustion, Flame and Explosion Phenomena. Wisconsin 1948.

[3] GUMZ, W.: Die Vorgänge in den Feuerungen bei hohen Temperaturen. Mitt. VGB Heft 38 (Okt. 1955), S. 3/16.

Die Güte der Verbrennung und die Vermeidung von Strähnenbildung hängt dann im übrigen von der Funktion des Feuerraumes als *Mischer*, d. h. von seiner Formgebung, seiner Größe und den besonderen Zusatzeinrichtungen zur Unterstützung dieser Aufgabe ab.

Die Feuerraumhöhe wurde als erste Voraussetzung zur Erfüllung dieser Forderungen erkannt, was dann gelegentlich auch zu übertriebenen (weil unwirtschaftlichen Lösungen) führte. Immerhin war unzureichende Feuerraumhöhe (und infolgedessen auch unzureichende Mischung) das Hauptübel der Feuerungskonstruktionen vor 30 oder mehr Jahren. Ausgeglichen wurde dieser Nachteil z. T. durch die Feuerraumform, vor allem durch lange Zündgewölbe, die allerdings weniger als *Zünd*-, sondern als *Gasführungsgewölbe* wirkten. Auch hintere Gasführungsgewölbe wurden besonders im Ausland zu diesem Zweck vorgesehen. Vorder- und Hintergewölbe und Einschnürungen in der Mitte erwiesen sich als sehr wirksam (GUMZ[1]). Bei den völlig glatten, gewölbelosen Feuerräumen tritt meist eine Oberluftzuführung als zusätzliche Mischeinrichtung hinzu, auch die Einblasung von Dampf oder von Luft durch Dampfinjektoren ist vorgeschlagen worden, wenn sie auch aus Gründen der Wirtschaftlichkeit und der Speisewasserverluste nicht generell zu empfehlen ist.

Um wirksam zu sein, setzt eine Zweitluftzuführung voraus, daß der Luftdruck am Düsenverteilerkasten ausreichend hoch und der beabsichtigten Durchschlagstiefe der Luftstrahlen angepaßt ist (GUMZ[2]), und daß die Lufteinführung möglichst dicht über dem Brennstoffbett geschieht, um in den Bereich höchster Temperaturen zu kommen und einen möglichst langen Mischweg auf dem Wege der Gase durch die Brennkammer zur Verfügung zu haben. Im allgemeinen kommen Drücke, vor den Düsen (nicht am Ventilator) gemessen, von 400 mm WS und darüber in Frage.

Durch Verbesserung der Verwirbelung und des Ausbrandes ist nach CLEVE[3] eine Verringerung der Verschlackung und der Heizflächenverschmutzung erzielt worden. Neben den brennbaren Gasen werden nach ZINZEN[4] auch Sublimationsprodukte sowie SiO, SiS, SiS_2, Flugkoks, Ruß und brennfähige feste Sulfide des Ca, Mg, Fe, Na aufoxydiert und damit weniger gefährlich.

Die Notwendigkeit einer vollständigen Beseitigung möglichst aller Reste von unverbrannten Gasen ergibt sich nicht nur aus der Höhe etwaiger CO-Verluste, die vom CO- und CO_2-Gehalt abhängen (GUMZ[5]), sondern auch aus der Gefahr von Nachverbrennungen, die innerhalb der

---

[1] GUMZ, W.: Handbuch, S. 435 (bes. Abb. 23—6); [2] —: Handbuch, S. 448/458.
[3] CLEVE, K.: Abhilfe gegen das Verschlacken von Dampfkesseln. Einfluß von Feuerraumbelastung, Brennstoffasche und Flammenwirbelung. Arch. Wärmewirtsch. Bd. 22 (1941) Nr. 9, S. 185/189.
[4] ZINZEN, A.: Bekämpfung der Verschlackung von Dampfkesseln. BWK Bd. 2 (1950) Nr. 2, S. 63/68. — [5] GUMZ, W.: Handbuch, S. 338/346.

Kesselheizfläche stattfinden können und die Verschmutzungen und die Versinterung der Ansätze wesentlich beeinflussen. Spuren von brennbaren Gasen können durch die katalytische Wirkung der heißen Metalloberflächen noch nachverbrennen, was dann zu örtlich starker Erwärmung führt. Véron und Dumortier[1] haben durch Überleiten von Rauchgas-Luft-Gemischen mit 0,8—1,5% CO über Stahloberflächen (Drehspäne) in einem langsam aufgeheizten Rohr zeigen können, daß

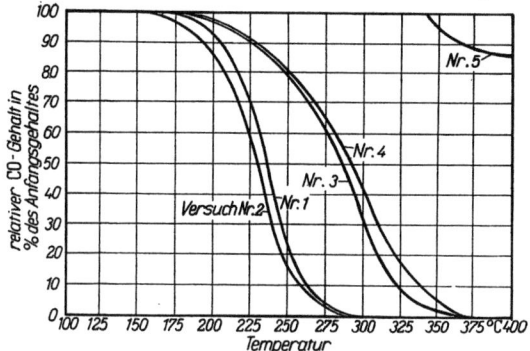

Abb. 133. Zündung und Verbrennung von CO-Spuren an Eisenoberflächen (nach Véron und Dumortier)

die Nachverbrennung des CO bei Temperaturen von 240—245° C (bei verschmutzten Rohren schon bei 150° C) beginnt und bei 350—375°C beendet ist (vgl. Abb. 133). Im leeren Rohr, bei Abwesenheit von Metalloberflächen wurde bei weitaus höheren Temperaturen nur ein kleiner Bruchteil des CO nachverbrannt (s. Versuch Nr. 5 in Abb. 133).

b) Wasserdampfzusatz zur Verbrennungsluft

Bei Rostfeuerungen treten zwei mit dem Mineralstoff zusammenhängende Probleme auf, die betriebliche Schwierigkeiten bereiten können, die Verschlackung des Brennstoffbettes und die Ansatzbildung an den Heizflächen. Beide gehen auf das örtliche Auftreten übermäßig hoher Temperaturen zurück.

Die Schlackenbildung in der Schicht wird durch den Temperaturverlauf und die Atmosphäre bestimmt. Da reduzierende Atmosphäre die Schmelztemperaturen erniedrigt, ist der Beginn der Reduktionszone, der meist mit dem Temperaturmaximum zusammenfällt (luftsatte Verbrennung) die am stärksten gefährdete Stelle (Dunningham[2]). (Vgl. Abb. 132, S. 259). Sie liegt bei den üblichen Korngrößen etwa 100 mm über dem Rost.

---
[1] Véron, M., u. J. Dumortier: Sur la combustion de traces de CO, susceptibles d'engendrer une convection vive au contact de parois en acier. Bull. Technique Soc. Française des Constr. Babcock & Wilcox, Paris, Oct. 1954, No. 27, S. 7/13, Génie Civil Bd. 131 (1954) No. 7, S. 136.
[2] Dunningham, A. C., u. E. S. Grumell: A note on the formation of clinker in fuel beds. Journ. Inst. Fuel Bd. 14 (1941) S. 221/225, vgl. auch Feuerungstechnik Bd. 31 (1943) Nr. 6, S. 101/102, und Gumz, W.: Handbuch, S. 408/410.

In Anlehnung an die Gaserzeuger-Praxis, wo man durch die Wahl des Sättigungsgrades der Vergasungsluft die Schlackenbildung völlig zu beherrschen gelernt hat, ist vorgeschlagen worden, auch im Feuerungsbetrieb durch Wasserdampfzugabe bzw. durch Aufsättigung der Verbrennungsluft durch Wassereinspritzung in entsprechend vorgewärmte Luft die Verschlackungsschwierigkeiten grundsätzlich aus dem Wege zu räumen. Eine solche *Klimatisierung der Verbrennungsluft* (GUMZ[1]) sollte jedoch in den einzelnen Zonen des Rostes den jeweiligen Bedürfnissen angepaßt werden, um nicht unnötige Wasserdampfmengen einzuführen, deren Verdampfungswärme ja nicht ausgenutzt werden kann.

Dampfeinführung in Rostfeuerungen oder Kühlung von Rohrteilen durch Wassersprühdüsen ist im Feuerungsbetrieb seit vielen Jahrzehnten bekannt und wurde früher in starkem Maße geübt. Auch vorteilhafte Nebenwirkungen des Wasserdampfes auf den Reaktionsmechanismus der Verbrennung sind bekannt (GUMZ[2]). Es sei hier auf die klassischen experimentellen Arbeiten von H. B. Dixon (1880) und seiner Schule hingewiesen, die gezeigt haben, daß Kohlenoxyd und Sauerstoff bei völliger Abwesenheit von Wasserdampf durch einen gewöhnlichen Zündfunken nicht zur Verbrennung gebracht werden können, daß aber die katalytische Wirkung einer ganz geringen Wasserdampfmenge genügt, um das Gasgemisch sofort zur Explosion zu bringen (BONE[3]).

Der Einfluß des Dampfes auf die entstehende Schlacke, die nach Feststellungen von DUNNINGHAM und GRUMELL[4] brüchiger ist und nicht mehr so stark an den Roststäben haftet, dürfte nach L. HARDT[5] auf die Mineralisatorwirkung zurückzuführen sein.

Eine sehr wesentliche Nebenwirkung des Wasserdampfes ist die Verminderung der Heizflächenverschmutzung, wobei schon wesentlich geringere Mengen wirksam sind, als sie zur Verschlackungsbekämpfung notwendig wären. MURPHY, PIPER und SCHMANSKY[6], denen die Verschiedenheit des Verschmutzungsfortschrittes im Winter (bei relativ trockener Luft) gegenüber dem Sommer mit der sehr feuchten und warmen Luft des amerikanischen Klimas auffiel — wobei die absoluten mit der Luft in die Feuerung eingebrachten Wasserdampfmengen in Extrem-

---

[1] GUMZ, W.: Die Klimatisierung der Verbrennungsluft. Ein Weg zur Steigerung der Wirtschaftlichkeit der Rostfeuerungen. Feuerungstechnik Bd. 30 (1942) Nr. 1, S. 1/4.

[2] —: Nasse Verbrennung, Fortschritte auf dem Gebiet der Klimatisierung der Verbrennungsluft. Mitt. VGB Heft 31 (Okt. 1954) S. 279/297.

[3] BONE, W. A. u. D. T. A., TOWNEND: Flames and combustion in gases. London 1927 (Longmans, Green & Co.) S. 303/314.

[4] DUNNINGHAM, A. C., u. E. S. GRUMELL: The effect of steam on grate temperatures. Journ. Inst. Fuel, Bd. 15 (1841) Nr. 80, S. 26/28. — [5] vgl. S. 272.

[6] MURPHY, P. jr., J. D. PIPER u. O. R. SCHMANSKY: Fireside deposits on steam generators minimized trough humidification of combustion air. Trans. ASME Bd. 73 (1951) Nr. 6, S. 821/843.

fällen zwischen Winter und Sommer im Verhältnis 1 : 18 liegen können —, haben im Kraftwerk Delray Station der Detroit Edison Co. Versuche mit Luftbefeuchtung angestellt. Bei einer Einblasung von 16,4 kg Dampf auf 1000 kg trockene Luft (entsprechend einer Sättigungstemperatur der Luft von nur 21,9° C oder einem Wasserdampfgehalt von 21,2 g/Nm$^3_{tr}$) haben sie an einem 156/192 t/h-Kessel mit Unterschubfeuerung ein ganz eindeutiges, wiederholbares und trotz der Verwendung von Frischdampf ein wirtschaftlich günstiges Ergebnis erzielen können. Die Verschmutzungen verringerten sich in eindringlichster Weise und traten bei Abstellen der Dampfzugabe schlagartig wieder auf. Die Reisezeiten wurden wesentlich verlängert, die Reinigungskosten erheblich gesenkt. Der gute Erfolg veranlaßte die Gesellschaft, alle Rostkessel auf Luftbefeuchtung umzustellen und auch andere Kraftwerke folgten dem Beispiel mit gleich gutem Erfolg (PARRISH[1]).

In Deutschland hat der Technische Überwachungsverein, Essen, in Zusammenarbeit mit dem EW Mark, Kraftwerk Elverlingsen, einen Langzeitversuch an einem Wanderrostkessel von 50 t/h Leistung bei Verfeuerung einer Mager-Nußkohle durchgeführt und konnte bei einer Luftfeuchtigkeit von 23 kg/1000 kg trockener Luft eine wesentliche Verlangsamung der Verschmutzung und eine Verlängerung der Reisezeit von vorher 3000 Stunden (mit zahlreichen betrieblichen Zwischenreinigungen) auf die mindestens dreifache Dauer erzielen (SCHWARZ[2]). Die wirtschaftliche Verbesserung liegt bei mindestens $^1/_2 \%$ der Dampfkosten und ließe sich bei anderen Befeuchtungsmethoden sicherlich noch erheblich steigern.

Im Anschluß daran wurden die Versuche auf eine größere Zahl von Anlagen mit verschiedenen Feuerungsbauarten und verschiedenen Brennstoffen ausgedehnt, die alle positiv verlaufen sind. Allerdings muß darauf hingewiesen werden, daß die Befeuchtung gleichmäßig, konstant und daher entsprechend geregelt vorgenommen werden muß. Die Lufttemperatur muß hoch genug gewählt werden, um die gewünschte Wassermenge aufzunehmen; es muß noch ein genügend ausreichender Sicherheitsabstand zwischen Lufttemperatur und Sättigungstemperatur vorhanden sein, um ein Auskondensieren zu vermeiden, das zu Korrosionen der Luftleitungen führen würde.

In England hat die Central Electricity Authority eine große Zahl von Dauerversuchen an verschiedenen Feuerungen und mit verschiedenen Brennstoffen unternommen, über die FREEDMAN[3] zusammenfassend be-

---

[1] PARRISH, E. M.: Diskussionsbeitrag zu oben: Trans. Am. Soc. Mech. Engrs. Bd. 75 (1951) Nr. 6, S. 835/836.

[2] SCHWARZ, K.: Versuche an Wanderrostkesseln mit befeuchteter Verbrennungsluft. VBG-Mitt. Heft 31 (Okt. 1954) S. 297/308.

[3] FREEDMAN, A. M.: Experience with the humidification of combustion air to prevent boiler fouling. Journ. Inst. Fuel Bd. 29 (1956) Nr. 183, S. 165/170.

264 Bekämpfung der Verschlackung und der Heizflächenverschmutzung usw.

richtet hat. Bei zwei Anlagen mit Unterschubfeuerung (Breadford and Fulham) und bei drei Anlagen mit Wanderrostfeuerung war der Erfolg gut oder befriedigend, bei zwei weiteren Wanderrostkesseln (Burton und Barton) blieb der Erfolg aus. Im Falle der Anlage Burton handelte es sich um eine Kohle mit sehr hohem Chlorgehalt (1,0—0,5%), der auf hohen Kochsalzgehalt zurückzuführen ist. In diesem Falle ist allerdings von einer Luftbefeuchtung kein Erfolg zu erwarten, da weder die Senkung

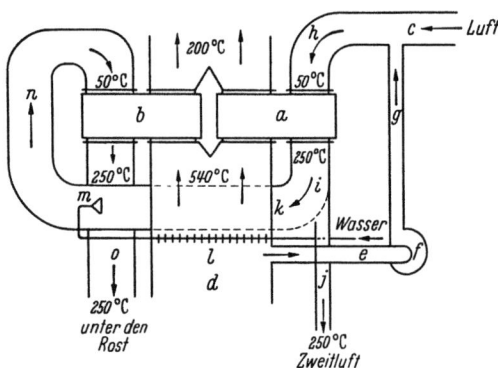

Abb. 134. Luftvorwärmer-Anordnung zur Luftbefeuchtung und Nacherhitzung durch zwei rauchgasseitig parallel-, luftseitig hintereinandergeschaltete Luftvorwärmer

a 1. Luftvorwärmer, c Kaltluftleitung, d Rauchgaszug, e Rauchgasrücksaugeleitung, f Rücksauge-Ventilator, g Rauchgas-Zuleitung, h Lufteintrittskanal, i Heißluftkanal, j Sekundärluft-Kanal (Heißluft), k Heißluft-Umführungskanal, l Wassererhitzer, m Zerstäuberdüse, n Feuchtluftkanal, o Heißluftkanal (Feuchtluft)

der Temperatur noch irgendwelche Reaktionen, an denen der Wasserdampf beteiligt ist, die Verflüchtigung dieses leicht flüchtigen Salzes verhüten können. Im Falle der Anlage Barton sind die Gründe für den Mißerfolg aus dem Bericht nicht zu erkennen.

Die Mehrzahl aller bisherigen Versuche mit Luftbefeuchtung wurde mit Dampf durchgeführt, der in die Verbrennungsluft eingeblasen wurde. Für Versuchszwecke war dies die einfachste und bei vorhandenen Anlagen die zweckmäßigste Methode der Luftbefeuchtung. Vom Standpunkt der Wirtschaftlichkeit des Kesselbetriebes dagegen ist Frischdampf viel zu teuer, und vom Standpunkt der Speisewasserwirtschaft ist selbst Abdampf unerwünscht (soweit er nicht ohnehin verloren gehen würde), da die Speisewasseraufbereitung dadurch unnötig belastet wird (größerer Kapital-, Raum- und Betriebskosten-Aufwand). Eine vorteilhaftere Art der Luftbefeuchtung ist die Berieselung von hochvorgewärmter Luft in einem Sättiger oder die Einspritzung von Wasser in den Luftstrom. Die Vorwärmung der Luft kann sowohl durch Luftvorwärmer als auch durch die Zumischung hochtemperierter Rauchgase erfolgen.

Ein Verfahren zur Erzeugung eines Heißluftstromes mit erhöhtem Wasserdampfgehalt ist in Abb. 134 wiedergegeben. Eine andere Schaltungsmöglichkeit zeigt Abb. 135. Die Luft wird im Gleichstrom in einem Luftvorwärmer vorgewärmt, dann wird das Wasser in den Heißluftstrom eingesprüht und die befeuchtete Luft in dem zweiten, gasseitig parallelgeschalteten Luftvorwärmer weiter erhitzt.

Bei Verwendung von Gebrauchswasser, welches nicht besonders gereinigt ist und zu Verstopfungen der Vernebelungsdüsen führen könnte, ist eine Zerstäubung durch rotierende Schalen oder Becher vorzuziehen. Als anzustrebende Sättigungsart wird dann eine Sättigungstemperatur von 25° C (20,1 kg/1000 kg Luft = 25,94 g/Nm³$_{tr}$) empfohlen (GUMZ[1]). Sollen gleichzeitig Schlackenschwierigkeiten beseitigt werden, so müßte die Wassermenge auf 65 kg/1000 kg Luft ($t_s = 45°$ C) erhöht werden, dann aber wird man zweckmäßigerweise zu anderen Methoden, insbesondere zur Rauchgasrückführung, greifen (vgl. S. 266).

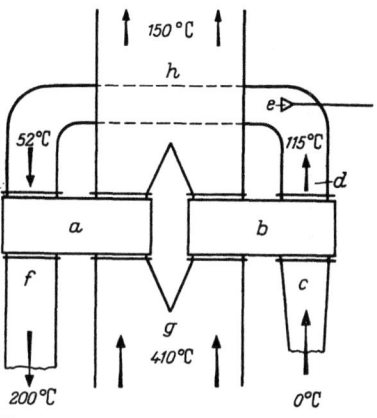

Abb. 135. Luftvorwärmer-Anordnung (ähnlich Abb. 134) mit Gleichstrom-Gegenstrom-Schaltung der Vorwärmer. (Dia 39 [1954])
a 1. Luftvorwärmer, *b* 2. Luftvorwärmer, *c* Kaltluft-Zuleitung, *d* Heißluft-Umführungskanal, *e* Zerstäuberdüse, *f* Heißluft-Kanal (Feuchtluft), *g* Rauchgaskanal (Eintrittsseite), *h* Rauchgaskanal (Austrittsseite)

Die Wirkung des Wasserdampfes auf die Vorgänge im Brennstoffbett und den Mechanismus der Ansatzbildung, die in den Großversuchen einwandfrei beobachtet worden ist, kann keineswegs einfach erklärt werden. Es spielen zweifelsohne eine Reihe von Faktoren eine Rolle. In erster Linie ist die Temperaturbeeinflussung und Temperaturverteilung zu nennen. Wenn auch bei reinen Gasreaktionen eine Wasserdampfzugabe gelegentlich zu Temperaturerhöhungen geführt hat (DAVID[2,3]), so darf von der Herabsetzung des Sauerstoffgehaltes und der Wassergasreaktion mit dem Kohlenstoff doch in der Schicht eine geringfügige Temperaturverlagerung erwartet werden. Bei 21,2 g H$_2$O/Nm³ Luft (tr) wird die Zusammensetzung der befeuchteten Luft

$$20,46\% \ O_2$$
$$76,97\% \ N_2$$
$$\underline{2,57\% \ H_2O}$$
$$100,00\% \ .$$

---

[1] GUMZ, W.: vgl. S. 262, Fußn. 2.

[2] DAVID, W. T., u. J. MANN: Influence of water vapour on flame temperatures. Nature Bd. 150 (1942) Nr. 3809 S. 521/522.

[3] DAVID, W. T. u. B. POUGH: Influence of hydrogen and water vapour upon the combustion of carbon monoxide mixtures. Nature Bd. 140 (1937) Nr. 3556, S. 1098.

266 Bekämpfung der Verschlackung und der Heizflächenverschmutzung usw.

Wenn die daraus folgende, durch die Wassergasreaktion noch ein wenig verstärkte Temperatursenkung (an der Oberfläche des brennenden Koksteilchens) auch nur etliche Grad ausmachen kann, so kann die Wirkung aber doch groß sein, da sich die Brennstoffschicht gerade in dem kritischen Gebiet um 1550° C befindet (vgl. Abb. 132, S. 259), in dem geringe Temperaturverschiebungen das Maß der Mineralverflüchtigung sehr wesentlich beeinflussen können. Man wird sich daher die Wirkung des Wasserdampfes in erster Linie so vorstellen dürfen, daß durch eine Temperatursenkung in diesem kritischen Gebiet die Bildung von verschmutzungsfördernden Sublimaten (wie insbesondere Siliziummonoxyd und Siliziumsulfide) verringert oder gar ganz unterdrückt wird.

Eine zweite Wirkung ist die Hydrolisierung solcher Zwischenprodukte wie SiO, SiS und SiS_2 zu der zunächst harmloser erscheinenden oxydischen Form des SiO_2, was man besonders auch beim Gaserzeugerbebetrieb im Unterschied zwischen *trockener* und *nasser* Vergasung beobachten kann. Zwar ist, wie gezeigt wurde, auch das SiO_2 in dieser feinen Verteilung keineswegs als vom Verschmutzungsstandpunkt ungefährlich anzusehen, es ist daher nicht ausgeschlossen — aber bisher noch unerwiesen —, daß vielleicht die frühzeitige Hydrolisierung noch der Brennstoffschicht selbst zur Bildung größerer SiO_2-Aggregate Anlaß gibt als die spätere Oxydation der Sublimationsprodukte im Gasraum. Man könnte auch den Eindruck gewinnen, als ob die Teilchengröße der Sublimate von der Temperatur abhängig ist, wenn man die Abgase einer gewöhlichen Feuerung mit denen eines Siliziumkarbid-Elektro-Ofens vergleicht.

Es bleibt bei der Forschung der Verbrennungsvorgänge und ihrer Beeinflussung durch Nebenreaktionen noch ein weites Feld der Betätigung offen, aus deren Ergebnissen Aufklärung mancher empirisch festgestellter Beobachtungen erhofft werden darf.

c) Rauchgasrückführung

Der Wasserdampfzusatz zur Verbrennungsluft hat den Nachteil, daß die Verdampfungswärme des Wassers in jedem Falle als ein zusätzlicher Verlust zu buchen ist, der einen Teil der Wirkungsgradverbesserungen durch die reineren Heizflächen wieder rückgängig macht. Wird eine stärkere Einwirkung auf die Verbrennungstemperatur angestrebt, um die Verschlackungsvorgänge in der Brennstoffschicht zu beeinflussen, so würde der zusätzliche Verlust durch die Verdampfungswärme untragbar hoch werden. In diesem Falle ist die Rauchgasrückführung vorzuziehen.

Durch die Zumischung von Rauchgas zur Verbrennungsluft wird in erster Linie der Sauerstoffgehalt des Gemisches herabgesetzt, ferner bringt das Rauchgas sowohl Wasserdampf (aus der Brennstoff-Feuchtigkeit, den Verbrennungsprodukten des Wasserstoffs und der Kohlenwasserstoffe und dem Feuchtigkeitsgehalt der Luft stammend) als auch Kohlendioxyd mit; beide wirken beim Umsatz mit Kohlenstoff wärmebindend nach den Reaktionsgleichungen

$$H_2O + C + 28200 \text{ kcal/kmol} = CO + H_2 \tag{84}$$
$$CO_2 + C + 38200 \text{ kcal/kmol} = 2\,CO\,. \tag{85}$$

Die Reaktion des CO_2 ist also noch etwas stärker endotherm als diejenige des H_2O, und 1 Vol.-% CO_2 im Gasgemisch ist etwa 1,35% H_2O gleichwertig. Die Wirksamkeit des durch die Zumischung veränderten Verbrennungsmittels kann man daher zweckmäßig als eine Funktion der Kenngröße

$$K_V = \frac{N_2'}{O_2'}(H_2O' + 1,355\,CO_2') \tag{86}$$

darstellen, wobei O_2', N_2', H_2O', CO_2' die Gasbestandteile (in Vol.-%) im Gas-Luft-Gemisch (dem Verbrennungsmittel) bedeuten.

Diese Kenngröße gestattet es auch, die Wirkung der Maßnahmen der Luftbefeuchtung und der Rauchgasrückführung oder beider gemeinsam zu vergleichen. Da das Rauchgas bei seiner Rücksaugetemperatur stets einen nur geringen Sättigungsgrad besitzt, also noch sehr viel Wasserdampf aufnehmen könnte, ist das Eindüsen von Wasser in das Rauchgas als Maßnahme zur Verstärkung der Wirkung der Rückführung sehr zu empfehlen, zumal dadurch seine Temperatur gesenkt und der Kraftbedarf des Rückführgebläses verringert wird.

Abb. 136 zeigt das Ergebnis einer Berechnung der Oberflächentemperaturen des Kokses bei der Verbrennung. Will man Verschlackungen mit Sicherheit ausschließen, also die Temperaturen beispielsweise auf 900° C begrenzen, so müßte der K_V-Kennwert bei 100° C Gemischtemperatur auf 37, bei 400° C Gemischtemperatur auf etwa 60 gebracht werden. Man kann also den Einfluß einer für Rostfeuerungen ungewöhnlich hohen Lufttemperatur durch diese Maßnahme völlig kompensieren.

Auf diesen Überlegungen ist ein neues Verbrennungsverfahren (GUMZ[1,2]) aufgebaut, das in einer Großversuchsanlage von 12 t/h mit Erfolg erprobt wurde. Dabei wird in der Ausbrennzone mit einem dem Schmelzverhalten der jeweils verfeuerten Kohle und der Luft- bzw. Gemischtemperatur angepaßten K_V-Wert gearbeitet. Es konnte ein Wanderrost üblicher Bauart mit einer Lufttemperatur von 300° C gefahren werden, ohne sich unzulässig hoch zu erwärmen, während die

---

[1] Patent angemeldet.
[2] GUMZ, W.: Die Vorgänge in den Feuerungen bei hohen Temperaturen. Mitt. VGB Heft 38 (Okt. 1955) S. 3/16, bes. S. 6.

268 Bekämpfung der Verschlackung und der Heizflächenverschmutzung usw.

Schlacke in kleinstückiger, griesiger Form bei sehr vollständigem Ausbrand anfiel (ZORN[3]).

Vorversuche im kleinen Maßstab von H. SIEGMUND und H. GERWIN wurden im wärmetechnischen Laboratorium der Ruhrkohlen-Beratung

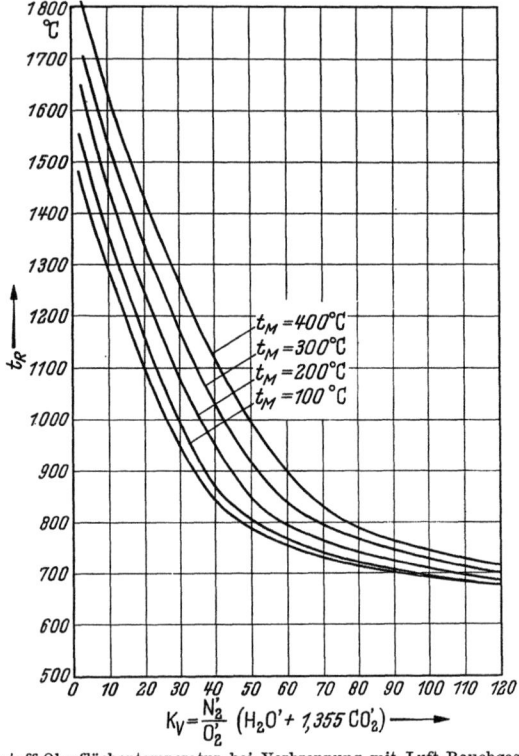

Abb. 136. Kohlenstoff-Oberflächentemperatur bei Verbrennung mit Luft-Rauchgas-Dampf-Gemischen als Funktion des Kennwertes K_v und der Gemischtemperatur

G. m. b. H. im Jahre 1954 ausgeführt, um die Beeinflußbarkeit der Rückstände durch Gasrückführung zu untersuchen. Verfeuert wurde ein Brechkoks III bei der gleichbleibenden Rostbelastung von 189 kg/m²h. Das Aschesьhmelzverhalten des Kokses ist durch folgende Temperaturen gekennzeichnet:

		reduzierende Atmosphäre	oxydierende Atmosphäre
Erweichungspunkt	°C	1260	1105
Schmelzpunkt (Halbkugelpunkt)	°C	1405	1350
Fließpunkt	°C	1485	1410

[3] ZORN, M.: Neues Verbrennungsverfahren. Versuche an einer Wanderrostfeuerung. Referat gehalten vor dem Ausschuß „Kohle als Energieträger" beim Steinkohlenbergbauverein, Essen, am 6. März 1957 (unveröffentlicht).

Die Siebanalyse der Rückstände ergab folgendes Bild:

Tabelle 74. *Verbrennungsversuche mit Rauchgas-Luft-Gemischen*
(Rückstandsanalyse)

Gas: Luft (%)	Schlacke				Asche
	> 10 mm	5—10 mm	3—5 mm	1—3 mm	> 1 mm
0:100	50,0	15,4	7,4	16,9	10,3
14:86	41 5	22,0	10,6	15,4	10,6
25:75	24,8	27,8	11,3	21,3	14,8
33:67	13,2	32,3	12,7	24,3	17,5
50:50	0,6	15,7	13,7	39,7	30,3

Es war bei gleichbleibender Leistung demnach möglich, Schlackenstücke über 10 mm Größe so gut wie ganz zu vermeiden und den Hauptanteil der Rückstände (rd. 70%) als Feinkorn unter 3 mm zu erhalten. Ein solcher Rückstand läßt sich durch Herausrütteln und Absaugen leicht beseitigen.

Eine Weiterentwicklung dieses Verfahrens zur industriellen Anwendung bei kleinen und mittleren Kesseleinheiten, soweit sie mit Rostfeuerungen arbeiten, ist im Laufe der nächsten Jahre zu erwarten, so daß dadurch die eine Seite des Schlackenproblems, die Schlackenbildung in der Brennstoffschicht — selbst unter extremen Betriebsbedingungen — gelöst werden dürfte. Als Nebenwirkung ist aus der Temperaturbegrenzung durch Rauchgasrückführung oder der Kombination Rückführung und Gasbefeuchtung eine wesentliche Verringerung der Heizflächenverschmutzung zu erwarten. Von diesem Grundgedanken macht die in Verbindung mit dem Ygnis-Kessel angewandte *Ipsopur-Einrichtung* Gebrauch und hat sich bereits in zahlreichen Fällen bewährt[1].

Eine mineralogisch-petrographische Paralleluntersuchung der Ansätze von Zentralheizungskesseln mit und ohne Ipsopur-Einrichtung zeigt, daß die Wirkung offenbar in der Temperatursenkung im Brennstoffbett zu suchen ist. Während die Kieselsäuregehalte der Ansätze ohne Befeuchtung und Rauchgasmischung ungewöhnlich hoch sind (vgl. Tab. 60, S. 197), was auf eine starke Siliziumverflüchtigung schließen läßt, liegen sie bei dem Kessel mit Ipsopur-Einrichtung wesentlich tiefer. Tab. 75 zeigt das Ergebnis der Untersuchung.

Die im Mikroskop sichtbaren kristallinen Partikel stellen die löslichen Sulfate und Phosphate dar, deren Bildung hier infolge der relativ starken Kühlung durch die weniger stark belegten Rohre bereits in unmittelbarer Nähe des Brennstoffbettes möglich ist. Das Bindemittel ist also auch hier vorhanden, es fehlt jedoch die große Menge der einzubindenden

---

[1] Mannesmann-Seiffert-Rohrbau G. m. b. H., Bochum. Ipsopur-Einrichtung für Ygnis-Kessel. Brennst.-Wärme-Kraft Bd. 8 (1956) Nr. 11, S. 561.

Tabelle 75. *Untersuchungsergebnisse der Ansätze mit Rauchgasrückführung und Wasserdampf-*

	1	2	3			4			5		
			w	s	su	w	s	su	w	s	su
SiO_2	43,5	n.b.	0	1,1	12,6	0	1,2	14,0	0	1,4	17,3
Al_2O_3	29,8	n.b.	0	4,4	2,3	0	7,2	1,9	0	8,8	1,7
Fe(met)	—	n.b.	—	—	—	—	—	—	—	—	—
FeO	—	7,4	1,1	4,0	—	0,7	1,4	0	0,7	2,1	—
Fe_2O_3	12,7	n.b.	0	15,8	0,8	0	13,8	0,8	0	16,4	2,8
CaO	3,6	n.b.	0	Sp	0	0	Sp	0	1,3	0,7	Sp
MgO	2,1	n.b.	0,4	0,5	Sp	0,5	0,5	Sp	0,3	0,4	Sp
Na_2O	1,2	0,9	0,8	0,4	0,1	1,1	0,4	0,2	0,9	0,5	0,1
K_2O	3,6	3,4	1,7	1,5	0,7	2,9	1,6	1,0	2,3	2,3	0,7
Sulfide	—	—	—	0	—	—	0	—	—	0	—
SO_2											
SO_3	1,5	n.b.	6,7	4,7	Sp	8,7	3,8	Sp	8,0	2,3	Sp
Cl	—	—	1,4	—	—	1,1	—	—	0,7	—	—
CO_2	—	—	0	—	—	0	—	—	0	—	—
P_2O_5	n.b.	n.b.	0	3,5	Sp	0	5,0	Sp	0	4,6	Sp
H_2SO_4 (fr.)	—	—	—	—	—	—	—	—	—	—	—
Glühverlust	—	n.b.	—	—	28,6	—	—	25,6	—	—	18,7
Summe		—	12,1	37,7	45,1	15,0	34,9	44,4	14,3	25,5	41,3
P_H	3,7					4,2			4,1		

w = wasserlöslich, s = säurelöslich, su = säureunlöslich

Teilchen, besonders der Feinstanteile (SiO_2-Sublimate), die andernfalls das Hauptkontingent der festen Ansätze darstellen. So ist die wesentlich verringerte Verschmutzungsneigung zu erklären.

d) Brennstoffzusätze

Die Zahl der als Brennstoffzusatz empfohlenen Mittel mit einer mehr oder weniger geheimgehaltenen Zusammensetzung ist groß, gemeinsam ist ihnen im allgemeinen die Verwendung von Schwermetalloxyden in kleinen Mengen und von Leichtmetalloxyden oder meist von Salzen als mengenmäßig größter Anteil.

Schon vor Jahren wurde Kochsalz (Viehsalz, Meeressalz) vorgeschlagen (McVicker[1]), und es wurde von teilweise verblüffenden Erfolgen berichtet. Dennoch haben sich Kochsalzzusätze nicht eingebürgert, woraus man schließen könnte, daß der Erfolg auf lange Sicht doch ausblieb oder an anderen Stellen ohne erkennbaren Grund nicht eintrat.

---

[1] McVicker, G.: Experiments with furnace slag prevention. Power Bd. 65 1927) Nr. 20, S. 743/744. Vgl. Wärme Bd. 50 (1927) Nr. 25, S. 437.

*in einem koksgefeuerten Zentralheizungskessel (Ygnis-Kessel)
anreicherung der Verbrennungsluft*[1]

	6			7			8			
	w	s	su	w	s	su	w	s	su	
SiO_2	0	0,8	14,6	0	1,2	9,1	0	1,2	9,4	
Al_2O_3	2,5	6,0	1,6	0,8	6,1	1,7	0,9	6,1	1,9	
Fe (met)	—	—	—	—	—	—	—	—	—	
FeO	3,2	0,3	—	0,7	2,1	—	0,4	3,9	—	Nr. 1: Koksasche
Fe_2O_3	0	12,6	0,4	0	24,2	0,4	0	18,4	0,4	Nr. 2: Feuerbettschlacke
CaO	0,8	Sp	0	1,1	Sp	0	Sp	Sp	0	(Teilanalyse)
MgO	0,5	Sp	0	0,3	Sp	0	0,6	Sp	0	Nr. 3: Ansätze der 1. Rohrlage
Na_2O	1,2	0,2	0	0,7	0,3	0	0,4	0,4	0,1	Nr. 4: Ansätze der 2. Rohrlage
K_2O	3,5	0,9	0,7	1,0	2,0	0,4	0	1,7	0,6	Nr. 5: Ansätze der 3. Rohrlage
Sulfide	—	0	—	—	0	—	—	0	—	Nr. 6: Ansätze der 4. Rohrlage
SO_2	—	—	—	—	—	—	—	—	—	Nr. 7: Ansätze der 5. Rohrlage
SO_3	7,9	4,5	Sp	8,6	10,3	Sp	Sp	8,9	Sp	Nr. 8: Ansätze der 6. Rohrlage
Cl	0,7	—	—	1,8	—	—	4,4	—	—	Die Zählung der Rohrlagen erfolgt vom Feuerraum aus
CO_2	—	0	—	—	0	—	—	0	—	
P_2O_5	0	5,0	—	0	4,2	Sp	0	2,8	Sp	
H_2SO_4 (fr.)	—	—	—	—	—	—	—	—	—	
Glühverlust	—	—	11,4	—	—	12,7	—	—	27,5	
Summe	30,3	30,3	28,7	15,0	50,4	24,3	6,7	43,4	39,9	
p_H	3,2			3,2			3,5			

[1] Die Analysen wurden vom Technischen Überwachungsverein, Essen, durchgeführt

Kochsalz (NaCl), auch Kaliumchlorid (KCl) oder Mischungen aus NaCl und KCl bilden gewöhnlich auch den mengenmäßig größten Bestandteil (60 bis über 80%) vieler der auf dem Markt befindlichen Zusatzmittel; teilweise werden sie dabei als *Füllstoff* bezeichnet, es wird ihnen also nicht die Hauptwirkung zugeschrieben. Ferner enthalten die meisten Zusätze dieser Art als Hauptbestandteil Metalloxyde, und zwar vorwiegend *Zinkoxyd* (ZnO) und *Kupferoxyd* (Kupfer(II)oyxd, CuO oder Kupfer(I)oxyd Cu_2O) oder beide in Mengen bis zu 10%, mitunter auch in Form anderer Zink- oder Kupferverbindungen (Sulfate, Karbonate). Einige dieser Salze enthalten 10—20% Salmiak (Ammoniumchlorid, NH_4Cl)[1]. Über den Reaktionsmechanismus solcher nur in kleinen Mengen von etwa zwischen 50—300 g/t Kohle und stoßweise zugegebenen Salzzusätzen ist wenig bekannt, die Zusammensetzung ist meist empirisch, mitunter z. T. von gewissen Zufälligkeiten bestimmt worden.

---

[1] SPLITTGERBER, A.: Wasseraufbereitung für den Bergbaubetrieb. S. 134/135. Halle a./Saale: Wilh. Knapp 1951; —: Wasseraufbereitung im Dampfkraftbetrieb. S. 268/269. Berlin/Göttingen/Heidelberg: Springer 1954.

Eine Auswirkung von Brennstoffzusätzen in kleinen Mengen auf den Verbrennungsvorgang, und damit auch auf die Schlackenbildung in einer Brennstoffschicht, ist nicht zu erwarten. Um wiederholt vorgebrachte Ansprüche dieser Art nachzuprüfen, hat das Bureau of Mines in den Vereinigten Staaten umfangreiche Versuche angestellt (NICHOLLS, RICE, LANDRY, REID[1]), doch waren Wirkungen auf den Verbrennungsvorgang nicht zu erkennen. In einigen Fällen glaubt man lediglich, das Backvermögen schwachbackender Kohlen weiter verringern zu können.

e) Theorie der Ansatzbekämpfung durch Brennstoffzusätze

Die etwas erratischen Ergebnisse von Salzzusätzen zum Brennstoff lassen es notwendig erscheinen, zunächst eine geeignete Arbeitshypothese zu gewinnen, um daran die oft widersprechenden Ergebnisse im Betrieb zu klären. Ausgehend von den aus anderen Zweigen der Technik (Glastechnik, Keramik) bekannten Beobachtungen über die entglasende Wirkung von Zinkoxyd und anderer Schwermetalloxyde hat L. HARDT eine solche Arbeitshypothese aufgestellt und sie durch zahlreiche Beobachtungen und Ergebnisse moderner Anschauungen der Festkörperphysik und der Gitterstruktur prüfen können[2]. Daß diese Hypothese noch nicht alle Fragen des Praktikers beantwortet und ihm damit kein fertiges Rezept für die zweckmäßigste Zusammensetzung solcher Zusatzmittel in die Hand gibt, ist selbstverständlich; auch wird nicht der Anspruch erhoben, daß diese Modellvorstellung die einzig mögliche und eine allumfassende Deutung der sehr komplexen Erscheinungen der Ansatzbeeinflussung darstellt. Immerhin wirft sie einiges Licht auf ein noch wenig erforschtes und bisher nur empirisch — und da selbst mit wenig aufschlußreichen Ergebnissen — abgetastetes Gebiet.

Angesichts der geringen und nicht laufend aufgegebenen Zusätze kann die Wirkung nicht in der Bildung chemischer Verbindungen oder von Schichten oder Filmen auf den Rohren oder Ansätzen bestehen, sondern es kann sich nur um die Auslösung von Wirkungen nach Art der sogenannten *Mineralisatoren* handeln, die die Eigenschaften glasig erstarrender Schmelzen durch Keimbildungsvorgänge (Kristallbildung, Entglasung, Beeinflussung der Kristallisationsgeschwindigkeit und damit der Viskosität) stark beeinflussen können. Das Wesen der Mineralisatoren haben u. a. EITEL und WEYL[3] untersucht und vermuten, daß es sich dabei nicht nur um eine vermehrte Kernbildung und Kristallwachstumsgeschwindigkeit handelt, sondern daß auch eine Beeinflussung der

---

[1] NICHOLLS, P., W. E. RICE, B. A. LANDRY u. W. T. REID: Burning of coal and coke treated with small quantities of chemicals. U. S. Bureau of Mines. Bull 404. Washington 1937. — [2] s. S. 237, Fußn. 1.
[3] EITEL, W., u. W. WEYL: Ein Beitrag zur Deutung der Mineralisatorwirkung. Chemie der Erde, Bd. 8 (1933) S. 445/461.

Anziehungskräfte vorliegen müsse, die in Salzschmelzen durch Ionen, in Isolatoren durch Dipole bewirkt werden.

Die Fähigkeit eines Stoffes, glasig zu erstarren, beruht nach EITEL und WEYL darauf, daß sich gewisse Molekülkomplexe bilden, die nicht nur die potentielle Energie der Schmelze erniedrigen, sondern auch durch ihre Struktur (Ketten-, Netz- oder Gerüststruktur) die Bildung von Kristallkernen verhindern. Fügt man Moleküle mit einem eigenen elektrischen Dipolmoment, also mit zwei elektrischen Ladungen gleicher Größe aber umgekehrten Vorzeichens, hinzu, deren Größe und geometrische Lage mit den glasbildenden Molekülen Assoziationen von geringer potentieller Energie bilden kann, so wird die Glasstruktur gestört, es können sich Kristallkeime bilden, die dann ganze Schwärme von Keimbildungen zur Folge haben. EITEL und WEYL vermuten ferner, daß bei gleichgebauten Ionen die Wirkung mit zunehmendem Ionenradius stark abnimmt; so verhalten sich die Ionenradien von Lithium, Natrium und Kalium wie 0,78 zu 0,98 zu 1,33 (Å), tatsächlich fällt auch die Mineralisatorwirkung in dieser Reihenfolge ab.

Technisch bekannte Mineralisatoren sind die Oxyde von Cr, Fe, B, Mo, Wo, V, P, Halogenide (besonders Fluoride), Gichtstaub (EITEL[1]), aber auch Dämpfe und Gase, wie H_2O, CO_2, SO_2, HCl, H_2S und HF. Auch Alkalien können als Mineralisatoren wirken, wie Versuche von FLÖRKE[2], von RIECK und STEVELS[3] u. a. (EITEL, WEYL[4]) erwiesen haben, und wie auch die Rolle der Natronsalze bei der Herstellung von Tridymitsteinen und von Silikasteinen aus dem sich besonders schwer umwandelnden Pfahlquarz zeigt (EITEL[1]).

Aus dieser Vielzahl von Stoffen, die eine Mineralisatorwirkung auszuüben in der Lage sind, wollen wir das ZnO und das CuO deshalb besonders herausgreifen, weil ihre starke Wirkung bekannt ist und in vielen Beispielen belegt werden kann, sie also eine wesentliche Rolle bei dem Reaktionsmechanismus der Ansatzbekämpfung spielen dürften.

Wie bereits auf S. 237 ausgeführt, besitzen alle Kristalle gewisse Gitterfehler und auf diesem so überaus kleinen *Fehlordnungsgrad* beruht das Zustandekommen einiger physikalischer Vorgänge, wie der Diffusion u. a. m. Zinkoxyd ist nun ein Halbleiter mit einem Überschuß von Metall im Kristallgitter, ein sog. *Überschußhalbleiter*. ZnO ist bei 600° C schon teilweise dissoziiert (KLEBER[5]). Da ein Teil der Sauerstoffatome nach

---

[1] EITEL, W.: Physikalische Chemie der Silikate, 2. Aufl. S. 707. Leipzig: Joh. Ambr. Barth 1941.
[2] FLÖRKE, W.: Der Einfluß der Alkali-Ionen auf die Kristallisation des SiO_2. Fortschr. d. Mineralogie, Bd. 32 (1953/54), S. 34/35.
[3] RIECK, G. D., u. J. M. STEVELS: The influence of some metal ions on the devitrification of glasses. J. Soc. Glass Technol. Bd. 35 (1951) S. 284/288.
[4] EITEL, W., u. W. WEYL: s. S. 272, Fußn. 3.
[5] KLEBER, W.: Angewandte Gitterphysik. S. 177. Berlin: de Gruyter 1949.

außen abgegeben wird, herrscht im Kristallgitter ein Überschuß an Zink. Solch ein überschüssiges Zinkatom gibt seine äußeren Elektronen leicht ab, da sie nicht mit entsprechenden Valenzelektronen von Sauerstoffatomen zu festen Bindungen zusammentreten. Sie können aber von Zn-Ionen aufgenommen werden, die sie ebenfalls wieder leicht abgeben und so fort. Auf Grund dieser Aufeinanderfolge von Ionisation und Neutralisation wechselt der Platz der Überschußatome im Gitter dauernd. In die Umgebung neugebildeter Zn-Ionen wandern gleichzeitig aus Neutralitätsgründen O-Ionen. Sie kommen von den Stellen, an denen sich durch Aufnahme von Elektronen neutrale Zinkatome gebildet haben. Die Elektronen folgen kleinen unregelmäßigen Schwankungen des elektrischen Feldes innerhalb des Gitters.

Befinden sich nun Teile eines solchen reaktionsfähigen aktiven ZnO-Gitters in unmittelbarer Nähe des SiO_4-Tetraeder-Gerüstsystems der Ansätze, so wandern die überschüssigen Elektronen in einer Vorzugsrichtung, die durch Störungen des elektrischen Feldes des sehr unregelmäßigen Gerüstes gegeben ist. Die Gerüstbindungen werden zunächst gelockert, und nach Aufschaukelung des ganzen Vorganges entstehen *Brücken*, die schließlich zur Bildung von winzigen, wenn auch nicht unbedingt beständigen Zinksilikatkriställchen führen können. Infolge der Auflockerung der SiO_2-Bindungen an Stellen besonders hohen Unordnungsgrades werden sich *Inseln* mit größerer Ordnung *(Kristallkeime)* innerhalb des Gerüstes noch mehr ordnen, weil ja jetzt gewissermaßen die *hinderlichen Spannungen* mit den anderen Teilen des Gerüstes nicht mehr vorhanden sind.

Diese theoretischen Vorstellungen über die Förderung der Kristallbildung lassen sich durch eine Reihe von Versuchen und durch Beobachtungen an technischen Anlagen (wie Hochöfen, Zinkdestillationsanlagen) belegen und stützen. Nach der erwähnten entglasenden Wirkung von ZnO (WINNACKER, WEINGÄRTNER[1], JEBSEN-MARWEDEL[2]) kann man ZnO als Mineralisator ansprechen, nur muß einschränkend gesagt werden, daß das Maß der Wirkung von bestimmten, zunächst nur empirisch bekannten Voraussetzungen abhängt. In dieser in ihren Ursachen noch zu wenig erkannten spezifischen Wirkung liegt vielleicht die Erklärung für das unterschiedliche Verhalten bestimmter Zusätze in verschiedenen Anlagen. Die Rolle der Alkalien geht bei den Brennstoffzusätzen doch wohl über die bloße Rolle des Füllstoffes hinaus, z. T. wirkt Na_2O verstärkend auf das ZnO ein. Mischungen von Na_2O und ZnO, in einem Platintiegel geschmolzen, zeigen nach dem Erkalten eine starke Kristalli-

---

[1] WINNACKER, K., u. E. WEINGÄRTNER: Chemische Technologie. Bd. 2, S. 423. München: C. Hauser 1950.

[2] JEBSEN-MARWEDEL, H.: Glastechnische Fabrikationsfehler S. 148. Berlin: Springer 1936.

sation, auch greifen sie das Platin an (KHAN, SIMPSON[1]). Weiter sei noch auf Versuche von JANDER und RIEHL[2] und die bereits erwähnten Arbeiten von RIECK und STEVELS[3] verwiesen. Die zerstörende Wirkung des ZnO bzw. des Zinkdampfes auf feuerfeste Baustoffe stellt die große Sorge der Erbauer und Betreiber von Zinkdestillationsöfen (HOLTMANN[4]) und der Hochöfener (HÖHL[5]) dar. Zink kommt im Gichtstaub sowohl als Metall als auch als Oxyd vor (GUTHMANN[6]). Durch das Abfallen von Zinkansätzen *(Zinkfall)* gelangt das Zink in die Verdampfungszone ($F_p = 419°$ C) und gibt eine stoßweise Vermehrung des Zn-Gehaltes im Gichtgas, die sich einige Stunden lang auswirken kann. Nach RICHARDSON und RIGBY[7] bildet ZnO mit silikatischen Steinen ab 800° C ein Zinksilikat, das wiederum wenig beständig ist und durch CO leicht reduziert werden kann (PROSKE[8]). Dadurch werden die Steine zermürbt.

Von ZnO-haltigen Gläsern ist bekannt, daß sie einen sehr niedrigen Wärmeausdehnungskoeffizienten besitzen (KHAN, SIMPSON[1]), daß ihre Elastizität und ihr elektrischer Widerstand gering ist, und daß die Fluoreszenzeigenschaften verbessert werden (STANWORTH[9]), alles physikalische Eigenschaften, die unmittelbar von den Fehlordnungserscheinungen abhängen.

Alle diese Beobachtungen, die sich noch um weitere Beispiele vermehren ließen, lassen erkennen, daß Zinkoxyd eine ausgesprochene Mineralisatorwirkung besitzt, daß es in Gläsern und Schlacken Kristallisationen bewirkt, und daß davon gewisse Spannungen und Schwächungen des Materials wie auch eine Aufrauhung der Oberflächen zu erwarten ist. Es kann daher zu Sprengungen und zum Abplatzen von An-

---

[1] KHAN, A. R., u. H. E. SIMPSON: The effect of the addition of ZnO on the properties of the soda-lime-silica glasses and methods of introducing it into a glass. The Glass-Industry Bd. 31 (1950) Nr. 8, S. 407/408, 428/429.

[2] JANDER, W., u. H. RIEHL: Die Zwischenzustände, die bei der Bildung des Willemits aus ZnO und SiO$_2$ im festen Zustand auftreten. Z. anorg. allg. Chemie, Bd. 246 (1941) S. 81/89. — [3] s. S. 273, Fußn. 3.

[4] HOLTMANN, W.: Der Zinkdestillationsprozeß. Halle a/S.: Wilh. Knapp 1927. (Die Metallhüttenpraxis in Einzeldarstellungen, Hrsg. v. K. NUGEL, Bd. 1) S. 47/49.

[5] HÖHL, O.: Zink im Hochofen. Stahl u. Eisen Bd. 28 (1908) Nr. 4, S. 137/138.

[6] GUTHMANN, K.: Die elektrische Gasreinigung unter besonderer Berücksichtigung der maßgebenden Einflüsse auf den Betrieb elektrischer Reinigung von Hochofengas. Diss. Berlin 1931, Technische Hochschule; Stahl u. Eisen Bd. 52 (1932) Nr. 22, S. 529/539.

[7] RICHARDSON, H. M., u. G. R. RIGBY: Reaction of zinc and zinc oxyde with fire bricks. Trans. Brit. Ceram. Soc. Bd. 52 (1953) Nr. 8, S. 406/416.

[8] PROSKE, O.: Über die Einwirkung von Schlacken und Dämpfen auf die Muffelmassen des Zinkhüttenbetriebes und über die Aufnahmefähigkeit des Tones an ZnO. Metall u. Erz Bd. 11 (1914) Nr. 10/12, 15, S. 333/339, 377/385, 412/418, 553/562.

[9] STANWORTH, J. E.: The structure of glass. J. Soc. Glass. Technol. (Trans.) Bd. 30 (1946) S. 54/66.

sätzen kommen, besonders wenn mechanischer Angriff und plötzliche Temperaturveränderungen, z. B. durch Dampf-, Preßluft- oder Wasserstrahlen, hinzutreten.

Kupferoxyd ist der Bestandteil einiger Zusatzmittel, die zum Beseitigen, d. h. zum Abbrennen von Rußansätzen gedacht sind. Das Kupferoxyd wirkt dabei als Katalysator für die Kohlenstoffverbrennung durch Herabsetzung der Zündtemperatur. Bekannt ist ja die Verwendung des Kupferoxyds als Katalysator bei der Gasanalyse (Nachverbrennung des CO über Kupferoxyd im *erweiterten Orsatapparat*). Daß man eine Wirkung auch auf die Heizflächenverschlackungen festgestellt hat, dürfte auf ähnlichen Erscheinungen beruhen, wie sie für das Zinkoxyd aufgezeigt werden konnten. CuO zerfällt bei höheren Temperaturen ($\geqq 900°$ C) nach

$$2\,CuO = Cu_2O + O\,. \tag{87}$$

Cu_2O ist ein sogenannter *Mangelhalbleiter*, d. h. im Kristallgitter herrscht ein Mangel an Cu bzw. ein Überschuß an O.

Diese überschüssigen Sauerstoffatome werden nicht auf Zwischengitterplätze eingebaut, da ihr Ionenradius viel zu groß ist. Es wandern aber Cu^+-Ionen nach außen ab und lassen dafür Leerstellen im Gitter zurück, und zwar kommen auf ein überschüssiges Sauerstoffatom zwei Leerstellen. Außerdem wird das Sauerstoffatom durch Bindung je eines äußeren Elektrons zweier Cu^+-Ionen — die somit in Cu^{++}-Ionen übergehen — zum zweifach negativ geladenen Sauerstoff-Ion, so daß im Gitter ein Mangel an Elektronen herrscht. Diese *Orte der nicht vorhandenen Elektronen* oder die sogenannten Löcher- oder Defektelektronen vermögen nun in einem elektrischen Felde zu wandern (und zwar verhalten sie sich wie *positive Elektronen*), indem die Cu^{++}-Ionen Elektronen von Cu^+-Ionen aufnehmen und so fort.

Im Gegensatz zum Zinkoxyd, wo überschüssige Elektronen auftraten, liegen beim Kupferoxyd überschüssige *Defektelektronen* vor. Die Wirkung davon ist die, daß Cu_2O Elektronen aus seiner Nachbarschaft heranzieht, vorzugsweise aus Stellen großen Unordnungsgrades, also z. B. aus dem SiO_4-Gerüstsystem von Gläsern oder Schlacken. Auf diese Weise tritt dort eine Auflockerung des Gefüges ein. Dafür sprechen ähnliche Beobachtungen, wie sie beim Zinkoxyd gemacht wurden. Auch Kupferoxyd fördert die Entglasung (RIEKE, STEINBOCK[1]), es setzt die Viskosität von Glasschmelzen herab, wirkt also als *Mineralisator* und erniedrigt ebenfalls den thermischen Ausdehnungskoeffizienten.

---

[1] RIEKE, R., u. H. STEINBOCK: Über die Einführung von Kupferoxyd in leichtschmelzende keramische Flüsse. Ber. deutsch. keram. Ges. Bd. 14 (1933) Nr. 12, S. 547/562.

OTIN[1] erhielt beim Einschmelzen von Cu_2O und SiO_2 in einem Platintiegel verschiedene Silikate, die beim Erkalten fest an den Wänden hafteten, unregelmäßigen Bruch zeigten und so stark schrumpften, daß sogar der Tiegelboden nach innen gebogen wurde. Diese Schrumpfwirkung verstärkt — ähnlich wie beim ZnO — die Auflockerung des Gefüges. Daß RIEKE und STEINBOCK bei ähnlichen Versuchen keine Kupfersilikate erhielten, ist vielleicht auf die geringe Beständigkeit der Kupfersilikate — ähnlich den Zinksilikaten, aber im Gegensatz zum Zinkspinell — zurückzuführen.

Zwei unterschiedliche Typen von Halbleitern, Überschuß- und Mangelhalbleiter, zeigen also ähnliche makroskopische Wirkungen, Erscheinungen, die auch aus dem Bereich der Katalyse bekannt sind (SCHWAB, BOCK[2]). Weitere Oxyde, die den Eigenschaften des Zinkoxyds ähneln, sind beispielsweise CdO, TiO_2, Fe_2O_3, WO_3 und V_2O_5. Dem Cu_2O entsprechen CuJ, Cu_2S, Cu_2Se, Ce_2Te, NiO, FeO, MnO, CoO, Co_2O_4, MoO, Cr_2O_3, SnO, SnS, Sb_2S_3, ZrO_2, Bi_2S_3 u. a. m. Auch Mn_2O_3, Mn_3O_4, PbO und PbS gehören hierher, also eine reiche Auswahl von Substanzen. Dazu muß einschränkend gesagt werden, daß bei der Auswahl darauf zu achten ist, daß nicht andere unerwünschte Reaktionen ausgelöst werden — wie etwa die SO_3-Bildung durch V_2O_5 — oder daß nicht andere Reaktionen die Wirksamkeit verhindern oder die Stoffe schon bei niedriger Temperatur zerfallen. WO_3, MoO, PbO, Cr_2O_3, FeO und Fe_2O_3 sind schon länger als Mineralisatoren bekannt.

Bei dieser Vielzahl von Stoffen, die teilweise auch Bestandteile der Brennstoffaschen sind, ist die Vielfalt der Erscheinungsformen — oft recht undurchsichtiger Art — erklärlich, zugleich erschwert sie natürlich die Deutung von Beobachtungen und Wirkungen, dies um so mehr, als es sich hier um Spurenwirkungen handelt, und als je nach der Relation der vorkommenden Stoffe Abschwächungen oder Verstärkungen hervorgerufen werden können und Überlagerungen mit anderen Reaktionen zu berücksichtigen sind.

Eine weitere Wirkung auf die Festigkeit der Ansätze liegt in der Zersetzung der als Bindemittel wirkenden Sulfate durch Alkalichloride. So haben HEDVALL und Mitarbeiter[3] nachgewiesen, daß Kalziumsulfat in Gegenwart von Koksasche innerhalb von 24 Stunden bei 1000° C zu 57% zersetzt wurde ($CaSO_4 \rightarrow CaO + SO_3$). Ein Zusatz von 3% NaCl erhöhte den zersetzten Anteil auf 89%. Eine solche Zersetzung des Binde-

---

[1] OTIN, C. NICOLESCU: Über Schmelzen von Kupferoxydul mit Kieselsäure. Metallurgie Bd. 9 (1912) Nr. 3, S. 92/99.

[2] SCHWAB, G., u. J. BOCK: Über die Oxydation des Kohlenmonoxyds an Halbleiter-Katalysatoren. Z. Elektrochemie Bd. 58 (1954) Nr. 9, S. 758/761.

[3] HEDVALL, J. A., S. NORDENGREN u. B. LILJEGREN: Über die thermische Zersetzung von Kalziumsulfat bei niedrigen Temperaturen. Chalmers Tekniska Högskolas Handlingar. Nr. 158 Göteborg: Gumperts 1955.

278 Bekämpfung der Verschlackung und der Heizflächenverschmutzung usw.

mittels muß notwendigerweise auch zu einer Lockerung der Ansätze führen, und da die Innenschichten besonders sulfatreich sind, kann man sich die Ablösung ganzer Schalen vom Rohr durchaus vorstellen.

f) Praktische Folgerungen

Die Theorie bestätigt eine mögliche Wirkung der Metalloxyde, besonders das Zinkoxyd und die Alkalichloride dürften eine wichtige Rolle spielen. Ob das Kochsalz lediglich als Füllstoff anzusprechen ist, bleibt demnach noch dahingestellt.

Praktische Vergleichsversuche sind recht schwierig und umständlich. Um ein genaues Bild zu liefern und alle Zufälligkeiten, die in der betreffenden Anlage, im Brennstoff, im Zusammenhang mit seiner Mineralsubstanz und in der Betriebs- und Bedienungsweise liegen, auszuschließen, sind Versuche über lange Zeiträume notwendig. Anlagen, die für so lange Betriebsperioden unter gleichmäßigen Bedingungen betrieben werden können, sind indessen wiederum schwer zu finden. Die Ergebnisse der Praxis ergeben daher noch ein unbefriedigendes, weil unklares Bild.

Die Arbeitshypothese läßt eine Wirkung selbst so kleiner Zusätze glaubhaft erscheinen, sie zeigt aber auch, daß die Wirkung von der Art und der Zusammensetzung der Ansätze abhängt und daher wegen der stark wechselnden Verhältnisse sehr verschiedenartig sein kann. Die Wirkung besteht im wesentlichen in einer Auflockerung der Struktur durch die Anregung zur Kristallisation, und durch Schwächung des Bindemittels (der Sulfate); es kann also von einer Verhinderung der Ansätze keine Rede sein, sondern lediglich von einer Auflockerung. Diese durch Entglasung bewirkte Auflockerung erleichtert dem Dampf-, Wasser- oder Luftstrahl der Reinigungsvorrichtung den Angriff und mindert im übrigen die Festigkeit, so daß das Reinigen schneller und wirksamer erfolgen kann. In einigen Fällen kann die Wirkung so weit gehen, daß die Ansätze gesprengt werden und auch von selbst schalenförmig abfallen, wie es gelegentlich in der Literatur berichtet worden ist[1]. Diese Einschränkung, daß die Ansätze nicht verhütet, wohl aber ihre Entfernung erleichtert wird, ist in mehreren Kesselbetrieben bestätigt worden. Es kann auch nicht verschwiegen werden, daß viele Versuche zu keinem oder keinem ausreichenden Erfolg führten.

Die Arbeitshypothese bestätigt somit den Wert der Metalloxyde und der Alkalichloride, gibt aber keinen unmittelbaren Anhalt über die Zweckmäßigkeit der übrigen Zusammensetzung der Zusatzmittel. Unter diesen Umständen wäre eine gleiche Wirkung von einer entsprechend kleineren Menge der Schwermetalloxyde (oder der Metalle) zu erwarten. Auch Stäube mit einem entsprechend hohen Gehalt an Metalloxyden,

---

[1] SPLITTGERBER: vgl. S. 271, Fußn. 1.

z. B. Gichtstaub, der immer etwas, mitunter sogar beachtliche Mengen Zinkoxyd enthält, wäre dann ein geeignetes und wohlfeiles Zusatzmittel. Durch Erhöhung der Zugabe ließe sich leicht eine äquivalente Metalloxydmenge erreichen, wie sie in vielen Zusatzmitteln vorliegt oder empfohlen wird. Systematische Versuche in dieser Richtung unter vergleichbaren Bedingungen stehen noch aus, wären aber auch sowohl für die Nachprüfung der Theorie als auch für die Praxis von Interesse.

Angesichts der z. T. beträchtlichen Preise der chemischen Zusatzmittel wird der Erfolg einer erleichterten Heizflächenreinigung, der sich sowohl in erspartem Arbeitsaufwand für die verkürzte Zeit der Kesselreinigung wie auch in Ersparnissen an Reinigungsmitteln (Preßluft, Rußbläserdampf usw.) und gegebenenfalls in einer verlängerten Reisezeit und verringerten Stillstandszeit ausdrücken kann, mitunter in Frage gestellt. Im Wettbewerb um die Methoden der Reinhaltung bieten die übrigen Maßnahmen z. T. den Vorteil, daß sie primär die Vorgänge der Ansatzbildung hemmend beeinflussen — wenn sie diese auch keineswegs ganz ausschalten können —, so daß eine wesentlich verlängerte Reisezeit bei besserem Durchschnittswirkungsgrad der Anlage erreicht wird. Die Entscheidung ist daher eine Sache des Rechenstiftes, da Aufwand und Wirkung in einem günstigen Verhältnis zueinander stehen müssen.

B. Kohlenstaub- und Schmelzfeuerungen

Die historische Entwicklung der Kohlenstaubfeuerung ist — nach den Worten von P. O. ROSIN[1] — ein *dauernder Kampf um die Herrschaft über die Kohlenasche* gewesen, angefangen von dem Angriff der Schlacke auf die feuerfeste Ausmauerung der ersten, damals noch ungekühlten Kohlenstaub-Brennkammern, über die Anhäufung zäher Schlackenmassen auf dem Brennkammerboden bis zu den technisch und wirtschaftlich schwierigen Problemen der Flugascheabscheidung, dem Kampf um die letzten Prozente des Abscheidungswirkungsgrades und der Verwertung der Flugasche. Durch die Schmelzfeuerungen ist diese Entwicklung in ein neues Stadium getreten und hat sich wieder stärker auf die Heizflächenverschmutzungen, besonders auf die Ansatzbildung im Bereich der Anlageteile mit den höchsten Oberflächentemperaturen, im Überhitzer, verlagert. Die Steigerung der Kesseldrücke und besonders der Überhitzungstemperaturen hat wesentlich dazu beigetragen, die Probleme zu verschärfen.

Nachdem die Temperatur, besonders die auftretende Höchsttemperatur, als der bedeutendste, das Verhalten der Mineralsubstanz be-

---

[1] ROSIN, P. O.: Geschichte der Kohlenstaubfeuerung im Spiegel ihrer wirtschaftlichen und technischen Probleme. BWK Bd. 2 (1950) Nr. 2/5, S. 33/36, 68/71, 104/106, 128/129; bes. Tl. III Verbrennungstechn. Probleme S. 104.

280 Bekämpfung der Verschlackung und der Heizflächenverschmutzung usw.

einflussende Faktor erkannt worden ist, dürfte es sich auch als zweckmäßig erweisen, die Kohlenstaubfeuerungen nach drei Gruppen getrennt zu behandeln, nämlich

1. die Kohlenstaubfeuerung (üblicher Bauart) mit *trockenem* Ascheaustrag und die beiden anderen Extremfälle
2. die Schmelzfeuerungen oder Hoch-Temperatur-Feuerungen und
3. die Wirbelbettfeuerungen oder Tief-Temperatur-Feuerungen.

a) Kohlenstaubfeuerungen mit trockenem Ascheaustrag

Der grundsätzliche Unterschied zwischen dem Verbrennungsvorgang in der Schicht und in der Schwebe liegt in der isolierten Verbrennung von Einzelteilchen, in der schnellen Erhitzung und der kurzen Brennzeit des Kohlepartikels und in der größeren räumlichen Ausdehnung des Verbrennungsvorganges durch die Überlagerung von Strömung und Verbrennung in der Kohlenstaubfeuerung. Während sich ein Kohlestückchen oder der nach der Entgasung daraus entstandene Koks in einer Wanderrostfeuerung bei einer Rostgeschwindigkeit von beispielsweise 400 mm/min und einer nutzbaren Rostlänge von 6 m 15 min im Verbrennungsvorgang befindet — mag er dabei auch seine Individualität aufgeben und seine Größe verändert haben —, durchfliegt das Kohlenstaubpartikelchen die Brennkammer in 1—2 Sekunden. Dabei kann man im Durchschnitt mit 0,02—0,05 Sekunden Zündzeit und mit rd. 1 Sekunde Gesamtbrennzeit rechnen. Dem entspräche also eine *Aufheizgeschwindigkeit* von etwa 2×10^6 Grad/min, während man in Laboratoriumsuntersuchungen in der Größenordnung von 2—20 Grad/min zu operieren gewohnt ist. Es wird an diesen Zahlen, die ja nur in runden Angaben die Größenordnung zeigen sollen, also nicht Anspruch auf absolute Genauigkeit erheben, klar, wie außerordentlich weit die Vorgänge in der Kohlenstaubfeuerung von den üblichen Laboratoriumsbedingungen abweichen. Es wird daher verständlich, daß damit der Aussagewert der Ergebnisse solcher Methoden beschränkt ist, und daß besonders die Absolutwerte nicht unmittelbar auf den praktischen Fall der Großfeuerung übertragen werden können.

Das Temperaturfeld am brennenden Teilchen wird bei Verbrennung *in ruhender Schicht* durch die hohe Relativgeschwindigkeit von Verbrennungsluft zum Teilchen bestimmt, d. h. die Verbrennungsleistung ist eine direkte Funktion der Luftgeschwindigkeit bzw. der Luftmenge, und durch die Akkumulierung der Wärme in einer Brennstoffschicht, wo jede Teilschicht die unter ihr entwickelte Wärme empfängt, und wo in begrenzten Bezirken auch noch ein lebhafter Wärmeaustausch durch Strahlung stattfindet, wird das Temperaturniveau stark erhöht. Dies kommt schon in der spez. Wärmeentbindung zum Ausdruck, die (S. 259) mit rd. bis zu 5×10^6 kcal/m³h in der Schicht selbst angegeben wurde.

In der *Staubfeuerung* dagegen befindet sich das Einzelteilchen in der Schwebe bzw. im Fluge, und der Verbrennungsvorgang wird über nahezu den ganzen Feuerraum hingezogen. Er findet daher bei den heutigen wassergekühlten Feuerräumen unter gleichzeitiger starker Wärmeabgabe statt, und die Wärmeentbindung ist nicht auf einen kleinen Raum konzentriert. Wenn die Wärmeentbindung in kcal/m³h bezogen auf den gesamten Brennraum zwar auch kein genaues Bild ergibt, da eigentlich der Grad der Flammenerfüllung und die Verschiedenheit der Abbrandgeschwindigkeit im Verlauf des Flammenweges berücksichtigt werden müßte, so ergibt sie doch einen Anhalt. Da Werte von 150—250 000 kcal/m³h bei Kohlenstaubfeuerungen üblich sind, erkennt man daraus schon, daß die Spitzentemperaturen wesentlich niedriger liegen müssen, als in der Schicht einer Rostfeuerung. Die Relativgeschwindigkeit zwischen Brennstoffteilchen und Verbrennungsluft ist begrenzt — von Sonderfällen abgesehen[1] — durch die Schwebegeschwindigkeit, die eine Funktion der Teilchengröße, seiner Wichte und der Temperatur des tragenden Gases ist und bei Kohlenstaub üblicher Feinheit eine Größenordnung bis zu etwa 0,5 m/sec hat, also nur klein ist. Das Temperaturfeld am Teilchen (im Idealfall eines kugelförmig gedachten Partikels) hat daher die Form einer Kugelschale mit sehr niedrigen Temperaturen im Bereich der endothermen Vergasungsreaktionen am (und im) Koksteilchen selbst mit einem Maximum in der äußeren Gashülle, wo der durch Konvektion und Diffusion herangeführte Sauerstoff die gasförmigen Zwischenprodukte vollends zu CO_2 und H_2O ausbrennt. Die Mineralsubstanz wird daher zunächst nur mäßigen Temperaturen unterworfen, solange sie sich noch in engem Kontakt mit dem reagierenden Kohlenstoff befindet; erst wenn dieser verschwunden ist und das verbleibende Ascheskelett in die Oxydationszone und in das Temperaturmaximum hineinragt, werden die Schmelztemperaturen überstiegen, und es bildet sich eine Schlackenkugel, die Flugschlacke. Dabei kommen nur diejenigen mineralischen Komponenten ins Spiel, die sich in dem betreffenden individuellen Teilchen befunden haben; die Möglichkeit einer Koagulierung der Schlackenteilchen durch Zusammenstoß zweier Teilchen im Fluge ist bei der üblichen Staubdichte und besonders gegen Ende des Brennweges nur gering.

Die besondere Schwierigkeit in der Reaktionsführung in einer Kohlenstaubfeuerung liegt in der Notwendigkeit, einen Ausgleich zwischen Kohlenstoffausbrand und Verhütung einer stärkeren Schlackenbildung zu finden; dabei ist auf die besonderen Zündeigenschaften der verschiedenen Brennstoffe und den Lastbereich des Kessels Rücksicht zu nehmen. Die Überwindung der in der Anfangsentwicklung aufgetretenen Schlak-

---

[1] Über solche Sonderfälle (verzögerte Strömung, gekrümmte Teilchenbahn, pulsierende Verbrennung) vgl. GUMZ, Handbuch, S. 397/399.

kenschwierigkeiten lag in der stark bzw. allseitig wassergekühlten Brennkammer, wobei je nach Art des Brennstoffs gewisse Zugeständnisse an die Belassung bestimmter Zündflächen (Zündgürtel) notwendig wurden. Auch eine Teilverschlackung oder Einrichtungen wie der *Zündtisch* (mit einer absichtlichen Ansammlung von Rückständen auf dem Brennkammerboden) sollten der Verbesserung des Zündverhaltens dienen.

Der Wert einer feuerfesten Auskleidung in Brennernähe, eines Zündgürtels und der Teilverschlackung liegt nicht so sehr im Beitrag der Rückstrahlung dieser heißen Flächen, als vielmehr in der Vermeidung der Bildung wandnaher, stark unterkühlter Gaszonen. Bereits gezündete Kohlenstaubteilchen, die in diese kühleren Gaszonen geraten, kommen durch die Abkühlung wieder zum Erlöschen und müssen nun von neuem gezündet werden. Das geschieht aber — soweit es bei der inzwischen erfolgten Entgasung überhaupt noch gelingt — zu spät, und die Teilchen finden nicht mehr genügend Zeit zum völligen Ausbrand; der Kohlenstoffverlust erhöht sich.

Feuerfeste Ausmauerung als Zündflächen haben den Nachteil, daß die sich ansetzende Schlacke mit dem Steinmaterial in Reaktion tritt und seine Eigenschaften dadurch verändert und je nach den physikalischen Bedingungen (wie Belastung, Fließeigenschaften der Schlacke, strömungstechnisch bedingte Erosionen) zu schnellen Abnutzungserscheinungen führt. Eine (absichtliche) Verschlackung oder Teilverschlackung gekühlter Flächen hat den Vorteil, daß sich der Schlackenbelag von selbst bildet und erneuert.

Vom Standpunkt der Vorgänge bei der Verbrennung und des Verhaltens der Kohleminerale in diesem Vorgang ist die Kohlenstaubfeuerung mit trockenem Schlackenaustrag eine nahezu ideale Feuerung. Erhitzung und Verbrennung gehen zwar sehr schnell vor sich, aber die Verbrennung vollzieht sich selbst bei Anwendung hoher Luftvorwärmung bei mäßiger Temperatur, da die Reaktionszone weit auseinandergezogen ist, wobei ihr gleichzeitig durch Strahlung schon viel Wärme entzogen wird. Am Einzelteilchen herrschen, solange noch genügend brennbares Material vorhanden ist, keine gefährlich hohen Temperaturen, die zu starker Verflüchtigung von Mineralbestandteilen führen könnten. Infolgedessen waren die Schwierigkeiten mit diesen Feuerungen bei den mäßigen Feuerraumbelastungen von 100 000 bis 150 000 kcal/m³h auch nur gering, die Reisezeiten waren befriedigend, jährliche Reinigung im Zuge der üblichen Revision genügte, und man konnte vielfach sogar die Rußbläser völlig entbehren. Dies galt ganz besonders, wenn die Kohle keine übermäßigen Schwefel-, Chlor- und Phosphorgehalte aufwies.

Es ist indessen keineswegs so, daß es ein Verschmutzungsproblem bei der modernen Kohlenstaubfeuerung (mit trockenem Schlackenabzug) überhaupt nicht mehr gäbe! Im Gegenteil, es hat an unliebsamen Überraschungen nie gefehlt, und der Schritt zu größeren Kesseleinheiten (womit zwangsläufig höhere Temperaturen im Flammenkern, aber auch größere Schwierigkeiten in der strömungstechnischen Beherrschung des Verbrennungsablaufs verbunden sind) hat immer wieder zu neuem Auftauchen auch von Verschmutzungsschwierigkeiten geführt, die meist nur durch generellen Umbau der Anlage, ihrer Feuerungseinrichtungen und der Feuerräume zu beseitigen waren.

Meist waren die *Verschlackungsschwierigkeiten* mit der Vorstellung verbunden, als seien die Brennkammer-Endtemperaturen noch zu hoch, die Schlackenteilchen daher auch noch in flüssigem oder zumindest teigigem und klebrigem Zustand und besäßen aus diesem Grunde eine gewisse Haftfähigkeit. Daraus wurde die Forderung abgeleitet, daß die Brennkammerendtemperaturen höchstens 1000—1050° C, nach anderer Ansicht möglichst nur 900° C oder gar darunter betragen dürfen.

Diese Vorstellung ist insofern als unrichtig zu bezeichnen, als sie das Flugschlacketeilchen gewissermaßen als homogenen Stoff auffaßt, der sich je nach Temperatur über oder unter dem Schmelzbereich befindet, dagegen wird von der selektiven Verflüchtigung der Mineralsubstanz und von der stofflich und körnungsmäßig selektiven Abscheidung der Festteilchen keine Notiz genommen. Wären es diese *Flugschlacketeilchen in teigigem Zustand*, die die Verschmutzung verursachten, so wäre weder der schichtenweise Aufbau der Ansätze zu erklären, noch die stoffliche Verschiedenheit zwischen Brennstoffasche, Flugasche und Ansätzen. Ein relativ grobes Flugascheteilchen im teigigen Zustand würde, auf eine kalte Rohrwand geschleudert, an der Berührungsstelle eine so schroffe Abkühlung erleiden, daß die Haftung zwischen Teilchen und Rohrwand entschieden erschwert würde.

Wenn auch die Vorstellung von der Wirkung der Senkung der Endtemperaturen nicht ganz richtig ist, so findet diese Maßnahme doch ihre volle Rechtfertigung. Mit der Senkung der Endtemperatur (so besonders durch die Verringerung der spez. Brennkammerbelastung und die relative Vergrößerung der Strahlungsflächen) wird ja vor allem die Höchsttemperatur und der ganze Temperaturverlauf verändert. Dieser Temperaturniveau-Senkung kommt eine viel höhere Bedeutung zu als dem Wert der Endtemperatur oder seiner Entfernung von Schlackenschmelz- oder Erweichungspunkt.

Abgesehen von diesem wesentlichsten Faktor, dem Temperaturverlauf, sind die Verschmutzungserscheinungen, wie bei den Rostfeuerungen, auch noch von anderen Faktoren abhängig, so besonders
  a) vom Brennstoff und seinen Mineralbestandteilen,
  b) von den Verbrennungsbedingungen.

Beim Brennstoff muß eine Gruppe von Kohlen zunächst besonders herausgehoben werden, die sogenannten *Salzkohlen* (vgl. S. 70). Wenn

Kohle durch Alkalichloride und -Sulfate verschmutzt ist, so müssen sich in kürzester Zeit durch diese äußerst leichtflüchtigen Substanzen Ablagerungen größten Ausmaßes einstellen. Die Vermeidung solcher Schwierigkeiten durch noch so tiefe Temperatursenkung ist unmöglich; es bleiben daher nur folgende Wege übrig:

a) Vorbehandlung der Kohle durch Auswaschen der Salze,

b) Vorvergasung und Niederschlagung der Sublimate im Gas vor der Verbrennung,

c) Sonderkonstruktionen der Kessel, um laufende Abreinigung vornehmen zu können,

d) Brennstoffzusätze, die insbesondere durch mechanische Wirkung (Schleifwirkung) den Aufbau der Ansätze verhindern,

e) Übergang auf andere Brennstoffe oder *Verdünnung* des Salzgehaltes durch Verfeuerung in Mischung mit salzfreien oder salzarmen Brennstoffen.

Die Salzkohlen sind zu einem Sonderproblem des mitteldeutschen Braunkohlenbergbaues geworden, deren anstehende Menge (von sonst sehr guter Kohle) mit $1,1 \times 10^9$ t (= 6% der abbauwürdigen Braunkohlenvorräte) angegeben wird (Boie[1]).

Der allerdings sehr umständliche und daher teure Weg über eine Vorbehandlung durch Verschwelen und Auswaschen des Schwelkokses mit hartem oder kieselhaltigem Wasser ist von Knöfler und Kühl[2] angegeben worden. Lissner[3] schlägt eine Entsalzung durch Druckbehandlung mit Wasserdampf vor. In England fand man, daß bei längerem Lagern durch die Verwitterungserscheinungen ein allmähliches Auswaschen oder Auslaugen salzhaltiger Kohlen eintritt.

Eine Vorvergasung und entsprechende Reinigung des Gases ist technisch denkbar und würde für den Endverbraucher die bequemste Lösung darstellen, wobei alle technischen Schwierigkeiten auf die Gasreinigung verlagert werden (Thomas[4]).

Bei unmittelbarer Verfeuerung führt der Weg zur Verwendung von salzhaltigen Kohlen über die gleichzeitige Beschränkung auf möglichst niedrige Temperaturen und Sondermaßnahmen in der Heizflächenanord-

---

[1] Boie, W.: Die Verwendung von Salzkohle. Energietechnik Bd. 6 (1956) Nr. 2, S. 64/66. — *Salzhaltige Braunkohle*, Schriftenreihe des Verlages Technik, Bd. 42. Mit Beiträgen von E. Rammler, A. Lissner, Koppe, H. Thomas, K. Bürn, E. Knopfe, Krause, H. Krüger, Lehmann, W. Göbel. Berlin: Technik 1952.

[2] Knöfler, K., u. G. Kühl: Untersuchungen und Versuche über die Verwertung salzhaltiger Braunkohle. Braunkohle Bd. 40 (1941) S. 557/563, 569/575, 583/586.

[3] Lissner, A.: Chemische Aufbereitung von Salzkohlen. Bergbau und Energiewirtschaft, Bd. 3 (1950) Nr. 10, S. 321/325.

[4] Thomas, H.: Starkgas-Erzeugung und Stadtgas-Versorgung auf einheimischer Braunkohlenbasis. Bergbau und Energiewirtschaft Bd. 4 (1951) Nr. 5, S. 218/226, 237/238.

nung. BOIE[1] schlägt eine *kalte Verbrennung*[2] vor, worunter eine solche bei Endtemperaturen unter 1000° C verstanden sein soll. Die Heizflächen sollen in so aufgelockerter Form und für eine betriebliche Reinigung so leicht zugänglich angeordnet werden, daß die Ansatzbildung durch entsprechend zahlreiche Rußbläser, Einrichtungen zum Wasserlanzen, zum Rütteln usw. beherrscht werden kann.

Brennstoffzusätze, besonders Tonzugabe, sind zuerst im Kraftwerksbetrieb der Leunawerke mit Erfolg verwendet worden. Kalkhydrat hat sich dagegen nicht bewährt (KRAUSE[3]).

Steinkohlen mit hohem Salzgehalt sind seltener, obwohl einige Grubenwässer hohen Salzgehalt aufweisen und die Verwendung solcher Wässer als Löschwässer für Koks zu einer bereits unerwünschten Anreicherung an Alkalien führen kann. In England, besonders in den East Midlands, gibt es einige Kohlen mit hohem Natriumchloridgehalt, die jetzt stärker zur Verfeuerung herangezogen werden und große Schwierigkeiten bereitet haben (CROSSELY[4]). Durch die Auswertung zahlreicher Großversuche bestätigen JACKSON und WARD[5], daß die Grenze bei Kohlenstaubfeuerungen bei 0,5% Chlorgehalt liegt. Bei 0,3—0,5% beginnen die Schwierigkeiten, bei mehr als 0,5% nehmen sie bedenkliche Formen an. Hoher Chlor- und niedriger Aschegehalt erwies sich in einigen Fällen als besonders ungünstig. Als Abhilfe denkt man in erster Linie daran, durch Mischung mit chlorarmen Kohlen den Chlorgehalt entsprechend zu senken, was bei Chlorgehalten bis 0,72% gelungen ist.

Wie bei den Rostfeuerungen ist auch bei den Kohlenstaubfeuerungen die Einhaltung bester *Verbrennungsbedingungen*, Vermeidung von Strähnen oder Zonen mangelhaften Ausbrandes oder von Zonen mit reduzierender Atmosphäre wichtig. Inwieweit dies in idealer Weise gelingt, hängt weitgehend von den Strömungsverhältnissen im Feuerraum und von ihrer Beherrschung ab.

Besondere Verhältnisse können sich dann einstellen, und schärfere Aufmerksamkeit ist notwendig, wenn mehrere Brennstoffarten gleichzeitig verfeuert werden. Hier ist sowohl an die gemeinsame Verfeuerung von Kohlenstaub und Öl als auch an Kohlenstaub und Gas zu denken.

---

[1] BOIE, W.: Die kalte Verbrennung. Berechnung der Feuerraumabmessungen von Kohlenstaubfeuerungen. Mitt. VGB Heft 40 (Febr. 1956) S. 1/13.

[2] Gemeint ist eine Verbrennung bei möglichst niedriger Temperatur. Die Bezeichnung *kalte Verbrennung* ist etwas unglücklich gewählt, da hierunter in der Technik bereits Umsetzungen von Brennstoffen bei niedrigen Temperaturen über Brennstoffketten (Brennstoffelementen) verstanden werden.

[3] KRAUSE, E.: Großversuche mit Salzkohle in Staubkesseln (S. 69/81) s. S. 284, Fußn. 1. — [4] CROSSLEY, H. E.: s. S. 203, Fußn. 1.

[5] JACKSON, P. J. u. J. M. WARD: Operational studies of the relationship between coal constituents and boiler fouling. Journ. Inst. Fuel Bd. 29 (1956) Nr. 183, S. 154/164.

Die Kombination von Kohlenstaub und Öl kommt sehr häufig vor; man denke im Bereich niedriger Ölanteile an die Verwendung von Ölzündbrennern oder Stützfeuer für Schwachlastbetrieb. Hierbei werden sehr häufig die Verbrennungsbedingungen für den einen oder den anderen Brennstoff verschlechtert und die vollkommene Mischung oder vollkommener Ausbrand können erschwert werden. Rußbildung oder mangelhaft ausgebrannte Öltröpfchen (etwa bei schlechter Zerstäubung) können Anlaß zu kohlenstoffhaltigen Ablagerungen bilden, die vor allem im Bereich der Nachschaltheizflächen eine Gefahrenquelle darstellen, weil sie Luftvorwärmerbrände verursachen können (GUMZ[1]). Wenn diese Art von Ablagerungen auch nichts mit der Mineralsubstanz zu tun haben, dürfen sie doch nicht unerwähnt bleiben. In einigen Fällen können Mineralkomponenten die Gefahr erhöhen. So hat man z. B. in einem Braunkohlenkraftwerk mit Mühlenfeuerung die Ansammlung von kalziumsulfidreichen Flugaschen im Luftvorwärmer und deren exotherme Umsetzung mit Sauerstoff unter CaO- und FeS-Bildung als Ursache für einen Luftvorwärmerbrand erkannt[2].

Verschlechterte Mischung der Gasströme aus Kohlenstaub- und gleichzeitig arbeitenden Gasbrennern und mangelhafte Luftverteilung können bei der Kombination Gas/Kohlenstaub Strähnen unverbrannter Heizgase bilden, die durch Nachverbrennung an bereits verschmutzten Heizflächen die Oberflächentemperaturen stark erhöhen und damit den Versinterungsvorgang begünstigen. Aus diesem Grunde können solche Brennstoffkombinationen das Verschmutzungsproblem durchaus verschärfen, obwohl man die Mitverwendung eines aschefreien Brennstoffs wie Gas zunächst als einen Vorteil ansprechen könnte.

b) Luftbefeuchtung und Rauchgasrückführung

Die Erfolge der Luftfeuchtung bei Rostfeuerungen legte den Gedanken nahe, sie auch bei Kohlenstaubfeuerungen zu versuchen, obwohl hier ganz andere Verhältnisse vorliegen und von vornherein eine größere Schwierigkeit darin erblickt werden mußte, die Feuchtigkeit an *die* Stellen zu bringen, wo sie eigentlich benötigt wurde (an die Teilchenoberfläche selbst und nicht nur in die Brennfläche um das Teilchen). Die ersten Tastversuche dieser Art, die von der Detroit Edison Co. unternommen wurden, zeitigten keinen Erfolg (MURPHY, PIPER, SCHMANSKY[3]).

In England sind Großversuche in fünf Kraftwerken durchgeführt worden, davon erbrachten zwei einen guten Erfolg schon bei bemerkens-

---

[1] GUMZ, W.: Betriebserfahrungen mit Luftvorwärmern. Mitt. VGB, Heft 44 (1956) S. 325/342, bes. S. 338/339.
[2] Anonym: Brand eines Ljungströmluftvorwärmers. Mitt. VGB, Heft 74/75 (1939), S. 328/330. — [3] MURPHY, PIPER u. SCHMANSKY: s. S. 262, Fußn. 6.

wert niedrigem Dampfzusatz (Llynfi und Brighton); in einem Werk erwies sich das Ergebnis doch als unwirtschaftlich (Hams Hall), und in zwei anderen blieb die Luftbefeuchtung ergebnislos (Tir John, Stourport) (FREEDMANN[1]).

In der Anlage Llynfi wurde nur 1 kg Dampf je 1000 kg trockene Luft schräg in den vorderen Teil der Staubflamme eingeblasen und sofort ein bemerkenswerter Erfolg festgestellt. Dabei schwankt der natürliche Wasserdampfgehalt der Verbrennungsluft zwischen 4 und 10 kg/1000 kg. Die zusätzliche Menge ist also auch demgegenüber ganz unbedeutend. Man vermutete daher zunächst den Einfluß einer Turbulenz durch den Dampfstrahl, Versuche mit Preßluft zeigten aber keinen Erfolg; überdies ist man neuerdings auf Einblasung des Dampfes in die Sekundärluft übergegangen, und der Vorteil, der in verringerter Verschlackung der ersten Rohrreihe und einer Erleichterung der Schlackenentfernung aus dem Feuerraumtrichter besteht, ist auch dann in gleicher Weise gegeben. Der zwischendurch gemachte Versuch einer Wassereinspritzung in den Feuerraum wurde wieder aufgegeben, da die Flamme unstabiler war, und die Düsen zum Verstopfen neigten.

Eine Erklärung für das Ergebnis von Llynfi und Brighton konnte bisher noch nicht gefunden werden (CROSSLEY[2]). FREEDMANN vermutet eine Auswirkung auf das Anfangsstadium der Verbrennung (?), es müssen jedoch spezifische Einflüsse des Brennstoffs und der Anlage (Bauart, Temperaturverlauf) zusammenkommen, die im Einzelnen noch nicht genügend erkannt sind, zumal eine generelle Wirkung bei anderen Anlagen bisher nicht festgestellt werden konnte.

An einer kleinen Kohlenstaubversuchsfeuerung (2,25 kg/h) der British Coal Utilisation Research Association in Leatherhead (Surrey) haben GEARING, HOW, KEAR und WHITTINGHAM[3] bei gleichen Verbrennungsbedingungen (gleiche Kohle, gleiche Mahlfeinheit, gleicher Luftüberschuß, 12,5% CO_2) einen erheblichen Einfluß auf die Ansatzbildung festgestellt, wie Abb. 137 zeigt. Leider kann daraus noch nicht geschlossen werden, daß Feuchtigkeitsgehalte der Größenordnung von 4—5% die Ansatzbildung in Kesselanlagen völlig zu unterdrücken in der Lage wären, obwohl sicherlich ein gewisser Einfluß ausgeübt wird, der möglicherweise aber von anderen überschattet wird.

Nicht unwesentlich erscheint bei allen diesen Betrachtungen und bei den widersprechenden Versuchsergebnissen, daß es im Temperaturbereich

---

[1] FREEDMANN: s. S. 263, Fußn. 3.
[2] CROSSLEY, H. E.: The work of the Central Electricity Authority (Britain) on the fouling and corrosion of boiler plant. ASME Paper Nr. 55 — A — 153 (1955).
[3] GEARING, W. A., M. E. HOW, R. W. KEAR u. G. WHITTINGHAM: The effect of combustion-air humidification on the formation of deposits in pulverized-coal firing. Journ. Inst. Fuel Bd. 28 (1955) Nr. 178, S. 549.

288 Bekämpfung der Verschlackung und der Heizflächenverschmutzung usw.

um 1550° C (und nochmals bei 1690° C) Temperaturschwellen gibt, wo die Mineralstoffverflüchtigung schlagartig einsetzt, und es ist nicht ausgeschlossen, daß man sich in manchen Anlagen nahe einem solchen Schwellenwert befindet, wo schon geringe Änderungen der Verbrennungsbedingungen und Temperaturen gewisse Wirkungen auslösen können. Selbstverständlich bedürfen aber solche Vermutungen noch einer wesentlichen Untermauerung durch weitere Untersuchungen.

Ebenso wie es bei Rostfeuerungen gelingt, die Wirkung der Luftfeuchtigkeit in meist viel wirtschaftlichere Weise durch Rauchgasrückführung zu erzielen, hat es nicht an Vorschlägen gefehlt, auch bei der Kohlenstaubfeuerung dieses Mittel der Temperaturbeeinflussung anzuwenden. Großversuche sind in England geplant (Kraftwerk Nottingham) (CROSSLEY[1]).

HÜLSSE[2] schlägt vor, kalte Rauchgase an der Stelle des Feuerraumes einzuführen, an der die Verbrennung vollendet ist, also im oberen Drittel, und vergleicht in einer rechnerischen Untersuchung die beiden Maßnahmen zur Senkung der Brennkammer-Austrittstemperatur, den Einbau von Schottheizflächen und die Rückführung 200-grädiger Rauchgase. Als Vorteile der Rücksaugung ergaben sich eine geringere Feuerraum- und damit auch Kesselhöhe, eine Ersparnis an Rohrheizfläche und eine geringfügige Senkung des Abwärmeverlustes, der den Rückführaufwand deckt, dazu eine flachere Überhitzercharakteristik. Noch zweckmäßiger dürfte eine Teilrückführung in die Flamme selbst sein, und Rauchgaszusatz zur Verbrennungsluft würde es gestatten, Temperaturverlauf und Brennkammerendtemperatur so regelbar in die Hand zu bekommen, daß viele Probleme des Kesselbetriebes — vor allem die Ansatzbildung — damit sicherlich erleichtert würden.

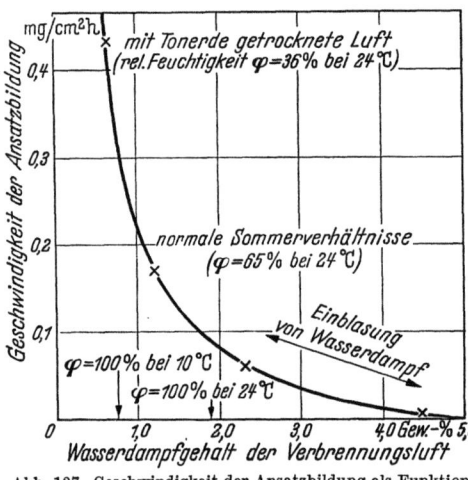

Abb. 137. Geschwindigkeit der Ansatzbildung als Funktion der Luftfeuchtigkeit (BCURA)

---

[1] CROSSLEY, H. E.: The work of the Boiler Availability Committee since the fuel economy conference of the World Power Conference held at the Hague in 1947. Fünfte Weltkraftkonferenz Wien 1956. Gesamtbericht Bd. 10, S. 3083/3099, Wien 1957.

[2] HÜLSSE, W.: Das Rückführen kalter Rauchgase in den Feuerraum. Arch. ges. Wärmetechnik Bd. 2 (1951) Nr. 2, S. 25/28.

c) Schmelzfeuerungen

Die Weiterentwicklung der Kohlenstaubfeuerung ist grundsätzlich in zwei Richtungen möglich, in Richtung auf eine Erhöhung der spez. Brennkammerleistungen und damit der Verbrennungstemperaturen und in entgegengesetzter Richtung auf eine Erniedrigung der spez. Brennkammerleistungen und -Temperaturen.

In einigen Ländern, so besonders in Deutschland (GRASME[1], ROSAHL[2], GUMZ[3]) und in der Tschechoslowakei (DOLEŽAL[4]) ist man zunächst bevorzugt den Weg der Steigerung der Brennkammerleistungen, also zur Schmelzfeuerung gegangen. In anderen Ländern, so in den Vereinigten Staaten, ist der Anteil der Schmelzfeuerungen wesentlich geringer geblieben, z. T. — wie z. B. in England — noch fast verschwindend gering.

Maßgebend für diese Entwicklung war neben dem Streben nach höchsten spez. Belastungen, bestem Ausbrand bei möglichst breitem Brennstoffband und hohem Aschegehalt der Wunsch nach Überführung eines möglichst großen Anteiles der Mineralsubstanz in eine leichter transport-, lagerungs- und verwendungsfähige Form, das Schlackengranulat.

Die Entwicklung zu immer höheren Primär-Einbindungsgraden (d. i. Einbindung einer möglichst großen Flugschlackenmenge im ersten Durchgang), die gleichzeitig die Staubbelastung des Rauchgases und der Staubabscheider verringern sollte, führte zu immer höheren Belastungen und Temperaturen der Primärbrennkammern (am ausgeprägtesten bei dem Horizontal-Zyklon) und somit zu Schwierigkeiten durch verstärkte Heizflächen-, besonders Überhitzerverschmutzungen.

Auf der Suche nach einem Kompromiß zwischen den Vor- und Nachteilen der verschiedensten Bauformen von Schmelzfeuerungen spielt daher die Bilanzierung von Einbindungsgrad gegen Reinigungskosten und Dauerbetriebsfähigkeit und von Gesamtwirkungsgrad gegen Hilfsmaschinenkraftbedarf eine besondere Rolle. Der höchste Primäreinbindungsgrad ist nicht notwendigerweise auch ein Bestwert. Vom Standpunkt der Heizflächenverschmutzung ist vielmehr die Forderung zu erheben, daß das Schmelzen der Mineralbestandteile und das Einschmelzen des rückgeführten Flugstaubes mit der geringst-möglichen Brennkammer-

---

[1] GRASME, P.: Stand der Entwicklung von Feuerungen mit flüssigem Schlackenabzug in der Bundesrepublik Deutschland. Brennst. Wärme. Kraft Bd. 8 (1956) Nr. 6, S. 278/284.
[2] ROSAHL, O.: Entwicklungsstand der Dampfkesseltechnik in Deutschland. VIK-Mitt. Nr. 4 (1956) S. 53/65.
[3] GUMZ, W.: Steinkohlenfeuerungen. Brennst. Wärme. Kraft Bd. 9 (1957) Nr. 4, S. 169/171.
[4] DOLEŽAL, R.: Schmelzfeuerungen. Theorie, Bau und Betrieb. Berlin: Technik 1954; —: Vor- und Nachteile der Schmelzfeuerungen und der Trockenfeuerungen. Vortrag auf der VGB-Hauptversammlung Kassel 1957.

temperatur durchzuführen ist. Jede darüber hinausgehende Temperaturerhöhung ist von Nachteil und sollte daher vermieden werden.

Soweit damit die erreichbare Mindestlast des Kessels beschränkt wird, wäre durch geeignete Schaltung des Luftvorwärmers für hohe Temperatur der Verbrennungsluft im Bereich der kleinsten Kesselbelastungen zu sorgen. Dies läßt sich durch geeignete Rauchgasführung (Leer- und Regelzüge) oder durch eine Schaltung nach Abb. 138 erzielen. Das Schema zeigt einen kaltliegenden Luftvorwärmer 1, einen heißliegenden Luftvorwärmer 2, einen dazwischenliegenden Speisewasservorwärmer 3. Bei niedriger Kesselbelastung durchströmt die Luft nacheinander die beiden Luftvorwärmer 1 und 2, die wasserdurchflossene Economiserheizfläche 4 dagegen bleibt durch die Schließung der Ventile a und b abgeschaltet. Die sich ergebende Lufttemperatur ist entsprechend hoch. Bei höherer Kesselbelastung wird das Ventil c geschlossen und die Ventile a und b geöffnet. Das Speisewasser durchfließt erst den heißluftbeheizten Wärmeaustauscher 4, kühlt dadurch die Warmluft des Luftvorwärmers 1 ab, die folglich im Luvo 2 geringere Temperaturen erreicht trotz der höheren Rauchgaseintrittstemperaturen. Das Speisewasser nimmt dann seinen weiteren Weg durch den rauchgasbeheizten Speisewasservorwärmer 3, so daß auch die Gesamtaufwärmung des Speisewassers höher wird. Es ist dies also eine ähnliche Lösung wie die Regelung der Überhitzungstemperatur, bei der man zur Schonung des heißliegenden Überhitzerteils ebenfalls die Wiederabkühlung zur Temperaturregelung zwischen den kälteren und den heißeren Überhitzerabschnitt legt. Auf diese Weise wird der heißliegende Überhitzer ebenso wie hier der heißliegende Luftvorwärmer keinen zu hohen Wandtemperaturen ausgesetzt.

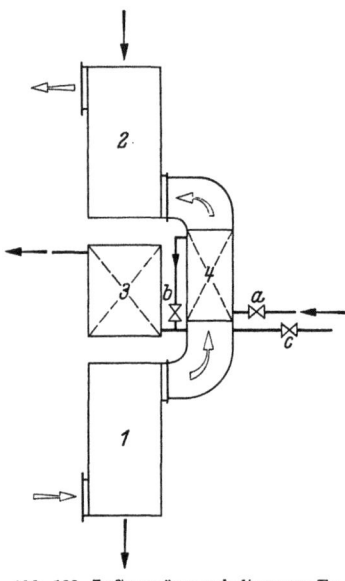

Abb. 138. Luftvorwärmerschaltung zur Erzielung hoher Lufttemperaturen bei Teillast

Die Erfahrungen mit verschiedenen Schmelzkammertypen haben gezeigt, daß Belastungen in der Größenordnung von 1 Mio kcal/m³h und darunter wenig Schwierigkeiten durch Verschmutzung verursachen. Ein Beispiel einer Schlackenboden-Feuerung, die sich besonders günstig verhält, ist eine von FEELEY[1] beschriebene Anlage in South Charleston,

---

[1] FEELEY, JR., F. G.: Fly-ash refiring. Trans. ASME Bd. 78 (1956) Nr. 8, S. 1747/1755.

W. Va., (130 t/h) bei der sich keine Notwendigkeit zur Reinigung in oder
außer Betrieb ergab. Neben einer niedrigen Feuerraumbelastung von
140000 kcal/m³h ergab eine Untersuchung der Kohle[1] ein besonders
günstiges Bild. Die Tonmineralsubstanz bestand vorwiegend aus Kaolinit und Montmorillonit mit nur sehr geringem Anteil an Illit, was auch
in dem sehr niedrigen Alkaligehalt von nur 0,2% Na_2O und 1,5% K_2O
zum Ausdruck kommt. Der Erfolg ist also der Kombination einer
sehr gutartigen Kohle mit einer sehr mäßig belasteten Feuerung zuzuschreiben.

Die Forderung nach mäßigen Brennkammerbelastungen steht im
Widerspruch zu dem Wunsch, in der Entwicklung der Feuerungen den
Brennraumbedarf noch um eine Zehnerpotenz zu verringern, wie dies
durch eine pulsierende Verbrennung im Prinzip möglich wäre. Eine
Voraussage, ob damit die Schwierigkeiten durch Heizflächenverschmutzung ebenfalls potenziert werden, läßt sich ohne entsprechende Versuche
nicht ohne weiteres machen. Zu erwarten ist, daß sich die Schwierigkeiten nicht wesentlich vergrößern, wenn die Brennkammer ohne ständigen Schlackenpelz gehalten wird. Durch die explosionsartige Verbrennung dürfte der größte Teil der Schlacke ohnehin aus dem Brennrohr
ausgeschleudert werden. Die hohe Leistung von rd. 50 Mio kcal/m³h
bedeutet für die Flugschlacke eine so kurze Einwirkzeit der hohen Temperatur, daß die möglichen Verdampfungsverluste weitgehend kompen-
siert werden. Schließlich ließe sich eine Lösung denken, wobei die Maximaltemperaturen durch verminderten Sauerstoffgehalt der Verbrennungsluft trotz der hohen Verbrennungsleistung sich so begrenzen lassen,
daß die zu erwartenden Schwierigkeiten noch weiter gemindert werden.
Das Rücksaugen von verbrannten Gasen in das Brennrohr bedeutet
ohnehin schon eine solche Verdünnung des Brennstoff-Luft-Gemisches,
die durch Rauchgasrückführung in die Verbrennungsluft noch verstärkt werden könnte.

d) Wirbelbettfeuerungen

Die zweite Entwicklungsmöglichkeit der Staubfeuerungen liegt in
Richtung auf eine Verbrennung bei möglichst niedrigen Temperaturen.
Die bisherigen Ergebnisse der Untersuchungen der Ursachen von Heizflächenverschmutzungen legen es nahe, auch diesen Weg — besonders
bei gewissen schwierigeren Brennstoffen — zu gehen. Soweit Kohlenstaubfeuerungen mit so großen Verschlackungs- und Verschmutzungserscheinungen zu kämpfen hatten, daß ein Umbau der Kesselanlagen un-
umgänglich war, hat man stets den Weg der Belastungsminderung und
Temperatursenkung gewählt und damit auch meist gute Erfolge erzielt

---

[1] Durchgeführt im Physikalisch-petrographischen Laboratorium des Steinkohlenbergbauvereins, Essen.

(LENKEWITZ[1]). Der Weg zur Verbrennung bei möglichst niedriger Temperatur ist damit vorgezeichnet (BOIE[2]), doch wird er im allgemeinen nur dann als gangbar erachtet, wenn eine andere Lösung der Frage der Flugstaubverwertung gefunden wird. Hier bietet bei der Steinkohle die Flugasche-Sinterung (vgl. S. 340), bei der Braunkohle ihre Verarbeitung zu Mischbindern (vgl. S. 345) Aussicht auf eine geeignete Lösung.

Ein Schritt zur Verbrennung auf einem noch tieferen Temperaturniveau liegt in der in Gang befindlichen Entwicklung der *Wirbelbett-Feuerung*. Es handelt sich dabei nicht mehr um Kohlenstaubfeuerungen im eigentlichen Sinne, vielmehr um Schwebe- oder Rohstaubfeuerungen, bei denen die Verbrennung in einem Wirbelbett — nach dem Prinzip des Winkler-Generators — stattfindet.

Nach dem *Ignifluid*-Verfahren der S. A. Activit, Paris (GODEL[3, 4]) wird das Wirbelbett nach bisher vorliegenden Versuchen mit einer Temperatur von 1200—1350° C (Brennkammertemperatur 1100—1150° C) gefahren; dabei fällt Schlacke an, die durch einen schrägliegenden Wanderrost ausgetragen wird.

Nach einem von den Dinglerwerken A. G., Zweibrücken, entwickelten Verfahren nach Patenten der Badischen Anilin- und Sodafabrik, Ludwigshafen, wird diese Schlackenbildung vermieden und mit einer Wirbelbett-Temperatur von nur etwa 850° C gearbeitet. Selbst wenn diese Temperatur noch gesteigert würde, bleibt man damit weit unterhalb jener Temperaturschwellen, bei denen die Mehrzahl der Verschmutzungsträger freigesetzt werden und es sind Heizflächenansätze keinesfalls zu erwarten (von evtl. Ablagerungen oder Verstaubungen abgesehen, die sich bei geeigneter Kesselkonstruktion vermeiden lassen). Die Weiterentwicklung dieses Feuerungstyps zu höheren Leistungen und besseren Ausbrandziffern als den bisher erreichten läßt eine völlige Ausschaltung aller bisherigen Verschmutzungsschwierigkeiten erhoffen und bietet sich besonders bei der Verfeuerung ballastreicher, aber reaktionsfreudiger Brennstoffe als geeignete Lösung an.

C. Heizflächenanordnung

Unter den Maßnahmen zur Verschmutzungsbekämpfung spielen auch rein konstruktive Gesichtspunkte, wie die Heizflächenanordnung, die

---

[1] LENKEWITZ, H.: Neuere Erfahrungen mit der Verbrennung rheinischer Rohbraunkohle in staubgefeuerten Kesseln. VGB-Mitt. Heft 38 (Okt. 1955) S. 784/796. — [2] BOIE: s. S. 285, Fußn. 1.

[3] GODEL, A.: Une nouvelle technique de combustion. Mém. Soc. Ing. Civils. Bd. 108 (1955) Nr. 6, S. 476/492 — vgl. Brennst. Wärme. Kraft Bd. 8 (1956) Nr. 6, S. 316/317 und Energie Bd. 8 (1956) Nr. 6, S. 237/239.

[4] Institut National de l'Industrie Charbonnière (Belgique) Bulletin technique *Houille et Dérivés* Nr. 11 (März 1957), Applications de la fluidisation S. 336/370 bes. S. 364/368.

Zugänglichkeit für betriebliche Reinigungsmaßnahmen und die Vermeidung strömungsbedingter Ablagerungen, eine sehr große Rolle.

Im Feuerraum sind absoluter Kammerdurchmesser, Schlankheitsgrad und Kühlflächenbelegung für die Beherrschung des Temperaturverlaufs maßgebend. Bei sehr großen Kesseln greift man gelegentlich schon zu einer Unterteilung der Brennkammer in zwei (oder mehrere) völlig getrennte Einzelkammern. Soweit die gewünschte Temperaturbeherrschung und Gasabkühlung dann noch nicht erreicht ist, kann man durch Einziehen von Rohren in dem oberen Teil des Feuerraumes, schließlich durch ganze Rohrwände, die Schottheizflächen, den Brennkammerquerschnitt in einzelne breitere Gasgassen aufteilen, die durch Strahlungs- und Konvektionswärmeaufnahme für weitere Temperatursenkung sorgen. JACKSON und WARD[1] schlagen Strahlungs-Schottüberhitzer mit 300—400 mm Rohrmittenabstand vor.

Die ersten Rohrreihen der Konvektionsheizflächen sollen besonders bei sehr aschereichen Brennstoffen noch möglichst aufgelockert sein, d. h. die Rohrmittenabstände sollen groß genug sein, um auch im Falle von Ansätzen ein schnelles Überbrücken der Rohrgassen zu vermeiden. Ein bestimmtes Maß läßt sich schwerlich dafür angeben, aber bei nachträglichen Umbauten zu eng geteilter Überhitzer erwiesen sich Gasgassen von 78 mm und freie Abstände in Strömungsrichtung von 138 mm (als Mindestmaße) als vorteilhaft (MATTHAEI[2]).

Bei Überhitzern läßt sich meist schon mit Rücksicht auf die Unterbringung der benötigten Heizflächen das Prinzip der weitgehend aufgelockerten Rohrpakete nicht kompromißlos durchführen; umso wichtiger ist dann für den zunächst beaufschlagten Überhitzerteil eine fluchtende Rohranordnung. Versetzte Rohranordnung hat trotz des Vorteils erhöhter Wärmeübergangszahlen den Nachteil leichterer Brückenbildung.

Ein besonders wichtiger Gesichtspunkt ist die Frage aufsteigender oder absteigender Rauchgasführung und die räumliche Anordnung weiterer und engerer Rohrbündel übereinander.

Es ist darauf zu achten, daß Ansätze an höhergelegenen Rohrheizflächen, die aus irgend welchen Gründen in Gestalt größerer Brocken oder Schalen abfallen, keine Gelegenheit finden, vom darunterliegenden Rohrbündel engerer Teilung (oder versetzter Rohranordnung) aufgefangen zu werden und damit durch rasch anwachsende und versinternde Staubablagerungen den Rauchgasquerschnitt zu verengen. Vom Standpunkt der Verschmutzung ist daher die Einzugskesselanordnung mit Gasströmung von unten nach oben mit einer sich nach oben verringernden Rohrteilung am wenigsten gefährdet. Eine Rauchgasführung von oben nach

---

[1] s. S. 285, Fußn. 5.
[2] MATTHAEI, G. A.: Erfahrungen mit Ascheanbackungen an einem Braunkohlenkessel. Wärme Bd. 63 (1940) Nr. 41, S. 353/358.

unten mit nach unten abnehmender Rohrteilung kann leicht zu Schwierigkeiten führen; bei sogenannten Anderthalb-, Zwei- und Mehrzugkesseln ist daher bei aschereichen Brennstoffen zu empfehlen, den abwärtsgerichteten Rauchgaszug als nur von Kühlwänden gebildeten Leerzug auszuführen oder ihn zumindest nur mit Heizflächen gleichbleibender Rohrteilung zu versehen.

Ebenso wichtig wie die Auflockerung der Heizflächen ist ihre Zugänglichkeit für die betrieblichen Reinigungseinrichtungen (Rußbläser) und auch für gelegentlichen Handeingriff durch Preßluftlanzen oder Wasserlanzen und dgl. Solche Reinigungseinrichtungen können aber unter gewissen Umständen sogar verschmutzungsfördernd wirken, wenn beispielsweise Absperrventile undicht sind! Auch andere Möglichkeiten des Wassereinbruchs durch Undichtigkeiten (z. B. von Ekonomiser-Rohren) können sich sehr nachteilig auf darunterliegende Heizflächen auswirken. Wo es möglich ist, vermeide man es daher, Luftvorwärmer räumlich unmittelbar unter dem Speisewasservorwärmer anzuordnen. Soweit an eine Reinigung durch Abspritzen oder Spülen gedacht ist, die besonders bei Speisewasser- und Luftvorwärmern in Frage kommt, ist bei der Konstruktion für bequeme Sammlung und Abfuhr des Schmutzwassers Sorge zu tragen.

Was die strömungstechnisch bedingten Staubablagerungen betrifft, so sind tote Ecken und waagerechte Flächen (Rohrabdeckungen usw.) tunlichst zu vermeiden, und wo dies aus konstruktiven Gründen nicht möglich erscheint, ist durch Reinigungsöffnungen für eine Zugänglichkeit solcher Stellen Sorge zu tragen. Selbstverständlich darf die Erhöhung der Zahl der Öffnungen, Reinigungstüren und dgl. nicht zu einem Einbruch zusätzlicher Falschluftmengen führen.

D. Ölfeuerungen

a) Aschegehalt des Öles, Herkunft und Eigenschaften

Während bisher vorzugsweise die Asche der festen Brennstoffe und deren Verhalten bei der Verbrennung behandelt wurde, ist es notwendig, auch die Probleme kurz zu streifen, die die anorganischen Bestandteile der flüssigen Brennstoffe aufwerfen.

Der Aschegehalt des Rohöles ist sehr gering und liegt in der Größenordnung von 0,001—0,05%, infolgedessen ist der Aschegehalt von Destillaten im allgemeinen vernachlässigbar klein. Soweit Asche-, Erosions- und Korrosionsprobleme in Verbrennungsmotoren auftraten, die auf mineralische Bestandteile zurückgeführt werden können, dürften diese mehr auf den Staubgehalt der Verbrennungsluft als auf den Aschegehalt der Treibstoffe zurückzuführen sein, so daß die Abwehrmaßnahmen vor allem in der Konstruktion und der Betriebsüberwachung der Luftfilter liegen.

Anders steht es mit den Heizölen (Rückstandsölen), bei denen sich die anorganischen Bestandteile trotz ihres geringen Anteils anreichern (in der Regel 0,01—0,1%), und wo es doch ein Asche-, Ansatz- und Korrosionsproblem gibt, das sich durch die Veränderungen der Ölqualitäten und der Aufbereitungsverfahren in den letzten Jahren (besonders in und nach dem 2. Weltkriege) wesentlich verschärft hat. Die Aschegehalte von Rückstandsölen können nach HEATH und ALBAT[1] in den Grenzen von 0,01—0,50% schwanken, der Gehalt an Wasser und Sediment zwischen 0,05 bis 2,0%. Aschegehalte von 0,1% werden heute schon vielfach als normal angesehen.

Die Aschezusammensetzung ist außerordentlich großen Schwankungen unterworfen (THOMAS[2], SHIREY[3]), was angesichts des niedrigen Gesamtaschegehaltes nicht weiter verwundert. Ein Teil der anorganischen Bestandteile ist organisch gebunden, daher auch schwer zu entfernen, ein Teil ist auf akzessorische Verschmutzungen des Öles, besonders durch Seewasser, zurückzuführen. Eisen, Nickel und Vanadium kommen wahrscheinlich in Porphyrin-Komplexen vor, was Hinweise auf die Theorien zur Entstehung des Erdöles bei mäßigen Temperaturen gibt (TREIBS[4], HERMANN[5]). Eisen-Porphyrin (Hämatin) ist ein Bestandteil des Blutfarbstoffs, Magnesium-Porphyrin (Chlorophyll) einer des Pflanzenfarbstoffs. Die organischen Vanadiumverbindungen entstammen teils der Meeresflora, in deren Stoffwechsel das Vanadium eine ebenso große Rolle spielt wie der Phosphor bei Landpflanzen, teils der Meeresfauna, in deren Blut Vanadiumverbindungen vorkommen. Hoher Vanadiumgehalt und niedriger Natriumgehalt deuten auf die vorwiegend pflanzliche, mäßiger

---

[1] HEATH, D. P., u. E. ALBAT: Properties and characteristics of fuel oils for industrial gas turbine usage. Trans. ASME Bd. 72 (1950) Nr. 2, S. 331.

[2] THOMAS, W. H.: Inorganic constituents of petroleum. In: A. E. DUNSTAN, A. W. NASH, B. T. BROOKS und SIR H. TIZARD: The Science of Petroleum. Bd. 2, S. 1053/1056, London, New York, Toronto 1938.

[3] SHIREY, W. B.: Metallic constituents of crude petroleum. Ind. Eng. Chem. Bd. 23 (1931) Nr. 10, S. 1151/1153. s. a. GUMZ, W.: Kurzes Handbuch der Brennstoff- und Feuerungstechnik. S. 221/222. Berlin: Springer 1953.

[4] TREIBS, A.: Chlorophyll- und Hämiderivate in organischen Mineralstoffen. Angew. Chemie Bd. 49 (1936) Nr. 38, S. 682/686; —: Pflanzensubstanz als Muttersubstanz des Erdöles. In: F. E. HECHT u. a.: Erdöl-Muttersubstanz. Schriften a. d. Brennstoff-Geologie (Hrsg. von O. STUTZER), Heft 10, S. 121/148, Stuttgart: Enke 1935; —: Chlorophyll- und Hämiderivate in bituminösen Gesteinen, Erdölen, Kohlen, Phosphoriden. Liebigs Ann. d. Chemie Bd. 157 (1953) Nr. 2, S. 172.

[5] HERMANN, F.: Das natürliche Vorkommen des Vanadiums. Metallwirtschaft Bd. 15 (1936) Nr. 43, S. 1007/1015 (mit umfangreicher Bibliographie).

Vanadium- und hoher Natriumgehalt auf überwiegend tierische Herkunft des Erdöles (GURWITSCH, MOORE[1]).

Die zufälligen Verschmutzungen durch Seewasser rühren u. a. daher, daß die Tanker bei Leerfahrten Wasserballast nehmen, und daß kleine, aus den Tankräumen nur schwierig zu entfernende Reste durch die Schiffsbewegungen sehr stabile Emulsionen bilden (GRAY, KILLNER[2]). Da das Meerwasser Salzgehalte im Durchschnitt von etwa 3,5% hat (davon 78% NaCl, 10% $MgCl_2$ — der Rest ist $MgSO_4$, KCl, $Ca(HCO_3)_2$, K_2SO_4, Bromide, Phosphate, Borate u. a. m.), ist die Anreicherung mit Alkalien mitunter unerwünscht hoch.

Ein weiterer Grund für die Verschlechterung der Rückstandsöle ist die weitergehende Aufarbeitung des Rohöles gegenüber früheren Zeiten, wodurch die unerwünschten Rückstände noch stärker angereichert werden.

Die besonders unangenehmen Bestandteile der Ölasche sind die beiden Alkalien Na_2O und K_2O und die Metalloxyde, besonders das Vanadiumpentoxyd, V_2O_5. Der Anteil an V_2O_5 kann Werte bis zu 80% und mehr annehmen; während nordamerikanische Öle meist nur wenige Prozent aufweisen, sind Mittelost-Öle relativ reich, Venezuela-Öle sehr reich an Vanadium. Hoher Vanadiumgehalt ist meist mit hohem Schwefelgehalt

Tabelle 76. *Aschengehalt, Schwefelgehalt und Aschenanalysen von Heizölen*[3]

	Californien		Texas		Venezuela
Asche	0,10	0,08	0,08	0,10	0,10
Schwefel	1,0	4,2	1,0	2,8	2,4
Ölaschen-Analysen					
SiO_2	7,6	7,9	3,4	3,7	2,3
Al_2O_3	3,3	2,6	0,1	0,1	0,1
TiO_2	0,3	0,2	Sp.	Sp.	—
CaO	7,0	1,3	3,7	3,7	0,1
MgO	6,7	3,0	2,5	0,5	1,9
Fe_2O_3	10,4	0,3	6,8	7,8	1,5
V_2O_5	7,6	29,9	2,7	21,0	63,2
NiO	8,1	10,5	2,3	3,9	6,4
Na_2O	9,7	23,4	27,6	26,3	12,4
SO_3	35,6	20,9	45,5	33,0	13,9

---

[1] GURWITSCH, L., u. H. MOORE: The scientific principles of petroleum technology. London 1932, S. 173 ff. zitiert nach B. ENGEL: Über Erosions- und Korrosionsschäden bei der Verwendung von schweren Heizölen als Motor-, Kessel- und Gasturbinenbrennstoff. Erdöl u. Kohle Bd. 3 (1950) Nr. 7, S. 321/327.

[2] GRAY, C. J., u. W. KILLNER: Sea water contamination of boiler fuel oil and its effects. Trans. Inst. Marine Engrs. Bd. 60 (1948) Nr. 2, S. 43/62.

[3] ESTCOURT, V. F.: Problems encountered in burning heavy fuel oil as related to attack of metals at high and low temperature and the fouling of tube banks. ASME-Paper No. 50 — A — 136.

verbunden (SACKS[1]). Eine Verallgemeinerung dieser Feststellung ist jedoch wohl unzulässig, wenn man eine größere Zahl von Aschenanalysen und ihr V/S-Verhältnis betrachtet (LLOYD[2], KONOPICKY[3]), wie auch aus Tab. 76 hervorgeht.

Die Unannehmlichkeiten des hohen Vanadiumgehaltes der Ölaschen und der Ansätze an Turbinenschaufeln, Kessel- und Überhitzerrohren rühren von dem niedrigen Schmelzpunkt der Vanadiumverbindungen und vor allem von der Bildung sehr niedrig schmelzender Eutektika von Vanadiumoxyden und Alkalien her.

Tabelle 77. *Schmelzpunkte einiger Bestandteile der Ölasche und ihrer Oxydationsprodukte*[4]

		°C
Natriumsulfat	Na_2SO_4	890
Natriumbisulfat*	$NaHSO_4$	182
Natriumpyrosulfat**	$Na_2S_2O_7$	401
Vanadiumtrioxyd	V_2O_3	1977
Vanadiumtetroxyd	V_2O_4	1542
Vanadiumpentoxyd	V_2O_5	670
Natriummetavanadat	$Na_2O \cdot V_2O_5$	630
Natriumpyrovanadat	$2\,Na_2O \cdot V_2O_5$	654
Natriumorthovanadat	$3\,Na_2O \cdot V_2O_5$	850
Natriumvanadylvanadat	$Na_2O \cdot V_2O_4 \cdot 5\,V_2O_5$	625
	$5\,Na_2O \cdot V_2O_4 \cdot 11\,V_2O_5$	535
Nickelpyrovanadat	$2\,NiO \cdot V_2O_5$	> 900
Nickelorthovanadat	$3\,NiO \cdot V_2O_5$	> 900
Eisenmetavanadat	$Fe_2O_3 \cdot V_2O_5$	860
Eisenvanadat	$Fe_2O_3 \cdot 2\,V_2O_5$	855

* geht bei 250° C in $Na_2S_2O_7 + H_2O$ über
** geht bei 460° C in $Na_2SO_4 + SO_3$ über.

In Tab. 77 sind einige Schmelzpunkte der Alkalisalze, der Vanadiumoxyde und Alkali-Vanadium-Verbindungen aufgeführt (BOWDEN[5]). Die Schmelzpunkte von Ölaschen liegen daher meist auch recht tief, die Erweichungspunkte bei 800—900° C (und auch darunter), die Schmelzpunkte bei 815—1100° C, die Fließpunkte bei 930—1400° C in reduzie-

---

[1] SACKS, W.: Properties of residual petroleum fuels. Trans. ASME Bd. 76 (1954) Nr. 4, S. 375/379.

[2] LLOYD, P., u. R. P. PROBERT: The problem of burning residual oils in gas turbines. Proc. Instn. Mech. Engrs. (London)., Bd. 163 (1950), No. 60, S. 206/220. — Bes. Abb. 5.

[3] KONOPICKY, K.: Technische Probleme um das V_2O_5. Brennstoff-Chemie, Bd. 36 (1955) N. 9/10, S. 151/155 (bes. Abb. 4).

[4] Nach BOWDEN, DRAPER und ROWLING Circ. Natl. Bureau of Standards 500, Washington D. C., 1952.

[5] BOWDEN, A. T., P. DRAPER u. H. ROWLING: The problem of fuel-oil ash deposition in open-cycle gas turbines. Proc. Instn. Mech. Engrs., Bd. 167 (1953) Nr. 3, S. 291/312.

298 Bekämpfung der Verschlackung und der Heizflächenverschmutzung usw.

render, bis 1600° C in oxydierender Atmosphäre. Besonders ungünstig können sich aber Ablagerungen mit den verschiedensten Neu- und Umbildungen in ihrer Anreicherung an Vanadium und Alkalien verhalten.

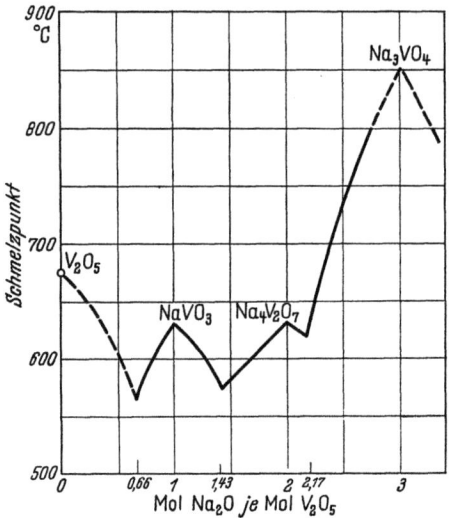

Abb. 139. Schmelzdiagramm des Systems V_2O_5—Na_2O (nach CANNERI)

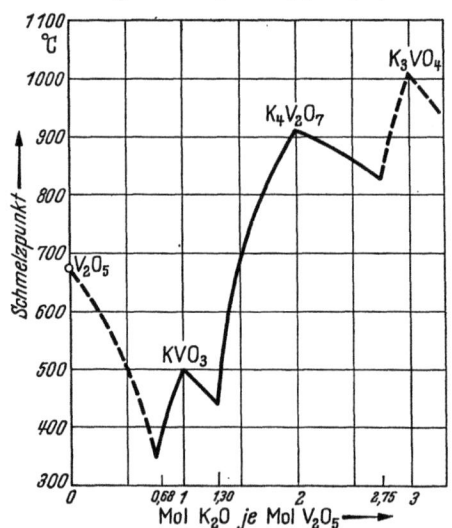

Abb. 140. Schmelzdiagramm des Systems V_2O_5—K_2O (nach CANNERI)

In Abb. 139 und 140 ist der Schmelzbereich der Systeme Na_2O-V_2O_5 und K_2O-V_2O_5 nach CANNERI[1] und in Abb. 141 für das System Na_2SO_4-

---

[1] CANNERI, G.: Sui vanadico vanadati. Gazetta Chimica Ital. Bd. 58 (1928) Nr. 1, S. 6/25.

V_2O_5 nach CUNNINGHAM und BRASUNAS[1] wiedergegeben. WIDELL und JUHÁSZ[2]) fanden bei Mischungen von V_2O_5 mit Na_2SO_4 eine Senkung des Erweichungspunktes um 80—110° C, mit K_2SO_4 sogar um 170—220° C

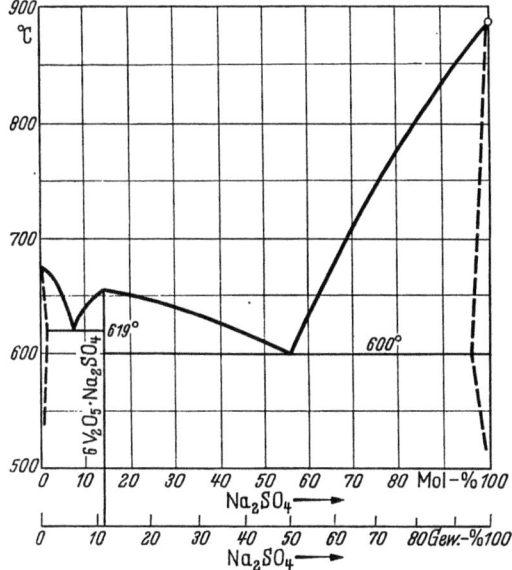

Abb. 141. Schmelzdiagramm des Systems Natriumsulfat — Vanadiumpentoxyd (nach CUNNINGHAM und BRASUNAS)

gegenüber demjenigen von V_2O_5. Bei 10% V_2O_5 und 90% Na_2SO_4 ergab sich ein Minimum von 494° C, bei 25% V_2O_5 und 75% K_2SO_4 ein solches bei 412° C.

Tabelle 78. *Schmelztemperaturen von Al_2O_3-SiO_2-Na_2O-V_2O_5-Gemischen* (nach KONOPICKY)

Al_2O_3	SiO_2	Na_2O	V_2O_5	Erweichungs-Temperatur °C	Schmelz-Temperatur °C
36	46	18	0	1140	1230
42	28	10	20	960	1220
32	38	10	20	920	1120
21	49	10	20	890	1080
14	18	18	50	1030	1070
17,5	22,5	22,5	37,5	940	970
17,5	22,5	30	30	640	810

---

[1] CUNNINGHAM, G. W., u. ANTON DE SALES BRASUNAS: The effects of contamination by vanadium and sodium compounds on the air-corrosion of stainless steel. Corrosion Bd. 12 (1956) Nr. 8, S. 389 t/405 t.

[2] WIDELL, T., u. I. JUHÁSZ: Softening temperatures of residual fuel oil ash. Combustion, Bd. 22 (1950/51) Nr. 11, S. 51.

KONOPICKY[1]) fand für synthetische Mischungen von Al_2O_3, SiO_2, Na_2O und V_2O_5 folgende Ergebnisse (s. Tab. 78).

Diese Senkung der Erweichungstemperatur hat auch zur Folge, daß V_2O_5-haltige Schlackenansätze eine stark zerstörende Wirkung auf feuerfeste Steine ausüben.

Tabelle 79. *Schlacken- und Ansatz-Analyse einer Heizölfeuerung* (nach JONES und HARDY)

	Schlacke Feuerraumboden	Staubförmiger Ansatz im Strahlungsteil des Kessels
V_2O_5	12,5	35,3
$SiO_2 + Al_2O_3$	80,9	7,8
sonstige Metalle	2,3	6,9
Alkalien und Schwefel	3,6	47,0
Verbrennliches	—	2,8
Schmelztemperatur °C	1204	760

Untersuchungen von JONES und HARDY[2] zeigten bei Aschenschmelzpunkten von 1150—1540° C bereits starke Zerstörungen der Unterlagsplättchen bei der Schmelzpunktbestimmung, und Versuche mit Schamottesteinen (mit 39% Al_2O_3) und V_2O_5 bzw. $NaVO_3$ (Natriummetavanadat) ergaben, daß der Schmelzpunkt des Schamottematerials bei höheren Vanadiumzugaben mehr oder weniger weit gesenkt wurde, am tiefsten bei einer Mischung aus 80% V_2O_5 und 20% Schamotte (von 1538° C bei Schamotte auf ca. 700° C). Unter den verschiedenen Steinarten haben sich Schamottesteine am wenigsten, Steine mit hohem Al_2O_3-Gehalt von 70—80% und besonders Magnesitsteine am besten bewährt.

b) Ansätze und ihre Zusammensetzung

Untersuchungen an Schiffskesseln ergaben, daß die staubförmigen Ablagerungen an den Rohren sehr hohe Anreicherungen an Vanadium zeigen und im übrigen vorzugsweise aus Alkalisulfaten bestehen. Die Analyse der Schlacke am Boden des Feuerraumes zeigt, daß die Ölasche mit dem feuerfesten Material in Reaktion getreten ist und erhebliche Mengen davon in Lösung gebracht hat.

Nach Erfahrungen der amerikanischen Marine sind vanadiumhaltige Schlackenansätze hart, von schwarzer Färbung und wenig wasserlöslich. Tab. 80 zeigt typische Analysen von Ansätzen nach CLARKE[3].

---

[1] Vgl. Fußnote 3, S. 297.
[2] JONES, M. C. K., u.R. L. HARDY: Petroleum ash components and their effect on refractories. Ind. Eng. Chem. Bd. 44 (1952) Nr. 11, S. 2615/2619.
[3] CLARKE, F. E.: Vanadium ash problems in oil fired boilers. Journ. of the Amer. Soc. of Naval Eng. Bd. 65 (1953) Nr. 2, S. 253/270.

Ölfeuerungen

Tabelle 80. *Rauchgasseitige Ansätze an einem ölgefeuerten Schiffskessel* (nach CLARKE)

Typ	Lage der Ansätze	Farbe	Wasserlöslichkeit %	Schmelzpunkt	Hauptbestandteile %		
					V	SO_3	Na
Amorph	1. Rohrbündel	grünlichschwarz	89,2	40* 480**	9,4	55,6	9,4
Schwarze kristalline Schlacke	Unterste (rohrnahe) Schicht 2. Rohrbündel	pechschwarz	32,9	540	35,1	23,4	9,5
Überlagerte salzartige Schlacke	Obere Schicht 2. Rohrbündel	grünlich oder gelblich weiß	88,0	1000 bis 1100 (sublimiert)	3,9	64,5	20,2

* wasserhaltig ** wasserfrei.

Aus Analyse, Wasserlöslichkeit, Schmelzpunkt, Farbe und Säuregrad ergibt sich dann folgender wahrscheinlicher Aufbau der Ansätze (Tab. 81). Die Alkalien spielen dabei eine sehr wesentliche Rolle. Überhitzer- und

Tabelle 81. *Zusammensetzung typischer Schlackenansätze an einem ölgefeuerten Kessel* (nach CLARKE)

Wahrscheinliche Verbindung		Amorpher Ansatz 1. Rohrbündel	Schwarze Schlacke, Feuerseite	Schwarze Schlacke, rohrnahe Schicht	Weiße Oberschicht
Na_2SO_4	%	—	23,99	10,07	46,78
$NaHSO_4$	%	49,22	8,92	—	26,36
$CaSO_4$	%	—	—	—	6,73
$MgSO_4$	%	3,32	—	—	4,85
$NiSO_4$	%	—	—	—	3,14
$FeSO_4$	%	3,89	—	—	—
$2\,(VO)SO_4 \cdot H_2SO_4$*	%	14,73	—	—	—
$(VO)_2(SO_4)_3$	%	—	—	1,20	—
$Pb(VO_3)_2$	%	—	—	11,76	—
V_2O_4**	%	9,58	57,21	55,04	5,16
V_2O_5	%	—	—	4,44	—
NiO**	%	1,03	1,03	0,18	2,62
CaO	%	—	—	—	0,12
MgO	%	—	—	—	1,23
Fe_2O_3	%	—	0,36	1,83	2,95
SiO_2	%	2,91	0,55	0,86	1,41
H_2O	%	14,75	0,97	0,96	0,59

* Diese Verbindung besitzt 1 bis 5 Moleküle Hydratwasser.
** V_2O_4 und NiO könnten in reduzierender Atmosphäre auch als NiV-Verbindung existieren.

302 Bekämpfung der Verschlackung und der Heizflächenverschmutzung usw.

Kesselansätze bestanden nach MCCLOSKEY[1], LAMBERTSON[2] und HOCK[3] hauptsächlich aus Na_2SO_4 und K_2SO_4 (zusammen 71—74%), der wasserunlösliche Teil aus V_2O_5, SiO_2, Fe_2O_3, Al_2O_3, CaO, Mg und Spuren anderer Oxyde. Die Hauptmenge des Natriums dürfte der Seewasserverschmutzung entstammen, obwohl im Schiffsbetrieb auch der Salzgehalt der oberflächennahen Luftschichten (GEIGER[4]) noch eine gewisse Rolle spielt. Man kann sich den Mechanismuss der Ansatzbildung nach GRAY und KILLNER[5] als eine Bruttoreaktion zwischen dem Natriumchlorid und den Verbrennungsprodukten von der Art

$$4\,NaCl + 2\,SO_2 + 2\,H_2O + O_2 = 2\,Na_2SO_4 + 4\,HCl$$

vorstellen.

Bei den Feueraumtemperaturen ist das Na_2SO_4 in flüssigem Zustand. THORPE[6] hält diese Auslegung für eine zu gröbliche Vereinfachung des wirklichen Reaktionsablaufes. Eine Studie der abgelagerten Schichten zeigte eine innere Schicht reich an Natriumpyrosulfat ($Na_2S_2O_4$) und Natriumsulfat ($NaHSO_4$) — letzteres hat auch HOCK[3]) nachgewiesen, aber es dürfte wohl ein sekundäres Produkt sein, da es schon bei sehr niedrigen Temperaturen (250° C) nach

$$2\,NaHSO_4 = Na_2S_2O_7 + H_2O$$

zerfällt. LAWRENCE[7] weist auf die Tatsache hin, daß Na_2SO_4 das SO_3/SO_2-Gleichgewicht erheblich beeinflußt, CLARKE[8] führt die fest haftenden untersten Schichten in der Verschmutzung besonders auf das Vanadiumpentoxyd zurück. Untersuchungen an dieser Schicht sollen Anreicherungen bis 50% ergeben haben. Ähnliche Analysenergebnisse bestätigen BAKER[9], LOGAN[10] und einige der Proben von GRAY und KILLNER[5].

Die Untersuchungen von JACKLIN, ANDERSON und THOMPSON[11] zeigen eine deutliche Abhängigkeit der Zusammensetzung der Ansätze von der

---

[1] MCCLOSKEY, L. C.: A Study of the cause of hard slag deposits on firesides of naval boilers. Journ. Am. Soc. Nav. Engrs., Bd. 59 (1947) Nr. 2, S. 146/164.

[2] LAMBERTSON, W. A.: Fire-side deposits. A study of minerals contained in fireside deposits in oil-fired boilers. Journ. Am. Soc. Nav. Engrs., Bd. 61 (1949) Nr. 2, S. 369/372.

[3] HOCK, F. R.: Formation and removal of slag from superheater tubes of marine boilers. Journ. Am. Soc. Nav. Engrs., Bd. 57 (1945) Nr. 4, S. 508/515.

[4] GEIGER, R.: Das Klima der bodennahen Luftschicht. (Die Wissenschaft. Hrsg. v. W. WESTPHAL, Bd. 78) Braunschweig: Fr. Vieweg u. Sohn 1942.

[5] GRAY, C. J., u. W. KILLNER, vgl. S. 296, Fußn. 2.

[6] THORPE, T. C. G.: Diskussion zu GRAY und KILLNER, vgl. Fußn. 5.

[7] LAWRENCE, A. S.: Diskussion zu GRAY und KILLNER (vgl. S. 296, Fußn. 2.)

[8] CLARKE, F. E.: s. S. 300, Fußn. 3.

[9] BAKER, E. L.: Diskussion zu GRAY und KILLNER, vgl. S. 296, Fußn. 2.

[10] LOGAN, A.: Diskussion zu GRAY und KILLNER, vgl. S. 296, Fußn. 2.

[11] JACKLIN, C., D. R. ANDERSON u. H. THOMPSON: Fire-side deposits in oil-fired boilers. Deposit location vs. chemical composition. Industr. Engng. Chem. Bd. 48 (1956) Nr. 10, S. 1931/1934.

Gas- und Oberflächentemperatur, also kennzeichnende Analysen im Strahlungsteil, Überhitzer, Konvektionsteil des Kessels, Ekonomiser und Luftvorwärmer, wie in Ab. 142 und in etwas schematischer Form angegeben. Die höchsten Gehalte an Metalloxyden (V_2O_5 und NiO) finden sich im Bereich des Überhitzers, also bei den höchsten Rohr-Oberflächentemperaturen (s. Tab. 82). Die Verschmutzungsvorgänge bestehen vorwiegend in einer Kondensation und Sublimation der verdampften Metall- und Alkaliverbindungen, die sich durch die rapide Gasabkühlung im Strahlungsteil, Überhitzer und Kessel im Zustand der Übersättigung befinden. Nachträglich und mit zunehmender Abkühlung findet durch SO_3-Aufnahme eine steigende Sulfatbildung statt (s. Abb. 143). Im Bereich der hohen Gastemperaturen und niedriger Wandtemperaturen wurde die Bildung eines emailleartigen komplexen Sulfats $Na_3Fe(SO_4)_3$

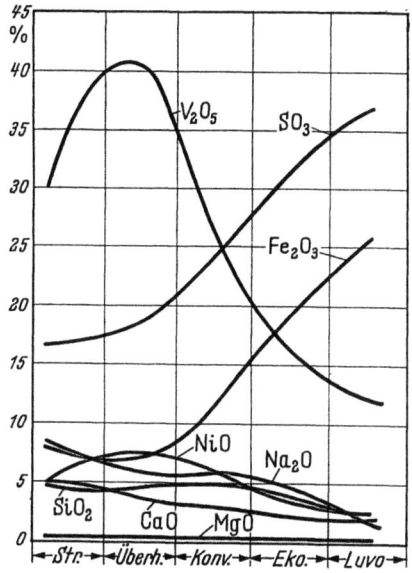

Abb. 142. Zusammensetzung der Ansätze in ölgefeuerten Kesseln (Strahlungsteil, Überhitzer, Konvektionsteil, Ekonomiser und Luftvorwärmer) nach JACKLIN, ANDERSON und THOMPSON, in Gew.-% der Oxyde

Tabelle 82. *Ansatzanalysen aus ölgefeuerten Kesseln* (nach JACKLIN, ANDERSON und THOMPSON)[1]

Probe	1	2	3	4
	Strahlungsteil	Überhitzer	Überhitzer	Luftvorwärmer
SiO_2	5,0	2,3	9,8	11,5
Al_2O_3	—	2,0	—	6,2
Fe_2O_3	13,2	7,3	2,1	29,8
CaO	5,6	2,3	10,1	Spuren
MgO	2,2	1,0	Spuren	—
SO_3	28,8	18,8	18,6	37,2
Na_2O	9,6	6,1	7,3	1,1
V_2O_5	27,5	51,7	48,5	10,0
NiO	8,0	8,0	2,8	1,8

festgestellt, im Bereich der niedrigen Gastemperaturen eine stark zunehmende Beteiligung des Eisens (aus dem Rohrwerkstoff!) als $FeSO_4$

---
[1] mitgeteilt von F. MANLIK, vgl. S. 302, Fußn. 11.

304 Bekämpfung der Verschlackung und der Heizflächenverschmutzung usw.

und $Fe_2(SO_4)_3$. Ein (geringer) Teil der Ansätze besteht aus eingefangenen Festteilchen oder wiederverfestigten Sublimationsprodukten. In Abb. 144 bis 147 sind Anschliffe und Dünnschliffe und Pulverpräparate von Ansätzen aus einem mit Bunker-C-Öl gefeuerten 90 t/h-Kessel wiedergegeben. Sie zeigen im Bereich des Feuerraumes Nadeln von Vanadium-Natriumoxyd-Mischkristallen (12% Na_2O + 0,5% K_2O) mit sehr star-

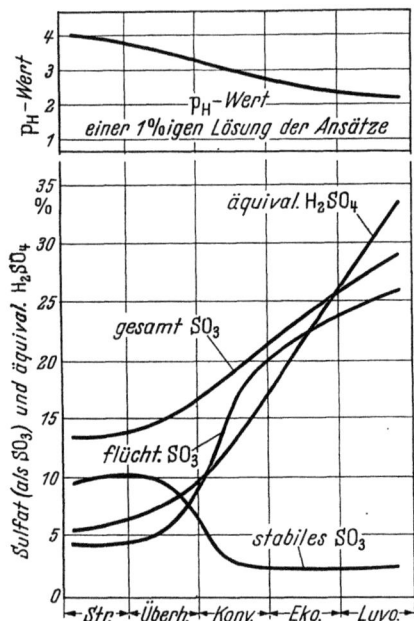

Abb. 143. p_H-Wert einer einprozentigen Lösung des Probematerials (oben) und Sulfat- und Schwefelsäure-Gehalt (als SO_3 bzw. H_2SO_4 ausgedrückt) in den Ansätzen (unten)[1] nach JACKLIN, ANDERSON und THOMPSON

[1] Als *flüchtiges SO_3* wird der bei Erhitzung auf rd. 900° C verflüchtigte, als *stabiles SO_3* der noch verbleibende Anteil bezeichnet

ken Anisotropie-Effekten (bunte Farben!). Dadurch sind sie deutlich von dem ebenfalls als Rohrbelag auftretenden Eisenoxyd zu unterscheiden (Abb. 144 auf Tafel II vor S. 189). Der Schmelzpunkt der Nadeln liegt bei etwa 600° C; die Rauchgastemperatur liegt an der Entnahmestelle der Probe bei rd. 1150° C, die Wandtemperatur bei 365° C.

Abb. 145 auf Tafel II vor S. 189 läßt ferner sechsseitige Täfelchen von Eisenoxyd (Hämatit) mit schwachen Anisotropie-Effekten (hell bis dunkelgraue Farbe) erkennen; sie erscheinen auf der Kante stehend als Leistchen. Daneben zeigt das Bild gelb-grüne Nickelverbindungen (mit im Bild nicht, aber am Objekt auf dem Drehtisch erkennbaren Innenreflexen).

Abb. 146 ist ein Dünnschliff der gleichen Probe wie der Anschliff der Abb. 144, wobei die Nädelchen von Vanadium-Natriumsulfat-Mischkristallen nun braunschwarz erscheinen mit durchscheinenden Kanten. Abb. 147 ist ein Belag vom kalten Ende des Speisewasservorwärmers mit vorzugsweise rundlichen Teilchen und durchscheinenden Kriställchen.

Abb. 146. Dünnschliffaufnahme eines Rohrbelages aus dem Feuerraum eines ölgefeuerten Kessels. 1 Nicol, Verg. 100fach.
Vanadium-Natriumoxyd-Mischkristalle

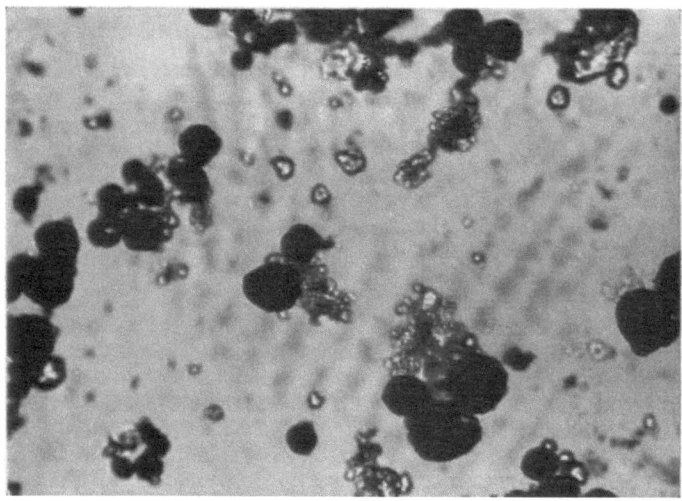

Abb. 147. Pulverpräparat eines Belages des Speisewasservorwärmers eines ölgefeuerten Kessels. 1 Nicol, Vergr. 250fach

Die Masse dieses Materials ist bei 950° C noch ungeschmolzen (1,6% Na_2SO_4). Die Rauchgastemperatur beträgt an dieser Stelle 220—230° C, die Wandtemperatur etwa 130—140° C.

c) Korrosion

Natriumsulfatansätze als solche werden vom Standpunkt der Korrosion als ungefährlich angesehen. Nach Versuchen von SHIRLEY[1] genügen aber schon geringe Zusätze von Chloriden ($\leq 1\%$), um erhebliche Korrosionen hervorzurufen. Da die Heizölaschen beträchtliche Mengen an Chlor enthalten (als Natriumchlorid), und sich die sich im Verbrennungsprozeß bildende Chlorwasserstoffsäure (Salzsäure) an den hydrophilen Ansätzen, insbesondere nach Unterschreiten des Taupunktes, anlagern kann, sind die Ansätze im allgemeinen als korrosionsgefährlich anzusehen.

Besonders schwerwiegend ist die Korrosivität der Vanadiumverbindungen und der vanadiumhaltigen Ansätze für Stähle und Stahllegierungen. Diese Hochtemperaturkorrosionen machen sich vorzugsweise im Bereich der Oberflächentemperaturen über 650° C bemerkbar und sind bei molybdänhaltigen Stählen von besonderer Heftigkeit. Diese Erscheinungen haben sich daher erst in neuerer Zeit bemerkbar gemacht, nachdem man mit den Temperaturen wesentlich heraufgegangen ist, so vor allem an Überhitzern, an den Überhitzer-Aufhängevorrichtungen und an Gasturbinenschaufeln.

Untersuchungen über die Korrosionswirkung durch Ölaschen und deren Ansätze sind von SCHLÄPFER, AMGWERD und PREIS[2], STAUFFER[3], SULZER[4], TIBBETTS, WOOD, DOUGLASS und ESTCOURT[5], BUCKLAND und Mitarbeitern[6], BRASUNAS[7] [8] u. a. durchgeführt worden. Die besondere Anfälligkeit der Molybdänstähle wurde von LESLIE und FONTANA[9] fest-

---

[1] SHIRLEY, H. T.: Effects of sulphate-chloride mixtures in fuel ash. Corrosion of steels and high-nickel alloys. Journ. Iron and Steel Inst. Bd. 182 (1956) Nr. 2, S. 144/153.

[2] SCHLÄPFER, P., P. AMGWERD u. H. PREIS: Zur Kenntnis des Angriffs von vanadiumhaltigen Ölaschen auf hitzebeständige Stähle. Schweiz. Arch. für Wiss. und Techn., Bd. 15 (1949) Nr. 10, S. 291/299.

[3] STAUFFER, W.: Einige Probleme der warmfesten, hitzebeständigen Stähle vom Standpunkte des Verbrauchers. Schweiz. Arch. Bd. 17. (1951) Nr. 12 S. 353 bis 364 (bes. Abb. 26a u. b).

[4] SULZER, P.: Brennstoffzusätze zur Verhinderung von Ölascheablagerungen in Gasturbinen. Schweiz. Bauzeitg. Bd. 72 (1954) Nr. 7, S. 79/82; — : Über die Beeinflussung der Ölascheablagerungen in industriellen Gasturbinenanlagen durch Kontrolle der Verbrennung. Schweiz. Arch., Bd. 20 (1954) Nr. 2, S. 33/41.

[5] TIBBETTS, E. F., O. L. WOOD, D. DOUGLASS u. V. E. ESTCOURT: Problems encountered in burning heavy fuel oil as related to attack of metals at high and low temperatures and the fouling of tube banks. ASME. Paper 50 - A - 136.

[6] BUCKLAND, B. O., C. M. GARDINER u. D. G. SANDERS: Residual fuel-oil ash corrosion. ASME Paper A - 52 - 161, s. a. Mech. Engng. Bd. 75 (1953), 3, S. 369/372.

[7] BRASUNAS, A. DE S.: Accelerated oxidation of metals at high temperatures. Dissertation Mass. Inst. Technol., Cambridge, Mass., 1950.

[8] CUNNINGHAM u. BRASUNAS, vgl. S. 299, Fußn. 1.

[9] LESLIE, W. C., u. M. G. FONTANA: Mechanism of the rapid oxidation of high temperature, high strength alloys containing molybdenum. Trans. Am. Soc. Metals Bd. 41 (1949) S. 1213/1247.

gestellt. Eine 50 g-Probe eines Stahles mit

0,72% C — 2,03% Si — 15,86% Cr. —
25,14% Ni — 7,09% Mo — 0,15% Na

wurde bei 650° C sehr lebhaft und bei 900° C in 24 Stunden restlos oxydiert. Menge des V_2O_5 und Zeit der Einwirkung, Temperatur und Alkaligehalt der Ansätze sind bestimmend. Die Bildung von Natriumvanadylvanadaten ($Na_2O \cdot V_2O_4 \cdot 5\ V_2O_5$ und $Na_2O \cdot V_2O_4 \cdot 11\ V_2O_5$), die unter Abspalten von Sauerstoff entstehen, erkennbar an dem auftretenden Spratzen, wird als Erklärung für den Korrosionsmechanismus herangezogen (FLOOD, SØRUM[1]).

Auf der Suche nach legierten Stählen, die dem Korrosionsangriff der vanadiumhaltigen Ölascheansätze besser gewachsen sind, haben HALL, DOUGLASS und JACKSON[2] gefunden, daß sich als Rohrwerkstoff oder als metallischer Überzug Chromstähle mit 26% Cr im Laboratoriumsversuch besonders bewährt haben. Das nachträgliche Aufbringen von Überzügen ist allerdings recht schwierig und nicht immer erfolgreich. Auch Kombinationen von Überzügen von 26% Chromstahl mit dünner Aluminiumauflage versprechen Erfolg. Nichtmetallische keramische Überzüge haben geringere Aussicht auf Erfolg wegen der Gefahr des Reißens oder Abblätterns durch die Wärmebewegungen im Betrieb. Auch McDOWELL, RAUDEBAUGH und SOMERS[3] fanden an in dem Überhitzer eines ölgefeuerten Kessels eingehängten Proben, daß der Typ 406 mit 12% Cr und 3% Al mit 0,203 mm Eindringtiefe des Korrosionsangriffs in 648 Betriebsstunden (= 2,74 mm/Jahr) bei Temperaturen zwischen 850° C (bei Vollast) und 570° C bei Mindestlast am verhältnismäßig günstigsten abschnitt.

Nach FITZNER und SCHWAB[4] ist eine Chrom-Sicromal-Legierung gegen V_2O_5-Korrosionen am beständigsten, das Ergebnis kann durch Einführen von Silizium (durch Diffusion) in die Oberflächenschichten noch verbessert werden.

---

[1] FLOOD, H., u. H. SØRUM: Om Vanadylvanadat, en ny type elektriske halvledere. I. Systemet Na_2O–V_2O_5. Tidskr. f. Kjemi, Bergvesen og Metallurgi, Bd. 3 (1943) Nr. 5, S. 55/59.

[2] HALL, A. M., D. DOUGLASS u. J. H. JACKSON: Corrosion of mercury boiler tubes during combustion of a heavy residual oil. Trans. ASME Bd. 75 (1953) Nr. 6; Auszug: Mech. Engng. Vol. 75 (1953) Nr. 6, vgl. auch *Feuerungstechnik in USA*, Bericht über die Jahresversammlung der ASME 1952. BWK Bd. 5 (1953) Nr. 3, S. 89/91.

[3] McDOWELL, JR., D. W., R. J. RAUDEBAUGH u. W. E. SOMERS: High-temperature corrosion of alloys exposed in the superheater of an oil-fired boiler. Trans. Am. Soc. mech. Engrs. Bd. 79 (1957) Nr. 2, S. 319/328.

[4] FITZNER, E., u. J. SCHWAB: Über die V_2O_5-Korrosion zunderbeständiger Werkstoffe und deren Beeinflussung durch einzelne Legierungselemente. Berg- und Hüttenmänn. Monatsb. (Leoben) Bd. 98 (1953) Nr. 1, S. 1/7.

FREDERICK und EDEN[1]) sind der Meinung, daß keine der handelsüblichen legierten Stähle bei Temperaturen über 650° C gegen V_2O_5-Na_2SO_4-Schmelzen beständig seien. Legierungen auf Nickel-Basis vom Typ des Nimonic[2]) sind korrosionsbeständiger als austenitische Stähle und werden daher besonders für Gasturbinenschaufeln empfohlen.

Über den Korrosionsmechanismus der Vanadiumverbindungen sind eine Reihe von Theorien aufgestellt worden. Dabei ist an eine katalytische Wirkung des V_2O_5 gedacht worden — es dient ja beispielsweise als Katalysator bei der Schwefelsäureherstellung —, wobei es die Rolle des Sauerstoffüberträgers übernimmt.

Nach LESLIE und FONTANA[3] dissoziieren die Oxyde und bilden Suboxyde und freien Sauerstoff, der in statu nascendi besonders aktiv ist. Nach BRASUNAS[4] u. a.[5] zerstört das geschmolzene Oxyd die Schutzschicht in der Grenzfläche zwischen Metall und Oxyd. Ob die niedrig schmelzenden Oxyde in den Ansätzen oder im Metall vorhanden sind, ist dabei gleichgültig — darauf dürfte auch die Anfälligkeit der Molybdänstähle beruhen[6]. CUNNINGHAM und BRASUNAS[7] haben festgestellt, daß ein Gemisch von 15—20% Na_2SO_4 (Rest V_2O_5) besonders korrosiv ist. Dieses Gemisch besitzt zwar nicht den tiefsten Schmelzpunkt, dagegen das höchste Lösungsvermögen für Sauerstoff, wirkt also als ein besonders aktiver Sauerstoffüberträger.

Ein anderer Chemismus der Korrosionserscheinungen von Natriumsulfatansätzen wurde von SIMONS, BROWNING und LIEBHAFSKY[8] näher untersucht, der ohne die Mitwirkung von Vanadin vor sich geht.

An Gasturbinenschaufeln wurden bei Verbrennung von Schwerölen (Bunker-C-Öl) schon nach 800 Stunden Laufzeit starke, aber örtlich in Färbung und physikalischer Beschaffenheit sehr unterschiedliche Ansätze festgestellt, und zwar je nach der herrschenden Oberflächentemperatur teils eine leicht abzuwischende weiße Bepuderung, teils harte, sehr festhaftende dunkle Beläge. Beide waren im wesentlichen Natrium-

---

[1] FREDERICK, S. H., u. T. F. EDEN: Corrosion aspects of the vanadium problem in gas turbines. Proc. Instn. Mech. Engrs. Bd. 168 (1954), Nr. 3, S. 125/134.

[2] Zusammensetzung der Nickellegierung *Nimonic 80* 20% Cr, 2,5% Ti, 0,5% Al, 0,4% Fe, 0,3% Mn, 0,09% C, Rest Ni. — [3] vgl. S. 306, Fußn. 9.

[4] BRASUNAS, A. DE S., u. N. J. GRANT: Accelerated oxidation of metals at high temperatures. Trans. Am. Soc. Metals Bd. 44 (1952) S. 1117.

[5] MEIJERING, J. L., u. G. W. RATHENAU: Rapid oxidation of metals and alloys in the presence of molybdenum trioxide. Nature Bd. 165 (1950) Nr. 4189, S. 240/241.

[6] Schmelzpunkte einiger Metall-Oxyde:

V_2O_5 670° (s. a. Tab. 77) Bi_2O_3 817°
MoO_3 795°   PbO 886°

s. S. 307, Fußn. 4.

[7] vgl. S. 299, Fußn. 1.

[8] SIMONS, E. L., G. V. BROWNING u. H. A. LIEBHAFSKY: Sodium sulfate in gas turbines. Corrosion Bd. 11 (1955) Nr. 12, S. 505 t/514 t.

und Kalziumsulfate; die Dunkelfärbung rührte von geringen Beimengungen von Metalloxyden (hauptsächlich von V, Fe, Ni und Cr) her.

Natrium- und Kalziumsulfate bilden ein Eutektikum von 913° C Schmelztemperatur, aber selbst bei geringem Na_2SO_4-Gehalt liegt schon eine Teilschmelze vor, obwohl der Schmelzpunkt des $CaSO_4$ sehr hoch liegt (1297° C). In den Ansätzen wurde eine Schichtung beobachtet, die Metalloxyde wandern zur Außenoberfläche und verursachen dort die Dunkelfärbung, die Unterschicht ist ein weißes Gemisch aus Natrium- und Kalziumsulfat.

Korrosionen, die bei reinem Sulfat nicht zu erwarten sind, wohl — wie bemerkt — bei Verunreinigungen durch Chlor, aber auch durch Kohlenstoff oder Schwefeldioxyd, treten, wenn sie erst einmal ausgelöst sind, dennoch auf, dann sogar in erheblichem Ausmaß. Simons, Browning und Liebhafsky[1] nehmen an, daß die Auslösung durch ein Reduktionsmittel und die Bildung eines Sulfids, also niederwertigen Schwefels, herbeigeführt wird, daß dieser niederwertige Schwefel ein Metallsulfid (MS) bildet, und daß das Natriumsulfat der eigentliche Sauerstofflieferant ist. In allgemeiner Form sieht das Reaktionsschema folgendermaßen aus:

Auslösereaktion $\quad Na_2SO_4 + 3\,R = Na_2O + 3\,RO + S \quad$ (I)

$$M + S = MS \quad (II)$$

$$Na_2SO_4 + 3\,MS = 4\,S + 3\,MO + Na_2O \quad (III)$$

$$4\,M + S = 4\,MS. \quad (IV)$$

Die Reaktion (II) ist dabei sporadisch auftretend und schwer vorauszusagen. Durch die Überproduktion an S nach (III) setzt eine Autokatalyse des Vorganges ein. Damit erklären sich die in den Laboratoriumsversuchen wie im praktischen Gasturbinenbetrieb auftretenden Korrosionen, zugleich auch die Streuung der Versuchsergebnisse. Man muß daher bestrebt sein, die Auslösereaktion (I) zu verhindern, das bedeutet, daß Reduktionsmittel unbedingt ferngehalten werden müssen, die Atmosphäre muß unter allen Bedingungen und zu allen Zeiten oxydierend sein. Im übrigen ist die Entfernung der Alkalien (durch Auswaschen) das sicherste Mittel zur Vermeidung der Schwierigkeiten (vgl. S. 312).

d) Korrosions-Schutzmaßnahmen

Als Maßnahmen zum Schutz gegen Korrosionen — abgesehen von der Baustoffwahl und von den Schutzüberzügen — sind vorgeschlagen worden
1. Brennstoffzusätze
2. besondere Verbrennungsbedingungen (unvollständige Verbrennung).

---
[1] vgl. S. 308, Fußn. 8.

310 Bekämpfung der Verschlackung und der Heizflächenverschmutzung usw.

Die Verwendung von Zusätzen (Additive), besonders das Einblasen solcher Zusätze in die Flamme, erschien zunächst von zweifelhafter Wirkung und meist auch unwirtschaftlich. In reiner Tonerde und in dem — aus wirtschaftlichen und Versorgungsgründen vorzuziehenden — Dolomit (in Korngrößen $\leq 325\,\mu$) glauben McILROY und Mitarbeiter[1], ein geeignetes Mittel gefunden zu haben. Das Pulver wurde zunächst im Öl suspendiert, doch ist damit ein starker mechanischer Verschleiß der Zerstäuberdüsen verbunden. Spätere Versuche wurden auch mit Einblasung des Staubes mit der Verbrennungsluft angestellt. Als Nebenwirkung wurde die Verringerung der SO_3-Bildung und der Tieftemperatur-Korrosionen festgestellt (HUGE, PIOTTER[2]) (vgl. auch S. 320). Bezüglich der umstrittenen Rolle des Vanadiumpentoxyds als Katalysator der SO_3-Bildung sei auf S. 315 verwiesen.

Umfangreiche Versuche der General Electric Co., Schenectedy, N. Y. BUCKLAND, GARDINER, SANDERS[3] mit dem Ziel, die Gasturbinenschaufelkorrosionen, die zunächst die wirtschaftliche Verwendung von Rückstandsölen in Gasturbinen ernstlich in Frage stellten, zu verhindern, haben zu Empfehlungen über die Verbesserung des Öles durch Zusätze geführt, die folgende Spezifikationen verlangen: Das Gewichtsverhältnis von Natrium zu Vanadium in der Ölasche soll nicht größer sein als 0,3. Dies könnte erreicht werden durch Entfernen von Natriumverbindungen oder durch Zumischen eines vanadiumreichen Öles. Das Gewichtsverhältnis von Kalzium zu Vanadium soll nicht kleiner als 5 sein. Zur Erfüllung dieser Bedingung sollten öllösliche Stoffe verwendet werden, andernfalls, bei ölunlöslichen Zusätzen, soll das Ca/V-Gewichtsverhältnis auf 8 eingestellt werden. Die Zusätze sollen Korngrößen nicht über $1\,\mu$ besitzen. Magnesium, Barium und Nickel in der Ölasche sind erwünscht, sie können das Ca teilweise ersetzen, doch soll die Summe des Kalziums und die Hälfte des Magnesiums, Bariums oder Nickels das Sechsfache des Gehalts an Vanadium betragen. Die Gesamtasche soll 0,2% nicht überschreiten.

Die Herrichtung eines solchen Öles mit sorgfältig *gemöllerter* Asche und die laufende Überwachung der Aschenzusammensetzung ist zweifellos, trotz der im Versuch nachgewiesenen Verringerung der Korrosionen, eine schwere wirtschaftliche Belastung, deren Durchführung dem Ver-

---

[1] McILROY, J. B., E. J. HOLLER, JR. u. R. B. LEE: The application of additives to fuel oil and their use in steam-generating units. Trans. ASME Bd. 76 (1954), Nr. 1, S. 31—42.
[2] HUGE, E. C., u. E. C. PIOTTER: The use of additives for the prevention of low-temperature corrosion in oil-fired steam-generating units. Trans. ASME Bd. 77 (1955) Nr. 3, S. 267/278.
[3] BUCKLAND, B. O., C. M. GARDINER u. D. G. SANDERS: Residual fuel-oil ash corrosion. ASME-Paper A-52-161; s. a. Mech. Engng. Bd. 75 (1953) S. 369/372.

braucher kaum zugemutet werden kann. Der Vorteil der billigen Rückstandsöle für den Gasturbinenbetrieb geht dadurch wieder verloren. Überdies hat sich herausgestellt, daß zwar die Korrosionen, nicht aber die Ansatzbildungen verhütet werden, die aber für den Gasturbinenbetrieb wegen ihrer nachteiligen Einwirkungen auf Leistung und Wirkungsgrad der Turbinen untragbar sind.

Die Ansatzbildung hängt sowohl von der Menge an Aschenbestandteilen, so Natrium, Kalzium und Vanadium, als auch von dem Natrium/Vanadium-Verhältnis (SCOTT, STANSFIELD, TAIT[1]) ab.

SULZER[2,3] hat erfolgreiche Versuche an Gasturbinen mit Siliziumverbindungen durchgeführt. Da öllösliche Verbindungen, wie Aethylsilikate, wegen des hohen Preises ausfallen, schlägt er Tone und Kaolin möglichst hoher Reinheit (geringer Eisen- und Alkaligehalt) vor. Korngröße und Korngrößenverteilung sind dabei sehr wichtig, um Erosionen zu vermeiden. Die Mehrkosten werden auf 3—5% der Brennstoffkosten geschätzt, die sich später vielleicht noch auf 1—2% verringern lassen.

Die Wirksamkeit von Ölzusätzen zur Verhütung einer Ansatzbildung wird von BOWDEN, DRAPER und ROWLING[4] bestätigt. Sie fanden SiO_2, ZnO und MgO in dieser Reihenfolge als besonders wirksam. In beträchtlichem Abstand folgen Al_2O_3, P_2O_5 und als letztes CaO, das sich sogar als ansatzfördernd erwies.

Nach den Versuchen von FREDERICK und EDEN[5] ist MgO besonders wirksam in der Hemmung der Korrosionen, alle anderen Zusätze zeigen bei kleinem Gewichtsverhältnis von Zusatz zu Asche zunächst einen Anstieg, dann beim Verhältnis 1 : 1 bzw. 2 : 1 ein Abfallen. Nach MgO folgen in der Reihenfolge der Wirksamkeit ZnO, Vermiculit (Glimmerart), Al_2O_3 und Kieselgur, doch wechselt die Reihenfolge etwas mit der Art der untersuchten Metall-Legierung.

Die Wirkung von Zusätzen beruht auf der Bildung neuer kristalliner Substanzen; so wurde $MgO \cdot 4\,V_2O_5 \cdot Na_2SO_4$ festgestellt (ohne nähere Identifizierung). Obwohl das Gemisch $4\,V_2O_5 \cdot Ba_2SO_4$ in den Bereich höchster Sauerstofflöslichkeit fällt, bewirkte das MgO eine Minderung der Löslichkeit auf nahezu Null (CUNNINGHAM, BRASUNAS[6]).

---

[1] SCOTT, M. O., R. STANSFIELD u. T. TAIT: Fuels for aviation and industrial gas turbines. Journ. Inst. Petroleum. Bd. 37 (1951), S. 487/509.
[2] SULZER, P.: Über die Beeinflussung von Ölaschenablagerungen durch Brennstoffzusätze. Schweiz. Arch. angew. Wiss. u. Technik. Bd. 18 (1952), Nr. 11, S. 379/380.
[3] SULZER, P. T.: Brennstoffzusätze zur Verhinderung von Ölasche-Ablagerungen in Gasturbinen. Schweiz. Bauzeitung Bd. 72 (1954) Nr. 7, S. 79/82.
[4] vgl. S. 297, Fußn. 5. — [5] vgl. S. 308, Fußn. 1.
[6] CUNNINGHAM u. BRASUNAS: vgl. S. 299, Fußn. 1.

BUCKLAND[1,2] hat zur Vermeidung von Ansätzen, die z. T. durch die Zusatzstoffe gefördert werden, vorgeschlagen, durch Entsalzen, d. h. Waschen und Zentrifugieren, oder Filtern oder elektrostatische Niederschlagung einen möglichst großen Teil der Alkalisalze zu entfernen. Die Vanadiumkorrosionen müssen wie bisher durch Zusätze bekämpft werden, wozu nunmehr insbesondere Magnesium vorgeschlagen wird. Das Gewichtsverhältnis Mg/V soll ≥ 3 sein, der Natriumgehalt soll unter 0,001, besser aber unter 0,0005% (des Öles) liegen. Die gleichen Grenzwerte gelten für den Kalziumgehalt. Versuche über das Zentrifugieren von Heizöl hat LAMB[3] beschrieben. Nach ENGEL[4] ist der Effekt in sehr hohem Maße vom spezifischen Gewicht und der Teilchengröße der im Öl suspendierten Teilchen, von der Viskosität und von der Temperatur abhängig. Die Abtrennung des Wassers (einschließlich der wassergelösten Salze) erfordert zunächst ein Aufbrechen der Öl-Wasser-Emulsion. Als Emulsionsbrecher hat sich nach Erfahrungen der britischen Marine *Teepol* (Handelsname für ein sekundäres Natriumalkylsulfat) bewährt (GRAY u. KILLNER[5], LAWRENCE u. KILLNER[6], SHARP u. INCE[7]), wovon 0,1 %, dem Öl bei mäßiger Erwärmung zugesetzt, genügen. Zahlreiche weitere Vorschläge und Patente führt CLAYTON[8] an.

Besondere Beachtung verdient auch das Verfahren der Entsalzung durch Auswaschen und nachfolgende elektrostatische Entwässerung. Dieses Verfahren ist für die Entsalzung des Rohöles (meist schon auf den Ölfeldern) mit gutem Erfolg eingeführt[9]. Es bedarf dazu lediglich einer so hohen Vorwärmung, daß eine Viskosität des Öles von etwa 1° Engler erreicht wird unter Anwendung eines so hohen Druckes, daß dabei noch keine Verdampfung des Wassers eintritt. Zur Erleichterung der Trennung von Wasser und Öl wird ein Viskositätsbrecher (Spalter) zugesetzt.

Die zweite Gruppe von Vorschlägen bezieht sich auf die Verbrennungsverhältnisse. Zur Vermeidung von Ansätzen haben BOWDEN, DRAPER

---

[1] BUCKLAND, B. O.: Corrosion and deposit in gas turbines. Ind. Eng. Chem. Bd. 46 (1954) Nr. 10, S. 2163/2169.
[2] BUCKLAND, B. O., u. D. G. SANDERS: Modified residual fuel for gas turbines. Trans. Am. Soc. mech. Engrs. Bd. 77 (1955) Nr. 8, S. 1199/1209.
[3] LAMB, J.: The burning of boiler fuels in marine diesel engines. Trans. Inst. Marine Engrs., Bd. 60 (1948) Febr., S. 1—25.
[4] ENGEL: vgl. S. 296, Fußn. 1. — [5] GRAY u. KILLNER: vgl. S. 296, Fußn. 2.
[6] LAWRENCE, A. S. C., u. W. KILLNER: Emulsion of sea-water in admiralty fuel oil with special reference to their demulsification. Journ. Inst. Petroleum, Bd. 34 (1948), S. 821/856.
[7] SHARP, H. J., u. J. F. INCE: The formation and properties of emulsions of oil fuel and water. Engineering Bd. 167 (1949) S. 361/364.
[8] CLAYTON, W.: The theory of emulsions and their technical treatment. 3. Aufl., Philadelphia: P. Plasticon's Son & Co. 1935.
[9] Nach Mitteilung der Firmen Lurgi Gesellschaft für Mineralöltechnik m.b.H., Frankfurt a. M. u. Hugo Ibing, Recklinghausen.

und Rowling[1,2] vorgeschlagen, die Verbrennung etwas unvollständig ablaufen zu lassen und die Restasche gewissermaßen in Kohlenstoff einzubetten. Es braucht zu diesem Zweck nur ein Kohlenstoffverlust von etwa 1% zugelassen zu werden, der wirtschaftlich ohne weiteres tragbar wäre. Der Grundgedanke geht von der Beobachtung aus, daß die Ansatzbildung von der Teilchengröße der Aschenpartikel abhängt und um so schneller vor sich geht, je kleiner die Teilchen sind. Lenkte man die Ölzerstäubung so, daß die mittlere Teilchengröße beispielsweise 42 μ betrug, so ergab sich nach 1000 Betriebsstunden ein schneller, etwas stetiger Anstieg des Turbinen-Widerstandes (als Maß der Verschmutzung), dagegen blieb der Widerstand bei 77 μ Teilchendurchmesser über 5000 Stunden konstant.

Sulzer[3,4] fand ebenfalls eine Verringerung der Ansätze bei unvollkommener Verbrennung. Er schlägt hingegen vor, nicht die Zerstäubung zu verschlechtern, sondern eine Erhöhung der Luftmenge (des Luftüberschusses in der Verbrennungszone) und damit eine Senkung der Verbrennungstemperatur vorzunehmen. Die Vanadinoxyde können nach Sulzer in Anwesenheit von Kohlenstoff unterhalb der Schmelzpunkte der niederen Oxyde (V_2O_3, V_2O_4) überhaupt keine flüssige Phase bilden, folglich auch nicht korrodierend wirken. Beruht die unvollständige Verbrennung auf sehr ungleicher Verteilung der Tröpfchengrößen, so kann aber durchaus ein Teil freie Asche auch Ansätze bilden, die aber durch die Scheuerwirkung von Flugkoksteilchen wieder abgelöst werden. Die Korrosion kann dabei ein erhebliches Maß annehmen. Man kann daher die Aussichten solcher Verfahren einer absichtlich verschlechterten Verbrennung noch nicht endgültig beurteilen.

Die Schwierigkeiten, die Verschlackung, Ansatzbildung und Korrosion bei Ölfeuerungen verursachen, hat man also in erster Linie dadurch zu beherrschen versucht, daß der Aschengehalt möglichst niedrig gehalten wird — gegebenenfalls durch Nachbehandlung — und daß man die verbleibenden Aschenträger, soweit sie korrosiver Natur sind, durch Zusätze unschädlich zu machen versucht. Ähnliche Wege geht man auch in der Bekämpfung der Tieftemperaturkorrosionen (vgl. S. 315).

Ein anderer Weg führt — ähnlich der Entwicklung bei den festen Brennstoffen — über die Beeinflussung der Temperatur- und Verbrennungsbedingungen.

---
[1] vgl. S. 297, Fußn. 5.
[2] Draper, P.: The use of residual fuel oils in gas turbines. ASME-Paper Nr. 52-A-127. Auszug: Mech. Engng. Bd. 75 (1953) Nr. 3, S. 246.
[3] Sulzer, P.: Zuschrift zur Arbeit Bowden, Draper und Rowling ibid. S. 307—308.
[4] Sulzer, P. T.: Über die Beeinflussung der Ölaschenablagerungen in industriellen Gasturbinenanlagen durch Kontrolle der Verbrennung. Schweiz. Arch. angewandte Wiss. u. Technik Bd. 20 (1954) Nr. 2, S. 33—41.

314 Bekämpfung der Verschlackung und der Heizflächenverschmutzung usw.

Die Einblasung von Dampf und die Befeuchtung der Verbrennungsluft übt sowohl auf die Verbrennung als auch auf die Heizflächenverschmutzung einen günstigen Einfluß aus. Dampfzerstäuberbrenner sollen gegenüber Druckzerstäubern in dieser Beziehung im Vorteil sein. Die bessere Verbrennung ist durch die katalytische Begünstigung der Verbrennung und durch die Vergasung der feinsten Rußpartikel durch die Wassergasreaktion leicht zu erklären. Die rußfreie Verbrennung wasserstoffärmerer Kohlenwasserstoffe durch Wasserdampfzugabe zur Verbrennungsluft läßt sich durch den *Lampenversuch* von ROMP[1] leicht demonstrieren. Auch die Innenkühlung durch Wassereinspritzung bei Verbrennungskraftmaschinen zeigt die vorteilhafte Wirkung des Wasserdampfes.

Für den Einfluß des Wasserdampfes auf die Ansatzbildung gibt es bisher noch keine befriedigende Erklärung des Reaktionsmechanismus, außer der Erklärung durch die Temperatursenkung. Nach WETZEL[2,3] läßt sich die Natur und Festigkeit von Ansätzen in ölgefeuerten Schiffskesseln und deren Überhitzern durch Dampfeindüsung in weiten Grenzen beherrschen. Die vorher harten Ansätze wurden pulverig und leicht entfernbar. Trotz eines Frischdampfverbrauches von etwa 4% soll der Betrieb wirtschaftlich sein. Andere Wege der Temperaturbeherrschung (vgl. S. 266), wie Rauchgasrückführung mit oder ohne zusätzliche Wassereinspritzung sollten dann eine ähnliche Wirkung bei noch besserer Wirtschaftlichkeit des Verfahrens erwarten lassen.

Abschließend muß, angesichts der großen Unterschiede zwischen den Ansätzen ölgefeuerter gegenüber kohlegefeuerter Kessel, noch auf die physiologischen Wirkungen des Vanadiums hingewiesen werden, die besondere Vorsichtsmaßnahmen bei der Kesselreinigung zweckmäßig erscheinen lassen.

Vanadiumverbindungen sind starke Reizmittel für die Atmungsschleimhäute vom Nasenrachenraum bis zu den Bronchien und für die Augenbindehaut. Chronischer Vanadinismus ist dagegen bisher nicht festgestellt worden (PIELSTICKER[4]). Die krankhaften, grippeartigen Erscheinungen gehen daher bei Fernhaltung von der V-Atmosphäre zurück. Zweckmäßig ist daher ein hinreichender Atmungs- und Augenschutz nach Art der für Kesselreiniger allgemein empfehlenswerten Preßluftschlauchgeräte (SCHÄFER[5]).

---

[1] ROMP, H. A.: Oil burning. Den Haag, 1931, Nijhoff, S. 85/87, 292/297.
[2] WETZEL Engineering Laboratories, Inc., Beaverton, Oregon.
[3] (Anonym): Fireside slag and soot prevention experiment. Marine Engineering and Shipping Review. Bd. 54 (1950) No. 5, S. 63 u. 78.
[4] PIELSTICKER, F.: Gesundheitsschädigungen durch Vanadiumverbindungen. Ihre Symptomatologie und Prognose. Arch. Gewerbepathologie und Gewerbehygiene Bd. 13 (1954) Nr. 1/2, S. 73/96.
[5] SCHÄFER, H.: Atemschutz gegen Feinstäube für Kesselreiniger. VGB-Mitt. Heft 44 (Okt. 1956) S. 364/366.

E. Schwefelsäurebildung und Rauchgastaupunkt

Die Verschmutzungserscheinungen im Bereich der tiefsten Rauchgastemperaturen werden in entscheidender Weise vom Rauchgastaupunkt beeinflußt.

Unter dem *Rauchgastaupunkt* versteht man diejenige Temperatur, bei der das Gas mit dem betreffenden dampfförmigen, kondensierbaren Stoff gerade gesättigt ist, so daß er sich auf einer Heiz- oder Kühlfläche als Kondensat abscheidet, wenn das Rauchgas ohne Druckänderung unter diese Temperatur abgekühlt wird. Rauchgase enthalten an kondensierbaren Stoffen in erster Linie Wasserdampf, daneben aber auch in kleinen Mengen Schwefelsäure und u. U. auch andere Säuren (Salzsäure, Essigsäure usw.). Ist keine Schwefelsäure vorhanden, so spricht man vom *Wasserdampf-Taupunkt*; es genügen jedoch bereits sehr kleine SO_3-Gehalte im Rauchgas, um den sogenannten *Säuretaupunkt* sehr wesentlich heraufzusetzen und damit nicht nur die Gefahr einer Heizflächenbefeuchtung und -verschmutzung, sondern auch die einer Korrosion beträchtlich zu erhöhen (GUMZ[1,2]).

Der Brennstoffschwefel verbrennt in der Hauptsache zu SO_2, daneben entsteht in geringer Menge SO_3. Schwefeltrioxyd kann ferner durch Zersetzung von Sulfaten in der Brennstoffasche entstehen, doch ist der Sulfatschwefelgehalt der meisten Brennstoffe nur gering; er tritt nur bei jüngeren Steinkohlen und bei Braunkohlen in Erscheinung. Entsprechend den Gleichgewichtsbedingungen der Reaktionsgleichung

$$2\,SO_2 + O_2 \rightleftharpoons 2\,SO_3 \tag{88}$$

ist der SO_3-Gehalt bei hohen Temperaturen gering, bei niedrigen Temperaturen hoch. Sauerstoffüberschuß begünstigt die SO_3-Bildung. Hohe Temperaturen begünstigen andererseits die Geschwindigkeit des Reaktionsablaufes, niedrige hemmen sie, so daß in gewissen mittleren Temperaturbereichen optimale Bedingungen für die SO_3-Bildung bestehen. Die SO_3-Bildung kann katalytisch begünstigt werden durch solche Aschebestandteile wie V_2O_5 oder Fe_2O_3. Beide werden technisch bei der Schwefelsäureherstellung als Katalysator benutzt.

Die Menge des SO_3, ausgedrückt in Prozent des gesamten Gasschwefels ($SO_2 + SO_3$), ist bei verschiedenen Feuerungsarten, Temperaturbedingungen und Betriebszuständen äußerst verschieden und be-

---

[1] GUMZ, W.: Brennstoffschwefel und Rauchgastaupunkt. Brennst. Wärme. Kraft. Bd. 5 (1953) Nr. 8, S. 264/269.

[2] —: Rauchgastaupunkt und Rauchgaskorrosionen. Ebenda Bd. 9 (1957) Nr. 3, S. 118/125.

trägt nach Angaben verschiedener Autoren, in runden Zahlen ausgedrückt, bei

Rostfeuerungen	1,6—2,9%	(THIELER, GUMZ[1], JOHNSTONE[2])
Kohlenstaubfeuerungen	0—0,8%	(JOHNSTONE[2], CORBETT, FLINT u. LITTLEJOHN[3])
Schmelzfeuerungen	0%	(ROSAHL, GUMZ[4])
Ölfeuerungen:		
Kleinfeuerung	3,2—7,4%	(CRUMLEY, FLETCHER[5])
Großfeuerung	0,5—4,0% (12,1%)	(JOHNSTONE[2], CRUMLEY u. FLETCHER[5], HUGE u. PIOTTER[6]).

Die Bildung der Schwefelsäure nach

$$SO_3 + H_2O = H_2SO_4 \tag{89}$$

geht sehr schnell vor sich und wird von fallenden Temperaturen und von der Höhe des Wasserdampfgehaltes, der in Form von Verbrennungswasser in sehr großem Überschuß vorhanden ist, begünstigt.

Die Bindung der Schwefelsäure bzw. des SO_3 an Feststoffe durch Adsorption trägt wesentlich dazu bei, den SO_3-Gehalt der Gasphase zu verringern, dies um so stärker, je größer die Feststoffoberflächen sind. Der Grund für das günstige Verhalten der Kohlenstaubfeuerungen, insbesondere der Schmelzfeuerungen, ist daher wohl in erster Linie in der Anwesenheit des Flugstaubes und von Sublimaten im Rauchgas zu suchen. Bei Schmelz- und Zyklonfeuerungen steigt die Menge der Sublimate (vgl. S. 159) mit steigender Temperatur, und ihre außerordentliche Feinheit (vgl. Abb. 59, S. 153) bietet eine so große adsorbierende Oberfläche, daß alles SO_3 aus dem Gas verschwindet und nur noch der Wasserdampftaupunkt feststellbar ist. Die Sublimate, die vom Standpunkt der Heizflächenverschmutzung einen nicht unerheblichen Nachteil der hohen Verbrennungstemperaturen darstellen, erweisen sich durch die Adsorption der Schwefelsäure als äußerst vorteilhaft, da sie eine tiefe Rauch-

---

[1] THIELER, S.: Verhalten des Schwefels der Kohlen bei der Verbrennung. Diss. Aachen 1912 — vgl. auch F. MUHLERT: Der Kohlenschwefel. Halle a. S.: Knapp 1930 (Kohle, Koks, Teer, Bd. 21) S. 14 und GUMZ, W.: Die Luftvorwärmung im Dampfkesselbetrieb. 2. Aufl. S. 270. Leipzig: Spamer 1933.

[2] JOHNSTONE, H. F.: The corrosion of power plant equipment. Univ. of Illinois Bull. Bd. 28 (1931) Nr. 41, Eng. Exp. Sta. Bull. Nr. 228.

[3] CORBETT, P. F., D. FLINT u. R. F. LITTLEJOHN: Development in the B. C. U.R. A. dew-point meter for the measurement of the rate of acid build-up on cooled surfaces exposed to flue gases. Journ. Inst. Fuel, Bd. 25 (1952/53) Nr. 146, S. 246/25.

[4] ROSAHL, O.: Entwicklungsstand der Dampfkesseltechnik in Deutschland. VIK-Mitt. Nr. 4 (1956), S. 53/61;— GUMZ, W.: Betriebserfahrungen mit Luftvorwärmern. VGB-Mitt. H. 44 (Okt. 1956) S. 325/342 und Fußn. 2, S. 315.

[5] CRUMLEY, P. H., u. A. W. FLETCHER: The formation of sulphur trioxide in flue gases. Journ. Inst. Fuel. Bd. 29 (1856) Nr. 8, S. 322/327.

[6] HUGE, E. C., u. E. C. PIOTTER: The use of additives for the prevention of low-temperature corrosion in oil-fired steamgenerating units. Trans. ASME Bd. 77 (1955) Nr. 3, S. 267/278.

gasabkühlung gestatten, wodurch der Kesselwirkungsgrad gesteigert wird.

Die Taupunktsmessung erfolgt vorzugsweise nach dem von JOHNSTONE[1] angegebenen Prinzip der Messung der elektrischen Leitfähigkeit des Kondensatfilmes auf einer Glaskuppe mit eingelassenen Elektroden, deren Temperatur gleichzeitig gemessen wird.

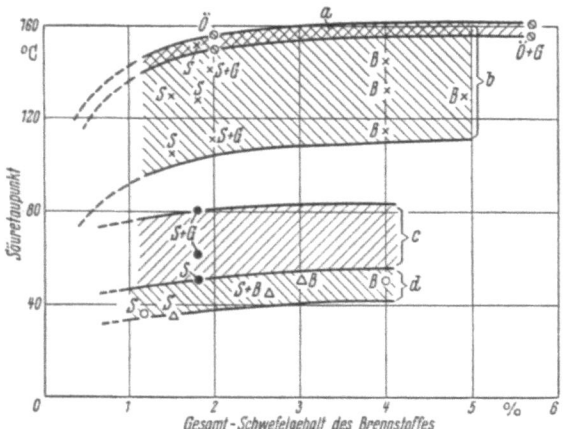

Abb. 148. Rauchgastaupunkte verschiedener Feuerungen als Funktion des Schwefelgehaltes im Brennstoff (nach Messungen der Babcockwerke, Oberhausen)
S Steinkohle, B Braunkohle, G Gas, $Ö$ Öl, a (○) Ölfeuerungen, b (×) Rostfeuerungen, c (·) Granulierfeuerungen, d ( ) Schmelzfeuerungen, ○ Kammern, △ Zyklone

Die Taupunktsmeßgeräte sind im Laufe der Zeit insbesondere in England von der British Coal Utilisation Research Association, Leatherhead, Surrey (CORBETT, FLINT, LITTLEJOHN[2]), in Deutschland vom Technischen Überwachungsverein, Essen, in Zusammenarbeit mit der Firma W. C. Heraeus, Hanau (RÖGENER[3]), vervollkommnet worden. Auch andere Firmen haben Geräte auf gleicher Grundlage, z. T. nur für den eigenen Gebrauch, entwickelt, so die Babcock-Werke, Oberhausen. Die Firma R. Kablitz, Lauda und Berlin, hat ein Gerät auch für Daueranzeige und für automatische Betätigung von Gegenmaßnahmen gegen Taupunktsunterschreitung auf den Markt gebracht. Beispiele von Meßergebnissen sind in Abb. 148 wiedergegeben. Gegen den Wert, besonders gegen die absolute Genauigkeit der Taupunktsmessung sind erhebliche Bedenken angemeldet worden (RYLANDS, JENKINSON[4]). Die Messungen

---

[1] JOHNSTONE, H. F.: An electrical method for the determination of the dewpoint of flue gases. Univ. of Illinois. Eng. Exp. Station Circular Nr. 20 (1929).

[2] CORBETT, FLINT u. LITTLEJOHN: vgl. S. 316, Fußn. 3.

[3] RÖGENER, H.: Ergebnisse von Taupunktmessungen an Rauchgasen. BWK Bd. 9 (1957) Nr. 3, S. 126/128.

[4] RYLANDS, J. R., u. J. R. JENKINSON: The acid dew-point. J. Inst. Fuel Bd. 27 (1954) Nr. 161, S. 299/318.

318 Bekämpfung der Verschlackung und der Heizflächenverschmutzung usw.

der Abhängigkeit des Säuretaupunktes vom SO_3-Teildruck des Gases weichen nach den Angaben verschiedener Autoren erheblich voneinander ab; als beste Werte können wohl die von FRANCIS[1] gelten.

Es ist richtig, daß eine exakte Rauchgastaupunktmessung sehr schwierig ist, und daß der Taupunkt eines Rauchgases keine physikalisch eindeutige Größe darstellt, vielmehr zeitlich und örtlich durch die Schwankungen des SO_3-Gehaltes, verstärkt durch Vorgänge der katalytischen SO_3-Bildung, der SO_3-Adsorption an Festteilchen und Wandungen, gewissen temperatur- und betriebsbedingten Veränderungen unterworfen ist. Vom Standpunkt der Korrosionsgefahr spielt auch nicht so sehr das Auftreten eines ersten Kondensattröpfchens oder eines zunächst äußerst dünnen Kondensatfilmes eine Rolle, als vielmehr der Kondensationsbereich unterhalb des Säuretaupunktes, der etwa 30—50° C unter der Taupunktstemperatur ein Maximum der Niederschlagsmenge ergibt (Abb. 149).

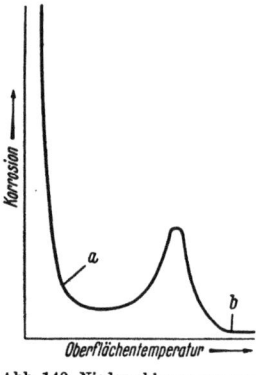

Abb. 149. Niederschlagsmenge und Korrosivität als Funktion der Heizflächentemperatur (nach HOFFMANN).
a Wasserdampf-Taupunkt,
b Schwefelsäure-Taupunkt

Die Korrosivität (HOFFMANN[2]) erreicht ein Maximum unterhalb des Säuretaupunktes und abermals ein zweites sehr viel stärkeres Maximum unterhalb des Wasserdampftaupunktes, da hier die Niederschlagsmenge wesentlich erhöht wird und SO_2, SO_3 und HCl in Lösung gehen.

Bemerkenswert ist der Einfluß der Temperatur, wenn die Beobachtungen auch Widersprüche aufweisen. Während bei den Kohlenstaubfeuerungen festgestellt worden ist, daß mit steigenden Temperaturen der SO_3-Gehalt und damit der Säuretaupunkt zurückgeht, was sowohl mit den Gleichgewichtsbedingungen wie auch mit der Zunahme adsorbierender Festteilchen erklärt werden konnte, ist umgekehrt bei Ölfeuerungen eine Zunahme des SO_3-Gehaltes und ein Ansteigen des Taupunktes mit steigender Temperatur beobachtet worden (CRUMLEY u. FLETCHER[3], CORBETT[4], HUGE u. PIOTTER[5]).

---

[1] FRANCIS, W. E.: The measurement of the dew-point and H_2SO_4 vapour content of combustion products. Gas Research Board Comm. GRB 64 (1952); vgl. auch S. 315, Fußn. 1, dort bes. Abb. 5 u. 6.
[2] HOFFMANN, W.: Ursachen und Verhinderung von Tieftemperatur-Korrosionen an Nachschaltheizflächen. VGB-Mitt. Heft 46 (Febr. 1957), S. 47/52.
[3] CRUMLEY und FLETCHER: vgl. S. 316, Fußn. 5.
[4] CORBETT, P. F.: The SO_3-content of the combustion gases from an oil-fired water-tube boiler. J. Inst. Fuel Bd. 26 (1953) Nr. 151, S. 92/116.
[5] HUGE u. PIOTTER: vgl. S. 316, Fußn. 6.

Andere Autoren stellen gerade das Gegenteil fest. So ergab nach LEES[1] eine Steigerung des CO_2-Gehaltes von 10 auf 13% bei Versuchen an Großkesseln (Bankside Station in London) eine Senkung des Rauchgastaupunktes von 174° C auf 150° C, und die Niederschlagsmenge fiel noch wesentlich stärker ab. Die Taupunkte liegen allerdings bei Ölfeuerung absolut genommen besonders hoch.

In gleicher Richtung liegen die Bemühungen von ROSAHL[2], die SO_3-Bildung durch Temperatursteigerung — und zwar durch Verbrennung des Öls in einer Zyklonkammer — bei sehr hohen Wärmebelastungen und unter Aufwand entsprechender hoher Wirbelenergie zu drücken.

Zu gleicher Auffassung über die Rolle der Verbrennungsintensivität kamen auch TAYLOR und LEWIS[3], während FLINT, LINDSAY und LITTLEJOHN[4] wiederum glaubten, das Gegenteil feststellen zu können.

Es bedarf daher noch weiterer Versuche zur Aufklärung der Widersprüche über den Einfluß der Temperatur auf die SO_3-Bildung bzw. den Taupunkt bei Ölfeuerungen. Dabei spielen sicherlich auch andere Einflüsse eine Rolle (Feuerführung, Luftüberschuß, Adsorptionswirkung anderer Aschebestandteile usw.).

Die Bildung von Sulfiten oder Sulfaten aus dem Schwefelgehalt des Öles und dem Alkaligehalt der Ölasche kann durch die Unbeständigkeit der Sulfate auch zur Erzeugung von SO_3 im Verlauf des Rauchgasweges beitragen. So haben FLETCHER und GIBSON[5] mit Hilfe des Schwefelisotops S^{35} feststellen können, daß bei Anwesenheit von SO_2 und SO_3 und bei höheren Temperaturen die Sulfatbildung bevorzugt über eine Sulfitbildung vor sich geht nach dem Reaktionsschema

$$2\ NaCl + H_2SO_3 = Na_2SO_3 + 2\ HCl$$
$$Na_2SO_3 + 1/2\ O_2 = Na_2SO_4.$$

Sie wird in Gegenwart von $\alpha\text{-}Fe_2O_3$ katalytisch stark beschleunigt, die Sulfatbildung über SO_3 dagegen nicht.

Die Maßnahmen zur Verhütung von Korrosionsschäden bestehen, soweit sie nicht in der Vermeidung einer Unterschreitung der Taupunktstemperaturen durch die Heizflächen oder in der Verwendung korrosions-

---

[1] LEES, B.: An investigation into the air – heater corrosion of oil-fired boilers. J. Inst. Fuel Bd. 29 (1956) Nr. 183, S. 171/175.

[2] ROSAHL, O.: vgl. S. 316, Fußn. 4; — : Erfahrungen bei der Verbrennung von schweren Heizölen in Dampfkesselanlagen. VGB-Mitt. Heft 46 (Febr. 1957) S. 13/27.

[3] TAYLOR, R. P., u. A. LEWIS: SO_3-formation in oil-firing. Congrès International du Chauffage Industriel. Gr. II-Sct. 24, Nr. 154. Paris 1952.

[4] FLINT, D., A. W. LINDSAY u. R. F. LITTLEJOHN: The effect of metal oxide smokes on the SO_3-content of combustion gases from oils. J. Inst. Fuel 26 (1953) Nr. 152, S. 122/127.

[5] FLETCHER, A. W., u. E. J. GIBSON: The use of carbon-14 and sulphur-35 in chemical problems of fuel research. Radioisotope Conference 1954, Bd. II, S. 40/48.

320 Bekämpfung der Verschlackung und der Heizflächenverschmutzung usw.

fester Baustoffe oder Überzüge (Anstriche, Einbrennlacke, Kunststoffoder keramische Schutzschichten) (GUMZ[1]) oder Schutzanstriche von Pyridin-Basen (sog. *Teramine* aus Kohleteer[2]), bestehen, beruhen entweder auf der Einbringung von feinverteilten adsorbierenden Feststoffen in den Rauchgasstrom oder auf der chemischen Bindung der Schwefelsäure. So hat man z. B. Dolomitstaub mit Erfolg angewendet, ursprünglich als Zusatz, um den niedrigen Schmelzpunkt der Ölasche und den korrosiven Charakter der Ansätze an Überhitzerheizflächen unschädlich zu machen. Es zeigte sich dabei als Nebenwirkung, daß gleichzeitig auch die Tieftemperaturkorrosionen verringert wurden, obwohl der gemessene Rauchgastaupunkt nur in geringem Maße — um ca. 15 bis 20° C — zurückging (HUGE, PIOTTER[3]). Die Wirkung wurde in erster Linie der Adsorption von SO_3 und seiner Bindung an den Dolomitstaub zugeschrieben.

Andere Zusatzstoffe, die größtenteils nur im Laboratorium erprobt wurden, für den praktischen Betrieb aber meistens unwirtschaftlich sein dürften, sind Zink- und Magnesium-Naphtenate, Mg-Seife, Magnesiumoxyd, Zinkstaub, Silika-Nebel und Stickoxyde (RENDLE, WILSDON[4]).

Die günstige Wirkung von Flugstäuben wurde auch bei Rostfeuerungen durch die Anwendung von Kohlenstaub-Zusatzfeuerungen nachgewiesen (HENNING u. RÖGENER[5], CORBETT u. FLINT[6]), wenn auch der Erfolg nicht immer durchschlagend gewesen sein soll. BARKER und CORBETT[7] fanden bei Teerölzugabe, vermutlich durch Rußbildung, den relativ besten Effekt. Die Wirkung feinverteilten Rußes ist bereits von WHITTINGHAM[8] und KEAR[9] festgestellt worden.

---

[1] GUMZ: vgl. S. 286, Fußn.1.
[2] The Midland Tar Distillers, Ltd.: Method of Reducing the Corrosive Attack of Combustion Gases on Metal. (Erfinder: EDWARD BRETT DAVIES.) Brit. Patent 734,190, Klasse 51 (1), B8A und 91, H1A1, 6. 9. 1951 und 5. 8. 1952.
[3] HUGE u. PIOTTER: vgl. S. 316, Fußn. 6.
[4] RENDLE, L. K., u. R. D. WILSDON: The prevention of acid condensation in oil-fired boilers. Journ. Inst. Fuel Bd. 26, (1956) Nr. 188 S. 372/380.
[5] HENNING, F., u. H. RÖGENER: Ergebnisse von Taupunktsmessungen an Hochdruckkesseln. BWK Bd. 5 (1953) Nr. 8, S. 269/272.
[6] CORBETT, P. E., u. D. FLINT: The influence of certain smokes and dusts on the SO_3-content of the flue gases in powerstation boilers. J. Inst. Fuel Bd. 25 (1953) Nr. 149, S. 410/417.
[7] BARKER, K., u. P. F. CORBETT: The effect of auxiliary fuel firing on the SO_3-content of flue gases from a coal-fired boiler. J. Inst. Fuel Bd. 27, (1954) Nr. 165, S. 495/502.
[8] WHITTINGHAM, G.: The influence of carbon smokes on the dewpoint and sulphur trioxide content of flame gases. Journ. of Applied Chemistry Bd. 7 (1951) S. 382/388.
[9] KEAR, R. W.: The influence of carbon smokes on the corrosion of metal surfaces exposed to flue gases containing sulphur trioxide. Journ. Appl. Chem. Vol. 1 (1951) Sept., S. 393/399.

Eine auf der chemischen Bindung der Schwefelsäure beruhende Lösung haben RENDLE und WILSDON[1] (HOFFMANN[2], MURRAY[3]) vorgeschlagen. Ammoniak (NH_3) wird im Temperaturbereich von 300—350° C, auf alle Fälle aber in gebührendem Abstand von der Zerfallstemperatur des NH_3 (600° C), in das Rauchgas eingedüst und verbindet sich mit dem SO_3 zunächst zu Ammonbisulfat und weiter zu Ammonsulfat nach dem Schema

$$SO_3 + NH_3 + H_2O = NH_4HSO_4 \qquad (90)$$

$$NH_4HSO_4 + NH_3 = (NH_4)_2SO_4. \qquad (91)$$

Der Taupunkt konnte im Versuch bei einer NH_3-Menge von 0,06 Gew.-% bezogen auf die verfeuerte Ölmenge auf den Wert des Wasserdampftaupunktes zurückgedrängt werden (s. Abb. 150). Ammon-

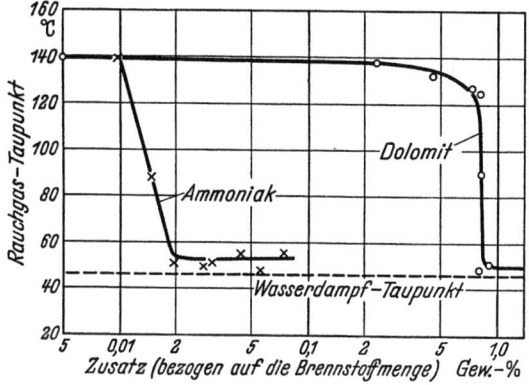

Abb. 150. Beeinflussung des Rauchgastaupunktes durch Zusätze (nach RENDLE und WILSDON)

bisulfat ist im Bereich der üblichen Rauchgastemperatur flüssig, das Ammonsulfat dagegen fest. Die Bildung von Ammonsulfatansätzen müßte dann durch geeignete Reinigungsmaßnahmen verhütet werden.

Gegen das Verfahren spricht noch der Einwand, daß das Ammonsulfat in Aerosolform auftritt und folglich schwierig abzuscheiden ist und eine sichtbare Rauchfahne bildet oder aber zu starker Verschmutzung der Nachschaltheizflächen Anlaß geben könnte (UPMALIS[4]).

---

[1] RENDLE u. WILSDON: vgl. S. 320, Fußn. 4.
[2] HOFFMANN, W.: vgl. S. 318, Fußn. 2.
[3] MURRAY, G. F. J.: A review of low temperature corrosion from the combustion gases in oil burning plant. Schweizer Archiv f. angew. Wiss. u. Techn. Bd. 23 (1957) Nr. 9, S. 280/292.
[4] UPMALIS, A.: Ammoniak- oder Dolomitverfahren? Brennst. Wärme. Kraft Bd. 9 (1957) Nr. 5, S. 232.

F. Reinigungsmaßnahmen

Der Vorgang der Ansatzbildung ist, wie gezeigt werden konnte, von vielen Faktoren abhängig und geht in jedem Kesselabschnitt je nach den herrschenden Gas- und Wandtemperaturen mit verschiedener Geschwindigkeit vor sich. Wichtig ist die Erkenntnis der Abhängigkeit der Stärke und der Eigenschaften der Ansätze von der Zeit, d. h. auch lockere Ablagerungen können sich im Laufe der Zeit verfestigen und damit ihren Charakter ändern. Es kommt mithin bei allen Reinigungsmaßnahmen wesentlich darauf an, daß die Reinigung in einem möglichst frühen Stadium der Verschmutzung erfolgt, weil dann der Aufwand am geringsten ist.

Ein zweiter Gesichtspunkt ist die Gründlichkeit der Reinigung; dazu gehört einerseits die Erfassung aller Teile der Heizfläche — wie weit dies möglich ist, hängt vielfach von der Konstruktion ab —, andererseits die Wirksamkeit der Abreinigung, wobei im allgemeinen als Idealforderung die Reinigung *bis zum metallisch blanken Rohr* gilt. Damit soll ausgedrückt werden, daß ein örtliches Stehenbleiben gewisser Verkrustungen oder das Verbleiben einer gewissen *Grundschicht* auf der gesamten Heizfläche Anlaß zu schneller Wiederverschmutzung und damit zu erheblichen betrieblichen Nachteilen geben kann. In vielen Fällen ist mangelhafte Reinigung — besonders im Hinblick auf Aufwand und Erfolg — kaum viel besser als gar keine Reinigung.

Als dritter Gesichtspunkt ist die Frage nach der maximal zulässigen Häufigkeit der Reinigung zu stellen. Die Reinigung bis zum *metallisch blanken Rohr* ist cum grano salis zu verstehen. Bei einem solchen Reinigen können nämlich auch die schützenden Oxydschichten mit entfernt werden und tatsächlich das Metall freilegen, wie es in diesem Maße durchaus nicht erwünscht wäre. Ähnliches gilt von der Erosionswirkung allzu scharfer Strahlen oder allzu harter Reinigungsmittel. Eine solche Verletzung der Oxydhaut des Metalls, die ja einen Korrosionsschutzfilm bildet, hat zur Folge, daß die Korrosion gefördert wird. Da im übrigen die Kosten für die Reinigung (Dampfverbrauch, Preßluftverbrauch usw.) häufig unterschätzt werden, muß versucht werden, in der Frage der Häufigkeit der Reinigung das Optimum zu ermitteln, das mit geringstem Aufwand die längsten Reisezeiten des Kessels ohne Nachteil für die Lebensdauer der Anlageteile erreicht.

Die Reinigungsmaßnahmen können unterteilt werden in

1. Reinigungsmaßnahmen im laufenden Betrieb,
2. Reinigungsmaßnahmen bei Betriebsstillstand.

Als betriebliche Reinigungsmaßnahmen kommen in Betracht: Abblasen mit Dampf oder Preßluft, Abspritzen mit Wasser, Spülen mit Wasser (bei verminderter Belastung), mechanisches Abstoßen (von Hand), mechanisches Abschlagen von Ablagerungen durch Kugelregen und Rütteln (durch besondere Rüttelvorrichtungen), und als Maßnahmen im Betriebsstillstand: Reinigen von Hand mit mechanischen Werkzeugen (Schabern, Bürsten usw.), Dämpfen, Spülen und Auswaschen mit Wasser.

Zu den betrieblichen Maßnahmen zur Reinhaltung der Heizflächen sind solche Maßnahmen zu zählen wie die Grobeinstellung der Sichter an den Kohlenmahlanlagen zur absichtlichen Vermehrung und Vergröberung des Flugkoksgehaltes im Rauchgas oder die Aufgabe von Koksgrus oder grober Flugasche in den Rauchgasstrom. Der Erfolg beruht auf der scheuernden Wirkung des meist scharfkantigen Flugkokses. Gut ausgebrannte Flugasche aufzugeben dürfte geringen Erfolg bringen, da die Flugasche teils aus Schlackeglas-Hohlkugeln (*Cenosphären*) besteht, dann eine geringe Rohwichte und ziemlich glatte Oberfläche besitzt, oder durch den Umlauf zerkleinert wird, dann aber zu geringe Partikelgröße besitzt, um als Scheuermittel zu wirken.

Endlich ist auch noch auf die vorbeugenden Maßnahmen einer Oberflächenbehandlung der Rohre hinzuweisen, wofür vier Verfahren vorgeschlagen worden sind, die Behandlung mit Kalkmilch, mit Sodalösung (HUBER[1]), die Graphitierung und der Überzug mit Metallen (BÖHME[2]).

Das Kalken der Rohre nach WALSH[3] hat, auch in den Vereinigten Staaten, keinen durchschlagenden Erfolg gehabt; es wird daher wohl kaum noch angewendet. Günstiger ist das Graphitieren, das Bestreichen mit einer Graphit/Öl-Suspension, zu beurteilen. Es ist besonders vorteilhaft bei neuen Kesseln, um die Dauer der ersten Ansatzbildung noch weiter zu verlängern, als es schon durch die Glätte neuer Rohre im allgemeinen der Fall ist. Es wird angenommen, daß die Wirkung der Graphitbehandlung auf der Glättung der Oberfläche beruht, und es ist naheliegend, zukünftig nach weiteren Möglichkeiten einer wirtschaftlich durchführbaren und auf die Dauer haltbaren Glättung zu suchen. Ein grundsätzlicher Nachteil aller solcher Maßnahmen ist die Beschränkung der Wirkung auf die erste Betriebsperiode nach der Inbetriebnahme; eine Wiederholung der Behandlung ist meist zu schwierig, weil große Teile der Heizflächen unzugänglich sind.

Erfahrungen mit Metallüberzügen liegen bisher noch nicht in ausreichendem Maße vor. Dabei kommt es wesentlich auf eine dichte, rißfreie Metallschicht an.

---

[1] HUBER, J., u. S. HUBER: Verfahren zur rauchgasseitigen Reinigung von Heizflächen. D. P. 941 147 Kl. 24g 4/01 (17. 5. 1951).

[2] BÖHME, H.: Verhütung von Verschlackungen und Korrosionen durch Schutzüberzüge auf rauchgasseitigen Kesselheizflächen. Brennst. Wärme. Kraft Bd. 3 (1951) Nr. 6, S. 189/192.

[3] WALSH, E. F.: Protective coating prevents slag on boiler heating surfaces. Pwr. Generation Bd. 53 (1949) Nr. 7, S. 74/75.

1. Betriebliche Reinigungsmaßnahmen[1]

a) Dampfbläser

Auf die konstruktiven Einzelheiten der Reinigungseinrichtungen mit dem etwas unpassenden, aber nun einmal eingebürgerten Namen „Rußbläser" soll hier nicht eingegangen werden. Es muß aber dennoch darauf hingewiesen werden, daß Arbeitsweise und Wirksamkeit solcher Bläser sehr wesentlich von der richtigen Auslegung, Konstruktion und Anordnung der ganzen Anlage sowie von der ordnungsgemäßen Betätigung abhängen. Es gibt dabei sehr viele Fehlerquellen, und grundsätzlich sollte man die Rußbläseranlage keineswegs als eine nebensächliche Einrichtung ansehen, die man kritiklos übernimmt, ohne sich durch Versuch und Messung auch von der Zweckmäßigkeit ihrer Auslegung und ihrer Wirksamkeit zu überzeugen.

Zu den häufigsten Fehlerquellen in der Konstruktion gehören: Ungeeignetes Verhältnis der Ausströmquerschnitte zu den Zuströmquerschnitten, primitive Düsen (Löcher), zu den Anlagemängeln: Ungünstige Leitungsführung, schlechte Leitungsentwässerung, zu hoher Druckabfall in der Zuleitung (infolge Unterschätzung der strömenden Dampfmenge) (GUMZ[2]).

Das Verhältnis (f/F) der Austrittsquerschnitte (f) zum Zuleitungsquerschnitt (F) soll bei mäßigen Dampfdrücken 0,25—0,30 betragen, wird aber meist wesentlich höher gewählt. Messungen an ausgeführten Bläsern ergaben bei 18,7 atü Dampfdruck Dampfmengen der Größenordnung von 0,8 kg/s (= 8,35% der augenblicklichen Kesselleistung!) und Drücke von 6—8,2 atü im Bläserkopf, also unerwartet hohe Druckverluste. Eine Überprüfung der Druckverhältnisse und der Leitungsführung lohnt sich also durchaus, möglichst schon eine rechnerische Überprüfung im Stadium der Projektierung oder spätestens der Konstruktion.

Die häufig gestellte Frage nach der Wahl des Dampfzustandes, ob Naßdampf, Sattdampf; schwach oder stärker überhitzter Dampf vorzuziehen sei, wird mit Rücksicht auf Kondensatbildung in den Zuführungsleitungen auf die größeren Erosionsgefahren an Leitungen und Ventilsitzen durch Naßdampf meist dahin beantwortet, daß ein mäßig überhitzter Dampf am zweckmäßigsten ist. Daß man sich über Lage, Anordnung, Abstand der Bläser von den zu reinigenden Flächen und vollständige Erfassung dieser Flächen genauen Aufschluß verschaffen sollte, ist eine Selbstverständlichkeit. Soweit bei Kesselanlagen die Ver-

---

[1] Literaturübersicht s. H. BÖHME: Die rauchgasseitige Verschmutzung von Dampfkesselanlagen im Spiegel des Fachschrifttums. Brennst. Wärme. Kraft Bd. 3 (1951) Nr. 6, S. 202/204.

[2] GUMZ, W.: Ursache, Verhütung und Bekämpfung rauchgasseitiger Kesselverschmutzung. III. Rußbläser und Reinigungsmaßnahmen. Glückauf Bd. 76 (1940) Nr. 52, S. 721/728.

wendung von Bläsern als überflüssig angesehen wird, sollte bei der Kesselkonstruktion dennoch Wert auf die nachträgliche Einbaumöglichkeit gelegt werden für den Fall, daß Änderungen im Brennstoff, der Belastung oder sonstige Betriebsverhältnisse eine solche Ergänzung der Anlage notwendig machen sollte.

b) Preßluftbläser

Ist ein Dampfbläser an Kesseln mäßigen Druckes eine besonders einfache Lösung, weil der Kessel diesen Dampf zur Verfügung stellt, und weisen Dampf- oder Preßluftbläser bei jeweils richtiger Auslegung eine gleichgute Reinigungswirkung auf, so bleibt es im wesentlichen eine Kostenfrage, welchem System man den Vorzug geben will. Bei Hoch- und Höchstdruckkesseln ändert sich das Bild insofern, als der Dampf des Kessels zunächst gedrosselt werden müßte, besser, daß der Dampf aus einer niedrigen Druckstufe (Zwischenüberhitzer, falls vorhanden) genommen wird, aber die höheren Anforderungen an die Qualität des Speisewassers lassen es doch vielfach als unerwünscht erscheinen, Wasserverluste durch dieses Abströmen von Dampf in Kauf zu nehmen. Mit zunehmender Kesselgröße wird dann auch die Anlage einer Luftkompressoranlage wirtschaftlicher, und bei großen Anlagen (mit vielen Blasstellen für mehrere Kessel) wird ein Druckluftbehälter größeren Ausmaßes überflüssig. Reserveanlagen erübrigen sich, wenn man die Möglichkeit vorsieht, bei Ausfall des Kompressors auf Mitteldruckdampf überzugehen (SCHUELER[1]).

Die Wirkung von Luft und Dampf ist bei gleichem Ausströmgewicht gleich, doch ist der Wirkungsbereich (die Durchschlagstiefe) als Funktion des Energieaufwandes, ausgedrückt als das Produkt Volumen mal Druck, nach SCHUELER bei Luft etwa 50% höher. (Das gilt selbstverständlich nicht für den wirklichen kostenmäßigen Energieaufwand unter Einschluß der Kapitalkosten.)

Der Luftdruck soll etwa 18—20 atü betragen, die Reichweite beträgt dann etwa 2,5 m. Großanlagen werden zweckmäßig mit einer *Programm-Steuerung* ausgerüstet, oder zumindest mit Fernbetätigung, da andernfalls der Bedienungsaufwand zu hoch wird oder ungünstig gelegene Bläser leicht ausgelassen werden könnten.

ENGLER[2] hat festgestellt, daß bei salzhaltigen Braunkohlen das Blasen mit Dampf dazu beiträgt, daß auf den an sich lockeren Ablagerungen der Nachschaltheizflächen durch Feuchtigkeitsaufnahme feste Krusten ent-

---

[1] SCHUELER, L. B.: Boiler cleaning — Methods and control. Am. Soc. mech. Engrs. Paper 56-F-13 (1956).

[2] ENGLER, K.: Verschmutzung und Reinigung der Heizflächen bei Verbrennung alkalireicher Rohbraunkohlen. Brennst. Wärme. Kraft Bd. 5 (1953), Nr. 7, S. 237 bis 239.

stehen, die der Blasstrahl nicht mehr entfernen kann. In solchen Fällen ist ein Blasen mit Preßluft vorzuziehen.

c) Wasserstrahl-Reinigung

Für die Reinigung der durch Bläser oft schwierig in ihrer ganzen Ausdehnung erreichbaren Feuerraumwände und Strahlungsheizflächen hat man neuerdings nach Überwindung der Scheu vor einer so rauhen Behandlung das Abspritzen der Rohre durch Wasserstrahlen hohen Druckes (6 atü) angewendet, besonders um stärkere Verschlackungen durch den Thermoschock zu sprengen und abzulösen. Nach KUSCHEWITZ[1] wird vorgeschlagen, das Abspritzen mit Handlanzen im Strahlungsteil (Dauer insges. 1½ h) vorzunehmen, die Heizflächen des Berührungsteils des Kessels dagegen mit Preßluft (Dauer insges. 3 h) abzublasen; für die Nachschaltheizfläche genügt dann ein Abblasen einmal je Woche. Die angewendete Wassermenge soll nach KOWALLIK[2] etwa 15 m³/h betragen bei etwa 5 atü Wasserdruck. Der die Handlanze bedienende Mann sollte dabei durch Asbestanzug, Kopfmaske und Handschuhe geschützt sein. Eine selbstverständliche Voraussetzung ist dabei, daß im Feuerraum Einführungsöffnungen an dafür geeigneter Stelle vorgesehen sind, worauf schon beim Kesselentwurf geachtet werden sollte.

d) Mechanische Reinigung

Eine neuartige Methode der mechanischen Reinigung im Betrieb ist der Kugelregen. Hervorgegangen aus dem reinigungsmäßig besonders schwierigen Betrieb der Ablaugeverfeuerung in der Papierindustrie (BROMAN[3]) hat sich der Kugelregen besonders zur Bekämpfung der hartnäckigen Überhitzerverschmutzungen bei Schmelz- und Zyklonkesseln eingeführt (SCHULZ[4]).

Der sogenannte *Stahlsand* besteht aus granulierten Roheisenkugeln von etwa 3—6 mm Durchmesser, die von einem Sammelgefäß oberhalb der Heizfläche aufgegeben und durch einen Verteiler über die ganze Querschnittsfläche verstreut werden. Sie fallen durch die Heizflächen, schlagen dabei die Ansätze ab, werden unten in einem Trichter gesammelt, vom Staub getrennt und pneumatisch zum Sammelbehälter zurückbefördert.

---

[1] KUSCHEWITZ, G.: Über rauchgasseitige Heizflächenreinigung an Kesseln während des Betriebes. Energietechn. Bd. 3 (1953) Nr. 4, S. 175/178.

[2] KOWALLIK, S.: Naßreinigung der rauchgasseitigen Heizflächen von Dampfkesseln im Stillstand und im Betrieb. Energietechn. Bd. 2 (1952) Nr. 9, S. 276/278.

[3] BROMAN, B.: En ny metod för rengöring av värmeytor. (Eine neue Methode der Reinigung von Heizflächen). Svensk Papperstidning. Stockholm Bd. 52 (1949) Nr. 23, S. 589/591.

[4] SCHULZ, W.: Betriebserfahrungen an den Zyklonkesseln im Kraftwerk Kiel-Wik. Mitt. VGB Heft 36 (1955), S. 587/593.

Die Reinigungswirkung ist im allgemeinen sehr gut, aber bei stärker versinterten Ansätzen mitunter nicht ausreichend. In einer Kesselanlage wurde beobachtet, daß in einem fluchtend angeordneten Überhitzerbündel die Kugeln die Gasgassen offen gehalten, aber den Aufbau brettartiger, versinterter Verschmutzungen nicht verhindert hatten. In diesen Ansätzen wurden große Mengen Kugeln gefunden, die darin stecken geblieben waren.

Hier wäre ein gleichzeitiges mechanisches Rütteln, wie man es auch für Sulfitablaugekessel vorgeschlagen hat, u. U. am Platze gewesen (PETERS[1]).

Als Nachteil der Kugelregen-Reinigung sind anzusehen der Kraftaufwand für den Kugeltransport, der Verschleiß, der Kugelschwund und die zusätzlichen Strömungswiderstände des Rauchgases durch die Auffangvorrichtung.

e) Reinigungsmaßnahmen in Sonderfällen

Einen Sonderfall stellen die Abhitzekessel hinter Siemens-Martin-Öfen dar. Die Brennstoffe, meist Gas (Generatorgas, Koksofengas), Teeröl oder Heizöl, bringen zwar nur wenig Verschmutzungsträger mit, aber bei den hohen Temperaturen des Stahlbades und der Schlacke von 1650—1750° C findet eine starke Verflüchtigung von Metalloxyden, aber auch von Alkalien, Siliziummonoxyd und -Sulfid statt, so daß mit einer starken Bildung allerfeinster Stäube zu rechnen ist. In den Ansätzen eines solchen Abhitzekessels wurden nach HEIL[2] 20—30% Zinkoxyd, bis zu 10% Fe_2O_3 und beträchtliche Mengen an Sulfaten gefunden. JACOBI[3] gibt als Zusammensetzung 20—30% Fe_2O_3 und je 10—12% Zink- und Bleioxyde an. Die Sulfate sind Neubildungen durch den Schwefelgehalt des Brennstoffs.

Auch noch höhere Metallgehalte bis zu 58,9% Fe sind festgestellt worden, überdies ist ihrer Bildungsweise entsprechend dieser Staub von enormer Feinheit, nämlich 55% kleiner als 5 μ und 22,5% kleiner als 1 μ Korndurchmesser (GUTHMANN[4]).

Verschmutzungen machen sich bereits nach wenigen Betriebsstunden durch Ansteigen der Abgastemperaturen bemerkbar, und ein erfolgreicher Betrieb ist nur möglich durch sehr häufiges Abblasen im Betrieb und durch Auswaschen der Anlage einmal je Woche.

---

[1] PETERS, H.: Verwertung staubhaltiger Gase der Zellstoffindustrie im La Mont-Kessel. Feuerungstechn. Bd. 29 (1941) Nr. 7, S. 153/158.

[2] HEIL, W.: Betriebserfahrungen und Schadensfälle an Abhitzekesseln für Siemens-Martin-Öfen. Stahl u. Eisen Bd. 77 (1957) Nr. 2, S. 84/91.

[3] JACOBI, P.: Reinigungsverfahren an den Abhitzekesseln hinter einem Siemens-Martin-Ofen. Ebenda S. 91/95.

[4] GUTHMANN, K.: Entstaubung von Siemens-Martin-Ofenabgasen. Stahl u. Eisen Bd. 73 (1953) Nr. 6, S. 373 [nach Iron Steel Engr. Bd. 29 (1952) Nr. 7, S. 111/120].

Eine Erprobung aller möglichen Reinigungsverfahren wie Abblasen mit Preßluft (6 atü), Abblasen mit Dampf (32 atü), Rütteln, Abspritzen mit Wasser und das Kugelregen-Verfahren ergab, daß das Spülen mit Wasser, kurzfristig nach dem Abstellen — jeweils am Ende einer Betriebswoche — am wirksamsten war, aber durch laufendes Abblasen im Betrieb — mindestens einmal je Schicht — ergänzt werden muß (HEIL[1]). Es ist zweckmäßig, die Abhitzekesselanlage so zu konstruieren, daß die Reinigung erleichtert wird; so ist vor allem für guten Spülwasserablauf zu sorgen. Ganz besonders gilt dies für die Kugelregenanlagen, über deren Betriebserfahrungen JACOBI[2] ausführlich berichtet. Die druckseitig arbeitende Kugelförderung hat sich besser bewährt als saugende, doch ist auf ausreichende Bemessung des Fördergebläses und große, steile Kugelfangtrichter zu achten. Das Verbacken der Kugeln mit Staub ist durch elektrische Rütteleinspeiser zu vermeiden. Kraftbedarf und Kugelschwund sind allerdings nicht unerheblich, durch weitere Verbesserungen wurde der Kugelschwund auf 6,9 kg/Tag bei einem 450 m²-Abhitzekessel von 6,9 t/h-Leistung gedrückt (bei 3000 kg Kugelfüllung). Der Kraftbedarf des Kugelfördergebläses beträgt 30,2 kW. Der Aufwand für die Reinigung ist also ein unverhältnismäßig hoher Anteil der erzielbaren Energierückgewinnung aus den Ofenabgasen, obwohl er die Wirtschaftlichkeit der Abhitzeverwertung nicht einschneidend beeinträchtigt. Eine Entwicklung von Einrichtungen von geringerem Betriebsaufwand ist jedoch dringend erwünscht, und es erscheint nicht ausgeschlossen, daß mechanische Reinigungseinrichtungen (wie Schaber) evtl. in Verbindung mit wöchentlichem Auswaschen eine wirtschaftlichere Lösung zulassen.

2. Reinigungsmaßnahmen bei Betriebsstillstand

Neben der üblichen Praxis der mechanischen Reinigung durch Bürsten, Schaben, Abklopfen usw., die den Nachteil einer lästigen Arbeit von manchmal nur mangelhaftem Erfolg hat (Verbleib einer gewissen Grundverschmutzung), treten in neuerer Zeit vor allem die Reinigungsverfahren auf nassem Wege in den Vordergrund.

Von dem ursprünglichen Abspritzen ist man zunächst zu dem Dämpfungsverfahren übergegangen, um in neuerer Zeit doch wieder das Auswaschen stärker zu bevorzugen, soweit die Trockenreinigung (insbesondere auch durch Abblasen mit Preßluftlanzen) nicht ausreicht.

Bei den Dämpfungsverfahren wie beim Auswaschen geht man von der Überlegung aus, daß die meisten Kesselverschmutzungen zu einem großen Teil wasserlöslich sind, und daß das Herauslösen und Auswaschen dieses löslichen Anteils den Zusammenhalt der Verschmutzungen genügend lockert, um sie zum Abfallen zu bringen oder sie durch nach-

---

[1] HEIL: vgl. S. 327, Fußn. 2. — [2] JACOBI: vgl. S. 327, Fußn. 3.

trägliches Abspritzen restlos entfernen zu können. Was die stark versinterten und verschlackten Ansätze betrifft, so sollen die Wärmespannungen durch starke innere Auskühlung (Kaltwasserdurchfluß) oder äußere Erwärmung (Dämpfen) die festen Krusten sprengen oder zumindest lockern.

Das RASCHEK-Verfahren (RASCHEK[1], PRANTNER[2]) wendet Wasserdampf an, der sich auf den kalten Rohren niederschlägt und durch Poren und Risse in das Innere der Verschmutzung eindringen soll. Anschließend an das mehrstündige Dämpfen wird die Heizfläche mit einem scharfen Wasserstrahl abgespritzt.

Das HUTTER-Verfahren (HUTTER[3], SCHUMANN[4], WITTIG[5], THEOBALT[6]) verwendet ein Ammoniak-Dampf-Gemisch. Der Dampf durchströmt einen mit wässeriger Ammoniaklösung (etwa 20—25% NH_3) gefüllten Druckbehälter, das Kondensat ist dadurch schwach basisch. Die Wirkung des Ammoniaks auf die Verbesserung des Reinigungserfolges ist noch etwas ungeklärt, sie dürfte aber auf einer Überführung der Sulfate und Phosphate in das leicht lösliche Ammoniaksulfat nach

$$Fe_2(SO_4)_3 + 2\,H_2O + 6\,NH_3 = 2\,Fe(OH)_3 + 3\,(NH_4)_2\,SO_4$$

beruhen. Das zwar unlösliche, aber bröckelig-mürbe Eisenhydroxyd läßt sich dann leicht abspülen. Die Phosphate werden durch Schwefelsäure in Sulfate überführt. Voraussetzung ist eine wässerige Phase, also eine gute Durchfeuchtung der Beläge (GUMZ[7]).

Das LINZ-Verfahren[8] arbeitet ebenfalls mit Ammoniak, legt dabei aber besonderen Wert auf *technische*, d. h. durch etwas Schwefelwasserstoff verunreinigtes Ammoniakwasser, wendet aber die Dämpfung zur Intensivierung und Abkürzung des Verfahrens auf den noch heißen Kessel an.

Die Dämpfungsverfahren sind heute teilweise zurückgetreten zu Gunsten des Auswaschens, wobei ein wesentlicher Gesichtspunkt die An-

---

[1] RASCHEK, J.: Verfahren zur Reinigung der von den Heizgasen bestrichenen Heizfläche von Dampfkesseln. DRP Nr. 493 605, Kl. 24 g Gruppe 4/01 v. 8. 3. 1930.

[2] PRANTNER, K.: Über die Ansatzbildung an den rauchgasberührten Heizflächen, ihre Verminderung und Beseitigung. Wärme Bd. 62 (1939) Nr. 15, S. 254/257.

[3] HUTTER, S.: Verfahren zur Reinigung der von den Heizgasen bestrichenen Heizflächen von Dampfkesseln, Vorwärmern u. dgl. DRP Nr. 757 314, Klasse 24 g Gruppe 4 01, 20.12. 1951.

[4] SCHUMANN, E.: Beseitigung von Ansatzbildungen auf der Rauchgasseite von Dampfkesseln. Wärme Bd. 62 (1939) Nr. 49, S. 745/749.

[5] WITTIG, H.: Rauchgasseitige Reinigung von Dampfkesseln. Energie Bd. 3 (1951) Nr. 1, S. 1/5.

[6] THEOBALT, H.: Rauchgasseitige Kesselreinigung. Brennst. Wärme. Kraft Bd. 3 (1951) Nr. 6, S. 192/198.

[7] GUMZ, W.: Die Dämpfungsverfahren zur rauchgasseitigen Heizflächenreinigung. Feuerungstechn. Bd. 29 (1941) Nr. 1, S. 8/10. — [8] vgl. S. 324, Fußn. 2.

wendung ausreichend großer Wassermengen ist. Wichtig ist ferner, bereits beim Entwurf und Bau des Kessels auf gute Möglichkeiten zur Abfuhr des Schmutzwassers zu sorgen. Bevorzugt wird das Auswaschen auf die nachgeschalteten Heizflächen angewendet, die durch ihren kompakteren Aufbau eine wirksame Durchspülung und meist auch eine gute Abführung des ablaufenden Wassers gestatten. Auch für das Waschen *im* Betrieb gilt diese Forderung in ganz besonderem Maße.

Das Waschwasser soll alkalisiert werden, etwa durch Zugabe von kalziniertem Soda, um die meist stark sauren Beläge zu neutralisieren. JENKINSON[1] gibt an, daß z. B. für Ekonomiser 50—150 l/m² proj. Heizfläche und Minute angewendet werden soll. Ungenügende Wassermenge und ungenügende Neutralisierung begünstigt die Korrosion, abgesehen von dem Nachteil unvollständiger Reinigung.

Für das Auswaschen von Ljungström-Luftvorwärmern empfiehlt die Air-Preheater Corporation, Wellsville, N. Y. (USA) Waschwasser von 70—80° C Temperatur und mit einem p_H-Wert von 11 zu verwenden und das Waschen solange fortzusetzen, bis das ablaufende Wasser einen p_H-Wert von mindestens 9 erreicht hat. Die Wassermenge wird mit 150—500 l/min angegeben, je nach Größe und Höhe des Vorwärmers (GUMZ[2], WAITKUS[3]).

XI. Rückstandsverwertung

Das Nebenprodukt des Verbrennungsvorganges sind die Rückstände, die zu ihrer Abfuhr und Beseitigung zusätzliche Kosten[4] bis zu 3,50 DM/t oder bei Eignung für die Weiterverwendung auch Gutschriften bis zu 2,50 DM/t erbringen können. Bei der großen und mit der ständigen Ausweitung der Energieerzeugung und der Heranziehung auch ballastreicher Brennstoffe weiter steigenden Menge dieser Rückstände ist man seit langem bemüht, eine nutzbare Verwertung für sie zu finden. Das größte Hindernis bilden dabei einerseits die schwankende Zusammensetzung, andererseits der Gehalt an brennbaren Bestandteilen, der auch meist in weiten Grenzen veränderlich ist. Diese Rückstände sind nach Art der Ausgangsbrennstoffe und deren Mineralgehalt und nach Art der Feuerun-

---

[1] JENKINSON, J. R.: Low-temperature deposits and corrosion in boilers. ASME-paper 56-A-184 (1956).

[2] GUMZ, W.: Betriebserfahrungen mit Luftvorwärmern. Mitt. VGB Heft 44 (1956) S. 325/342.

[3] WAITKUS, J.: Design and operation of high-recovery regenerative-type air preheaters. Part II: Operation of high-recovery regenerative air preheaters. Trans. ASME Bd. 76 (1954) S. 706/714.

[4] Diese Kosten und Gutschriften seien nur als Beispiel genannt, sie können örtlich (und zeitlich) sehr verschieden sein.

gen und ihrer Betriebsweise sehr verschieden und können unterteilt werden in

1. Grobschlacke, 2. Schlacken-Granulat, 3. Flugasche.

Gelegentlich sind auch die Ansätze an Kesselheizflächen (also vorzugsweise Flugasche mehr oder weniger stark versintert oder verschlackt) als ein Rohstoff betrachtet worden. Insbesondere hat man erwartet, durch die Anreicherung solcher Ansätze an Metallen, wie z. B. Germanium, in ihnen eine ergiebige Rohstoffquelle sehen zu dürfen (CRAWLEY[1]). In Kesselansätzen fanden FORREST und Mitarbeiter[2] allerdings nur eine geringfügige Anreicherung. So hatten von 40 Proben 28 nur 0,003 bis 0,05%, 10 Proben 0,05—0,1% und nur 2 Proben über 0,1% Ge. AUBREY[3] wiederum stellte in den Rückständen von Rostfeuerungen wesentlich geringere Mengen an Germanium fest als in den vorsichtig veraschten Kohlenproben und vermutete daher eine starke Verflüchtigung und Anreicherung in den Kesselansätzen. In der Tat fand er auch Anreicherungsfaktoren vom Zehn- bis Zwanzigfachen und in der Kesselheizfläche hinter dem Überhitzer Durchschnittswerte von 0,1% Ge, in den übrigen Kesselteilen solche von 0,04—0,06%. In den abgesetzten Flugstäuben von Einbau-Generatoren in Gaswerksöfen wurden sogar Germaniumgehalte bis zu 2% festgestellt, was u. a. auf die geringeren Rauchgasgeschwindigkeiten gegenüber den Kesselanlagen zurückgeführt wird. HOWES und LEES[4] fanden in den Grobstäuben von Rostfeuerungen 30—40% des in der Kohle vorhandenen Germaniums in einer Konzentration wieder, die nach ihrer Meinung eine Gewinnung ermöglichen würde.

Ob sich aber die an die Ausweitung des Germanium-Bedarfs für den Bau von Transistoren geknüpften Hoffnungen erfüllen, Kesselansätze oder Flugstäube zu einer lohnenden Rohstoffquelle für die Germaniumgewinnung zu machen, muß bezweifelt werden, nachdem im Germanit von Tsumeb (im Otawi-Bergland in Süd-West-Afrika (FRIEDENSBURG[5])) aus dem Kupferkonzentrat marokkanischer Gruben und aus Flugstaub der Kolwezi-Schmelzöfen (Union Minière du Haute Katanga) im Kongogebiet[6] wesentlich ergiebigere und wirtschaftlichere Quellen erschlossen worden sind.

---

[1] CRAWLEY, R. H. A.: Sources of germanium in Great Britain. Nature Bd. 175 (1955) Nr. 4450, S. 291/192.

[2] FORREST, J. S., A. C. SMITH u. J. M. WARD: Germanium in power station boiler plant. Nature Bd. 175 (1955) Nr. 4456, S. 558.

[3] AUBREY, K. V.: Germanium in some of the waste products from coal. Ibid. Bd. 176 (1955) Nr. 4472, S. 128.

[4] HOWES, E. A., u. B. LEES: The occurence and recovery of germanium in large water-tube boilers. J. Inst. Fuel Bd. 28 (1955) Nr. 173, S. 298/299.

[5] FRIEDENSBURG, F.: Die Bergwirtschaft der Erde. 5. Aufl. S. 435. Stuttgart: Enke 1956. — [6] Engng. and Mining J. Bd. 157 (1956) Nr. 5, S. 78.

Diese geringen Aussichten auf die Gewinnung von Edelmetallen aus Flugasche gelten auch für alle anderen in den Rückständen nachweislichen Metalle. Die sehr vanadiumhaltigen und unangenehmen Schlackenansätze ölgefeuerter Kesselanlagen sollen Gerüchten zufolge in den USA zur Gewinnung von Vanadium herangezogen worden sein. Einzelheiten sind jedoch nicht bekannt, und eine Wirtschaftlichkeit dürfte sich auch dort nicht ergeben, vor allem wegen der äußerst geringen Menge, die diese Ansätze sowohl absolut gesehen, als auch im Vergleich zu den durchgesetzten Brennstoff- und Mineralstoffmengen darstellen.

Die Gewinnung reiner Tonerde für die Aluminiumerzeugung ist während des Krieges von Interesse gewesen. Hier sei besonders auf die Arbeiten von GUERTLER[1] und ähnliche Verfahren hingewiesen. Auch in England hat man sich während des 2. Weltkrieges gleicherweise um dieses Problem bemüht[2].

Die *Grobschlacke* von Rostfeuerungen ist lediglich für den Wegebau und als Füllmaterial geeignet. Als Deckenfüllstoff (im Hochbau) wird gefordert, daß das große Korn 40 mm, der Staubgehalt 25% und das Verbrennliche 10% nicht übersteigt. Das Raumgewicht soll 0,7 bis 0,8 t/m^3 betragen (KAUFMANN[3]). Bei der immerhin noch beschränkten Größe der Kesseleinheiten mit Rostfeuerung macht auch die Unterbringung dieser Grobschlacke, soweit sie nicht verkauft oder abgegeben werden kann, meist noch keine allzu großen Schwierigkeiten.

Anders steht es mit der *Flugasche* (Filterasche) aus Staubabscheidern und Elektrofiltern. Ihre Wegförderung und Lagerung macht wegen der großen Feinheit erhebliche Schwierigkeiten, auch bedarf sie einer Überdeckung zur Befestigung der Halden oder Absetzflächen. Auf der anderen Seite aber ist die Flugasche doch schon ein so viel einheitlicheres Erzeugnis als etwa die Grobschlacke der Rostfeuerungen und fällt wegen der meistens höheren Kesselleistungen in so großen Mengen an, daß es ein dringendes Bedürfnis ist, geeignete Lösungen für ihre möglichst weitgehende Verwertung zu finden. Dazu gehört vor allem auch die Überführung der feinkörnigen, sehr lockeren Flugasche in eine für den Transport, die Lagerung und die Verwertung geeignetere Form, sei es auf dem Wege der Einschmelzung oder der Versinterung. Die starke Ausbreitung der Schmelzfeuerungen und das Streben nach möglichst hohen Gesamt-

---

[1] GUERTLER, W.: Neue Vervollkommnung des alkalischen Verfahrens zur Zerlegung von Ton in reine Tonerde und Zement. Metall u. Erz. Bd. 27 (1940) Nr. 8, S. 30/32, 47/47. — GUMZ, W.: vgl. S. 134, Fußn. 2; — Handbuch S. 497.

[2] Chem. Met. Eng. Bd. 53 (1940) Nr. 6, S. 210; Chem. Age (London) Bd. 54 (1946) S. 573/576; zitiert nach H. J. ROSE und R. A. GLENN. Coal chemical and other uses. Industr. and Engng. Chem. Bd. 48 (1956) Nr. 3, S. 351/359.

[3] KAUFMANN, F.: Richtlinien über Verbrennungsschlacken für die Verwendung als Füllstoff bei Holzbalkendecken und Massivdecken. Fortsch. u. Forsch. im Bauwesen, Reihe A, Heft 13, S. 4, 28, 40. Berlin: O. Elsner 1944.

einbindungsgraden ist, wie bereits hervorgehoben, wesentlich auf den Wunsch nach einer besseren Verwertungsmöglichkeit der Rückstände zurückzuführen gewesen. Das Granulat der Schmelzfeuerungen findet recht guten Absatz im Bauwesen und stellt auch einen geeigneten Rohstoff für Schlackensteine dar (ROTTER[1]).

Die vielseitigen Bemühungen um die Verwertung von Flugasche haben zu einer langen Liste von Anwendungsmöglichkeiten geführt, aber viele von diesen älteren Vorschlägen sind wirtschaftlich uninteressant, weil dabei nur ein verhältnismäßig geringer, z. T. überhaupt nicht ins Gewicht fallender Anteil des Flugascheanfalls untergebracht werden könnte. Zu solchen Anwendungsgebieten gehören etwa die Verwendung als Füllstoff bei der Farben- und Gummiherstellung, als Streumittel bei der Dachpappenfabrikation, als Düngemittel, u. a. m.

Die mögliche Verwendung als Düngemittel ist allerdings insofern noch von besonderem Interesse, als damit die Frage berührt wird, inwieweit der Flugaschefall zu einer Bodenverschlechterung führen kann, oder ob nicht umgekehrt darin sogar eine Verbesserung liegen könnte. Diese Frage ist Gegenstand einer umfassenden Studie von HOFMANN und von v. BOMHARD, die festgestellt haben, daß Steinkohlenflugasche zu keiner Beeinträchtigung des Wachstums der Kulturpflanzen führt (OBERSTE-BRINK, HOFMANN, v. BOMHARD, AMBERGER, GÖTZE, HERRMANN[2]). Sie gibt Basen an das Wasser, an Neutralsalzlösungen und an den Boden ab. Im Boden schwächt die Pufferwirkung durch die Bodenkohlensäure die Basizität weitgehend ab.

Braunkohlenfilterasche ist nach Untersuchungen der Rheinischen Aktiengesellschaft für Braunkohlenbergbau und Brikettfabrikation ein brauchbares Kalk-Magnesia-Düngemittel[3], das besonders für saure Böden, insbesondere für Waldböden, geeignet ist. Versuche durch Prof. HESMER, Bonn, sind eingeleitet, und man hofft, damit zugleich die Fichtenblattwespe bekämpfen zu können, deren Larve nur in saurer Streu lebensfähig ist[4].

Die Bestäubung der Weiden durch Steinkohlenflugasche übt, wie Fütterungsversuche von R. GÖTZE und M. HERRMANN[2] ergeben haben, keine nachteilige Wirkung auf die Gesundheit und den Milchertrag von Kühen aus. Man könnte nach R. GÖTZE im Gegenteil daran denken,

---

[1] ROTTER, W.: Flugstaub- und Schlackenverwertung. Brennst. Wärme. Kraft Bd. 9 (1957) Nr. 4, S. 178/179.

[2] OBERSTE-BRINK, K., ED. HOFMANN, H.-G. v. BOMHARD, A. AMBERGER, R. GÖTZE u. M. HERRMANN: Steinkohlenflugasche. Einfluß auf Boden, Pflanzen und Milchkühe. (Schriftenreihe des Vereins für Wasser-, Boden- und Lufthygiene, Berlin-Dahlem, hrsg. von E. Tiegs, Nr. 11). Stuttgart: G. Fischer 1956.

[3] Handelsname *Phoenix*.

[4] Nach persönlicher Mitteilung von Herrn Dr.-Ing. H. TRENKLER, R. A. G., Kraftwerk Fortuna (Bez. Köln).

zweckmäßig dosierte Beigaben zum Futter zu machen als Mineralstoffergänzung anstelle des meist dazu verwendeten gebrannten Tones, da Kalzium und Phosphorsalze im Tierfutter häufig in zu geringer Menge vorhanden seien. Bei gewissen Bodenarten wäre die Düngung mit Flugasche zu empfehlen, um auf diese Weise die Tiere über die Futterpflanze mit den notwendigen Mineralien zu versorgen.

Nach bisherigen Erfahrungen ist die beste Verwertungsmöglichkeit in der Bau- und Baustoffindustrie zu erwarten. Hier ist die Parallele mit der Verwertung der Hochofenschlacke naheliegend mit ihren Roherzeugnissen: Stückschlacke, Schlackensand, Hüttenbims und Schlackenwolle und den Weiterverarbeitungsprodukten Hüttenzement, Hüttenkalk, Hüttensteine und Schwemmsteine. Wegen der andersartigen Rohstoffgrundlage soll kein unmittelbarer Vergleich mit diesen Hüttenerzeugnissen gezogen werden, die sich ja durch den Kalkzuschlag im Hochofen wesentlich von den Feuerungsschlacken unterscheiden, aber die Entwicklung auf der Hüttenseite zeigt doch viele Parallelen und bietet darum auch manche Anregungen (KEIL[1]).

Bei den Rückständen des Kesselbetriebes kommt dann, als ein wesentlich andersartiger Rohstoff, die Flugasche hinzu. Die Eisenhüttenindustrie ist mit ihrem Problem des Gichtstaubes noch nicht in befriedigender Weise fertig geworden, für die Flugasche dagegen haben sich doch schon eine Reihe beachtenswerter Möglichkeiten nutzbringender Verwertung angebahnt.

Bei der Herstellung von Schlacken- und Flugaschesteinen — gleichgültig, welchem Verfahren man den Vorzug geben will —, spielen neben der Eignung des Rohstoffs und den durchaus lösbaren Problemen seiner Vergleichmäßigung vor allem Fragen des Standortes und der Absatzmöglichkeit eine Rolle. Der Absatz dieser dem Kraftwerksbetrieb etwas artfremden Produktion erfordert eine entsprechende Absatzorganisation, was die Wirtschaftlichkeit eines solchen Nebenbetriebes u. U. stark in Frage stellen kann. In manchen Fällen mag eine geeignete Lösung in der Zusammenarbeit mit einem räumlich günstig gelegenen Baustoffhersteller vorzuziehen sein.

Bei der begrenzten Aufnahmefähigkeit des Marktes für Steine einer bestimmten Qualität und Größe ist ferner eine größere Vielseitigkeit in den Erzeugnissen erwünscht. So kann die gleichzeitige Fabrikation von Hintermauerungssteinen, Porenbetonsteinen, armierter Leichtbauplatten und geschoßhoher Wände, von Rohren, Isolierformstücken u. ä. zweckmäßig sein. Eine größere Bewegungsfreiheit in der Produktion liegt in den Halbfabrikaten wie Schlackenbims, Sintergut als Betonzuschlag, was sowohl als solcher abzugeben als auch zu weiteren Fertigprodukten verarbeitet werden könnte.

---
[1] KEIL: vgl. S. 1, Fußn. 1.

Die Entwicklung ist in verschiedenen Ländern z. T. verschiedene Wege gegangen. So glaubt man vor allem in den Vereinigten Staaten, die beste Verwertungsmöglichkeit der Flugasche als teilweisen Ersatz des Zementes in Betonbauten, so vor allem im Wasser- und Dammbau, sowie im Straßenbau, sehen zu können. Sehr eindrucksvolle Anfangserfolge sind bereits erzielt worden.

Die wichtigsten Verwertungsmöglichkeiten für die Rückstände, unter besonderer Berücksichtigung der Flugasche und des Granulates, sollen nachstehend kurz besprochen werden.

1. Schlackensteine

Im Dreistoff-System SiO_2–Al_2O_3–CaO läßt die Lage der üblichen Flugaschen und Granulate erkennen, daß sie — allerdings nur unter Berücksichtigung dieser drei Hauptkomponenten und unter Vernachlässigung der vierten Hauptkomponenten, dem Fe_2O_3, etwa im Bereich der Tonschamotte bzw. der Quarzschamotte liegen und bei zunehmendem Kalkgehalt oder Kalkzusatz sich den Portlandzementen nähern. Eine entscheidende Eigenschaft dieser Stoffe ist ihr puzzolan-artiger Charakter, worunter die Entwicklung hydraulischer Eigenschaften verstanden wird, die durch einen *Anreger* ausgelöst werden. Als ein solcher Anreger dient beispielsweise der Kalk.

Der Bindungs- und Verfestigungsvorgang kann dann verstärkt und beschleunigt werden durch Temperatureinflüsse, also durch Verfahren, wie das Dampfhärten, das Brennen u. dgl. Nach Art der Anreger, der zusätzlichen Bindemittel und der Nachbehandlung kann man daher die Verfahren der Schlackensteine und Flugaschesteine gliedern in

a) kalkgebundene, dampfgehärtete Steine,
b) zementgebundene Schlackensteine,
c) tongebundene, gebrannte Schlackensteine.

a) Kalkgebundene, dampfgehärtete Schlackensteine

Nach Art der Kalk-Sand-Steine werden bereits von einigen Kraftwerken bzw. den ihnen angegliederten Steinfabriken Schlackensteine hergestellt (SCHÄFF[1], ERYTHROPEL[2], STANGE[3], TANNER[4]).

---

[1] SCHÄFF, K.: Einfluß der Ascheverwertung auf die Feuerraum- und Kesselgestaltung, technische und wirtschaftliche Lösung der Ascheverwertung. Mitt. VGB Heft 17/18 (1951) S. 41/63.

[2] ERYTHROPEL, H.: Ein neuer hochwertiger Industriemauerstein aus Steinkohlenflugasche. Betonstein-Zeitung Bd. 18 (1952) Nr. 2, S. 41/35.

[3] STANGE, E.: Aschen-, Schlacken- und Staubverwertung. Brennst. Wärme, Kraft Bd. 7 (1955), Nr. 4, S. 161/162.

[4] TANNER, E.: Unterbringung und Verwertung der Asche bei Großkesselanlagen. Mitt. VGB H. 38 (1955), S. 773/784.

Der Verfahrensgang besteht in einer Mischung von Flugasche, gemahlenem Granulat und etwa 10% gebranntem Kalk in einer Misch- und Löschtrommel. Das Gemisch wird über einen Zwischenbunker einem Zwangsmischer, von dort den Drehtischpressen zugeführt und zu Steinen verpreßt, die anschließend in einem großen Autoklaven bei 16 atü (oder aber bei mindestens 10 atü) durch Dampf gehärtet werden. Der Härtevorgang benötigt etwa 5 Stunden, die Festigkeit der erzeugten Steine

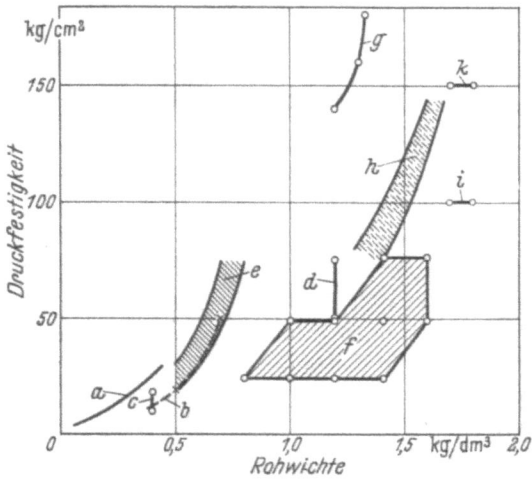

Abb. 151. Druckfestigkeit verschiedener Baustoffe insbes. Schlacken- und Flugaschesteine in Abhängigkeit vom Raumgewicht

a Gasbeton aus Schaumschlacke (Deutsche Porenbeton G. m. b. H., Alt Garge), b Gasbeton aus gewöhnlicher Flugasche (Deutsche Porenbeton G. m. b. H., Alt Garge), c Granulit-Isolierstein (Gebr. Willersinn, K. G., Ludwigshafen-Oggersheim), d Granulit-Mauerstein (Gebr. Willersinn, K.G., Ludwigshafen-Oggersheim), e Ytong und Siporex[1], f Leichtbeton-Vollsteine DIN 18 152[1], g Kalkaschesteine (Deutsche Porenbeton G. m. b. H., Alt Garge), h STEAG-Industriemauersteine[1], i Mz 100[1], k V 150, Mz 150[1]

[1] Erythropel, a. a. O. vgl. Fußnote 2, S. 335

hängt vom Kalkgehalt, dem Dampfdruck (bzw. der zugehörigen Dampf-Sättigungstemperatur) und der Dauer des Härtevorganges ab, die erreichte Festigkeit liegt im Durchschnitt bei 100 kg/cm² und darüber bei einem spezifischen Raumgewicht von 1,5 kg/dm³. Raumgewicht und Festigkeit werden außerdem vom Verhältnis Granulat zu Flugasche, das Einzelgewicht der Steine außerdem von der Formgebung, ob mit oder ohne Löcher, Handschlitze usw. ausgeführt, bestimmt.

Die Druckfestigkeit verschiedener Baustoffe in Abhängigkeit vom spezifischen Raumgewicht ist in Abb. 151 wiedergegeben. Die Schlackensteine (aus Flugasche und Granulat) ordnen sich gut in den Rahmen anderer ähnlicher Erzeugnisse ein. Die Wärmeleitfähigkeit von Flugasche-Schlackensteinen liegt nach STANGE[5] bei $\gamma = 0,8 - 1,6$ kg/dm³ bei $\lambda = 0,2$—0,3 kcal/m h°C (bei 20° C), nach ERYTHROPEL bei 0,49 kcal/m h°C

[5] vgl. S. 335, Fußn. 3.

(bzw. der Wärmedurchlaßwiderstand einer 24 cm starken Wand mit beiderseits mindestens 1,5 cm Verputz beträgt 0,55 m²h°C/kcal, daraus $\lambda = 0,27/0,55 = 0,49$), und fällt damit durchaus in den Rahmen vergleichbarer Baustoffe (Koch[1]).

Die Wasseraufnahme- und -abgabefähigkeit für Flugasche-Schlackensteine ist höher als bei Kalksandsteinen, erreicht aber nach etwa 14 Tagen gleiche Werte (Schäff[2]). Aus diesem Grunde ist bei der Vermauerung dieser Steine auf sorgfältige Abdichtung gegen die Bodenfeuchtigkeit zu achten — vielleicht eine im Bauwesen selbstverständliche Forderung —, um gute Frostbeständigkeit zu erzielen. In dieser etwas höheren Porosität liegt ja das niedrigere Raumgewicht und die günstige Isolierwirkung für Wärmeleitung wie auch für Schall begründet.

Zur Beurteilung der Frostbeständigkeit empfiehlt Blunk[3] die Ermittlung des freien Porenraumes feuchter Steine durch den Sättigungskoeffizienten (S-Wert), der definiert ist als der Quotient aus dem natürlichen Wasseraufnahmevermögen bei fünftägiger Lagerung in Wasser zu der künstlichen Wasseraufnahme während 24 Stunden unter 150 at Druck. Dabei gelten Werte von $S \geq 0,9$ als nicht frostbeständig, von 0,8—0,9 als frostgefährdet, und von $S \leq 0,8$ als frostbeständig. Durch das Mischungsverhältnis Flugasche zu Granulat läßt sich der Porenraum und damit die Frostbeständigkeit beeinflussen, auch könnte die Art der Zuschläge und das Herstellungsverfahren von gewissem Einfluß sein.

Die Steinformate werden im allgemeinen möglichst groß gewählt. Außer dem Normalformat 240 × 115 × 71 mm werden Mittelformate ($1^1/_2$ NF) 240 × 115 × 113 mm hergestellt.

b) Zementgebundene Schlackensteine

Zementgebundene Schlackensteine verlangen einen möglichst geringen Schwefelgehalt; er sollte als SO_3 ausgedrückt 1,0% nicht überschreiten. Ebenso wie bei den kalkgebundenen Steinen soll der Gehalt an Verbrennlichem möglichst niedrig sein und 10% nicht überschreiten (obwohl auch bis zu 20% zugelassen werden kann).

Der Verfahrensgang ist besonders einfach; nach dem Mischen und Verpressen werden die Steine vier Tage luftgehärtet und stehen nach 28 Tagen zur Verladung zur Verfügung. Die größere Dauer der Lufthärtung erfordert entsprechend große Flächen für die Lagermöglichkeit. Nach Stange[4] liegen die Druckfestigkeiten bei 25—75 kg/cm², die Raum-

---

[1] Koch, B.: Grundlagen des Wärmeaustausches (Stoffwerte). Dissen (T. W.): H. Beucke u. Sohn 1950, dort bes. Abb. 16, S. 53.
[2] Schäff: vgl. S. 335, Fußn. 1, bes. Abb. 44, S. 58.
[3] Blunk, G.: Über die Frostbeständigkeit von dampfgehärteten Mauersteinen aus Kalk, Flugasche und granulierter Schmelzkammerasche. Diss. Braunschweig 1957.
[4] Stange: vgl. S. 335, Fußn. 3.

gewichte bei 1,55—1,70 kg/dm³ und die Wärmeleitzahl im Mittel bei $\lambda = 0{,}42$ kcal/m h °C. Neben Mauersteinen, Hohlblocksteinen und Deckensteinen kann auch an die Herstellung anderer Erzeugnisse wie Rohre oder sonstiger Betonwaren gedacht werden.

c) Tongebundene Schlackensteine

Diese sind bei der nahen Verwandtschaft üblicher Steinkohlenflugaschen zu den Ziegeltonen und Lehmen eine naheliegende Lösung (ENDELL[1]) und sind daher auch frühzeitig in den Kreis der Betrachtung einbezogen worden, wenn auch die ersten Versuche dieser Art an der Unwirtschaftlichkeit des Verfahrens gescheitert sind (GUMZ[2]). Neuere Versuche haben jedoch zu günstigeren Ergebnissen und hervorragenden Produkten geführt und bieten somit eine recht günstige Flugaschenverwertung in der Ziegelei, deren Wirtschaftlichkeit dadurch verbessert werden kann (ROTTER[3]). Das Bindemittel Ton oder Lehm wird in Wasser aufgeschlämmt und die feinkörnige Flugasche zugegeben. Die Mischung enthält 20 bis 28 % Wasser, die Trockensubstanz 10—30% (meist 15—25%) Ton (oder Lehm), der Rest 90—70% (85—75%) ist Flugasche oder gemahlenes Schlackengranulat. Diese Masse wird in Strangpressen verpreßt, und die Rohformlinge werden im Brennofen gebrannt, wobei das Verbrennliche in der Flugasche für den Brennvorgang meist ausreicht. Ein Zusatzbrennstoff erübrigt sich. Das Verbrennliche soll nach Möglichkeit die üblichen Grenzen nicht überschreiten, doch bietet die Führung des Brennprozesses (Rauchgasrückführung) die Möglichkeit eines Ausgleichs.

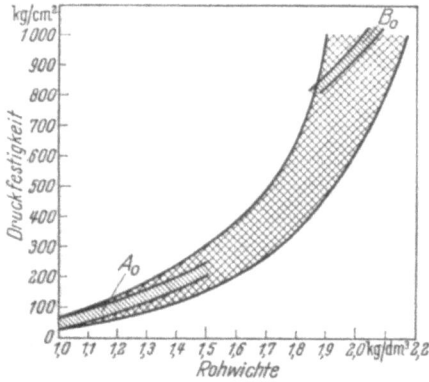

Abb. 152. Streubereich der Druckfestigkeit gebrannter Steine aus Flugasche und Schlackengranulat (nach ROTTER)

Das Verbrennliche wirkt sich aber auch auf die Festigkeit bzw. das Raumgewicht aus, und auch aus diesem Grunde wird man den C-Gehalt so niedrig wie möglich zu halten versuchen. Abb. 152 zeigt die Druckfestigkeit in Abhängigkeit vom Raumgewicht als Ergebnis mit verschieden-

---

[1] ENDELL, J.: Kohlenaschen, ein Rohstoff der Ziegelindustrie. Ber. Dt. Keram. Ges. Bd. 26 (1949) Nr. 8/9, S. 176/180.
[2] GUMZ, W.: Verhalten der mineralischen Bestandteile bei der Verbrennung und Vergasung, vgl. S. 134, Fußn. 2.
[3] ROTTER, W.: Ein Weg zur Ascheverwertung. Brennst. Wärme. Kraft Bd. 8 (1956) Nr. 12, S. 584/587.

artigen Flugaschen. Die ungünstige Asche A_0 hatte einen hohen Gehalt an Verbrennlichem, außerdem einen niedrigen Ascheerweichungspunkt von rd. 1000° C), die sehr günstige Flugasche B_0 dagegen den äußerst niedrigen Gehalt von 1,25% Brennbarem. Entsprechend verschieden liegen Rohwichten und Festigkeiten, die, wie die Versuchsergebnisse zeigen, bei $\gamma = 2{,}1$ kg/dm³ bis zu 1000 kg/cm² heraufgehen. Das Raumgewicht und damit die Druckfestigkeit wird — ähnlich wie bei den kalkgebundenen Steinen — auch durch das Mischungsverhältnis Granulat zu Flugasche stark beeinflußt. Ein hoher Granulatzusatz ist, soweit auf Leichtbauweise kein Wert gelegt wird, erwünscht. Flugasche und Granulatzusatz auch in kleinen Mengen können u. U. die Festigkeit soweit erhöhen, daß Ziegeleien mit nur bedingt brauchbarem Lehm- und Tonsorten die Qualität und Festigkeit ihrer Erzeugnisse erheblich steigern können.

2. Leichtbausteine und Porenbeton

Ein zweites Gebiet, in dem die spezifischen Eigenschaften der Flugasche gut zur Auswirkung gebracht werden können, ist das des Porenbetons (Gas- oder Schaumbeton) und der daraus hergestellten Leichtbausteine, Platten, Wandbaublöcke von Geschoßhöhe und von Isoliersteinen, Schalen oder Formstücken. Man verwendet zu diesem Zweck die Flugasche oder vorzugsweise die leichtesten Anteile der Flugasche. Ein Teil der Flugasche besteht aus Hohlkugeln von äußerst niedrigem Raumgewicht; durch Abschwimmen kann man diesen Anteil leicht von den schweren Bestandteilen trennen, wenn auch leider ein großer Teil dieser Kugeln entweder mangelhaft ausgebildet (also nicht frei von Löchern) oder zertrümmert ist, sodaß der zur Verarbeitung verbleibende Anteil nicht sehr groß ist. Es gelingt jedoch, auf diese Weise sehr brauchbare Isoliersteine herzustellen (STANGE[1], MEURICE u. PARENTANI[2]).

Schon bei den älteren Methoden der Porenbetonherstellung mit Wasserstoffsuperoxyd und Chlorkalk als Treibmittel und Saponin als Schäumer (SCHNEIDER[3], GRAF u. WEISE[4], BUCHER[5], BURKART[6]) hat man versuchsweise mit Erfolg Flugasche verwendet, doch haben sich diese Verfahren, z. T. durch die Schwierigkeit der Beschaffung der erforderlichen

---

[1] STANGE: vgl. S. 335, Fußn. 3.
[2] MEURICE, CH., u. F. PARENTANI: Verfahren zur Herstellung poröser Wärme- und Schallisolationsstoffe. D. P. 835870 Kl. 80 b – 9/20.
[3] SCHNEIDER, A.: Der Porenbeton. Bauind. Bd. 8 (1940) Nr. 15, S. 302/303.
[4] GRAF, O., u. F. WEISE: Versuche mit Porenbeton unter Verwendung von Steinkohlenflugasche. Fortschr. u. Forsch. im Bauwesen, Reihe B, Heft 5, S. 91/101. Berlin: O. Elsner 1944.
[5] BUCHER, E.: Porenbeton aus Flugasche. Z.VDI Bd. 86 (1942), Nr. 33/34 S. 510.
[6] BURKART, W.: Verwertung der Flugasche zu Baustofferzeugnissen. Wärme Bd. 65 (1942) Nr. 15, S. 134/135.

Chemikalien nicht durchgesetzt. In dem Verfahren nach FRENKL[1] dient Aluminiumpulver (Umschmelzlegierung) als Treibmittel, das auch bei den neueren Verfahren vorzugsweise verwendet wird.

Das Herstellungsverfahren ist verhältnismäßig einfach. Die feingemahlenen Rohstoffe werden zu einem breiigen Zementmörtel oder Kalkzementmörtel angemacht und die gasbildenden Stoffe (Al-Pulver) werden zugesetzt. Als Zuschlagsstoffe dienen Feinsand, Flugasche und grober Bims — evtl. wäre hier besonders auch gesintertes Material (Schlackenbims) geeignet —, Hochofenschlacke, Granulat u. dgl. Nach einer gewissen Stehzeit zum Anlaufen des Härtevorganges wird die Masse in Steinformat geschnitten und dampfgehärtet.

Nach GRAF[2] liegen die Mindestdruckfestigkeiten solcher Leichtbaustoffe mit $\gamma = 0{,}4$—$0{,}6$ kg/dm^3 bei 25 kg/cm^2 und erreichen mit $\gamma = 0{,}8$ kg/dm^3 den Wert 100 kg/cm^2. Die Wärmeleitzahlen hängen vom Raumgewicht ab und betragen bei $0{,}4$ kg/dm^3 $\lambda = 0{,}2$ kcal/m h°C, lufttrocken bei 20° C. Die Wärmeleitfähigkeit von Isoliermaterial auf Flugaschebasis liegt mit $\gamma = 0{,}10$—$0{,}35$ kg/dm^3 bei $\lambda = 0{,}05$—$0{,}14$ kcal/m h° C bei 100° C und $\lambda = 0{,}14$ bis $0{,}20$ kcal/m h°C bei 500° C, die Druckfestigkeiten liegen zwischen 10 und 30 kg/cm^2 (STANGE[3]).

Nach ähnlichen Verfahren lassen sich tongebundene Leichtsteine und Isoliermaterialien herstellen (ROTTER[4]). Es werden Flugasche und geeignete Treibmittel gemischt, doch wird das Verpressen vermieden und die Masse nach genügender Verfestigung im Ziegelofen gebrannt. Nach dem Brand werden die Blöcke in die gewünschten Formen zerschnitten. Die Rohwichte läßt sich zwischen 1,0 bis herunter zu 0,35 kg/dm^3 einstellen. Bei $\gamma = 0{,}435$ kg/dm^3 wurde eine Wärmeleitzahl von etwa 0,08 kcal/m h°C, bei 500° C von 0,146 kcal/m h° C und bei 800 °C von 0,206 kcal/m h° C gefunden.

3. Schlackenbims

Eine sehr aussichtsreiche, aber in großtechnischem Maßstab noch nicht eingeführte Verwertungsmöglichkeit von Flugasche und auch anderen feinkörnigen Rückständen ist die Erzeugung von Schlackenbims. Schlackenbims kann ähnlich wie Naturbims aus dem Neuwieder Becken oder Hüttenbims (KEIL[5]) vielseitig verwendet werden, in erster Linie als

---

[1] FRENKL, G.: Grundsätzliches zum Gas- und Schaumbeton. Tonind.-Zeitung Bd. 68 (1944) Nr. 9/10, S. 109/110.

[2] GRAF, O.: Zur Entwicklung der Baustoffe und Bauelemente. Z. VDI Bd. 94 (1952) Nr. 14/15, S. 401/408; —: Gasbeton, Schaumbeton, Leichtkalkbeton. Konrad Wittwer 1950; — GRAF, O. u. SCHÄFFLER: Gas- und Schaumbeton. Bautechn. Merkhefte f. d. Wohnungsbau, Heft 7. Berlin: Druckhaus Tempelhof 1951. Stuttgart.

[3] STANGE: vgl. S. 335, Fußn. 3. — [4] ROTTER: vgl. S. 338, Fußn. 3.

[5] KEIL: vgl. S. 1, Fußn. 1, S. 115/153.

Betonzuschlag, ferner zur Erzeugung von Leichtbeton und Schwemmsteinen und anderen Leichtbetonwaren, als Füllmaterial, und im Bergbau als Versatzmaterial.

Zur Erzeugung kommen zwei Verfahren in Frage, die Sinterung auf einem Sinterband oder einer Sintermaschine und die Sinterung im Schachtofen. Beide sind versuchsmäßig erprobt und bieten Aussichten auf einen technischen und wirtschaftlichen Erfolg (GUMZ[1]).

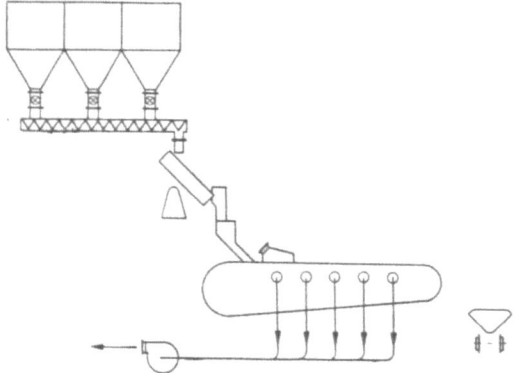

Abb. 153. Schema einer Lurgi-Flugasche-Pelletisierungs- und Sinteranlage

Das *Saugzugsintern* ist nach der Art der vielseitig erprobten Erzsinterung von der LURGI-Gesellschaft für Wärmetechnik, Frankfurt/M., in längerem Versuchsbetrieb durchgeführt worden. Die Durchführbarkeit des Verfahrens ist technisch gelöst und wirtschaftlich aussichtsreich (TANNER[2]). Der Verfahrensgang (vgl. Abb. 153) besteht in einer Körnung (Pelletisierung) der Flugasche unter Aufsprühen von Wasser auf einem schräggestellten Drehteller, wobei man die Größe der entstehenden, etwa körnungsgleichen Kügelchen durch die Tellerneigung in den Grenzen von 2 bis zu 15 mm $\varnothing$ beliebig einstellen kann (MEYER[3]), und im Sintern der so hergestellten Kügelchen auf einer Sintermaschine üblicher Bauart, zweckmäßig einer Bandsinteranlage oder auch eines Rundsinterapparates (WENDEBORN[4]). Durch die Pelletisierung wird ein gleichmäßiges

---

[1] GUMZ, W.: Sinterung von Flugasche in neuer Sicht. VGB-Mitt. Heft 48 (Juni 1957), S. 160/165.

[2] TANNER, E.: Unterbringung und Verwertung der Asche bei Großkesselanlagen. VBG-Mitt. Heft 38 (1955), S. 773/784.

[3] MEYER, K.: Entwicklung der Eisenerz-Pelletisierung. Stahl u. Eisen Bd. 76 (1956) Nr. 10, S. 588/595.

[4] WENDEBORN, H. B.: Saugzug-Sintern und Rösten. Grundlagen und Anwendung der Saugzugverblaseverfahren. Berlin: VDI-Verlag 1934; —: Sinter und Sinterröstung (Saugzugsintern und -rösten). In A. EUCKEN und M. JAKOB: Der Chemie-Ingenieur. Band III, 5. Teil. Hochtemperatur-Operationen. S. 300/377. Leipzig: Akad. Verlags-Ges. 1940.

Aufgabegut von guter Luftdurchlässigkeit erzielt und eine Leistung von etwa 20 Tagestonnen je m² Sinterfläche bei einer Schichthöhe von 150 bis 250 mm, Korndurchmessern von 3—5 mm ⌀ und einem Unterdruck von 200 mm WS erzielt. Der geringe Restbestand an Verbrennlichem dient dabei als Sinterbrennstoff, nachdem die Zündung mit Hilfe eines Gaszündbrenners eingeleitet ist. Das Verbrennliche soll zweckmäßig 8—9% betragen, nicht unter 6,5% sinken und nicht über 12,5% steigen. Die Verbrennung geht mit großem Luftüberschuß ($n = 3$—5) vor sich. Die abgesaugte Gasmenge beträgt etwa 75 m³/m² min (Betriebskubikmeter bei 150° C). Entspricht die vorliegende Flugasche nicht dem geforderten Gehalt an Verbrennlichem, so könnte man durch Brennstoffzugabe oder durch Magerung (Rücklaufgut) leicht die gewünschten Verhältnisse einstellen. Die Abgastemperaturen liegen im Mittel bei 150 bis höchstens 200° C, eine weitere Ausnutzung ist kaum noch möglich oder notwendig.

Das Sintergut besteht nach Wunsch aus Kügelchen oder aus einem Agglomerat von gut versinterten Kügelchen großer Festigkeit mit einem Raumgewicht von etwa 600—700 kg/m³, das nach dem Brechen einen brauchbaren bimsartigen Zuschlagstoff ergibt.

Die Anlagekosten für eine Leistung von 120 t/Tag betragen etwa 1 Mio DM. Die Sinterkosten belaufen sich, einschließlich Amortisation, auf etwa 6,— bis 7,— DM/t = 4,20 bis 4,90 DM/m³, womit das Erzeugnis durchaus wettbewerbsfähig ist mit Naturbims (Preis nach TANNER[1] etwa 4,— bis 6,— DM/m³ ab Neuwied, etwa 16,— bis 18,— DM/m³ im Ruhrgebiet).

Das *Sintern im Schachtofen* ist gleichfalls eine in anderen Industriezweigen erprobte Technik, die vom Zementschachtofen unmittelbar übernommen werden kann. Versuche in kleinem Maßstab sind sowohl in England (NURSE[2]) als auch in Deutschland[3] mit Erfolg durchgeführt worden und lassen die Anwendung auch dieser Technik auf die Sinterung von Flugasche aussichtsreich erscheinen.

Der Verfahrensgang ist zum Teil ähnlich wie beim Sintern auf dem Band, die Anforderungen an die Flugasche, ihre Gleichförmigkeit, ihren Gehalt an Verbrennlichem in mäßigen Grenzen, etwa 7—10%, sind die gleichen. Abweichungen von diesen Grenzen lassen sich sowohl durch die Zumischung von Ton, Sand oder Rücklaufgut (Abrieb) als auch durch die Art der Temperaturregelung des Ofens beispielsweise durch Rauchgasrückführung ausgleichen.

---

[1] TANNER: vgl. S. 341, Fußn. 2.
[2] NURSE, R. W.: The utilization of fly-ash for building material. J. Inst. Fuel Bd. 29 (1956), Nr. 181, S. 85/88.
[3] Nach Mitteilung der Fa. Lösche K. G., Düsseldorf.

Abb. 154 zeigt den Entwurf eines Schachtofens. Das Haupterfordernis ist — wieder ganz ähnlich wie beim Zementschachtofen — ein gleichmäßiges Aufgabegut. Zu diesem Zweck sind drei große Bunker vorgesehen, etwa für $1/2$ oder $1/1$ Tagesdurchsatz, die gegebenenfalls mit den in der Zementindustrie gebräuchlichen pneumatischen Homogenisierungseinrichtungen ausgerüstet sind. Einer der Bunker würde mit einem besonders kohlenstoffarmen Rücklaufgut (Abrieb, Filterstaub oder ge-

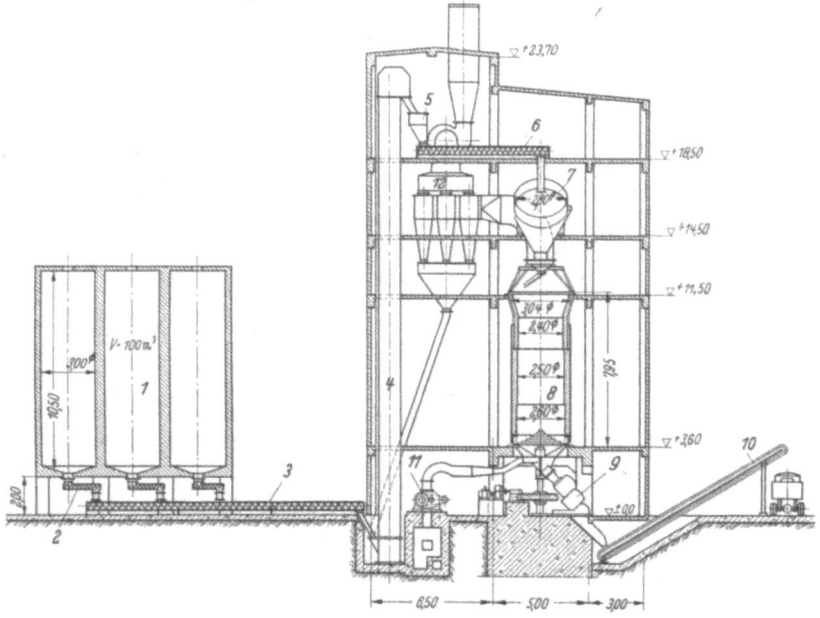

Abb. 154. Schachtofen-Anlage der Lösche K. G. zur Flugasche-Sinterung
1 Flugaschensilo, 2 Silo-Entleerungsschnecke, 3 Mischschnecke, 4 Becherwerk, 5 Zwischenbunker, 6 Zuteilschnecke, 7 Granulierteller, 8 Schachtofen, 9 autom. Ofenentleerung, 10 Schräg-Kastenförderer, 11 Gebläse, 12 Ofen-Entstaubung

brochener Sinter) beschickt werden zur richtigen Einregelung des C-Gehaltes in *Rohmehl*. Wichtig — und noch zu entwickeln — sind Methoden zum schnellen Erkennen des Kohlenstoffgehaltes, so daß die Mischung vor Eintritt in den Ofen richtig beurteilt werden kann, und nicht auf das Sinterergebnis gewartet werden muß. Möglicherweise kann hier ein Verfahren der Aschengehaltsbestimmung durch Gammastrahlen (HARDT[1]) verwendet werden.

Das Rohmehl wird sodann durch ein Becherwerk über den Ofen gehoben und gelangt auf einen schrägstehenden, einstellbaren Drehteller, auf dem das Gut granuliert wird. Die Korngröße wird zweckmäßig

---

[1] HARDT, L.: Die Anwendung radioaktiver Isotope im Bergbau. Glückauf Bd. 92 (1956) Nr. 25/26, S. 761/762.

zwischen 5—10 mm gewählt, die Festigkeit der Granalien ist für den Schachtofenbetrieb ausreichend.

Über einen Verteiler gelangen die Granalien in einen zylindrischen Schachtofen von etwa 6 m Höhe, der unten durch einen Drehrost nach Art der Drehroste in Gaserzeugern abgeschlossen wird, wie sie heute in Schachtöfen neuester Bauart angewendet werden (SPOHN[1]).

Die fertig gesinterten und im unteren Teil des Schachtofens abgekühlten gesinterten Kugeln werden, soweit sie zu größeren Trauben versintert sind, von dem Rost wieder gelockert und gelangen über eine Doppelschleuse aus dem Ofen und auf das Verladeband.

Die Luft wird dem Ofen durch ein Kapselgebläse zugeführt, die Ofenabgase durchlaufen einen mechanischen Staubabscheider und werden durch einen Saugzug abgeführt. Zusatzbrennstoff wird nicht benötigt, ein zusätzliches Befeuern mit Gas würde den Betriebsgang allerdings erleichtern und geringere Anforderungen an die Gleichhaltung des Rohstoffes stellen, der C-Gehalt sollte dann 7% nicht übersteigen.

Die Sinterkosten einschließlich der Kapitalkosten belaufen sich bei einem Tagesdurchsatz von 125 t auf schätzungsweise 4,50 DM/t erzeugten Kugelsinter bei Anlagekosten von 700 000,— DM (einschl. baulichem Teil).

Für amerikanische Verhältnisse werden Sinterkosten von 1—3 $/t genannt, die niedrigere Zahl gilt für die Anlage von 300 Tagestonnen (RUSSELL[3]). Die untere Grenze entspricht etwa den Abfuhrkosten von Flugasche, soweit sie aus dichtbesiedelten Gebieten wegtransportiert werden muß; die Angabe deckt sich, umgerechnet auf DM je metrische Tonne (4,63 DM/t), auch etwa mit deutschen Verhältnissen.

Nach neueren Angaben (RUSSELL) sollen bei 300 Tagestonnen die Sinterungskosten 1,50—1,60 $/t, die Anlagekosten je nach Tagesleistung etwa 300 000,— bis 500 000,— $ betragen. Die Schlackenbimsherstellung (light-weight aggregate) ist in den Vereinigten Staaten ein schnell emporwachsender Industriezweig (GILLSON[4]), der innerhalb von 2 Jahren (1953/1955) seine Kapazität um 31% erweitert hat (RUSSELL[3]).

Das *Sintern in der Feuerung*, wie von PAUL[5,6] und HILLER vorgeschlagen, würde die Anlage- und Betriebskosten noch wesentlich ver-

---

[1] SPOHN, E.: Der Schachtofen von morgen. Zement-Kalk-Gips Bd. 7 (1954) Nr. 11, S. 409/415. — [2] RUSSELL, H. H.: Future prospects of fly-ash utilisation. Coal Utilization. (1956) Nr. 3, S. 24/28.

[3] RUSSELL, H. H.: Fly-ash demand could exceed the supply. Vortrag AIME-Meeting, 28. 2. 1957. — [4] GILLSON, J. L.: Industrial minerals in 1954. Mining Congress J., Bd. 41 (1955) Nr. 2, S. 100/110.

[5] PAUL, H., u. G. HILLER: Einrichtung zur Überführung von Flugasche aus Feuerungsanlagen in stückige Form innerhalb des Feuerraums, insbesondere von Kohlenstaubfeuerungen. D. P. 913 225 Kl. 24 1—8 (1943).

[6] PAUL, H.: Verfahren zur Ausnutzung von wiederaufgegebener Flugasche in Kohlenstaubfeuerungen. D. P. 928 971 Klasse 24 1—8 (1950).

ringern. Versuche im Jahre 1936/37 bei der BEWAG, Berlin, in einem Schacht von nur 2,4 m Höhe durchgeführt, waren erfolgreich, wobei nur die Frage nach der Qualität und Gleichmäßigkeit des Erzeugnisses durch weitere Versuche zu klären wären.

4. Mischbinder

Mischbinder sind hydraulische Bindemittel, die durch Vermahlen von hydraulischen Stoffen unter Zugabe von Anregern, wie z. B. Portlandzement, Weißkalk, Dolomitkalk, Gips oder Gemischen dieser Stoffe hergestellt werden. Die Grenzgehalte an solchen Anregern, die Mahlfeinheit und die Anforderungen an die Raumbeständigkeit und Festigkeit sind in DIN 4207 festgelegt.

Die Verwendung von Steinkohlen-Flugasche zur Herstellung solcher Mischbinder ist bisher in Deutschland meist an der mangelnden Gleichmäßigkeit des Rohstoffes gescheitert, der bezüglich Zusammensetzung, besonders auch des Gehaltes an Verbrennlichem, nur in engen Grenzen schwanken darf. Wie Versuche von KRONSBEIN[1] zeigen, würden Flugaschen die erforderlichen Festigkeiten ergeben. Nach SCHAEFF[2] wäre daher diese Möglichkeit der Verwendung von Steinkohlenflugaschen durchaus gegeben, wenn die Erzeugnisse moderner und möglichst gleichmäßig belasteter Kraftwerke verarbeitet werden können, die die Bedingung nach niedrigem und gleichbleibendem Gehalt an Verbrennlichem erfüllen können. Für das Gros der heute bestehenden, besonders auch der älteren Kraftwerke trifft dies nicht zu.

In den Vereinigten Staaten, wo die Zusammensetzung der Kohlenasche — häufig dank der Belieferung durch eine bestimmte Grube — viel gleichmäßiger ist, hat die Verwendung von Flugasche als Ersatz für einen Teil des Zements große Fortschritte gemacht, da man diesem Anlaß für die Unterbringung von Flugasche ganz besondere Aufmerksamkeit gewidmet hat[3].

Zwei Anwendungsgebiete sind es vor allem, in denen die Mitverwendung von Flugasche zu einer überlegenen Betonqualität beigetragen hat, der Wasserbau (Betonbrücken) und der Dammbau. Gefordert wird ein möglichst gleichmäßiges Produkt mit geringem Gehalt an Verbrennlichem. Hoher Al_2O_3-Gehalt ist vorteilhaft. In der Betonmischung werden 20% des Zementes durch Flugasche (Filterasche aus Kohlenstaubfeuerungen) ersetzt; als Vorteil ergab sich eine höhere Betonfestigkeit,

---

[1] KRONSBEIN, W.: Die hydraulischen Eigenschaften von Steinkohlenflugasche und ihr Einfluß auf die Sulfatbeständigkeit von Portlandzement. Zement-Kalk-Gips Bd. 4 (1951) Nr. 5, S. 123/127. — [2] SCHAEFF: vgl. S. 335, Fußn. 1.
[3] Eine Literaturübersicht über vorwiegend amerikanische Arbeiten vgl. C. KÖRFER: Die Verwendung von Flugasche. Brennst. Wärme. Kraft Bd. 5 (1953) Nr. 4, S. 137/138.

schnelles Erreichen hoher Druckfestigkeit, gute Verarbeitbarkeit und eine geringere Auslaugung durch Seewasser, da Flugaschenbeton weniger freien Kalk enthält als normaler Beton[1]. Bauten aus Flugaschebeton sind die Mobile Bay-Brücke in Alabama, 3000 m lang (von Cedar Point, Ala. zur Dauphin-Insel), die Brücke über die Mackinac-Straße, Gesamtlänge 8060 m, davon als Hängebrücke 2626 m, bei welcher ein Flugasche enthaltendes puzzolanartiges Material unter der Handelsbezeichnung *Alfesil* 30—50% Zement zu ersetzen vermag[2]. Weiterhin sind mehrere größere Dammbauten unter Verwendung von Flugasche aufgeführt worden[3], so der Hungry Horse-Damm (Montana), der Canyon Ferry Damm (Montana), der Liberty-Damm (Maryland), der Hoover Damm (Ohio) und der Palisades Damm (Idaho). Bis zu 25% des Zements konnten dadurch eingespart werden, wobei sich als weitere Vorteile höhere Endfestigkeiten, geringere Abbindungswärme und höherer Widerstand gegen Wasser ergaben. Beim Bau des Hungry Horse-Damms wurden 135 000 t Flugasche untergebracht, die dadurch erzielte Ersparnis belief sich auf nahezu 1,5 Mio $ trotz einer recht ungünstigen Frachtlage.

Nach OTTEMANN[4] kann man die Mineralbestandteile vom Standpunkt ihres mörteltechnischen Wertes folgendermaßen einteilen

Zustands-form	Aktive Bestandteile			Inaktive Bestandteile
	hydraulisch	nicht hydraulisch	Anregerstoffe	
amorph	basisches, tonerdereiches Schlackenglas		im Schlackenglas gelöste Sulfide	unverbrannte Kohle, kieselsäurereiches Schlackenglas
kristallin	basische Schlakkenminerale (vorwiegend Kalziumaluminate), Metakaolin		Anhydrit, Kalziumoxyd, Magnesiumoxyd	Quarz, Hämatit, Magnetit, entglaste Schlackenminerale (vorwiegend saure Silikate), Mullit, Karbonate (Neubildung)
			Kalziumsulfid, Alkali-Salze	

Die Verwertung von Braunkohlenflugasche bereitet im allgemeinen noch größere Probleme. Durch die Schwierigkeiten des Zementierens von Verbrennungsrückständen bei Spülentaschung oder des Erhärtens von

---

[1] Fly ash, an important material of construction. Bituminous Coal Research Bd. 14 (1955) Nr. 3, S. 3/6, 16.
[2] Fly ash used in world's largest suspension bridge. Brit. Coal. Research Bd. 15 (1955) Nr. 3, S. 10/11.
[3] Fly ash in large dams. Bit. Coal Research Bd. 13 (1954) Nr. 4, S. 4/5.
[4] OTTEMANN, J.: Über die Mineralbestandteile von Braunkohlenaschen und ihre Bedeutung für die Beurteilung von Aschenbindern. Mitt. aus dem Laboratorium des geol. Dienstes Berlin. Neue Folge, Heft 1 (1951).

Flugasche in Kippwagen, besonders wenn sie Regen ausgesetzt war, lenkte die Aufmerksamkeit frühzeitig auf die guten Bindeeigenschaften der Braunkohlenasche. Es sind daher schon vor Jahren Versuche der verschiedensten Art für ihre Verwertung angestellt worden (SIMON[1]).

Die Versuche zur Verwertung der Braunkohlenflugasche sind sowohl in Mitteldeutschland (DOORENTZ[2]) als auch im rheinischen Braunkohlenrevier fortgeführt worden und haben bereits zu erfreulichen Erfolgen geführt. Das Schwergewicht liegt auf der Herstellung eines Mischbinders, der beispielsweise im Kraftwerk Fortuna der Rheinischen Aktiengesellschaft für Braunkohlenbergbau und Brikettfabrikation unter der Handelsbezeichnung *Fortunit* hergestellt wird[3].

Dieser Mischbinder besteht aus 50% Filterasche, 25% Traß und 25% Hochofenschlacke, er wird auf 8% R (0,09) gemahlen. Zur Steigerung der Plastizität und der Winterfestigkeit wird eine geringe Menge einer Harzseife zugesetzt. Die Mindestdruckfestigkeit beträgt nach 28 Tagen 80 kg/cm^2, die Biegezugfestigkeit 20 kg/cm^2. Die tatsächlich erreichten Festigkeiten liegen bei nahezu den doppelten Werten. Er liegt damit in einer wesentlich höheren Güteklasse (Br. 80) als ähnliche Bindemittel aus Braunkohlenflugasche[4]. Zement darf dem Mischbinder nicht zugesetzt werden, da der Gipsgehalt Treiben verursachen kann.

Eine Voraussetzung für die Erreichung und Gewährleistung einer gleichbleibenden Qualität ist sowohl eine geringe Schwankung in der Flugaschenzusammensetzung und eine dauernde Kontrolle. Bemerkenswert ist, daß die feuerungstechnischen Voraussetzungen, eine bestimmte Fahrweise des Kessels mit nicht zu hohen Spitzentemperaturen, sowohl eine geringe Verschmutzung der Kesselheizfläche hervorrief, als auch eine reaktionsfreudige, nicht überbrannte Filterasche mit relativ hohem Gehalt an disponiblem Kalk lieferte. Maßnahmen zur Vermeidung übermäßiger Kesselverschmutzung (LENKEWITZ[5]) und zur Erzeugung einer gut verwertbaren Filterasche laufen also parallel und bestimmen somit entscheidend die feuerungstechnische Entwicklung.

---

[1] SIMON, W., u. H. SPRUNG: Braunkohlenflugasche ein wertvoller Rohstoff. Chemiker-Ztg. Bd. 67 (1943) Nr. 15/16, S. 150/153.

[2] DOORENTZ, R., u. O. ETTEL: Braunkohlenfilterasche (BFA) als Bindemittel. Bauplanung und Bautechn. Bd. 2 (1948) Nr. 10, S. 293/297.

[3] Rheinische Aktiengesellschaft für Braunkohlenbergbau und Brikettfabrikation: Untersuchungen der Bindemitteleigenschaften von Braunkohlenfilteraschen. Forsch.-Berichte d. Wirtschafts- und Verkehrsministeriums Nordrhein/Westfalen Nr. 248. Köln u. Opladen: Westdeutscher Verlag 1956.

[4] Entwurf DIN 4209: Braunkohlenaschen als Bindemittel (1948) Neue Bauwelt Bd. 3 (1948), Nr. 24.

[5] LENKEWITZ, vgl. S. 292, Fußn. 1.

5. Straßenbau

Als größten künftigen Markt für Flugasche sieht man in den Vereinigten Staaten den Straßenbau an. Angesichts des großen Straßenbauprogramms ließe sich die gesamte anfallende, d. h. durch Filteranlage abgeschiedene Flugasche von heute — etwa 8 Mio t (im Jahre 1963 geschätzt auf 13,7 Mio t) — unterbringen.

Probestücke von Straßendecken sind u. a. von der Dusquesne Light Co. in Pittsburgh gebaut worden, zunächst ein 55 m langes Straßenstück, das heftigem Lastwagenverkehr ausgesetzt ist (300 bis 400 Lastwagen je 10—15 t täglich). Die Straße ist eine Teerstraße, bei der Flugasche sowohl in der Straßendecke als auch in der Packlage als Füllmaterial verwendet ist. Eine Verlängerung auf 760 m und weitere Versuchsstraßen sind bei drei weiteren Elektrizitätswerken in Bau. Auch Betonstraßendecken sind versuchsweise mit 10, 20 und 25% Ersatz des Portlandzementes durch Flugasche in einem etwa 50 m langen Straßenstück versucht worden[1] und haben sich in starkem Lastwagenverkehr gut bewährt.

Man rechnet, nachdem auch von Seiten der amerikanischen Bundesbehörde erstmalig Straßenbauten (so im Staate Alabama) unter Flugaschemitverwendung begonnen worden sind, mit einem allmählich so stark anwachsenden Markt, daß praktisch der größte Teil des jährlichen Anfalles untergebracht werden könnte. Als Fortschritt wird es gewertet, daß die American Society of Testing Materials und andere städtische und staatliche Behörden und Privatfirmen Spezifikationen für Flugasche (zu Bauzwecken) herausgegeben haben[2] (BRINK[3]).

Untersuchungen an Flugasche-Beton zeigten an Biegezug- und Druckfestigkeit etwas niedrigere, aber noch ausreichende Werte als bei gewöhnlichem Beton (ohne Flugasche). Dem Angriff von Salzlösungen (Kalziumchorid), wie sie für das Abtauen vereister Straßen benutzt werden, waren die Proben allerdings weniger gut gewachsen als der Beton ohne Flugasche (TIMMS[4]).

Auch in England sind Versuche der Flugascheverwendung im Straßenbau im Gange[5]. Eine Mischung von 70% Flugasche, 15% Rostasche und 15% Portlandzement, oder auch eine solche von 60% Flugstaub, 30% Rostasche und 10% Portlandzement ergab gute Ergebnisse. Das Mischen erfolgte dabei nicht in den üblichen Betonmischmaschinen, vielmehr wird

---

[1] Bit. Coal Research Bd. 14 (1954) Nr. 2, S. 6/7; Bd. 15 (1955), Nr. 3, S. 12/13.

[2] Fly ash use as a construction material. BCR Aid to Industry 600—910, Bit. Coal Research, Inc., Pittsburgh 13, Pa.

[3] BRINK, R. H., u. W. J. HALSTEAD: Studies relating to the testing of fly ash for use in concrete; 59th Ann. Meeting Am. Soc. Test. Mat. Juni 1956. Ref. Fuel Abstracts Bd. 20 (1956) Nr. 4, S. 103.

[4] TIMMS, A. G., u. W. E. GRIEB: Use of fly ash in concrete. 59th Ann. Meeting Am. Soc. Test. Mat. Juni 1956, Ref. Fuel Abstracts Bd. 20 (1956) Nr. 4, S. 103.

[5] Nach persönlichen Mitteilungen von H. ERYTHROPEL, Essen.

die Flugasche in Behältern zur Baustelle gebracht und auf eine vorbereitete Fläche von etwa 20 bis 30 m² geschüttet. Darauf wird die vorgeschriebene Menge Zement gebreitet, angefeuchtet und durch Schaufeln und Harken gemischt. In gleicher Weise wird eine zweite und dritte Aschenschicht darübergelegt. Über das Ganze kommt dann eine etwa 25 mm starke Decke normalen Betons.

Die Verwendung von Schlacke und Flugasche im deutschen Straßenbau ist vielleicht dadurch etwas diskreditiert worden, daß bei den ersten größeren Versuchen wahllos große Mengen von Grobschlacke, Flugasche und Haldenbeständen, also Stoffen sehr ungleicher Beschaffenheit, von zweifelhafter Herkunft, ungeachtet ihrer Qualität in Bezug auf Festigkeit, Gehalt an Verbrennlichem u. a. m., verwendet worden sind. Voss und Kobold[1] kommen daher zu dem vernichtenden Urteil, daß Asche als Ersatz für Sand für die Verfüllung von Packlagen und Schotterschichten wie auch als Material für die Frostschutzschichten aus mehreren Gründen denkbar ungeeignet sei. Sie sehen daher die einzige Verwendungsmöglichkeit von Flugasche in Verbindung mit Kalk oder anderen hydraulischen Stoffen in der Stabilisierung des Straßenbaugrundes. Grobschlacke kann ferner erfolgreich verwendet werden bei Fuß- und Radfahrwegen, wo die Porosität sich durch schnelle Wasserverdunstung günstig auswirkt. Für schwer beanspruchte Straßen ist Grobschlacke und Granulat wegen der mangelnden Festigkeit ihrer allzu großen Elastizität und des allmählich eintretenden Kornzerfalls weniger gut geeignet.

Wegen der guten Wasserdurchlässigkeit ist das Granulat als Einbettungsmasse für Drainagerohre gut brauchbar (Blömer[2]).

6. Schlußfolgerungen

Die Beseitigung, Unterbringung und Verwertung der Verbrennungsrückstände ist zu einem derartig einschneidenden Problem geworden, daß es die Standorte der Kraftwerke, die Wahl der Feuerung und die Auslegung der Kessel zu einem nicht geringen Grade beeinflußt. Eingangs wurde betont, wie sehr die Schmelzfeuerung ihre weite Verbreitung in Deutschland gerade der Sorge um eine geeignete Lösung der Rückstandsfrage verdankt, eine Verbreitung, wie sie im Ausland durchaus nicht in diesem Maße vorhanden ist.

Die Schmelzfeuerungen haben die Erwartungen auf eine wesentliche Verkleinerung der Feuerräume und Verringerung der Kessel- und Dampferzeugungskosten nicht in dem erwarteten Maße erfüllt. Die Einbindung macht die Staubabscheidung im allgemeinen nicht überflüssig, und die

---

[1] Voss, R., u. A. Kobold: Kohlenaschen und Kohlenschlacken als Straßenbaustoff. Straße und Autobahn, Bd. 6 (1955) Nr. 5, S. 162/167.

[2] Blömer, W.: Versuche zur Verwertung von Schmelzgranulat. Mitt. VBG Heft 43 (1956) S. 293/297.

Schwierigkeiten der Staubabscheidung haben sich in einigen Fällen erhöht. Der Staub ist — bei hohen Brennkammerbelastungen — besonders fein und macht auch bei der Abreinigung der Filterplatten durch seine größere Haftfähigkeit größere Schwierigkeiten. Seine Adsorptionsfähigkeit für SO_3 und Feuchtigkeit ist dem Elektrofilterbetrieb abträglich.

Vom Standpunkt der Kesselverschmutzung sind hohe und höchste Temperaturen unerwünscht; es ist daher als Dilemma zu bezeichnen, daß die von der Rückstandsverwertung her erwünschte Schmelzfeuerung auch manche betriebliche Nachteile mit sich bringt, so daß die Planungserwägungen vielleicht auch andere Möglichkeiten nicht außer acht lassen sollten.

Einem Weg dazu dient der Verzicht auf die Einschmelzung und die Beschränkung auf Sinterung der Flugasche. Der oft geltend gemachte Vorteil der Flugstaubrückführung, der eine vollständige Ausnutzung des Verbrennlichen in der Flugasche gestatte und damit auch die notwendige Schmelzwärme liefere, ist nicht stichhaltig. Etwa 5% Verbrennliches werden theoretisch benötigt, um den Wärmeinhalt der flüssigen Schlacke einschließlich der Schmelzwärme zu decken. Bei 5% C, 95% Asche entfallen auf 1 kg C, mit 95% ausgenutzt, $0{,}95 \times 8080 = 7676$ kcal. Benötigt werden theoretisch etwa 400 kcal/kg, also für $95 : 5 = 19$ kg Asche je kg C $19 \times 400 = 7600$ kcal, doch ist diese Wärmemenge ein Verlust, da die Schlacke im Wasserbad abgekühlt wird und verloren geht. Die Vorschläge zur Wiedergewinnung dieser Wärme (DOLEŽAL[1]) sind etwas umständlich, daher nur bei hohem Aschegehalt gerechtfertigt und aus diesem Grunde praktisch auch wenig eingeführt. Nur der darüber hinausgehende Anteil an Verbrennlichem kommt dem Kesselbetrieb zugute; er spielt wegen der geringen Höhe in der Wärmebilanz eine völlig untergeordnete Rolle und würde die geringsten Nachteile oder zusätzlichen Kosten keineswegs mehr rechtfertigen können, abgesehen davon, daß eine gut eingestellte Kohlenstaubfeuerung auch keinen wesentlich höheren Flugkoksverlust ergibt.

Eine Sinterung der Flugasche macht die Feuerraumtemperatur, die Feuerungskonstruktion, -größe und -gestaltung von der Art der Flugascheverwendung gänzlich unabhängig, gestattet daher dem Kesselkonstrukteur wesentlich größere Freiheiten. Die Feuerung kann mit trockenem Schlackenabzug arbeiten, in der Bauform einfach sein, was die Betriebsführung erleichtert und lange Reisezeiten gestattet, ohne kostspielige betriebsmäßige und außerbetriebliche Reinigungsmaßnahmen zu erfordern. Wirtschaftlich bietet die Flugaschesinterung eine Reihe von Möglichkeiten der Verwertung; selbst da, wo nur eine Verwendung als Bergeversatz oder gar eine vorläufige Lagerung auf Halde

---

[1] DOLEŽAL, R.: Vorschlag zur Wiedergewinnung der Schlackenwärme bei Schmelzfeuerungen. Mitt. VGB Heft 19 (1952) S. 152/153.

in Frage kommt, sind zumindest die Schwierigkeiten geringer als bei der Verwendung von Granulat. Ein Versuch wäre daher zu empfehlen, jedenfalls aber ist beim augenblicklichen Stand der Entwicklung, wo Großanlagen zur Flugaschesinterung noch nicht bestehen und längere Betriebserfahrungen noch nicht vorliegen, die Erstellung einiger Anlagen nach den verschiedenen Systemen (Sinterband oder Schachtofen und Sinterung in der Feuerung) dringend erwünscht als Beitrag zur Weiterentwicklung des Kraftwerksbetriebes in einer Richtung, die man bisher zugunsten der Schmelzfeuerung ein wenig vernachlässigt hat. Unter Berücksichtigung aller Vorteile des Betriebes, der Brennstoffauswahl, der Konstruktionserleichterungen und der Rückstandsverwertungsmöglichkeiten ist der Anreiz für diese Entwicklungsrichtung zumindest sehr hoch, und die vielfältigen Probleme der Heizflächenverschlackung und -verschmutzung finden damit eine naturgemäße Lösung. Inwieweit dabei die weitere Senkung der Verbrennungstemperaturen zu ausgesprochenen Verfahren einer Tieftemperaturverbrennung — beispielsweise in Wirbelschichten oder im Schwebebett — weitere Vorteile bietet, wird die Erfahrung mit diesen in der Entwicklung begriffenen Feuerungsbauarten zeigen müssen.

XII. Nachwort

Die vorliegende Arbeit ist ein erster Versuch, Probleme des praktischen Feuerungs- und Kesselbetriebes dadurch aufzuklären, daß neben der bisher vorwiegend chemischen Betrachtungsweise auch die physikalische und mineralogische stärker herangezogen wird. In diesem Stadium des Beginns einer engeren Zusammenarbeit von Ingenieur und Mineralogen ergaben sich einerseits überraschend schnell einige vorläufige Zwischenergebnisse, die zu praktisch wertvollen Schlußfolgerungen führten, andererseits aber auch sehr viele noch ungelöste Fragen und Anregungen zu Arbeiten, die längere Zeit erfordern werden, ehe eine endgültige Klärung möglich ist. Diese Arbeit ist daher als ein erster Zwischenbericht aufzufassen, der beide Seiten, den Mineralogen mit der systematischen Untersuchung der Hochtemperatur-Vorgänge und den Kesselbauer und Betriebsmann mit den Grundlagen und mit den Problemen im Einzelnen bekannt machen möchte, um die notwendige Zusammenarbeit zu vertiefen.

Die Fortsetzung der Arbeit ist damit zu einem gewissen Grade vorgezeichnet. Sie wird einerseits in einer Ausfüllung der verschiedenen schon festgestellten Lücken in dem Gesamtbild unseres Wissens bestehen müssen, andererseits in der Sammlung eines umfassenden Beobachtungs- und Untersuchungsmaterials aus den Kesselbetrieben. Dazu gehören nicht nur Ergebnisse aus Anlagen, die sich als besonders anfällig und nachteilig erweisen, sondern auch solche, die keine überdurchschnittlichen Schwierigkeiten bereiten oder als ausgesprochen günstig gelten. Ferner wird stärker als bisher der zeitliche Ablauf der Vorgänge zu studieren sein, um aus der Entstehungs- und Lebensgeschichte von Heizflächenansätzen hinter das Geheimnis dieser so vielfältigen Erscheinungsformen und Vorgänge zu kommen.

Es verdient besonders hervorgehoben zu werden, daß die Darstellung in vielen Punkten lückenhaft bleiben oder sich mit vorläufigen Arbeitshypothesen begnügen mußte. Darin liegt zugleich die Anregung und der Wunsch, daß sich recht viele Stellen mit den angeschnittenen Problemen beschäftigen mögen, um so Steinchen auf Steinchen zu diesem Mosaik zusammenzufügen. Wenn in diesem frühen Stadium der Arbeit schon einige Ergebnisse zu verzeichnen sind, die sich praktisch zum Nutzen des Kesselbetriebes auswirken — und sei es nur hier und da eine Bestätigung oder Erklärung für die Wirkung einer mehr oder weniger empirisch gefundenen Lösung — so ist damit für die systematische Beherrschung dieser feuerungstechnischen Probleme schon ein wichtiger Schritt getan.

Man wird gut tun, im Augenblick endgültige Empfehlungen noch nicht oder nur mit großer Vorsicht zu machen, meist gehört zu jeder ingenieurmäßigen Entscheidung die Bilanz aus einer großen Zahl von Einflußfaktoren, die sich in verschiedener Richtung auswirken. Die Beseitigung einiger Unsicherheiten und einiger Unbekannter in dieser Rechnung ist jedoch ein Fortschritt, der nicht gering veranschlagt werden darf.

Vielleicht wird mancher Betriebsmann etwas enttäuscht sein, daß ihm hiermit kein Rezeptbuch in die Hand gegeben ist, wie er mit seinen oft erheblichen Schwierigkeiten fertig werden kann. Solche allgemeinen Rezepte stellen jedoch meist eine nicht zu rechtfertigende Simplifikation der Probleme dar, und bei der Art und Ursache der Heizflächenverschmutzungen wird man auf solche überaus einfache und allgemein zutreffende Anweisungen auch nicht rechnen dürfen.

Der Praktiker wird aber dennoch schon jetzt manche Anregungen aus dem bisher erarbeiteten Material entnehmen können, und es ist zu hoffen, daß ein Fortschreiten in der hier begonnenen Arbeitsrichtung noch einen entscheidenden Beitrag zur technischen Entwicklung der Feuerungstechnik zu liefern vermag.

Anhang

I. Chemische Untersuchungsmethoden

Bearbeiter: Dr. W. RADMACHER und W. SCHMITZ, Brennstoffchemisches Institut der Ruhrkohlen-Beratung GmbH., Essen

Feste Brennstoffe. Die für die Untersuchung fester Brennstoffe festgelegten Analysenverfahren sind in Tab. 83 zusammengestellt.

Tabelle 83. *Untersuchungsverfahren für feste Brennstoffe*

DIN	
51 718	Bestimmung des Wassergehaltes
51 719	Bestimmung des Aschegehaltes
51 720	Bestimmung des Gehaltes an Flüchtigen Bestandteilen und der Tiegelkoksausbeute
51 721	Bestimmung des Gehaltes an Kohlenstoff und Wasserstoff
51 722	Bestimmung des Stickstoffgehaltes
51 724	Bestimmung des Schwefelgehaltes
51 725	Bestimmung des Phosphorgehaltes
51 726	Bestimmung des Gehaltes an Carbonat-Kohlendioxyd
51 727	Bestimmung des Chlorgehaltes
51 729	Bestimmung der Zusammensetzung von Asche
51 730	Bestimmung des Ascheschmelzverhaltens.

Brennstoffasche und Brennstoffschlacke. Zur Bestimmung der Zusammensetzung von Brennstoffasche und Brennstoffschlacke gibt es verschiedene Verfahrenswege, die sich hinsichtlich ihres Zeit- und Arbeitsaufwandes unterscheiden. Nachfolgend werden die im *Brennstoffchemischen Institut* der Ruhrkohlen-Beratung entwickelten Analysengänge beschrieben.

Der Analysengang I fußt überwiegend auf klassischen Untersuchungsmethoden, die keine besonderen apparativen Hilfsmittel benötigen.

Im Analysengang II sind neuere Untersuchungsmethoden zusammengefaßt, die gegenüber den klassischen Methoden Schnelligkeitsvorteile bieten. Der geringere Zeitaufwand wird durch Einsatz chelatometrischer, photometrischer und flammenphotometrischer Verfahren erreicht. Diese Untersuchungsmethoden können alternativ auch beim Analysengang I eingesetzt werden.

Beim Analysengang III werden photometrische Betriebsmethoden zur schnellen Bestimmung von Silicium, Aluminium, Eisen, Titan und Phosphor angewandt. Durch Kombination dieser Methoden mit denen des Analysenganges II läßt sich bei Reihenuntersuchungen das Maximum an Durchsatz und Tagesleistung erzielen.

Im Anschluß an den Analysengang III sind spezielle Bestimmungsmethoden für Kupfer, Nickel, Kobalt, Zink, Mangan und Vanadium aufgeführt, deren Gehalt in Sonderfällen interessiert.

Herstellung und Vorbereitung der Probe. Die im Mörser aus Porzellan oder Achat fein zerkleinerte Brennstoffprobe wird in Veraschungsschälchen aus Porzellan eingefüllt. Die Schälchen werden in einen kalten Veraschungsofen eingesetzt. Nach langsamem Aufheizen auf (775 ± 25) °C verbleibt die Probe so lange im Ofen, bis der Kohlenstoff verbrannt ist (vgl. DIN 51 719). Der erkaltete Rückstand wird im Mörser aus Achat fein pulverisiert (Korngröße < 0,06 mm)[1], gemischt und in einem Veraschungsschälchen 2 h bei (775 ± 25) °C nachgeglüht.

In gleicher Weise wird die Schlackenprobe behandelt.

Analysengang I
Abb. 155

1. Silicium

Arbeitsvorschrift. 1,000 g der Probe wird in einem Becherglas mit 50 ml Salzsäure (1:1)[2] versetzt und zur Trockene eingedampft. Der Rückstand wird mit 10 ml konz. Salzsäure digeriert und die Lösung mit 50 ml heißem Wasser verdünnt. Man filtriert durch ein mittelhartes Filter, wäscht den Niederschlag auf dem Filter zunächst dreimal mit heißer Salzsäure (1:3) und anschließend mit heißem Wasser gut aus. Das Filtrat wird in einer Porzellanschale aufgefangen. Das Filter mit dem Niederschlag wird in einem Platintiegel verascht, der Rückstand mit etwa 10 g Natriumkaliumcarbonat gemischt und aufgeschlossen[3]. Nach dem Erkalten wird die Schmelze in Salzsäure (1:1) gelöst und die erhaltene Lösung mit der ausgeschiedenen Kieselsäure in die Porzellanschale übergespült, die das erste Filtrat enthält.

Die vereinigten Filtrate werden zur Trockene eingedampft; der Rückstand wird im Trockenschrank 2 h auf 135° C erwärmt. Man digeriert den Rückstand mit 50 ml konz. Salzsäure, verdünnt die Lösung mit 200 ml heißem Wasser und filtriert durch ein mittelhartes Filter, in dem sich etwas Filterschleim befindet. Der Rückstand auf dem Filter wird

---

[1] Ein Sieb aus Kupferbronze kann nur dann benutzt werden, wenn die Bestimmung von Kupfer und Zink entfällt.

[2] 1 Teil konz. Salzsäure und 1 Teil Wasser

[3] Enthält die Probe nur wenig Eisen und keine anderen den Platintiegel angreifenden Stoffe (Metalle, Sulfid-Schwefel u. ä.), so kann die Substanz direkt aufgeschlossen werden.

dreimal mit heißer Salzsäure (1:3) und anschließend mit heißem Wasser ausgewaschen. Das Filter mit dem Niederschlag wird beiseite gestellt, das Filtrat nochmals eingedampft und der Rückstand wie oben beschrieben behandelt.

Man verascht die beiden Filter mit den Niederschlägen in einem gewogenen Platintiegel und glüht die Rohkieselsäure bei 1100° C bis zum konstanten Gewicht. Nach dem Wägen wird die Rohkieselsäure im

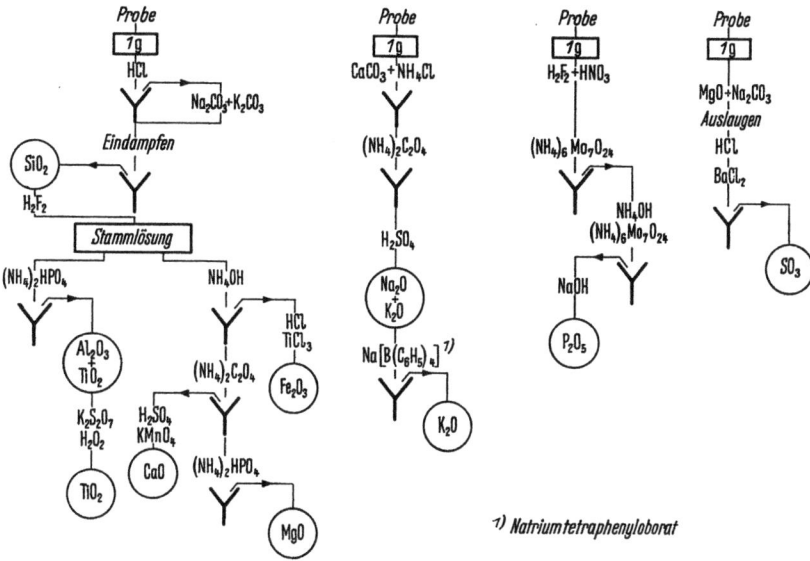

Abb. 155. Analysengang 1 in schematischer Darstellung

Platintiegel mit 5 Tropfen konz. Schwefelsäure durchfeuchtet und mit 5—10 ml Flußsäure abgeraucht. Man glüht den Platintiegel mit dem Abrauchrückstand bei 1100° C und wägt den Tiegel nach Erkalten.

Der Abrauchrückstand im Platintiegel wird mit etwa 2 g Natriumkaliumcarbonat aufgeschlossen und die Schmelze mit wenig Salzsäure (1:3) gelöst. Die Lösung des Abrauchrückstandes wird mit dem Filtrat der Kieselsäureabtrennung vereinigt und die Lösung mit Wasser auf 500 ml aufgefüllt (Stammlösung).

Bei der Untersuchung von Brennstoffasche oder Schlacke mit höherem Titangehalt kann im Filtrat der Kieselsäureabtrennung Titanoxydhydrat ausfallen. Dieses wird vor dem Auffüllen der Lösung durch Zugabe von konz. Salzsäure in Lösung gebracht.

Berechnung: % $SiO_2 = (a - b) \cdot 100$.

In der Formel bedeuten:

a = Rohkieselsäure in g b = Abrauchrückstand in g.

2. Aluminium

Sonderlösungen. Ammoniumthiosulfat-Lösung: im Liter 250 g $(NH_4)_2 S_2O_3$.

Diammoniumhydrogenphosphat-Lösung: im Liter 100 g $(NH_4)_2 HPO_4$.

Arbeitsvorschrift. 100 ml Stammlösung werden in ein Becherglas abgemessen, mit 100 ml Wasser verdünnt und bis zum Auftreten einer Trübung mit verd. Ammoniak-Lösung versetzt. Die Lösung wird mit 4 ml Salzsäure (1:1) angesäuert und, nachdem die Lösung bei Raumtemperatur vollständig klar geworden ist, mit 15 ml Eisessig und 20 ml Ammoniumthiosulfat-Lösung versetzt. Man läßt die Lösung etwa 30 Minuten lang stehen, fügt 20 ml Diammoniumhydrogenphosphat-Lösung hinzu, erhitzt unter Rühren zum Sieden und kocht 15 Minuten. Nach dem Absitzen des Niederschlages filtriert man die Lösung durch ein hartes Filter, wäscht Becherglas und Filter fünfmal mit heißem Wasser aus und spritzt den Niederschlag mit heißem Wasser in das zur Fällung benutzte Becherglas zurück. Das Filter wird mit 60 ml heißer Salzsäure (1:1) nachgewaschen und die durchlaufende Lösung mit der im Fällungsbecherglas befindlichen vereinigt; der Inhalt des Fällungsbecherglases wird zum Sieden erhitzt, 15 Minuten gekocht, der elementare Schwefel unter Wiederverwendung des benutzten Filters abfiltriert und die durchlaufende Lösung in einem zweiten Becherglas aufgefangen. Das Filter wird mit heißem Wasser säurefrei gewaschen. Die so erhaltene Lösung wird bis zum Auftreten einer Trübung mit verd. Ammoniak-Lösung versetzt und die Fällung der Phosphate wie oben beschrieben wiederholt. Nach dem Absitzen des Niederschlages wird die Lösung filtriert, der Niederschlag mit heißem Wasser quantitativ auf das Filter gebracht und zehnmal mit heißem Wasser ausgewaschen.

Das Filter mit dem Niederschlag wird in einem vorher gewogenen Platintiegel über freier Flamme verascht und der Tiegel mit dem Rückstand bei mindestens 1200° C bis zum konstanten Gewicht geglüht.

Der geglühte Rückstand besteht aus Aluminiumphosphat und Titanpyrophosphat. Zur Ermittlung des reinen Aluminiumoxydgehaltes wird die Menge an Titanpyrophosphat bestimmt (siehe Ziffer 3) und bei der Auswertung berücksichtigt.

Berechnung: % $Al_2O_3 = (a - b) \cdot 0{,}4180 \cdot 5 \cdot 100$.

In der Formel bedeuten:

a = Aluminiumphosphat und Titanpyrophosphat in g
b = Titanpyrophosphat in g.

3. Titan

Sonderlösungen. Titansulfat-Lösung: 0,3006 g Kaliumhexafluorotitanat (IV) zur Analyse, $K_2[TiF_6]$, wird in einem Platintiegel zweimal mit je 2 ml konz. Schwefelsäure abgeraucht. Der noch feuchte Rückstand wird mit 50 ml 4n Schwefelsäure unter Erwärmen gelöst und die Lösung mit 4n Schwefelsäure auf 1 l aufgefüllt. 1 ml dieser Lösung entspricht 0,100 mg Titandioxyd.

Arbeitsvorschrift. 25 ml Stammlösung werden in ein Becherglas abgemessen und nach Zugabe von 3 ml konz. Schwefelsäure bis zum Auftreten von Schwefeltrioxydnebel eingedampft. Die abgekühlte Lösung wird mit 25 ml 4n Schwefelsäure in einen Glaszylinder aus farblosem Glas (Höhe 20 cm, lichte Weite 3 cm) übergespült und nach Zugabe von 5 ml konz. Phosphorsäure durchgemischt (Lösung I).

In einen zweiten Glaszylinder gleicher Abmessungen werden 25 ml 4n Schwefelsäure abgemessen. Zu dieser Lösung werden 5 ml konz. Phosphorsäure und aus einer Bürette soviel Milliliter Titansulfat-Lösung zugefügt, bis die Lösung im zerstreuten Tageslicht gegen eine weiße Unterlage betrachtet die gleiche Farbsättigung aufweist wie Lösung I. Kurz vor Erreichen des Endpunktes wird der Höhenunterschied zwischen beiden Lösungen mit 4n Schwefelsäure ausgeglichen.

Berechnung: $\% \text{ TiO}_2 = a \cdot 20 \cdot 100$.

In der Formel bedeutet:

a = Titandioxydgehalt der verbrauchten Titansulfat-Lösung in g.

Der Gehalt des Aluminium-Titanphosphatniederschlages an Titanpyrophosphat wird nach folgender Formel berechnet:

$$g \text{ Ti}_2\text{P}_2\text{O}_9 = \frac{\% \text{ TiO}_2 \cdot 1{,}888}{5 \cdot 100} \ .$$

4. Eisen

Sonderlösungen. Titan(III)-chlorid-Lösung: 200 ml einer etwa 15%igen Titan(III)-chlorid-Lösung werden mit 100 ml konz. Salzsäure verdünnt. Die Lösung wird aufgekocht, schnell abgekühlt und in das Vorratsgefäß einer automatischen Bürette, in dem sich 3700 ml ausgekochtes dest. Wasser befinden, eingegossen. Die Lösung im Vorratsgefäß wird unter Wasserstoff aufbewahrt.

Kaliumthiocyanat-Lösung: im Liter 100 g KCNS.

Arbeitsvorschrift. 200 ml Stammlösung werden in ein Becherglas abgemessen, mit einigen Tropfen 30%iger Wasserstoffperoxyd-Lösung oxydiert und nach Verkochen des Sauerstoffes mit carbonatfreier Ammoniak-Lösung neutralisiert; zusätzlich werden noch 5 Tropfen Ammoniak-Lösung und 5 ml Bromwasser zugefügt. Die Lösung mit dem Niederschlag wird aufgekocht und nach dem Absitzen des Niederschlages durch ein weiches Filter filtriert. Man wäscht den Niederschlag auf dem Filter dreimal mit heißem Wasser, stellt das Filtrat beiseite, löst den Niederschlag mit 100 ml Salzsäure (1:1) in das zur Fällung benutzte Becherglas und wiederholt die Fällung mit Ammoniak-Lösung wie oben beschrieben. Der nunmehr erhaltene Niederschlag auf dem Filter wird mit heißem Wasser ausgewaschen. Die beiden Filtrate der Ammoniakfällung werden vereinigt und für die Bestimmung von Calcium und Magnesium verwendet.

Der Niederschlag auf dem Filter wird mit Wasser in das zur Fällung benutzte Becherglas zurückgespritzt und das Filter zunächst mit 100 ml heißer Salzsäure (1:3) und dann mit heißem Wasser ausgewaschen. Die Lösungen werden vereinigt, zum Sieden erhitzt, auf ein Volumen von etwa 100 ml eingedampft und auf etwa 60—70° C abgekühlt. Nach Zugabe von etwa 0,2 g Natriumhydrogencarbonat titriert man mit Titan(III)-chlorid-Lösung bis zur schwachen Gelbfärbung und schließlich nach Zugabe von weiterem Natriumhydrogencarbonat und 1 ml Kaliumthiocyanat-Lösung bis zum Verschwinden der Rotfärbung.

Berechnung: $\% \ Fe_2O_3 = a \cdot T \cdot 2{,}5 \cdot 100$.

In der Formel bedeuten:

$a =$ Titan(III)-chlorid-Lösung in ml
$T =$ Titer der Titan(III)-chlorid-Lösung in g Fe_2O_3/ml

Titerbestimmungen. 0,1000 g bei 105° C getrocknetes Eisen(III)-oxyd (zur Titerbestimmung) wird mit 20 ml Salzsäure (1:1) unter Erwärmen gelöst. Die Lösung wird mit 80 ml Wasser verdünnt und bei 60—70° C gemäß der Arbeitsvorschrift weiterbehandelt.

Die vorgelegte Menge Eisen(III)-oxyd in g wird durch die verbrauchte Menge an Titan(III)-chlorid-Lösung dividiert.

5. Calcium

Sonderlösungen. Ammoniumoxalat-Lösung: gesättigte wäßrige Lösung von $(NH_4)_2C_2O_4 \cdot H_2O$.

Calciumchlorid-Lösung: im Liter 1,7848 g bei 105° C getrocknetes Calciumcarbonat zur Analyse, $CaCO_3$ und 20 ml konz. Salzsäure; 1 ml dieser Lösung entspricht 1,00 mg Calciumoxyd.

Arbeitsvorschrift. Die bei der Bestimmung von Eisen (siehe Ziffer 4) erhaltenen und vereinigten Filtrate der Ammoniak-Fällung werden auf ein Volumen von etwa 400 ml eingedampft und mit verd. Essigsäure angesäuert. Man erwärmt die Lösung auf etwa 80° C und fällt Calcium mit etwa 80° C warmer Ammoniumoxalat-Lösung. Nach dem Absitzen des Niederschlages und Prüfung der Vollständigkeit der Fällung filtriert man die Lösung durch ein hartes Filter und wäscht den Niederschlag dreimal mit Ammoniumoxalat-Lösung aus. Das Calciumoxalat wird auf dem Filter mit heißer Salzsäure (1:3) gelöst, die durchlaufende Lösung in dem zur Fällung benutzten Becherglas aufgefangen und das Filter mit heißem Wasser säurefrei gewaschen. Die so erhaltene Lösung wird mit 10 ml Ammoniumoxalat-Lösung versetzt, zum Sieden erhitzt und mit Ammoniak-Lösung alkalisch gemacht. Man läßt den Niederschlag absitzen, filtriert die abgekühlte Lösung durch ein hartes Filter und bringt den Niederschlag mit Ammoniumoxalat-Lösung quantitativ auf das Filter. Anschließend wird der Niederschlag mit kaltem Wasser so lange gewaschen, bis die durch 2 Tropfen 1/20 n Kaliumpermanganat-Lösung in 5 ml des ablaufenden Waschwassers erzeugte Rotfärbung nach Zusatz von 1 Tropfen konz. Schwefelsäure auch nach Erwärmen bestehen bleibt.

Der ausgewaschene Niederschlag wird mit heißem Wasser in ein Becherglas gespritzt, wobei das Filter im Trichter verbleibt. Die auf dem Filter verbliebenen Reste an Calciumoxalat werden mit heißer Schwefelsäure (1:4) gelöst und mit der Hauptmenge vereinigt. Man wäscht das Filter mit 150 ml heißer Schwefelsäure (1:4) und anschließend mit etwa 100 ml heißem Wasser aus und titriert die vereinigten und auf 80° C erwärmten Filtrate mit 1/20 n Kaliumpermanganat-Lösung bis zur bleibenden Rotfärbung.

Berechnung: $\% \text{CaO} = a \cdot T \cdot 2{,}5 \cdot 100$.

In der Formel bedeuten:

$a = $ 1/20 n Kaliumpermanganat in Lösung ml

$T = $ Titer der Kaliumpermanganat-Lösung in g CaO/ml.

Titerbestimmung. 10 ml Calciumchlorid-Lösung werden in ein Becherglas von 500 ml Inhalt abgemessen und mit 400 ml Wasser verdünnt. Die Lösung wird zum Sieden erhitzt, 5 Minuten gekocht und mit konz. Ammoniak-Lösung neutralisiert. Nach dem Ansäuern mit verd. Essigsäure wird gemäß der Arbeitsvorschrift weiterverfahren.

Die vorgelegte Menge Calciumoxyd in g wird durch die verbrauchte Menge Kaliumpermanganat-Lösung dividiert.

6. Magnesium

Sonderlösungen. Diammoniumhydrogenphosphat-Lösung: im Liter 100 g $(NH_4)_2HPO_4$.

Waschlösung: 250 ml konz. Ammoniak-Lösung und 750 ml Wasser.

Arbeitsvorschrift. Die bei der Bestimmung von Calcium (siehe Ziffer 5) erhaltenen und vereinigten Filtrate der Oxalatfällung werden mit 15 ml Diammoniumhydrogenphosphat-Lösung und 60 ml konz. Ammoniak-Lösung versetzt. Nach halbstündigem Rühren oder nach mindestens 12-stündigem Stehen wird die Lösung unter Verwendung eines harten Filters filtriert und der Niederschlag mit Waschlösung chloridfrei gewaschen.

Man bringt das Filter mit dem Niederschlag in einen gewogenen Porzellantiegel, durchfeuchtet das Filter mit einigen Tropfen konz. Salpetersäure und verascht bei niedriger Temperatur. Anschließend wird der Tiegel mit dem Rückstand bei etwa 1000° C bis zum konstanten Gewicht geglüht.

Berechnung: % MgO $= a \cdot 0{,}3623 \cdot 2{,}5 \cdot 100$.

In der Formel bedeutet:

$a =$ Magnesiumpyrophosphat in g.

7. Natrium und Kalium

Sonderlösungen. Ammoniumcarbonat-Lösung: im Liter 100 g Ammoniumcarbonat.

Ammoniumoxalat-Lösung: gesättigte wäßrige Lösung von $(NH_4)_2C_2O_4 \cdot H_2O$.

Natriumtetraphenyloborat-Lösung: in 100 ml 3,4 g Na $[B(C_6H_5)_4]$. Trübe Lösungen werden mit 6 ml Aluminiumchlorid-Lösung (im Liter 1 g $AlCl_3 \cdot 6 H_2O$) versetzt, geschüttelt und nach dem Zusammenballen des Niederschlages durch ein Faltenfilter filtriert. Die Lösung ist jeweils vor Gebrauch neu anzusetzen.

Arbeitsvorschrift. 1,000 g der Probe wird im Achatmörser mit 1 g Ammoniumchlorid und 6 g Calciumcarbonat sorgfältig verrieben. Man bringt die Mischung in einen Fingertiegel aus Platin und überführt im Achatmörser und am Pistill haftende Reste der Mischung mit etwa 2 g Calciumcarbonat in den Tiegel. Der mit einem Deckel aus Platin halb abgedeckte Tiegel wird in das passend ausgeschnittene Loch eines Stückes Asbestpappe in schwach geneigter Lage derart eingehängt, daß sein oberer Teil etwa 1 cm hervorragt und von der Flamme nicht getroffen wird. Man erhitzt den Tiegel zunächst vorsichtig mit kleiner Flamme und nach Zersetzung des Ammoniumchlorids etwa 45 min mit der vollen Flamme eines Brenners. Die Temperatur des Tiegels soll etwa 1000° C betragen.

Der heiße Tiegel wird in einer Porzellanschale, in der sich etwa 100 ml Wasser befinden, abgeschreckt. Die Schale wird erwärmt, die zusammengesinterte Masse aus dem Tiegel gelöst und mittels eines am Ende abgeplatteten Glasstabes zerdrückt. Nach vollständigem Zerfall der Masse nimmt man den Tiegel aus der Lösung und spült ihn mit heißem Wasser ab. Nach dem Absitzen des Niederschlages filtriert man die überstehende klare Lösung durch ein mittelhartes Filter, wäscht den Rückstand in der Schale viermal dekantierend mit heißem Wasser und spült ihn mit heißem Wasser auf das Filter. Der Niederschlag auf dem Filter wird mit heißem Wasser ausgewaschen, bis im ablaufenden Filtrat keine Chlorid-Ionen mehr nachzuweisen sind (Tüpfelverfahren).

Zur Prüfung der Vollständigkeit des Aufschlusses wird der Niederschlag mit konz. Salzsäure gelöst. Bleiben hierbei unzersetzte Ascheteilchen zurück, so ist der Aufschluß zu verwerfen und ein neuer vorzunehmen.

Das Filtrat wird zur Abscheidung der Hauptmenge des Calciums auf etwa 40 ml eingedampft, mit Ammoniak-Lösung alkalisch gemacht und mit Ammoniumcarbonat-Lösung versetzt, bis kein Niederschlag mehr ausfällt. Man erwärmt die Lösung mit dem Niederschlag, filtriert und stellt das Filtrat beiseite. Der Niederschlag auf dem Filter wird in möglichst wenig verd. Salzsäure gelöst und die durchlaufende Lösung in dem zur Fällung benutzten Becherglas aufgefangen. Man macht mit Ammoniak-Lösung alkalisch, fällt mit Ammoniumcarbonat-Lösung, wie oben beschrieben, filtriert und wäscht den Niederschlag auf dem Filter mit heißem Wasser, bis im ablaufenden Filtrat keine Chlorid-Ionen mehr nachzuweisen sind (Tüpfelverfahren). Die beiden Filtrate der Ammoniumcarbonat-Fällung werden in einer Porzellanschale vereinigt und zur Trockne eingedampft; die Ammoniumsalze werden durch Erhitzen der Schale mittels eines Brenners verflüchtigt. Der Abrauchrückstand in der Porzellanschale wird mit wenig heißem Wasser gelöst und die Lösung zur Fällung des restlichen Calciums mit Ammoniak und Ammoniumoxalat-Lösung versetzt. Nach mindestens 12-stündigem Stehen wird die Lösung durch ein hartes Filter filtriert und der Rückstand auf dem Filter mit der Ammoniumoxalat-Lösung ausgewaschen, bis einige Tropfen des ablaufenden Filtrates beim Verdampfen auf einem Platinblech keinen Rückstand hinterlassen (ein auf dem Platinblech verbleibender Rückstand wird mit wenig Salzsäure und heißem Wasser in das Filtrat gespült).

Das Filtrat der Ammoniumoxalat-Fällung wird in eine gewogene Platinschale übergespült, eingedampft und der Rückstand getrocknet. Die Platinschale wird vorsichtig erhitzt bis alle Ammoniumsalze abgeraucht sind, der Rückstand in etwa 5 ml Wasser gelöst und die Lösung nach Zugabe von 20 Tropfen konz. Schwefelsäure zur Trockne eingedampft. Man glüht den Rückstand bei etwa 600° C, bis keine Dämpfe von Schwefeltrioxyd mehr entweichen und wägt die Platinschale nach Erkalten. Der Rückstand besteht aus Kalium- und Natriumsulfat.

Zur Bestimmung von Kalium wird der Rückstand in der Platinschale mit etwa 50 ml heißem Wasser gelöst.

Löst sich der Rückstand nicht vollständig in Wasser, so wird die Lösung filtriert und das Filter mit heißem Wasser ausgewaschen. Das Filter wird verascht und das Gewicht des Rückstandes bei der Berechnung der Alkalioxyde berücksichtigt.

Die Lösung wird in ein Becherglas von 250 ml Inhalt übergespült, mit Essigsäure angesäuert, auf 70° C erwärmt und unter beständigem Umrühren mit 30 ml Natriumtetraphenyloborat-Lösung versetzt. Nach kurzem Stehen wird die Lösung unter schwachem Saugen durch einen gewogenen Glasfiltertiegel 1G 3 filtriert. Man bringt den Niederschlag unter Wiederverwendung des Filtrates quantitativ auf den Filtertiegel und wäscht ihn dreimal mit Wasser aus, dem einige Tropfen Eisessig zugesetzt sind. Der Tiegel mit dem Niederschlag wird im Trockenschrank bei 120° C bis zum konstanten Gewicht getrocknet.

In gleicher Weise wird ein Blindversuch ohne Brennstoffasche oder Brennstoffschlacke mit den Chemikalien durchgeführt.

Berechnung: % $K_2O = (a-b) \cdot 0{,}1314 \cdot 100$
%$Na_2O = (c-d-e) - (a-b) \cdot 0{,}2432] \cdot 0{,}4363 \cdot 100$.

In den Formeln bedeuten:

a = Kaliumtetraphenyloborat des Hauptversuches in g
b = Kaliumtetraphenyloborat des Blindversuches in g
c = Natrium- und Kaliumsulfat des Hauptversuches in g
d = Natrium- und Kaliumsulfat des Blindversuches in g
e = Wasserunlösliche Bestandteile in g
0,2432 = Faktor für die Umrechnung von Kaliumtetraphenyloborat in Kaliumsulfat.
0,4364 = Faktor für die Umrechnung von Natriumsulfat in Natriumoxyd.

8. Phosphor

Sonderlösungen. Ammoniumnitrat-Lösung: im Liter 340 g NH_4NO_3. Ammoniummolybdat-Lösung: im Liter 30 g $(NH_4)_6Mo_7O_{24} \cdot 4\,H_2O$. Kaliumnitrat-Lösung: im Liter 1 g KNO_3.

Arbeitsvorschrift. 1,000 g der Probe wird in eine Platinschale eingewogen und zweimal mit je 5 ml Flußsäure, anschließend zweimal mit je 5 ml Flußsäure und 10 ml konz. Salpetersäure vorsichtig abgeraucht. Der trockene Rückstand wird mit 10 ml konz. Salpetersäure zur Trockene eingedampft. Man behandelt den Rückstand mit 20 ml Salpetersäure (1:1), dampft auf ein Volumen von etwa 10 ml ein und spült die Lösung mit heißem Wasser in ein Becherglas über. Die Lösung wird auf ein Volumen von etwa 40 ml eingedampft und mit 2 ml konz. Salpetersäure und 30 ml Ammoniumnitrat-Lösung versetzt. Man erwärmt auf 75° C und fügt unter kräftigem Schütteln 50 ml einer 75° C warmen Ammoniummolybdat-Lösung hinzu. Bildet sich der Niederschlag nicht sofort, so werden noch einige Tropfen konz. Salpetersäure bis zur beginnenden Fällung zugegeben. Nach dem Absitzen des Niederschlages wird die Lösung durch ein hartes Filter filtriert, der Niederschlag mit Kaliumnitrat-Lösung auf das Filter gebracht und mit Kaliumnitrat-Lösung einige Male ausgewaschen.

Zur Prüfung der Vollständigkeit der Fällung wird das Filtrat der Ammoniummolybdat-Fällung auf 75° C erwärmt und mit 10 ml Ammoniummolybdat-Lösung versetzt. Zeigt sich noch ein Niederschlag von Ammoniumphosphormolybdat, so ist die Bestimmung zu verwerfen und ein neuer Aufschluß mit weniger Substanz als 1 g durchzuführen.

Man löst den Niederschlag auf dem Filter mit 10 ml konz. Ammoniak-Lösung, fängt die durchlaufende Lösung in dem zur Fällung benutzten Becherglas auf und wäscht das Filter einige Male mit heißem Wasser aus. Anschließend wird das Filter mit weiteren 10 ml Ammoniak-Lösung sowie 20 ml heißer Ammoniumnitrat-Lösung und heißem Wasser ausgewaschen. Das Filtrat wird auf ein Volumen von etwa 100 ml eingedampft und mit 1 ml Ammoniummolybdat-Lösung versetzt. Man erwärmt die Lösung auf etwa 65° C und fügt tropfenweise konz. Salpetersäure bis zur beginnenden Fällung von Ammoniumphosphormolybdat und zusätzlich noch 10 Tropfen konz. Salpetersäure hinzu. Während Zugabe der Salpetersäure soll die Temperatur der Lösung 75° C nicht überschreiten. Nach dem Absitzen des Niederschlages wird die Lösung durch ein hartes Filter filtriert, der Niederschlag mit kalter Kaliumnitrat-Lösung quantitativ auf das Filter gebracht und mit möglichst wenig kalter Kaliumnitrat-Lösung säurefrei gewaschen. (10 ml des ablaufenden Filtrats sollen nach Zugabe von 1 bis 2 Tropfen Phenolphthalein und 1 Tropfen 1/10 n Natronlauge Rotfärbung zeigen.) Man bringt das Filter mit dem Niederschlag in das zur Fällung benutzte Becherglas zurück, fügt 20 ml ausgekochtes Wasser zu, zerkleinert das Filter mit Hilfe eines Glasstabes und löst das Ammoniumphosphormolybdat in einer abgemessenen Menge 1/10 n Natronlauge; zusätzlich werden noch 5 ml 1/10 n Natronlauge hinzugegeben. Anschließend wird die überschüssige Natronlauge mit 1/10 n Schwefelsäure unter Verwendung von Phenolphthalein als Indikator zurücktitriert.

Berechnung: % $P_2O_5 = (a - b) \cdot 0{,}00032 \cdot 100$.

In der Formel bedeuten:

$a = 1/10$ n Natronlauge in ml $\quad b = 1/10$ n Schwefelsäure in ml.

9. Schwefel

Sonderlösung. Bariumchlorid-Lösung: im Liter 100 g $BaCl_2 \cdot 2\ H_2O$ und 50 ml konz. Salzsäure.

Arbeitsvorschrift. 1,000 g der Probe wird in einem Tiegel aus Pythagorasmasse mit 10 g Eschka-Mischung sorgfältig gemischt und das Gemenge mit einer Schicht Eschka-Mischung von mindestens 10 mm überdeckt. Der Tiegel wird in einen kalten Muffelofen eingesetzt, aufgeheizt und mindestens 3 h bei 750—800° C geglüht. Nach dem Abkühlen wird der Inhalt des Tiegels mit heißem Wasser in ein Becherglas übergespült; zusammengebackene Teile werden mit einem Glasstab vorsichtig zerdrückt. Man versetzt die Lösung mit 1 ml 30%iger Wasserstoffperoxyd-Lösung, kocht 20 min und filtriert die Lösung durch ein hartes Filter. Der Filterrückstand wird so lange mit heißem Wasser ausgewaschen, bis einige Tropfen des Filtrates beim Verdampfen auf dem Platinblech keinen Rückstand hinterlassen. Das erhaltene Filtrat wird auf ein Volumen von etwa 150 ml eingedampft, mit Salzsäure angesäuert und in der Siedehitze mit 20 ml ebenfalls siedend heißer Bariumchlorid-Lösung versetzt. Die Bariumchlorid-Lösung wird in einem Guß zugefügt. Nach dem Absitzen des Niederschlages wird die Lösung durch ein hartes Filter filtriert, der Niederschlag quantitativ auf das Filter gebracht und mit heißem Wasser ausgewaschen.

Zur Prüfung der Vollständigkeit der Fällung wird das Filtrat mit 5 ml heißer Bariumchlorid-Lösung versetzt.

Das Filter mit dem Niederschlag wird in einem vorher gewogenen Porzellantiegel verascht und das Bariumsulfat bei mäßiger Rotglut bis zum konstanten Gewicht geglüht.

Berechnung: % $SO_3 = a \cdot 0{,}3430 \cdot 100$.

In der Formel bedeutet:

a = Bariumsulfat in g.

Analysengang II
Abb. 156

1. Silicium

Sonderlösungen. Gelatine-Lösung: 2 g Gelatine DAB 6 werden in 100 ml Wasser von 90° C gelöst. Die Lösung ist vor Gebrauch jeweils neu anzusetzen.

Waschlösung: im Liter 10 ml konz. Salzsäure und 10 ml Gelatine-Lösung.

Arbeitsvorschrift. 1,000 g der Probe wird in einem Becherglas mit 50 ml Salzsäure (1:1) zur Trockene eingedampft. Der Rückstand wird mit 10 ml konz. Salzsäure digeriert und die Lösung mit 50 ml heißem Wasser verdünnt. Man filtriert und wäscht den Rückstand auf dem Filter zunächst dreimal mit heißer Salzsäure (1:3) und anschließend mit heißem Wasser aus. Das Filtrat wird in einem Becherglas aus Jenaer-Geräteglas aufgefangen, auf ein Volumen von etwa 150 ml eingedampft und beiseite gestellt. Man verascht das Filter mit dem Niederschlag in einem Platintiegel und schmilzt den Rückstand mit etwa 10 g einer Mischung von 400 g Natriumkaliumcarbonat und 20 g wasserfreiem Natriumtetraborat[1]. Nach dem Erkalten wird die Schmelze in 50 ml Salzsäure (1:1) gelöst, die Lösung mit dem zuerst erhaltenen Filtrat vereinigt und die Lösung mit 100 ml konz. Salzsäure versetzt.

Man erhitzt die Lösung zum Sieden, dampft auf ein Volumen von etwa 100 ml ein und versetzt die 60° C warme Lösung unter kräftigem Rühren mit 15 ml Gelatine-Lösung. Nach dem Zusatz der Gelatine-Lösung wird noch etwa 2 min kräftig gerührt. Man läßt die Lösung mit dem

---

[1] Siehe S. 354, Fußn. 3

Niederschlag 30 min stehen, verdünnt mit etwa 100 ml heißem Wasser und filtriert die überstehende klare Lösung nach dem Absitzen des Niederschlages durch ein mittelhartes Filter. Der Rückstand im Becherglas wird dreimal dekantierend mit heißer Salzsäure (1:3) gewaschen, anschließend mit heißer Waschlösung quantitativ auf das Filter gebracht und so lange mit heißer Waschlösung gewaschen, bis im ablaufenden Filtrat kein Eisen mehr nachzuweisen ist (Tüpfelverfahren).

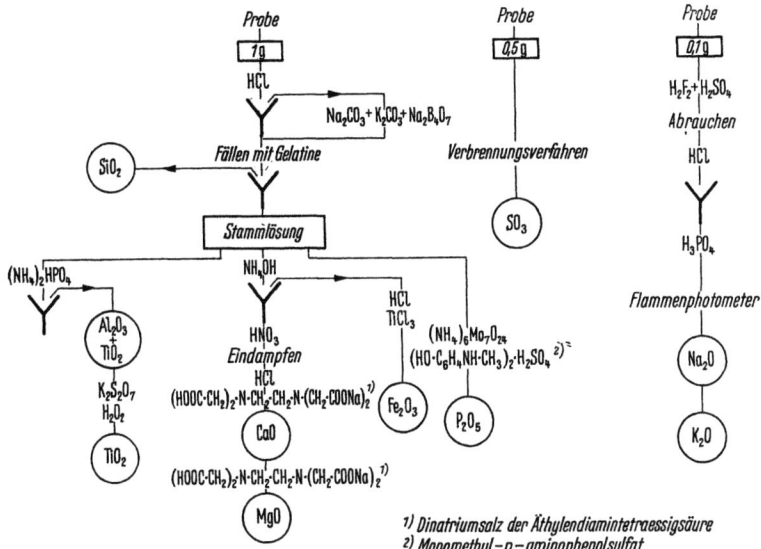

Abb. 156. Analysengang 2 in schematischer Darstellung

Das Filter mit dem Niederschlag wird in einem gewogenen Platintiegel verascht und der Tiegel mit dem Rückstand bei 1100° C bis zum konstanten Gewicht geglüht.

Die Filtrate werden vereinigt und in einem Meßkolben von 500 ml Inhalt mit Wasser aufgefüllt (Stammlösung).

Berechnung: % $SiO_2 = a \cdot 100$.

In der Formel bedeutet:

a = Glührückstand in g.

2. Aluminium

(siehe Analysengang I, Ziffer 2)

3. Titan

Sonderlösung. Titansulfat-Lösung: 0,6012 g Kaliumhexafluorotitanat (IV) zur Analyse, $K_2[TiF_6]$, wird in einem Platintiegel zweimal mit je 2 ml konz. Schwefelsäure abgeraucht. Der noch feuchte Rückstand wird mit 50 ml 4n Schwefelsäure unter Erwärmen gelöst, und die Lösung mit Wasser auf 1 l aufgefüllt; 1 ml dieser Lösung entspricht 0,200 mg Titandioxyd.

Arbeitsvorschrift. Der geglühte Phosphatniederschlag (siehe Analysengang I Ziffer 2) wird in einem Mörser aus Achat fein pulverisiert und sorgfältig mit etwa 6 g Kaliumpyrosulfat gemischt. Man bringt das Gemisch quantitativ in den Platintiegel zurück und erhitzt langsam mit der kleinen Flamme eines Brenners zum Schmelzen. Die erkaltete Schmelze wird in 30 ml 4n Schwefelsäure unter Erwärmen gelöst und die Lösung in einen Meßkolben von 100 ml Inhalt übergespült. Nach dem Abkühlen auf etwa 20° C versetzt man die Lösung im Meßkolben mit 5 ml Phosphorsäure (d etwa 1,7 g/ml), 10 ml 3%iger Wasserstoffperoxyd-Lösung und füllt mit Wasser auf 100 ml auf (Lösung I).

In gleicher Weise wird ein Blindversuch mit 6 g Kaliumpyrosulfat durchgeführt (Lösung II).

Nach einer Standzeit von 30 min wird die Lichtdurchlässigkeit von Lösung I in geeigneter Schichtdicke (5—2 cm) mit Licht der Quecksilberdampflampe in Verbindung mit Filter Hg 436 gemessen. Der Nullpunkt der Meßskala am Photometer wird unter Verwendung von Lösung II eingestellt.

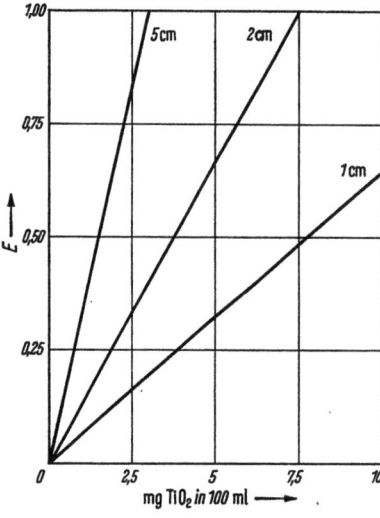

Abb. 157. Eichkurve Titandioxyd

Die der gemessenen Extinktion entsprechende Titandioxydmenge der Lösung wird der Eichkurve entnommen, deren Schichtdicke der verwendeten Küvette entspricht.

Berechnung: % $TiO_2 = a \cdot 5 \cdot 100$.

In der Formel bedeuten:

a = Titandioxydgehalt der Lösung in g.

Eichkurven. 1 bis 50 ml Titansulfat-Lösung, entsprechend 0,2 bis 10 mg Titandioxyd, werden jeweils in einen Meßkolben von 100 ml Inhalt abgemessen. Jede Lösung wird mit 30 ml 4n Schwefelsäure, 5 ml Phosphorsäure und 10 ml 3%iger Wasserstoffperoxyd-Lösung versetzt und gemäß der Arbeitsvorschrift weiterbehandelt.

In gleicher Weise wird ein Versuch ohne Titansulfat-Lösung mit den Chemikalien durchgeführt.

Die Extinktionswerte werden in Abhängigkeit vom Titandioxydgehalt der Lösungen in ein Koordinatennetz eingetragen. Für jede Schichtdicke wird eine Eichkurve aufgestellt (Abb. 157).

4. Eisen
(siehe Analysengang I, Ziffer 4)

5. Calcium und Magnesium

Sonderlösungen. Maßlösung: 7,46 g Dinatriumsalz der Äthylendiamintetraessigsäure fürMetalltitrationen, $C_{10}H_{14}O_8N_2Na_2 \cdot 2H_2O$, werden mit Wasser zu 1 l gelöst. Die Lösung wird in einer Flasche aus Polyäthylen aufbewahrt.

Murexidindikator: 0,5 g Murexid (Ammoniumsalz der Purpursäure) und 50 g Kaliumsulfat zur Analyse, K_2SO_4, werden zusammen zu einem staubfeinen Pulver zerrieben.

Pufferlösung: 54 g Ammoniumchlorid zur Analyse, NH_4Cl, werden in etwa 200 ml Wasser gelöst. Nach Zugabe von 350 ml konz. Ammoniak-Lösung (d = 0,91 g/ml) wird die Lösung mit Wasser auf 1 l aufgefüllt und in eine Flasche aus Polyäthylen übergeführt.

Eriochromschwarzindikator-Lösung: 0,5 g Eriochromschwarz T und 5 g Hydroxylaminhydrochlorid zur Analyse, $NH_2OH \cdot HCl$, werden in 100 ml Methanol gelöst. Die Lösung ist nur begrenzt haltbar.

Calciumchlorid-Lösung: 3,5696 g bei 105° C getrocknetes Calciumcarbonat zur Analyse, $CaCO_3$, werden in 200 ml Wasser und 20 ml konz. Salzsäure gelöst. Die Lösung wird zum Sieden erhitzt, das frei gewordene Kohlendioxyd ausgetrieben und mit Wasser auf 2 l aufgefüllt; 1 ml dieser Lösung entspricht 1,00 mg Calciumoxyd.

Magnesiumsulfat-Lösung: im Liter 6,1136 g Magnesiumsulfat-7-Hydrat; 1 ml dieser Lösung entspricht 1,00 mg Magnesiumoxyd.

Arbeitsvorschrift. Die vereinigten Filtrate der Ammoniak-Fällung (siehe Analysengang I, Ziffer 4) werden in einen Erlenmeyer-Kolben von 1 l Inhalt übergeführt, mit 100 ml konz. Salpetersäure versetzt und auf einem Sandbad eingedampft. Der Rückstand wird mit einigen Tropfen konz. Salzsäure und 50 ml Wasser unter Erwärmen gelöst und die Lösung in eine flache Porzellanschale von etwa 200 ml Inhalt übergespült. Man bringt den p_H-Wert der Lösung mit 50%iger carbonatfreier Kalilauge auf 12 bis 13 (Prüfung mit Indikatorpapier) und titriert nach Zugabe von etwa 0,3 g Murexidindikator sofort mit Maßlösung bis die Farbe der Lösung von rot nach blauviolett umgeschlagen ist. Der Verbrauch an Maßlösung entspricht dem Gehalt der Lösung an Calcium-Ionen.

Die austitrierte Lösung wird mit konz. Salzsäure gegen Lackmuspapier neutralisiert; zusätzlich werden noch etwa 10 Tropfen konz.

Salzsäure zugefügt. Man erwärmt die Lösung auf etwa 50 bis 60° C, zerstört noch etwa vorhandene Reste des Murexidindikators mit 1 bis 2 Tropfen Bromwasser und bringt den pH-Wert der Lösung mit konz. Ammoniak-Lösung auf etwa 10 (Indikatorpapier). Nach Zusatz von etwa 10 ml Pufferlösung, 0,5 g Kaliumcyanid und 10 bis 15 Tropfen Eriochromschwarzindikator-Lösung, titriert man mit Maßlösung bis die Farbe der Lösung von weinrot nach blau umgeschlagen ist, bzw. bis die Lösung keinen rötlichen Farbton mehr aufweist. Der Verbrauch an Maßlösung entspricht dem Gehalt der Lösung an Magnesium-Ionen.

Berechnung: $\%\ CaO = a \cdot T_{CaO} \cdot 5 \cdot 100$.
$\%\ MgO = b \cdot T_{MgO} \cdot 5 \cdot 100$.

In den Formeln bedeuten:

a = Maßlösung in ml bei der Titration von CaO
b = Maßlösung in ml bei der Titration von MgO
T_{CaO} = Titer der Maßlösung in g CaO/ml
T_{MgO} = Titer der Maßlösung in g MgO/ml.

Titerbestimmung. 10 ml Calciumchlorid-Lösung und 10 ml Magnesiumsulfat-Lösung werden zusammen in einen Erlenmeyer-Kolben von 1 l Inhalt abgemessen. Nach Zugabe von 100 ml konz. Salpetersäure wird gemäß der Arbeitsvorschrift weiterverfahren.

Die vorgelegten Mengen an Calciumoxyd bzw. Magnesiumoxyd in g werden durch die jeweils verbrauchte Menge an Maßlösung dividiert. Die Bestimmung der Titer ist mehrmals mit unterschiedlichen Mengen an Calciumchlorid- und Magnesiumsulfat-Lösung durchzuführen; aus den Ergebnissen ist der Mittelwert zu bilden.

6. Natrium und Kalium

Sonderlösungen. Phosphorsäure: im Liter 20 ml Phosphorsäure (d etwa 1,7 g/ml).

Natriumchlorid-Lösung: im Liter 0,3772 g bei 105° C getrocknetes Natriumchlorid zur Analyse, NaCl; 1 ml dieser Lösung entspricht 0,200 mg Natriumoxyd.

Kaliumchlorid-Lösung: im Liter 0,7916 g bei 105° C getrocknetes Kaliumchlorid zur Analyse, KCl; 1 ml dieser Lösung entspricht 0,500 mg Kaliumoxyd.

Die Lösungen werden in Flaschen aus Polyäthylen aufbewahrt.

Arbeitsvorschrift. 0,100 g der Probe wird in einem Platintiegel zweimal mit je 10 bis 15 ml etwa 40%iger Flußsäure und etwa 10 Tropfen konz. Schwefelsäure abgeraucht. Man löst den trockenen Rückstand im Tiegel mit 10 ml 4n Salzsäure unter Erwärmen, filtriert die Lösung in einen Meßkolben von 100 ml Inhalt und wäscht das Filter mit heißem Wasser aus. Die Lösung im Meßkolben wird auf etwa 20° C abgekühlt und nach Zugabe von 5 ml verdünnter Phosphorsäure mit Wasser aufgefüllt (Lösung I).

In gleicher Weise wird ein Blindversuch ohne Brennstoffasche mit den Chemikalien durchgeführt (Lösung II).

Das Flammenphotometer wird nach der Bedienungsanweisung des Herstellers für die Bestimmung von Natrium vorbereitet. Nach Zünden der Leuchtgasflamme und Einregulierung des Gas- und Preßluftdruckes läßt man das Gerät etwa 10 min „einbrennen." Während dieser Zeit werden 10 ml Natriumchlorid-Lösung und 10 ml Kaliumchlorid-Lösung zusammen in einen Meßkolben von 100 ml abgemessen. Nach Zugabe von 10 ml 4n Salzsäure und 5 ml verdünnter Phosphorsäure wird die Lösung mit Wasser auf 100 ml aufgefüllt (Lösung III).

Man beginnt die Messung mit Lösung III und regelt die Empfindlichkeit der Meßanordnung so ein, daß der Zeiger des Galvanometers im Endpunkt der Skala liegt. Hierauf wird unter Verwendung von Lösung II der Nullpunkt des Galvanometers festgelegt. Beide Einstellungen werden hintereinander so oft durchgeführt, bis der Zeiger des Galvanometers auf beide Skalenendpunkte einspielt. Mit dem so eingeregelten Gerät wird Lösung I untersucht. Der dem Meßwert entsprechende Natriumoxydgehalt der Probe wird einer Eichkurve entnommen.

In gleicher Weise wird nach der Vorbereitung des Flammenphotometers für die Bestimmung von Kalium unter Verwendung von Lösung III und II der Meßbereich für Kaliumoxyd festgelegt. Der dem Meßwert von Lösung I entsprechende Kaliumoxydgehalt der Probe wird einer Eichkurve entnommen.

Überschreitet der Galvanometerausschlag bei der Untersuchung von Lösung I den Skalenendpunkt, so wird ein abgemessener Teil der Lösung mit Wasser auf 100 ml aufgefüllt. Vor dem Auffüllen werden dieser Lösung noch soviel 4n Salzsäure und verdünnte Phosphorsäure zugesetzt, daß sie insgesamt 10 ml 4n Salzsäure und 5 ml verdünnte Phosphorsäure enthält. Ein gleich großer Anteil von Lösung II wird ebenfalls verdünnt und zur Nullpunkteinstellung benutzt. Die Verdünnung von Lösung I wird bei der Auswertung berücksichtigt.

Eichkurven. 1, 2, 3, ... 9 ml Natriumchlorid-Lösung, entsprechend 0,2 bis 1,8 mg Natriumoxyd, werden jeweils in einen Meßkolben von 100 ml Inhalt abgemessen. Jede Lösung wird mit 10 ml 4n Salzsäure und 5 ml verdünnter Phosphorsäure versetzt und auf 100 ml aufgefüllt (Eichlösungen).

In gleicher Weise wird ein Blindversuch ohne Alkalichlorid-Lösung mit den Chemikalien durchgeführt (Lösung IV).

Man beginnt die Messung mit Lösung III, wie bei der Arbeitsvorschrift beschrieben. Zur Einstellung des Nullpunktes am Galvanometer wird jetzt Lösung IV benutzt. Nach der Einstellung des Gerätes werden die Eichlösungen untersucht. Die Meßwerte in Skalenteilen des Galvanometers werden in Abhängigkeit vom Alkaligehalt der Lösungen, ausgedrückt in Natriumoxyd, in ein Koordinatennetz eingetragen; die Abszisse des Koordinatennetzes wird in Prozent Natriumoxyd unterteilt (Abb. 158).

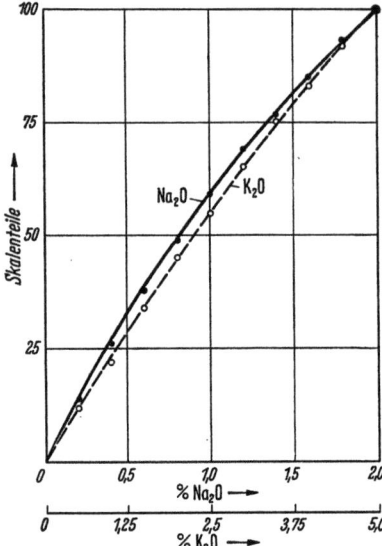

Abb. 158. Eichkurven Natrium- und Kaliumoxyd

In gleicher Weise wird die Eichkurve für die Bestimmung von Kaliumoxyd unter Verwendung von 1 bis 9 ml Kaliumchlorid-Lösung, entsprechend 0,5 bis 4,5 mg Kaliumoxyd, aufgestellt (Abb. 158).

Bemerkungen. Die in Abb. 158 dargestellten Meßwerte wurden mit der Leuchtgaspreßluftflamme erzielt. In dieser Flamme ist die gegenseitige Anregungsbeeinflussung der beiden Alkalimetalle gering und kann vernachlässigt werden. Bei Verwendung heißerer Flammen muß jedoch der Einfluß des Natriums bei der Bestimmung von Kalium und umgekehrt durch entsprechende Korrekturverfahren eliminiert werden.

7. Phosphor

Sonderlösungen. Natriumpyrosulfit-Lösung: im Liter 200 g Natriumpyrosulfit zur Analyse, $Na_2S_2O_5$.

Ammoniummolybdat-Lösung: 3,5 g Ammoniummolybdat-4-Hydrat zur Analyse, $(NH_4)_6Mo_7O_{24} \cdot 4\,H_2O$, werden in 500 ml 1/10n Schwefelsäure gelöst.

Reduktionslösung: 0,2 g Monomethylparaaminophenolsulfat (HO · C_6H_4 · NH · $CH_3)_2$ · H_2SO_4, 20 g Natriumpyrosulfit zur Analyse, $Na_2S_2O_5$, und 1 g Natriumsulfit zur Analyse, Na_2SO_3, werden in 100 ml Wasser gelöst.

Kaliumdihydrogenphosphat-Lösung: 0,1918 g über konz. Schwefelsäure getrocknetes Kaliumdihydrogenphosphat nach SÖRENSEN, KH_2PO_4, wird mit Wasser zu 1 l gelöst. Die Lösung wird vor dem Auffüllen mit 2 Tropfen Chloroform versetzt; 1 ml dieser Lösung entspricht 0,100 mg Phosphorpentoxyd.

Arbeitsvorschrift. 25 ml Stammlösung (siehe Analysengang II Ziffer 1,) werden in ein Becherglas von 150 ml Inhalt abgemessen. Nach Zugabe von 5 ml konz. Salpetersäure wird die Lösung zur Trockene eingedampft.

Der Rückstand wird mit 10 ml 2n Salzsäure unter Erwärmen gelöst, die Lösung mit 35 ml Wasser und 5 ml Natriumpyrosulfit-Lösung versetzt und gekocht, bis in den entweichenden Dämpfen kein Schwefeldioxyd mehr wahrnehmbar ist. Um ein gleichmäßiges Sieden der Lösung zu gewährleisten, wird in die Lösung ein Glasstab mit angeschmolzenem Glasröhrchen (Siedestab) eingestellt. Die Lösung wird auf etwa 20° C abgekühlt, mit 1 ml Natriumpyrosulfit-Lösung, 10 ml Ammoniummolybdat-Lösung und 2 ml Reduktionslösung versetzt, mit Wasser in einen Meßkolben von 100 ml übergespült und aufgefüllt (Lösung I).

In gleicher Weise wird ein Blindversuch ohne Stammlösung mit den Chemikalien durchgeführt (Lösung II).

Nach dreistündigem Stehen bei etwa 20° C (Wasserbad) wird die Intensität der Blaufärbung in 2 cm Schichtdicke mit Licht der Wellenlänge von etwa 730 mμ gemessen. Der Nullpunkt der Meßskala am Photometer wird unter Verwendung von Lösung II

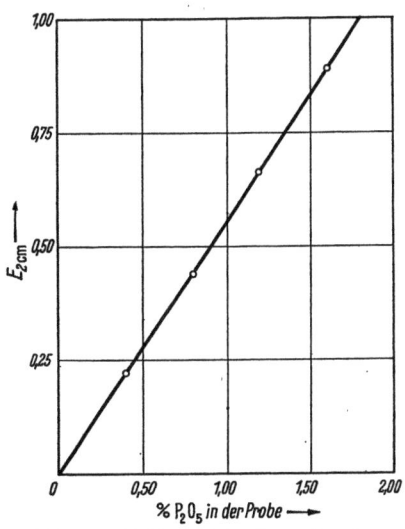

Abb. 159. Eichkurve Phosphorpentoxyd

eingestellt. Der dem Extinktionswert entsprechende Phosphorpentoxydgehalt der Probe wird einer Eichkurve entnommen.

Unter den festgelegten Bedingungen lassen sich bis 2% Phosphorpentoxyd bestimmen. Bei höherem Gehalt müssen weniger als 25 ml Stammlösung für die Bestimmung verwendet werden. Die abgemessene Stammlösung ist in diesem Fall bei der Auswertung zu berücksichtigen.

Eichkurve. 1, 2, 3 ... 10 ml Kaliumdihydrogenphosphat-Lösung, entsprechend 0,1 bis 1 mg Phosphorpentoxyd, werden jeweils in ein Becherglas von 150 ml Inhalt abgemessen. Jede Lösung wird mit 5 ml konz. Salpetersäure versetzt und gemäß der Arbeitsvorschrift weiterbehandelt.

Die Extinktionswerte werden in Abhängigkeit vom Phosphorpentoxydgehalt der Lösungen in ein Koordinatennetz eingetragen; die Abszisse des Koordinatennetzes wird in Prozent Phosphorpentoxyd unterteilt (Abb. 159).

8. Schwefel

Der Schwefelgehalt der Probe wird nach dem Verbrennungsverfahren nach DIN 51724 bestimmt. Der gefundene Schwefel wird auf Schwefeltrioxyd umgerechnet.

Analysengang III
Abb. 160
1. Aufschluß der Probe

Arbeitsvorschrift. 0,100 g der Probe wird in einem Platintiegel von etwa 50 ml Inhalt mit 3,0 g eines Gemisches von 100 g Natrium-kaliumcarbonat, 30 g wasserfreiem Natriumtetraborat und 0,5 g Kaliumnitrat aufgeschlossen. Nachdem die Schmelze ruhig fließt, erhitzt man den Tiegel noch 15 min mit der Flamme eines gut heizenden Brenners,

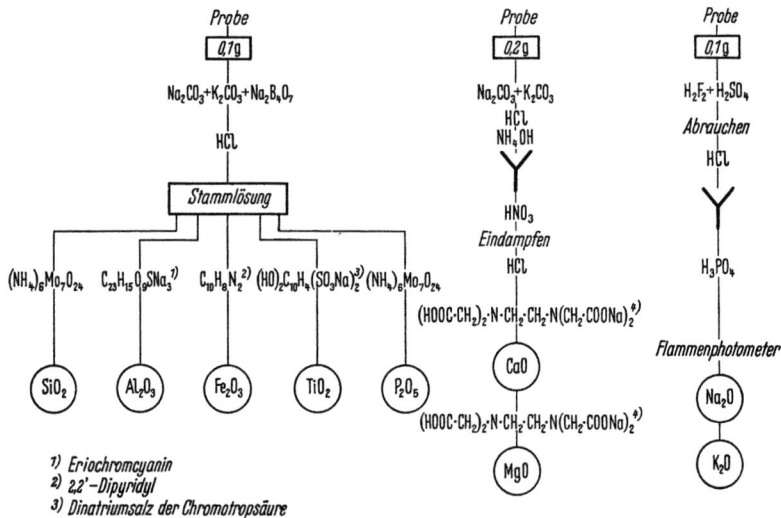

Abb. 160. Analysengang 3 in schematischer Darstellung

verteilt die Schmelze auf die Tiegelwand und schreckt den noch heißen Tiegel durch Einstellen in kaltes Wasser ab; der Tiegel ist dabei mit einem Uhrglas abzudecken. Nach dem Erkalten stellt man den Tiegel mit der Schmelze in ein Becherglas von 250 ml Inhalt und löst die Schmelze ohne zu erwärmen in 65 ml 2n Salzsäure. Während des Lösens der Schmelze muß ständig mit einem Glasstab gerührt werden. Die klare Lösung wird sofort (!) in einen Meßkolben von 500 ml übergespült und mit Wasser aufgefüllt (Stammlösung).

In gleicher Weise wird ein Versuch mit 3,0 g des Aufschlußmittels durchgeführt (Kompensationslösung).

2. Silicium

Sonderlösungen. Ammoniummolybdat-Lösung: 7,5 g Ammoniummolybdat-4-Hydrat zur Analyse, $(NH_4)_6Mo_7O_{24} \cdot 4\,H_2O$, werden in etwa 50 ml Wasser gelöst; die Lösung wird mit 10 ml Schwefelsäure (1 : 3) versetzt und mit Wasser auf 100 ml aufgefüllt. Das Reagenz ist täglich neu anzusetzen.

Reduktionslösung: 1,5 g 1-Amino-2-naphthol-4-sulfonsäure und 7 g Natriumsulfit zur Analyse, Na_2SO_3, werden zusammen in etwa 200 ml Wasser gelöst; in dieser Lösung werden 45 g Natriumpyrosulfit zur Analyse, $Na_2S_2O_5$, gelöst; die Lösung wird mit Wasser auf 1 l aufgefüllt.

Arbeitsvorschrift. 5 ml Stammlösung werden in einen Meßkolben von 100 ml Inhalt abgemessen. Nach Zusatz von 45 ml Wasser und 2 ml Ammoniummolybdat-Lösung läßt man die Lösung genau 10 min lang stehen. Anschließend fügt man nacheinander 10 ml 10%ige Weinsäure und 2 ml Reduktionslösung zu und füllt sofort auf 100 ml auf (Lösung I). In gleicher Weise wird mit 5 ml Kompensationslösung verfahren (Lösung II). Nach einer Standzeit von 30 min bei 20° C wird die Extinktion von Lösung I mit Licht der Wellenlänge von etwa 720 mµ in 1 cm Schichtlänge gemessen. Der Nullpunkt der Meßskala am Photometer wird unter Verwendung von Lösung II eingestellt. Der dem Extinktionswert entsprechende Siliciumdioxydgehalt der Probe wird einer Eichkurve entnommen.

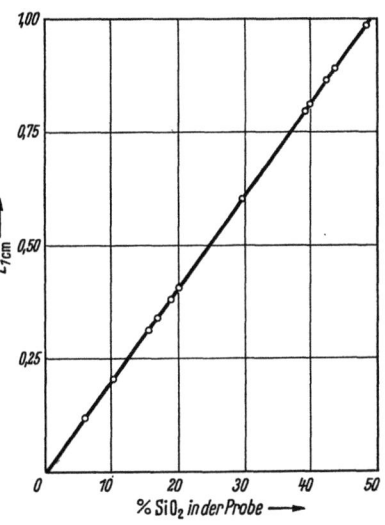

Abb. 161. Eichkurve Siliziumdioxyd

Eichkurve. Zur Aufstellung der Eichkurve werden natürliche Brennstoffascheproben mit bekanntem Gehalt an Siliciumdioxyd verwendet. Von jeder Brennstoffasche wird 0,1 g wie oben beschrieben behandelt. Die Extinktionswerte werden in Abhängigkeit von den angewendeten Mengen Siliciumdioxyd in ein Koordinatennetz eingetragen; die Abszisse des Koordinatennetzes wird in Prozent Siliciumdioxyd unterteilt (Abb. 161).

3. Aluminium

Sonderlösungen. Thioglykolsäure-Lösung: 10 ml reinste 80%ige Thioglykolsäure, $HS \cdot CH_2 \cdot COOH$, werden mit etwa 800 ml Wasser verdünnt. Der p_H-Wert dieser Lösung wird mit 2n Natronlauge zur Analyse unter Verwendung eines pH-Meßgerätes mit Glaselektrode auf 3,7 eingestellt; die Lösung wird mit Wasser auf 1 l aufgefüllt.

Eriochromcyanin-Lösung: 1 g Eriochromcyanin und 78 g Natriumacetat-3-Hydrat zur Analyse, $C_2H_3O_2Na \cdot 3 H_2O$, werden in 500 ml Wasser gelöst; die Lösung wird mit 250 ml Eisessig zur Analyse, $CH_3 \cdot CO_2H$, versetzt und mit Wasser auf 1 l aufgefüllt.

Aluminiumchlorid-Lösung: 0,2117 g Aluminium (99,99%ig) wird mit etwa 50 ml Wasser und einigen Plätzchen Natriumhydroxyd zur Analyse unter Erwärmen gelöst; die Lösung wird in einen Meßkolben von 1 l Inhalt übergespült, mit konz. Salzsäure angesäuert und, nachdem alles Aluminiumhydroxyd in Lösung gegangen ist, mit Wasser auf 1 l aufgefüllt. 50 ml dieser Lösung werden mit Wasser auf 1 l verdünnt; 1 ml dieser Lösung entspricht 0,0200 mg Aluminiumoxyd.

Arbeitsvorschrift. 5 ml Stammlösung werden in einen Meßkolben von 500 ml Inhalt abgemessen. Die Lösung wird mit 5 ml Thioglykolsäure-Lösung und genau 20 ml Eriochromcyanin-Lösung versetzt und aufgefüllt (Lösung I). In gleicher Weise wird mit 5 ml Kompensationslösung verfahren (Lösung II). Nach einer Standzeit von 3 h bei 20° C wird die Extinktion von Lösung I mit Quecksilberlicht der Wellenlänge 546 mμ in 2 cm Schichtlänge gemessen. Der Nullpunkt der Meßskala am Photometer wird unter Verwendung von Lösung II eingestellt. Der dem Extinktionswert entsprechende Aluminiumoxydgehalt der Probe wird einer Eichkurve entnommen.

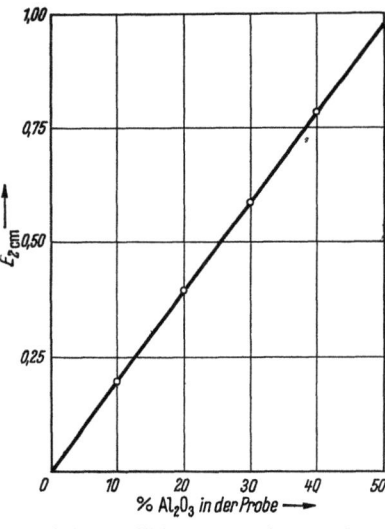

Abb. 162. Eichkurve Aluminiumoxyd

Eichkurve. 5 bis 25 ml Aluminiumchlorid-Lösung, entsprechend 0,1 bis 0,5 mg Aluminiumoxyd (10 bis 50% Aluminiumoxyd in der Probe), werden jeweils in Meßkolben von 500 ml Inhalt abgemessen. Jede Lösung wird mit 5 ml Kompensationslösung versetzt. Nach Zugabe von 5 ml Thioglykolsäure wird gemäß der Arbeitsvorschrift weiterverfahren. Bezüglich Aufstellung der Eichkurve (Abb. 162) siehe Analysengang III Ziffer 3.

4. Eisen

Sonderlösungen. Hydroxylaminhydrochlorid-Lösung: 50 g Hydroxylaminhydrochlorid zur Analyse, $NH_2OH \cdot HCl$, werden in 1 l Wasser gelöst.

2,2'-Dipyridyl-Lösung: 2 g 2,2'-Dipyridyl zur Analyse, $C_{10}H_8N_2$, werden in 1 l 0,2n Salzsäure gelöst.

Pufferlösung: 400 g Natriumacetat-3-Hydrat zur Analyse, $C_2H_3O_2Na$ 3 H_2O, werden in 500 ml Wasser gelöst; die Lösung wird mit 12 ml Eisessig zur Analyse, $CH_3 \cdot CO_2H$, versetzt und mit Wasser auf 1 l aufgefüllt.

Eisen(III)-chlorid-Lösung: 0,2000 g bei 105° C getrocknetes Eisen-(III)-oxyd zur Analyse, Fe_2O_3, wird in etwa 20 ml konz. Salzsäure und 20 ml Wasser unter Erwärmen gelöst; die Lösung wird mit Wasser auf 1 l aufgefüllt. 100 ml dieser Lösung werden mit Wasser auf 1 l verdünnt; 1 ml dieser Lösung entspricht 0,0200 mg Eisen(III)-oxyd.

Arbeitsvorschrift. 5 ml Stammlösung werden in einen Meßkolben von 100 ml Inhalt abgemessen. Die Lösung wird mit 5 ml Hydroxylaminhydrochlorid-Lösung versetzt und mindestens 30 min lang bei Zimmertemperatur stehen gelassen. Nach Zusatz von 10 ml 2,2'-Dipyridyl-Lösung und 10 ml Pufferlösung wird mit Wasser auf 100 ml aufgefüllt (Lösung I). In gleicher Weise wird mit 5 ml Kompensationslösung verfahren (Lösung II). Nach einer Standzeit

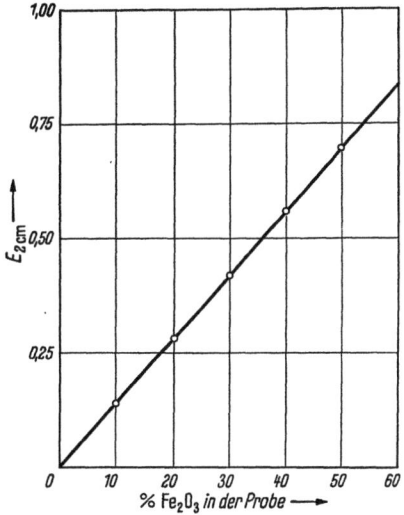

Abb. 163. Eichkurve Eisen (III)-Oxyd

von 1 h bei 20° C wird die Extinktion von Lösung I mit Quecksilberlicht der Wellenlänge 546 mµ in 2 cm Schichtlänge gemessen. Der Nullpunkt der Meßskala am Photometer wird unter Verwendung von Lösung II eingestellt. Der dem Extinktionswert entsprechende Eisen(III)-oxydgehalt der Probe wird einer Eichkurve entnommen.

Eichkurve. 5 bis 30 ml Eisen(III)-chlorid-Lösung, entsprechend 0,1 bis 0,6 mg Eisen(III)-oxyd (10 bis 60% Eisen(III)-oxyd in der Probe), werden jeweils in Meßkolben von 100 ml abgemessen. Jede Lösung wird mit 5 ml Kompensationslösung und 5 ml Hydroxylaminhydrochlorid-Lösung versetzt. Anschließend wird gemäß der Arbeitsvorschrift weiterverfahren. Bezüglich Aufstellung der Eichkurve (Abb. 16.) siehe Analysengang III Ziffer 3.

5. Titan

Sonderlösungen. Chromotropsäure-Lösung: 2 g Dinatrium-1,8-dioxynaphthalindisulfonsäure zur Analyse, $(HO)_2C_{10}H_4(SO_3Na)_2 \cdot 2 H_2O$, werden in 100 ml Wasser gelöst; die Lösung ist täglich neu herzustellen.

Pufferlösung: siehe Analysengang III Ziffer 4.

Natriumhypodisulfit-Lösung: 5 g Natriumhypodisulfit für analytische Zwecke, $Na_2S_2O_4$, werden in 100 ml Pufferlösung gelöst; die Lösung ist vor Gebrauch jeweils neu herzustellen.

Titansulfat-Lösung: 0,6011 g Kaliumhexafluorotitanat (IV) zur Analyse, $K_2[TiF_6]$, wird im Platintiegel zweimal mit je 2 ml konz. Schwefelsäure abgeraucht. Der noch feuchte Rückstand wird mit 4n Schwefelsäure auf 1 l aufgefüllt. 25 ml dieser Lösung werden mit Wasser auf 1 l verdünnt; 1 ml dieser Lösung entspricht 0,0050 mg Titandioxyd. Die verdünnte Titansulfat-Lösung ist nur begrenzt haltbar.

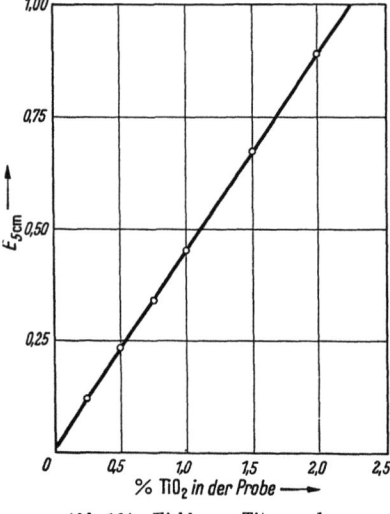

Abb. 164. Eichkurve Titanoxyd

Arbeitsvorschrift. 20 ml Stammlösung werden in einen Meßkolben von 100 ml Inhalt abgemessen. Die Lösung wird nacheinander mit 5 ml Chromotropsäure-Lösung, 20 ml Pufferlösung und 5 ml Natriumhypodisulfit-Lösung versetzt und aufgefüllt (Lösung I). Nach jedem Zusatz ist die Lösung gut durchzumischen. Der Kolben wird mit einem gut schließenden Stopfen verschlossen. In gleicher Weise wird mit 20 ml Kompensationslösung verfahren (Lösung II). Nach einer Standzeit von 1 h bei 20° C wird die Extinktion von Lösung I mit Quecksilberlicht der Wellenlänge von 436 mμ in 5 cm Schichtlänge gemessen. Der Nullpunkt der Meßskala am Photometer wird unter Verwendung von Lösung II eingestellt. Der dem Extinktionswert entsprechende Titandioxydgehalt der Probe wird einer Eichkurve entnommen.

Eichkurve. 2, 4, 6 ... 20 ml Titansulfat-Lösung, entsprechend 0,01 bis 0,1 mg Titanoxyd (0,25 bis 2,5% Titandioxyd in der Probe), werden jeweils in Meßkolben von 100 ml Inhalt abgemessen. Jede Lösung wird mit 20 ml Kompensationslösung versetzt und gemäß der Arbeitsvorschrift weiterbehandelt. Bezüglich Aufstellung der Eichkurve (Abb. 164) siehe Analysengang III Ziffer 3.

6. Phosphor

Sonderlösungen. Natriumpyrosulfit-Lösung: 200 g Natriumpyrosulfit zur Analyse, $Na_2S_2O_5$, werden mit Wasser zu 1 l gelöst.

Ammoniummolybdat-Lösung: 50 g Ammoniummolybdat-4-Hydrat zur Analyse, $(NH_4)_6Mo_7O_{24} \cdot 4 H_2O$, werden in 500 ml Wasser gelöst;

die Lösung wird mit 110 ml konz. Schwefelsäure (d = 1,84 g/ml) versetzt und mit Wasser auf 1 l aufgefüllt.

Zinn(II)-chlorid-Lösung: 1 g Zinn(II)-chlorid-2-Hydrat zur Analyse, $SnCl_2 \cdot 2\ H_2O$, wird in 2 ml konz. Salzsäure (d=1,19 g/ml) unter Erwärmen gelöst; die klare Lösung wird mit Wasser auf 100 ml aufgefüllt. Die Lösung ist täglich neu herzustellen.

Kaliumdihydrogenphosphat-Lösung: 0,3835 g über konz. Schwefelsäure getrocknetes Kaliumdihydrogenphosphat nach SÖRENSEN, KH_2PO_4, wird in 500 ml Wasser gelöst; die Lösung wird mit 2 Tropfen Chloroform zur Analyse, $CHCl_3$, versetzt und mit Wasser auf 1 l aufgefüllt. 100 ml dieser Lösung werden nach Zugabe von 2 Tropfen Chloroform mit Wasser auf 1 l verdünnt; 1 ml dieser Lösung entspricht 0,0200 mg Phosphorpentoxyd.

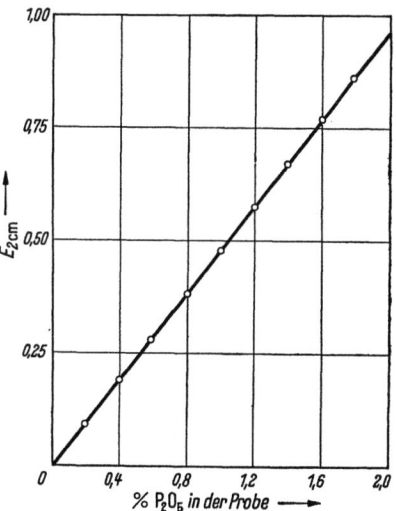

Abb. 165. Eichkurve Phosphorpentoxyd

Arbeitsvorschrift. 50 ml Stammlösung werden in einen Meßkolben von 100 ml Inhalt abgemessen. Nach Zugabe von 1 ml Natriumpyrosulfit-Lösung erwärmt man auf etwa 95° C und läßt die Lösung bei dieser Temperatur etwa 15 min lang stehen. Anschließend wird die Lösung im Meßkolben unter fließendem Wasser abgekühlt, mit 10 ml 7n Schwefelsäure und 10 ml Ammoniummolybdat-Lösung versetzt und im Kolbenhals hängengebliebenes Ammoniummolybdat mit wenig Wasser in die Lösung gespült. Man bringt die Temperatur der Lösung auf (20 ± 1)° C und fügt unter ständigem Umschütteln tropfenweise 2 ml Zinn(II)-chlorid-Lösung zu. Anschließend wird aufgefüllt und durchgemischt (Lösung I). In gleicher Weise wird mit 50 ml Kompensationslösung verfahren (Lösung II). Nach einer Standzeit von genau 15 min (gerechnet nach Zugabe der Zinn(II)-chlorid-Lösung) wird die Extinktion von Lösung I mit Licht der Wellenlänge von etwa 720 mμ in 2 cm Schichtlänge gemessen (E 1). Der Nullpunkt der Meßskala am Photometer wird unter Verwendung von dest. Wasser eingestellt. Analog wird die Extinktion der behandelten Kompensationslösung gemessen (E 2). E 2 wird von E 1 abgezogen und der dem errechneten Extinktionswert entsprechende Phosphorpentoxydgehalt der Probe einer Eichkurve entnommen.

Unter den festgelegten Bedingungen lassen sich bis zu 2% Phosphorpentoxyd in der Probe bestimmen. Bei größerem Phosphorgehalt müssen weniger als 50 ml

Stammlösung für die Bestimmung verwendet werden. In diesem Falle ist die abgemessene Menge der Stammlösung bei der Auswertung zu berücksichtigen.

Eichkurve. 1, 2, 3 ... 10 ml Kaliumdihydrogenphosphat-Lösung, entsprechend 0,02 bis 0,2 mg Phosphorpentoxyd (0.2 bis 2% Phosphorpentoxyd in der Probe), werden jeweils in Meßkolben von 100 ml Inhalt abgemessen. Jede Lösung wird mit 50 ml Kompensationslösung versetzt. Nach Zugabe von 1 ml Natriumpyrosulfit-Lösung wird gemäß der Arbeitsvorschrift weiterverfahren. Bezüglich Aufstellung der Eichkurve (Abb. 165) siehe Analysengang III Ziffer 3.

Spezielle Bestimmungsmethoden

1. Kupfer, Nickel, Kobalt und Zink

Sonderlösungen. Kaliumnatriumtartrat-Lösung: im Liter 500 g Kaliumnatriumtartrat-4-Hydrat zur Analyse, $KNaC_4H_4O_6 \cdot 4\ H_2O$.

Dithizon-Lösung: 0,25 g Dithizon zur Analyse, $C_6H_5-N=N-CS-NH-NH-C_6H_5$, wird in 100 ml Chloroform zur Analyse, $CHCl_3$, gelöst.

Grundlösung: 20 g Ammoniumchlorid zur Analyse, NH_4Cl, 2,5 g Natriumsulfit zur Analyse, Na_2SO_3, und 2,5 g Ammoniumcarbonat zur Analyse werden zusammen in 50 ml Wasser gelöst. Nach Zusatz von 0,015 g Gelatine, DAB. 6, gelöst in 5 ml Wasser von 90° C und 10 ml Ammoniak-Lösung (d = 0,91 g/ml) wird die Lösung mit Wasser auf 100 ml aufgefüllt. Die Lösung ist täglich neu anzusetzen.

Standardlösung: 0,1965 g Kupfer(II)-sulfat-5-Hydrat zur Analyse, $CuSO_4 \cdot 5\ H_2O$, 0,2393 g Nickel(II)-sulfat-7-Hydrat zur Analyse, $NiSO_4 \cdot 7\ H_2O$, 0,2019 g Kobalt(II)-chlorid-6-Hydrat zur Analyse, $CoCl_2 \cdot 6\ H_2O$ und 0,2200 g Zinksulfat-7-Hydrat zur Analyse, $ZnSO_4 \cdot 7\ H_2O$, werden zusammen in 500 ml Wasser gelöst. Nach Zugabe einiger Tropfen konz. Salzsäure wird die Lösung mit Wasser auf 1 l aufgefüllt; 1 ml dieser Lösung enthält je 0,050 mg Kupfer, Nickel, Kobalt und Zink.

Sämtliche Lösungen werden in Flaschen aus Polyäthylen aufbewahrt.

Arbeitsvorschrift. 0,250 g Brennstoffasche wird in einer Platinschale mit je 20 Tropfen konz. Schwefelsäure und 15 bis 20 ml etwa 40%iger Flußsäure abgeraucht. Man löst den Rückstand in der Schale mit 30 ml Salzsäure 1:2 unter Erwärmen und spült die Lösung mit etwa 50 ml Wasser in ein Becherglas aus Quarzglas über (Lösung I).

In gleicher Weise wird ein Blindversuch ohne Brennstoffasche mit den Chemikalien durchgeführt (Lösung II).

Man versetzt Lösung I mit 10 ml Kaliumnatriumtartrat-Lösung, stellt den p_H-Wert mit konz. Ammoniak-Lösung auf 8 bis 9 ein und kühlt auf etwa 20° C ab. Die Lösung wird mit wenig Wasser in einen Scheidetrichter von etwa 200 ml Inhalt übergespült und nach Zugabe von 5 ml Dithizon-Lösung 5 min geschüttelt. Nachdem die Phasen sich getrennt haben, wird die Chloroformphase tropfenweise unter Nachspülen mit wenig Chloroform in einen anderen Scheidetrichter abgelassen, der etwa 100 ml Wasser enthält. Die im ersten Scheidetrichter verbliebene wäßrige Phase wird anschließend erneut mit 5 ml Dithizon-Lösung ausgeschüttelt. Das Ausschütteln mit Dithizon-Lösung wird so oft durchgeführt, bis die Chloroformphase grün bleibt (dies ist im allgemeinen nach 3 Extraktionen der Fall). Die Extrakte werden mit dem zuerst erhaltenen Extrakt vereinigt und nach dem Abtrennen des Wassers dreimal mit je 25 ml 1/10n Salzsäure ausgeschüttelt. Die salzsauren Lösungen, die alles Zink enthalten, werden in einem Becherglas aus Quarzglas gesammelt und zur Trockene eingedampft; der mit Salzsäure behandelte Extrakt wird beiseite gestellt. Man zerstört die organischen Bestandteile des Eindampfrückstandes mit einigen Tropfen konz. Schwefelsäure und k nz. Salpetersäure, dampft zur Trockene und löst das zurückbleibende Zinksulfat mit 2 Tropfen Salzsäure 1:1 und etwa 2 ml Wasser unter Erwärmen. Die erhaltene Lösung wird mit konz. Ammoniak-Lösung (etwa 2 Tropfen) gegen Lackmuspapier neutralisiert, mit 2 ml des Grundelektrolyten versetzt und mit Wasser auf ein Volumen von 5 ml aufgefüllt (Meßzylinder). Hierauf bringt man die Lösung in ein trockenes Elektrolysengefäß (Diaphragma) und polarographiert Zink bei $(20 \pm 1)°$ C von $-1,0$ bis $-1,5$ Volt.

Der mit Salzsäure behandelte Extrakt, der die Dithizonate von Kupfer, Nickel und Kobalt enthält, wird in ein Becherglas aus Quarzglas übergeführt. Das Chloroform wird verdampft (Wasserbad) und die organische Substanz des Rückstandes durch wiederholtes Eindampfen mit je 5 ml konz. Schwefelsäure und 2 ml konz. Salpetersäure zerstört. Das Lösen der zurückbleibenden Metallsulfate sowie das Vorbereiten der Lösung für die polarographische Bestimmung erfolgt wie beim Zink beschrieben. Man überführt die auf 5 ml aufgefüllte Lösung in ein trockenes Elektrolysengefäß und polarographiert hintereinander Kupfer ($-0,2$ bis $-0,6$ Volt), Nickel ($-0,8$ bis $-1,2$ Volt) und Kobalt ($-1,1$ bis $-1,5$ Volt.

In gleicher Weise wird mit Lösung II verfahren.

Die erhaltenen Stromstufen werden ausgemessen und auf die volle Empfindlichkeit des Galvanometers umgerechnet. Die den einzelnen Stufenhöhen entsprechenden Metallkonzentrationen der Brennstoffasche werden Eichkurven entnommen. Der Metallgehalt der Chemikalien wird bei der Auswertung berücksichtigt.

Unter den festgelegten Bedingungen lassen sich bis zu 0,2% Kupfer Nickel, Kobalt oder Zink bestimmen. Übersteigt der Gehalt der Brennstoffasche an Kupfer, Nickel, Kobalt oder Zink diesen Grenzwert, so ist die Lösung entsprechend zu verdünnen.

Eichkurven. 2, 4, 6, 8 und 10 ml Standardlösung werden jeweils in ein Becherglas aus Quarzglas abgemessen. Nach Zugabe von 30 ml Salzsäure 1:2, 50 ml Wasser und 10 ml Kaliumnatriumtartrat-Lösung wird wie oben beschrieben weiterverfahren.

In gleicher Weise wird ein Blindversuch ohne Standardlösung mit den Chemikalien durchgeführt.

Die erhaltenen Stromstufen werden ausgemessen, auf die volle Empfindlichkeit des Galvanometers umgerechnet und in Abhängigkeit von den Metallkonzentrationen in Koordinatennetze eingetragen; die Abszissen der Koordinatennetze werden in Prozent Metall unterteilt. Die Stufenhöhen des Blindversuches sind vorher abzuziehen.

2. Mangan

Sonderlösungen. Ammoniumpersulfat-Lösung: in 100 ml 5 g Ammoniumpersulfat zur Analyse, $(NH_4)_2S_2O_8$. Die Lösung ist täglich neu anzusetzen.

Mangansulfat-Lösung: im Liter 0,4061 g Mangansulfat-4-Hydrat zur Analyse, $MnSO_4 \cdot 4\,H_2O$; 1 ml dieser Lösung entspricht 0,100 mg Mangan.

Arbeitsvorschrift. 0,100 g der Probe werden in einer Platinschale zweimal mit je 5 bis 10 ml etwa 40%iger Flußsäure und 10 Tropfen konz. Schwefelsäure abgeraucht. Man löst den Rückstand in der Schale mit 10 ml Salpetersäure (1.2) unter Erwärmen, filtriert die Lösung in ein Becherglas von 250 ml Inhalt und wäscht das Filter mit heißem Wasser aus. Das Volumen der Lösung soll etwa 80 ml betragen. Die Lösung im Becherglas wird mit 0,5 ml 1/10n Silbernitrat-Lösung und 10 ml Ammoniumpersulfat-Lösung versetzt, zum Sieden erhitzt und 5 min gekocht. Anschließend wird die Lösung auf etwa 20° C abgekühlt, mit ausgekochtem Wasser in einen Meßkolben von 100 ml übergespült und aufgefüllt (Lösung I).

In gleicher Weise wird ein Blindversuch ohne Brennstoffasche oder Brennstoffschlacke mit den Chemikalien durchgeführt (Lösung II). Die Extinktion von Lösung I wird in einer Schichtdicke von 5 cm mit Licht der Wellenlänge von 530 mμ gemessen. Die Messung der Extinktion muß innerhalb einer Zeitspanne von 30 min — gerechnet ab Siedebeginn der Lösung — erfolgen. Der Nullpunkt der Meßskala am Photometer wird unter Verwendung von Lösung II eingestellt. Der dem Extinktionswert entsprechende Mangangehalt der Probe wird einer Eichkurve entnommen.

Unter den festgelegten Bedingungen lassen sich bis zu 0,5% Mangan bestimmen. Bei höherem Mangangehalt ist weniger als 0,1 g der Probe für die Bestimmung anzuwenden. In diesem Fall ist die angewendete Probemenge bei der Auswertung zu berücksichtigen.

Eichkurve. 1, 2, 3, 4 und 5 ml Mangansulfat-Lösung, entsprechend 0,1 bis 0,5 mg Mangan (0,1 bis 0,5% Mangan in der Probe), werden jeweils in ein Becherglas von 250 ml Inhalt abgemessen. Jede Lösung wird mit 10 ml Salpetersäure (1 2), 0,5 ml 1/10n Silbernitrat-Lösung und 10 ml Ammoniumpersulfat-Lösung versetzt, mit Wasser auf ein Volumen von etwa 90 ml verdünnt und gemäß der Arbeitsvorschrift weiterbehandelt.

In gleicher Weise wird ein Blindversuch ohne Mangansulfat-Lösung mit den Chemikalien durchgeführt.

Die Extinktionswerte werden in Abhängigkeit vom Mangangehalt der Lösungen in ein Koordinatennetz eingetragen; die Abszisse des Koordinatennetzes wird in Prozent Mangan unterteilt (Abb. 66).

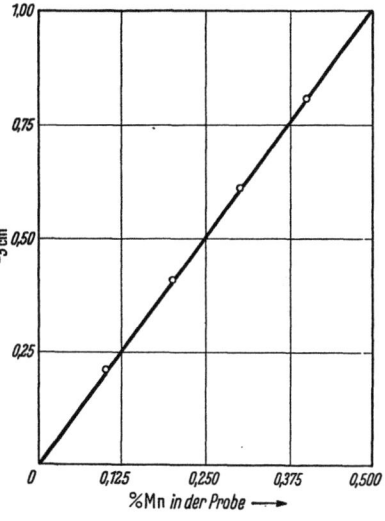

Abb. 166. Eichkurve Mangan

3. Vanadium

Sonderlösungen. Natriumwolframat-Lösung: in 100 ml 16,5 g Natriumwolframat-2-Hydrat zur Analyse, $Na_2WO_4 \cdot 2\,H_2O$.

Standardlösung: 0,1786 g bei 250° C getrocknetes Vanadiumpentoxyd reinst, V_2O_5, werden in 10 ml konz. Schwefelsäure unter Erwärmen gelöst. Die Lösung wird mit Wasser auf 2 l aufgefüllt 1 ml dieser Lösung entspricht 0,050 mg Vanadium.

Arbeitsvorschrift. 0,250 g der Probe werden in einer Platinschale zweimal mit je 10 bis 15 ml etwa 40%iger Flußsäure und 10 Tropfen konz. Schwefelsäure abgeraucht. Man löst den Rückstand in der Schale mit 20 ml 2n Schwefelsäure unter Erwärmen, filtriert die Lösung in ein Becherglas von 250 ml Inhalt und wäscht das Filter mit heißem Wasser aus. Die Lösung im Becherglas wird auf ein Volumen von etwa 25 ml eingedampft und nach Zugabe von 3 ml konz. Salpetersäure (d = 1,4 g/ml), 1 ml o-Phosphorsäure (d = 1,7 g/ml) und 1,5 ml Natriumwolframat-Lösung 2 min gekocht. Man kühlt die Lösung unter fließendem Wasser auf etwa 20° C ab, überführt sie in einen Meßkolben von 50 ml Inhalt und füllt mit Wasser auf (Lösung I).

In gleicher Weise wird ein Versuch ohne Brennstoffasche oder Brennstoffschlacke mit den Chemikalien durchgeführt (Lösung II).

Die Extinktion von Lösung I wird in einer Schichtdicke von 5 cm mit Quecksilberlicht der Wellenlänge von 436 mμ gemessen. Die Messung der Extinktion muß innerhalb einer Zeitspanne von 60 min — gerechnet ab Siedebeginn der Lösung — erfolgen. Der Nullpunkt der Meßskala am Photometer wird unter Verwendung von Lösung II eingestellt: Der dem Extinktionswert entsprechende Vanadiumgehalt der Probe wird einer Eichkurve entnommen.

Unter den festgelegten Bedingungen lassen sich bis zu 0,16% Vanadium bestimmen. Bei höherem Vanadiumgehalt ist weniger als 0,25 g der Probe für die Bestimmung anzuwenden. In diesem Fall ist die angewendete Probemenge bei der Auswertung zu berücksichtigen.

Eichkurve. 2, 4, 6 und 8 ml Standardlösung, entsprechend 0,1 bis 0,4 mg Vanadium (0,04 bis 0,16% Vanadium in der Probe) werden jeweils in ein Becherglas von 200 ml Inhalt abgemessen. Jede Lösung wird mit 20 ml 2n Schwefelsäure versetzt, durch Verdünnen mit Wasser bzw. durch Eindampfen auf ein Volumen von etwa 25 ml gebracht und gemäß der Arbeitsvorschrift weiterbehandelt.

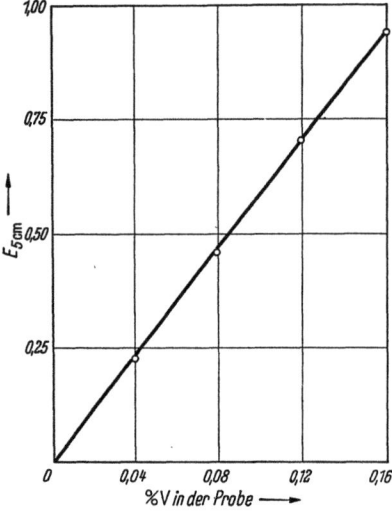

Abb. 167. Eichkurve Vanadium

In gleicher Weise wird ein Versuch ohne Standardlösung mit den Chemikalien durchgeführt.

Die Extinktionswerte werden in Abhängigkeit vom Vanadiumgehalt der Lösungen in ein Koordinatennetz eingetragen; die Abszisse des Koordinatennetzes wird in Prozent Vanadium unterteilt (Abb. 67).

Schrifttum

DIN 51 729: Prüfung fester Brennstoffe. Die Bestimmung der Zusammensetzung von Asche. Berlin u. Köln: Beuth-Vertrieb (in Vorbereitung).

Analyse der Metalle. Band II: Betriebsanalysen. Herausg. v. Chemikerausschuß der Ges. Deutscher Metallhütten- und Bergleute, Berlin/Göttingen/Heidelberg: Springer 1953.

SCHWARZENBACH, G.: Die komplexometrische Titration. Stuttgart: Enke 1955.

COREY, R. B., u. M. L. JACKSON: Silicate analysis by a rapid semimicrochemical system. Anal. Chemistry Bd. 25 (1953) S. 624/28.

HUART, A.: Analyse spektrocolorimétrique des matériaux de construction silicatés. Chimie & Industrie Bd. 69 (1953), S. 855/60.

GLEMSER, O., E. RAULF u. K. GIESEN: Photometrische Schnellbestimmung von Aluminium, Eisen und Titan in Tonen und feuerfesten Stoffen. Z. anal. Chem. Pd. 141 (1954) S. 86/93.

BANNERJEE, N. N., u. B. A. COLLISS: Rapid analysis of ash from coal and oil shale by colorimetric methods. Fuel Bd. 34 (1955) Supplement, April, S. 71/83.

RADMACHER, W., u. W. SCHMITZ: Analytische Schnellmethoden zur Untersuchung von Brennstoffasche. Brennst. Chem. Bd. 38 (1957) S. 225/230, 270/274, 308/312.

FORTUNE, W. B., u. M. G. MELLON: Ind. Eng. Chem. Anal. Edit. Bd. 10 (1938) S. 60/64, durch Z. anal. Chem. Bd. 123 (1942), S. 415/17.

WEST, T. S.: Colorimetric determination of iron. A review of known methods. Metallurgia (Manchester) Bd. XLIII (1951) S. 204/06, 260/63, 311/16.

Moss, M. L., u. M. G. MELLON: Colorimetric determination of iron with 2,2'-bipyridyl and with 2,2' 2''-terpyridyl. Ind. Eng. Chem. Anal. Edit. Bd. 14 (1942) S. 862/65.

THIEL, H., u. E. VAN HENGEL: Grundlagen und Anwendungen der Absolutcolorimetrie. XVI Mitteil. Über die absolutcolorimetrische Bestimmung des Eisens. Ber. d. dtsch. Chem. Ges. Bd. 70 (1937) S. 2491/97.

— —: Grundlagen und Anwendungen der Absolutcolorimetrie. XVII Mitteil. Weitere Erfahrungen mit der Absolutcolorimetrie des Eisens. Ber. d. dtsch. Chem. Ges. Bd. 71 (1938) S. 756/58.

YOE, J. H., u. A. R. ARMSTRONG: Colorimetric determination of titanium with Disodium-1,2-dihydroxybenzene-3,5-disulfonate. Anal. Chemistry Bd. 19 (1947) S. 100/102.

KOCH, W., u. H. PLOUM: Photometrische Bestimmung des Titans mit Chromotropsäure in Roheisen und Stählen, einschließlich der Chrom-Nickel-Stähle, ohne Abtrennung des Eisens und der Legierungsmetalle. Arch. Eisenhüttenwes. Bd. 24 (1953) S. 393/96.

BERGGREN, K., u. K. E. SPANGBERG: Kolorimetrisk metov for bestänvning av fosfor. Svenska Gasverksföreningevs Månadsblad Bd. 16 (1949) S. 34/47.

RADMACHER, W., u. W. SCHMITZ: Die Phosphorbestimmung in festen Brennstoffen. Brennstoff-Chemie Bd. 31 (1950) S. 223/40.

FISCHER, H.: Dithizonverfahren in der chemischen Analyse, Überblick über die Entwicklung der letzten Jahre, Angew. Chem. Bd. 50 (1937) S. 919/32.

HOPPS, G. L., u. A. A. BERK: Determination of vanadium in fuel-oil ash. Anall. Chem. Bd. 24 (1952) S. 1050/51.

II. Glossarium technischer und mineralogischer Fachworte

Ablagerungen. Lose Flugstaubansammlungen an oder auf Rohren und an strömungstechnisch ungünstigen Stellen des Rauchgasweges 184.

Achsenwinkel (Winkel der optischen Achsen). Winkel zwischen den beiden optischen Achsen der Kristalle des rhombischen, monoklinen und triklinen Systems 125.

Ätzung von Anschliffen mit bestimmten Ätzmitteln (z. B. Säuren), um Wachstumserscheinungen usw. an stark Licht absorbierenden Kristallen sichtbar zu machen 109.

Albit s. Feldspat 166.

Allochthon. Unter allochthonen Gesteinen werden solche Gesteine verstanden, deren Einzelminerale in mehr oder weniger großer Entfernung vom Ort der Gesteinsbildung entstanden sind. Alle klastischen Sedimentgesteine sind z. B. allochthon. Im Gegensatz zu den Humuskohlen können die Sapropel- oder Faulschlammkohlen als allochthon bezeichnet werden 27.

Allophan. Röntgenamorphe Tonsubstanz, die aus Kieselsäure, Aluminiumhydroxyd und Wasser in wechselndem Verhältnis besteht 55.

Alunogen s. Keramohalit 60.

Amphibole s. Hornblende-Gruppe 60.

Anaerob. Unter Luftabschluß 43.

Analysator s. Polarisatoren 108.

Anfärben der Tonminerale. Bestimmte organische Farbstoffe (Safranin etc.) färben verschiedene Tonminerale charakteristisch an 111.

Ångström-Einheit = 10^{-8} cm.

Anhydrit, $CaSO_4$. Natürlich und in Kunstprodukten (Bindemittel der Verschmutzungen) vorkommendes Salz. Kristallsystem: rhombisch 172.

Anisotropie. Verschiedenes physikalisches Verhalten in verschiedenen Richtungen. Alle Kristalle sind anisotrop. Optisch anisotrop sind dagegen nur Kristalle des tetragonalen, hexagonalen, trigonalen, rhombischen, monoklinen und triklinen Systems. Optisch isotrop verhalten sich alle kubischen Kristalle und die Gläser 108.

Anisotropie-Effekte. Viermalige Farb- bzw. Helligkeitsänderungen, die optisch anisotrope Kristalle zeigen, wenn sie auf dem Objekttisch des Auflichtmikroskopes einmal um 360° gedreht werden 108.

Ankerit, $CaFe(CO_3)_2$. Karbonspat gelbbrauner Farbe. Kristallsystem: trigonal. Häufig auf Spalten und Rissen der Kohlen 56.

Anorganische Substanz. Gesamtheit der nicht-organischen Substanz eines Brennstoffs vor seiner Verwendung — nicht identisch mit dem „Aschegehalt" (s. d.), da sich die anorganische Substanz bei der Veraschung und bei der Verbrennung verändert, und zwar meist durch Abgabe flüchtiger Bestandteile verringert.

Anorthit s. Feldspat 166.

Ansätze. An dem Rohrsystem der Kessel anhaftende Flugstaub-Aggregate, die aus Schlackeglaskügelchen und einem Bindemittel bestehen. Teilweise erfolgt die Aggregierung auch durch Sinterung. Es gibt deutlich geschichtete und ungeschichtete Ansätze 184.

Anschliff. Mikroskopisches Präparat für die Untersuchung im Auflicht. Das undurchsichtige Material (Kohle, Schlacke, Erz, Metall) wird auf einer Seite eben angeschliffen und auf Hochglanz poliert 107.

Antikathode. Das beim Auftreffen eines Elektronenstrahles Röntgenstrahlen erzeugende Material (Molybdän, Kupfer, Kobalt, Eisen etc.). Die Wellenlänge der entstehenden Röntgenstrahlung ist abhängig vom Material der Antikathode 116.

Apatit. $Ca_5F(PO_4)_3$ = Fluorapatit, $Ca_5Cl(PO_4)_3$ = Chlorapatit. In Bergen und auch in Kohle vorkommendes hexagonales Mineral, das meist in sechseckigen Säulchen und Täfelchen auftritt; s. Phosphorit 59.

Aromatlamellen. Die Kohle besteht aus ringförmig kondensierten (aromatischen) Kohlenwasserstoffen, die Lamellenform haben 33.

Aschegehalt. Der Glührückstand bei Verbrennung unter konventionell festgelegten Verbrennungsbedingungen, nach DIN 51719 bei 775° C $\pm$ 25° C. Ist nicht identisch mit dem Mineralstoffgehalt 73.

Auflicht-Mikroskop (Erzmikroskop, Kohlenmikroskop, Metallmikroskop). Mikroskop zur Untersuchung undurchsichtiger Substanzen, bei denen das Licht durch einen besonderen Beleuchtungsapparat (Opakilluminator) meistens von oben her senkrecht auf das Objekt fällt („im Auflicht") 106.

Augit-Gruppe (Pyroxene). Gesteinsbildende Metasilikate, die als Schwerminerale in Kohlen und Nebengestein vorkommen. Enstatit und Hypersthen sind rhombische Augite 60.

Auslöschungsschiefe. Winkel zwischen Auslöschungsrichtung bei gekreuzten Nicols eines Kristalls und irgendeiner am Kristall erkennbaren typischen Begrenzung oder einem Spaltriß. „Gerade Auslöschung" liegt dann vor, wenn der Winkel 0° oder 90° ist. Sonst besitzt der Kristall „schiefe Auslöschung". Sie ist ein Mittel zur Identifizierung von Kristallen 125.

Autochthon. Unter autochthonen Gesteinen werden solche Gesteine verstanden, deren Einzelminerale am gleichen Ort entstanden sind, an dem das Gestein heute ansteht. Autochthon sind z. B. alle magmatischen Gesteine (z. B. Granit), aber auch die Humuskohlen 26.

Azidität von Schlacke, Kehrwert der Basizität (s. d.), ist das Verhältnis der

Säuren zu den Basen

$$a = \frac{SiO_2 + Al_2O_3\,(+\,TiO_2)}{CaO + MgO + FeO + MnO}\ 202.$$

Ballastgehalt. Asche- und Wassergehalt 5.

Ballastkohle. Steinkohlen mit einem Ballastgehalt > 20%, oder Rohbraunkohlen mit Aschegehalten > 3% i. wf. 5.

Basische feuerfeste Steine sind solche, deren Schwerschmelzbarkeit auf ihrem Gehalt an Oxyden der Metalle einschl. Erdalkalien (Al_2O_3, MgO, CaO) beruht. Zu den basischen rechnet man auch die Schamottesteine (Al_2O_3-Gehalt 35 bis 40%).

Basizität von Schlacken ist das Verhältnis

$$p = \frac{\text{Basen}}{\text{Säuren}} = \frac{CaO+MgO+FeO+MnO}{SiO_2+Al_2O_3\,(+\,TiO_2)}.$$

Oft auch vereinfacht zu dem Verhältnis: $p = CaO/SiO_2$ 202.

Becke'sche Linie. Methode zur vergleichsweisen Bestimmung von Brechungsindizes von durchsichtigen Substanzen. Dazu wird das zu bestimmende Korn im Mikroskop scharf eingestellt. Beim Anheben des Tubus wandert eine helle Lichtlinie vom Rande des Kornes in die höherbrechende Substanz 112.

Berührungsüberhitzer s. Überhitzer.

Bindemittel von Ansätzen. Die in Ansätzen vorkommende Substanz aus komplexen Sulfaten, Phosphaten, Silikaten, die zwischen den Schlackeglaskügelchen als verkittendes Material auftritt. Die Zusammensetzung des Bindemittels ist abhängig von dem Mineralbestand der Kohle, von den Temperaturverhältnissen am Bildungsort und von der Dauer des Aufenthaltes im Kessel 244.

Biotit. Magnesiaeisenglimmer, $K(Mg, Fe)_3 \cdot (OH)_2 \cdot [(Al, Fe)Si_3O_{10}]$. Monoklines blättriges Mineral, das häufig in magmatischen Gesteinen vorkommt und als deren Verwitterungsrest als Schwermineral in den Kohlen und im Nebengestein anzutreffen ist 60.

Bischofit $MgCl_2 \cdot 6\,H_2O$. Monoklines Salzmineral, das selten in Kohlen anzutreffen ist 60.

Bleiglanz (Galenit), PbS. Graues, kubisches Mineral, das auf Erzgängen in der Kohle vorkommt. Vereinzelt kann es auch konkretionär mit FeS_2 verwachsen in der Kohle vorliegen 60.

Borsilikate s. Turmalin-Gruppe 60.

Bragg'sche Gleichung. Grundlegende Gleichung der Röntgenographie.

$$d = \frac{\lambda}{2\sin\vartheta}.$$

d = Netzebenenabstand, λ = verwendete Röntgenlicht-Wellenlänge, ϑ = Glanzwinkel. Die d-Werte und die dazugehörigen Intensitäten sind charakteristisch für die verschiedenen Kristallarten 116.

Brandschiefer. Kohle, die mehr als 20% und weniger als 60 Vol.-% Tonminerale und Quarz enthält 64.

Brauneisen (Limonit), $Fe_2O_3 \cdot H_2O$. In den Kohlen verbreitet vorkommendes Mineral. Häufig als Spaltungsprodukt des Eisenspats 59.

Braunspat (Eisendolomit), Ca(Fe, Mg)$(CO_3)_2$. In Kohlen und Bergen verbreitetes gelbbraunes Mineral. Kristallsystem: trigonal 56.

Brechungsindex (Brechzahl, Bezeichnung „n"). Wird mit hinreichender Genauigkeit durch das Verhältnis der Lichtgeschwindigkeit in Luft zur Geschwindigkeit der Lichtwellen im Kristall, Glas etc. gekennzeichnet. In kubischen Kristallen, Gläsern und anderen amorphen Substanzen ist der Brechungsindex für alle Richtungen gleich (optisch isotrope Substanzen). Bei den doppelbrechenden Substanzen müssen für hexagonale, trigonale und tetragonale Substanzen zwei (n_e, n_0) und für rhombische, monokline und trikline Kristalle drei ($n_\alpha, n_\beta, n_\gamma$) Brechungsindizes angegeben werden 111.

Brechzahl s. Brechungsindex 111.

Brüdenentstaubung s. Mahlanlage.

Calcium-Ferrit $CaO \cdot Fe_2O_3$. Dunkelbraunes, kubisch kristallisierendes Mineral, das nur in Kunstprodukten

(z. B. Braunkohlenschlacken) auftritt 163.

Chalcedon SiO_2. Feinstfaserige bzw. feinkristalline Quarzart 59.

Chelatometrische Bestimmungsverfahren. Prinzip: Umsetzung des zu bestimmenden Bestandteiles der Lösung mit Chelatkomplexbildnern, wie Nitrilotriessigsäure, Äthylendiamintetraessigsäure. Der Endpunkt der Titration wird durch Metallindikatoren angezeigt 326.

Chemische Analyse von Kesselverschmutzungen und Schlacken. Die Gesamtprobe ist dazu zweckmäßigerweise in einen wasserlöslichen, säurelöslichen und einen unlöslichen Anteil zu trennen. Von den einzelnen Anteilen sind folgende Oxyde zu bestimmen: SiO_2, Al_2O_3, FeO, Fe_2O_3, CaO, MgO, MnO, TiO_2, P_2O_5, K_2O, Na_2O, SO_3, u. U. noch ZnO, Cl. Vom Wasserauszug ist der p_H-Wert zu bestimmen. Zweckmäßig ist auch die Angabe der Menge freier Schwefelsäure, die sich sekundär aus sauren Sulfaten usw. durch Dissoziation infolge von Wasseraufnahme der Ansätze aus der Luft bildet 326.

Chlorite. Im Nebengestein der Kohlen (Schieferton, Tonschiefer) vorkommende Mineralgruppe mit zahlreichen Arten, die grüne Farbe haben. (Daher der Name; enthalten kein Chlor.) Der in dem Nebengestein vorkommende wichtigste Vertreter ist der Prochlorit mit der ungefähren Formel $5 (Fe, Mg)O \cdot Al_2O_3 \cdot 3,5 SiO_2 \cdot 7,5 H_2O$ 65.

Chromit $FeO \cdot Cr_2O_3$. Chromitspinell. Tiefbraunes in der Natur und in Kunstprodukten auftretendes Mineral, das meist in Oktaedern vorkommt. Kristallsystem: kubisch 163.

C. I. P. W. — Verfahren. Amerikanisches Berechnungsverfahren für Gesteinsanalysen nach CROSS, IDDINGS, PIRSON und WASHINGTON. Beruht auf der Errechnung bestimmter Standardminerale aus der chemischen Analyse. Auch für Schlacken und Kesselverschmutzungen anwendbar 209.

Clarit. Streifenart der Steinkohle. Besteht aus mindestens 95% Vitrinit und Exinit 25.

Clerici'sche Lösung. Giftige Lösung von Thalliummalonat und Thalliumformiat von maximalem spezifischen Gewicht von 4,2. Durch Verdünnen mit Wasser können alle möglichen kleineren spezifischen Gewichte hergestellt werden. S. Schwebemethode 114.

Collinit. Mazeral der Steinkohle, zur Vitrinitgruppe gehörend. Bezeichnet im Gegensatz zum Telinit (s. d.) einen im Auflicht gefügelos erscheinenden Vitrinit. 25.

Cristobalit. Hochtemperatur-Modifikation des Quarzes. Bildet sich bei 1470° C als kubischer α-Cristobalit aus α-Tridymit. In sehr reinem Quarz wahrscheinlich direkt aus Hochquarz (α-Quarz). Cristobalit schmilzt bei 1713°. Es existiert auch eine tetragonale Tieftemperaturmodifikation (β-Cristobalit), die bei 180—220° C in α-Cristobalit umkristallisiert 149.

Cyanit (Disthen, Kyanit), $Al_2O_3 \cdot SiO_2$. Triklines Mineral, das als Schwermineral in Kohlen und Nebengestein vorkommt. Sonst häufig in kristallinen Schiefern 60.

Debye-Scherrer-Methode (Pulvermethode). Röntgenographische Methode zur Ermittlung des strukturellen Aufbaues von Kristallen und damit zu ihrer Identifizierung. Als Ausgangsmaterial genügen Mengen von unter 100 mg der pulverisierten Probe 117.

Diagenese. Verfestigung eines Sediments nach Ablagerung bei Temperatur- und Druckverhältnissen, die etwa denen der Erdoberfläche entsprechen. Diagenese führt im Gegensatz zur Metamorphose in der Regel nicht zu wesentlichen Veränderungen des Mineralbestandes 28.

Diagnostische Reaktionen an Anschliffen. Hilfsmittel zur Identifizierung von schwer unterscheidbaren Mineralen durch Durchführung charakteristischer chemischer Reaktionen unter dem Mikroskop, z. B. Feststellung von Sulfiden durch Natriumazid-Jodlösung 109.

Diaspor $AlHO_2$. Rhombisches Mineral, das als Kohlemineral äußerst selten auftritt 50.

Differentialthermoanalyse (DTA). Vergleich der Art der Wärmeaufnahme (bzw. Wärmeabgabe) durch eine thermisch inerte Substanz (z. B. geglühtes Al_2O_3) mit der Art der Wärmeaufnahme (bzw. Wärmeabgabe) durch die zu untersuchende Substanz. Es können dabei charakteristische endotherme (H_2O-Abgabe, CO_2-Abgabe, S-Abgabe, Modifikationsänderungen etc.) und exotherme (Oxydation, Modifikationsänderung etc.) Effekte auftreten, die in einer DTA-Kurve aufgezeichnet werden. Besonders geeignet für Untersuchungen von Tonmineralen, Karbonspäten, Sulfiden, Schiefertonen, zur Quarzbestimmung usw. Auch für Kesselansätze ist diese Methode geeignet 119.

Dipol elektrischer, ist eine Anordnung zweier elektrischer Ladungen mit umgekehrtem Vorzeichen, die in einem bestimmten Abstand voneinander stehen 273.

Dipolmoment ist das (rechnerische) Produkt aus der elektrischen Ladung (Q) und dem Abstand (s) der beiden (negativen und positiven) Ladungen $m_e = Q \cdot s$ 273.

Disthen s. Cyanit 60.

Dolomit (Bitterspat), $CaMg(CO_3)_2$. Kommt mit weißgrauer Farbe in Kohlen und Bergen vor. Kristallsystem: trigonal. Bildet Knollen und Konkretionen. Dolomitknollen enthalten häufig gut erhaltene Pflanzenreste 56.

Doppelbrechung, Höhe der. Differenz zwischen höchstem und niedrigstem Brechungsindex eines Kristalls. Je größer die Differenz, desto höher die Doppelbrechung 124.

Doppelbrechende Kristalle. Doppelbrechend sind alle nichtkubischen Kristalle dadurch, daß sie Lichtwellen in zwei senkrecht zueinander polarisierte Lichtwellen zerlegen 124.

Dopplerit. Humusgel, das vor allen Dingen in Braunkohlen, seltener in Steinkohlen vorkommt 70.

DTA-Kurve s. Differentialthermoanalyse.

Dünnschliff. Mikroskopisches Präparat für die Untersuchung im Durchlicht. Dabei wird das Material (Schlakke, Stein usw.) zu einem durchsichtigen Scheibchen von 20—30 μ Dicke geschliffen und mittels Kanadabalsam auf einen Objektträger gekittet. Wird die Oberfläche des Dünnschliffes poliert (polierter Dünnschliff), so können Untersuchungen im Durchlicht und Auflicht durchgeführt werden 123.

Durchlicht-Mikroskop. Das normale Mikroskop, bei dem das Licht von unten her durch das durchsichtige oder durchscheinende Präparat strahlt 110.

Durit. Streifenart der Steinkohle. Muß mindestens 95% Inertinit und Exinit enthalten 25.

Edelkoks. Ein aschearmer Koks, besonders für Zentralheizungskesselanlagen 17.

Einbindungsgrad. Das Maß der Einbindung der Kohleminerale in die flüssige Schlacke einer Schmelzfeuerung. Als **Primäreinbindungsgrad** bezeichnet man den Anteil der beim ersten Durchgang eingebundenen zur insgesamt vorhandenen bzw. eingebrachten Mineralstoffmenge. Als **Gesamteinbindungsgrad** bezeichnet man die eingebundene Mineralstoffmenge zuzüglich der aus dem Filter in die Feuerung zurückgeführten Flugasche und Flugschlacke zur insgesamt eingebrachten Mineralstoffmenge. Die Höhe des Einbindungsgrades hängt von der Konstruktion und Betriebsweise der Schmelzkammer und ihrer Belastung ab und am höchsten bei Zyklonfeuerungen 289.

Einblasemühle s. Mahlanlage.

Einzelmahlanlage s. Mahlanlage.

Eisendisulfide. Mineralische Eisendisulfide kommen in Kohlen und

Bergen verbreitet vor. 3 Hauptvertreter: Pyrit, Melnikovit, Markasit 57.

Eisenspat (Siderit, Spateisenstein), $FeCO_3$. Kommt mit gelbbrauner Farbe in Kohlen und Bergen verbreitet vor, häufig in Form syngenetischer, meist radialstrahlig gebauter Konkretionen. Kristallsystem: trigonal 56.

Eisenstein. Gestein, dessen Hauptbestandteil Eisenspat ist. Es werden unterschieden:
Spateisenstein (nur Eisenspat),
Toneisenstein (mit Tonmineralen und Quarz),
Kohleeisenstein (mit Kohle) 67.

Ekonomiser (Eko). Eine Vorrichtung zur Vorwärmung des einem Kessel zugeführten Wassers (des Speisewassers), bestehend aus Rohrheizflächen. Man unterscheidet je nach Baustoff der Heizfläche gußeiserne und schmiedeeiserne Ekonomiser, die gußeisernen sind meist als Rippenrohre ausgebildet. Vom Standpunkt der Verschmutzung ist die (meist) sehr niedrige Oberflächentemperatur (wegen des guten Wärmeüberganges auf der Wasserseite nur wenige Grad über der Speisewassertemperatur) zu beachten. Die Speisewassereintrittstemperatur sollte daher höher liegen als der Rauchgastaupunkt (s. d.) der betreffenden Anlage.

Elektrofilter. Entstaubungseinrichtungen (z. B. für Rauchgase), in denen die Staubteilchen beim Vorbeistreichen an Elektroden, an die eine hohe Spannung (30—50000 Volt) angelegt ist, elektrisch aufgeladen und an die negativen Platten- oder Röhrenelektroden getrieben werden. Durch Abklopfen werden diese Niederschlagselektroden von Zeit zu Zeit gereinigt. Der Stromverbrauch ist gering, der Abscheidungsgrad meist sehr hoch, 95—98%; die Geschwindigkeiten betragen 1 bis 2,5 m/s.

Elektronenbeugung. Kann als eine Strukturanalyse verstanden werden, bei der statt Röntgenstrahlen die noch kurzwelligeren Elektronenstrahlen (Materiewellen) verwendet werden. Dadurch können Beugungsdiagramme von Kristallen bis zu 10 Å Durchmesser hergestellt und so die Kristalle identifiziert werden 123.

Elektronenmikroskopie. Mikroskopie, bei der an Stelle des Lichtes Elektronenstrahlen mit hoher Geschwindigkeit verwendet werden. Als Linsen wirken elektromagnetische und elektrostatische Felder. Vergrößerungen bis 100000-fach sind möglich 122.

Enstatit $MgSiO_3$. Rhombisch kristallisierendes Mineral der Pyroxengruppe, das bei 1100° C in monoklinen Klinoenstatit übergeht und dann unter Ausscheidung von Forsterit schmilzt. Natürlich und in Schlacken vorkommend 70.

Entkohlung bei tiefen Temperaturen. Verfahren zur Isolierung der Kohleminerale oder der Restmineralsubstanz der Kokse. Dazu werden die feingepulverte Kohle oder der feingepulverte Koks im Entkohlungsofen nach Nelson oder im Laboratoriumsofen bis zur Entkohlung auf maximal 380° C erhitzt. Bei dieser Temperatur liegen die meisten Kohleminerale noch unverändert vor und können mit mineralogisch-petrographischen Methoden untersucht werden 110.

Epidot (Pistazit), $4 CaO \cdot 3 Al_2O_3 \cdot 6 SiO_2 \cdot H_2O$. Monoklines Mineral, das vorwiegend in metamorphen Gesteinen vorkommt. Gelegentlich als Schwermineral in Kohlen und deren Nebengestein 60.

Epigenetisch. Später entstanden. Z. B. Minerale, die sich erst nach der Ablagerung der Kohle im Flöz bildeten 46.

Eriochromschwarz. Dioxyazonaphthalin (Farbstoff). Metallindikator bei chelatometrischen Titrationen 367.

Erze. Mineralische Metallverbindungen 60.

Eschka-Mischung. Aufschlußmittel, bestehend aus 1 Teil wasserfreiem Natriumkarbonat und 2 Teilen Magnesiumoxyd. 363.

Exinit. Mazeralgruppe der Steinkohle. Umfaßt den Sporinit (Reste der

Mikro- und Makrosporen und gegebenenfalls der Pollen) und den Kutinit (Reste der verfestigten Blatthäute = cutikula). Gelegentlich wird auch das Mazeral Resinit dieser Mazeralgruppe zugeordnet 25.

Fallrohre sind diejenigen (meist schwach oder unbeheizten) Rohre des Kesselsystems, in denen das Wasser nach unten fällt, um die (stark beheizten) Steigrohre mit Wasser zu versorgen.

Faserkohle. Alte bergmännische Bezeichnung für eine makroskopisch erkennbare Flözlage mit schwarzer Farbe und seidigem Glanz. Mineralfreie Faserkohle ist zerreiblich, stark schwarz färbend und bildet einen wesentlichen Bestandteil des feinsten Kohlenstaubs. Häufig mineralimprägniert, dadurch Verfestigung und keine Zerreiblichkeit 22.

Fayalit s. Olivin-Gruppe 70.

Fazies. Umweltbedingungen zur Zeit eines geologischen Vorganges (z. B. Klima und Landschaftsgestaltung während einer Gebirgsbildung) 21.

Feinkonkretionär. Unter Konkretionen sind radialstrahlig oder konzentrisch schalig ausgebildete Mineralanhäufungen verschiedenster Größe zu verstehen. Sie werden dann als feinkonkretionär bezeichnet, wenn ihr Durchmesser unter $10-20\mu$ liegt.

Feldspat. Natürlich und in Kunstprodukten vorkommende Mineralgruppe. Man unterscheidet Kalifeldspäte und Kalknatronfeldspäte (Plagioklase) Kalifeldspäte $KAlSi_3O_8$:
a) Orthoklas u. Sanidin: monoklin,
b) Mikroklin: triklin.
Kalknatronfeldspäte (alle triklin):
Albit und Anorthit bilden eine lückenlose Mischkristallreihe.
Albit $NaAlSi_3O_8$ (= Ab) 100 Ab
Oligoklas 75 Ab + 25 An
Andesin 50 ab + 50 An
Labradorit 35 Ab + 65 An
Bytownit 15 Ab + 85 An
Anorthit $CaAl_2Si_2O_8$ (= An) 100 An 165

Ferrihercynit. Eisenreicher Hercynit 163.

Feuerraumbelastung. Die in $kcal/m^3h$ ausgedrückte spez. Wärmeentbindung in einem Feuerraum. Sie stellt nur einen Mittelwert dar und ist kein echtes Kriterium für das Verhalten einer Feuerung (auch vom Verschmutzungsstandpunkt). Allgemein gehen aber hohe Feuerraumbelastungen mit hohen Feuerraumtemperaturen Hand in Hand.

Feuerung. Die zur Verbrennung des Brennstoffes erforderliche Einrichtung, die durch die Art des zu verwendenden Brennstoffs gekennzeichnet ist. Man unterscheidet bei festen Brennstoffen **Rostfeuerungen** (für stückigen Brennstoff, meist Nußkohle, aber auch Feinkohle), **Rohstaub- oder Schwebefeuerungen** (für staubförmigen, vorzugsweise in der Schwebe verfeuerten Brennstoff) und **Kohlenstaubfeuerungen** (für auf Mahlfeinheit gemahlenen Kohlenstaub), **Ölfeuerungen** und **Gasfeuerungen**.

Filter. Metallblättchen (Zirkon, Nickel, Eisen, Mangan etc.), die neben der Hauptröntgenstrahlung auftretende Strahlungen anderer Wellenlängen auszuschalten vermögen 116.

Flammenphotometrische Bestimmungsverfahren. Prinzip: Anregung des zu bestimmenden Bestandteiles der Lösung in der Flamme. Das von der Flamme emittierte Licht wird entweder prismatisch oder mit Interferenzfilter zerlegt und die Intensität der isolierten Strahlung mit Photozellen oder Photoelementen in Verbindung mit empfindlichen Strommeßgeräten bestimmt 369.

Flugasche. Bestandteil des Flugstaubes, der außer der Flugasche noch Flugschlacke und Flugkoks enthalten kann. Bei der Flugasche handelt es sich häufig um Feinstpartikel des Flugstaubes, die vorwiegend aus Al_2O_3, SiO_2, Kalziumsulfat, Kalziumoxyden, Eisenoxyden, Phosphorverbindungen, Magnesiumverbindungen, Alkaliverbindungen u. a. bestehen. Flugasche ist der Hauptbestandteil des Bindemittels der Ansätze an den nachgeschalteten Heizflächen 192.

Flugkoks. Die koksartigen Brennstoffreste im Flugstaub 192.

Flugschlacke. Diejenigen Anteile des Flugstaubes, die aus Schlackeglaskügelchen und zum geringeren Teil aus Schlackeglas-Fetzen bestehen 192.

Flugstaub. Gesamtheit der im Rauchgasstrom anwesenden nicht gasförmigen Partikel (Flugkoks + Flugschlacke + Flugasche) 192.

Forsterit s. Olivin-Gruppe.

Fusinit. Mazeral (Gefügebestandteil) der Steinkohle mit meist gut erhaltenem Rohzellgefüge oder auch Bogenstruktur (zerdrücktes Zellgefüge). Im Durchlicht opak, im Auflicht hat der Fusinit das höchste Reflexionsvermögen aller Mazerale der Steinkohle. Kann z. T. als fossile Rohkohle angesprochen werden 25.

Fusit. Streifenart der Steinkohle, bestehend aus den Mazeralen Fusinit, Semifusinit und Sklerotinit 25.

Gebundene Asche. In der Aufbereitung verwendeter Begriff zur Kennzeichnung des Anteils an Mineralsubstanz in der Kohle, der durch aufbereitungstechnische Maßnahmen nicht entfernt werden kann 40.

Gekreuzte Nicols: s. Nicolsche Prismen 106.

Genehmigungsdruck. Der von der technischen Überwachung zugelassene höchste Druck eines Kessels, der für die vom Sicherheitsstandpunkt wichtigsten Dimensionen wie Trommelwandstärke, Rohrwandstärke, Rohrwerkstoff usw. maßgebend ist.

Geosynklinale. Teil der Erdrinde. Großer langsam sinkender Raum. Bildet sich meistens im Zusammenhang mit Orogenesen als sogenannte „Vorsenke" 20.

Gesamteinbindungsgrad s. Einbindungsgrad 289.

Gesteine. In großen, zusammenhängenden Massen vorkommende Mineralgemenge, die nur selten aus einer Mineralart bestehen. Auch die Kohlen sind als organogene Gesteine zu betrachten.

Gips (Selenit) $CaSO_4 \cdot 2\ H_2O$. Monoklin kristallisierendes natürlich und künstlich erzeugtes Mineral, das auch in Kohlen vorkommt. (Vorwiegend in Braunkohlen.) Es gibt beim Erhitzen über 100° C Wasser ab 60, 70.

Glanzkohle. Alte bergmännische Bezeichnung für eine makroskopisch erkennbare glänzende Flözlage. Glanzkohle ist vielfach stark rissig. Bei der mikroskopischen Untersuchung zeigt sich, daß die Glanzkohlenbestandteile der Steinkohle vorwiegend aus den Streifenarten Vitrit und Clarit bestehen 22.

Glanzwinkel (ϑ). Winkel, unter dem die Beugung eines auf eine Netzebenenschar auftreffenden parallelen Röntgenstrahlenbündels erfolgt 116.

Glas. Nichtkristalliner instabiler Zustand, bei dem ungeordnete 3-dimensionale Netzwerke von SiO_4-Tetraedern oder anderen Netzwerkbildnern, wie Phosphor- und Aluminiumoxyde, auftreten. In die Lücken der Netzwerke können Alkalien, Erdalkalien u. a. Elemente eintreten 177.

Glaubersalz (Mirabilit), $Na_2SO_4 \cdot 10\ H_2O$. Monoklines Salz, das selten als Ausblühung in Kohlenflözen angetroffen wird 60.

Glykol-Zusatz. Fügt man Glykol zu Montmorillonit oder montmorillonitähnlichen Tonmineralen zu, so erscheinen bei der Röntgenanalyse die Montmorillonitlinien aufgeweitet und mit stärkerer Intensität. Möglichkeit zur Unterscheidung der Montmorillonit-Minerale von anderen Tonmineralen 119.

Goethit. s. Rubinglimmer 59.

Granat-Gruppe. Kubische silikatische Minerale, die in Kohlen und Nebengestein selten als Schwerminerale auftreten. Formel eines wichtigen Vertreters (Pyrop) z. B. $3\ MgO \cdot Al_2O_3 \cdot 3\ SiO_2$. (Edelstein) 60.

Halbsaure feuerfeste Steine sind solche, die weder ausgesprochen sauer

(s. d.) noch basisch (s. d.) sind (Quarzschamottesteine).

Halit s. Steinsalz 60.

Halloysit. Tonmineral, das auch in Steinkohlen vorkommen soll. $2\ SiO_2 \cdot Al_2O_3 \cdot 4\ H_2O$ 55.

Hämatit Fe_2O_3. Rotbraunes, in der Natur und in Kunstprodukten vorkommendes Mineral. Kristallsystem: trigonal. Findet sich als Kohlenmineral und in Schlacken und Kesselverschmutzungen 59.

Hartbraunkohle. Inkohlungsstufe innerhalb der Braunkohle. Hartbraunkohlen sind etwas stärker inkohlt als Weichbraunkohlen, aber weniger als Glanzbraunkohlen. Der Hauptunterschied zwischen den drei genannten Inkohlungsstufen ist im Wassergehalt zu sehen 49.

Hartfusit. Durch Mineralimprägnation verhärteter Fusit 777.

Hedenbergit $(CaO \cdot FeO) \cdot 2\ SiO_2$. Kommt in der Natur und in Kunstprodukten vor. In Nadeln und spätigen Massen auftretend. Vermag bis zu 78 Mol.-% $FeO \cdot SiO_2$ in das Gitter aufzunehmen (Hedenbergitphase). Kristallsystem: monoklin (anders als Wollastonit) 169.

Heißdampf s. Sattdampf.

Heiztisch. Auf den Objekttisch des Mikroskopes aufschraubbare Heizvorrichtung, die es ermöglicht, das mikroskopische Präparat (z. B. Kesselansatz) bis 1000° C zu erhitzen und mikroskopisch dabei zu beobachten (Schmelze etc.) 127.

Hercynit $FeO \cdot Al_2O_3$. Aluminatspinell. Kommt natürlich und in Kunstprodukten und fast in jeder Feuerraumschlacke vor. Farbe im Mikroskop tiefgrün. Kristallsystem: kubisch. Tritt vorwiegend in Oktaedern auf 163.

Hochofenschlacke. Erzeugnis des Hochofenbetriebes, die restlichen, nicht reduzierten oder verdampften Möllerbestandteile. Hauptbestandteile sind Kieselsäure, Tonerde und Kalk (basische Schlacke); der Unterschied gegenüber den Feuerungsschlacken liegt in der Gleichmäßigkeit und dem hohen Kalkgehalt (aus dem Kalkzuschlag der Möllerung stammend). Kalkarme und ungewöhnliche Zusammensetzung liegt bei ,,sauren Hochofenschlacken" und bei Holzkohlen-Hochöfen vor.

Hochtemperaturverhalten (von Kohlemineralen). Die verschiedenen Kohleminerale unterliegen beim Aufheizen verschiedenen Veränderungen, wie Oxydation, Reduktion, Entwässerung, Entgasung, Zerfall in mehrere feste Komponenten, Schmelzen, Lösen und Verdampfen 143.

Hornblende-Gruppe (Amphibole). Gesteinsbildende Minerale aus komplex zusammengesetzten Metasilikaten, die in Kohlen und Nebengestein als Schwerminerale auftreten 60.

Humine. Verschieden stark kondensierte aromatische Verbindungen mit Seitenketten von einstweilen noch unbekannter chemischer Konstitution. Sie entstehen nach heutigen Vorstellungen bei fortschreitender Inkohlung aus den Huminsäuren (s. d.) 30.

Huminsäuren. Organische Säuren von zur Zeit noch unbekannter chemischer Konstitution, die z. B. bei der Zersetzung des pflanzlichen Materials im Laufe der Inkohlung entstehen. Mit fortschreitender Inkohlung gehen die Huminsäuren in Humine über. Das Verhältnis von Huminsäuren zu Huminen, das als Huminsäurefaktor bezeichnet wird, kann nach KREULEN zur Kennzeichnung des Inkohlungsgrades von Steinkohlen verwendet werden 30.

Humuskohlen. Aus pflanzlichem Humus unter Luftabschluß vorwiegend autochthon (s. d.) entstandene Kohlen. Die meisten Braun- und Steinkohlen sind Humuskohlen. Sie unterscheiden sich von der Sapropelkohle (s. d.) durch eine makroskopisch leicht erkennbare Sedimentationsschichtung 27.

Hydromuskovite. Verwitterungsprodukte von Muskovit. Oft werden auch Illite (s. d.) als Hydromuskovite bezeichnet 52.

Hypersthen (Fe, Mg)SiO$_3$. Rhombisches Mineral der Augitgruppe. Gesteinsbildend. Kommt als Schwermineral in Kohlen und Nebengestein vor 70.

Illit. Eine Tonmineralgruppe von der ungefähren Zusammensetzung 2 K$_2$O · 3 MeO · Al$_2$O$_3$ · 24 SiO$_2$ · 12 H$_2$O, wobei Me = Kalzium, Magnesium und Eisen sein kann. Illite kommen wahrscheinlich in jeder Steinkohle vor. Werden gelegentlich als Hydromuskovite bezeichnet 53.

Immersionsmethode. Einbettungsmethode zur Bestimmung der Brechungsindizes von durchsichtigen Substanzen. Dazu werden einige Körnchen des Untersuchungsmaterials in Flüssigkeiten von bekanntem Brechungsindex eingebracht. Wenn die Körnchen in einer Flüssigkeit nicht mehr sichtbar sind, haben sie denselben Brechungsindex wie die Flüssigkeit 113.

Inertgase sind Rauchgase mit so hohem Gehalt an nicht brennbaren Gasen (N$_2$, CO$_2$, H$_2$O), daß sie zur Zündung des Brennstoffs (auch in Staubform) nicht mehr ausreichen. Bei leichtzündlichen Brennstäuben häufig als Fördergas benutzt.

Inertinit. Mazeralgruppe der Steinkohle. Sie umfaßt die Mazerale Mikrinit, Semifusinit, Fusinit, Sklertonit. Das Gemeinsame dieser Mazerale besteht darin, daß sie im Bereich der verkokbaren Kohlen relativ inert sind, also kein bzw. nur ein schwaches Kokungsvermögen besitzen 25.

Innenreflexe. Bunte und helle Flekken innerhalb eines nicht völlig undurchsichtigen Kristalls bei auflichtmikroskopischer Betrachtung. Hervorgerufen durch Reflexion an Spaltrissen etc. im Inneren des Kristalls 108.

Integrationstisch nach SHAND. Auf den Objekttisch von Auflicht- und Durchlichtmikroskopen aufschraubbare Meßeinrichtung, die die längenmäßige Bestimmung der Einzelkomponenten eines Schliffes gestattet. Aus den gemessenen Längen können auf Grund der verschiedenen Schnittwahrscheinlichkeiten verschieden großer Körner die Volumenprozente, bei Kenntnis des spezifischen Gewichts der Einzelkomponenten auch die Gewichtsprozente errechnet werden 109.

Isotropie s. Anisotropie.

Kalk CaO. Natürlich und in Kunstprodukten vorkommendes Mineral von farblosen bis gelblichen Körnchen. Kristallsystem: kubisch 164.

Kalkspat (Kalzit) CaCO$_3$. Weiß oder graubraun, gelegentlich in Kohlen und Bergen vorkommendes Mineral. Meist epigenetisch auf Spalten und Rissen. Kristallsystem: trigonal 56.

Kaliglimmer KAl$_2$(OH, F)$_2$ [AlSi$_3$O$_8$] s. Muskovit 52.

Kalzium-Ferrit (CaO · Fe$_2$O$_3$) s. Calcium-Ferrit 164.

Kaolinit. Tonmineral von der Formel 2 SiO$_2$ · Al$_2$O$_3$ · 2 H$_2$O. Kommt in Kohlen vor. Nicht quellfähig 55.

Karbon. Ein Zeitalter der Altzeit (= Paläozoikum) der Erde, das etwa 275 Millionen Jahre zurückliegt und etwa 75 Millionen Jahre dauerte. Während dieser Zeit kam es zu großen Gebirgsbildungen (variszische Faltung) in Mitteleuropa und in deren Folge zur Ablagerung von späteren Steinkohlenflözen in den Vorsenken (Geosynklinalen s. d.) 23.

Karbonspäte. Karbonate der Metalle Kalzium, Magnesium und Eisen. Oft kurz „Späte" genannt 56.

Kationenaustausch (Basenaustausch). Fähigkeit mancher Tonminerale (z. B. Montmorillonit) bestimmte Kationen, die in ihnen enthalten sind, gegen andere Kationen auszutauschen. Es handelt sich dabei vorwiegend um den Ionenaustausch von Ca^{2+}, Mg^{2+}, K$^+$, Na$^+$, NH$_3^+$ usw. 55.

Kaustobiolithe. Feste Brennstoffe (z. B. Torf, Braunkohlen, Steinkohlen) 19.

Keramohalit (Alunogen), Al$_2$(SO$_4$)$_3$ · 16 H$_2$O. Zersetzungsprodukt von Schwefelkies und tonerdehaltigen Gesteinen. Auf Braunkohlenlagern und in Steinkohlenflözen gelegentlich vorkommend. Triklin 60.

Kesselanlage. Dampferzeuger zur Erzeugung von Dampf hohen Druckes und hoher Temperatur, bestehend aus einer dem zu verwendenden Brennstoff angepaßten Feuerung, der eigentlichen **Kesselheizfläche,** (die unterteilt werden kann in **Strahlungsheizfläche** und **Konvektionsheizfläche**), dem **Überhitzer,** dem **Speisewasservorwärmer oder Ekonomiser,** dem **Luftvorwärmer.** Zur Zuführung der Verbrennungsluft dienen **Luftventilatoren** oder Lüfter, zur Absaugung und Abführung der Rauchgase ein **Schornstein** (natürlicher Zug) der ein **Saugzugventilator** (künstlicher Zug).

Kesseldaten sind die für eine Kesselanlage wichtigsten kennzeichnenden Angaben über Kesselleistung (in t/h), Kesseldruck (atü), Überhitzungstemperatur (°C) u.a.m.

Kieselsäure-Gel. Koaguliertes entwässertes Kieselsäure-Sol 42.

Kieselsäure-Sol. Kolloidale Lösung (= nichtmolekulare, unechte Lösung) von Kieselsäure in Wasser. Infolge der Kleinheit der Kieselsäurepartikel schweben die kolloidalen Teilchen in dem Lösungsmittel 42.

Kieserit. $MgSO_3 \cdot H_2O$. Monoklines Salzmineral, das in Kohlen vorkommen kann 60.

klastisch so viel wie zerkleinert, zerbrochen, z. B. klastische Gesteine. Entstehen bei der mechanischen Verwitterung 37.

Kohleminerale. In den Kohlen enthaltene Mineralarten. Vorwiegend Tonminerale, Eisendisulfide und Karbonspäte 49.

Kohle-Mineralverwachsung. Die Art der Kohleentstehung bedingt, daß Kohle und Mineralteilchen bis in kleinste Korngrößen eng miteinander verhaftet sind. Das gilt besonders für Tonminerale, Eisendisulfide, Eisenspat und Quarz 151.

Kohlenstaubfeuerung. Eine Feuerung (s. d.), bei der die Kohle feingemahlen durch Brenner in den Feuerraum eingeblasen und im Fluge verbrannt wird. Nach Art der Temperaturen und der Rückstandsabführung unterscheidet man Kohlenstaubfeuerungen mit **trockenem Ascheabzug** (mitunter auch Trockenboden-Feuerung genannt) und **Schmelzfeuerungen** (s. d.), das sind Kohlenstaubfeuerungen mit flüssigem Schlackenabzug. Dabei wird ein Teil der Mineralsubstanz als flüssige Schlacke aus dem Feuerraum abgezogen und in einem Wasserbad abgekühlt und dabei granuliert (Schlackengranulat), ein Teil verbleibt als Flugstaub im Rauchgas und muß durch eine **Rauchgasfilteranlage** möglichst weitgehend entfernt werden. Das Maß der Einbindung der Kohleminerale in die flüssige Schlacke (bzw. das Schlackengranulat) wird als Einbindungsgrad (s. d.) bezeichnet.

Kompensationslösung. Lösung des mit den Chemikalien durchgeführten Blindversuches. Diese Lösung dient zur Eliminierung der durch die Chemikalien eingeschleppten Verunreinigungen, sowie zur Kompensation des Einflusses der Salze z. B. auf die Farbintensität der Lösung 372.

Konglomerate. Gesteine, die aus durch kieselige, tonige oder karbonartige Bindemittel verfestigten Geröllen von Sandstein, Kieselschiefer, Toneisenstein, Schieferton usw. bestehen. Es gibt a) Quarzkonglomerate, b) Toneisensteinkonglomerate, c) Schiefertonkonglomerate 69.

Konvektionsheizfläche. Diejenige Heizfläche des Kessels, in der die Wärmeübertragung nur noch vorzugsweise durch Konvektion (Berührung) erfolgt, auch Berührungsheizfläche genannt.

Korund Al_2O_3. In der Natur und in Kunstprodukten vorkommendes Mineral. Tritt in Schlacken meist in Form farbloser sechsseitiger Täfelchen oder Rhomboeder auf. Kristallsystem: trigonal. In der rot gefärbten Varietät: Rubin, in der blau gefärbten Varietät: Saphir. Wird wegen seiner großen Härte häufig als Schleifmittel verwendet. Kann synthetisch hergestellt werden 161.

Kristall. Chemische Verbindung mit streng gesetzmäßigem atomarem Aufbau. Unter entsprechenden Bedingungen (z. B. genügend Raum und Zeit zum Wachstum) kann dieser geordnete Feinbau zur Ausbildung von Vielflächnern führen, die durch ebene Flächen mit konstanten Winkeln begrenzt sind (Kristalle im herkömmlichen Sinne). Sämtliche natürlichen und synthetischen Kristalle lassen sich in 7 Kristallsysteme unterteilen: Triklin, monoklin, rhombisch (= orthorhombisch), trigonal (= rhomboedrisch), hexagonal, tetragonal und kubisch. Das trigonale und hexagonale System werden gelegentlich zusammengefaßt.

Kristallstruktur. Streng geordneter Aufbau der Bausteine (Atome, Ionen etc.) der Kristalle im Raum 115.

Kristallsystem s. Kristall.

Kupferkies (Chalkopyrit), $CuFeS_2$. Grünlichgelbes bis braungelbes Mineral, das gelegentlich mit Kohlen vorkommt. Kristallsystem: tetragonal 60.

Kyanit s. Cyanit 60.

Leverrierit. Tonmineral der Illitgruppe, das in geldrollenförmigen, oft wurmartig gekrümmten Kristallpaketen mit Kohlen vergesellschaftet gefunden wird. Formel etwa: $K_2O \cdot 1 \, MeO \cdot 8 \, Al_2O_3 \cdot 16 \, SiO_2 \cdot 8 \, H_2O$. Me = Eisen, Kalzium und Magnesium 54.

Limonit s. Brauneisen 222.

Ljungström-Luftvorwärmer s. Luftvorwärmer 59.

Lösungsgenossen. Alle in einer Lösung befindlichen Stoffe. Sie beeinflussen sich gegenseitig bei der Auskristallisation.

Luftvorwärmer (Luvo). Eine Vorrichtung zum Vorwärmen der Verbrennungsluft auf Temperaturen bis zu 400—450° C (bei Kohlenstaubfeuerungen). Nach der Bauart unterscheidet man rekuperativ und regenerativ arbeitende Luftvorwärmer. Bei Rekuperatoren werden Rauchgase und Luft durch getrennte Strömungskanäle geführt, die Wärme wird also durch die Heizfläche hindurch übertragen. Eine Verschmutzung behindert den Wärmedurchgang. Vertreter dieser Bauart sind die Taschen- oder Plattenluftvorwärmer oder die Röhrenluftvorwärmer. Bei Regeneratoren werden die Strömungskanäle zeitlich abwechselnd vom abzukühlenden Rauchgas und der vorzuwärmenden Luft durchströmt. Bekanntester Regeneratortyp im Kesselbetrieb ist der Dreh-Luftvorwärmer oder Ljungström-Luftvorwärmer. Die Wärme wird in die Heizfläche (oder Heizelemente) eingespeichert, die Verschmutzung behindert den Wärmeaustausch nicht, kann aber die Strömungswiderstände erhöhen.

Magma. Glutflüssiger Gesteinsbrei unter der festen Erdkruste 4.

Magmatische Differentiation. Die nach physikalischen und chemischen Gesetzen erfolgende Abscheidung und Ausscheidung von gasförmigen, flüssigen und festen (Kristalle) Bestandteilen aus dem abkühlenden Magma (s. d.). Führt zur Bildung von Gesteinen und Lagerstätten 4.

Magnesiaeisenglimmer $K(Mg, Fe)_3 \cdot (OH)_2 \cdot [(Al, Fe) \, Si_3O_{10}]$ s. Biotit 60.

Magnesia-Ferrit (Magnesioferrit, Magnoferrit), $MgO \cdot Fe_2O_3$. Schwarzbraunes, natürlich und künstlich vorkommendes Mineral. Kristallsystem: kubisch 163.

Magnesit (Spatmagnesit), $MgCO_3$. Graues bis weißes Mineral. Rein in Kohlen und Bergen kaum vorkommend. Kristallsystem: trigonal 56.

Magnetit (Magneteisen), $FeO \cdot Fe_2O_3$. Ferritspinell. Kommt natürlich und in Kunstprodukten vor. Kristallsystem: kubisch. Schwarz und undurchsichtig. Bildet Oktaeder, Würfel und Skelettformen. Finden sich auch als Kohlemineral 162.

Magnetkies (Pyrrhotin), FeS. In der Natur und künstlich vorkommendes Mineral. In den Kesselschlacken meist als Rückstand des Pyritzerfalls (FeS_2 $FeS + S$). Bildet schwarze bis dunkelbraune Massen. Kristallsystem: hexagonal 148.

Mahlanlage ist eine Anlage zum Herstellen von Kohlenstaub (Brennstaub) für die Kohlenstaubfeuerung. Sie besteht aus der eigentlichen Kohlenmühle mit ihrem Antrieb, einem Trockner, Kohlenbunker, Staubabscheider zum Abscheiden des Staubes aus der Mühlenluft (Staubfilter, Brüdenfilter), Staubpumpe und Staubleitungen. Wird der Staub für eine größere Kesselanlage in einer bes. Anlage hergestellt, spricht man von einer **Zentralmahlanlage**. Heute bevorzugt man meist **Einzelmahlanlagen (Einblasemühlen)** vereinfachter Bauart, insbes. entfällt dabei ein bes. Trockner, da die Trocknung mittels heißer Luft, Rauchgase oder Rauchgas/Luft-Gemischs in der Mühle selbst vorgenommen wird (**Mahltrocknung**). Das dabei abgetriebene Wasser, die Brüden, können getrennt abgeführt oder mit dem Brennstaub in die Feuerung eingeführt werden. Im ersten Fall ist eine bes. **Brüdenentstaubung** (meist Elektrofilter oder Tuchfilter) notwendig.

Mahlfeinheit. Die kennzeichnende Korngröße eines Mahlgutes (z. B. des Brennstaubes). Sie wird ausgedrückt durch den Rückstand auf den Prüfsieben nach DIN 1171, wobei bevorzugt die Rückstände (in Gew.-%) auf den Sieben mit den Maschenweiten 0,090, 0,120 und 0,20 mm (nach früherer Bezeichnung 4900-, 2500- u. 900-Maschen je cm^2-Sieb) angegeben werden.

Mahltrocknung s. Mehlanlage.

Markasit (Speerkies, Strahlkies, Leberkies), FeS_2. Rhombisch kristallisierend. Feinverteilt und in Form von Konkretionen in der Kohle und den Bergen 58.

Mattkohle. Alte Bezeichnung für eine makroskopisch erkennbare matte Flözlage. Mattkohle hat im Inkohlungsbereich der Steinkohle eine hohe mechanische Widerstandsfähigkeit und ist demnach nur wenig rissig und bricht blockig. Bei der mikroskopischen Untersuchung zeigt sich, daß Mattkohle aus dem Inkohlungsbereich der Steinkohle aus den Streifenarten Durit, Clarit bzw. Claro-Durit oder Duro-Clarit bestehen kann. Auch aschenreiche Vitrite können bei makroskopischer Betrachtung als Mattkohle erscheinen 22.

Mazerale. Unter Mazeralen werden die im Auflicht homogen erscheinenden kleinsten Aufbauelemente (Gefügebestandteile) der Steinkohle verstanden. Man unterscheidet Vitrinit (Collinit und Telinit), Mikrinit, Semifusinit, Sklerotinit, Exinit und Resinit. Synonyme Bezeichnungen: Gefügebestandteile, Gemengteile 23.

Meeres-Transgression. Überflutung durch das Meer. Meistens verbunden mit Auflagerung mariner Sedimente auf Landbildungen 38.

Melanterit (Eisenvitriol), $FeSO_3 \cdot 7 \cdot H_2O$. Gelegentlich auf Kohleflözen vorkommendes, wasserlösliches Mineral von grüner bis gelber Farbe 60.

Melilith. Eine Mineralgruppe, die natürlich und in Kunstprodukten vorkommt. Die Endglieder dieser Mischkristallreihe heißen Gehlenit, $2\ CaO \cdot Al_2O_3 \cdot SiO_2$ und Åkermanit, $2\ CaO \cdot MgO \cdot 2\ SiO_2$. Die Melilithe bilden rechteckige und leistenförmige Formen. Kristallsystem: tetragonal 184.

Melnikovit. Amorphes FeS_2 (Gel), das jedoch meist zu Pyrit rekristallisiert ist (Melnikovit-Pyrit). Feinverteilt in der Kohle 58.

Metamorphose. Veränderung stofflicher und struktureller Art, die besonders durch erhöhten Druck und erhöhte Temperatur in der Tiefe bei einem Gestein hervorgerufen wird 28.

Mikrinit. Mazeral der Steinkohle. Zur Inertinitgruppe gehörend 25.

Mikrolithotypen. Unter Mikrolithotypen werden Mazeralvergesellschaftungen verstanden, deren Abgrenzung gegeneinander auf einer Konvention beruht. Man unterscheidet sog. homogene und heterogene Mikrolithotypen. Die homogenen Lithotypen bestehen vorwiegend aus einer Mazeralgruppe die heterogenen aus zwei bis drei. Homogene Mikrolithotypen: Vitrit, Fusit. Heterogene Lithotypen: Clarit, Claro-Durit, Duro-Clarit, Vitrinertit, Durit, Fusit. Synonym: Streifenarten 25.

Mineral (Mz. Minerale oder Mineralien). Natürlich gebildetes Produkt von definierter chemischer Zusammensetzung. In vielen Fällen ist die künstliche Herstellung möglich. Schlackenminerale sind Minerale, die sich bei der Abkühlung aus der flüssigen Schlacke abscheiden, z. B. Mullit, Korund, Feldspäte, Magnetit, Hercynit usw.

Mineralisatoren. Kristallisationsfördernde (mineralbildende) Stoffe 272.

Mineral-Mineralverwachsung. Im Gegensatz zu den Kohlemineralverwachsungen das enge, bis in feinste Fraktionen gehende Aneinanderhaften verschiedener Minerale, z. B. von Tonmineralen und Karbonspäten 158.

Mineralstoffgehalt. Gehalt an Mineralen bzw. an anorganischer Substanz des Brennstoffs vor seiner Verwendung. Streng genommen fallen unter den Begriff ,,Mineralstoff" nur die Minerale selbst, nicht dagegen die gesamte anorganische Substanz, die, wie die Pflanzenasche, auch organisch gebunden vorliegen kann. Praktisch setzt man jedoch Mineralstoffgehalt = Minerale + übrige anorganische Substanz, besonders bei der Angabe i. wmf. 75.

Mirabilit ($Na_2SO_4 \cdot 10\ H_2O$) s. Glaubersalz 60.

Mittelgut (Mittelprodukt). Ein an Verwachsenem angereichertes Aufbereitungserzeugnis, das wegen seines hohen Asche- und Wassergehaltes fast ausschließlich in Zechenkraftwerken verfeuert wird (Wichtestufe meist zwischen 1,5 und 1,8 bis 2,0) 8.

Modifikationen. Die Eigenschaft mancher Minerale, in verschiedenen Kristallsystemen zu kristallisieren. Einige Minerale (z. B. Quarz) kristallisieren bei niederen Temperaturen (Tieftemperatur-Modifikationen) anders als bei höheren Temperaturen (Hochtemperatur-Modifikationen) 149.

Modus. Tatsächlicher Mineralbestand eines Gesteins, einer Schlacke oder von Kesselverschmutzungen 209.

Molfraktion. Das Verhältnis der Anzahl einer Molekülart zu der Gesamtzahl der Moleküle. In einem aus A Molekülen eines Stoffes (A) und B Molekülen eines Stoffes (B) bestehenden Gemisch ist die Molfraktion des Stoffes (A)

$$A/(A+B).$$

Molprozent. Die auf 100 bezogene Molfraktion, also beispielsweise

$$\frac{A}{A+B} \cdot 100 = \text{Molprozent}$$

Um Gewichtsprozentangaben in Molprozente umzurechnen, dividiert man die Gewichtsprozente (m) durch die Molekulargewichte (M), also

$$\frac{m_A/M_A}{m_A/M_A + m_B/M_B} \cdot 100 = \text{Mol-\%}.$$

Um Molprozente (A, B) in Gewichtsprozente umzurechnen, multipliziert man jedes Glied mit dem zugehörigen Molekulargewicht

$$\frac{A \cdot M_A}{A\,M_A + B\,M_B} \cdot 100 = \text{Gew.-\%}.$$

Montanate. Wachsartige Bestandteile der Braunkohlen 71.

Montmorillonit. Tonmineral der Steinkohlen mit der Zusammensetzung $Al_2O_3 \cdot 4\ SiO_2 \cdot nH_2O$. Das Mineral ist quellfähig und enthält meist Magnesium. Außerdem besitzt es Kationenaustauschvermögen 54.

Mühlenfeuerung ist eine Kohlenstaubfeuerung, bei welcher die Mühle (meist eine Schlägermühle) unmittelbar an den Brennraum herangerückt ist. Nach dem Erfinder auch Krämer-Mühlenfeuerung genannt. Die Öffnung des Mühlenschachtes gegen den Brennraum wird das **Mühlenmaul** genannt. Ein eigentlicher Brenner ist nicht vorhanden.

Mühlenmaul s. Mühlenfeuerung.

Mullit ($3 Al_2O_3 \cdot 2 SiO_2$). Natürlich und in Schlacken, Porzellanen, feuerfesten Steinen usw. vorkommendes Mineral, das in farblosen bis bräunlichen Nädelchen von quadratischem Querschnitt auftritt. Kristallsystem: rhombisch. Verbreitet in Kesselverschmutzungen 165.

Murexid. Ammoniumsalz der Purpursäure (Metallindikator bei chelatometrischen Titrationen) 367.

Muskovit Kaliglimmer, $KAl_2(OH, F)_2[AlSi_3O_8]$. Helles, monoklines Glimmermineral, das in seiner feinschuppigen Varietät, dem **Serizit**, besonders in dem Nebengestein der Kohlen (Sandsteinen, Schiefertonen etc.) verbreitet vorkommt 52.

Nadeleisenerz. α-FeOOH. Rotbraune Schüppchen eines in Kohlen vorkommenden Minerals, das oft ein Bestandteil des ,,Brauneisens" ist 59.

Naßdampf s. Sattdampf.

Naturumlaufkessel. Ein Kesselsystem, bei welchem die Wasser- und Dampfbewegung nur durch den Unterschied des spez. Gewichtes des Inhaltes der Steigrohre (Wasser + Dampf) und der Fallrohre (Wasser) bewirkt wird

Nennlast (Nennleistung). Diejenige Kesselleistung in Tonnen Dampf je Stunde (t/h), für die der Kessel ausgelegt ist, auch als Normallast (oder höchste Dauerleistung) bezeichnet.

Netzebene (Gitternetzebene). Durch die Gitterpunkte eines Raumgitters gelegte Ebene. Sie stellt ein zweidimensionales Gitter aus Atomen, Ionen oder Molekülen dar. Durch jedes Raumgitter lassen sich theoretisch unendlich viele Netzebenen legen. Unter Netzebenenabstand (d) versteht man den Abstand zwischen zwei parallelen Netzebenen 115.

Netzebenenabstand s. Netzebene 115.

Nicol'sche Prismen (abgek. Nicols). Nach Angaben von Nicol in zwei Teile geschnittene Kalkspatrhomboeder, die mit Kanadabalsam wieder verkittet werden. Der Schnitt ist so geführt, daß von den zwei Lichtwellen, die aus dem normalen Licht im doppelbrechenden Kalkspat entstehen, und die aus polarisiertem Licht bestehen, eine an der Grenzfläche Kalkspat/Kanadabalsam totalreflektiert, nach der Seite abgelenkt und von der Fassung absorbiert wird. So resultiert eine Lichtwelle aus polarisiertem Licht.

,,Gekreuzte Nicols": Bei dieser Stellung des Polarisators und Analysators stehen die Schwingungsrichtungen des Lichtes senkrecht aufeinander 106.

Niggli-Werte. Werte, die sich nach dem von P. NIGGLI vorgeschlagenen Berechnungsverfahren von Gesteinsanalysen, aus der Zusammenfassung von Molekularzahlen von Oxyden ergeben. Das Berechnungsverfahren ist auch auf Schlacken und Aschen anzuwenden 210.

Norm. Theoretischer Mineralbestand eines Gesteins, einer Schlacke usw., der sich aus der Berechnung der chemischen Analyse ergeben hat. Er stimmt nicht notwendigerweise mit dem tatsächlichen Mineralbestand überein 209.

Oktaeder. Achtflächner. Kristallform des kubischen Systems, die aus 8 gleichseitigen Dreiecken gebildet wird 163.

Oldhamit CaS. Natürlich und künstlich vorkommendes Mineral, besonders in Braunkohlenschlacken. Farblose bis bräunliche Körnchen. Krystallsystem: kubisch 173.

Ölimmersion. Auftragen eines Öltropfens (Cedernholzöl, Glyzerin) auf das Präparat, in den die Frontlinse des Objektivs hineintaucht. Dadurch werden bessere Kontraste erhalten. Farbe und Reflexionsvermögen werden oft dadurch typisch beeinflußt 107.

Olivin-Gruppe. Rhombische Orthosilikate von Magnesium, Eisen und Mangan und deren Mischungen. **Olivin** im eigentlichen Sinne (= Peridot, Chrysolith) mit der Formel $(Mg, Fe)_2SiO_4$ kommt natürlich und in Schlacken vor. **Forsterit** Mg_2SiO_4 ist das reine Mg-Endglied, und **Fayalit** Fe_2SiO_4 ist das reine Fe-Endglied, der Olivin-Mischkristallreihe 296.

Opake Substanzen. Undurchsichtige Substanzen.

Opal $SiO_2 \cdot nH_2O$. Amorphe oder schlecht kristallisierte, wasserhaltige Kieselsäure (ehemaliges Gel) 59.

Optisch negativ s. optischer Charakter.

Optisch positiv s. optischer Charakter.

Optische Achse. Die Richtung in nicht kubischen Kristallen, in der diese sich wie kubische Kristalle (nämlich optisch isotrop) verhalten. Eine optische Achse („optisch einachsig") haben tetragonale, trigonale und hexagonale Kristalle. Zwei optische Achsen, bei denen die Annahme der optischen Isotropie nur mit Einschränkungen gilt, haben rhombische, monokline und trikline Kristalle („optisch zweiachsig") 124.

Optischer Charakter. Ist die Eigenschaft eines nicht kubischen Kristalls, entweder „optisch positiv" oder „optisch negativ" zu sein. Optisch einachsige Kristalle sind positiv, wenn $n_\varepsilon - n_0 = +$, optisch negativ, wenn $n_\varepsilon - n_0 = -$ ist. (n_ε = Brechungsindex des außerordentlichen, n_0 = Brechungsindex des ordentlichen Strahls). Optisch zweiachsige Kristalle sind positiv, wenn im spitzen Achsenwinkel die Richtung des größten Brechungsindexes (n_γ) liegt. Optisch negativ sind sie dann, wenn im spitzen Achsenwinkel die Richtung des kleinsten Brechungsindexes (n_α) liegt 125.

Orogenese s. Gebirgsbildung 20.

Organogen. Aus Organismen entstanden.

Orthoklas s. Feldspat 166.

Ortstein. Verkittung von Humus und Eisenhydroxyden mit dem Mutterboden 111.

Osann, Verfahren nach. Älteres Berechnungsverfahren für Gesteinsanalysen, in dem drei Gruppen basischer Oxyde einer SiO_2-Gruppe gegenübergestellt werden 208.

Parr-Basis. Ein besonders im angloamerikanischen Schrifttum häufig verwendeter Bezugszustand, die wasser-, asche- und schwefelfreie Substanz definiert durch Gl. (5) S. 83.

Pelite. Sedimente mit Korngrößen unter 0,02 mm. 21.

Periklas MgO. Weißgraues, in der Natur und in Kunstprodukten vorkommendes Mineral. Kristallsystem: kubisch. Selten in Kesselverschmutzungen 164.

Petrographie (Petrologie). Lehre von der Entstehung, den Eigenschaften und den Umbildungen der Gesteine. Es gibt auch eine Schlackenpetrographie und eine Kohlepetrographie.

Pflanzenasche. Diejenigen anorganischen Bestandteile der Kohlen, die durch die kohlebildenden Pflanzen mit der Nährlösung aus dem Boden aufgenommen und im Gewebe gespeichert wurden 45.

Phasenkontrastmikroskopie. Verwendung einer Mikroskopzusatzeinrichtung, die es gestattet, Phasenverschiebungen (s. d.) der Lichtwellen als Helligkeitsunterschiede sichtbar zu machen. Solche Phasenverschiebungen rufen Quarz, Tonminerale Karbonspäte (= Phasenobjekte) usw. hervor 113.

Phasenobjekte s. Phasenkontrastmikroskopie 113.

Phasenverschiebung (= Phasendifferenz). Die zeitliche Verschiebung der Wellenberge zwischen zwei sonst gleichen Lichtwellen 113.

Phosphatit. Soviel wie phosphoritartige Minerale 70.

Phosphorit. Schlecht kristallisierte Abart des Apatit (s. d.), die in Kohlen vorkommt. Ursprünglich gelförmig aus organischer Substanz abgeschieden 59.

Photometrische Bestimmungsverfahren. Prinzip: Überführung des zu bestimmenden Bestandteiles der Lösung in eine gefärbte Verbindung. Die Undurchlässigkeit der Lösung (Extinktion) für Licht bestimmter Wellenlänge dient als Maß für den Gehalt der Lösung an gefärbter Substanz 353.

p_H-Wert. Logarithmus der Wasserstoffionenkonzentration, der zur Bezeichnung der Azidität bzw. der Basizität einer Lösung verwendet wird. pH = 7: Neutral. Kleiner als 7: Sauer. Größer als 7: Basisch.

Pistazit s. Epidot.

Plagioklas s. Feldspat 166.

Plattenluftvorwärmer s. Luftvorwärmer.

Polarisationsfarben (Interferenzfarben). Eine Kristallplatte erscheint, wenn sie nicht aus einem kubischen Kristall geschnitten ist, beim Betrachten unter gekreuzten Nicols im Mikroskop dunkel oder farbig. Bei bekannter Plattendicke (meist 20 bis 30 Mikron) können die Polarisationsfarben zur Identifizierung des Kristalls herangezogen werden. Dabei ist zu beachten, daß die Polarisationsfarben abhängig sind von der Stellung des Kristalls zur Schwingungsrichtung des polarisierten Lichtes. Sie wechseln daher beim Drehen des Objekttisches 124.

Polarisatoren. Vorrichtung zur Erzeugung polarisierten Lichtes. Z. B. Kalkspatprismen oder Lichtfilter aus schwefelsaurem Jodchinin. ,,Polarisator" wird auch am Mikroskop das untere, unmittelbar über dem Beleuchtungsspiegel angebrachte Polarisationsfilter genannt. Der im Mikroskoptubus angebrachte zweite Polarisator heißt ,,Analysator" 106.

Polarisiertes Licht. In einer Richtung schwingendes Licht 106.

Primäreinbindungsgrad s. Einbindungsgrad 289.

Primärluft (Erstluft) ist diejenige Luftmenge, die mit dem Brennstoff zugeführt wird. Bei Rostfeuerungen ist es unter dem Rost in das Brennstoffbett eingeführte Luft (Unterluft); bei Kohlenstaub- und Mühlenfeuerungen die mit dem Brennstoff eingeblasene Luft (auch Trägerluft genannt).

Prochlorit s. Chlorite 65.

Psammite. Sedimente von Korngrößen über 2 mm 37.

Psephite. Sedimente von Korngrößen zwischen 2—0,02 mm 37.

Pseudowollastonit $CaSiO_3$. Hochtemperaturform des Wollastonits in den er unter 1190° C übergeht. Pseudowollastonit schmilzt bei 1540° C 169.

Pulverpräparat (Streupräparat). Mikroskopisches Präparat, das durch Auftragen der pulverförmigen Substanz auf den Objektträger hergestellt wird 111.

Pyrit (Schwefelkies, Eisenkies, Kies) FeS_2. Kubisch kristallisierend. Feinverteilt und als Konkretionen in Kohlen und Bergen. Auch als würfelige Kristalle und mit anderen Kristallformen 57.

Pyrop s. Granat-Gruppe 60.

Pyroxene s. Augit-Gruppe 60.

Quarz SiO_2. Trigonal kristallisierende Form der Kieselsäure. Gelegentlich feinverteilt in Kohle. Silikogen (Silikose hervorrufend). Bei 575° C geht der Tiefquarz (β-Quarz) in den hexagonalen Hochquarz (α-Quarz) über 59.

Quarzit. Harter Sandstein mit kieseligem Bindemittel (mindestens 95% SiO_2) 68.

Raseneisenerz. Ein Gemenge von Eisenhydroxyden, Eisensilikaten und Eisenphosphaten mit wechselndem Mangangehalt. Kommt u. a. als Verunreinigung von Torf vor. Seine Entstehung ist an das Vorhandensein von Humusstoffen gebunden 73.

Rauchgase sind die gasförmigen Verbrennungsprodukte des Brennstoffs, bestehend aus CO_2, H_2O und SO_2 (mit Spuren von SO_3), der Rest ist N_2, überschüssiges O_2 und gelegentlich Spuren unverbrannter Gase (meist CO). Hinzu kommen vom Rauchgas mitgeführte Feststoffe wie Flugstaub (Flugkoks, Flugschlacke und Flugasche, darunter auch Verdampfungs- bzw. Sublimationsprodukte der Mineralsubstanz) und Ruß (bes. bei Ölfeuerungen). Eine durchschnittliche Rauchgasanalyse (bei Verbrennung von Steinkohle mit 20%

Luftüberschuß) ist etwa 14,2% CO_2, 7,5% H_2O, 0,07% SO_2, 3,3% O_2, 74,9% N_2.

Rauchgasfilter oder Entstaubungsanlagen. Trocken-mechanisch, naß oder elektrostatisch arbeitende Einrichtungen zur Abscheidung des Flugstaubes aus den Rauchgasen. Ihre Wirksamkeit wird durch den Entstaubungsgrad, d. i. das Verhältnis der abgeschiedenen zu der dem Filter zugeführten Staubmenge, gekennzeichnet.

Raumgitter. Periodische Anordnung von Atomen, Ionen oder Molekülen (wie beim Kristall) im Raum. Die Größenordnung der Perioden beträgt 10^{-8} cm 116.

Reaktionen im festen Zustand. Auch im festen Zustand laufen, begünstigt durch höhere Temperaturen und Katalysatoren, chemische Vorgänge ab. Dies führt besonders in den rauchgasseitigen Kesselansätzen zu umfangreichen Umbildungen und Neubildungen.

Redox-Potential (Abkürzung von Reduktions-Oxydationspotential) ist ein Potential (Spannungsunterschied), das sich an der Phasengrenze eines Zwei-Phasen-Systems (z. B. Metall/Lösung) ausbildet, wenn die Elektronen potential-bestimmend sind. Es bewirkt die Sonderung vieler Metalle (z. B. Eisen, Aluminium, Mangan usw.) bei geochemischen Vorgängen. So wird Eisen bei einem höheren Oxydationspotential als dreiwertiges Hydroxyd ($p_H > 4$) ausgefällt und bei höherem Reduktionspotential ($p_H < 4$) zweiwertig in Lösung gebracht 222.

Reflexionspleochroismus (Bireflexion). Zweimalige Änderung der Farbe oder Helligkeit eines stark absorbierenden (undurchsichtigen oder wenig durchsichtigen) Kristalls beim Drehen um 360° auf dem Objekttisch eines Auflichtmikroskopes unter Verwendung eines Nicols. Reflexionspleochroismus geben nur optisch anisotrope Kristalle 107.

Reflexionsvermögen. Wichtiges Merkmal stark absorbierender (deshalb wenig oder undurchsichtiger) Kristalle. Angabe der Prozentzahl des senkrecht auffallenden Lichtes, das an einer völlig glatten Oberfläche reflektiert wird 107.

Reinkohle. Aufbereitete Kohle mit lediglich dem zugehörigen gebundenen Aschegehalt (ohne Fehlaustrag). Nach DIN 51700 sollte der Begriff Reinkohle nur in aufbereitungstechnischem Sinne verwendet werden. Die Reinsubstanz (im Sinne der Brennstoffanalytik) wird als „wasser- und mineralstoff-freie Substanz" bezeichnet 74.

Resinate. Harzartige Bestandteile der Braunkohlen 71.

Resinit. Mazeral der Steinkohle. Kann als fossiles Harz bzw. fossiles Wachs aufgefaßt werden 27.

Restmineralsubstanz von Koks. Bei der Verkokung wird nicht die gesamte Mineralsubstanz zerstört. Im Koks liegt an Restmineralsubstanz vor: Eisenoxyde, Quarzkörnchen, Eisensulfide, Eisendisulfide Apatit, Tonmineralkomponenten und neugebildete Kalzium-Sulfate 195.

Röntgenamorph. Gläser und amorphe Stoffe liefern bei der Röntgenstrahlung keine diskreten Interferenzen. Auch Kristallpulver unter $0,1\mu$ Korngröße beginnen sich wie röntgenamorphe Stoffe zu verhalten. Diese Stoffe können bei der Elektronenbeugung noch kristallin sein. Der Begriff „amorph" hängt demnach von der Wellenlänge der für die Strukturuntersuchung verwendeten Strahlen ab 119.

Röntgendiagramme. Die bei der Röntgenstrukturanalyse von Kristallen photographisch oder durch Aufzeichnung von Zählrohrimpulsen erhaltenen Darstellungen der Lage und Intensitäten der Interferenzen 118.

Röntgengoniometermethode nach BRAGG-BRENTANO. Methode der Strukturuntersuchung von Kristallpulvern, bei der die fein aufgemahlene Probesubstanz auf eine ebene Platte aufgebracht wird und im Strahlenbündel des monochromatischen Röntgenlichtes gedreht wird. Die Intensität des im Präparat gebeugten Röntgenstrahls wird in der Regel mit einem Zählrohr gemessen, anschließend werden die Impulse verstärkt und dann automatisch registriert 118.

Röntgenkammer. Meist zylindrisches Metallgehäuse, das bei der Strukturuntersuchung mit Röntgenstrahlen das zu untersuchende Präparat und den Film aufnimmt 117.

Röhrenluftvorwärmer s. Luftvorwärmer.

Rohstaub- oder Schwebefeuerungen sind Feuerungen für staubförmige (aber ungemahlene) Brennstoffe, bei denen der Brennstoff in der Schwebe verbrannt wird. In der Entwicklung begriffen sind die Abart der **Wirbelbett-Feuerungen**, die sich durch besonders niedrige Brennstoffbett- und Feuerraumtemperaturen auszeichnen, daher die geringsten Schwierigkeiten durch Heizflächenverschmutzung erwarten lassen.

Rostfeuerung ist eine Feuerung, bei welcher der Brennstoff auf einem feststehenden oder bewegten Rost verbrannt wird. Kennzeichnend ist die Verbrennung in stationärer oder quasistationärer Schicht, wobei sich hohe Temperaturen ausbilden, und der Brennstoff und seine Minerale einer langen Einwirkung hoher Temperaturen ausgesetzt sind. Nach Art der konstruktiven Ausbildung des Rostes und der Brennstoffzufuhr, -bewegung und Rückstandsabfuhr unterscheidet man Planroste, Schrägroste, Wanderroste, Vorschub- und Unterschubfeuerungen, Wurffeuerungen u. a. m. Nach Art der Bedienungsweise unterscheidet man Handfeuerungen (Brennstoffaufgabe, Schüren, Entschlacken von Hand), halbmechanische und vollmechanische Feuerungen 257.

Rubinglimmer (Goethit), γ-FeOOH. In Kohlen als Teil des ,,Brauneisens'' vorkommendes Mineral, das braunrote Schüppchen bildet 59.

Rutil TiO_2. Tetragonales, meist säulig ausgebildetes Mineral, das in sehr vielen Gesteinen vorkommt, und das sich auch als Schwermineral in Kohlen und im Nebengestein (bes. Tonschiefer) in Form feiner Nädelchen findet 50.

Salze verschiedenster Zusammensetzung finden sich gelegentlich in Kohlen: Steinsalz (Halit) NaCl, Sylvin KCl, Kieserit $MgSO_4 \cdot H_2O$, Bischofit $MgCl_2 \cdot 6 H_2O$, Eisenvitriol (Melanterit) $FeSO_4 \cdot 7 H_2O$, Alunogen (Keramohalit) $Al(SO_4)_3$ 16 H_2O etc. 60.

Sandschiefer. Zwischenglied zwischen Schieferton und Sandstein. Es werden unterschieden: a) sandiger Schieferton, b) sandstreifiger Schieferton 67.

Sandstein im normalen Sprachgebrauch: Gestein, das vorwiegend aus Quarzkörnchen mit tonigem, karbonartigem oder kieseligem Bindemittel besteht. Man unterscheidet nach Korngröße Feinsandstein (0,2—0,5mm, Mittelsandstein (0,5—1,0 mm), Grobsandstein (1,0—2,0 mm). In der Sedimentpetrographie: Jedes klastische Gestein, dessen Korngröße zwischen 2 und 0,02 mm liegt 67.

Sapropelkohlen. Aus Faulschlamm (Algen, Pflanzenhäcksel, Sporen und gelegentlich tierischen Resten) entstandene Kohlen. Man unterscheidet je nach Zusammensetzung Kennelkohlen (sporenhaltig) und Bogheadkohlen (algenführend). Die Sapropelkohlen unterscheiden sich von den Humuskohlen (s. d.) durch das Fehlen einer makroskopisch erkennbaren Sedimentationsschichtung. Bruch: muschelig 27.

Sattdampf. Dampf, der sich im Gleichgewicht mit der flüssigen Phase befindet, dessen Temperatur also gerade der Sättigungstemperatur (Siedetemperatur) bei dem betreffenden Druck (Sättigungsdruck) entspricht. Im Zustand der vollständigen Sättigung, d. h. in Abwesenheit von Wasser in flüssiger oder Nebelform, spricht man von trockengesättigtem Dampf. Ist der Dampf nicht vollständig gesättigt, sondern enthält er noch Wasser (Dampfnässe), so wird er **Naßdampf** genannt; ist seine Temperatur höher als die Sättigungstemperatur, wird er überhitzter Dampf oder **Heißdampf** genannt.

Saugzug. Eine Ventilatorenanlage zum Absaugen und Abführen des Rauchgases. Durch den vom Saugzug geschaffenen Unterdruck entsteht im Rauchgasweg das gewünschte Druckgefälle, um die Rauchgase mit der gewünschten Geschwindigkeit zu bewegen. Die Höhe des Unterdruckes (Zuges) ist aber beliebig wählbar und nicht, wie beim Schornstein (natürlicher Zug) durch Schornsteinhöhe und mittlere Rauchgastemperatur bestimmt und begrenzt.

Saure feuerfeste Steine sind solche, deren Schwerschmelzbarkeit auf dem Gehalt an SiO_2 beruht (Quarzsteine oder Silikatsteine mit 93—97% SiO_2).

Schieferton. Feinkörniges Gestein, das vorwiegend Tonminerale mit Quarz, Schwefelkies, Karbonspäten, Kohle usw. enthält. Nach den vorherrschenden Beimengungen werden unterschieden: a) schwachbituminöser Schieferton, b) sandfreier Schieferton, c) schwachsandiger Schieferton 67.

Schlacke. Aus einer großen Anzahl einzelner Minerale bei hoher Temperatur zusammengeschmolzene Masse mit glasigem Charakter (z. B. Feuerraumschlacken).

Schlackeglas. Der meist vorwiegende Anteil von Glas in Schlacken der Feuerräume, Roste und der Flugschlacke. Es handelt sich dabei um ein Silikatglas, das noch Phosphor, Alkalien, Eisen, Magnesium und Kalzium enthält 179.

Schlackeglaskügelchen. Diejenigen Anteile des Flugstaubes, die aus Kugeln (meist Hohlkügelchen) von Silikatglas bestehen 184.

Schlackenminerale s. Minerale 161.

Schlacke-Verdampfung. Aus Schlakkeglasschmelzen dampfen erhebliche Mengen SiO_2, Al_2O_3, CaO, Alkali-Oxyde u. a. Verbindungen aus, die verschmutzungsfördernd wirken 253.

Schmelzfeuerung ist eine Kohlenstaubfeuerung mit flüssigem Schlackenabzug. Je nach Bauart der Brennkammer unterscheidet man offene Schmelzfeuerungen mit Schlackenboden und **Schmelzkammerfeuerungen** mit besonderer Schmelzkammer, die durch Rohre, den sogenannten Schlakkenfangrost, gegen den Strahlungsraum abgeschlossen ist.

Schmelzkammerfeuerung ist eine Kohlenstaubfeuerung mit flüssigem Schlackenabzug und gegen den Strahlungsraum hin abgeschlossene Schmelzkammer. Je nach Formgebung der Brennkammer und Anordnung der Brenner unterscheidet man Schmelzkammerfeuerungen mit Deckenbrennern, mit Stufenbrennern, mit Seitenbrennern, Schmelztiegelfeuerungen (flache Brennkammerform mit Deckenbrennern) und Zyklonfeuerungen (mit tangentialer Brenneranordnung).

Schmelztiegelfeuerung s. Schmelzkammerfeuerung.

Schneiderhöhn-Linie. Mittel zur vergleichsweisen Härtebestimmung für die Auflichtmikroskopie. Senkt man den Mikroskop-Tubus, so wandert vom Rand des scharf eingestellten Mineralkornes eine helle Lichtlinie vom weicheren in das härtere Material 107.

Schottenüberhitzer s. Überhitzer.

Schwebemethode. Methode zur Dichtebestimmung von Mineralpulvern. Dabei wird das Pulver in verschiedene sog. ,,schwere Lösungen" eingebracht, deren Dichte bekannt ist. Die Teilchen die in einer bestimmten Lösung schweben, haben dieselbe Dichte wie die Lösung; leichtere schwimmen, schwerere sinken ab 115.

Schwefelkies s. Pyrit 57.

Schwefelsäure, freie in Ansätzen s. Chemische Analyse.

Schwerminerale. Minerale, die als relativ schwere und schwer verwitterbare Rückstände von magmatischen

Gesteinen feinverteilte in Sedimenten vorkommen. Z. B. Topas, Zirkon, Granat, Epidot, Hornblende, Augit, Staurolith etc. Auch in Kohlen kommen vereinzelt Schwerminerale vor, z. B. Zirkon 60, 70.

Schwerspat (Baryt), $BaSO_4$. Weißes Mineral, das auf Erzgängen in der Kohle vorkommt 60.

Schwimmschlacke (weiße Schlacke). Extrem poröse, helle Schlacke, die sich als Schaum auf der normalen Schlacke bildet. Meist hoher Kalzium- und Aluminiumgehalt bei zurücktretendem Eisengehalt 183.

Sedimentation. Ablagerung verwitterter Gesteine und abgestorbener Organismen im geologischen Geschehen. Man unterscheidet chemische und mechanische Sedimente. Chemische Sedimente z. B. Salzgestein, mechanische Sedimente z. B. Sandstein 20.

Sedimentgestein. Diejenigen Gesteine, die sich durch mechanischen Absatz (aus Wasser oder Luft) oder durch chemische Fällung (aus Wasser) zunächst an der Erdoberfläche gebildet haben. Auch Kohlen sind Sedimentgesteine, ebenso wie Schiefertone, Tonschiefer und Sandsteine 64.

Sekundär-Brennkammer s. Zyklon-Feuerungen.

Sekundärluft (Zweitluft) ist die nachträglich (ohne Brennstoff) in eine Feuerung eingeführte Verbrennungsluft. Bei Rostfeuerungen ist es die oberhalb des Brennstoffbettes mit hoher Geschwindigkeit eingeblasene Luft (Oberluft), die gleichzeitig eine gute Verwirbelung und Durchmischung von Gas und Luft herbeiführen soll; bei Kohlenstaubfeuerungen ist es die (ohne Brennstoff) als Mantelluft, Oberluft oder Unterluft (je nach Lage der Luftaustrittsöffnung) zum eigentlichen Brenner) bezeichnete zusätzliche Verbrennungsluft.

Semifusinit. Mazeral der Steinkohle. Zeigt mehr oder weniger deutlich ausgebildete Zellstruktur. Reflexionsvermögen zwischen dem des Vitrinits und dem des Fusinits 25.

Serizit. Feinschuppige Abart des hellen Glimmers Muskovit. $K_2O \cdot 3\ Al_2O_3 \cdot 6\ SiO_2 \cdot 2\ H_2O$. Den Illiten nahe verwandt 52.

Silizium-Sulfid. Kommt in Form des Siliziummonosulfides, SiS, und des Siliziumdisulfides SiS_2 vor. Entsteht u. U. nach Reduktion von Siliziumoxyden durch Zusammentreten mit Schwefel, der sich aus Eisensulfiden abspaltet. In oxydierender Atmosphäre oxydiert Siliziumsulfid zu $SiO_2 + SO_2$. 155.

Sillimanit. (Faserkiesel) $Al_2O_3 \cdot SiO_2$. Ein dem Mullit (s. d.) eng verwandtes und von diesem schwer unterscheidbares Mineral. Kommt natürlich und in Kunstprodukten vor. Kristallsystem: rhombisch 165.

SiO_4-Tetraeder. Bauelement des Quarzes, der Silikatgläser, der Tonminerale usw. Dabei wird ein kleines Si-Atom von 4 sich berührenden, relativ großen Sauerstoff-Atomen umgeben. Die Schwerpunkte der Sauerstoffatome bilden dabei die Ecken eines imaginären Tetraeders, in dessen Mitte das Si-Atom liegt 51.

Skelettformen. Kristallaggregate, die entstehen, wenn beim Kristallisieren eine ungenügende Stoffzufuhr vorliegt 163.

Sklerotinit. Mazeral der Steinkohle. Entstanden aus Pilzdauersporen und Plectenchymen (Pilzhyphengeflecht). Gehört zur Mazeralgruppe Inertinit 27.

Speisewasser. Das einem Kessel zugeführte (eingespeiste) Wasser, welches in Dampf verwandelt wird. Je nach Art des Kessels, des Druckes und der Temperatur werden z. T. sehr scharfe Qualitätsforderungen an das Speisewasser gestellt (Härte, Salzgehalt, Alkalität, Gehalt an gelösten Gasen).

Speisewasservorwärmer s. Ekonomiser.

Spinell. Mineralgruppe von kubisch kristallisierenden Mineralen mit der allgemeinen Formel $Me^{II}O \cdot Me_2^{III}O_3$, die natürlich und in Kunstprodukten vorkommen. Es werden drei Gruppen unterschieden:

1. Ferritspinelle MeO · Fe_2O_3. Me = Mg, Fe, Mn, Zn. 2. Aluminatspinelle MeO · Al_2O_3. Me = Fe, Mn, Zn, Ni, Ti. 3. Chromitspinelle MeO · Cr_2O_3. Me = Fe, Mg, Mn 161.

Spinell (im eigentlichen Sinne), MgO Al_2O_3. Aluminatspinell. Farbloses bis rötliches in der Natur und in Kunstprodukten auftretendes Mineral, das meist in Oktaedern vorkommt. Kristallsystem: kubisch. In der roten Abart ein Edelstein, der auch synthetisch hergestellt werden kann 163.

Spitzenlast. Diejenige höchsterreichbare Kesselleistung (in t/h), die der Kessel kurzfristig hergeben kann.

Spurenelemente. Elemente, die nur in Spuren z. B. in der Kohle bzw. Kohlenasche vorkommen: Germanium, Gallium, Uran, Vanadium, Bor etc. 61.

Stammlösung. Vorratslösung zur Bestimmung mehrerer Bestandteile 355.

Staurolith, $2 Al_2SiO_5 \cdot Fe(OH)_2$. Rhombisches, säuliges Mineral, das als Schwermineral selten in Kohlen und deren Nebengestein auftritt 60.

Steigrohre s. Fallrohre.

Steinsalz (Halit), NaCl. Kubisches Mineral, das auch in Kohlen (bes. „Salzkohlen") auftritt 60, 71.

Strahlungsheizfläche. Die der direkten Bestrahlung durch den Rost oder die Flamme ausgesetzte Heizfläche des Kessels, also diejenige Heizfläche, die den eigentlichen Feuerraum des Kessels umgrenzt.

Strahlungsüberhitzer s. Überhitzer.

Streifenarten (Mikrolithotypen). Konventionelle Einteilung der Kohlen auf Grund ihrer Zusammensetzung nach Gefügebestandteilen (Mazeralen) 26.

Struktur (im petrographischen Sinne). Form und Größe der Mineralarten in einem Gestein oder einer Schlacke 125.

Sylvin KCl. Kubisches Mineral, das gelegentlich auch in den Kohlen vorkommt 60.

Syngenetisch. Zur gleichen Zeit unter gleichen Bedingungen und am gleichen Ort entstanden 37.

Taupunkt. Diejenige Temperatur, bei welcher ein Gas-Dampf-Gemisch mit kondensierbaren Bestandteilen gerade gesättigt ist, so daß sich bei weiterer Abkühlung bei konstantem Druck der kondensierbare Bestandteil als Kondensat ausscheidet. Ist der kondensierbare Bestandteil (z. B. in feuchter Luft) nur Wasserdampf, so spricht man vom Wasserdampf-Taupunkt, sind — wie in Rauchgasen — auch andere kondensierbare Bestandteile vorhanden, wie z. B. Schwefelsäure, die schon früher, d. h. bei höheren Temperaturen, auskondensieren, so spricht man vom Säure-Taupunkt oder Rauchgas-Taupunkt. Der Taupunkt von Rauchgasen aus Steinkohle liegt (bei Abwesenheit von Schwefel) bei 35.—45°, aus Braunkohle bei 60 bis 72° C. Bei schwefelhaltigen Brennstoffen ist der Rauchgas-Taupunkt auch von der Art der Feuerung und der Verbrennungstemperatur (d. h. der Möglichkeit der SO_3-Bildung) abhängig und kann bei Heizölen bis 150 bis 160° C ansteigen. Dadurch Gefahr der Befeuchtung und Verschmutzung der kältesten Heizflächen und der Korrosion 315.

tektonisch. Tektonik ist die Lehre vom Bau der Erdrinde. Tektonisch bedeutet demnach „den Bau der Erdrinde betreffend".

Telinit. Mazeral der Steinkohle, zur Vitrinitgruppe gehörend. Bezeichnet im Gegensatz zum Collinit (s. d.) einen im Auflicht zellgefügezeigenden Vitrinit 25.

Tertiär-Brennkammer s. Zyklonfeuerungen.

Tertiärluft (Drittluft) ist die noch später als die Sekundärluft — meist weiter von dem Brenner entfernt — zusätzlich zugeführte Verbrennungsluft. Sie dient bei Kohlenstaubfeuerungen mitunter auch dazu, die Flammen von den Brennkammerwänden abzudrängen.

Textur. Anordnung und Richtung der Mineralarten in einem Gestein oder einer Schlacke 125.

Thermoanalyse. Bestimmung des Gewichtsverlustes einer Substanz oder eines Substanzgemisches durch eine Thermowaage beim Erhitzen 120.

Thoulet'sche Lösung. Wässerige Kaliumquecksilberjodidlösung von einem maximalen spezifischen Gewicht von 3,196. Durch Verdünnen mit Wasser können alle möglichen kleineren spezifischen Gewichte erhalten werden 114.

Tonminerale. Feinschichtig gebaute Aluminiumsilikate verschiedener Zusammensetzung. Wichtigste Kohleminerale. Können auch Wasser, Eisen, Magnesium, Kalzium usw. enthalten 51.

Tonsteine. Gesteine, die vorwiegend aus Tonmineralen bestehen 67.

Tridymit. SiO_2. Bei 870° C geht Quarz (Hochquarz = α-Quarz) in den hexagonal kristallisierenden Tridymit (α-Tridymit) über. Bei 1470° C kristallisiert Tridymit in den kubischen Cristobalit (α-Cristobalit) um. Es existieren auch zwei Tieftemperatur-Modifikationen: Rhombischer α-Tridymit, der bei 117° C in ebenfalls rhombischen β-Tridymit übergeht. Dieser wiederum bildet bei 163° C normalen α-Tridymit 149.

Tuffsteine. Tonsteine, in denen das Tonmineral Leverrierit auftritt 67.

Tüpfelverfahren. Nachweisverfahren, bei dem 1 bis 2 Tropfen Reagenzlösung und 1 bis 2 Tropfen Probelösung auf Spezialpapier bzw. weiß oder schwarz glasierten Platten aus Porzellan vereinigt werden 361.

Turmalin-Gruppe. Kompliziert aufgebaute trigonale Mischkristalle (Borsilikate), die als Schwerminerale in Kohlen und Nebengestein auftreten. Edelsteine 60.

Überhitzer. Eine Vorrichtung (Rohrbündel meist kleineren Durchmessers) zum Überhitzen des im Kessel erzeugten Sattdampfes auf die gewünschte Überhitzungstemperatur von meist 450—550° C, vereinzelt auch schon höher (bis 640° C). Kennzeichnend vom Verschmutzungsstandpunkt ist die hohe Oberflächentemperatur (bis zu 50° über der Dampftemperatur bzw. der Überhitzungstemperatur). Je nach Lage des Überhitzers im Strahlungsteil des Kessels unterscheidet man **Strahlungs-** und **Berührungsüberhitzer.** Wird der Überhitzer als Schottheizfläche (s. d.) ausgeführt, nennt man ihn auch **Schottenüberhitzer.**

Vakuole. Hohlraum in einzelligem Lebewesen, der Stoffwechselfunktionen ausübt 43.

van der Waals'sche Kräfte. Zwischenmolekulare Kräfte 238.

Variscische Gebirge. Gebirge, die während der variscischen Faltung (Orogenese) gegen Ende der Altzeit der Erde (Karbon) in Westeuropa entstanden sind: Südengland, rheinisches Schiefergebirge, Harz, Odenwald, Thüringen, Ezgebirge, frz. Zentralplateau, Schwarzwald usw 20.

Verwachsenes, echtes. Innige, in einem Brennstoffkorn auftretende und nicht mehr leicht zu trennende Verwachsung von reiner Kohlesubstanz und Mineralsubstanz 40.

Verwachsungskurve. Graphische Darstellung der durch eine Wichte-Ascheanalyse ermittelte Schichtung einer Rohkohle oder eines Aufbereitunserzeugnisses nach der Wichte und/oder dem Aschegehalt (nach Vornorm DIN 23011) 7.

Verwitterungslösung. Wäßrige Lösung, die durch Auslaugung der löslichen Bestandteile von Gesteinen und Mineralen durch den Wasser-Kreislauf entsteht 37.

Vitrinit. Mazeralgruppe der Steinkohle. Sie besteht aus dem im Auflicht gefügelosen Collinit und dem gefügezeigenden Telinit. Häufigster Bestandteil der Steinkohlen 25.

Vitrit. Streifenart der Kohle, bestehend aus mindestens 95% Vitrinit 25.

Vivianit (Blaueisenerz), $Fe_3(PO_4)_2 \cdot 8 H_2O$. Kommt in faserigen und krümeligen Aggregaten u. a. im Torf vor 73.

Wabenfilter. Ein mechanischer Staubabscheider für die Rauchgasentstaubung, der aus einer großen Zahl kleiner Abscheidezyklone wabenartig zusammengesetzt ist.

Wärmepreis. Kosten eines Brennstoffes je Wärmeeinheit, meist ausgedrückt in DM/10^9 kcal.

Weichbraunkohlen. Inkohlungsstufe innerhalb der Braunkohlen. Bei fortschreitender Inkohlung geht Weichbraunkohle in Hart- und Glanzbraunkohle (s. d.) über.

Weiße Schlacke s. Schwimmschlacke 183.

Wichte. Verhältnis des Gewichtes der Raumeinheit eines Stoffes zum Gewicht der gleichgroßen Raumeinheit von Wasser bei 4° C.

Wichtekurve. Aus den Ergebnissen einer Wichteanalyse ermittelte Schichtung einer Rohkohle oder eines Aufbereitungserzeugnisses nach der Wichte und/oder dem Aschegehalt (nach Vornorm DIN 23011) 7.

Wirbelbett-Feuerungen. Rohstaub- oder Schwebefeuerungen (s. d.), in denen sich das Brennstoffbett in einer dauernden, wirbelnden Bewegung befindet. Das Prinzip des Wirbelbettes wurde bisher vorzugsweise bei Gaserzeugern (Winkler-Generator), Pyrit-Röstöfen und katalytischen Crackanlagen angewendet 291.

Wollastonit ($CaO \cdot SiO_2$). In der Natur und in Kunstprodukten auftretend. Meist in Tafeln und Nadeln. Vermag bis zu 76 Mol.-% $FeO \cdot SiO_2$ in sein Kristallgitter aufzunehmen (Wollastonitphase). Kristallsystem: monoklin ·169.

Ygnis-Kessel. Ein schmiedeeiserner Heizungskessel für Koks (auch Kleinkoks oder Perlkoks) mit selbsttätiger Beschickung und wassergekühltem, muldenartigem Düsenrost.

Zentralmahlanlage s. Mahlanlage.

Zinkblende (Sphalerit, Blende), ZnS. Hellbraunes bis dunkelbraunes kubisches Mineral, das gelegentlich auf Gängen in der Kohle auftritt. Vereinzelt auch feinkonkretionär mit PbS und FeS_2 in der Kohle 60.

Zirkon $ZrSiO_4$. In den Kohlen und anderen Gesteinen vorkommendes Schwermineral (s. d.), das oft einen Gehalt an radioaktivem Thorium aufweist. Kristallisiert tetragonal. 60.

Zwangdurchlaufkessel. Ein Kesselsystem, bei dem das Wasser durch die Speisepumpe in das System und die Wasser- und Dampfbewegung durch den (mechanisch erzeugten) Druckunterschied zwischen Speisepumpendruck und Kesselenddruck gewährleistet wird.

Zwangumlaufkessel. Ein Kesselsystem, bei dem der Wasserumlauf mechanisch bewirkt wird (durch eine Umwälzpumpe). Beispiel: La Mont-Kessel.

Zwischenstufen. Streifenarten der Steinkohle, bestehend aus den Mazeralen Vitrinit, Exinit und Inertinit 25.

Zwischenüberhitzer. Ein Überhitzer für Dampf einer niedrigeren Druckstufe, der in der Turbine bereits Arbeit geleistet hat und durch diese Teilentspannung in der Temperatur stark abgesunken ist.

Zyklon-Feuerung. Eine Kohlenstaub-Schmelzfeuerung mit tangentialer Einführung des Brennstoffes und der Luft in die Brennkammer. Man unterscheidet Horizontal-Zyklon-Kammern (meist etwa horizontal oder mit ca. 5° Neigung angeordnet, in eine Zweitkammer oder Sekundärkammer mündend, die ihrerseits durch einen Schlacken-Fangrost gegen die Strahlungskammer (Tertiärkammer) abgeschlossen ist), und Senkrecht- oder Vertikal-Zyklonkammern. Waagerecht-Zyklonfeuerungen besitzen eine Brennerreihe und werden meist mit hohen Feuerraumbelastungen (bis zu $5 \cdot 10^6$ kcal/m³h) betrieben. Sie ergeben höchste Temperaturen (ca. 1750° C und darüber) und höchste Einbindungsgrade (s. d.). Senkrecht-Zyklon-Feuerungen haben mehrere Brenner (meist 4), einen ringförmigen Brennraum, und werden vorzugsweise mit Belastungen $< 1 \times 10^6$ kcal/m³h gefahren 253.

Namenverzeichnis

Abramski, C. 17, 23, 85
Agroskin, A. A. 85
Air Preheater Corp., Wellsville, N. Y. 330
S. A. Aktivit, Paris 292
Albat, E. 295
Allen, R. D. 126
Amberger, A. 333
Amgwerd, P. 306
Armstrong, A. R. 383
A. S. T. M. 83, 84, 118, 129
Anderheggen, E. 18
Anderson, C. H. 172, 186, 187, 241, 242
Anderson, D. R. 302, 303, 304
Annell, C. S. 45
Aubrey, K. V. 331

Babcock, C. L. 249
Babcockwerke s. Deutsche Babcock & Wilcox Dampfkesselwerke A.-G.
Badische Anilin- und Soda-Fabrik, Ludwigshafen 292
Baker, E. L. 302
Ball, C. G. 87, 204
Bangham, D. H. 259
Bannerjee, N. N. 382
Bansen, H. 12, 16
Barker, K. 320
Barnhart, D. H. 140, 142, 143
Barrett, E. P. 91
Basak, G. C. 96
Baum, K. 130
Beck, K. G. 9
Becker, R. 232
Bellanca, A. 172, 248

Berek, M. 105, 106
Bergbau-Verein 20, 218 s. a. Steinkohlenbergbauverein
Berggren, K. 383
Bergmann, A. G. 247
Bergmann, G. 33
Berk, A. A. 383
Berl, E. 30
BEWAG, Berlin 345
Bituminous Coal Research, Inc., Pittsburgh Pa. 348
Blank, K. 18
Blömer, W. 349
Blunk, G. 337
Bock, J. 277
Böhme, H. 323, 324
Boie, W. 284, 285, 292
Boiler Availability Committee 218
v. Bomhard, H.-G. 333
Bone, W. A. 262
v. Borries, B. 122
Bowden, A. T. 297, 311, 312
Bowen, N. L. 176, 246
Bowring, J. R. 258
Bradacs, L. K. 64
Bradley, F. W. 53, 145, 146
Brame, J. S. S. 86
Bräuning, W. 219
Brandenberger, E. 115
Brasunas, A. de S. 299, 306, 308, 311
Breger, I. A. 46
Brink, R. H. 348
Brinkmann, G. 136
Brinsmaid, W. 95, 96, 97
British Coal Utilization Research Assoziation 218, 287, 288, 317

British Electricity Authority (s. a. Central Electricity Authority 13
Bro, L. 130
Broman, B. 326
Brooks, B. T. 295
Brown, R. L. 40, 86, 87
Browning, G. V. 242, 308, 309
Brückner, R. 136, 137
Bucher, E. 339
Buchwald, E. 105, 106
Buckland, B. O. 306, 310, 312
Bunn, C. W. 115
Bunte, K. 130, 217
Bünz, R. 83
Burkart, W. 339
Bürn, K. 284

Cady, 83, 84
Caldwell, R. L. 86, 87
Campbell, I. E. 147
Campbell, W. P. 84
Canneri, G. 298
Carlile, J. H. 222
Cautius, W. 253
Central Electricity Authority 139, 141, 218
Clarke, F. E. 300, 301, 302
Claussen, C. H. 106
Clayton, W. 312
Cleve, K. 260
Cohen, P. 136, 137, 139
Colliss, B. A. 382
Coppens, L. 86, 93
Corbett, P. F. 316, 317, 318, 320
Corey, R. B. 382
Corey, R. C. 255, 256, 257

Correns, C. W. 105, 106
Crawley, R. H. A. 331
Crone, H. G. 258
Cross, B. J., 255
Cross, W. 208
Crossley, H. E. 77, 82, 85, 86, 203, 222, 285, 287, 288
Crumley, P. H. 222, 223, 316, 318
Cunningham, G. W. 299, 306, 308, 311
Czerny, M. 250

Dahme, A. 33, 225
Daniels, B, 13, 79
David, W. T. 265
Davies, E. B. 320
Dawihl, W. 240
Dennstedt, M. 83
Detroit Edison Co., Detroit, Michigan 263
Deul, M. 45
Deutsche Babcock & Wilcox-Dampfkessel-Werke A.-G. 131, 136, 317
Deutsche Glastechnische Gesellschaft 252
Deutsche Porenbeton G. m. b. H., Altgarge 336
Diehl, E. K. 172, 186, 187, 214, 242
Dietrichs, W. 251
Dietzel, A. 136, 178, 252, 253
Dinglerwerke A.-G., Zweibrücken 292
Dolch, M. 97, 98, 130
Dolch, P. 219
Doležal, R. 289, 350
Doorentz, R. 346
Doss, B. R. 44
Douglass, D. 306, 307
Down, A. L. 92, 96
Draper, P. 297, 311, 312, 313
Driesen, A. 106
Dumortier, J. 261
Dunningham, A, C. 13, 261, 262

Dunstan, A. E. 295
Duparque, A. 34

ECE (Wirtschaftskommission für Europa) 29
Echterhoff, H. 120
Eden, T. F. 308, 311
Edgcombe, L. J. 202
Edwards, A. H. 82
Edwards, W. J. 34
Ehrenberg, H. 44
Eitel, W. 135, 137, 138, 175, 272, 273
E. W. Mark 263
Endell, J. 70, 71, 206, 338
Endell, K. 79, 130, 136, 202, 206
Engel, B. 296, 312
Engel, J. 104
Engler, K. 325
Ernst, W. 64
Erythropel, H. 335, 336, 348
Estcourt, V. F. 296, 306
Ettel, O. 346
Eucken, A. 341
Euler, R. 243
Europäische Gemeinschaft für Kohle und Stahl 29

Fachnormenausschuß Bergbau 65
Fast, J. D. 238
Faust, G. Z. 246
Feeley, F. G. 290
Fehling, R. 77, 78, 130, 218
Fereday, F. 86, 87
Ferrari, B. 42
Fieldner, A. C. 83, 84, 85, 96
Fischer, F. 30
Fischer, H. 383
Fischer, W. 151
Fitzner, E. 307, 308
Fletcher, A. W. 222, 316, 318, 319
Flint, D. 82, 87, 316, 317, 319, 320
Flood, H. 307

Flörke, O. W. 178
Flörke, W. 273
Follmann, J. 92
Fontana, M. G. 306, 308
Forrest, J. S. 331
Fortune, W. B. 383
Foxwell, G. E. 141
Francis, W. 39
Francis, W. E. 318
Frederick, S. H. 308, 311
Freedman, A. M. 221, 263, 287
Frenkl, G. 340
Freund, H. 44, 105, 106
Friedensburg, F. 331
Fritz, W. 135
Fritzsche, C. H. 11
Fuchs, W. 32, 72
Fuel Research Station 141, 218

Gabsdiel, W. 69
Gardiner, C. M. 306, 310
Gauger, A. W. 91
Gearing, W. A. 287
Geiger, H. 134
Geiger, R. 302
General Electricity Co., Schenactedy, N. Y. 310
Genzel, L. 250
Gerwin, H. 268
Gibson, E. J. 319
Gibson, F. H. 77, 79, 80, 81, 83, 85, 96
Giesen, K. 382
Gillson, J. L. 344
Glemser, O. 382
Glenn, R. A. 332
Glocker, R. 115
Göbel, W. 284
Godel, A. 292
Goldschmidt, V. M. 45, 61
Gothan, W. 24
Götze, R. 333
Grabowsky, H. A. 255, 256
Graf. O. 339, 340
Grant, N. J. 308
Grasme, P. 289
Grassmann, H. 42, 54

Gray, C. J. 296, 302, 312
Greig, J. W. 174
Grieb, W. E. 348
Grim, R. E. 53, 145, 146
Grosskinsky, O. 19
Grotts, P. E. 87, 204
Grube, G. 219
Grube, H. L. 219
Grumbrecht, K. 85
Grumell, E. S. 13, 261, 262
Grunert, A. E. 253
Guertler, W. 332
Gumz, W. 9, 18, 82, 100, 130, 134, 137, 152, 202, 217, 218, 228, 250, 259, 260, 261, 262, 265, 267, 281, 286, 289, 295, 315, 316, 320, 324, 329, 330, 332, 338, 341
Gurwitsch, L. 296
Guthmann, K. 275, 327
Guthörl, P. 42
Guthrie, B. 92

Haacke, A. 9
Haarmann, A. 11, 16
Hall, A. M. 307
Hall, F. P. 244
Hallstead, W. J. 348
Hänlein, W. 136, 137
Hardt, L. 236, 262, 272, 343
Hardy, R. L. 300
Harris, 13
Hauffe, K. 237
Häusser, F. 12
Heath, D. P. 295
Hecht, F. E. 295
Hedvall, J. A. 237, 277
Heil, W. 327, 328
Heine, 114
Heinze, G. 48
Heldt, K. 136, 138
Heller, H. 35
Hellner, E. 243
van Hengel, E. 383
Henning, F. 320
Hentze, F. 220
Heraeus, W. C., Hanau 130, 317

Hermann, F. 295
Herning, F. 231
Herrmann, M. 333
Herrmann, R. 76
Hesmer, H. 333
Heusinger, P. P. 231
Hill, W. H. 246
Hiller, G. 344
Himus, G. W. 96
Hirsch, B. P. 32, 33
Hock, F. R. 302
Hoehl, O. 275
Hoehne, K. 42
Hoffmann, E. 21, 26
Hoffmann, W. 318, 320
Hofmann, Ed. 333
Hofmann, K. A. 157
Hofmann, U. R. 157
Holler, E. J. 310
Hollies, R. T. 84
Holthaus, C. 88, 89, 90, 93
Holtmann, W. 275
Holzmüller, W. 136
Hopps, G. L. 383
How, M. E. 287
Howes, E. A. 331
Howes, H. W. 252
Huart, A. 382
Huber, J. 323
Huber, S. 323
Hubmann, O. 15
Huck, E. 33
Huge, E. C. 310, 316, 317, 318, 320
Hülße, W. 288
Hutter, S. 329
Hüttig, G. F. 236, 239

Ibing, Hugo, Recklinghausen, 312
Iddings, J. P. 208
Ince, J. F. 312
Institut National de l'Industrie Charbonnière (Belgique) INICHAR 292
ISO, International Organisation for Standardization, Genf 73

Jablonski, W. L. 150
Jacklin, C. 302, 303, 304

Jackson, J. H. 307
Jackson, M. L. 328
Jackson, P. J. 285, 293
Jacob, M. 341
Jacobi, P. 327, 328
Jakisch, H. 220
Jander, G. 237
Jander, W. 275
Jasmund, K. 53
Jebsen-Marwedel, H. 274
Jenkinson, J. R. 317, 330
Jessen, W. 21
Johnstone, H. F. 316, 317
Jones, M. C. K. 300
Juhász, I. 299
Juranek, G. 26, 27, 41

Kablitz, R., Lauda und Berlin 317
v. Karmasin, K. 26, 27
Karweil, J. 32, 33
Kauffmann, J. H. 104
Kaufmann, F. 332
Kayser, H.-G. 104
Kear, R. W. 287, 320
Keil, F. 1, 250, 334, 340
Keppeler, 72
Kessler, G. W. 253
Khan, A. R. 275
Killner, W. 296, 302, 312
King, J. G. 77, 85, 86
Kirsch, H. 120
Kleber, W. 105, 106, 273
Klemm, W. 237
Kley, R. 136
Klockmann, F. 105, 106, 167
Knöfler, K. 284
Knopfe, E. 284
Kobold, A. 349
Koch, B. 337
Koch, H. 30
Koch, W. 383
Kohlhaas, R. 115
Kohoutek, W. 130
Konejung, A. P. 218
Konopicky, K. 254, 297, 300
Koppe, 284
Koppers (Heinrich Koppers G. m. b. H.) 79

Körber, F. 103
Körfer, C. 345
Kowallik, S. 326
Kozakewitsch, P. 138
Kracek, F. C. 245, 246
Krause, E. 284, 285
Krebs, E. 12, 16
Kremp, G. 21
Kreulen, D. W. 32
Kreulen-van Selms, F. G. 32
van Krevelen, D. W. 32
Krieb, K. H. 231
Krings, W. 219
Kronsbein, W. 345
Krüger, H. 284
Kühl, G. 284
Kühlwein, F. L. 17, 34, 44, 111
Kukuk, P. 29, 65
Kuschewitz, G. 326

Lahiri, A. 96
Laithwaite, H. 252
Lamar, I. E. 53
Lamb, J. 312
Lambertson, W. A. 302
Landry, B. A. 272
Lange, P. 15
Lange, W. 219
Lant, R. 72
v. Laue, M. 115
Lawrence, A. S. C. 302, 312
Leclercq, S. 57
Ledinegg, M. 250, 254
Lee, R. B. 310
Lees, B. 220, 318, 319, 331
Legat, W. 115
Lehmann, H. 284
Lehnert, L. H. 178
Leithe, F. 15
Leitz, Ernst (Wetzlar) 111, 114, 130
Lemke, K. 9
Lenkewitz, H. 70, 292, 347
Lent, H. 12
Leslie, W. C. 306, 308
Lessnig, R. 219

Leutwein, F. 61, 62, 63, 158
Levin, E. M. 244
Lewis, A. 319
Libman, E. E. 138
Lichtenecker, 134
Liebhafsky, H. A. 242, 308, 309
Liljegren, B. 277
Lindner, R. 237
Lindsay, A. W. 319
Lissner, A. 69, 68, 70, 71, 130, 284
Littlejohn, R. F. 316, 317, 319
Lloyd, P. 297
Löffler, H. 252
Logan, A. 302
Lorenzen, G. 15
Lösche K.-G., Düsseldorf 342, 343
Lowry, H. H. 87
Lurgi Gesellschaft für Mineralöltechnik m. b. H Frankfurt/Mai 312
Lurgi Gesellschaft für Wärmetechnik, Frankfurt/M. 341
Luther, H. 33

McCloskey, L. C. 302
McDowell, D. W. 307
McIllroy, J. B. 310
McIntosh, A. O. 150
McMurdie, H. F. 244
McVicker, G. 270
Mackowsky, M.-Th. 19, 23, 25, 26, 27, 33, 35, 39, 50, 88, 132, 193, 218
Manlik, F. 303
Mann, J. 265
Manning, A. B. 202
Mannesmann-Seiffert-Rohrbau G. m. b. H., Bochum 269
Mantel, W. 23
Maries, 85, 86
Matthaei, G. A. 220, 293
Mayer, F. W. 8
Mayer, K. 89, 93

Meijering, J. L. 308
Mellon, M. G. 383
Merker, L. 178, 252, 253
Meurice, C. 339
Meyer, K. 341
Michelau, P. 21
Midland Tar Destillers, Ltd. 320
Mohrhauer, P. 82, 86, 88, 93, 94, 97
Moore, H. 296
Morawietz, W. 219
Morey, G. W. 246
Moss, M. L. 383
Mott, R. A. 83, 88, 91
Muhlert, F. 316
Müllensiefen, W. 136
Müller-Neuglück, H. H. 82, 157, 218, 221
Murphy, P. 262, 286
Murray, G. F. J. 321

Nash, A. W. 295
National Coal Board 13
Nelson, J. B. 111
Nemetschek, Th. 153, 189, 191
Ney, P. 161, 169
Nicholls, P. 202, 272
Niggli, P. 21, 126, 210, 212
Nordengren, S. 277
No:ton, F. H. 147
Nötzold, E. 111
Nurse, R. W. 342

Oberste-Brink, K. 29, 333
Oelsen, W. 103
Oldekop, W. 136
Osann, A. 207, 208
Osann, B. 224
Otin, C. N. 277
Otte, M.-U. 45, 61, 62
Ottemann, J. 173, 198, 346
Otto, H. 115

Parentani, F. 339
Parks, B. C. 39
Parr, S. W. 76, 83, 84
Parrish, E. M. 263

Namenverzeichnis

Paul, H. 344
Peters, H. 327
Peters, O. 45
Pettijohn, F. J. 21
v. Petzold, E. 92
Pfefferkorn, G. 233, 234, 235, 236
Pick, H. 237
Pielsticker, F. 314
Piotter, E. C. 310, 316, 317, 318, 320
Piper, J. D. 262, 286
Pirsson, 208
Ploum, H. 383
Pöchmüller, E. 130
Pohle, K.-A. 135
Potonié, H. 19
Potonié, R. 22, 26, 27, 34
Pough, B. 265
Pracht, P. 138, 139, 183
Prantner, K. 329
Preis, H. 306
Presser, H. 12
Preston, E. 252
Probert, R. P. 297
Proske, O. 275
Puff, W. 14
Pyro, 130

Quass, F. W. 96

Radmacher, W. 29, 74, 86, 88, 93, 94, 96, 97, 130, 326, 353, 383
Ramdohr, P. 106, 167
Rammler, E. 104, 284
Rankin, G. A. 174
Raschek, J. 329
Rathenau, G. W. 308
Raub, J. 42
Raudebaugh, R. J. 307
Raulf, E. 382
Reering, W. 9, 130
Reichskohlenrat 217, 218
Reid, W. T. 136, 137, 139 272
Reiser, H. 12
Remy, W. 24
Rendle, L. K. 320, 321
Reynolds, D. S. 246

Rheinische Aktiengesellschaft für Braunkohlenbergbau und Brikettfabrikation(RAG) 333, 346, 347
Rheinisch-Westfälisches Institut für Übermikroskopie, Düsseldorf 153, 189, 191
Rice, W. E. 272
Richardson, H. M. 275
Richter, H. 103
Ricketts, E. B. 202
Rieck, G. D. 273
Riediger, B. 203
Riehl, H. 275
Rieke, R. 276
Rigby, G. R. 275
Rinne, F. 105, 106
Roedder, E. W. 246
Rögener, H. 317, 320
Rösch, S. 106
Rösler, H.-J. 61, 62, 63, 158
Romp, H. A. 314
Rosahl, O. 289, 316, 319
Rose, H. J. 332
Rosenbusch, H. 207
Rosin, P. 77, 78, 104, 130, 218, 279
Rost, A. 60, 69, 91
Rost, F. 161, 169
Roth, W. A. 103
Rotter, W. 333, 338, 340
Rowling, H. 297, 311, 313
Rüchardt, E. 105, 106
Ruhrkohlen-Beratung G. m. b. H., Essen 78, 178, 182, 187, 197, 268, 326
Ruiner, 130
Rumpf, H. 228, 229, 233, 234
Russell, H. H. 344
Rylands, J. R. 317

Sacks, W. 297
Salmang, H. 145
Sanders, D. G. 306, 310, 312
Schaeffer, J. 202

Schäfer, H. 314
Schäff, K. 97, 99, 231, 335, 337, 345
Schäffler, 346
Schairer, J. F. 175, 176
Scheel, K. 134
Scheltz, H.-J. 13, 16
Schläpfer, P. 306
Schmansky, O. R. 262, 286
Schmidt, A. 30
Schmitz, W. 326, 353, 383
Schneider, A. 339
Schneider, B. 132, 152
Schneider, G 79
Schneiderhöhn, H. 107
Schnitzler, H. 231
Schochardt, M. 69
Scholze, H 178
Schopf, J. M. 46
Schrader, H. 30
Schueler, L. B. 325
Schuhknecht, W, 76
Schüller, A. 42, 54, 109
Schulz, W. 326
Schumann, E. 329
Schuster, F. 82, 84, 85, 90, 97
Schwab, G. 277
Schwab, J. 307, 308
Schwartzkopff, H. 143
Schwarz, K. 14, 157, 218 221, 263
Schwarz, R 219
Schwarz-Bergkampf, E. 16
Schwarzenbach, G. 382
Schwiete, H. E. 100
Scott, M. O. 311
Sell, W. 227
Selvig, W. A. 77, 79, 80, 81, 83, 84, 85, 96, 202
Seuthe, A. 94
Seyler, C. A. 34
Sharp, H. J. 312
Sharpe, G. C. H. 253
Shelton, G. R. 138
Shirey, W. B. 295
Shirley, H. T. 306
Sholokhovich, M. L. 247
Siegmund, H. 268

Šimek, B. G. 88
Simmersbach, O. 79
Simon, W. 346
Simons, E.L. 242, 308, 309
Simpson, H. E. 275
Skog, L. 253
Smith, A. C. 331
Smith, E. J. D. 139, 141, 142, 143
Somers, W. E. 307
Sørum, H. 307
Spangberg, K. E. 383
Speidel, H. 219
Splittgerber, A. 217, 278
Spohn, E. 344
Spooner, C. E. 83, 88, 91
Sprung, H. 346
Stach, E. 19, 20, 23, 34, 42, 44, 60, 69
Stange, E. 335, 336, 337, 339, 340
Stansfield, E. 84, 95
Stansfield, R. 311
Stanworth, J. E. 275
Stauffer, W. 306
Steinbock, H 276
Steinemann, A. 240
Steinhoff, E. 255
Steinkohlenbergbauverein 73, 195, 218, 225, 231, 237, 268, 291
Steinkohlenelektrizitäts A.-G. 231
Stetter, G. 230
Stevels, J. M. 273
Stille, H. 28
Stopes, M. 34
Strache, H. 72
Stumper, R. 97
Stutzer, O. 20, 295
Sulzer, P. 306, 311, 313
Sutherland, J. W. 84, 95
Sworykin, A. 239

Tacke, 72
Tait, T. 311
Tammann, G. 177, 239
Tannenberger, R. 131
Tanner, E. 335, 341, 342
Tarr, W. A. 44
Tasch, K. H. 26, 27
Taylor, R. P. 319

Technischer Überwachungsverein Essen 188, 189, 191, 199, 201, 271, 317
Teichmüller, M. 21, 25, 26, 27, 28, 32, 57
Teichmüller, R. 21, 26, 28, 32
Terres, E. 60, 69, 91
Teune, J. N. E. 202
Thaer, A. 113
Theobalt, H. 329
Thiel, H. 383
Thieler, S. 316
Thiessen, R. 34, 87, 90, 204
Thomas, H. 284
Thomas, M. 137
Thomas, W. H. 295
Thompson, H, 302, 303, 304
Thorpe, T. C. G. 302
Tibbetts, E. F. 306
Tideswell, F. V. 85
Tiegs, E. 333
Timms, A. G. 348
Tizard, Sir Henry 295
Townend, D.T.A. 259, 262
Treibs, A. 295
Trenkler, H. 333
Trey, F. 115
Tröger, W. E. 105, 106
Trömel, G. 246
Turner, W. E. S. 252

Umstätter, H. 135
Union Minière du Haute Katanga 331
Upmalis, A. 321

Vahl, F. 111
Venter, J. 86, 93
Vereinigung der Großkesselbesitzer e. V. 218
Véron, M. 261
Voss, R. 349

Wagenmann, K. 136
Waitkus, J. 330
Walsh, E. F. 323
Ward, J. M. 285, 293, 331
Warren, B. E. 177
v. Wartenberg, H. 219

Washburn, E. W. 138
Washington, H. St. 208
Weimer, R. S. 134
Weingärtner, E. 274
Weise, F. 339
Weisser, F. 83
Wendeborn, H. B. 341
Wenz, C. 130, 199
Werner, M. 134, 135
West, T. S. 383
Westfälische Berggewerkschaftskasse 29
Westphal, W. 237, 302
Wetzel Engineering Laboratories Inc., Beaverton, Oregon 314
Weyl, W. 272, 273
Wheeler, R. V. 85
Wheeler, W. F. 83, 84, 85
Whittingham, G. 259, 287, 320
Wickert, K. 256
Widell, T. 299
Wilcoxson, L. S. 253
Wild, R. 240
(Gebr.) Willersin K.-G., Ludwigshafen-Oggersheim 336
Williams, F. J. 91
Williams, P. C. 140, 142, 143
Wilsdon, R. D. 320, 321
Wilson, D. S. 222
Winnacker, K. 274
Winter, H. 34
Wittig, H. 329
Wolf, S. 151
v. Wolff, F. 151
Wood, O. L. 306
Wright, F. E. 174

Yoe, J. H. 383

Zachariasen, W. H. 177
Zaulek, D. 136, 138, 202
van Zee, A. F. 249
Zeschke, G. 63
Ziegler, G. 100
Zintl, E. 219
Zinzen, A. 174, 203, 204, 205, 206, 218, 220, 260
Zorn, M. 268

Sachverzeichnis*

Aachener Kohle 77
Abhitzekessel, Reinigung 327, 328
Ablagerungen 184, *383*
—, Untersuchung von 128
Achsen-bilder 124, 125
— -winkel 125, *383*
Additive (Brennstoffzusätze) 270, 309, 310, 320
Adhäsionsperiode 239
Adsorption von Säuren an Feststoffen 316
Aerobie 26
Åkermanit 169
Albit 70, 166, *383, 389*
Alfesil (Mischbinder) 346
Alkali-Vanadate 297, 298, 299
Alkalien, Bestimmung der 77, 360, 368
Allochthonie 27, *383*
Allophan 55, *383*
Aluminatspinelle 161
Aluminium-bestimmung 356, 373
— -erzeugung aus Tonerde 332
Alunogen 60, *383*
Amerikanische Kohlen, Aschenanalyse 77, 80
Ammoniak-Zugabe (zum Rauchgas) 321
Amphibol 50, 60, *383*
Analysengang I (Asche) 354, — II 364, — III 372
Analysenwerte, Darstellung von 206

Anaerobie 43, 44, *383*
Anapait 59
Andesin 167
Anfärbetest 111, 126, *383*
Anhydrit 172, 198, *384*
Anisöl (Brechungsindex) 113
Anisotropieeffekte 108, *384*
Ankerit 43, 47, 50, 56, 57 *384*
Anorganische Bestandteile, Verhalten beim Verbrennungsvorgang 2, 151, 158
Anorthit 70, 166, *389*
Ansatz-analysen, Ölfeuerung 300, 301—304
— -bekämpfung durch Brennstoffzusätze, Theorie 272
Ansatzbildung 2
—, chemischer Vorgang 241
—, Physik 225
—, Theorie 216, 223
Ansätze 184
—, Analyse 81
—, mehrschichtige, Analysen 186, 187
—, Untersuchung 127
—, weniger deutlich geschichtete, Analysen 188
—, zeitliche Veränderung 241, 242
Antikathode 116, *384*
Apatit 50, 59, *384*
—, Verhalten bei der Erhitzung 150, 151, 157

Arsen (im Flugstaub) 159
Asche, Bedeutung für den Gebrauchswert der Brennstoffe 5
—, Begriffsbestimmung 73, *384*
—, gebundene 40, *390*
— -bilanz 75, 104, 105
— -gehalt 73
— —, von Heizölen 19
— — — Ruhrkohlen 18
— —, Auswirkung auf den Feuerungs- u. Kesselbetrieb 9
— —, Verteilung auf die Kornfraktionen 143
— —, Vorteil 17
— -analysen, amerikanischer Kohlen 80
— —, Grenzwerte 77
— —, Häufigkeitswerte (Ruhrkohle) 78
— —, Heizöle 296
— —, Interpretation 126, 201
Aschenkurve 7
Asche-typen (nach ZINZEN) 205
— -zusammensetzung 76
Atemschutzgerät 314
Aufladung, elektrostatische 231
Auflicht-Polarisations-Mikroskop 106, *384*
Augenschutz (Ölkessel) 314
Augit 50, 60, 70, *384*
Aufbereitungsanlagen, Richtlinien (DIN) 6

* Kursive Ziffern verweisen auf das Glossarium.

Aufheizgeschwindigkeit der Kohle in der Staubfeuerung 280
Auslöschungsschiefe 114, 125, *384*
Auswaschen der Alkalien aus Heizölen 312
— von Heizflächen 330
Autochthonie 26, *384*
Azidität 202, *384*

Ballastgehalt 5, *385*
—, Bewertungsformel 14
— der Rohförderung (Ruhrgebiet) 8
Ballastkohle 5, *385*
Baryt 60
Basizität 202, *385*
Bauschanalyse 126
Becke'sche Linie 112, 124, *385*
Bentonit 39, 55
Benzol (Brechungsindex) 113
Berechnungsverfahren (Gesteins- u. Schlakkenanalyse) 126, 207
Berge-anfall (Ruhrgebiet) 8
— -mittel (in der Kohle) 37
— -vergasung 11, 14
Bewertung ballasthaltiger Kohle 10–16
Bewertungsformel 14
Bezugszustände (Aschegehalt) 74
Bildkraft 232
Bindemittel in den Ansätzen 244, *385*
— -komponenten 244-48
Bindungskräfte (in Festkörpern) 237
Biotit 50, 60, 70, *385*
Bischofit 50, 60, *385*
Bitterspat 56
Blende 60
Blei (im Flugstaub) 159
Bleiglanz 44, 47, 50, 60, 108, 150, *385*
Bor 64, 159
Borsilikate *385*

Bragg'sche Gleichung 116, 123, *385*
Brandschiefer 64, 65, *385*
Brauneisen[stein] 59, *385*
Braunkohle, Lausitzer 77
—, Minerale der 69
Braunkohlen-aschen als Bindemittel 347
— -flugasche, Verwendung 346
— -kessel, Ansätze in 198–201
Braunspat 56, 57, *385*
Brechungsindex 111, 112, *385*
Brennkammer-Austrittstemperatur 251, 283
Brennkammertemperatur, Bedeutung 159
Brennstoffzusätze 270, 285, 309, 320
— als Korrosionsschutzmaßnahme 309
Brinsmaid-Verfahren 95, 96, 97
Bromoform (Brechungsindex) 113
Brünner Methode 130
Brushit 59
Bunte-Braun-Methode 130, 131, 132
Bytownit 167, 168

Calcit 56
Calcium-Bestimmung 358, 367
Calcium-Ferrit 163, *385*
CaO. P$_2$O$_5$ 246
Chalcedon 59, *386*
Chalkopyrit 60
Chlorgehalt der Kohle 202, 203, 222
Chloride, (Schmelzpunkt, Siedepunkt) 221
—, Einfluß auf die Korrosion 306
Chlorit 50, 51, 60, 65, *386*
Chloroform (Brechungsindex) 113
Chlorophyll 295
Chromit 163, *386*
Chromitspinelle 161

C. I. P. W.- System (Gesteinsanalyse) 209, *386*
Clarit 25, 26, *386*
—, Mineralführung 49
Clerici'sche Lösung 114, *386*
Convertol-Verfahren 96
Cristobalit 146, 149, 152, 155, 175, *386*
Cyanit 50, 60, *386*

Debye-Scherrer-Methode 117, *386*
Dampf-bläser 324
— -einblasung in Ölfeuerungen 314
Dämpfungsverfahren 328
Diagenese 28, *386*
Diagnostische Reaktionen (unter dem Mikroskop) 109, *386*
Diaspor 50, *387*
Differential-Thermoanalyse 119, 128
Dikalzium-Silikat 170
Dilatometer-Methode (C. E. A.) 139
Diopsid 70, 126
Disthen 60, *387*
Dolomit 41, 50, 56, 57, 70, *387*
Dolomit-Zugabe 310, 320
Donez-Kohle Umrechnung M/A 85
Doppelbrechung, Höhe der 124, *387*
Dopplerit 70, *387*
Drainage, Schlackeverwendung für 349
Druckfestigkeit von Schlackensteinen 336, 338
Druckfestigkeitsmethode (Sintertest) 140
DTA-Kurve 119–122, 128, *377*
Dunkelfeld-beleuchtung 110
— -Farbimmersionsverfahren 114

Sachverzeichnis

Dünnschliff, polierter 126, *387*
— -Untersuchungen 114, 123–126
Durchlichtmikroskopie 110, *387*
Durchström-Methode (F. R. S.) 141
Durit 25, *387*
—, Mineralführung 49
d-Werte 118

Edelkoks 17, *387*
Einbindungsgrad 289, *387*
Einsinkpunkt 137
Eisen, metallisches 152, 164, 179, 182
Eisen-bestimmung 357, 374
— -disulfide 50, 58, *387*
— — Verhalten beim Erhitzen 148, 151, 156
— -dolomit 56
— -glimmer 59
— -hydroxyde 50, 59, 150
— -kies 59
— -oxyde 59
— -phosphate 73
— -porphyrin (Hämatin) 295
— -spat 43, 47, 50, 56, 57, 67, 68, 70, *388*
— —, Verhalten bei verschiedenen Temperaturen und Atmosphären 156
— -stein 67, 68, *388*
— -vitriol 50, 60, 71, 72
Elektrischer Widerstand von Schlackenschmelzen 134
Elektronen-beugung 123, *388*
— -Mikroskopie 122, 128, 190, *388*
Elektrostatische Aufladung 231
Elementarzusammensetzung fester Brennstoffe 30

Emulsionsbrecher 312
Endotherme Effekte 121
Englische Kohle, Grenzwerte der Aschenanalyse 77
Entkohlung (von Mineralproben) 110, *388*
Entmineralisierung 92
Entsalzen von Heizöl 312
Entstatit 70, 209, *388*
Entstehung der Kohle 19
Epidot 50, 60, *388*
Epigenetische Minerale 46, *388*
Erdöl, Herkunft 294
Ergußgesteine, vulkanische 4
Erhitzung, Verhalten der Kohleminerale bei der .. 143
Erstarrungsverhalten (Schlacke) 131
Erweichen (Schlacke) 129 134
Erweichungs-bereich 131
— -punkt 129, 131
Erz-mikroskop 106
— -sinterung 240
Exinit 25, 27, *388*
Exotherme Effekte 121

Faser-kiesel 165
— -kohle 22, *389*
Farbe (der Minerale) 124
Fayalit 70, 175, 205, *389*, *397*
Fazieswechsel 21, *389*
Feldspat 38, 40, 166, 181, *389*
Ferritspinelle 161
Ferrihercynit 163, 181, *389*
Festkörper-Chemie und Physik 237
Feuerfeste Steine (Angriff durch Schlacke) 300
Feuerungsschlacke 1, 180
Filtermaterial (für verschiedene Antikathoden) 116

Flammenphotometrie 76, 369, *389*
Fließpunkt 129, 131
Flüchtige Bestandteile, Fehler bei der Bestimmung durch den Mineralstoffgehalt 99
Flugasche 193
— als Baustoff 331
— — Düngemittel 333
Flugaschebeton 335, 345
Flugaschensteine 334
Flugasche-Sinterung 341–345
— -Verwertung 331, 338, 339
Flug-koks 192
— -schlacke 192
— -staub 192
— —, Siebanalyse 193
— —, Vergleich mit Brennstaub 193
— —, Untersuchung 128
— — als Korrosionsschutz 320
Flußmittel, Alkalien 145
Förderung, verwertbare Richtlinien 14
Forsterit *390*, *397*
Fortunit (Mischbinder) 347
Frittungsvorgänge 236
Fulcher-Tammann- Gleichung 137
Fusinit 23, 25, 27, *390*
Fusit 25, 27, *390*
—, Mineralführung 49

Galenit 60
Gallium-Gehalte in Aschen 62, 159
Gasbeton 339
Gebrauchswert der Brennstoffe 5
Gebundene Asche 40, *390*
Gefügebestandteile 23
Gehlenit 169, 181
Gemengteile (der Kohle) 23
Geochemie 3
Geosynklinale 20, *390*
Germanit 331

Germanium 61, 62, 331
Germanium-Gewinnung aus Verbrennungsrückständen 331
Gesteins-analyse 126, 207
— -kunde 123
— -bezeichnungen (Nebengestein) DIN 21900 67
— -gläser 4
Gichtstaub als Brennstoffzusatz 279
Gips 47, 50, 60, 70, 71, 73, 150, *390*
Gitter-diffusion 238
— —, Periode 239
— — physik 237
— -störungen 237, 240, 273
Glanz-kohle 22, *390*
— -punkt 131
— -winkel 116, *390*
Gläser, vulkanische 4
Glättung (von Heizflächen) 323
Glas-basis 181
— -bestandteile, Verflüchtigung 251–253
— -struktur 178
— -zustand 177, *390*
Glaubersalz 50, 60, 71, *390*
Glimmer 38, 51, 53
Glührückstand 73
Glykol (zum Nachweis von Montmorillonit) 119, *390*
Goethit 59, *390*
Granat 50, 60, *390*
Graphitierung von Heizflächen 323
Grenz-aschengehalte 6
— -flächendiffusion 238
Grobschlacke, Verwendung 331

Haftkräfte (Ansätze) 229
Halbkugelpunkt 131
Halit 60, *391, 401*
Halloysit 52, 55, 69, 70, *391*
Hämatin 295

Hämatit 50, 59, 70, 150, 164, 195, 198, *391*
Härte (eines Minerals) 107
Hedenbergit 169, *391*
Heizflächen-anordnung 292
— -verschmutzungen 184
Heizöl 19
—, Ascheanalysen 296
—, Aschegehalt 19, 295
Heiz-tisch (Mikroskop) 127, *391*
— -wert, oberer und unterer 5
— — -umrechnung, Berücksichtigung des Mineralstoffgehaltes 99
Hercynit 163, 175, 181, 197, *391*
Hochofenschlacke 1, *391*
Hochtemperaturverhalten, Apatit 150
—, Eisendisulfide 148
—, Karbonspäte 147, 148
—, Tonminerale 144–147
—, Quarz 149
Hornblende 50, 60, *391*
Humate 70, 71
Huminsäure 40, 72, *391*
Hutter-Verfahren 329
Hydratwasser 83
— -abgabe, Wärmebedarf 100
— -gehalt 88
Hydromuskovite 52, 53, *391*
Hypautochthonie 27
Hypersthen 70, *392*

Ignifluid-Verfahren 292
Illit 50, 52, 53, 65, 67, 69, 144, *392*
—, Verhalten bei der Erhitzung 144
Immersions-flüssigkeiten (zur Bestimmung der Brechungsindices) 113
— -methode 113, *392*
Inkohlung 19
Inertinit 25, *392*

Innenreflexe 108, *392*
Integrationstisch 109, *392*
Intensitäten (Röntgenographie) 117, 118
Interferenzfarben 114, 124
Ionenkristalle 237
Ipsopur-Einrichtung 269
Isoliermaterial (aus Flugasche) 340

Jodgehalte in Torfen und Braunkohlen 71

Kalifeldspäte 166
Kalium-bestimmung 360, 368
— -quecksilberjodid (Brechungsindex) 113
Kaliverhältnis 210
Kalk (CaO) 164, 198, *392*
— -hydrat (als Brennstoffzusatz) 285
— -Magnesia-Düngemittel 333
— -Natron-Feldspat 66, 166
— -spat 38, 43, 47, 50, 56, 57, 63, 70, 71, 156, *392*
—, Verhalten bei verschiedenen Temperaturen und Atmosphären 156
Kalte Verbrennung 285, 291, 292
Kalzium-Ferrit 164, 198
— -phosphat 150, 209
— -sulfatansätze 222
Kaolin 55, 63
Kaolinit 40, 41, 50, 55, 69, *392*
—, Verhalten bei der Erhitzung 146, 152, 155
Karbon 23, *392*
Karbonate 50, 56
Karbonatkohlensäure, Wärmebedarf 101
Karbonspäte (Karbonate 50, 56, 66, 67, 68, 70, *392*

Karbonspäte (Karbonate) Verhalten bei der Erhitzung 147, 151
Kaustobiolithe 19, *392*
Kenngröße K_V (Rauchgasrückführung) 267, 268
Kennzahlen für das Schlackeverhalten 202
Keramohalit 50, 60, 71, *392*
Kesselverschmutzungen, Untersuchung 123
Kies 59
Kieselsäure 170
— -Gel 42, *393*
— -Sol 42, *393*
Kieserit 50, 60, 71, *393*
Klassifikation der Kohle, Internationale 31
Klimatisierung der Verbrennungsluft 262
KMC-Formel (Umrechnung M/A) 86
Kobalt (im Flugstaub) 159
— -bestimmung 378
Kochsalz-Zusatz 270
Kohle, Entstehung und Aufbau 19
—, internationale Klassifikation 31
Kohle-Mineral-Verwachsungen 151, *393*
Kohlen-eisenstein 68
— -klassifikation, internationale 31
— -mikroskopie 34
— -minerale, Arten der 49
— —, Verhalten bei der Erhitzung 143
Kohle-Mineral-Verwachsungen, Verhalten beim Erhitzen 151
Kohlenstaubfeuerung 279, *393*
— mit trockenem Ascheaustrag 280
Kohlenstoffbestimmung, Fehler durch Mineralstoffgehalt 97

Kohlestruktur 33
Koks, Mineralsubstanz 195
Koksasche 196
Kompensationslösung 372, *393*
$K_2O \cdot MgO \cdot 5 SiO_2$ — $K_2O \cdot 4 SiO_2$ 246
Konglomerate 67, 69, *393*
Korngrenzenverschiebung, Periode der 239
Korrosion (durch Ölasche) 306
Korrosions-schutzmaßnahmen 309, 319
— -vorgänge (in Schlackenansätzen) 255
Korund 145, 146, 152, 161, 175, 181, 184, 191, 193, *393*
$K_2O \cdot 4 SiO_2$ — $CaO \cdot SiO_2$ 246
K_2O — V_2O 298
$(KPO_3)_2$ — K_2SO_4 247
Kristallisationszentren, Bildung 239
Kristall-keime 181
— -struktur 115, 116, *394*
Kritischer Verschmutzungspunkt 131
Kugel-regen 326, 328
— -ziehviskosimeter 136
Kupfer-bestimmung 378
— -kies 47, 50, 60, *394*
— -oxyd (als Brennstoffzusatz) 271, 276
Kurze Schlacke 131
Kyanit 50, 60, *386*, *394*

Labradorit 167
Lange Schlacke 131
Leichtbausteine 339
Leitz-Methode 130, 131
Leverrierit 42, 50, 52, 54, 67, 69, *394*
Liegendes (Braunkohle) 71
Limonit 50, 59, 72. *385*, *394*
Linz-Verfahren 329
Lithosphäre 3

Luftbefeuchtung bei Kohlenstaubfeuerungen 286
Luftvorwärmer-Brände 286
— -Schaltung 264, 265, 290

Magma 4, *394*
Magnesia als Brennstoffzusatz 311
Magnesia-eisenglimmer 60, *394*
— -Ferrit 163, *394*
— -verhältnis 210
Magnesit 56, 70, *394*
Magnesium-bestimmung 359, 367
— -Porphyrin (Chlorophyll) 295
Magnesiumnaphtenat 320
Magneteisenerz 59, 162
Magnetit 50, 56, 70, 162, *394*
Magnetkies 148, 173, 179, *394*
Manganbestimmung 380
Markasit 41, 44, 47, 50, 58, 70, 148, *395*
Mattkohle 22, *395*
Mazerale 23, 24, 25, *395*
Mechanische Reinigung 326
Melanterit 60, 71, *395*
Melilith 184, *395*
Melilith-Gruppe 169
Melnikovit 41, 44, 47, 50, 58, 70, 148, *395*
Metall-kristalle 237
— -mikroskop 106
— - oxyde (in der Ölasche) 295
— —, Schmelzpunkte 308
Mikrinit 25, 27, *395*
Mikroklin 166
Mikrolithotypen (Streifenarten) 25, *395*
Minerale, epigenetische 46
— der Steinkohle 49
—, syngenetische 37

Mineralführung der Streifenarten 48, 49
Mineralisatorwirkung 272, *396*
Mineralische Bestandteile in der Kohlensubstanz 39
— Beimengungen, Entstehung 37
Mineral-Kohle-Verwachsungen 151
Mineral-Mineral-Verwachsungen 158, *396*
—, Verhalten bei der Erhitzung 158
— Mineralogie der Schlakken 160
Mineralstoff-bilanz 75, 105
— -gehalt 75, *396*
— —, Berechnung aus dem Aschengehalt 82
— —, Bestimmung 82
— —, direkte Bestimmungsverfahren 91
— —, indirekte Berechnungsmethoden 94
— —, Umrechnungsformel 89
Mineralsubstanz der Braunkohle, errechnete 71
Mirabilit 60, *396*
Mischbinder 345
Mischkristallbildung 165, 166
Mitteldeutsche Braunkohle 77
Mittelgut 8, *396*
M-Kurve 8
Modifikationen *396*
Modifikationsänderung 121
Modus (des Mineralbestandes) 209, *396*
Molekülkristalle 237
Monochromatische Röntgenstrahlen 116
Molybdän (im Flugstaub) 159
Montanate 71, *396*

Montmorillonit 41, 50, 52, 54, 69, 70, *396*
—, Verhalten bei der Erhitzung 145
Mullit 145, 146, 152, 155, 165, 175, 181, 184, 191, 193, 197, *397*
Murexid 367, *397*
Muskowit 52, 53, 70, 155, *397*

Nachverbrennung (CO) 260, 261
Nadeleisenerz 43, 50, 59, 70, *397*
$Na_2O - V_2O$ 298
$Na_2SO_4 - V_2O_5$ 299
Natrium-bestimmung 360, 368
— -chlorid 70, 150
Nebengestein (der Kohle) 37, 64
Nelkenöl (Brechungsindex) 113
Netzebenen (Gitter-) 115, *397*
— -abstände (Röntgenographie) 116, *397*
Netzwerk-bildner 171, 177
— -wandler 171, 178
Nickel 159, 295
— -bestimmung 378
Nicol'sche Prismen 106, *397*
Niggli-Werte 210, *397*
Nimonic (Nickellegierung) 308
Norm 209, *397*
Normativer Mineralbestand 209
Normung (Aschegehaltsbestimmung) 73

Oberflächen-beschaffenheit (oxydierter Oberflächen) 233, 234, 235
— -diffusion 238, 239
— -spannung (Schlacke) 135, 138
— -temperatur des Schlackenbelages 251

Ölaschenbestandteile, Schmelzpunkte 297
Ölasche, Zusammensetzung 295, 296
Oldhamit 156, 173, 198, 205, *397*
Ölfeuerungen 19, 294
Ölimmersion 107, *397*
Oligoklas 167
Olivin 70, 205, *397*
Opakilluminator 107
Opal 59
Optischer Charakter 114, 125
Orogenese 20, *398*
Orthoklas 40, 50, 166, *398*
Ortstein 73, *398*
Osann'sches Dreieck 208, *398*
Oxydische Minerale 161

Paligenese 4
Panopak 110
Parr-Basis 75, 76, 83, *398*
Parr-Formel 83
Pelite 21, 37, *398*
Periklas 164, *398*
Petrographie (der Schlakken) 160, 174, *398*
Petrolkoks 17
Pflanzenasche 37, 45, *398*
Phasenkontrastmikroskopie 113, *398*
Phosphate 150, 157, 246, 247
—, komplexe 173, 185, 187
—, Schmelzpunkte 173
Phosphatit 70, *398*
Phosphat-Verschmutzungen 157, 185, 187, 221, 222
Phosphor-bestimmung 362, 370, 376
— -gehalt der Kohle 203
Phosphorit 59, *398*
p_H-Wert 44, 186, 187, 190, 191, *399*
Physik der Ansatzbildung 2, 225

Sachverzeichnis

Pistazit *388, 399*
Plagioklase 166, *399*
Platzwechselvorgänge 238
Polarisationsfarben 124, *399*
Polarisiertes Licht, linear 105
Porenbeton 399
Porphyrin-Komplexe 295
Preßluftbläser 325
Primär-Einbindungsgrad 289, *399*
Prochlorit 65, *386, 399*
Psammite 37, *399*
Psephite 37, *399*
Pseudowollastonit 169, *399*
Pulsierende Verbrennung 281, 291
Pulver-methode (Röntgen-Untersuchung) 117
— -präparat (mikroskopische Untersuchung) 111, *399*
Pyridin-Basen als Korrosionsschutz 320
Pyrit 41, 44, 47, 50, 58, 63, 70, 148, 152, 156, 157, 195, *399*
— -zersetzung, Wärmebedarf 102
Pyrop 399
Pyroxene 60, *399*
Pyrrhotin 173

Quarz 38, 40, 41, 42, 47, 50, 59, 70, 72, 149, 152, 155, 170, *399*
—, Modifikation 149
—, Verhalten bei der Erhitzung 149, 151, 155
Quarzkonglomerate 69
Quarzit 68, *399*
Quarzzahl 210

Raschek-Verfahren 329
Raseneisenerz 73, *399*
Rauchgasrückführung 266, 286
— bei Kohlenstaubfeuerungen 286, 288

Rauchgasrückführung, -pulsierender Verbrennung 291
Rauchgastaupunkt 315
Raumgitter 116, *400*
Redox-Potential 32, *400*
Reflexions-pleochroismus 107, *400*
— -vermögen 35, 107, *400*
Reinigungs-kosten 289
— -maßnahmen 322
— — bei Betriebsstillstand 328
Reinkohle (Definition) 6, 74, *400*
Reinstkohle 16
Resinate 71, *400*
Resinit 27, *400*
Rheinische Braunkohle 77
Rohrabstände 293
Rohranordnung, fluchtende 293
röntgenamorph 119, *400*
Röntgengoniometermethode 118, *400*
Röntgenographische Untersuchung 115
Rostfeuerungen 257, *401*
Roteisenstein 59
Rubinglimmer 50, 59, *401*
Rückstandsverwertung 2 330
Ruhrkohle 77
Ruhrkohleverfahren (Mineralstoff-Bestimmung) 90, 93, 94
Rußbläser 294, 324
Rutil 50, *401*
Rüttelvorrichtungen 327

Sanidin 166
Safraninlösung (als Färbemittel) 111
Salze 50, 60, *401*
Salz-gehalt des Meereswassers 296
— -kohle 70, 142, 283, 284
— —, Verfeuerung, Vorbehandlung 284
— -zusätze 270

Sand-schiefer 65, 67, *401*
— -stein 66, 67, *401*
— —, toniger 38
Sapropelkohlen 27, *401*
Sauerstoffbestimmung, Fehler durch Mineralstoffgehalt 98
Saugzugsintern 341
Säure-behandlung (zur Mineralstoffbestimmung) 93
— -taupunkt 315
Schachtofen-Sinterung 341, 342
Schamottesteine, Angriff durch Ölasche 300
Schaumbeton 339
Schichtungsausbildung (in Ansätzen) 185
Schieferton 21, 38, 39, 64, 67, *402*
— -konglomerate 67, 69
Schlacke, Mineralogie und Petrographie 160, *402*
Schlackeglas 169, 170, *402*
Schlacken, Untersuchung 123
— -analysen 126, 201
— -ansätze 248
— —, Analysen 186
— — in Ölfeuerungen 301
— -bestandteile, Wanderungen von 254
— -bims 340
— -granulat 179, 331
— -minerale 123, 161, *402*
— -steine 335
— —, kalkgebundene, dampfgehärtete 335
— —, tongebundene 338
— —, zementgebundene 337
Schlackenwärme-Verwertung 350
Schmelz-bereich (Schlacke) 131
— -diagramm, allgemeines (nach Zinzen) 204
— -feuerung 279, 289, *402*
— -punkt 129, 131

27*

Schmelzpunkte (Sulfide, Sulfate, Chloride) 221
Schneeballeffekt 229
Schneiderhöhn-Linie 107, *402*
Schneiderhöhn'sche Mischung 107
Schottüberhitzer 293, *402*
Schutzanstriche 319
Schwebe-geschwindigkeit von Flugascheteilchen 227, 228
— -methode 115, *402*
Schwefel-bestimmung, 363, 371
— —, Fehler durch Mineralstoffgehalt 98
— -gehalt der Kohle 203
— -kies 58, 72, *399, 402*
— -kohlenstoff (Brechungsindex) 113
— -säurebildung (in Feuerungen) 315
— — in Rauchgasen 259
Schwere Lösungen 114
Schwer-minerale 60, 70, *402*
— -spat 50, 60, 150, *403*
Schwimm- und Sinkanalyse 6
Schwimmschlacke 183, *403*
Sedimentation 20, 37, *403*
Sedimentgesteine, organogene 19
Seewasser-Verschmutzung (des Heizöles) 296, 302
Segerkegel-Methode 128
Selbstgängigkeit der Feuerung 16
Selenit 60
Semifusinit 25, 27, *403*
Serizit 50, 52, 53, 65, 67, *403*
—, Verhalten bei verschiedenen Temperaturen und Atmosphären 155
Siderit 56, 71
Silber (im Flugstaub) 159

Silikate (in der Schlacke) 164
Silizium-bestimmung 354 364, 372
— -monoxyd 152, 155, 219
— -dioxyd 170, 219
— -sulfid 155, 219
— -verflüchtigung 152, 153, 155, 159, 206, 219, 327
Sillimanit 165, *403*
Sinter-band 341
— -kosten 342, 344
— -metallurgie 238
Sintern 129
— in der Feuerung 344, 345
— im Schachtofen 343
— von Flugasche 340
Sinter-punkt 139
— -test 138
— -vorgänge 236
$SiO_2 — Al_2O_3 — CaO$ 174
$SiO_2 — Al_2O_3 — FeO$ 175
$SiO_2 — Al_2O_3 — K_2O$ 176
$SiO_2 — Na_2O — K_2O$ 245
SiO_4-Tetraeder 51, *403*
Skelettformen 163, *403*
Sklerotinit 27, *403*
Späte 50, 56
Spateisenstein 56, 68
Spatmagnesit 56
Speicherfähigkeit der Pflanze, selektive 45
Spezifisches Gewicht von Kohlemineralen 115
Spaltrisse (in Mineralen) 111
Sphalerit 60
Spinell (im eigentlichen Sinne) 163, *404*
Spinell-Gruppe 144, 145, 152, 161, *403*
Spurenelemente 45, 61, *404*
— in Bergen 64
— — Braunkohlen 71
— — Kohlemineralen 63
— — Steinkohlen 62
—, Verhalten bei hohen Temperaturen 158
Stahlsand 326

Stammlösung 355, 365, 372, *404*
Standardminerale (C. I. P. W.-Verfahren) 209
Staurolith 50, 60, *404*
Steinkohle, Minerale der 50
Steinkohlenpflanzen 23
Steinsalz 47, 50, 60, 71, 150, *404*
Stereo-Compolux Mikroskop 111
Straßenbau, Flugasche für den 348
Streifenarten 25, 26, 36, *404*
—, Mineralführung 49
Strömungsbedingte Ablagerungen 226
Struktur von Kristallen 115, 116, *404*
— von Schlacken 125
Sublimate, Dimensionen 235
Sublimation, selektive 219
Sublimieren 129, 132, 133
Sulfate 50, 172, 182, 185, 195, 197, 198
—, Schmelzpunkt, Siedepunkt 221
Sulfide 173
—, Schmelzpunkt, Siedepunkt 221
Sylvin 47, 50, 60, *404*
Syngenetische Minerale und Gesteine 37, 41, *404*

Taupunkt 315, 318, 319, *404*
Taupunktmesser 317
Technologische Untersuchungsmethoden 129
Teepol 312
Telinit 25, *404*
Temperatur-leitfähigkeit von Gläsern und Schlacken 249, 250
— -verlauf, Einfluß des 223

Sachverzeichnis

Teramine als Korrosionsschutz 320
Testsubstanz, inerte (DTA) 121
Teune'sche Charakteristik 202
Textur 125, *404*
Thermo-analyse 120, *405*
— -diffusion 230, 232
Thoulet'sche Lösung 114, *405*
Titanbestimmung 356, 365, 375
Toneisenstein 43, 68
— -konglomerate 67, 69
Tonerde, reine (aus Rückständen) 332
— -minerale 41, 42, 50, 51, 64, 67, 69, 70, 72, *405*
— —, Verhalten bei der Erhitzung 144, 151
— -schiefer 21
— -steine 67, 69, *405*
Torf, Minerale des 72
Topas 60
Transgression (Überflutung) 38
Trennkräfte 229
Trent-Verfahren 96
Tricalciumorthophosphat-Hydrat 150
Tridymit 149, 155, 175, *405*
Tuffstein 67, 69, *405*
Turmalin 50, 60, *405*

Ultropak 110
Umrechnungsformeln Mineralstoff/Asche 94
— —, vereinfachte 89
Untersuchungs-ergebnisse, Darstellung der 201
— -methoden, chemische 326
— — für feste Brennstoffe 326
— —, mineralogische 105
— —, mikroskopische 105
— —, technologische 129
Unterton 65
Uran 46, 63, 71

Vakuole 43, *405*
Valenzkristalle 237
Vanadium (im Flugstaub 159
—, Vorkommen 295
— -Bestimmung 381
— -pentoxyd 296
— -verbindungen, Schmelzpunkte 297, 299
— —, physiologische Wirkungen 314
Variscisches Gebirge 20, *405*
Veraschungstemperatur 73
Verbrennliches in den Rückständen 13
Verbrennung, kalte 285, 291, 292
—, pulsierende 281, 291
Verbrennungs-bedingungen, besondere als Korrosionsschutz maßnahme 309
— — in Kohlenstaubfeuerungen 279
— -verfahren, neues 267, 268
— -verhältnisse, Einfluß auf die Verschmutzung 257
— -vorgang (Rostfeuerung) 257
Verflüchtigung von Glasbestandteilen 252
— der Kieselsäure 152, 153, 155, 159, 206, 219, 327
— von Schlackenbestandteilen 253
Verschlackungswärme 102, 103
Verschmutzungen, Mineralogie und Petrographie der 160
Verschmutzungspunkt, kritischer 131
Verwachsene Kohle 6
Verwachsenes, echtes 40, *405*

Verwachsungskurvenbild 7, *405*
Verwitterungslösung 37, *405*
Viskosität (Schlacke) 135
Viskositätsbrecher 312
Vitrinit 23, 25, 27, *405*
Vitrit 25, 27, *405*
—, Mineralführung 49
Vivianit (Blaueisenerz) 73, *405*

Wanderungserscheinungen in Mineralen und Ansätzen 242, 243, 254
Wärmeleitfähigkeit von Schlacke 250
— von Schlackensteinen 336, 337, 340
Waschen von Heizflächen 330
Wasser (Brechungsindex) 113
Wasserbau, Flugaschebeton für 346
Wasserdampf-taupunkt 315
— -zugabe bei Ölfeuerungen 314
— — zur Verbrennungsluft (Kohlenstaubfeuerung) 286
— — — (Rostfeuerung) 261
Wasser-gehalt 5
— -lanzen 294, 326
Wasserstoffbestimmung, Fehler durch Mineralstoffgehalt 98
Wasserstrahl-Reinigung 326
Weichbraunkohle *406*
Weiße Schlacke 183, *406*
Wichtebestimmung 114
Wichte-Kurve 7, *406*
Widerstandsmessung (el.) von Schlacke 134
Wirbelbett-Feuerung 291, 292, *406*
w. m. f.— Basis 92

Wollastonit 70, 126, 169, 209, *406*
Ygnis-Kessel 215, 271, *406*
Zähigkeitskennzahlen 202
Zentralheizungskessel, Verschmutzung 270, 271

Zink-bestimmung 378
— -blende 44, 47, 50, 60, 150, *406*
— -gehalt in Aschen 63
— -naphtenat 320
— -oxyd als Brennstoffzusatz 271, 273
— -staub 320
Zinzen-Diagramm 203

Zirkon 50, 60, *406*
Zündgewölbe 260
Zündgürtel 282
Zweitluftzuführung 260
Zwischenschichtwasser (von Tonmineralen) 111
Zyklonfeuerung 253, *406*

If you have any concerns about our products,
you can contact us on
ProductSafety@springernature.com

In case Publisher is established outside the EU,
the EU authorized representative is:
**Springer Nature Customer Service Center GmbH
Europaplatz 3, 69115 Heidelberg, Germany**

Printed by Libri Plureos GmbH
in Hamburg, Germany